U0799115

飞机救援与消防

（第6版）

Aircraft Rescue and Fire Fighting

(Sixth Edition)

[美]杰夫·特尼　著

蒋荟　译

国防工業出版社

·北京·

内容简介

本书内容涉及民航、军航的多个机型和岗位，主要讲述飞机救援与消防的工作环境、专业知识与技能、组织指挥等。全书包含前置部分、12章正文、7个附录、术语表、索引(译本略)，共5部分。其中第1章介绍了新员成长为飞机救援消防人员所应了解的入职要求、相关组织、岗位职责，以及应当完成的课程内容体系。该内容体系按照美国国家防火协会和国际民航组织的标准，共包含11项，分别在第2至12章中介绍。

本书适用于我国航空院校、机场、航空公司、飞行部队的机场消防员、飞机机务/维修人员、消防车/抢救车驾驶员、消防指挥员等，既可作为教材也可作为训练指南。

著作权合同登记　图字:军-2017-023号

图书在版编目(CIP)数据

飞机救援与消防：第6版/(美)杰夫·特尼著；
蒋荟译. —北京：国防工业出版社，2020.12
书名原文：Aircraft Rescue and Fire Fighting
(Sixth Edition)
ISBN 978-7-118-11975-6

Ⅰ. ①飞… Ⅱ. ①杰… ②蒋… Ⅲ. ①飞行事故-救援②飞行事故-消防 Ⅳ. ①V328

中国版本图书馆CIP数据核字(2020)第151553号

Translated from the English edition:
Aircraft Rescue and Fire Fighting (Sixth Edition)

ISBN 978-0-87939-584-1
Library of Congress Control Number: 2015948101 Sixth Edition, First Printing, December 2015

※

国防工业出版社出版发行
(北京市海淀区紫竹院南路23号　邮政编码100048)
天津嘉恒印务有限公司印刷
新华书店经售

*

开本 880×1230　1/16　**印张** 30½　**字数** 996千字
2020年12月第1版第1次印刷　**印数** 1—2000册　**定价** 216.00元

(本书如有印装错误，我社负责调换)

国防书店：(010)88540777　书店传真：(010)88540776
发行业务：(010)88540717　发行传真：(010)88540762

译者序 | TRANSLATOR PREFACE

从事机场消防职业教学十余年，深感国内专业资料之匮乏。经过不断积累、总结，编写了几本拙作暂且应对内部需要，这样虽然贴近国内实际，但总是感觉缺乏系统性，专业深度也不够。这有我国航空业起步晚、规模小导致的样本量较少的客观原因，同时，主观上研究投入不足、边缘化的问题也普遍存在。所以一直有个愿望，欲引进一部先进工业国家的权威著作。有幸偶然发现了这本教科书式的专著，于是决计将之译过来。托亲友从国外带回原版书，如获至宝。

翻译专著，是件需要深厚知识的事情。

该书内容专业跨度很大，涉及飞机、机场、车辆、化工、空管、指挥、教育等，太专业的问题一时很难找到合适的专家请教。虽然本人曾从事航空领域多种技术工作和学术研究，仍感自身积累不足。像“dzus fastener key”“underwriters laboratory”“wicking”之类的词语是没有汉语名称的，“heat stress”虽有汉语对应词语，然而“热应力”是力学名词，“热应激”是生物学名词，“高温胁迫”是园林词汇，唯独没有表示人体承受热载荷之意且适用于消防专业的。经常为了一个词语的译法反复查询、比较、推敲，折腾半夜也未必有满意的结果，个中辛苦自知。初稿暂定，半年后又发现某些翻译用语不当，回头再改也是常事。身边的科技外语专业同事、访学归来的老师、长居国外的朋友、驻某监狱的心理学专家，甚至偶遇的外国人，都是我请教的对象。虽然一人署名，却有多少人的贡献融于其中啊！

独立翻译专著，是件考验毅力的事情。

最初拿到的书稿是第5版，我据此开始了漫长的翻译。利用业余时间，每天一页，日日不停，甚至农历春节也不曾懈怠，乘坐公交车更是让我有了最好的翻译时间。两年后，国外新版付梓，国防工业出版社购得版权并将新书寄来。我发现新版内容更新量很大，几乎每个段落都有变化，还有新增章节，我不得不又用了大概一年时间核对并补充翻译。在精神快消品铺天盖地的年代，数年坚持做一件事，如果不是出于对专业的情怀，是很难坚持并有结果的。回想起来，竟然有点不敢相信自己会有这样大的决心和毅力。

翻译专著，也是件开阔眼界的事情。

这期间，常常惊叹于国外专家的严谨态度！洋洋数百页，仅出现几处微小的错误。整书排版印装之精美细致，堪称精品。一个团队，多年坚持，每五、六年就推出新版，每版都有大量更新，其专业精神确实需要我们学习。国外的救援工具与车辆、训练方法、灭火救援战术等在国内都是新奇的事物，林林总总对我们以后的专业研究、产品开发都有很好的借鉴意义。这些都不是一般的出国旅游、参观访问可以感受得到的。

总览全书，有以下特点值得关注：

特点之一是适于培训。相关院校、城市消防队、机场消防站、机务人员、飞行部队、消防装备器材研制部门等均可从中受益，书中体例尤其适合院校教学和一线人员训练使用。

特点之二是权威性强。主持编写本书的国际消防保障训练协会(IFSTA)是国际知名的非营利机构，西方国家采用的消防培训教材主要由该机构编写。为本书提供专业支持的还有数十家专业消防部门，具有广泛代表性。本书先后推出六版，紧贴实战、内容丰富、体系完备，已成为机场消防培训的国际权威用书。

特点之三是通俗易读。书中有典型案例和具体措施、战术、方法，操作性项目还有实施步骤。内容主要以文字叙述，配以大量插图、术语解释，方便阅读，对于刚入行的新人来说也不是特别困难。

需要指出的是，书中所述岗位设置、职责范围、指挥管理制度与我国现状不尽相同，国内的民航、军航飞行活动有其自身特点。现行体制在培训、工作中产生矛盾需要深化改革时，可以从本书中找到一些思路和启示。机务人员可以了解机场消防员的训练内容，机场消防员也应当熟悉飞机的结构、危险性和飞行规律，指挥员需要经过不同部门的轮岗锻炼，只有这样各部门才能协调行动，在统一指挥下尽最大可能挽救飞机遇险现场的财产和生命。

说明：

1. 本书英文版为集体著述，人数众多。按照译著出版惯例，译本只列出主要著者，其他人员已在原书中说明或致谢，译本略。

2. 原书有数十页索引，按西文排序，译后保留的意义不大，为了减少篇幅，译本略。

3. 原书插图均为彩图，为了降低成本，译本采用黑白印刷。读者如有需要可以联系出版社索取。

4. 囿于译者能力所限，书中错误请读者不吝指正。

我怀着对生命的敬意译完全书并多次修改。值此中文译本出版之际，作为译者，我要对原书的众多编写人员和单位所做出的杰出贡献致敬，对国防工业出版社的大力协助和指导致谢，对关心本书翻译过程的友人、师长和家人致意感恩。飞机救援与消防，挽银鹰于钧发，救生灵于烈焰。我非常期待本书能对我国业界同仁发挥应有价值！

2019. 11. 22 于南京

谨以此书献给那些不顾个人安危忠于职守的人们,他们为了精心保障而抛弃个人舒适和便利,他们不断努力寻求更好更安全的方式来保护同胞的生命、家园和财产脱离火灾、疫情和其他灾难的蹂躏。

——致所有国家的消防救援工作者

目录 | CONTENTS

简介

当今的机场消防员对于飞机救援与消防(Aircraft Rescue and Fire Fighting,ARFF)的很多知识都必须有所了解。除了基本的火灾扑救知识、技能和经验,为了能有效应对机场险情,机场消防员还必须学会运用专业的技术、工具、设备。与几十年前相比,现在的飞机更庞大、动力也更强,大量采用新型的先进航空材料制造,这给飞机事故/事件响应人员带来新的挑战。有效处置飞机救援与消防事故/事件需要消防员熟悉他们机场各种日新月异的飞机以及机场的各种特征。

目的与范围

《飞机救援与消防》(第6版)为消防员提供有效执行飞机救援与消防各种任务的基本知识,使其成为合格的机场消防员。本书为所有消防组织而编写,讨论了建筑消防车和飞机灭火专用消防车及设备的使用、民航和军用飞机,以及飞机灭火和救援作业的理论和实践。

本书中的信息尽量做到与2015版NFPA1003《机场消防员专业资格认证标准》中的要求相符,该标准由国家防火协会(National Fire Protection Association,NFPA)发行。书中还有一些篇幅介绍了2014版NFPA1002《消防车驾驶员/操作手专业资格认证标准》中第9章所述的机场消防车相关内容。

NFPA402《飞机救援消防作业指南》(2013版)和NFPA403《机场飞机救援消防保障标准》(2014版)中的核心部分在书中有所涉及。本书内容还包含了联邦航空条例(Federal Aviation Regulations,FARs)第139.315、139.317和139.319部的训练要求中所包括的项目。它还包含国际民航组织(International Civil Aviation Organization,ICAO)《机场保障手册》第1和7部中涉及的项目。

本书结构

第1章至第9章提供的信息可以让普通消防员成长为飞机救援消防人员。第10章提供的背景信息可以让新的飞机救援消防人员熟悉飞机救援消防车,还为飞机救援消防人员成为飞机救援消防车驾驶员/操作手提供信息。第11章和第12章向消防员和消防队队长提供有关机场应急预案和战略战术作业的信息。

各章后视情增加了技能页和学习活动。技能页提供执行各种飞机救援与消防任务的步骤;学习活动属于课堂练习,可让学生尝试应用本章所学内容。

本书采用的知识单元体系符合 NFPA1003 中的机场消防员履职要求(Job Performance Requirements,JPRs)。这些履职要求在引用章的起始处列出。位于每一章起始处的学习目标可以帮助读者聚焦于核心主题和知识。**附录 A** 将学习目标和履职要求关联到与之相关章的特定页。**附录 B** 提供了第 12 章中学习活动的答案。

术语

编写本书的本意是为了面向国际读者。鉴于这个原因,经常使用普通描述性语言代替区域或机构专用的术语(俗称行话)。此外,为了保持句子的整齐和易于阅读,用"州"这个词统一代表州和省一级政府(或同等级别政府)。本书这种用法是为了简洁,并不是要说明或显示我们仅对某国识别其境内地方政府的方法有所偏好。

书末的术语表可以帮助读者理解那些在消防和应急保障中不太常见的某些词汇。消防和应急保障相关术语的定义资源将来会汇编成 NFPA《术语目录》和 IFSTA《消防保障指南和术语》手册。

文献资源

为了帮助读者增进飞机救援消防知识,本书收录了很多可以参考的资料。这些参考资料被列入本书**附录 C** 中。这些资料在本书的编写过程中用过,并由认证委员会成员推荐使用。

更多培训资源可以从国际消防保障训练协会和防火出版社(Fire Protection Publication,FPP)那里获取,包括:

- 《恐怖袭击的应急响应》(Emergency Response to Terrorist Attacks)
- 《消防基本知识》(Essentials of Fire Fighting)
- 《消防部门安全官》(Fire Department Safety Officer)
- 《消防保障急救人员和消防保障应急护理》(Fire Service First Responder and Fire Service Emergency Care [IFSTA/Brady])
- 《消防搜救》(Fire Service Search and Rescue)
- 《野外消防基础》(Fundamentals of Wildland Fire Fighting)
- 《急救人员应知的危险材料》(Hazardous Materials for First Responders)
- 《危险材料技术人员》(Hazardous Materials Technician)
- 《职业安全、健康和保健》(Occupational Safety, Health, and Wellness)
- 《泡沫灭火原理》(Principles of Foam Fire Fighting)
- 《泵浦消防车驾驶员/操作手手册》(Pumping Apparatus Driver/Operator Handbook)

关键信息

本书中各类信息分别用阴影框显示并用符号或图标进行标识, 请看以下定义:

历史案例

历史案例用于分析一个事件。可以介绍其发展、采取的行动、调查结果和吸取的教训。

安全警示

安全警示框用于突出显示对于安全很重要的信息（在行文中，安全警示框的标题因内容而异）。

攀爬角度

救援人员应当知道，使用地面工作梯采用正常的攀爬角度未必能够触摸到舱门手柄。还有，某些飞机滑梯不是从外面释放的，如果舱门打开，滑梯就会展开，从而将工作梯从机身上推开。

提示信息

信息框的信息本身相对完整，并拓展正文内容。它是需要重点强调或单独提出的信息（在行文中，信息框的标题因内容而异）。

飞机救援消防人员的培训

飞机救援消防人员使用救援设备必须接受带教训练。实操时，训练应当用真飞机进行，好让消防员掌握这些工具设备的功能和限制。汽车救生中用到的很多技术在飞机环境下未必奏效，只能通过训练和实际经验才能掌握。在没有飞机可用于救援训练的情况下，可以用大巴车练习本章后面将要讨论的技术。

关键术语是用来强调飞机救援消防人员需要了解的关键概念、技术术语或观点。它们的定义放在页边便于参考。关键术语的一个例子是**受控机场**（见页边。——译者注）：

受控机场——有控制塔台运行的机场，塔台通常但不总是派驻有联邦航空局人员。

本书中有三种关键标志词：**警告**、**注意**和**注**。它们各自的定义和示例如下：

警告：表示关于可能致使机场消防员死亡或重伤的信息。见下例：

警 告!

给弹射系统上保险是一项危险的作业。救援人员如果未经正规训练且没有特定机型所必需的设备,就不要试图去给弹射系统上保险。

注意:表示机场消防员为了安全执行任务所需要掌握的重要信息或数据。见下例:

注 意

当试图穿过货运飞机前方区域实施救援时要多加注意,因为该区域距离危险货物比较近。

注:表示重要操作性信息,有助于解释为什么要给出特别建议或者描述某些步骤的备选方法。见下例:

注:需要用于描述飞机所载危险品的文书上会有红白相间的水果糖专用条纹花边。这种花边能够向飞机救援消防人员警示这些物品已装到飞机上。所需文书在"产品识别"一节会有更详细的介绍。

计量单位制转换

为了方便国际读者,美制计量单位在本书各处被转换成公制单位。根据有关建议本书使用加拿大公制体系,它很像"国际标准单位制"体系,但有一些变化。

本书单位制转换遵循的原则:

(1) 单位制转换是经过近似约进的,数学等式中的数字除外。

(2) 不使用厘米,因为它不属于加拿大公制体系。

(3) 在需要精确数字时才使用精确转换,例如结构测量或液压计算。

(4) 对于软管直径、梯子长度和喷嘴大小等,使用它们在加拿大的命名习惯设置数值,而不是进行数学计算。例如,1½in 软管称为 38mm 软管。

(5) 书中有特别需要处增加单位制注解。

下面两个表格提供了关于国际消防保障训练协会转换约定的详细信息。第一个表格是消防保障中常用度量的转换关系示例。第二个表格给出了与本书近似计量不同的精确转换示例。

美制到加拿大制的计量单位转换

计量	旧制（美国）	公制（加拿大）	转换关系
长度/距离	Inch (in) Foot (ft) [3 or less feet] Foot (ft) [3 or more feet] Mile (mi)	毫米 (mm) 毫米 (mm) 米 (m) 千米 (km)	1in = 25mm 1ft = 300mm 1ft = 0.3m 1mi = 1.6km
面积	Square Foot (ft^2) Square Mile (mi^2)	平方米 (m^2) 平方千米 (km^2)	$1ft^2 = 0.09m^2$ $1mi^2 = 2.6km^2$
质量/重量	Dry Ounce (oz) Pound (lb) Ton (T)	克 (g) 千克 (kg) 吨 (t)	1oz = 28g 1lb = 0.5kg 1T = 0.9t
体积	Cubic Foot (ft^3) Fluid Ounce (fl oz) Quart (qt) Gallon (gal)	立方米 (m^3) 千升 (mL) 升 (L) 升 (L)	$1ft^3 = 0.03m^3$ 1fl oz = 30mL 1qt = 1L 1gal = 4L
流速	Gallons per Minute (gpm) Cubic Foot per Minute (ft^3/min)	升每分 (L/min) 立方米每分 (m^3/min)	1 gpm = 4 L/min $1\ ft^3/min = 0.03\ m^3/min$
单位面积流速	Gallons per Minute per Square Foot (gpm/ft^2)	升每平方米每分 ($L/(m^2 \cdot min)$)	$1gpm/ft^2 = 40\ L/(m^2 \cdot min)$
压强	Pounds per Square Inch (psi) Pounds per Square Foot (psf) Inches of Mercury (in Hg)	千帕 (kPa) 千帕 (kPa) 千帕 (kPa)	1psi = 7kPa 1psf = 0.05kPa 1in Hg = 3.4kPa
速度/速率	Miles per Hour (mph) Feet per Second (ft/sec)	千米每小时 (km/h) 米每秒 (m/s)	1mph = 1.6km/h 1ft/sec = 0.3m/s
热量	British Thermal Unit (Btu)	千焦 (kJ)	1 Btu = 1 kJ
热流	British Thermal Unit per Minute (Btu/min)	瓦 (W)	1Btu/min = 18W
密度	Pound per Cubic Foot (lb/ft^3)	千克每立方米 (kg/m^3)	$1lb/ft^3 = 16kg/m^3$
力	Pound – Force (lbf)	牛 (N)	1lbf = 5N*
扭矩	Pound – Force Foot (lbf ft)	牛·米 (N·m)	1lbf ft = 1.4N·m
动态黏度	Pound per Foot – Second (lb/ft·s)	帕·秒 (Pa·s)	1lb/ft·s = 1.5Pa·s
表面张力	Pound per Foot (lb/ft)	牛每米 (N/m)	1lb/ft = 15N/m

（*原文有误，中文译本已更正。——译者注）

转换和近似示例

计量	美制单位*	转换关系	精确的国际标准单位	近似的国际标准单位
长度/距离	10in	1in = 25mm	250mm	250mm
	25in	1in = 25mm	625mm	625mm
	2ft	1in = 25mm	500mm	500mm
	17ft	1ft = 0. 3m	5. 1m	5m
	3mi	1mi = 1. 6km	4. 8km	5km
	10mi	1mi = 1. 6km	16km	16km
面积	$36ft^2$	$1ft^2 = 0.09m^2$	$3.24m^2$	$3m^2$
	$300ft^2$	$1ft^2 = 0.09m^2$	$27m^2$	$30m^2$
	$5mi^2$	$1mi^2 = 2.6km^2$	$13km^2$	$13km^2$
	$14mi^2$	$1mi^2 = 2.6km^2$	$36.4km^2$	$35km^2$
质量/重量	16oz	1oz = 28g	448g	450g
	20oz	1oz = 28g	560g	560g
	3. 75lb	1lb = 0. 5kg	1. 875kg	2kg
	2,000lb	1lb = 0. 5kg	1 000kg	1 000kg
	1T	1T = 0. 9t	900kg	900kg
	2. 5T	1T = 0. 9t	2. 25t	2t
体积	$55ft^3$	$1ft^3 = 0.03m^3$	$1.65m^3$	$1.5m^3$
	$2,000ft^3$	$1ft^3 = 0.03m^3$	$60m^3$	$60m^3$
	8fl oz	1fl oz = 30mL	240mL	240mL
	20fl oz	1fl oz = 30mL	600mL	600mL
	10qt	1qt = 1L	10L	10L
	22gal	1gal = 4L	88L	90L
	500gal	1gal = 4L	2 000L	2 000L
流速	100gpm	1gpm = 4L/min	400L/min	400L/min
	500gpm	1gpm = 4L/min	2 000L/min	2 000L/min
	$16ft^3/min$	$1ft^3/min = 0.03m^3/min$	$0.48m^3/min$	$0.5m^3/min$
	$200ft^3/min$	$1ft^3/min = 0.03m^3/min$	$6m^3/min$	$6m^3/min$
单位面积流速	$50gpm/ft^2$	$1gpm/ft^2 = 40L/(m^2 \cdot min)$	$2\ 000L/(m^2 \cdot min)$	$2\ 000L/(m^2 \cdot min)$
	$326gpm/ft^2$	$1gpm/ft^2 = 40L/(m^2 \cdot min)$	$13\ 040L/(m^2 \cdot min)$	$13\ 000L/(m^2 \cdot min)$
压强	100psi	1psi = 7kPa	700kPa	700kPa
	175psi	1psi = 7kPa	1 225kPa	1 200kPa
	526psf	1psf = 0. 05kPa	26. 3kPa	25kPa
	12,000psf	1psf = 0. 05kPa	600kPa	600kPa
	5in Hg	1in Hg = 3. 4kPa	17kPa	17kPa
	20in Hg	1in Hg = 3. 4kPa	68kPa	70kPa
速度/速率	20mph	1mph = 1. 6km/h	32km/h	30km/h
	35mph	1mph = 1. 6km/h	56km/h	55km/h
	10ft/sec	1ft/sec = 0. 3m/s	3m/s	3m/s
	50ft/sec	1ft/sec = 0. 3m/s	15m/s	15m/s
热量	1,200Btu	1Btu = 1kJ	1 200kJ	1 200kJ
热流	5Btu/min	1Btu/min = 18W	90W	90W
	400Btu/min	1Btu/min = 18W	7 200W	7 200W

（续）

计量	美制单位	转换关系	精确的国际标准单位	近似的国际标准单位
密度	5lb/ft³ 48lb/ft³	1lb/ft³ = 16kg/m³ 1lb/ft³ = 16kg/m³	80kg/m³ 768kg/m³	80kg/m³ 770kg/m³
力**	10lbf 1,500lbf	1lbf = 5N 1lbf = 5N	50N 7 500N	50N 7 500N
扭矩	100lbf · ft 500lbf · ft	1lbf · ft = 1.4N · m 1lbf · ft = 1.4N · m	140N · m 700N · m	140N · m 700N · m
动态黏度	20lb/ft · s 35lb/ft · s	1lb/ft · s = 1.5Pa · s 1lb/ft · s = 1.5Pa · s	30Pa · s 52.5Pa · s	30Pa · s 50Pa · s
表面张力	6.5lb/ft 10lb/ft	1lb/ft = 15N/m 1lb/ft = 15N/m	97.5N/m 150N/m	100N/m 150N/m

（*本列数据为美国旧制，千分位用“,”分隔，其他数据用空格分隔。**本行数据有误，中文译本已更正。——译者注）

第1章　飞机救援消防人员资格认证

学习目标

学习完本章,学生要能够:

1. 解释飞机救援消防人员的使命。[NFPA1003 4.1.1.1]
2. 描述飞机救援与消防的发展历程。
3. 认识与航空运输有关的组织。
4. 认识飞机救援消防小组成员的角色与分工。[NFPA1003 4.1.1.1, 4.1.1.2]
5. 认识飞机救援消防培训课程的组成。

第1章
飞机救援消防人员资格认证

历史案例

年复一年，有数百万的人们乘坐飞机往来于世界各地，飞机救援与消防的现代化保障及工作人员无时无刻不在保护着他们。机场无论大小都是社会生活中的重要一环，因为它们不仅是通往外面世界的门户，而且是左右其周边政府和社会的经济引擎。随着消防行业发展到今天的状态，飞机救援与消防也在全世界成了先进且最为重要的消防专业之一。既然飞机救援与消防是个重要专业，那么对于为我们机场或机场周边社区服务的消防员和官员们来说，尽其所能努力达到最高训练水平和最强能力很重要。飞机救援消防人员的工作不仅要达到认证部门和行政机构的最低要求，更要寻求和实现更多的职业发展机遇，藉此提升他们的知识和技能。飞机救援消防人员还应学习更多由其他与航空防火利益攸关的监管机构提供的知识。源自早期飞行活动，飞机救援与消防的进步是长期而缓慢的过程，但是从过去事故中获取的技术和知识可以让我们学会并更好地服务于有可能需要我们帮助的客户。

飞机事故和事件形成了特有的环境和危险，需要专业的训练才能应对。在参加任何应急响应之前，飞机救援消防人员必须具备起码的知识与技能，以便操作飞机并处置险情。若在训练场景中重构飞机事故是比较困难的，这就有必要让飞机救援消防人员精通他们在**救援**、**大规模伤亡事件**、消防和危险品处置中的角色。了解这些技能对于确保消防员安全以及其他人员安全是很关键的。

救援——从火灾或事故中挽救生命；将幸存者从不稳定或不健康的环境中转移出来。

大规模伤亡事件——由于袭击、自然灾害、坠机或是超出当地后勤保障能力的其他原因所致的短时间内造成众多伤亡的事件。

了解飞机救援消防部门是怎样融入航空应急救援**响应**场景中的，可以让飞机救援消防人员意识到，他们就是响应链中的关键一环。本章向飞机救援消防人员介绍以下内容，因为它们与飞机救援消防紧密相关：

响应——应召出动。

（1）使命。

（2）历程。

（3）相关组织。

（4）人员角色与分工。

（5）培训课程。

入职级别的要求

国家防火协会履职要求

国家防火协会在NFPA1003《机场消防员职业资格认证标准》中明确

了机场消防员的履职要求。与飞机救援消防人员有关的其他规定还包括运输部(Department of Transportation, DOT)的有关法规、联邦法律汇编(Code of Federal Regulations, CFR)标题14第139部《认证与作业:航空公司专用陆基机场》(通常称作联邦航空条例第139部或14CFR第139部),以及国际民航组织(International Civil Aviation Organization, ICAO)《机场保障手册》第1部第14章。如有可能,培训课程还应当符合联邦航空局(Federal Aviation Administration, FAA)咨询通告(Advisory Circulars, ACs)中的相关应用建议。

在受训者被录用并开始飞机救援与消防培训课程之前,他们必须满足一定的基本入门要求,确保符合NFPA1003。按照该标准的一般要求,每个受训者必须做到:

(1) 满足**主管部门**(Authority Having Jurisdiction, AHJ)设定的最低学历要求。

主管部门——法律和标准中的用语,指拥有规定权力执行法律和对装备使用做出批准或提出要求的法律实体,例如消防机关。在保险行业指保险定损部门或保险公司勘察部门。

(2) 满足主管部门设定的年龄要求。

(3) 满足NFPA1582《消防部门职业医学综合课程标准》的医学条件要求。

根据NFPA1003,受训者在获得认证成为一名飞机救援消防人员之前,还必须先通过Ⅰ级和Ⅱ级消防员的认证,符合NFPA1001《消防员职业资格认证标准》要求,还要完成NFPA472《响应人员应对危险材料/大规模杀伤性武器事件的能力标准》所要求的适当训练与认证。

联邦航空局要求,在航空职业培训期间每人必须完成至少40h的应急医疗救护训练,主管部门还有可能要求得更多。

主管部门对机场消防员的要求

另外,要想成为飞机救援消防人员还要保持良好的健康状况,身体应当可以像正式的机场消防员那样行动自如。主管部门应当不断改进身体适应性要求并检验其是否符合法定标准。

使命

飞机救援消防人员的使命就是确保机场上的生命安全、保全财产和保护环境。及时完成使命可以让机场在事故或事件之后恢复正常运行。为了能救出遇险人员,经常需要扑灭飞机周边、机上或机内的火灾。飞机通常携带大量的挥发性燃油,并且事故或事件可能使燃油点燃。飞机燃油火灾往往能很快达到致命的烈度,需要快速扑灭以保护遇险人员的生命。燃油火灾越大,对飞机乘员的危险性也就越大。一个机场具备飞机救援消防能力能够增加生命获救的概率。

在飞机事件中,飞机救援消防人员和消防车对于扑救飞机火灾并实施救援作业扮演着关键性角色。成功的飞机救援消防作业需要训练有素的人员,他们可以有效运用飞机救援消防组织的消防车和设备。

历程

对飞机救援与消防(旧称“坠机火灾救援”(Crash Fire Rescue, CFR))的需求可以追溯到1903年。在早期，由于着陆速度很慢，大多数机场事故是可以成功逃生的。由于飞机上要保持最低油量，所以火灾不同寻常。当时莱特兄弟用的燃油罐长300mm、直径70mm，可装2L汽油。每当发生了较大事故导致飞机起火，乘客们通常是被摔死而不是被随后的大火烧死。

真正的坠机火灾救援发生于第二次世界大战期间。飞机的发展、空勤人员经验不足、情况不明等多种因素综合起来导致大量事故发生。飞机的设计出现了变化，从双翼变成了单翼，从单个活塞发动机变成了多个涡桨发动机并最终发展成为喷气式发动机。新式飞机在机翼和机身内装载了大量燃油。机上人员经验很少，寄希望于在工作过程中学习，同时还要应对难以预料的战斗和多变的天气条件。所有这些因素造成了混乱，使得坠机火灾救援获得优先发展。

应急救援人员的快速救援响应加上机场相对狭小的面积（战斗机跑道约为900m，轰炸机跑道约为1 800m）可以产生高得惊人的救援能力。救援人员常常待在控制塔台底层或其附近的室内，这样的位置安排加上训练有素的人员可以产生极佳的响应能力，尽管当时所用的灭火剂和设备现在看来效果很差。

第二次世界大战以后，坠机火灾救援几乎完全被民航界遗忘了。最初，坠机火灾救援保障有时很简单甚至没有。在航空事故中失去了很多生命，这是因为飞行机组人员往往坠机时还活着，却被困在残骸中无法逃脱，机场能提供的应急保障即使有效果也很差。只有少数大型航空站对坠机火灾救援的进展还比较感兴趣。

所幸的是，军事保障单位一直在坚持研究坠机火灾救援，消防车的大小、速度和喷射能力均有所提高（图1.1）。另外，蛋白泡沫作为一种灭火剂取代了二氧化碳。

图1.1　美国空军20世纪50年代晚期的O－6型“卡尔道克斯”坠机火灾救援车可携2 000kg二氧化碳

随着装载大量乘客和燃油的商用喷气式飞机的出现，人们对坠机火灾救援研究的兴趣又被唤起。在发生一系列的空中碰擦之后，出于对民航安全的考虑，依据1958年的《联邦航空法》成立了联邦航空局。

根据航空公司飞行员协会（Air Line Pilots Association，ALPA）于1968年所做的一次调查，在美国530个商用机场中，超过半数仍然没有驻守在机场内的应急保障，它们主要依靠附近城镇的建筑消防设备。即使是今天，很多机场在飞行现场还是没有飞机救援消防资源，只能依靠附近的公共消防保障和应急医疗保障（Emergency Medical Service，EMS）。

民航的飞机救援消防保障一直到20世纪60年代至70年代才有了真正改观和发展。国际民航组织和国家防火协会开始制定与飞机救援消防保障有关的标准与指南，并且国家防火协会将第一版付梓印刷，即NFPA403《机场飞机救援消防保障标准》。此后，国际民航组织和国家防火协会陆续制定和更新了大量的与飞机救援消防保障相关的材料。

1973年之前，联邦航空局任由各个机场自行决定如何进行飞机救援消防保障。在1973年，联邦航空局制定了联邦航空条例第139部《认证与作业：陆基机场保障——需要认证的航空职业》。该文件明确了5个等级，对客运机场保障所需的灭火剂最小量、类型以及所需飞机救援消防车的数量作出要求，还对反应时间、紧急通知、通信、机场应急预案、训练和灭火设备等进行了说明。同时，联邦航空局允许来自“机场改进计划”（Airport Improvement Program，AIP）的基金帮助，资助了超过 90% 的飞机救援消防车、灭火剂及设备的购置。联邦航空条例第 139 部在过去 30 年间经历了数次修订和增编，除了联邦航空条例方面的改变，联邦航空局还在 20 世纪 80 年代中期将坠机火灾救援改为飞机救援与消防，以免同**联邦法律汇编**之类的其他航空术语相混淆（坠机火灾救援和联邦法律汇编的英语首字母缩略语均为 CFR。——译者注）。

联邦法律汇编——收录美国专门法律所析出法条的书及文件使用的正式名称；美国联邦法律的全部。

目前的机场改进计划

当本书付梓印刷之时，联邦航空局的机场改进计划补贴已涵盖了大、中型主要枢纽机场 75% 的可计算成本（用于噪声项目实施的可达 80%）。在小型主要机场、备用机场和通用航空机场，根据法定要求，补贴涵盖了 90% ~95% 的可计算成本。

飞机救援与消防近年来持续进步，以适应航空工业不断变化的需要。其中一项技术进步就是复合材料的发展。这些轻量化材料承载飞行空气动力时更强更有弹性。这些特点让飞机可以设计和建造得更庞大。飞机救援与消防行业应对这些强大挑战的办法是引入新式消防车、灭火剂和工作方法。

相关组织

飞机救援消防人员应当熟悉美国和其他国家的各种航空运输组织。有的组织制定了自己的标准，而有的则处于自发状态，其他还有一些研究性组织。在美国，可以通过制定标准和规定对航空部门及飞机救援消防单位施加影响的机构包括：

（1）联邦航空局。

（2）全国运输安全委员会（National Transportation Safety Board，NTSB）。

（3）运输安全局（Transportation Security Administration，TSA）。

（4）国家防火协会。

其他国家甚至国际上具有类似功能的组织包括：

（1）与航空有关的工会。

（2）联合航空管理局（Joint Aviation Authority，JAA）。

（3）国际航空运输协会（International Air Transport Association，IATA）。

（4）国际民航组织。

（5）飞行事故调查处（Air Accident Investigations Branch，AAIB）。

（6）英国民航管理局（United Kingdom Civil Aviation Authority，CAA）。

（7）加拿大运输部（Transport Canada，TC）（通过加拿大航空条例（Canadian Aviation Regulations，CAR）发挥职能）。

（8）国际航空消防协会（International Aviation Fire Protection Association，IAFPA）。

（9）飞机救援消防工作组（Aircraft Rescue and Fire Fighting Working

Group，ARFFWG）。

（10）飞机制造商。

（11）美国机场经理人协会（American Association of Airport Executives，AAAE）。

（12）国际机场理事会（Airports Council International，ACI）。

（13）航空航天工业协会国际协调理事会（International Coordinating Council of Aerospace Industries Association，ICCAIA）。

（14）其他相关组织。

下面将介绍这些机构各自的背景信息。这些机构的网站可以帮助读者找到更多关于各个机构和飞机救援消防单位之间的互动信息。

↘ 联邦航空局

联邦航空局是美国**运输部**下属的一个负责民航管理的分支机构，负责制定民航法规。联邦航空局发布了联邦航空条例、咨询通告和机场认证险情通报（Cert Alert，应为 CertAlert。——译者注），可以为航空运输行业提供指导。比如 FAR 第 121 部概括了商用飞机作业规则，FAR 第 139 部以主体内容简述了机场对飞机救援与消防的要求。

运输部——州/省或联邦政府执行机构中的一个行政机关，负责运输政策、法规及其执行。

联邦航空局咨询通告

以下咨询通告是专门针对飞机救援消防人员的。

- 150/5200-12——急救人员在飞机事故/事件现场证据保护中的职责
- 150/5200-18——机场安全自检
- 150/5200-31——机场应急预案
- 150/5210-5——机场用车辆的涂装、标记和灯光
- 150/5210-6——飞机消防与救援设施和灭火剂
- 150/5210-7——飞机救援消防通信
- 150/5210-13——机场水上救援预案与装备
- 150/5210-14——飞机救援与消防装备、工具和服装
- 150/5210-15——机场救援与消防站建筑设计
- 150/5210-17——飞机救援消防人员培训课程
- 150/5210-18——机场人员的交互式训练系统
- 150/5210-19——驾驶员助视系统（Driver's Enhanced Vision System，DEVS）
- 150/5210-23——飞机救援消防车和可延伸高射消防炮（High Reach Extendable Turret，HRET）的操作、训练和资格认证
- 150/5220-10——飞机救援消防车使用指南
- 150/5220-17——飞机救援与消防训练设施
- 150/5230-4——飞机燃油在机场的存储、移动、训练与配送

除了起草法规，联邦航空局还有以下职责：

（1）对各种火灾安全相关问题与系统开展研究，包括飞机、飞机救援消防车和灭火剂等。

(2) 免费提供飞机事故和事件的数据。

(3) 对规范机场消防保障的 FAR 第 139 部进行年度检查和响应测试。

(4) 通过补贴计划为飞机救援消防车和设备的购置、经过批准的飞机救援消防训练设施的建造提供资助。

(5) 为机场消防员开展反复性训练提供基于计算机的飞机救援消防训练课程。

(6) 提供包含各种大量信息的印刷品和视频资料，比如机场标记、通信、地面活动及其他与飞机救援消防人员密切相关的信息。这些资料在联邦航空局所属的很多飞行标准地方办公室(Flight Standard District Office，FSDO)都有。

(7) 调查飞机事故，包括未经全国运输安全委员会调查的事故。

关于联邦航空局及其工作程序的更多信息可以查阅其网站。

全国运输安全委员会

全国运输安全委员会是美国运输部的一个机构，负责确定飞机事故以及其他运输系统事件的可能原因。根据事故的大小和性质，飞机救援响应人员可以同全国运输安全委员会或其他调查机构派遣的代表进行交流。在完成事故调查并通过正式的听证会公布他们的结论之后，全国运输安全委员会会印制事故报告供飞机救援消防人员查阅。其他有用的免费项目还有：

(1) 飞机事故年鉴。

(2) 航空事故数据库。

(3) 安全报告。

(4) 专项报告。

(5) 其他出版物选编。

通过访问全国运输安全委员会的网站可以获取关于事故响应的一些有价值的观点。全国运输安全委员会还为飞机救援消防人员提供一系列培训课程。

运输安全局

运输安全局是美国国土安全部的一个部门，是 2001 年“9・11”事件之后建立的。运输安全局负责美国境内全国性运输系统(公路、公交、铁路、客运、港口、机场等)的安全。为了确保危险品和武器不被带上载运工具，运输安全局各部门应当做到以下事项：

(1) 扫描乘客和货物。

(2) 检查行李和载运工具。

(3) 审查并放行可能需要进入警戒区域的运输工人。

(4) 派遣航空司法官。

关于运输安全局及其工作程序的更多信息可以查阅其网站。

国家防火协会

国家防火协会是进行消防安全标准制定、技术咨询服务、培训、研究及其他相关保障的机构。其成员来自防火领域的培训、生产、响应和科研等部门。国家防火协会的基本业务是发展技术性通用标准，编写消防培训和大众消防教育材料。关于国家防火协会及其相关活动的信息可以查阅其网站。

国家防火协会标准

国家防火协会的以下文档与飞机救援消防人员密切相关：

- NFPA402《飞机救援消防作业指南》
- NFPA403《机场飞机救援消防保障标准》
- NFPA405《机场消防员反复熟练性训练标准》
- NFPA407《飞机燃油保障标准》
- NFPA412《飞机救援消防泡沫装备评价标准》
- NFPA414《飞机救援消防车辆标准》
- NFPA424《机场/社区应急预案指南》
- NFPA472《响应人员应对危险材料/大规模杀伤性武器事件的能力标准》
- NFPA1001《消防员职业资格认证标准》
- NFPA1002《消防车驾驶员/操作手职业资格认证标准》
- NFPA1003《机场消防员职业资格认证标准》
- NFPA1402《建筑消防培训中心指南》
- NFPA1403《实际灭火训练进阶标准》

与航空有关的工会

有很多与航空相关的工会在支持着飞机救援消防组织。除了代表他们自己的会员，还和机场应急响应人员共同工作，确保飞机、乘客和飞行作业的安全。

联合航空管理局

联合航空管理局代表着欧洲各国的民航管理权力机构，它与欧洲民航大会(European Civil Aviation Conference，ECAC)有合作。联合航空管理局的目的在于制定和补充一般性的航空标准与流程。关于联合航空管理局及其工作程序的更多信息可以查阅其网站。

国际航空运输协会

国际航空运输协会是一个全球性贸易组织，代表着约260家航空公司。国际航空运输协会出版了《危险品航空安全运输技术指导》。关于国际航空运输协会及其活动的有关信息可以查阅其网站。

国际民航组织

国际民航组织是联合国的一个部门。它的任务是为国际民航业就飞机救援与消防、空中导航、非法干扰空中交通以及国界穿越流程制定和批准标准及经过许可的实际做法。同联邦航空局相似，国际民航组织会就飞机救援消防车需求数量、灭火剂量、响应时间以及飞机救援的其他相关作业发布一些信息和建议。关于国际民航组织的更多信息可以查阅其网站。

飞行事故调查处

飞行事故调查处是英国运输部的一部分。飞行事故调查处主要调查英国范围内的民航飞机事故及其他严重事件。关于飞行事故调查处及其工作程序的更多信息可以查阅其网站。

英国民航管理局

民航管理局是英国航空业的管理权力机构。民航管理局负责监管全英国的民航职能,包括空域政策、安全规定、经济性规定以及消费者保护等。关于民航管理局及其活动的有关信息可以查阅其网站。

加拿大运输部

加拿大运输部是类似于美国全国运输安全委员会的一个组织。加拿大运输部负责制定运输法规、政策、流程和目标,涉及到空中、水上、铁路、公路、应急响应、事故调查等,具体由加拿大政府确定。加拿大运输部的网站所包含的信息类似于美国全国运输安全委员会网站。

国际航空消防协会

国际航空消防协会成立于2000年,由一批机场/市政的消防保障专业人士及工业部门的专家发起。它主要同各国的机场、市政和军事单位的消防与应急保障专业人员进行专业而友好的合作。国际航空消防协会可以促进飞机救援灭火及机场设施防火方面的信息交流、研究和改进。国际航空消防协会每年出版多期数字期刊,里面有丰富的飞机救援消防相关的报告和信息。每年国际航空消防协会还在世界各地举办多场会议和培训活动。关于国际航空消防协会的更多信息可以查阅其网站。

飞机救援消防工作组

飞机救援消防工作组是一个非营利国际组织,致力于在机场消防员、市政消防部门及其他飞机救援消防爱好者之间分享飞机救援消防方面的信息。飞机救援消防工作组由来自世界各地的飞机救援与消防专业人员组成,它同很多政府机关、工厂和私人组织及工程项目都有着密切联系,那里均设有飞机救援消防部门。飞机救援消防工作组发布飞机救援消防方面的新闻报道并拥有一个视频借阅库,还会举办地区性年度训练会议。飞机救援消防工作组还为飞机认知和预案制定提供飞机救援消防数据库。同国际航空消防协会相似,飞机救援消防工作组也提供不错的网络服务。关于飞机救援消防工作组的更多信息及不同会员身份选项和权利可以查阅该组织的网站。

飞机制造商

飞机制造商的网站可以提供非常好的飞机信息。飞机制造商制作《坠机图册》,向飞机救援消防响应人员提供关于飞机特定状态的基本信息。这些图册可以在飞机制造商的网站上找到。

美国机场经理人协会

美国机场经理人协会是一个机场管理专业性组织,它举办或共同发起应急响应和飞机救援消防方面的培训会议。飞机救援消防的教学计划、图片、视频、投影课件及其他信息均可从他们的网站下载。美国机场经理人协会开发了机场新闻与培训网络(Airport News and Training Network,ANTN),上面有很多与飞机救援消防人员直接相关或感兴趣的课程。属于该网站客户的机场可以通过卫星持续更新程序。美国机场经理人协会和飞机救援消防工作组联合发布了“飞机救援与消防职称课程”。在该课程中,“机场主管消防员和机场消防官员资格课程”是对飞机救援消防专业发展比较重要的新课程。关于这些课程的更多信息可以查阅美国机场经理人协会和飞机救援消防工作组的网站。单个课程也可以购买视频或数字格式的。要获取美国机场经理人协会提供的信息可以访问他们的网站。

国际机场理事会

国际机场理事会致力于促进全球机场及其服务社区的共同利益。国际机场理事会提升了机场管理和运营方面的专业水平。关于国际机场理事会的更多信息可以查阅他们的网站。

航空航天工业协会国际协调理事会

航空航天工业协会国际协调理事会成立于1972年,其成员从事航空航天技术和产品的设计、开发、制造,并提供售后服务支持,包括相关的地面系统。要了解更多信息,请访问航空航天工业协会国际协调理事会的网站。

其他相关组织

对于交纳会费的读者,航空消防杂志(Aviation Fire Journal,AFJ)可以提供双月数字期刊,刊登飞机救援消防相关的学术论文、飞机事故案例研究、飞机救援消防部门简介及其他信息。航空消防杂志还通过各大新闻媒体通讯社的电子邮件服务以“航空事故救援新闻”的形式发布所有与飞机事故有关的信息。要获取更多信息,请访问航空消防杂志的网站。

空难网站(www. airdisaster. com)提供最新的航空灾难报告、数以千计可下载的史上飞机事故图像、**飞行员座舱通话记录仪**(Cockpit Voice Recorder,CVR)的记录和录音。

飞行员座舱通话记录仪——大多数大型民航飞机上安装的记录设备,用以记录机组的对话和通信语音,可以用来辅助事故调查,确定事故发生的可能原因。

飞机机主和飞行员协会(Aircraft Owners and Pilots Association,AOPA)飞行安全基金会提供飞机事故数据库及统计、年度事故统计与趋势概览(纳尔报告)、每月典型事故案例研究及航空相关网站。关于飞机机主和飞行员协会的更多信息可以查阅该组织的网站。

航空安全网站(www. airsafe. com)按机型和地域分类提供航空事故与致命事件方面的信息。它提供的安全信息涉及美国航空公司的机队情况,还有数据分析、航空安全有关链接、人身安全及飞行安全等。

机场消防官员协会(Airport Fire Officers Association,AFOA)是一个技术性组织,致力于提升和维护英国和爱尔兰境内机场消防保障的专业形象和地位,通过对所有技术和业务相关的事务性信息和知识进行持续对话,确保他们之间保持交流。

注:附录C中有国家防火协会、联邦航空局和国际民航组织的更多参考资料。

飞机救援消防人员的角色与分工

为了将乘客和机组人员从飞机上成功疏散,驾驶舱的机组人员、空乘人员和飞机救援消防人员必须了解在紧急情况下各自的分工。这些分工包括：

(1) 驾驶舱的机组人员和空乘人员负责飞机的操作和所有乘员的安全。如果飞行员在发生紧急情况时仍然行动自如，他们有责任对撤离的发起和实施撤离的方式做出决定。

(2) 飞机救援消防人员负责控制和扑灭火灾、组织机上人员撤离和实施救援。如果飞机的机组人员无法行动，则由飞机救援消防事件指挥员发起撤离行动。如果使用飞机逃生滑梯，飞机救援消防人员应协助撤离者，防止或减少伤害。

注：如果事故属于轻度坠机，机身基本完好且没有发生燃油火灾，那么乘客的生存能力会大大提高。即使是在严重的坠机事故中，飞机救援消防人员也应该像有幸存者那样实施作业、扑灭火灾、组织撤离，并根据需要进行救援。

人员配备

机场行政部门应聘请一名人员担任飞机救援消防保障处的顾问/领导。该人员负责飞机救援消防部门的行政工作，包括但不限于场内飞机险情的管理、监督、法规落实和作业控制。

在飞行作业开始前至少15min直到这些作业结束后至少15min，必须要有足够多的飞机救援消防人员可以编配到所属飞机救援消防车上。这些人员应战略性地部署在机场，确保迅速响应和喷射灭火剂，以支持飞机救援消防行动。以下标准包含了飞机救援消防人员最低人员配备要求的信息：

(1) NFPA 403《机场飞机救援消防保障标准》。

(2) FAR 第139.303部《人员》。

(3) ICAO《机场保障手册·第1部：救援与消防》。

应当进行任务和资源分析并形成文档，以确定适当的员额编制水平。飞机救援消防人员的配备不应低于最低员额要求。低于最低员额要求将导致机场的飞行作业减少，以匹配下降的飞机救援消防响应能力，甚至可能导致机场关闭。

岗位设置

根据各自的培训、经验、级别和编制员额数量，飞机救援消防人员被分配到各个岗位，就像在市政部门里那样。以下是飞机救援消防人员任职的关键岗位设置：

(1) **机场消防员**。负责扑灭火灾、实施搜救，并提供应急医疗救护。

(2) **应急医疗保障人员**。负责提供应急医疗救护。

(3) **救援小组成员**。负责设法进入机身，实施搜救并安全疏散飞机上的机组和乘员。

(4) **驾驶员/操作手**。负责检查、简单维修，并在紧急和非紧急作业中操作飞机救援消防车及灭火系统。

(5) **官员**。负责在紧急和非紧急作业中监督所属人员，如果是最先到达现场的官员则要发布命令和启动事件指挥系统，如果是组织中的高级官员则要管理飞机救援消防流程。

注：在有的机场，这些功能可能是组合在一起的。

注：在国际机场，事件现场的指挥员应当做到英语流利，以便和消防人员沟通。

飞机救援消防培训课程

无论是隶属于机场还是其他有飞机救援消防作业支援任务的消防站，包括有**互助**协议的组织，要想让消防员能够有效处置飞机险情，一套综合性的飞机救援消防人员培训课程对他们来说是至关重要的。要想让消防员在飞机事故/事件过程中尽可能不发生代价巨大的失误，只有事先培训才是唯一途径。高质量、连续性的教育与训练可以让飞机救援消防人员获得和拥有一定的知识、技能和能力，这对于他们安全执行任务很重要。

互助——在发生险情时，根据相关机构之间的预先安排，由相邻的消防与应急保障机构向另一家机构发出的互惠性协助，一般要根据受助方的请求来实施。

以下文件中有建议性执行标准，用以维持熟练而有效的飞机救援消防保障：

（1）NFPA 405《飞机救援消防保障反复熟练性训练的建议性练习》。

（2）FAA AC 150/5210 – 23《飞机救援消防车和可延伸高射消防炮的操作、训练和资格认证》。

（3）FAA AC 150/5210 – 17《飞机救援消防人员培训课程》。

培训类型

大多情况下，航空公司和其他机场部门是愿意参加飞机救援消防培训并提供相关资源的。飞机救援消防人员要接受以下几种培训：

（1）**学员级（新员）训练**。在分配到航空公司之前所接受的初步训练（图 1.2）。

（2）**在职训练**。在完成日常工作期间，在资深消防员指导下进行的学习。

（3）**在岗训练**。熟练性训练，例如，消防员在他们的消防站开展教室内学习、动手技能练习、实际灭火教练等。**附录 D** 提供了实际灭火在岗训练要求的细目。

（4）**专设课程与研讨**。拓展课、会议、微课程、研修班、函授课程或公认专业学校的课程。

消防员并不限于完成以上这些培训中的某一种，事实上，如果消防员参加了这些里面一个以上的培训，他们就会更容易取得成功。

图 1.2　新人正在进行初步的飞机救援消防训练

飞机救援消防培训要求

NFPA1003 中的工作要求可分为三大职责：响应、灭火与救援。这些职责以及 FAR 第 139 部与 ICAO《机场保障手册》第 1 部第 14 章中的那些特别规定，均要求机场消防员掌握以下各项知识与技能：

（1）认知机场。

（2）认知飞机（图 1.3）。

（3）安全和飞机危险性。

（4）通信。

（5）救援。

图 1.3　机场消防员正在进行飞机认知训练

(6) 灭火剂。
(7) 消防车。
(8) 飞机火灾扑救、通风和清理(图1.4)。
(9) 驾驶员/操作手。
(10) 机场/社区应急预案(Airport/Community Emergency Plan,A/CEP)。
(11) 战略战术作业。

图1.4　采用飞机燃烧训练器开展实际灭火训练

飞机救援消防人员在他们任职期间按要求需要进行反复熟练性训练。对于有些辖区,NFPA405概括了必要的反复性训练内容,而对于其他辖区,可以遵照FAA AC 150/5210 - 17、ICAO《机场保障手册》和CAR323标准《机场和航空站的场内消防》框定的训练内容执行。

本章剩余部分将对这些项目进行简介,并就每个主题在后续各章中详细讨论。

认知机场

消防员可以通过上培训课、在网格地图上研究机场总体布局开始了解他们的机场。但是,课堂培训和闭门看地图并不能提供所有必要的信息,消防员还必须亲自到机场上走一走,认识一下机场特征,包括:

(1) 控制塔台。
(2) 跑道、滑行道、隔离区、试车区和安全区的布局。
(3) 车辆待命位置。
(4) 应急用**仪表助降系统**(Instrument Landing System,ILS)区。
(5) 机场建筑与机库。
(6) 地面维护与停放设施。
(7) 排水系统。
(8) 给水系统。

仪表助降系统——可以让飞机在复杂天气条件下进近并着陆的电子导航系统。

作为一名机场消防员,还必须要能够识别机场的构造和地形特征,它们会影响、限制或阻止飞机救援消防车发挥其响应能力,甚至会对正在赶往机场事故或事件发生地的车辆造成危险。当赶赴机场以外的飞机事故现场时,飞机救援消防车可能要从非正常的出口或区域驶离机场,因此,救援人员也必须知道这些紧急通道的位置。

机场消防员还应当熟悉用于识别跑道和滑行道的系统。因为机场上有很多活动在同时发生着，所以必须要有一个管理车辆和飞机活动的办法。交通流控制流程、机场道面标记和标志系统实现了对车辆和飞机的控制。

所有的机场都有**危险目标**区域，机场消防员必须要能够识别。这些区域包括：

危险目标——有很大的潜在可能造成生命或财产损失的设施。

（1）燃油存储与输送系统（图 1.5）。

（2）航站楼（图 1.6）。

（3）行李区。

（4）停车区建筑。

（5）机库。

（6）摆渡系统。

（7）飞机维修设施（图 1.7）。

（8）危险品存储与处置区。

图 1.5　机场上的燃油储罐示例

图 1.6　机场航站楼示例

图 1.7　飞机维修设施内景

如果发生了险情，装有危险材料的飞机会被引导到一个预先指定的机场隔离区。按照飞机救援消防和/或**机场作业区**（Airport Operations Area，AOA）的政策与指导意见，该机场的消防员必须要知道这些位置和到达那里的响应路线。

机场作业区——飞机可在其上进行作业的机场区域，例如滑行道、跑道和停机坪等。

保证机场上的安全是所有机场工作人员的责任，特别是在当今恐怖主义的大环境下更是如此。在有的机场，执行安全任务属于消防员的一项工作，因此消防员必须熟悉他们机场的安全管理规则与规定。

认知飞机

机场消防员必须熟悉在他们机场飞行的飞机型号，以便能够对特殊危险做出预案并消灭它们。他们还必须熟悉飞机的结构特征和材料，因为这些与强力破拆入舱、救人以及灭火作业有关。

机场消防员必须知道在他们机场飞行的各型飞机上机组、乘客的分布及乘员容量。飞机救援消防人员还必须能够找到并操作每一种飞机的下述部位（如果该部位正常可用）：

（1）正常进出和保障的舱门。

（2）应急逃生出口。

（3）货舱和电子设备舱的开口。

（4）进入隐蔽空间的通道。

（5）逃生系统。

（6）撤离滑梯。

当正常的入口不可用时，消防员必须要能够找到飞机上的强力破拆点并通过它进入飞机。对于军用飞机，要像熟悉其武器与爆炸装置那样熟悉其**座舱盖**与座椅弹射系统，这很重要。

座舱盖——某些飞机机头顶部的透明罩。

消防员必须熟悉他们机场上飞机的结构和系统的类型，包括：

（1）飞机结构及结构材料。

（2）发动机。

（3）停机步骤。

（4）燃油系统。

（5）氧气系统。

（6）液压系统。

（7）电气系统。

（8）防火系统。

（9）辅助电源（Auxiliary Power Unit，APU）。

（10）飞机雷达系统。

（11）起落架、刹车系统和机轮装置。

（12）洗手间、垃圾系统和垃圾。

飞机救援消防人员应当能够识别飞机上的**数字式飞行参数记录仪**（Digital Flight Data Recorder，DFDR）和飞行员座舱通话记录仪。两种记录仪都可以辅助事故调查，是权威调查机构所需的关键物品。消防员应当知道寻找这些装置需要遵循的流程，以免它们受到进一步破坏。

数字式飞行参数记录仪——大型民航飞机上的数字式记录设备，用以记录飞机的空速、高度、航向、加速度等，可用于辅助事故调查，通常称之为“黑匣子”。

安全和飞机危险性

机场消防员在飞机事故/事件现场及周边面临着很多现实的和潜在的危险。虽然飞机事故未必总是会导致火灾，但是消防员必须警惕与飞机相关的其他危险。飞机救援消防人员必须清楚失火燃油、有毒烟雾、飞机残骸及生物危险等危险因素对自身、事故遇险人员以及消防设备所产生的影响。

机场消防员的工作环境需要他们穿戴合格的个人防护装备(Personal Protective Equipment,PPE)和正压式自给式呼吸器(Selfcontained Breathing Apparatus,SCBA)(图1.8)。飞机救援消防人员应当知道怎样正确检查、保管和使用个人防护装备和自给式呼吸器。他们还应当能够识别常见的危险呼吸环境,以及该环境会怎样影响到自给式呼吸器的性能。消防员应当训练在低能见度条件下使用自给式呼吸器,还要能够演示紧急情况下的呼吸技术,包括协助其他消防员、节约空气和使用旁通阀等。

图1.8　个人防护装备和自给式呼吸器在灭火作业中为机场消防员提供保护

最后要说的是,航空事故中的遇险人员所遭受的外伤是极为恶心和可怕的。消防部门应当随时准备好一个压力管理计划,以减轻**非典型压力事件**在这些事件期间和之后对应急响应人员造成的影响。此外,飞机救援消防人员必须要清楚他们可以获得哪些援助,以协助处理事后压力所产生的后果。

非典型压力事件——潜在的创伤性事件,例如大规模伤亡事件,消防和应急保障人员在现场看到了远远超出这些人在紧急事件中正常所看到的骇人场景。

通信

能否对火警或飞机出险通知做出迅速而准确的反应,是任何事件最后得到成功处置的一个重要条件。飞机救援消防通信包括向通信中心(也可称之为应急作业中心、应急通信中心、调度室、报警室或报警通信中心)发出紧急通知,由该中心通知给适当的灭火力量,还包括现场的信息交换。

互助协议对于有些响应是很有必要的。机场消防员必须知道如何通知和请求这些资源。互助单位可能使用与机场消防部门不同的无线电频道,因此消防员还必须能够识别这些频道。一个预先商定的通信方案对于同外界资源进行互动是非常必要的。

图1.9　飞机救援消防车驾驶员/操作手在应急响应途中向机场控制塔台请求许可穿越跑道

飞机救援消防车赶赴出险地点时可能需要控制塔台的许可,以便车辆开进或通过机场的某些区域(图1.9)。一旦到达现场,飞机救援消防人员必须能够提供初始状态报告,有时候还要与出险飞机的机组直接通话,飞机救援消防人员应当懂得怎样使用飞机的飞行与保障对讲语音系统,所有的飞机救援消防人员都要能够使用和理解飞机救援消防手势信号,以便和飞机机组人员及其他消防员进行交流。机场消防员应当了解引导和停放飞机的某些手势信号。

救援

有各种各样的工具和设备可以用于进入飞机并营救乘员。了解所有可用工具的局限性、安全注意事项、操作特点和性能,有助于消防员选择合适的工具或设备。实际要用哪种工具取决于飞机的类型、位置和救援人员的技能水平。全面透彻地了解飞机救援和消防中所用工具的基本类型也可以满足消防员的不时之需。

当机场消防员无法通过正常途径进入飞机时,他们必须强力破拆进入。正确选择和使用合适工具是进入飞机的必要条件。强力破拆入舱是一项技术活儿,需要飞机结构、内部布局、各种系统以及材料等方面的丰富知识。消防员必须随时掌握飞机结构特征的最新情况,以及舱门、舱盖和窗户的位置及操作特点。应当强调的是,当飞机救援消防人员赶到失事飞机处以后,要充分利用所有可用的飞机紧急出口转移乘客。例如,如果飞机逃生滑梯已展开,飞机救援消防人员应协助飞机乘员安全使用滑梯。

一旦飞机救援消防人员进入机内,他们可能不得不使用救援工具从残骸内部和坍塌的机身中解开和救出被困乘员。在使用动力工具和/或产生摩擦的器械(禁用铁质工具)时要特别谨慎,以免可能产生打火(因为铁、铬、镍等黑色金属材料相互碰撞容易产生火花,具有火灾危险性。——译者注)。

应急医疗救护也是救援的重要组成部分。飞机救援消防人员必须要能够对受伤的遇险人员进行分类,以加快现场的应急医疗处理,并将严重受伤的人迅速送往医疗单位做进一步治疗。

灭火剂

依据危险性质,不同情况可能需要不同的灭火剂、喷射技术、装置与设备。了解火灾分类对消防员来说很重要,因为每一类型都有其适用的灭火剂和技术。

灭火剂可以分为两类:主力灭火剂和辅助灭火剂。主力灭火剂包括水和泡沫;辅助灭火剂包括化学干粉、惰性干粉(原文 dry powder,直译应为干粉,它以窒息方式灭火,不同于以链锁反应原理灭火的化学干粉,因此意译为"惰性干粉"。——译者注)和诸如哈龙及哈龙替代品的洁净灭火剂。

消防车

机场消防部门有很多不同类型的消防车,每台车都装有**火灾扑救**系统和灭火剂、水带、喷枪和附属配件,以及各种各样的救援工具与设备。飞机救援消防人员通过训练要学会启动火灾扑救系统并会选择使用各种消防炮、水枪及可延伸/举高水路系统。消防员必须能够识别每一种水带、喷枪和接头,知道各自的功用,并且知道它们在消防车上的位置。为了能有效灭火,他们还必须知道怎样展开和操作各种工具与设备。机场消防员还必须熟悉他们机场飞机救援消防车操作的各方面要求。

火灾扑救——所有与灭火作业相关的工作和活动,从发现开始直到火灾被完全扑灭。

飞机救援消防车的设计可以输送大量灭火剂,但是它们的能力终究是有限的,因此,灭火剂的喷射、节约和管理对于成功实施飞机救援消防作业来说很重要。当飞机救援消防车即将耗尽其灭火剂供应,必须要能尽快补充。消防员必须要能利用消火栓、运水车(水罐车)和/或自然水源来建立补充供应点。

飞机火灾扑救、通风和清理

飞机救援消防人员必须进行培训并熟练掌握火灾扑救技能，以降低火灾对飞机乘员造成的危险。这些技能包括选择适用的灭火剂、确定足够大的灭火剂流量，以及采用适当的喷射技术（图 1.10）。

图 1.10　机场消防员在实际灭火训练操演中练习灭火剂喷射技术

为了消除燃烧产物、将可呼吸空气引入机身、提高救援作业的能见度，有必要对机身进行通风。飞机救援消防人员需要接受培训，以理解通风的必要性、开设通风口并为通风作业提供支持。

飞机救援消防人员还必须接受如何开展清理作业的培训，以确保隐蔽火灾能被发现、暴露和扑灭。在飞机救援消防队伍撤离之前，飞机或飞机残骸的所有火灾必须找到并完全扑灭。

驾驶员/操作手

消防车的驾驶员/操作手负责安全运送消防员、车辆、灭火剂和设备往来于应急现场。他们必须要在各种天气条件下训练驾驶技术，例如低能见度以及场内或机场周边可能遇到的各种地形条件，包括道路以外地形条件。驾驶员/操作手还必须确保车辆本身及携带的设备随时可用。

一般地，驾驶员/操作手应当是成熟、有责任心、有安全意识的成年人。由于他们负有广泛的责任，经常处于紧张的应急环境下，驾驶员/操作手必须要能在高压下保持有逻辑性、有思考力、积极向上、有洞察力、有解决问题的心态。或许有必要对他们进行心理剖析、药物和酒精测试以及背景调查等，确保驾驶员/操作手随时能够承担工作带来的重大责任。

为了顺利履行职责，所有驾驶员/操作手都要具备一定的智力与身体方面的技能。并非每个消防员都能成为合格的驾驶员/操作手，这些技能所要求达到的水平通常由各管理部门确定。在 NFPA1003 已有的要求基础上，NFPA1002《消防车驾驶员/操作手职业资格认证标准》设定了对飞机救援消防人员的最低资格要求。飞机救援消防车驾驶员/操作手还必须满足 FAA AC 150－5210－23《飞机救援消防车和可延伸高射消防炮的操作、训练和资格认证》中的训练要求。

注：有的管理部门要求飞机救援消防车的驾驶员/操作手持有“航空车辆操作许可证”才能驾驶消防车通过登机口区域，以及在机场的停机坪、滑行道和跑道上行驶。

消防车必须随时做好出动准备。车辆参加应急响应不论是一小时出动一次还是一个月出动一次,随时接到通知都要能够按照设计状态进行工作。为了确保这一点,必须定期进行一些日常检查和预防性保养。进行日常检查和预防性保养查验可以防止发生大多数的车辆或设备故障。在大多数消防站,完成这些检查是对驾驶员/操作手的一项要求(图1.11)。

图1.11　飞机救援消防车驾驶员/操作手对他的消防车进行日常检查

机场/社区应急预案

应当制定一个作业预案,以便在飞机事故/事件发生之前即形成正确流程、定好所需资源。这样一个预案解决了在本场辖区内对紧急情况作出协调、有序响应的需求。该预案应当尽可能完整、详细,确保所有相关机构明白它们在各种条件下的角色与分工,飞机救援消防人员应当知道相关内容及其在机场/社区应急预案中的位置。

战略战术作业

为了能够安全、有效地开展飞机救援消防作业,飞机救援消防人员必须了解并在演习、练习和日常作业中使用事件指挥系统(Incident Command System,ICS)。"国家事件管理系统—事件指挥系统"(National Incident Managemen System - Incident Command System,NIMS-ICS)是美国国内指定使用的系统。该系统是一个用来对人员、设施、设备和通信进行流程控制的系统,可使所有响应人员以效果好、效率高的方式朝着同一个目标共同努力。该系统的设计适用于所有事件。这样的组织方式很有必要,因为机场消防部门在工作中经常涉及有生命威胁的情况并要与其他机构一同工作,因此组织上的任何失误都可能对遇险人员和消防员造成严重后果。

机场消防员应当了解**标准作业流程**(Standard Operating Procedures/Standard Operating Guidelines,SOP/G),因为它们与飞机险情紧密相关。这就有必要选择一定的**战略**和**战术**来控制险情并促使其成功解决。重点是要竭尽所有可用手段协助乘员撤离飞机。

因为战术作业必须快速实施,所以事先决策在训练室内就已经做得很完善了,并且还可以根据火场需要进行调整。飞机救援消防人员即将遭遇的很

标准作业流程——标准的方法或准则,机构或消防部门借助它可以开展作业完成例行职能。通常这些流程会写入政策文件和工作手册中,所有消防员都要熟练掌握其内容。标准作业流程中会特别指出消防队成员在执行应急作业时的职能界限。

战略——由事件指挥员制定用于事件进攻与控制的总体方案。

战术——为了完成特定战术目的并最终实现既定战略目标,从而在事件中运用装备和人员的方法。

多紧急想定是可以在事发之前进行预先谋划的。飞机救援消防部门研究、制定、补充标准作业流程以最大程度降低事发现场的混乱是很重要的。

飞机救援消防人员还需要熟练掌握事件评估流程。事件评估可以确定是否需要更多的资源和互助力量。尽早认识到并对这些资源提出需求对于飞机险情的解决是很关键的。紧急事件处置的成功或失败可由最初几分钟的响应决定。关于抵达和展开的战术决策必须要在响应之初就定下来,而撤离和停机等决策可以随后再做出。标准应急响应预案(Standard Emergency Response Plan,SERP)是开展工作的一个很好的起点或蓝图。标准应急响应预案有助于组织和协同多机构共同响应,确保每个人团结在一起开展工作。

一次成功的飞机救援消防作业取决于参与人员的战略决策和战术行动。一个训练有素的消防员小组,如果有了进攻方案、充足的灭火剂并能正确运用,在早期阶段即可控制大多数火灾。如果不能对火势进行很好的协同进攻,就有可能让火势向前蔓延并导致失控。

本章小结

飞机救援消防人员必须经过严格训练,随时准备在遍布世界的机场上展现其飞机救援消防能力。这些人员应当熟悉与飞机救援消防任务相关的各类组织,包括成为一名飞机救援消防人员的基本要求与培训需求。本章讨论了美国国内以及来自其他国家的各种相关组织,概要介绍了对飞机救援消防人员的基本入门要求,这些要求可以在 NFPA1002、NFPA1003 等标准中查到,还明确了要成为飞机救援消防人员必须接受培训和通过鉴定的特定项目。

复习题

1. 飞机救援消防人员的三项首要使命是什么?(第 10 页)
2. 飞机救援消防历程中的重要里程碑有哪些?(第 10 ~ 12 页)
3. 本书中提到的组织如何影响飞机救援消防作业?(第 12 ~ 17 页)
4. 飞机救援消防小组的岗位有哪些职责?(第 18 页)
5. 机场消防员必须接受哪些课目的培训?(第 19 ~ 20 页)

第2章　认知机场

学习目标

学习完本章,学生要能够:

1. 介绍一下机场认知训练。[NFPA1003 4.2.1, 4.2.2, 4.2.3]
2. 解释不同机场的类型和分级。[NFPA1003 4.2.1, 4.2.2, 4.2.3]
3. 比较一下典型起落航线的各个边。[NFPA1003 4.2.1]
4. 认识用于命名跑道和滑行道的系统。[NFPA1003 4.2.1, 4.2.2, 4.2.3]
5. 识别机场标记、灯光和标志。[NFPA1003 4.2.1, 4.2.2, 4.2.3]
6. 确定机场设计对飞机救援消防响应的影响。[NFPA1003 4.1.1.3, 4.2.1]
7. 解释将机场消防站设在中间位置的重要性。[NFPA1003 4.2.1]

第2章
认知机场

历史案例

2008年12月20日，当地时间大约18:18，大陆航空公司的1404航班获准起飞。在丹佛国际机场34R跑道上获得起飞许可后，这架波音737飞机在西C滑行道之前偏出跑道，这时距离跑道端头还不到1 200m。该机越过滑行道和一条保障公路之后，坠入12m深的峡谷中，距离跑道仅数百米之遥，位于4#消防站后面。

赶往事故现场的飞机救援消防车最初接到了关于坠机地点的错误信息。他们首先到达一架没有亮灯的小型喷气式飞机处，心想这就是遇险飞机。大雪纷飞的冬日天气影响了能见度，飞机落在了一个峡谷中，因此难以发现。来自另一方向的主要响应力量注意到了一片残骸区域，指引车辆到达了坠机地点。尽管一开始对1404航班的坠机地点没有搞清楚，消防员们还是比较快速地抵达了现场。

得益于机场认知训练，救援小组能够顺利定位坠机地点，并在非常不利的条件下找到通往现场的道路。当他们到达时，飞机右侧大部分失火，乘客们正在从左侧往外爬，旁边有空乘人员协助。飞机受到了严重损坏，机身在紧靠机翼后面断裂，1号发动机和主起落架被剪断，前起落架折叠入舱。所有110名乘客和5名机组人员生还，仅有一部分乘客需要住院治疗。

在确定某种情况下通往现场最安全、最有效的响应路线时，响应人员对机场的熟悉程度是至关重要的。飞机的火势可能很快穿透和/或蔓延到整个机身，造成巨大的潜在生命危险。在飞机附近，地面设备、设施也可能暴露在火灾中。飞机救援消防部门必须非常熟悉机场布局及可能遇到的环境条件，才能够快速到达现场。

尽管大型机场内部就有一个甚至多个消防站，很多机场的防火工作既要依靠机场的消防保障，也会根据互助/自动协议借助于机场周边的当地消防部门。较小的机场可能没有内部的消防保障，只能由周边的消防部门进行保障。且不论响应部门和机场大小如何，应急响应人员必须要能够快速到达机场的任何地方，即使是夜间或因天气恶劣而使能见度变差也应如此，这意味着一旦主要响应路线不可用时要选择备用响应路线。飞机救援消防人员必须切实熟悉机场布局，特别是跑道及其编号体系，还包括滑行道、公路、大门、围界，以及机场特有的地理特征。理解跑道的使用方式可以让响应者明白飞机会在哪里起飞、着陆或滑行。

熟悉机场布局、驾驶规定和通信流程不仅对于飞机救援消防人员很重要，而且对于附近建筑消防站的消防员来说也很重要。有时候，必须调动后备资源以支援机场消防部门，这些响应车辆也必须知道怎样才能快速而安全地到达现场。互助训练必须涉及机场认知的内容，为互助/自动协助人员在场内和机场周边驾驶车辆做好**空中交通管制**（Air Traffic Control，ATC）或机场作业方面的安排。

空中交通管制——联邦航空局设在大型机场用于操作塔台管制室的分支机构。

飞机或相关设备与设施的火灾在人员和经济方面造成的损失可能是巨大的。即使没有造成伤亡，火灾也会破坏贵重财物、威胁机场人员的工作安全、影响机场物资供应链，并给公众造成严重不便。除了需要练就娴熟的飞机救援消防技能，在机场各处采用良好的防火技术也很重要。

本章将介绍以下主题：

(1) 机场认知训练。

(2) 机场类型与分级。

(3) 机场起落航线。

(4) 跑道与滑行道命名系统。

(5) 机场灯光、标记和标志系统。

(6) 机场的设计。

(7) 消防站。

机场认知训练

为了实现快速响应，飞机救援消防人员需要全面熟悉机场及其周边邻近区域。他们需要进行的训练包括让他们在各种天气和作业条件下均能对这些位置了如指掌。

作为最低要求，机场认知训练应当包括：

(1) 学习机场及周边区域的地图。

(2) 学习机场的标记、灯光、标志和交通路线。

(3) 在机场上及其设施周边驾车和步行。

(4) 参加事件预案研讨。

(5) 参加模拟事件或事故想定作业。

机场类型与分级

受控机场——有控制塔台运行的机场，塔台通常但不总是派驻有联邦航空局人员。

非受控机场——没有控制塔台运行的机场。

机场有受控的和非受控两种基本类型。**受控机场**有运行控制塔台，上面有空中交通管制人员管理飞机在空中和地面的运动。**非受控机场**是未设配有空管人员且能正常运行的控制塔台的机场。有的机场只在特定时间才派人进驻并开通使用他们的控制塔台，例如，在白天时段，而在夜间则处于非受控状态。

注：有些美国之外的小型机场有飞行保障专员，由他们代替空中交通管制人员来控制飞机的地面活动。

为了确定所需防火的强度或等级（表 2.1），各种机构对机场进行了分级，例如：国家防火协会、联邦航空局、国际民航组织和加拿大运输部等。FAR 第 139.315 部《飞机救援与消防：等级确定》中说，等级是根据营运飞机（按机群表述）的长度和营运飞机每天起降的平均数综合确定的。如果机场的单个等级机群中营运飞机的平均每天起降数达 5 次或以上，那么最长飞机所在并且每天起降数平均达 5 次或以上那个机群的等级，即为该机场应有的等级。如果机场的单个等级机群中营运飞机的平均每天起降数不足5次，那么比该等级机群稍低的那个等级即为该机场应有的等级。最低等级规定为A级。联邦航空局机场等级确定的更多指导原则参见FAR第139.319部《飞机救援与消防：作业要求》。

国家防火协会、加拿大运输部和国际民航组织根据使用该机场的最长飞机和这些飞机的机身宽度建立他们的机场分类方法。飞机救援消防人员应当与主管部门共同努力，确保他们机场所使用的分级体系中涉及到防火方面的要求能够得到满足。

表2.1　机场分类与分级

联邦航空局	国际民航组织	国家防火协会	加拿大运输部	长/m*	宽/m*
A**	1	1	1	9	2
A**	2	2	2	12	2
A**	3	3	3	18	3
A	4	4	4	24	4
A	5	5	5	28	4
B	6	6	6	39	5
C	7	7	7	49	5
D	8	8	8	61	7
E	9	9	9	76	7
—	—	—	10	至少76	8
E	10	10	—	90	8

* 小于但不包括……

** 如果机场定期保障9座以上的飞机，则联邦航空局将其归为A类。

注：信息摘自NFPA403《机场飞机救援消防保障标准》，FAA14 CFR139.315《机场认证》，ICAO《机场保障手册·第1部：救援与消防》，以及加拿大航空条例CAR 303.05《飞机的消防分类》。

机场起落航线

机场消防员必须了解机场邻近范围内的空中**起落航线**。除非由空中交通管制员进行特别引导，所有进入机场区域的飞机都必须按照这种起落航线飞入。当有飞机声明遇到紧急情况，该机即被给予优先权，可以不按照起落航线飞行而是**直接进近**（有时称为变通进近）。

起落航线——为在机场进行起飞着陆的飞机所规定的交通流程。

直接进近——在未完成起落航线任何其他部分的情况下直接切入跑道中心延长线（最后进近航路）从而进入起落航线。

机场消防员理解了飞机怎样进入起落航线，就可以知道入港的出险飞机相对于机场跑道的位置。典型起落航线的构成包括以下几个边（图2.1）：

（1）**侧风边**。紧接上风边之后与着陆跑道成直角的飞行路径。

（2）**下风边**。与着陆方向相反并与着陆跑道平行的飞行路径，通常位于侧风边和基线边之间。

（3）**基线边**。在进近端以远并与着陆跑道成直角的飞行路径。基线边通常自下风边延伸至与跑道延长线的交叉点。飞机必须在基线边上做一个90°转弯之后才开始最后进近。

（4）**最后进近**。着陆航线的一部分，在该阶段飞机与跑道成一线，对准陆地方向。

有的机场按照直接进近航线进行作业。飞机按照**引导**飞行，交叉穿过最后进近航路然后直接着陆。风吹的当前方向决定着航向引导和着陆跑道的选择。

引导——飞机所遵循或将要遵循的罗盘指向或航路。

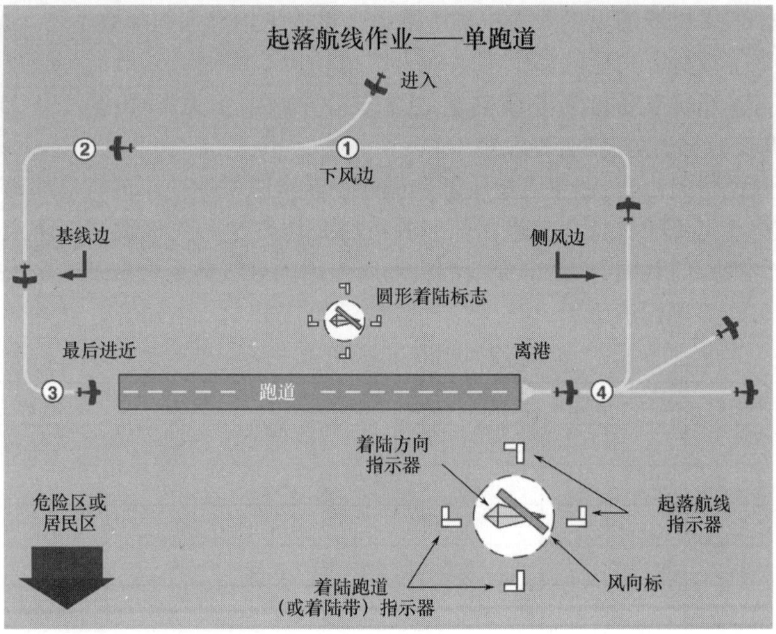

图 2.1 典型的飞机起落航线示例

跑道与滑行道命名系统

> **跑道**——机场上规定用于飞机沿其长度方向起飞或着陆的矩形区域。

> **滑行道**——飞机在地面活动(滑行)时使用的规定路线。

飞机是迎风起飞和着陆的,因此**跑道**的排布要便于利用该机场的盛行风。等待许可起飞的飞机会在跑道下风端的**滑行道**上排好队,如果风比较弱并且不是关键因素,空中交通管制员会同时使用多个跑道放行交通流。

跑道标号取自罗盘方位(相对于磁北向)按 10°进位所得最接近的数字。罗盘方位从北向开始,按顺时针从 0°增至 360°。一个罗盘方位为 340°的跑道,当飞机从南端进近时标示为 34,而同一条跑道从北端进近时则标示为 16,因为从这个方向来看罗盘方位为 160°。同一条跑道的两端总是会有 180°的差值。当跑道的标号为 06 或 09 时,会在该数字下方加一个横杠(06 或09)以免混淆。

如果需要的话,可用字母区分相互平行的多个跑道。在大多数机场,平行跑道是用数字后带 L(左)和同一数字后带 R(右)来识别的(图 2.2),例如,一对平行跑道从北向可以区别为 36L 和 36R,而从另一端则区别为 18L 和 18R。如果有三条相互平行的跑道,可以采用类似的方式进行区别,这种情况下用字母 C 来指示“中间”跑道,所以方位 180°的三条平行跑道会被标识为 18L、18C 和 18R(分别为 18 左、18 中和 18 右)。

跑道在其周围还应有一个“安全区”。保障大型喷气式飞机的典型跑道宽度为 45m,这么宽的跑道其安全区通常向两侧延伸至距跑道中心线 75m 远(共 150m 宽),在进近和离港端向外延伸 300 ~ 600m。如果飞机偏出或冲出跑道,安全区的地面要能支撑得住它。

滑行道是专门指定和准备的机场道面,供飞机在跑道、机库、停机坪、大门等之间往返滑行(活动)。简单地说,它们是供飞机在机场表面运动的道路。滑行道需要有一个字母名称,通常从 A 开始,然后是 B 滑行道、C 滑行道,等等(我国用数字对跑道与滑行道之间的联络道进行编号,例如 1 号联络

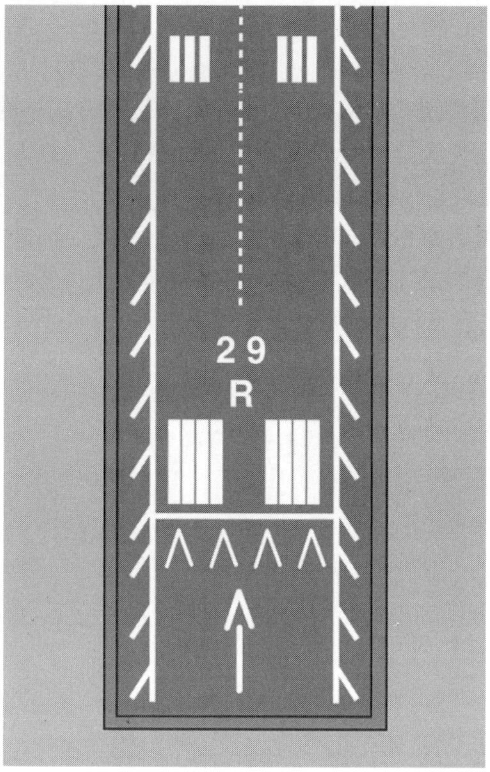

图 2.2　跑道识别标记示例

道、2 号联络道，与跑道平行的滑行道不编号。——译者注）。这些通常使用语音字母表称呼，例如，Alpha 滑行道、Bravo 滑行道和 Charlie 滑行道等。传统做法是先给主要的滑行道命名，例如，平行于跑道的那些，然后命名与之相连且“次要”和“分支”的。例如，A1 滑行道与 A 滑行道垂直相连，然后下一个类似的滑行道就叫做 A2。滑行道的命名没有标准化，通常在联邦航空局的协助下自行决定。有时某滑行道还可能被称为“平行滑行道”（与跑道平行）或者“交叉滑行道”（与跑道相交）（在我国，平行滑行道称为“滑行道”，交叉滑行道称为“联络道”。——译者注）。

机场灯光、标记和标志系统

除了跑道标号和滑行道编号系统，机场还使用彩色灯光、标记和标志符号来识别机场上的各个区域、建筑和障碍物。飞机救援消防人员要理解他们机场上所用的灯光、标记和标志系统。

灯光、标记和标志的联邦航空局标准

下述联邦航空局咨询通告对机场灯光、标记和标志系统的最低标准进行了介绍：

- AC150/5340－1《机场标记标准》
- AC150/5340－18《机场标志系统标准》
- AC150/5340－30《机场视觉辅助装置的设计与安装详解》

道面灯光

尽管每个机场的滑行道名称各不相同,但是所有机场的跑道与滑行道道面灯光是标准的。由于这些灯光受空中交通管制人员控制,飞机救援消防人员可以根据天气条件提出强度或亮度方面的调节要求。有的机场通过一个特殊的航空无线电频率使用无线电遥控系统调整灯光。在加拿大,该系统称为机场灯光的飞机无线电控制(Aircraft Radio Control of Airdrome Lighting,ARCAL),而美国称之为飞行员控制灯光。图2.3显示了各种类型的机场灯光,其布置如下:

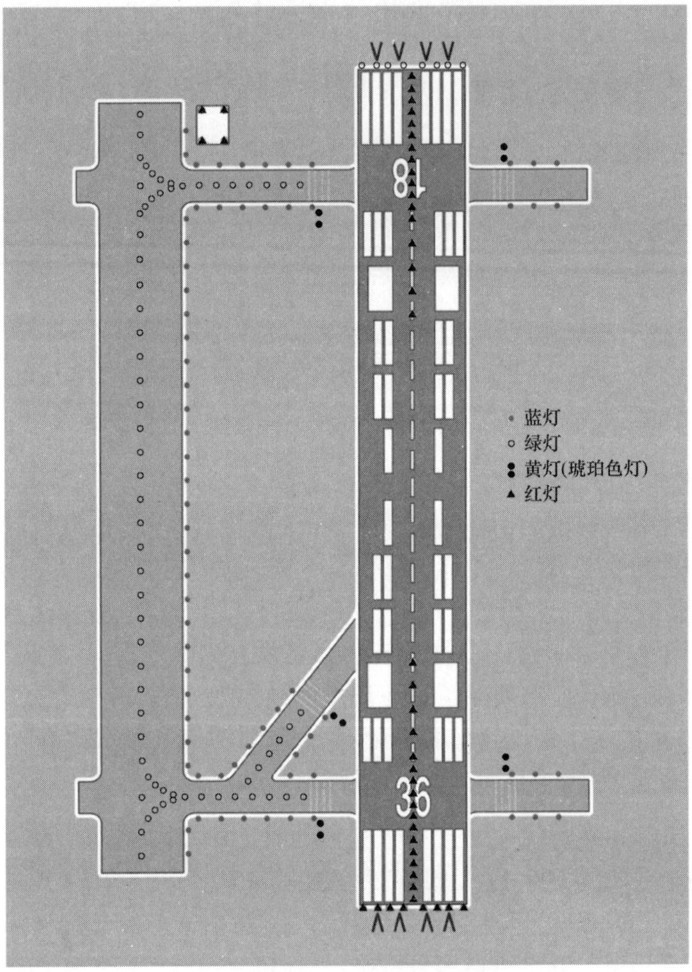

图2.3 彩色灯光用于识别跑道和滑行道上的不同区域

(1)**蓝灯**或反光标记用于勾勒出滑行道,通常位于道边,灯距30m。

(2)**白灯**用于勾勒跑道边线和识别跑道中心线,边线灯间距60m,中线灯间距15m。白灯还用于表示停机坪上的行车区域。

(3)**绿灯**用于识别跑道的进近端和部分滑行道的中心线。

注:并非所有滑行道都需要中线灯。

等候线——机场停机坪、滑行道和跑道等区域的机场标记,只有得到控制塔台的允许才能通过。

(4)**黄灯或琥珀色灯**用于识别**等候线**的位置,亦即经过控制塔台允许才能通过的区域。这些灯被称为"警戒灯",装在等候线的两边,是两组双闪灯。黄灯或琥珀色灯还可用作跑道离港端最后600m处的跑道边线灯。

(5)**红灯**用于标识障碍物,例如,建筑结构、停放的飞机、非保障区域、施工区以及跑道的离港端。跑道中线灯在最后900m开始红白交替,并在最后

300m 变成全红。跑道状态灯(Runway Status Light,RWSL)包含在这一组中。

跑道状态灯

跑道状态灯告诉飞行员和车辆操作手在跑道不安全时要停下。这些灯埋入跑道和滑行道的道面,当其他交通工具以危险性进入、穿越等方式闯入该区域,或者飞机开始起飞时,灯即自动变红。这些灯光是立即警告系统,无需空中交通管制人员干预。

标记

机场上还使用彩色标记。机场标记常用白、红和黄三种颜色,含义如下:

(1) 白色用于跑道识别数字/字母、着陆区的条带、斑纹。

(2) 红色用于标识禁区,例如消防通道和禁入区。在穿越红线进入禁区之前必须得到可以穿越的授权。

(3) 黄色用于等候线、滑行道和仪表助降系统决断区。黄色也可以标记非承载地面。

等候区(常称为等候线或等候带)标记对于使用滑行道的车辆和飞机来讲是个停止符号。有两种区别明显的等候区标记:跑道等候区标记和非**飞行场区**边界标记(图 2.4(a)和(b))。跑道等候区标记包括四道黄线——两实两虚——延伸并横跨滑行道的整个宽度。非飞行场区边界标记包括两道线—— 一实一虚——将空中交通管制下的飞机飞行场区与非飞行场区分隔开。

飞行场区——机场上的跑道、滑行道及其他区域,用来供飞机滑行或悬停、滑翔及起降,装卸停机坪和飞机停放区除外。

(a) 等候区标记示例(也称为等候线或等候带)

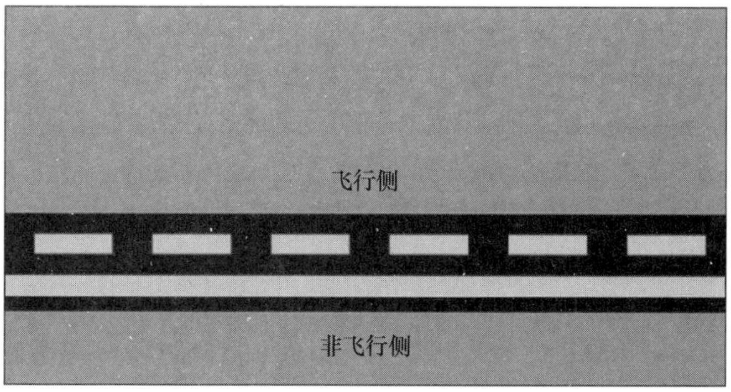

(b) 非飞行场区边界标记示例

图 2.4　标记示例

当从实线侧靠近等候区标记时，车辆或飞机需要停下，目视确认无障碍（非受控机场），或者空中交通管制批准可以继续行动（受控机场）。当从虚线一侧靠近时，等候区标记不起作用，车辆无需获得许可即可立即通行至另一侧。等候区标记通常位于跑道安全区的边缘。有的机场规定，滑行道黄色虚线是用来保持飞机/车辆在恶劣天气条件下远离这些区域的。未经授权进入跑道安全区可以认为是等同于实际进入了跑道。

在仪表助降系统决断区有特殊的等候区标记，通常位于靠近跑道尽头的滑行道上（图2.5）。仪表助降系统向降落飞机发射信号，表示其相对于跑道的确切速度和位置。车辆停在仪表助降系统区域内会遮挡这些信号，造成降落飞机从地面接收到不准确的信息。

图2.5　仪表助降系统决断区标记示例

滑行道在其长度方向上有连续单黄中线。滑行道上的虚线可以在恶劣天气和大雾条件下告知飞行员他们正在接近跑道。连续双黄线则用于显示滑行道边缘的位置。

跑道的某些区域有时候不适于起飞与着陆或不符合规定，常称为“特殊用途区”，它们的标记表示其用途和相应的禁忌。这些区域中最为常见的是代用**跑道头**（*将跑道上某一处而不是跑道的尽头作为飞机滑跑的起点或终点。——译者注*），用横穿跑道的白实线表示。这条线就是官方认可的跑道起点处，紧接着是跑道代码或是8个跑道头标志。如果有白色箭头指向这些代用跑道头标识线，那么说明此前的道面是可以用于滑行及起飞和着陆滑跑的。如果这些区域不适于飞机作业，将被涂上黄色“V”形标记，向外延伸的道面区域通常供喷气气流消散或中断起飞而冲出时使用。如果跑道或滑行道上有涂刷或投光的“X”，意思是那个跑道或滑行道关闭，不可进行飞机和车辆保障。

跑道头——用于着陆或起飞的跑道的起点或终点。

红线和白线用于标识“包络区”（图2.6），这是位于**停机坪**、登机口或廊桥处的一个区域，表示该区域将要被一架飞机停放占用。操作飞机救援消防车时要避免阻挡、在里面停车或者行车时过于靠近包络区。

停机坪——机场上用于乘客登机、离机或者装货、加油、驻留、维护等目的而停放飞机的区域。

车行道拉链标记用于显示某些道路的轮廓，这些道路所在或穿过的区域也供飞机使用。拉链标记用两条并排交替白色虚线定义车行道的边缘。由于拉链标记表示你正在飞机活动区行驶，所以驾驶员必须先在强制停车标志处停车并给所有运动中的飞机让路，然后才可以继续在拉链标记道路上行进（图2.7）。

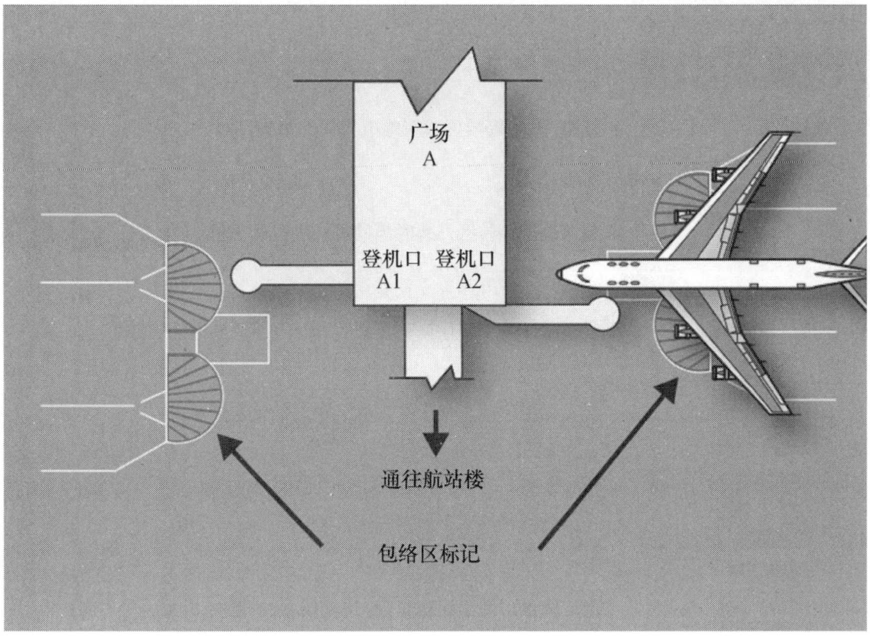

图 2.6　登机口或廊桥处的包络区标记示例

图 2.7　车行道拉链标记示例

标志

机场消防员必须能够识别和理解机场保障统一使用的各种标志。现将机场上使用的标志介绍如下(图 2.8):

(1) **强制性指令标志**。提供必须遵守的指令,包括等候区、跑道交叉口、仪表助降系统决断区、跑道进近和进入标志等。

(2) **跑道等候区标志**。在红色背景上写有白字(**红底白字——前方停止**)。

(3) **位置标志**。用于识别机场上的跑道或滑行道以及其他特殊区域。位置标志在黑色背景上写有黄字(**黑底黄字——告诉你在哪里**)。

(4) **方向标志**。用于识别从交叉口驶出滑行道的方向。它们在黄色背景上写有黑字(**黄底黑字——友情提示**)。

(5) **目的地标志**。用于表示机场上的跑道、候机楼和货物区等目的地。和方向标志相似,目的地标志也是在黄色背景上写有黑字。

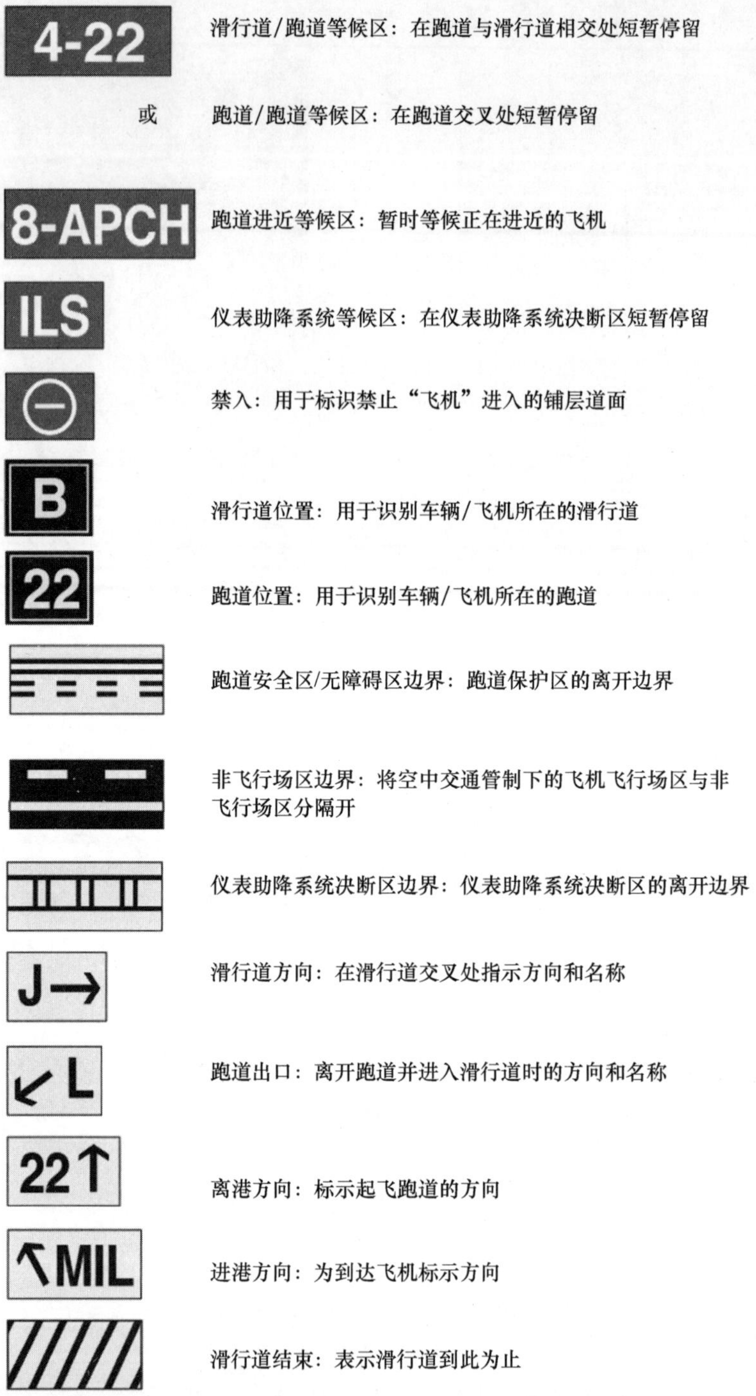

图 2.8　各种机场标志、标记及其含义示例

（6）**信息标志**。为飞行员提供信息，例如，可用的无线电频率或消除噪声的步骤等。这些标志是黄底黑字。

（7）**跑道剩余距离标志**。表示跑道所剩下的距离。在美国，在每 300m 的位置显示一次数字，表示距离跑道头还剩多少米。一个白字——如“4”——写在黑色背景上，表示还有 1 200m 的剩余跑道。

跑道附近常见的其他标志还包括通信频率标志——表示供飞行员和地面管制人员通话的频率，以及禁止噪声标志——表示飞机必须在较低功率状态下进行操作以消除噪声的时段。机场上还有公路和城市道路上常见的典型交通标志,它们用在公路与滑行道或跑道有交叉的地方。

警 告!

请牢记飞机"永远"都有道面使用优先权,除非空中交通管制塔台人员做出了其他不同的引导。如果飞机救援消防车的驾驶员没有领会和遵守机场地面灯光、标记和标志,会在机场上导致事故以及跑道入侵。

注:附录 E 提供了联邦航空局的"地面车辆用机场标志和标记"的标签样例。该标签建议贴在美国所有机场车辆的驾驶室内。

机场的设计

机场的布局是决定飞机救援消防车最佳响应路线的关键因素。为了熟悉机场设计和布局,消防员必须熟悉以下系统、资源及其位置:

(1) 圆形着陆标记。

(2) 网格地图。

(3) 快速响应区(Rapid Response Area,RRA)/应急救援与消防可达区(Critical Rescue and Fire Fighting Access Area,CRFFAA)。

(4) 机场地形。

(5) 机场建筑。

(6) 跑道。

(7) 跑道端安全区(Runway End Safety Areas,RESA)。

(8) 滑行道。

(9) 试车区。

(10) 安全区。

(11) 场内导航辅助系统。

(12) 路与桥。

(13) 机场停机坪。

(14) 机场安全与控制进入点。

(15) 围界和大门。

(16) 指定隔离区。

(17) 水源。

(18) 燃油存储和供应。

(19) 机场排水系统。

(20) 机场施工。

圆形着陆标记

圆形着陆标记是一种机场标记符号,常位于机场中心处。它在夜间用灯光照亮,通常会有一个风向袋。起落航线指示器从圆形向外伸出,用于识别该机场正确的着陆航线。

网格地图

> **网格地图**—— 一个区域的平面视图,被划分为一系列的方块(用数字和字母进行编号)以便给任何一个地点提供快速参照。

网格地图在设计应急响应路线时很重要。飞机救援消防人员和机场保障人员使用这些地图来识别地面位置。互助部门的人员要知道怎样看网格地图并熟悉他们所响应机场的网格地图,这很重要。

网格地图使用直角坐标系或通过参考方位角来标注。它们可以是标准地图、大幅的商用地图或是经过修改的概略图。不论使用哪种网格地图,地图上显示哪些内容应当事先达成一致。网格地图上必须要显示出包含应急响应区的场外周边区域,包括医院、药店和专业护理设施的位置。要将详细的网格地图放置于机场的应急作业中心内,还要将小型地图放置于消防站和每台消防车上。

除了与网格系统配套的标注坐标系,这些地图还应当包括起落航线和控制区。通过实地察看地图区域,飞机救援消防人员可以确定出应当放到地图上的永久地形特征。地标、水体、道路、桥梁、排水系统和其他通常不出现在地图上的特征都是必要的,这样才可以为应急响应人员提供事件/事故现场的完整描述。使用网格地图作为地图指示系统,可以将发生飞机事故/事件时所有责任群体的作业活动连为一体。完整、最新的地图副本必须配发到以下各处:

(1) 控制塔台人员。

(2) 本场消防部门。

(3) 本场执法机构。

(4) 救护车和应急医疗机构。

(5) 当地政府机构。

(6) 自发/互助机构。

在紧急情况下,应急现场的地点应当使用网格系统进行表述。事故地点使用了数字加字母的网格坐标后可以快速确定。在有的地方,网格地图坐标按照先"数"点"数"、后"字母"点"数"的方式读,例如 5. 7, L. 3 读作"五点七, Lima 点三",而其他地方则按照先"字母"点"数"、后"数"点"数"的方式读,例如 L. 3, 5. 7 读作"Lima 点三,五点七"。在全部使用字母的地方,应当先是网格 AA,后是 BB,依此类推。飞机救援消防人员必须学会他们那里所使用的系统,这些表述对地标识别也有帮助。所有可能有用的信息都要包含在对事故/事件位置的表述中,以便飞机救援消防人员能够准确识别、快速到达事发地点。

其他有用的机场地图

机场消防员可能会用到其他地图,包括公共设施地图(供水、供电、供气管路)、建筑定位图、燃油流淌控制与地形图等。最安全的响应路线显然可以节约事故响应时间。用好所有可用的地图以全面掌握你所涉足的环境有助于挽救更多生命。

快速响应区/应急救援与消防可达区

NFPA403《飞机救援与消防标准》定义了两种应当在网格地图上标出的用于应急响应的区域:快速响应区和应急救援与消防可达区(图 2.9)。快速响应区是由跑道和包围它的一个区域构成的一个矩形,该区域向外扩展但不超出机场的地界,它自跑道中心线向两侧各扩展 152m,向两端各扩展 500m。NFPA403 中讲,首辆飞机救援响应车辆必须要能在 4min 内到达机场快速响应区内的任何地点。应急救援与消防可达区是一个包围跑道的矩形区域,它的宽度由跑道中心线向两侧各延伸 152m,长度由两个跑道尽头向外各延伸 1 000m。根据 NFPA402《飞机救援消防作业指南》介绍,大多数的大型商用飞机事故均发生在应急救援与消防可达区内。

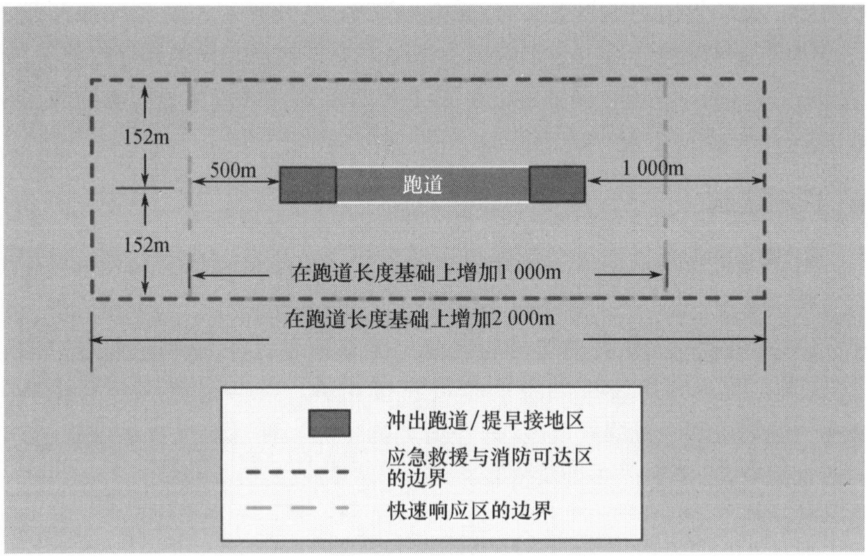

图 2.9　大多数飞机事故发生在跑道的应急救援与消防可达区范围内

在某些机场,应急救援与消防可达区会延伸到机场边界以外一部分。应急救援与消防可达区内可能有障碍,会限制飞机救援消防车到达这些区域。这些障碍包括但不限于:

(1) 水体。

(2) 水沟和沟壑。

(3) 岩石地带。

(4) 公路。

(5) 铁路。

注:这些障碍可能需要飞机救援消防机构派出特殊的飞机救援消防车,才能到达应急救援与消防可达区的那些地方。

机场地形

地形——地球表面的各种特征,包括自然的和构建而成的,以及它们之间的关系。

机场消防员必须掌握机场及其周边区域**地形**分布方面的知识。如果发生流淌事件,那么机场地形在确定消防车响应路线和燃油排出方向时就很重要。在恶劣天气条件下,有的地势可能是无法通过的,例如,正常情况下干燥的区域会因大雨而变得泥泞,雪会堆积得超出除雪人员的清除能力,或者水会聚到低洼区域从而阻碍到达机场某些地点。

有些机场的位置靠近水体的周边,如河、湖或海。这种情况下,飞机救援

消防机构需要经过特别训练,还有特殊的救援车辆和设备,例如:

(1) 直升机。

(2) 舟艇。

(3) 漂浮平台。

(4) 筏。

(5) 潜水装备。

(6) 个人漂浮设备。

可能需要修筑和利用船用泊位或码头,发生水中坠机时可以为飞机救援消防人员提供帮助。FAA AC 150/5210 – 13 提供了关于水上救援的预案、设施、训练和装备等各种信息。

如果飞机坠落在高度变化较大的地区并起火,地形知识还有助于预测火势发展。火场周边的地形会影响燃烧的强度,以及它的速度和火势蔓延方向。风穿过各种地形后也会影响火势蔓延。关于地形和风的作用在第 12 章“战略战术作业”中还会详细讨论。关于火如何受天气与地形影响的更多信息,参见国际消防保障训练协会的《野外消防基础》手册。

机场建筑

由于飞机救援消防人员可能需要像处置飞机险情那样去处置机场建筑内的紧急情况,他们必须熟悉机场内与建筑相关的危险性。且不论机场上有什么设施,单就一名机场消防员的响应与反应能力而言,这和他们通过做计划、做调查所达到对设施熟悉的程度直接相关。本节要特别介绍两个区域——航站楼和飞机维修设施,另外消防员还应当熟悉航空货运设施、空中交通管制塔台、多层停车场及乘客转运系统等其他的机场建筑。

航站楼

根据当时空中交通容量的不同,航站楼的乘客数量和燃油存量有所不同。参加应急响应的飞机救援消防人员需要关注以下几方面重大问题:

(1) **生命安全**。航站楼内会聚集大批人群,他们不熟悉紧急出口的位置。紧急出口可能通向严格限制进入的机场作业区,这带来了更大的危险性。机场应当有一个计划,以便对撤到停机坪区域的人员进行妥善处理。

(2) **廊桥**。由于廊桥将飞机连接到航站楼,这提供了一个使烟雾和火焰从一个区域蔓延到其他区域的途径。处置飞机舱门位置的火灾时,响应人员要牢记将**廊桥眉**或凸沿收起来,以便烟雾和/或气体从机内散出去,而不是进到航站楼内(图 2.10)。

廊桥眉——手风琴状的遮篷,为了保护乘客和机组人员在登机和离机过程中不受天气影响,用它来保证廊桥靠紧不同轮廓的飞机。

图 2.10　廊桥和廊桥眉示例

（3）**行李处理与存储区**。这些区域通常位于较低的楼层，可能有危险材料，常常有狭窄通道、传送带，上面还会有行李和货物。在这里架设水枪并开展其他灭火作业很困难。

飞机维修设施

在飞机维修设施内进行的多项作业均值得飞机救援消防人员关注，包括：

（1）飞机油箱及燃油系统的维护与修理。

（2）使用可燃的危险化学品进行喷漆和涂标记。

（3）飞机电气、电子及雷达系统的修理。

（4）飞机深度维修工作，包括飞机大部件及机内部件拆卸，使用洗涤油，以及用各种密封剂、胶水和油漆组装飞机。

（5）通过焊接、切割和打磨制作或修理飞机部件、组件。

（6）飞机维修作业所用危险材料的存储。

（7）密闭空间（飞机及设施）。

（8）洗手间/生物危险。

（9）发动机试车区。

（10）内置防火系统。

跑道

机场跑道提供了适合飞机起飞和着陆的道面。正像前面所述，跑道做了标记、装了灯光，可为驾驶舱机组人员和在机场上作业的人员与设备提供引导。

最近，越来越多的跑道上出现了一种软性黏合剂材质的阻滞铺层，例如，**工程材料拦阻系统**（Engineered Material Arresting System，EMAS）。该系统的设计可用来阻止飞机冲出跑道进入交通繁忙的公路或人口密集区。阻滞铺层位于跑道的尽头，由软性、膨化的黏合剂制成，它支撑不起飞机的重量，飞机就会陷入软软的阻滞铺层中，从而安全、缓缓地停住。这类系统还做了一些改进设计，可以让飞机救援消防车在软性黏合剂阻滞铺层的表面上安全行驶（图2.11）。

工程材料拦阻系统——用膨化的黏合剂材料筑成的基础，设计用于在飞机重量碾压下塌陷，从而起到可预测、可控制的减速作用。

图2.11　使用工程材料拦阻系统安全拦停飞机示例

跑道端安全区

跑道端安全区应当自跑道末端向外延伸尽可能远的距离，至少也要90m。这些区域的构筑应当能够在飞机提早接地或冲出跑道时尽可能降低其损坏程度。该区域还应当方便飞机救援消防车的活动。

滑行道

滑行道是机场上设立供飞机滑行的规定路线(图2.12)。滑行道将机场上各个部分连接起来，包括：

> **滑行通道**——飞机停机坪区域的一部分，用于连接飞机停机坪和滑行道。

(1) 飞机**滑行通道**。

(2) 快速滑行道。

(3) 直升机进行空中、旋进或地面滑行时的通道。

(4) 跑道。

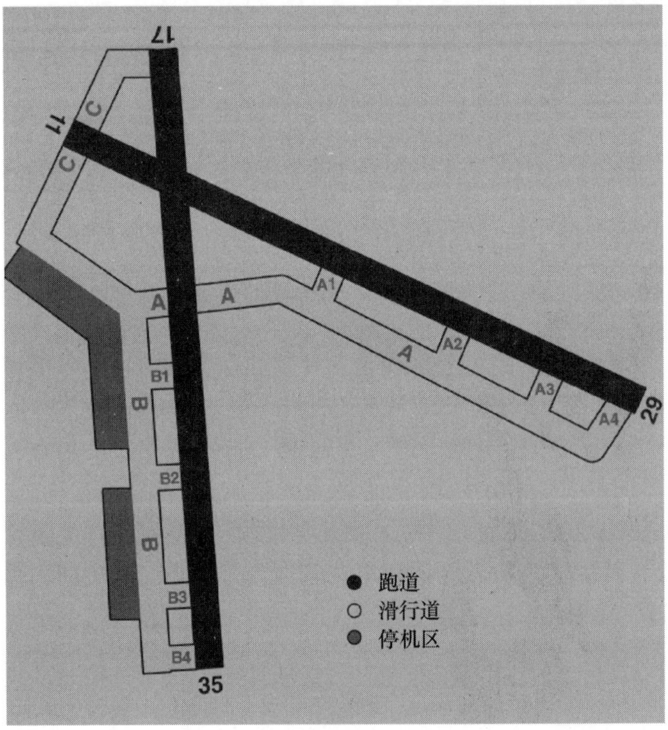

图2.12 供飞机到达停机区和跑道的滑行道示例

试车区

试车区是指专门预先指定的机场区域，可以让飞机以正常或最高转速运行其发动机。试车可以在飞机等待滑离机场并预热发动机时或是维护人员确认发动机能否正常工作或在修理之后进行。试车区通常由某种防吹屏或设备围绕，以防碎片被吹起来、噪声传出去(图2.13)。机场上的试车区一般位于跑道离港端附近，或者远离居民区的隔离区域，否则噪声可能会对这些居民区造成危害。救援人员在这些区域附近驾驶地面车辆要小心一些。

图 2.13　后有喷气防吹屏的飞机发动机试车区

安全区

安全区是跑道体系的一个组成部分。安全区的设计可以在提前接地、冲出和偏出跑道过程中明显减少人员伤亡和飞机破坏,从而为飞机提供一种离开跑道后的安全手段。

场内导航辅助系统

导航辅助(Navigational Aids,NAVAIDs)系统是一些机载或地面的目视或电子设备,向飞行中的飞机提供点对点的引导信息或位置数据。机场消防员不必知道导航辅助系统工作的具体细节,但是要能够识别导航辅助系统并知道它们在机场上的位置。飞机救援消防车在某些导航辅助系统的作业区内出现会影响它们的信号,因此,这些车辆应当沿着不会影响此类设备(仪表助降系统)运行的路线赶往现场。另外,位于这些作业区内的消防员还会受到这些设备产生的无线电波的危害。图 2.14 描绘了机场上可能见到的一些导航辅助系统设备,并显示了它们在机场上的一般位置。

警　告!

某些导航辅助设备对消防员有电击危险。机场灯光系统和导航辅助系统使用高压电工作,消防员应当避免接触这些设备。

路与桥

机场上的公路可供车辆在机场内或周边进行正常运输使用。保障公路可通往跑道两端或机场其他较远的地点。有的公路不适合飞机救援消防车使用,因为通道过窄或上方障碍物过低。应急响应人员应当准备好备用路线,以防那些公路在恶劣天气条件下无法通行。机场公路要足够宽,或者提供宽敞的通行或掉头区,使得车辆不会干扰到其他车辆或消防车的行驶。路

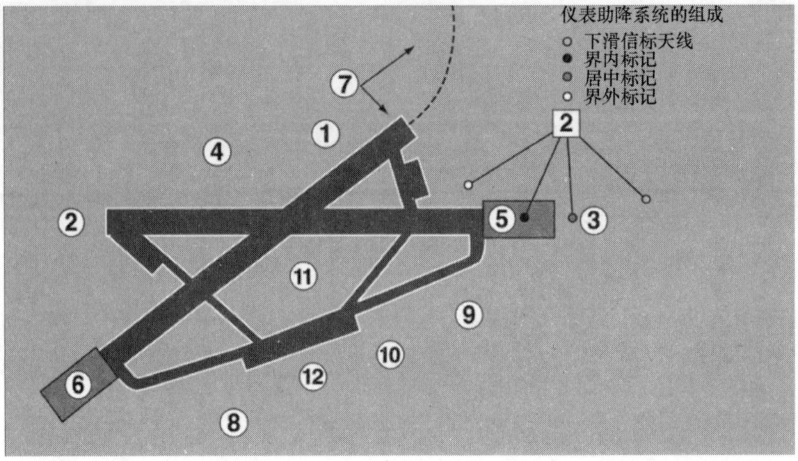

1. 目视进近灯光系统。精密进近航道指示器(Precision Approach Path Indicator,PAPI)或目视进近坡度指示器(Visual Approach Slope Indicator,VASI)，包括红色和白色灯光，邻近跑道，为飞行员提供目视下降航道。
2. 仪表助降系统。仪表助降系统可为飞行员提供对正、下滑坡度和位置方面的电子引导，直到通过目视可以确认跑道的方向和位置。
3. 无定向信标(Non-Directional Beacon,NDB)。无定向信标发送无线电信号，飞行员通过仪器利用该信号能够确定他距离信号站的位置。无定向信标通常安装到11m高的立柱上。
4. 甚高频全域导航系统 (Very High Frequency Omnirange,VOR)。机场所用的标准型甚高频全域导航系统称为TVOR，它发送方位信息以实现一种不太精确的仪表进近过程。
5. 进近灯光系统(Approach Lighting System,ALS)。进近灯光系统是一系列有规律地沿着跑道中心线及其延长线进行排布的灯光组合。它们按一定方向发射光柱为正在降落的飞机提供目视引导，这样飞行员可以在最后进近阶段调整飞机对正跑道中线的延长线从而实现精准着陆。
6. 全向进近灯光系统(Omnidirectional Approach Lighting System,ODALS)。全向进近灯光系统的布置可以在各个方向发射闪烁的光束，该系统位于跑道的进近端，可保障飞机进行非精确着陆。
7. 下滑灯光系统(lead-in Lighting System, LDIN)。下滑灯是在地面上或近地面安装的闪烁灯，以显示出飞机向进近灯光系统或跑道端头飞行时所期望的航路。
8. 机场旋转灯标。机场旋转灯标通过投射相差180°的光束来指示机场所在位置。白/绿交替闪烁表明是有灯光的民航机场，白/白闪烁表明是没有灯光的民航机场。
9. 机场搜索雷达(Airport Surveillance Radar, ASR)。机场搜索雷达对机场进行360°扫描，为空中交通管制员提供距机场60海里范围内所有飞机的位置。
10. 机场场面雷达(Airport Surface Detection Equipment,ASDE)。机场场面雷达用于在视觉条件较差时弥补对机场道面交通的视线损失。
11. 自动化天气观测站(Automatic Weather Observation Station,AWOS)。使用自动记录设备测量云高、能见度、风速风向、温度、露点等。
12. 机场交通管制塔台(Airport Traffic Control Tower,ATCT)。空中交通管制员控制本机场指定空域内的飞行作业和飞机场区内飞机与车辆的作业。

图 2.14　飞机救援消防人员应当熟悉他们机场上导航辅助系统设备的类型和位置

边标记要按大约 9m 一个竖立在容易有大雪堆积并阻碍道路/地形分界线的公路边缘。

机场公路和桥梁的修建要能够支撑机场上最重的车辆。飞机救援消防人员还要知道机场和当地附近所有桥梁的承载限制,并策划出替代路线以能抵达由低承载桥梁所保障的区域。公路和桥梁应当定期检查,如果需要确保紧急情况下可用,还要进行测试。

机场停机坪

停机坪/机窝往往是机场上最为拥挤的地方。下面列举了其功能、相关设备和车辆,这些构成了该区域的整个活动(图 2.15)。

(1) 徒步行走。

(2) 加油作业。

(3) 行包运送。
(4) 保障车辆行驶。
(5) 移动地面电源(Ground Power Unit,GPU)为飞机进行高压供电。
(6) 飞机维护作业。
(7) 装载和/或运送危险材料/危险品。

图 2.15　拥挤的停机坪区有飞机、地面车辆和工作人员

消防员在停机坪/机窝内要与飞机保持一定距离,不要在航站楼登机口附近的飞机后面停车,尽量问一下停机坪上的工作人员以确认哪里停车最好、最安全。停在有疑问的地点要留人在消防车旁边。要为从登机口向后推的飞机让路,除非有地勤机组人员招手示意。

推飞机

推飞机是指客机从廊桥或航站楼区域退出以便滑向起飞跑道。在某些机场,飞机可以使用发动机反推装置向后移动,但通常飞机还是由**牵引车**向后推。推飞机时机上的红色防撞灯打开,它位于飞机机身的上方和底部。

准备推飞机时,地勤人员首先要将航空舷梯装置、廊桥和/或轮挡从飞机上移开;还要确认飞机舱门、舱盖、货舱已关闭;最后,行李车、加油车等其他地面保障设备应当完成作业并离开飞机。

当所有飞机周边设备已安全退出,地勤人员即可将牵引车和牵引杆连接到飞机前轮上。牵引车司机应当进入驾驶位置、连接好内部通话器;一名或多名手持指挥棒或手电的地勤人员在翼尖处就位。当这些预备工作做好后,飞机才可以安全地向后推动并开始滑行。

牵引车——用于在停机坪上移动飞机的专用车辆。

警　告!

无论车辆和飞机的大小如何,都绝对不要驾驶机动车从任何飞机的机翼下方穿行。

外来物——车辆或系统之外的物质、碎片或物品，有对其造成破坏的可能性。

外来物损伤——归因于外来物的损伤，可以作为物理或经济术语，可能会也可能不会降低产品应有的安全性与/或性能特征。

消防员要对机场停机坪和其他行驶路面上的**外来物**(Foreign Object Debris，FOD)有所了解。散落在机场上的碎片、垃圾和其他物品能够被吸起并进入喷气式发动机的进气道，造成明显损伤的称为"**外来物损伤**"。消防员应当经常留意外来物并及时捡拾、妥善处置。驶入飞机的飞行场区之前，救援人员应当停车并检查车辆轮胎上的石子、泥块及其他卡在轮胎花纹中的物体。救援人员还应当确认消防车上的所有工具和设备固定牢靠。

机场安全与控制进入点

经历过几次恐怖事件之后，世界各地的机场在内部及周边都大大强化了安全措施。制定了在航站楼和其他机场建筑附近停放车辆的特别准则，在较高危险等级期间的要求还应包括车和车之间保持最小距离(3m)，使潜在的罪犯或恐怖分子很难在不易觉察的车缝间藏匿。

飞机救援消防人员还应当保证个人徽章、制服、消防战斗服、车辆和消防站在不用或空闲时得到妥善保管。如果意欲成为劫机者或恐怖分子的人控制了消防站或者偷窃了安保物品，他们就能破坏机场的飞机救援消防能力，或者用偷到的东西危害机场安全。由于飞机救援消防人员能够进入机场控制区，他们在查找潜在的安全差错和隐患方面也能发挥一定作用。这些差错和隐患应当立即引起机场安全或机场管理部门的关注，以得到及时纠正。联邦航空局的人员会进入控制区，不穿戴身份识别标志，以检验机场工作人员对安全措施的熟悉程度。

安全标识显示区——机场的组成部分，按照机场安全保卫计划的要求，在该区域内必须落实法规规定的安全措施；不仅包括安全区，可能还包括机场的其他区域(进入该区域的人员必须在身上显著位置佩戴安全标识。——译者注)。

控制进入或进入控制点是为了杜绝不必要或未经授权的交通活动而限制进入的地方(图2.16)。借助一条红色实线、一条红白虚线或者一个强制符号即可辨别这些地方。这些区域在指定的控制入口处会设置警卫，属于"**安全标识显示区**"(Security Identification Display Area，SIDA)的组成部分。保障客运航空公司飞机的停机坪即设在安全标识显示区内，每个在该区域内工作的人员必须在他们的外衣上醒目地显示正确的识别标志。进入控制点大概是进入控制区的唯一通道。控制进入点还用于控制进入已指定为隔离区、仪表助降系统区、弹药区和燃油存储区的区域。

图2.16　飞机救援消防人员要熟悉他们机场的控制进入或进入控制点

围界和大门

机场设施需要防止坏人和任何未经授权人员进入。为了安全起见，机场设有环绕的围界以防人和动物意外闯入机场，同时也保证他们不会进入机场的禁区。

在实现既定用途的同时，这些围界对于试图从正常出口之外的地方离开机场的飞机救援消防车来说还会成为一道屏障。历史上，曾在机场围界线上战略性地设置**可撞/易碎围界和大门**，可以让飞机救援消防车能够快速到达机场边界以外的地方。知道了易碎围界和大门的确切位置，飞机救援消防人员就能够缩短车辆到达机场边界以外的响应时间。如果不可能及时打开这些设施的锁，飞机救援消防车就可以冲撞这段设计成稍撞即破或倒塌的围界或大门。

可撞/易碎围界和大门——设计和建造的围界和大门在大车冲击下可以倒塌，以快速到达事故地点。一旦需要进行场外响应，消防员熟知它们的位置就很关键。

大部分机场已经撤掉可撞/易碎围界，减少机场围界线上的大门数量，这是因为它们存在安全风险。如果这类进入点已被撤掉，飞机救援消防部门必须确定备用的绕行路线，供飞机救援消防车进行场外响应。有的机场已经开始安装高张力钢索来加固他们现有的围界，使得易碎围界不可用。

老式大门已经被更现代化的安全大门所取代。如果这些大门通往场外道路，则每个大门的外面应当有标志，表明该大门的用途并禁止停车阻挡通道。每辆消防车上均应配有可以打开遥控门的装置，并放有手动门锁的钥匙。每个大门的锁应当可以用同一把钥匙打开。如果机场消防部门没有这些大门的钥匙，那么安保人员一定会有。如果时间允许，可以通知安保人员开锁并打开大门。消防员还必须知道这些地方是否全年均可通行以及恶劣天气条件下可否通行。

指定隔离区

隔离区是预先确定的区域，设计用于临时停放遇到问题的飞机，例如有危险品、刹车盘超温或者武器故障及其他问题。隔离区还可用于处置危险情况，如劫机、炸弹威胁或者恐怖袭击。其位置选在远离大型设施和其他飞机流的地点。考虑到这些区域所具有的危险性，飞机救援消防人员需要知道他们机场的指定隔离区以及停放在该区域内飞机的状态。

水源

机场防火通常有固定系统和移动供水两种水源。常见的固定系统包括：

（1）水井。

（2）汲水房。

（3）水泵。

（4）储罐（地面和架高）。

（5）给水管道。

（6）消火栓。

消防专用管道和居民供水管道通过固定系统给水。有的机场沿飞机作业区分布有消火栓，这些消火栓可能位于地下的窨井内。大多数机场仅在建筑或绕场公路附近才有消火栓。

常见移动供水系统包括消防车和水车/补水车。对于众所周知水源紧缺的机场，需要提前安排好水车/补水车的自动调配，进行流动的往返接驳作业。

↘ 燃油存储和供应

机场所属的全部消防员应当定期查看机场的燃油存储和供应设施的每个点，逐步熟悉各点的位置、功能和操作方法。这些设施点包括：

（1）燃油储罐或供油管线。

（2）燃油供给系统或卸油区。

（3）飞机加油作业所用的停机坪（我国称之为“加油坪”，设有固定式加油管和加油井。目前专用的加油坪已很少见，一般使用加油车在通用停机坪完成加油作业。——译者注）

消防员可以通过研究地图和认知机场了解这些设施点的位置。知道设施点的断油阀门/闸门的功能与操作方法是机场防火的重要部分。飞机救援消防人员可以通过阅读实用技术手册或者参加由油料工作人员讲授的培训课程来获得这样的知识。有些情况下，由两个部门合作举办的培训中就有这样的机会，因为机场消防员还要经常为油料工作人员进行消防安全培训。

注：飞机救援消防人员应当熟悉他们机场使用的各型加油车。

飞机救援消防人员在处理机场燃油存储和供应点问题时可能需要达到FAR第139部中的某些要求。这些设施点按要求需要每季度检查一次，可以由飞机救援消防人员完成。这些检查有助于发现一些有用信息，如潜在的火灾危险和安全问题。FAR第139部的另一项要求是机场应急预案应当包括针对燃油存储设施火灾的响应流程，飞机救援消防人员要负责制定应急预案的这一部分并对这类事件做好准备，因为他们很可能就是首批响应人员。

以下几节将讨论加油作业、点火源以及加油作业对灭火器的需求。

加油作业

加油作业具有持续危险性，是机场的首要防火关注点。这些作业包括向机场输送燃油和从油库向飞机输送燃油。油罐车、铁路专列或者管线可用于向机场发送燃油。然后，燃油存储在地上或地下的大型储罐内。在大型机场，燃油是通过地下管道输送的，每个登机口处的地下油栓就是管道的末端，卡车或拖车式加油车连接到地下系统后再输送燃油给飞机（图2.17）。

图2.17　拖车式加油车从地下油管给飞机燃油箱泵油

注：飞机救援消防人员应当熟悉所有的加油/抽油流程，以及紧急断油控制装置的位置。

使用罐式加油车是飞机燃油加注最为常见的方法(图 2.18)。这些油罐车从存储地点运来燃油，然后将之泵入飞机。这些油罐车常见的容量可达 2 000 ~ 40 000L。为了给油罐车补油或者将燃油加入飞机，加油人员必须让“死人装置”处于打开状态或者抓紧“死人绳”，让弹簧压紧的阀门保持开启状态。“死人”这个词用来描述紧急状态下或者加油人员丧失能力时的阀门释放机理，释放后即停止加油操作。加油车还需要在两端均设有紧急关闭闸门。

图 2.18 罐式加油车也可以给飞机补充燃油

另一种飞机加油方法是采用加油岛。这种操作类似于汽车加油站，小型飞机可以滑行过来并在这里获得燃油。

在飞机进行加油作业时，可用金属导线平衡加油设备和飞机之间的静电荷。用一根埋入道面的静电接地电极实现接地的方法在国家防火协会标准中没有明确要求，但是，航空公司、其他标准、机场法规或者军用法规中仍然要求设置静电接地电极。

燃油通过两种方法加注到飞机上：单点加油连接(我国称之为压力加油。——译者注)和翼上连接(我国称之为重力加油。——译者注)。单点加油连接位于机身一侧或者大型飞机的翼下，这种连接用于给机上油箱进行定点加注。翼上方法适用于大多数小型飞机，用手持式加油枪输油。大型飞机也可能为单个油箱专门设置翼上加油接头。加好油之后，空勤或地勤机组人员就可以使用机上油泵在各个机上油箱之间传送燃油。

由于对作业“及时性”的要求以及全天候飞行的必要，保障人员必须快速履行其职责并且不分白天黑夜地全时段进行。这增加了加油人员在安全操作步骤上投机取巧的可能性。某些不良加油行为举例如下：避开安全切断设备，使用保养不良的车辆与设备，以及飞机或车用油箱加油外溢等。

除了不良的安全行为之外，燃油蒸气在加油作业中成为另一种危险。当燃油输送到飞机油箱之后，加入的燃油迫使蒸气通过翼尖处常见的油箱通气孔排出，因此，在加油作业区周围会形成爆炸性油气 - 空气混合物。随着周围温度的升高，燃油产生的蒸气量也会增加。燃油蒸气不仅不可见，而且比空气重，可以随风移动或者沉降在地面上并进入低气压区。飞机救援消防人员需要知道，飞机上的机翼油箱是和对面机翼通气的。

点火源

在任何有飞机的地方，都有大量的点火源可以点燃燃油蒸气。这些点火源包括：

（1）静电。

（2）恶劣天气条件。

（3）电磁能。

（4）明火。

控制静电是加油作业中极为重要的安全注意事项。与任何有橡胶轮胎的车辆相似，飞机运动或停放时均有积聚静电荷的能力，空气流过飞机表面时也会积聚静电荷，当空气湿度较低（干燥空气）或者空气中含有灰尘、雪花或冰晶等颗粒时，静电荷的产生更为严重。某些飞机保障作业如加油和过滤燃油等也会产生静电荷。静电荷积聚的程度取决于燃油类型、燃油量、燃油流经管道、软管和油滤的速度，以及油中有无杂质等。

通过金属连接可以平衡掉加油车与飞机或加油设施之间可能存在的静电。金属连接只能通过将保养良好的设备连接到没有油漆的金属表面上来实现。飞机救援消防人员应当按照他们主管部门的标准作业流程进行培训，主要有加油作业期间飞机的接地和连接等。

恶劣天气条件可能成为加油作业中的严重危险，如闪电。当地主管部门一般都有恶劣天气下加油作业的准则。飞机救援消防人员需要监视天气条件与加油作业，以确保起火危险得到控制。

当电磁能出现在加油作业附近时是危险的。加油作业期间，机上的气象雷达、便携式和移动无线电设备以及蜂窝电话（即手机。——译者注）均不可在飞机周边使用。

在飞机作业区域或者正在加油的飞机15m范围内应当严格控制或禁用明火。经常遇到的明火危险是在飞机旁边或飞机加油过程中抽烟，其他危险因素还有焊接或加热维修作业等。关于加油作业的更多信息请参阅NFPA407《飞机燃油保障标准》。

其他加油注意事项

为了降低加油作业中释放的易燃蒸气被点燃的风险，飞机救援消防人员还要考虑以下危险：

（1）不得连接、断开或者操作飞机蓄电池、充电器和/或其他电气设备。

（2）在加油设备、飞机加油口或油箱通气口3m以内，不得操作非本质安全的无线电和电打火设备。

（3）重新放置地面电源，使之离加油口及油箱通气口尽可能远。

加油作业对灭火器的需求

合适规格与类型（最小额定灭火能力20B）的灭火器在加油作业区内应当是可以随时取用的。然而，NFPA407《飞机燃油保障标准》要求在燃油流量超过750L/min的地方配置最小80B、55kg的灭火器，它们还必须放置在机场固定燃油系统的应急远程控制中心内。如果灭火器不是长期固定在那里，而是在加油作业之前带到保障区，它们应当放在被保障飞机上风向 30m 以内。

为了达到停机坪防火的一般要求，灭火器可以放置在登机口之间大致中点的位置。这种情况下灭火器的间距应当小于 30m，并且灭火器的额定灭火能力最小 20B（图 2.19）。关于飞机保障停机坪和机窝所用手提式灭火器的更多信息可以查阅当地出版物或 NFPA10《手提式灭火器标准》。

图 2.19　位于廊桥附近的停机线灭火器

机场排水系统

机场排水系统的设计应能控制停机坪上燃油的流动，最大程度减小可能产生的损失。该系统有着与管道或明渠相连的排出口。飞机加油坪必须要有从航站楼建筑、机库、登机步行道或其他结构处向外的坡度。燃油不允许直接流入雨水系统，必须流经一个符合要求的燃油/雨水分离器。整个机场排水系统的最后一道分离/拦截装置应当设计成可以让易燃或可燃废弃液体流入一个合格且防爆的容纳设施中。机场消防员应当了解他们机场排水系统设计的类型，该信息在策划、拦截和收纳燃油流淌时非常关键。

有的机场建有乙二醇防爆储罐，通过交叉连接可以流向停机坪进行除冰作业。夏天，这些储罐排净所有危险性废物，阀门关闭，这样流淌的雨水就可以直接进入雨水系统。一旦发生燃油流淌，为了防止燃油进入雨水系统，消防员必须要知道这些隔离阀门的位置。

机场施工

施工在机场很常见，如道路修建或水管安装与修理。在机场施工方案制定过程中应当将飞机救援消防部门纳入，并在这些工作可能影响到飞机救援消防响应能力或作业实施时立即通知他们。收到通知后，飞机救援消防人员应当修订他们的响应或作业程序，以降低或克服施工影响。

消防站

科学规划机场消防站的位置可以快捷地抵达机场跑道，让飞机救援消防车和人员节约应急响应时间。大型机场可能有不止一个消防站,以缩短到跑道和其他机场高风险区的响应时间(图 2.20)。从中心消防站以及每个卫星消防站通往跑道的路径应当尽可能的直接、少转弯。

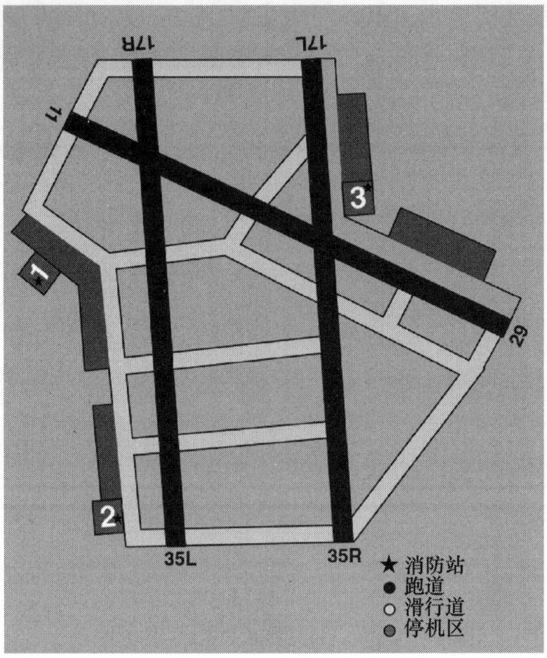

图 2.20　地图显示消防站在机场的规划位置以缩短响应时间

机场消防站应当位于中间位置,这里对于停机线、滑行道、机窝/停机坪和机库区域拥有很好的视野,可以让飞机救援消防人员监视机场上的活动。为了便于监视,有的机场消防站配套建设了瞭望塔来观察地面活动,如果建造得当,消防站瞭望塔还可以成为消防部门一个理想的通信/调度中心。虽然让飞机救援消防人员在机场消防站连续不断地观察地面作业不太现实,但是如有可能他们还是应当对以下情况做好监视:

(1) 滑行作业,飞机起落架的完整性,发动机地面运行,以及在停机线进行的飞机维护工作。

(2) 加油/放油作业。

(3) 可能会被飞机或其他车辆堵塞的公路、滑行道和消防通道。

(4) 可能会影响应急救援车辆活动及飞机起飞/着陆航线的当前天气条件。

(5) 当天的人流量随时间的变化。

注:对这些活动做好观察可以让消防员清楚了解他们机场上正在发生什么,也有助于制订和实施火灾防范程序。

如果飞机救援消防车和人员不能达到响应时间要求,他们可能需要预先到达待命位置,以缩短他们响应机场上飞机事件/事故的时间。飞机救援消防车在待命位置停放不要出现以下情况:

(1) 影响电子导航设备。

(2) 阻碍正常的飞机滑行路线。

(3) 增加响应时间。

飞机救援消防站应当配置备用电力系统。如果主电力系统故障,则备用系统可为以下活动供电：

（1）操作车库门。

（2）接收和发送重要通信。

（3）提供应急灯光。

本章小结

为了安全有效地开展工作，机场消防员必须切实熟悉机场本身。他们必须知道他们工作机场的类型与等级，以更好地理解该机场的飞机救援消防要求。充分熟悉可以节约响应时间，节约响应时间可以挽救生命，同时保护响应人员的自身安全。

复习题

1. 为什么飞机救援消防人员有必要全面熟悉机场及周边区域？（第 30 页）
2. 受控机场和非受控机场有什么区别？（第 30 页）
3. 什么时候飞机可能采用直接进近而不是典型的起落航线？（第 31 页）
4. 用什么方法为机场跑道编号？（第 32 页）
5. 机场消防员在机场上会遇到什么类型的标志？（第 37 ~ 39 页）
6. 机场的设计和布局是怎样影响日常的机场消防作业的？（第 39 ~ 53 页）
7. 设置机场消防站瞭望塔的目的是什么？（第 54 页）

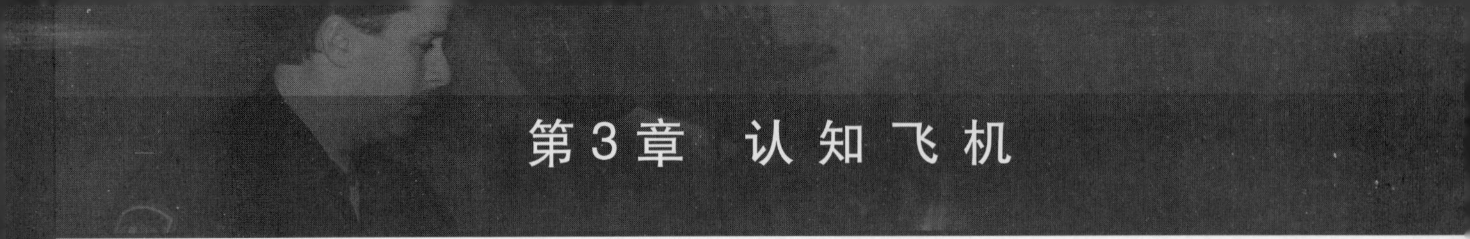

第3章 认知飞机

学习目标

学习完本章,学生要能够:

1. 识别飞机的类型。[NFPA1003 4.1.1.3, 4.2.2, 4.3.4, 4.4.1]
2. 描述固定翼和旋翼飞机的大部件。[NFPA1003 4.1.1.3, 4.4.1]
3. 识别各种飞机发动机相关的危险类型。[NFPA1003 4.1.1.3, 4.4.1]
4. 解释飞机构成、结构材料及其与飞机救援消防训练和作业相关的危险。[NFPA1003 4.1.1.3, 4.3.6, 4.3.7, 4.4.1]
5. 描述消防员可能遇到的飞机系统潜在危险。[NFPA1003 4.1.1.3, 4.3.1, 4.3.2, 4.3.3, 4.3.4, 4.3.5, 4.3.6, 4.3.7, 4.4.1]

第3章 认知飞机

历史案例

自从20世纪初莱特兄弟在他们的自行车工作房造出了他们的第一架飞行机器,飞机的设计和结构经历了很多重大变化。这些设计和结构上的发展对于机场消防员靠近、投身和消灭与飞机有关的紧急险情是有重要影响的。作为应急响应人员,必须与行业同步发展,充分理解这些变化,并相应地调整我们的战术和战略。

现在的飞机具有运载500多名乘客和携带超过280 000L燃油载荷的能力。为了适应载荷的增长,飞机设计和结构就不得不做出改变。几十年来,飞机结构曾经采用各种各样的金属和复合材料制造,其中应用最多的是铝。厂家不断将越来越多的轻质复合材料引入到结构中。飞机质地更轻,燃油效率也更高,使其在工业上更加经济。

消防基础知识告诉我们,暴露于高温和火焰中会发生什么情况,采取哪些措施可以缓和局势,对于这些我们尽可能多了解一下有多么重要!我们不仅要熟悉自己机场有什么飞机,还要知道紧急情况下可能有什么飞机会过来降落,这很关键。

认知飞机是预案制定过程的关键部分。为了能够挽救生命、保全财产和保护环境,知道飞机暴露于火灾和其他相关危险中会有怎样的反应,应当成为响应人员的第二天性。

根据美国运输部2013年报告显示,航空运输仍然是最为安全的出行方式。每天,数以千计的人们选择航空工具飞向蓝天并将其安全送达目的地。但是,该过程中如果出了问题怎么办?当问题发生时,作为机场消防员每一秒钟都很宝贵。如果飞机救援消防人员不知道如何靠近飞机和救出机内受困人员,那么宝贵的时间就被浪费掉了。机场消防员必须熟悉不同类型和级别的飞机,以便在上面开展救人和灭火作业。熟悉机头侧窗和应急舱盖的操作方法也很重要,它们可以在必要时打开用于通风、疏散和逃生。飞机救援消防人员应当尽可能多地收集和积累飞机认知参考资料,为经常遇到的飞机制定应急预案。对于民航和军用飞机来说,飞机应急响应信息手册和计算机程序都是可以得到的。飞机救援消防人员还必须通过训练认识每型飞机上大量的各种飞机系统。

为了提高自身的安全性,飞机救援小组成员在飞机周围和机内工作时必须保持高度警惕,增长飞机知识有助于保证以最快速、最安全的方式进行飞机救援作业。深入掌握逃生系统知识能使救援小组协助或组织撤离过程,提高乘员和机组的生存机率。

本章介绍了以下主题:

(1) 飞机类型。

(2) 飞机大部件。
(3) 发动机类型及应用。
(4) 飞机构造与结构材料。
(5) 飞机系统。

飞机类型

通常,飞机是按照它们的设计目的分类的。根据其用途,有的飞机可能被划入不止一个类别中。如 B－767 飞机,可以说成是商用运输机(客运飞机)、货运飞机,或是加油机(军用)。自然地,即使飞机周围危险性相同,飞机内部可能遇到的危险性还是会有相当大的差别。飞机的分类一般包括但不限于以下几种:

(1) 商用运输机。
(2) 支线飞机。
(3) 货运飞机。
(4) 通用航空。
(5) 商务/公务航空。
(6) 军用航空。
(7) 旋翼飞机。
(8) 消防飞机。
(9) 无人驾驶飞机。

商用运输机

商用客运飞机通常结构庞大,可以分为窄体或宽体客机。目前,最新设计并被称为"新式大飞机"的商用飞机也已投入使用。下面将讨论各种商用运输机的设计。

窄体客机

窄体客机的客舱设计有单过道,一般宽 450～500mm,按照单一等级(经济舱)布局计算的话可以乘坐 235 人。这类飞机安装两到三个喷气式发动机,携带多达 52 000L 喷气燃油(图 3.1(a)和(b)),如 B－737 和 A－320。老式窄体客机设计有塞式客舱门,而有些新式飞机则使用"拱形"舱门。窄体客机的门可以向外向前打开。有的飞机舱门共用气动应急开门系统,在轻度坠机时有助于将卡滞的舱门打开。

依照联邦航空条例 FAR 第 121.310 部《其他应急装置》的规定,凡是机轮充足气时门槛离地 2m 及以上的飞机,必须配备应急逃生滑梯。有的窄体客机逃生滑梯不能从外部上锁,当从外部打开舱门时会自动展开。所配备的翼上应急舱盖还可能包含一个逃生滑梯,当舱盖从内部打开时滑梯即可启动。货物和行李通常分批装入沿机身底部分布的两到三个货舱中,在飞机右侧设有入口。火灾探测和灭火系统在窄体客机的货舱内均有配置。

宽体客机

宽体客机拥有两、三或四个喷气式发动机,可以携带多达 256 000L 喷气燃油(图 3.2(a)),如 B－767、B－777 和 A－340。宽体客机的客舱设计有双过道,形成一个中间座位区,允许搭载 500 名乘客(图 3.2(b))。舱门一般带

(a) 外观示例

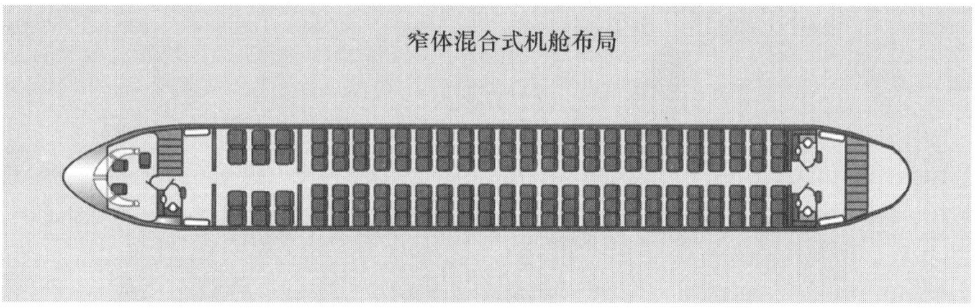

(b) 内部布局示意图

图 3.1　窄体客机

(a) 外观示例

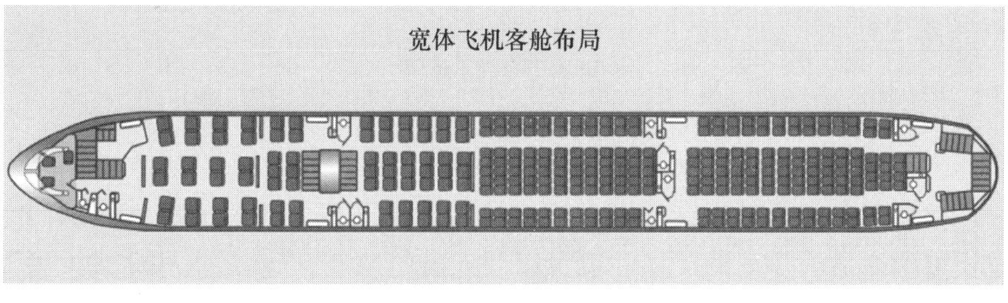

(b) 内部布局示意图

图 3.2　宽体客机

有助力，包含一套气动或弹簧力应急操作系统。有的宽体客机的舱门向头顶上方打开，而其他的则向外向前打开。老式飞机往往采用塞式舱门，而新式飞机则使用拱形舱门。几乎所有的逃生滑梯都可以从外部上锁。多数滑梯设计为双倍舱门宽，膨胀后向舱门外部伸展。在宽体客机上，翼上逃生舱门比逃生舱盖更为常见。多数行李和货物预先装入集装箱或者装在托盘上，然后再成单元地装进下部货舱。火灾探测和灭火系统在宽体客机的货舱内均有配置。

新式大飞机

随着重量轻、强度高的复合材料更易获取和日益广泛应用，飞机厂家推出了新一代大飞机，如 B－747－8 和 A－380（图 3.3(a)）。称之为新式大飞机（New Large Aircraft，NLA）或"超大型飞机"（Very Large Aircraft，VLA），这些飞机可以提供多达 900 名乘客的客容量，还可以携带多达 340 000L 燃油（图 3.3(b)）。

(a) 外观示例

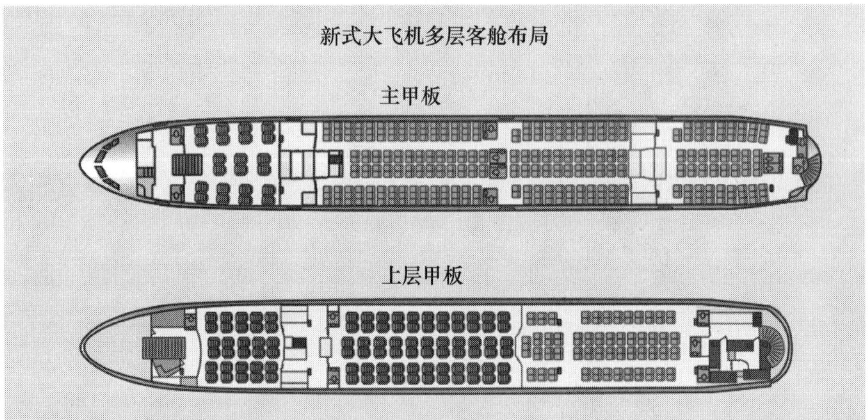

(b) 内部布局示意图

图 3.3　新式大飞机

机场现在要重新设计才可以适应这么大的飞机。飞机救援消防部门也需要重新评估消防车的类型和数量以及人员的数量，以满足这些新式大型飞机潜在的救人和灭火需求。因为新式大飞机的客舱具有双层座位布局的特征，这给出动的救援人员提出了很多救援方面的问题：其中较为突出的是飞机救援消防人员需要策划好如何到达上层甲板救出乘客（图 3.4）；飞机救援消防人员需要考虑的另一问题是上层甲板的坍塌或可能发生的坍塌，这类坍塌会威胁到乘客和飞机救援消防人员的安全。飞机救援消防人员要精于技术救援和高难度疏散。

图 3.4　飞机救援消防部门购置云梯消防车提供进入新式大飞机上层甲板的能力

支线飞机

往来于中心机场和较小机场之间用于短途商用客运的飞机称作支线飞机，如冲－8 Q－400、萨博 340、ATR 72 和 CRJ 700（图 3.5（a））。这些带增压舱的飞机可以搭载多达 100 名乘客（图 3.5（b）），飞行速度和航程可以和更大型的竞争对手相媲美。飞机内部显得有些狭窄和拥挤，出现紧急情况时会造成困难的工作环境。这些飞机的逃生点往往很少，一般只有一个客舱进出舱门。它们还配置一个前服务舱门供食品供给和保洁用。根据典型布局，客舱可以从后部的货物区进入。

(a) 螺旋桨推进的支线飞机

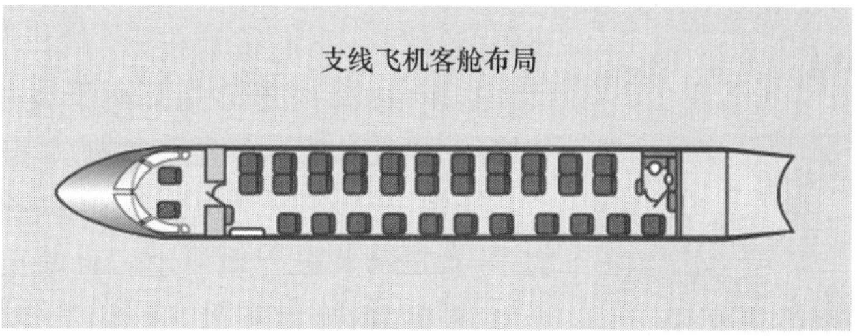

(b) 内部布局示意图

图 3.5　小型支线客机

随着航空旅游业的发展，支线客机比以往更加繁忙。随着载客量的增加，有的航空公司开始使用更大的飞机作为支线客机。这种飞机是前代飞机的加长版，有一到两个备用舱门，其座位布局可以乘坐多达 100 名乘客

（图 3.6(a)和(b)）。飞机大多数系统及其开关机构位于同一部位。最大的危险在于进舱舷梯，它们一般嵌入主舱门内。发生轻度坠机后，这些舷梯在舱门打开时可能因堵塞卡滞而阻碍人员撤离。

(a) 外观示例

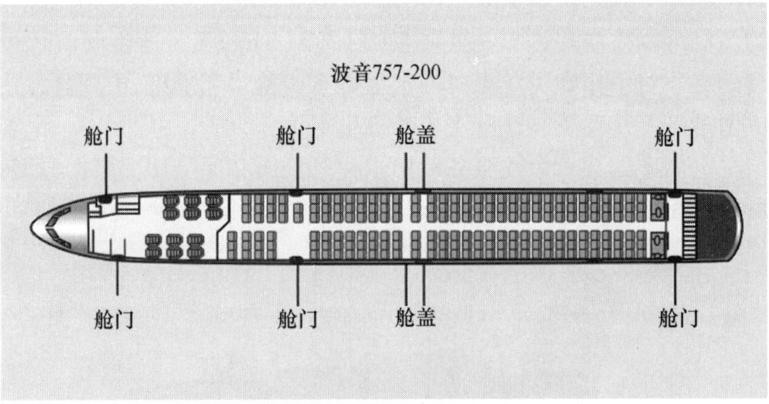

(b) 内部布局示意图

图 3.6　大型支线客机

货运飞机

该类飞机主要用于运输货物，可以涵盖前述各类飞机。它们常被称为“货机”。许多货机都是用以前的客机改装后用于装运托盘和集装箱的，可能装有大量危险货物（图 3.7）。

图 3.7　现代货运飞机

混装飞机在主甲板上搭载乘客和装载货物，其余货物装在甲板以下。有的货运飞机在每周中间时段用做货机，而在周末则转为客运飞机用于乘客出行。如果混装飞机报告出险，必须要在飞机着陆前告知飞机救援消防人员舱室的布局。在机翼应急舱门位置堆放的货物可能使那些舱门不能使用。

除了前部的两个进出舱门，所有其他舱门和逃生舱盖都可能因用做纯货运飞机而进行改装，从而失去原有功能或直接堵死。大型飞机拥有较大的液压操作货舱门，位于翼前或翼后的飞机左侧位置。

注：飞机的左右侧是根据驾驶员的左右而定的。在美国以外这有时称为左舷（port）和右舷（starboard）。

虽然在紧急情况下大多数飞机可以手动操纵货舱门，在正常情况下还是要用电动进行操纵。集装箱和托盘自前向后按数字或字母的次序进行装载。在窄体货运飞机上，下层舱室通常装载大量单件不超过35kg的包裹。以下几节将详细讨论各种类型的货舱，以及如何进入各种各样的货舱。

注：民用货运飞机，如安－124－100，被世界各地的军方用于运输货物往返冲突地区。这些飞机可以装载从枕头到大量武器的各种货物。

货舱的分级

飞机上有四级货舱，它们被定为A、B、C和E级。每级货舱在飞机上的位置各有千秋，均装有火警探测和防火系统，以及进出通道。

飞机救援消防人员应当知道他们机场的飞机上有哪些类型的货舱，货舱与机上的储物区有所不同，本节主要讨论货舱而不是那些按照联邦航空局要求而设置的储物舱，具体界定见CFR 14第25.857部《货舱分级》。诸如头顶存放区之类的储物舱主要用于放置随身物品和行李，不能称之为货舱。

每级货舱通常要比前一级大一些，那么A级就是最小的货舱，而E级则可覆盖货运飞机的整层主甲板。下面就是由联邦航空局定义的舱室的分级：

A级——舱室内出现火灾，机组成员在其工作位置就能很容易发现，并且所有舱室在空中都易于进入。这些舱室可以布置在驾驶舱和客舱之间，还有的靠近厨房或在飞机尾部。

B级——舱室内有独立式、已认证的烟雾或火警探测系统，可以向飞行员和空中机械师报警；拥有足够大的进出通道，空中飞行期间机组成员可以手持灭火器有效抵达机舱的每个角落。进入这些舱室时，不会有大量烟雾、火焰或者灭火剂串入机组或乘客所在舱室。

C级——与B级舱相比，差别主要在于需要有内置式灭火系统以取代机组人员亲临的方式对火灾进行控制。烟雾或火焰探测系统是必须要有的，还要有阻止危险剂量的烟雾、火焰或灭火剂串入任何有机组或乘客的舱室的手段。货舱内要控制通风，以保持灭火剂浓度适当。C级货舱通常位于宽体客机客舱地板下面。

E级——典型情况下，一个E级货舱就是纯货运飞机的整个内舱。需要有烟雾或火焰探测系统，还必须要有隔断空气流入E级货舱或在舱内流动的手段，以取代其他灭火手段。另外，失火事件中对压力舱室的减压操作流程也有相应的规定，还要有阻止危险剂量的烟雾、火焰或灭火剂进入任何有机组或乘客的舱室的手段。无论飞机结构和载货条件如何，所需的机组紧急出口必须好用。

进入货舱

大多数货舱门在开口上方与机身相连，向外、向上打开，少数向货舱内部、向上打开。大多数老式窄体飞机的货舱门是手动的，新式窄体飞机和几乎所有宽体飞机的货舱门都是电动和/或液压的。

机械操作的货舱门通常可以通过扳动一个把手从而释放舱门锁来手动打开，同时将棘齿向适当尺寸的牙槽孔中插入1/4英寸、3/8英寸或者1/2英寸，并旋转驱动机构。不可采用气动式驱动机构，因为它转得太快，会搞坏机械系统。牙槽孔通常可以在货舱门周围看到。大型货舱门也会有机械锁装置，它打开后能释放舱内压力。飞机救援消防人员会遇到多种不同的舱门开启程序，因此，如有可能他们应当向空中机械师和/或维护人员请求帮助。

通用航空

通用航空飞机，如塞斯纳172和"纳瓦霍人"飞机（美国派珀飞机公司推出的6～10座双发公务机。——译者注），主要用于娱乐或训练，一般小而轻，无增压舱。它们一般采用一个或两个内燃机做动力，并会发生类似于公路车辆事故那样的灭火和救援挑战（图3.8）。通用航空的飞机通常乘坐1～10名乘员，载有多达800L航空汽油（Aviation Gasoline，AVGAS）。有的通用航空飞机可能更大，能携带2 000L燃油。根据全国运输安全委员会的统计，有一大半航空事故发生于这类飞机，多数是致命的飞机灾祸。

飞机救援消防人员要知道，轻型活塞式双发飞机（一种小型通航飞机的结构布局，装有两台活塞式发动机。——译者注）在前舱有加热系统，通过燃烧航空汽油为座舱供热。这些加热系统的火灾问题由来已久，有时甚至是致命的。

图3.8　单发和双发通用航空飞机示例

商务/公务航空

该类飞机主要用于商务相关的运输，其范围从小型、轻型、无增压舱的飞机到庞大的"商用型"喷气式飞机（如波音737或波音商务喷气式飞机），包括多种不同的类型和厂家（图3.9（a））。有时还能见到部分超大型的公务机，能装载足够多的燃料供其从美国飞到欧洲和亚洲。

商务飞机常以两台喷气式发动机为动力，使用喷气燃油工作。商务/公务机一般是有增压舱的，通常可乘坐6～19人（图3.9（b）），有些还提供客户定制舱内设计，与通常的布局迥然不同。这类飞机与通用航空的飞机一样，从形式到结构都有极大的变化：大部分只有一个入口，通常位于机翼前方左侧；有的在右侧设有一个翼上逃生舱盖，另一些在两侧都有。许多这样的翼上逃生舱盖无法从外部打开。舱门、应急舱盖、货舱和其他空间通常处于锁闭状态。这些飞机通常不设可以打开的飞行员座舱窗口。

(a) 外观示例

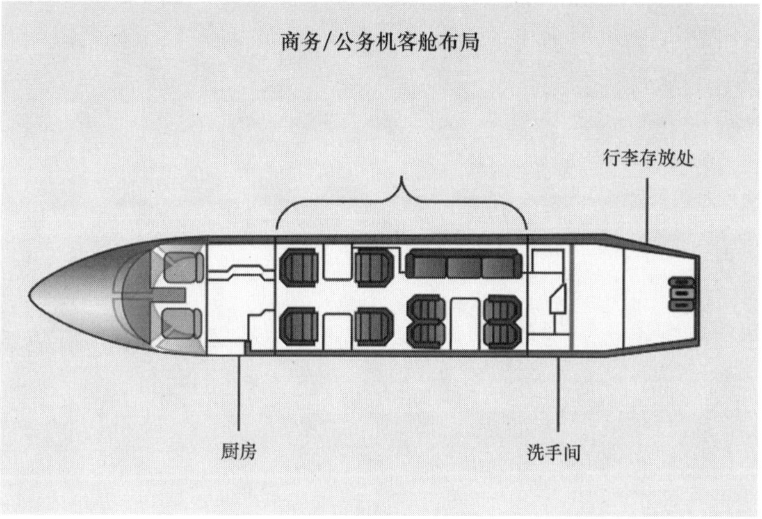

(b) 内部布局示意图

图 3.9　商务/公务机

军用航空

军事组织为支持其军事目的拥有各种各样的飞机。军用飞机可以在世界上任何地方飞行,经常使用民用机场或是在民用机场设置基地。很多军用飞机装有民用模块,但是为实现军事功能而对其进行过改装。因此,所有消防员都应熟悉与军机相关的潜在危险。

军用飞机包含了从单发战斗机到多发运输机或轰炸机的各种机型。高空、高速、复杂设备及武器装备等军事需求给应急救援者带来了更多的危险。虽然机组通常仅有少数几个人,但是飞机上还会有以下项目:

(1) 武器。

(2) 液态氧。

(3) 高功率雷达。

(4) 大量复合材料结构。

(5) 爆炸性弹射机构。

本节将介绍各种类型的现役军用飞机、这些飞机上安装的应急系统,以及军用飞机发生事故时应当遵循的响应流程,还涵盖了各种飞行员救生系统、驱动设备、飞机紧急停机流程、武器和武器系统，以及正确的灭火流程。

军用飞机的类型

军用飞机这个专用术语专指这一特殊的飞机类型，可以通过其挂载的武器与弹药加以识别。熟悉这些术语和飞机的各种设计可以让飞机救援消防人员更好地对与军机相关的紧急事件做好准备。机场消防员应当牢记，军事任务不会局限于军事基地周边的区域，而是可能延伸到国内任何地方。军用飞机经常用于协助地方的救援作业、抢险救灾、野外灭火和其他类型的紧急情况。

军用飞机指定了机种代号字母，可供应急响应人员识别飞机类型。这些机种代号字母与飞机及其使命任务相关联，具体如下：

A——地面攻击

B——轰炸机

C——货运/客运飞机

E——特种电子战任务

F——战斗机

H——直升机

K——加油机

L——带有激光装备

O——监察（专门用于空中目视观察并报告所获取的战术信息。——译者注）

P——海上巡逻

Q——无人机（Unmanned Aerial Vehicle，UAV）

R——侦察机

S——反潜机

T——教练机

U——多用途飞机（用于执行各种一般性任务，如载货、载人、拖靶等。——译者注）

V——垂直起降/短距起降（Vertical Take - Off and Landing / Short Take - Off and Landing，VTOL/STOL）

X——科研飞机

战斗机和攻击机

战斗机和攻击机是设计用于空对空和/或空对地战斗的飞机。有的攻击机可以像四发的 AC - 130“空中炮艇”（由洛克希德公司以 C - 130 运输机为原型改装而成的重型攻击机。——译者注）那么大，但大多数是单座或双座结构。诸如内置航炮、导弹和炸弹等武器可以在翼下和/或机身内携带（图 3.10）。除了 AC - 130 和类似的大型攻击机，战斗机和大多数攻击机都配置有座舱盖抛放系统和弹射座椅。在武器挂架和外置油箱连接处有小型爆炸帽，用于弹射或投放武器和油箱。改型为攻击机的货运型飞机配备常规武器，携带足够数量的弹药。

图 3.10　军用战斗机(F－22)和攻击机(A－10 和 AC－130)示例

轰炸机

设计用于携带和投掷大量空对地武器的飞机称为轰炸机。它们可能是 4～8 发的飞机、乘坐 2～8 人的机组(图 3.11),它们有爆炸推动的弹射座椅,可以采用内置、外置或二者兼具的方式携带武器。可以想见,该类飞机满载时会携带大量的燃油和数量可观的高能爆炸物。

图 3.11　B－2“幽灵”轰炸机

货运飞机

飞机救援消防人员可能非常熟悉载货用的 C－5、C－17 和 C－130(图 3.12)。军用货运飞机从相对较小到体型巨大的都有。大多数军用货运飞机的设计可以同时载运货物和人员。这些飞机没有弹射座椅和座舱盖抛放系统,但是它们可能会有附在机身旁边的喷气助推起飞(jet－assisted takeoff,JATO)装置。货运飞机可能装载各种各样的货物,包括装甲运兵车、坦克、弹药、食品、人员和补给品等。

图 3.12　C－17“星球大师”Ⅲ军用货运飞机

加油机

加油机是改装后用于为其他飞机进行空中加油的货运飞机,如 KC－10、KC－135 和 KC－767(图 3.13)。它们的结构布局可以同时担负货物运输和加油两种功能。它们格外巨大的载油量使其区别于其他货运型飞机，这种飞机的载油量可达200 000L，所以在飞行事故发生时，飞机救援消防人员可能要面对体量非常大的火灾。

图3.13　KC－10“补充者”是军用加油机的一例

多用途飞机

多用途飞机用字母U来标识，通常相对较小，可执行多种保障任务。它们一般不携带武器，也没有弹射系统，颇似通用航空的飞机。其载客量随飞机大小和任务而定。值得一提的一个例外是U－2高空侦察机，虽然它的机种代号用字母U，却是一个配有弹射座椅、复杂监视设备的特殊喷气式飞机。

特殊用途飞机

特殊用途飞机在军队可担负多种功能，如监视、指挥和控制、测试或是电子监视。它的代号字母依其使命而变。“特殊用途飞机”这个术语还指普通军用飞机的各种应用，例如，波音707军用版分别用做C－135货机、KC－135加油机、EC－135电子平台、E－3C空中预警控制系统（Airborne Warning and Control System，AWACS），以及高级测距仪表飞机（Advanced Range Instrumentation Aircraft，ARIA）等（图3.14）。

图3.14　特殊用途飞机——E－3C空中预警控制系统

直升机

美国国防部将直升机广泛应用于突袭和运输等方面。直升机可在军事行动中担负重要角色，成为空中联队里一个重要组成部分（图3.15）。它们携带弹药和武器时，通常装在舱内或机身发射架上。在机身里面或外部还会携带辅助油箱（我国将飞机外部的辅助油箱称为副油箱。——译者注）。直升机正常情况下不仅可以乘坐 2 ~ 5 人的机组，还可以携带乘客和武器。AH－1和 AH－64 直升机还有可以爆炸式抛放的舱盖。

图 3.15　两型军用直升机，包括 AH－64 攻击直升机和 CH－47 货运直升机

多用途飞机

有的军用飞机可以承担多种用途或角色。当这些飞机承担另外一种角色时，就会在主要机种代号上增加另一种字母代号，于是赋予飞机新的名字。例如，C－130“大力神”还会用做：

（1）AC－130“鬼怪”—— 一种空中武器平台。

（2）C－130 灭火飞机——用于野外灭火作业的模块化航空消防系统（Modular Aerial Fire Fighting System，MAFFS）。

（3）EC－130“罗盘呼叫”——空中电子作战或电子进攻平台。

（4）KC－130——美国海军陆战队的空中加油机和战术运输机。

（5）LC－130——装有滑橇的飞机，用于北极和南极支援作业。

注：C－130 通常用于搜索和救援，是因为它们续航能力强。它们可以部署在宽广水域、广袤森林以及极地执行搜索任务。

军机有关信息

技术条令（Technical Order，T. O.）00－105E－9《航空应急救援和灾难响应信息》中包含了关于美军和北约（North Atlantic Treaty Organization，NATO）盟国飞机的专门信息。出于安全考虑，个人必须通过网上注册才能获取该技术条令。获取技术条令 00－105E－9 和注册的方法可以查询以下网址：http://www. robins. af. mil/library/technicalorders. asp。为短暂经停的飞机制定机场预案时，获取信息的一个简单途径就是联系当地军事机构并查找空军技术条令（Air Force Technical Order，AFTO）第 88 册中关于这些飞机的部分内容，其中有火灾扑救的基本方案和非常基本的细节。

旋翼飞机

旋翼飞机是比空气重的飞行器，依靠一个或多个旋翼桨叶产生的升力实现飞行，其中最为常见的是直升机，其他类型的旋翼飞机还包括自动旋翼机和螺旋桨直升机（图3.16）。

图3.16　三种旋翼飞机

直升机

就大小而言，直升机从小型单座型到可乘坐多达50人的大型运输型都有。有的直升机，如西科斯基的“空中起重机”，其配置足以装载超过10t的载荷。由于多数直升机不像“固定翼”飞机那样结构刚硬，所以发生事故时往往因结构塌陷而将乘员困在里面。旋翼飞机也没有太明显的滑翔过程，这就形成一种出现飞行控制问题即从空中垂直落下的趋势，而不是像固定翼飞机那样滑翔。

有的直升机装有活塞式发动机，有的装有燃气涡轮发动机，载油量从280～4 000L。内置油箱通常位于货舱地板下面，有橡胶囊（软式油箱。——译者注），而辅助油箱或者位于后段的主舱里面或者附在飞机的外部。主桨承担与固定翼机上的机翼和螺旋桨相同的功能，亦即提供升降和转向作用。直升机的尾桨——如果该直升机有这样的配置——提供方向控制。直升机由类似于固定翼飞机的材料构成，如铝、钛、镁和各种复合材料。

自动旋翼机

自动旋翼机用一个无动力旋翼通过自动旋转产生升力，与此同时，发动机驱动螺旋桨提供推力。在飞机向前运动时，是流经旋翼桨盘的空气带动旋翼转动的。在大多数现代自动旋翼机上，推进发动机和螺旋桨安装在飞机后部。

螺旋桨直升机

螺旋桨直升机的主旋翼由飞机的发动机提供动力，以产生升力完成起飞和降落。转向控制和前进推力由装在短翼上的一个或多个螺旋桨提供。飞行时，螺旋桨提供向前的推力，而旋翼用于克服翼型阻力和保持升力。

消防飞机

消防飞机在保障应急响应作业时能够担任多种角色，这些角色包括以下方面：

（1）医疗后送。

（2）高空救援。

（3）空降消防战斗员。

（4）投送阻燃剂。

固定翼灭火飞机可以携带3 200～12 000L灭火剂抛撒到火场上。波音747超级灭火飞机的设计可以携带约82 000L的火灾阻燃剂。

DC－10，C－130和B－747等飞机可以称为特大型灭火飞机（Very Large Air Tanker，VLAT）（图3.17）。特大型灭火飞机的操作需要训练有素且装备齐全的飞机救援消防公司在补给与加油基地进行。较小的灭火飞机仅需一家发动机公司即可完成。

图 3.17　野外灭火时空中投放悬浮液的 910 灭火飞机

旋翼飞机可以用悬挂在飞机上的吊桶携带 400 ~ 4 000L 灭火剂，或者用安装在飞机下面的箱体携带多达 12 000L 灭火剂（图 3.18）。旋翼飞机还可用于运送消防员和货物，用作红外成像平台、实施逆火（在森林、草原等野火的前进方向提前燃尽任何可燃物的灭火方法。——译者注）作业的工具等。飞机救援消防人员应当明白，用于实施逆火作业的直升机在货物区携带了大量易燃“乒乓球”，或者在机下吊挂涂有凝固汽油的火炬。有很多轻型飞机，像“空中指挥官”（美国的前沃尔飞机公司生产的一种四座轻型飞机。——译者注），用于协同火场上的所有飞机作业。

图 3.18　军用直升机在野外火灾上方洒水

无人驾驶飞机

无人驾驶飞机，通常称为无人机，用于支援各种军事和地方任务。就大小而言，这些飞机从小型到全尺寸飞机都有（图 3.19）。尽管这些飞机不存在飞行员生命危险，而且比大型飞机携带的燃油少，但是它们可能会有危险材料问题。要识别这种飞机的机主/飞手是很困难的，因为他们是远程操控或自主飞行的。无人驾驶飞机会携带敏感的军事或私营单位的信息。直到本书出版时，这些飞机的未来应用仍在不断发展。

图 3.19　小型民用无人机和大型军用无人机示例

其他类型飞机

除前述飞机之外，机场还是多种不同类型飞机及航空活动的家园。飞机救援消防人员要熟悉在他们机场以内和周边作业的飞机，这在需要实施救援作业时可以帮助他们创造一个较为安全的工作环境。以下所列是任何机场都可能遇到的几类飞机（图 3.20）：

(1) 老式飞机。
(2) 轻于空气的飞行器（飞艇、热气球）。
(3) 倾转旋翼飞机。
(4) 微重/超轻型飞机。
(5) 试验用/业余爱好者的飞机。
(6) 农用飞机（喷洒农药）。
(7) 空中跳伞运输机。
(8) 特技飞机。
(9) 医疗后送/运输飞机。

图 3.20　其他类型飞机示例

飞机大部件

机场消防员要想理解飞机和可能遭遇的紧急情况，就要熟知飞机结构相关大部件的术语，这些信息在消防员执行飞机救援和消防作业时可以帮到他们。以下几节将要讨论固定翼飞机和旋翼飞机的大部件。

固定翼飞机部件

固定翼飞机的特征和部件包括机身、机翼和尾段(图 3.21)。

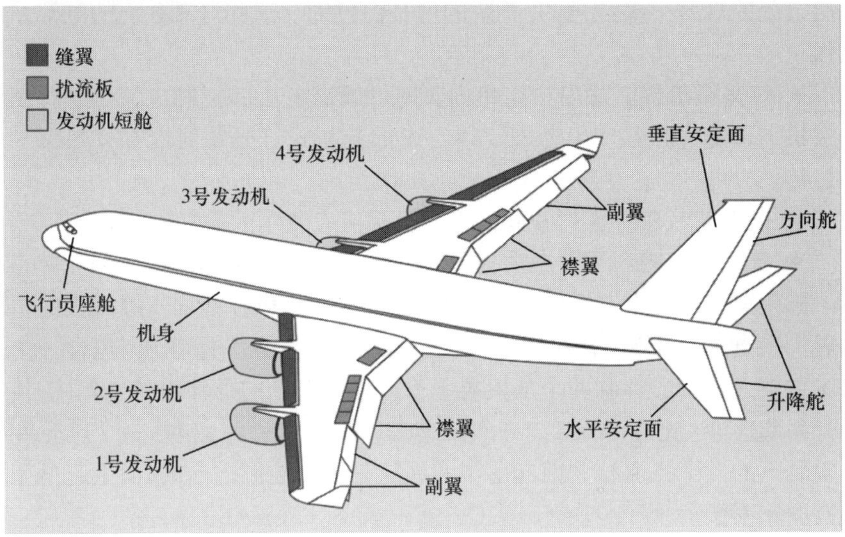

图 3.21　固定翼飞机的一般特征和部件

机身

用以安装机翼和尾翼的飞机主体称为机身。目前,铝是构成机身的主要材料。然而,结构材料发展趋向于使用各种复合材料,事实上,一些新生代飞机就是主要由复合材料构成的。根据飞机类型不同,飞机蒙皮在不同构造区段的厚度有所变化。机身将机组、乘客、货物和机翼以外的燃油容纳在一起,大多数飞机系统都在机身以内。

飞行员座舱。飞行员座舱是飞行员或飞行机组所在的机身舱室,电路断路器面板也位于该舱内。飞机的飞行员座舱门有结构加强,需要进行专门了解、训练,还需要专业工具才能进入。飞行员座舱在航空公司称为驾驶舱。

某些军用飞机(战斗机、攻击机、轰炸机和教练机)的座舱配有弹射座椅和座舱盖抛放系统。座舱盖是多种飞机座舱上方的一种透明壳体。为了在飞行中有很好的耐久性,通常用特种塑料制成。

客舱。该机身舱室位于驾驶舱之后,供乘客和空中乘务员使用,这些人有时也被称作"客舱机组"。在客舱的内部和周围有以下部位和系统,飞机救援消防人员应当逐步了解它们:

- **机组休息室**。这些舱室很小,飞机救援消防人员穿戴上个人防护装备和自给式呼吸器后比较难以进入。
- **厨房**。食品存放和准备的区域。
- **洗手间**。机上的厕所。洗脸盆下面有电加热器,可供应热水。厨房和洗手间都是模块化单元,在坠机冲击时可以松脱开。
- **储物舱**。指定用于放置行李、飞行服务设备、给养等的储藏空间。头顶上方沿座位分布的行李舱也可以在坠机冲击时松脱开。
- **紧急出口**。紧急出口包括正常的进入和逃生舱门以及专用舱盖、后登机梯与可抛放式尾锥等。
- **逃生通道**。紧急出口所在的那排座位指定用作逃生通道。根据航空法规要求，在这些位置就座的乘客必须达到特定的最低要求，以便他们有能力打开紧急出口。

• **应急灯光**。在紧急情况下提供内部照明并帮助乘客找到紧急出口。这些灯不代表飞行的方向，它们沿地板或座位侧面分布，位于过道的一侧。在出口处的灯是一盏红色的，其余的灯是白色的。这些灯靠独立的电池系统工作。

• **灯光镇流器**。激发产生机内荧光灯所需电压和控制电流。这些镇流器在机上可能过热并产生燃烧气味。大部分新式灯光镇流器都有热保护以防过热。

• **备用氧气瓶**。为驾驶舱机组人员提供应急用的氧气。

• **氧气发生器**。为空中乘务员和乘客提供应急用的氧气。

起落架。通常是三点式或是传统设计形式，提供在地面支撑飞机的机械装置。三点式起落架（我国称为前三点式起落架。——译者注）包含一个位于机首下方的前支柱和两个从机翼下方或者机身处向外伸出的主支柱；传统设计的起落架（我国称为后三点式起落架。——译者注）包括一个尾轮和每个机翼下的两个主支柱。前起落架和尾轮是用来控制方向的，而主起落架则装有刹车系统。

注：左、右刹车系统互相独立，左侧刹车液压失效不会影响右侧刹车系统。前起落架没有安装刹车。

静电消除器。与飞机框架保持电连接的带尖金属片。每个静电消除器都可以将静电从飞机上引出并释放到空气中，也称为静电刷。

警　告!

为了防止电击，救援人员在与飞机接触之前应当确认飞机已正确停放。

空速管。飞机外部安装的管状设备。在飞行期间，测量进入管中的空气流以确定飞机的空速。

机翼

机翼设计用于提供飞行所需的大部分升力。它们一般也是由铝构成，装载了大部分的燃油。然而，就像机身那样，有些机翼由复合材料构成。有的军用飞机可能还有武器和副油箱安装在机翼下面。沿着机翼的后断面，机翼包裹着各种“**飞行控制面**”设备。以下部件位于机翼上或是与机翼有关联：

飞行控制面——供飞行员控制飞行方向、高度和飞机姿态的装置，包括副翼、升降舵、方向舵、襟翼和缝翼、扰流板和减速板等。

• **发动机**。产生推进飞机的推力。它们可能是内燃往复式或燃气涡轮式。根据飞机类型和用途不同，涡轮发动机的大小和产生推力的能力也随之变化。

• **短舱**。包裹在外置航空发动机的周围，可由铝或复合材料构成。在发动机失火事件中，燃油往往聚集在短舱下部，如果在消防作业的灭火阶段打开短舱，这些聚集的燃油可能导致危险情况发生。

• **副翼**。附于机翼后缘，是可动、铰接、后置的飞机机翼部分，可以控制飞机的滚转（转弯）运动。

• **襟翼和缝翼**。从机翼的**前缘**和/或**后缘**延伸出来的**气动翼型**面。缝翼仅指从机翼前缘延伸的翼面。这些设备用于提升飞机在起飞和降落时的气动性能。

• **扰流板和/或减速板**。扰流板是位于机翼上表面的可移动板,举升到气流中可以增大阻力、减小升力;减速板是位于机翼上或者机身后部及下部的气动设备,可以伸出以帮助飞机慢下来。

• **涡流发生器**。附在机翼或垂直**安定面**上的叶片状物,设计用于保持机翼后缘控制面上的稳定气流。

尾翼(尾部)

飞机的尾翼部分包括垂直和水平安定面、方向舵和升降舵。一般地,尾翼包裹着辅助电源,它在飞机发动机不能工作时为重要系统的操纵提供电力。有的飞机配有后登机梯或尾锥抛放系统,该设计可以提供备用逃生手段。以下飞行控制面就位于尾翼部分:

• **升降舵**。沿水平安定面后部分布的铰接、可动控制面,与操纵盘或驾驶杆相连,用于控制飞机升降的俯仰运动。

• **方向舵**。安装在垂直安定面后部的铰接、可动控制面,用于控制飞机的偏航或转弯动作。

前缘——飞机机翼或安定面的前部或前面的边缘。

后缘——飞机机翼或安定面最后面的边缘。

气动翼型——与机翼、桨叶或水平与垂直安定面的形状有关,可从横截面观察到,能产生飞机飞行所需的升力。

安定面——飞机上用于提供稳定力的翼型面,也就是说,飞机尾部用于铰接升降舵的水平面(水平安定面)和用于铰接方向舵的固定垂直面(垂直安定面)。

旋翼飞机部件

旋翼飞机的主要部件包括以下几个部分(图 3.22):

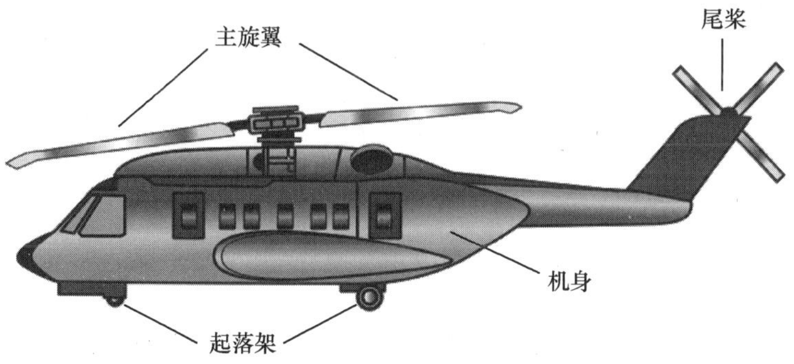

图 3.22 旋翼飞机的常见部件

• **机身**。内有与固定翼飞机机身相同的部件。它的构造并不适于高空增压,因此也就不像大型固定翼飞机那样结构粗壮,这使得直升机在坠落冲击时更容易摔碎。

• **主旋翼**。为直升机飞行提供升力和推进力。有的直升机设计有两个主旋翼,而其他则有一个主旋翼和一个尾桨。根据直升机的机型和用途不同,主旋翼可以拥有 2 ~7 个桨叶。

• **尾桨**。为直升机提供方向控制,同时抵消了主旋翼产生的转矩。有些新设计的直升机通过利用发动机尾气流提供的飞机控制力进行操纵,这样就不再需要尾桨了。

• **起落架**。在不飞行时用于支撑飞机。以下这两种起落架装置分别是传统式和滑橇式。

传统式起落架:包括主起落架及前或后起落架。根据直升机的机型不同,这种起落架有的能够收起,有的不能收起。可收起的起落架容纳在浮筒内，浮筒为水上降落的直升机提供浮力。

滑橇式起落架：用在小型直升机上以取代传统式起落架。滑橇永久固定在外部，就像一个平台。装有滑橇的直升机经常采用"旋进"的方式在滑行道或停机坪上移动。

发动机类型及应用

用于为飞机提供动力的两种发动机分别是内燃往复式发动机和燃气涡轮发动机，也称为喷气式发动机。本节将详述这些类型的发动机，以及它们给参加响应的消防员带来的危险性。

内燃往复式发动机

很多飞机使用内燃往复式发动机（即后文所述的活塞式发动机，也称为内燃机。——译者注）提供动力。这些发动机通过燃料的燃烧和缸内气体产生压力推动活塞在缸内来回运动进行工作。活塞的运动使曲轴转动从而带动飞机螺旋桨旋转。缸体可以以曲轴为中心进行分布（星形发动机），或者呈水平对称分布，就像汽车上的发动机那样（图 3.23）。发动机的动力通过曲轴传递到螺旋桨上。

往复式发动机使用航空汽油作为燃料。不像大多数汽车发动机，它们采用空气冷却，以减轻像典型液冷式发动机上那样的冷却模块的重量。这些飞机发动机要消耗相对较多的滑油，因而在发动机附近常有一个较大的滑油箱。有一个附件机匣可以驱动燃油、滑油和液压系统的泵，还为电气系统驱动其发电机。

大多数使用这种发动机的飞机主要用于通用航空。其机身通常全部采用轻质金属或蒙上纺织物的金属框架制造而成。使用往复式发动机作动力的飞机其功率可达 400 马力、重达 3 500kg、乘坐多达 10 名乘客（图 3.24）。

图 3.23　星形内燃机

图 3.24　往复式发动机示例

采用双发、四发的通用、商用、军用航空大型飞机也会使用往复式发动机。这种设计往往限制了乘客人数，但仍可布局搭载多达 90 名乘客。

磁电机——汽油机上为保持燃油燃烧而产生周期性火花的设备。

转动的螺旋桨和热态的发动机部件都有一定危险性，而**磁电机**则是另外一种危险源，它在事故疏散过程中具有直接危险性。在所有内燃机上都有至少两个磁电机，它设计用于产生火花以保持发动机持续运转。当执行疏散任务时，救援人员如果冲撞或推动了螺旋桨，磁电机就能点燃滞留在发动机缸内未燃尽的燃油，从而使发动机重启、螺旋桨开始转动。

警　告！

断开蓄电池并不能阻止磁电机工作，所以救援人员在螺旋桨周围工作时必须要谨慎。发动机周围应当建立安全区，以让所有人员远离发动机。

燃气涡轮发动机

燃气涡轮发动机主要有四种类型：涡喷、涡扇、涡桨和涡轴发动机。在所有类型的燃气涡轮发动机中，空气都是从进气道进入，然后压缩、与燃油混合并点燃，最后变成尾气排出。燃油空气混合物被点燃后快速膨胀从而产生发动机动力，可用于以下两个方面：

（1）喷出高速尾气流以驱动飞机。

（2）驱动风扇、螺旋桨或旋翼。

注：燃气涡轮发动机使用喷气燃油工作，如果误加了航空汽油就会对其造成损坏。

所有燃气涡轮发动机都有四大部件，分别是压气机、燃烧室、涡轮与尾喷口，此外还有附件部分。空气被吸入发动机前部的压气机，在那里被转子叶片压缩、加速。压缩空气进入燃烧室段，分配进入多个燃烧室，在那里与雾化的燃油混合并点燃。该活动导致高温燃气膨胀，从而产生高温、高速的尾气流。在此基础上，超高温燃气被引导穿过位于发动机后部的涡轮叶片。涡轮与压气机叶片固定在同一根轴上，按照这样的布局，高速燃气推动涡轮转动，涡轮反过来也推动了压气机。然后，发动机产生的反推气流从尾喷口排出。

支持发动机工作或者由发动机提供动力的其他飞机系统的部件都位于附件机匣内。这些附件包括燃油控制装置和燃油泵、液压泵、滑油泵和冷却器，以及发电机。

燃气涡轮发动机的其他功能

燃气涡轮发动机还支持着飞机座舱空调系统和机翼除冰系统的工作。从压气机引出空气，用来为座舱增压并为空调风扇提供动力；还要导往机翼和发动机前缘以防那里结冰。

涡喷发动机。燃气涡轮发动机的最简单形式，也称为喷气式发动机，主要通过高速尾气流推动飞机（图 3.25）。当尾气流的动量超过了从前面吸入空气流的动量，就产生了向前的推力。

涡扇发动机。这种发动机是当前飞机上最为常见的燃气涡轮发动机，特别是在大型喷气式飞机上。它在发动机前部包裹着巨大的风扇，这是涡喷发动机所没有的一个额外部件（图 3.26）。该风扇通过提高发动机的空气总流量来帮助发动机提高其推力。涡扇发动机也称为高涵流喷气式发动机。

图 3.25　涡喷发动机示例

图 3.26　涡扇发动机的风扇叶片

涡桨发动机。这种发动机广泛应用于小型和中型的支线和货运飞机上，可以装有一、二或四台发动机。发动机有螺旋桨，由小型涡喷发动机驱动（图 3.27）。通过涡桨发动机的流线型发动机短舱和直径比活塞式大得多的单或双喷口，可以比较容易地将涡桨发动机和活塞式发动机区分开来。

涡轴发动机。多见于直升机，与涡桨发动机基本相同，只不过输出轴不是连接到螺旋桨上，而是将动力涡轮直接或通过变速器箱连接到驱动直升机主旋翼和尾桨的轴上（图 3.28）。

图 3.27　涡桨发动机示例

图 3.28　军用直升机上的涡轴发动机

发动机的附增和改进

有些附属部件可以增加到基本的燃气涡轮发动机上，以调节尾气流的方向、提升发动机推力、降低飞机着陆速度。这些附属部件包括以下几种：

（1）尾喷口。可以旋转以调节尾气流喷出的方向，使飞机能垂直起降。“鹞”式喷气式攻击机就使用这种发动机尾流系统（图 3.29）。该原理唯一的变化形式出现在倾转翼飞机的设计中。这些飞机用涡桨发动机驱动直径很大的螺旋桨。整个发动机短舱可以在一根枢轴上由垂直转为水平，转到垂直方向时飞机就像直升机那样起降；转到水平方向时飞机就像固定翼飞机那样高速飞行。

图 3.29 采用可旋转尾喷口的 AV－8B“鹞”式攻击机具有垂直起降能力

（2）加力燃烧室（推力增强装置）。在短时间内提供额外推力，改善起飞和爬升能力，从而提升军用战斗机的性能（图 3.30）。这是通过向涡轮后面的超高温尾流中喷射和点燃纯燃油（直接喷入雾化燃油，无额外空气与之混合。——译者注）来实现的。

（3）反推系统。包括内侧折流门或外侧折流门以及叶栅，打开后可向前反射喷气尾流以帮助飞机在着陆滑跑期间减速（图 3.31）。这些设备可用液压做动力，而在某些飞机上则是气动操纵的。

图 3.30 F－16“隼”式战斗机启用加力装置

图 3.31 飞机降落过程中使用反推系统

飞机构造与结构材料

为了尽量确保人身安全，机场消防员应当详细了解飞机构造、所用材料等方面的知识，知道他们在灭火作业中和灭火后可能面临的危险。材料固有性质和部件装配方式会影响到消防作业。近代飞机结构常用材料包括铝、钢、镁和钛等金属，复合材料与金属合金，塑料，以及木材，这些材料经常以多种组合进行使用。飞机救援消防人员应当知道，不同材料的表面统一喷涂油漆，如果不仔细分辨，结构上的变化不容易看出来。

结构件

飞机内部结构通常包括用轻质但很强的金属制成的多种部件。这些部件包括：

- **隔框/框架**。飞机结构中的横向结构件，由它们构成机身的肋条，纵梁和长桁与其相连接。
- **纵梁**。条状材料，沿飞机的纵向分布，延伸通过若干隔框单元，飞机的蒙皮与其相连接。
- **长桁**。纵向单元，通常比纵梁轻、分布更密实，长桁为蒙皮提供形状支撑和连接点。
- **隔板**。用于将飞机隔成多个舱室的竖向分隔件，可以增加结构刚性，阻挡泄漏或火灾的蔓延。

通过飞机蒙皮外面清晰可见的铆钉线可以辨别里面结构件的位置。飞机救援消防人员在尝试刺穿或通过飞机蒙皮破拆进入飞机时，可以利用这些铆钉线，以免穿透或割到里面的结构件。铆钉看上去越密，这块区域加强得就越厉害，使得刺穿或破拆进入越困难。

采用复合材料蒙皮的飞机不使用铆钉固定蒙皮，而是使用紧固件，上述规律也同样适用：

（1）飞机救援消防人员可以利用紧固件线识别里面结构件的位置。

（2）紧固件看上去越密，这块区域加强得就越厉害，使得刺穿或破拆进入越困难。

金属

有多种金属在飞机结构上获得了应用。飞机上应用最为普遍的金属包括铝及铝合金、钢、镁及镁合金、钛等。本节将讨论这些金属在飞机结构上是怎样应用的。

铝和铝合金

由于质地较轻，并且具有可铸造成多种形状的能力，铝成为飞机结构的理想金属材料。这种轻质材料还可模塑成型并以薄板形式用作蒙皮，或制成蜂窝板形式，常用于构成舱壁和地板部件。用铝作飞机结构材料的一个缺点是它的耐热能力不佳，在相对较低的温度下（约650℃）即融化。

铝合金是在成型阶段将不同种类的成分混合在一起制成了更强却更轻的结构材料。这些合金多用于模塑成起落架部件、结构件和承重件，有时也作为舱门操作组件的零件。飞机结构中最为常见的合金包括铝铍合金和铝锂合金。铝在飞机结构中的应用比例在持续下降，同时，新型材料、复合材料得到发展并逐渐取而代之。

钢

在飞机的某些部位，如发动机和起落架，需要有高强度，并且高耐热性也很关键。钢就是用于这些部件，即使它单位体积的重量要比其他结构材料大得多。

镁和镁合金

镁和镁合金在飞机结构中得以应用是因为它们既强又轻。这些材料一般用在无需强力破拆进入的地方，包括以下部位：

（1）起落架。

（2）部分老式飞机上的机轮。

(3) 发动机安装托架。

(4) 曲柄轴箱。

(5) 盖板。

(6) 其他发动机部件。

镁及其合金除非辗成粉末或小颗粒,是很难点燃的。但是,一旦被点燃,它就会剧烈燃烧,很难扑灭。

钛

钛是一种金属元素,用于强化蒙皮表面,以对抗尾气火焰或热量的冲击。钛还用于起落架部件、辅助电源外壳和发动机内部部件的制作,如涡轮叶片。就像镁金属一样,钛是可燃金属,会剧烈燃烧难以扑灭。

复合材料、先进复合材料和先进航空材料

目前,有越来越多的轻质复合材料、先进复合材料和先进航空材料应用于现代飞机结构中(图 3.32)。随着制造商开发出越来越多的用途,复合材料的使用比例将会持续增加。

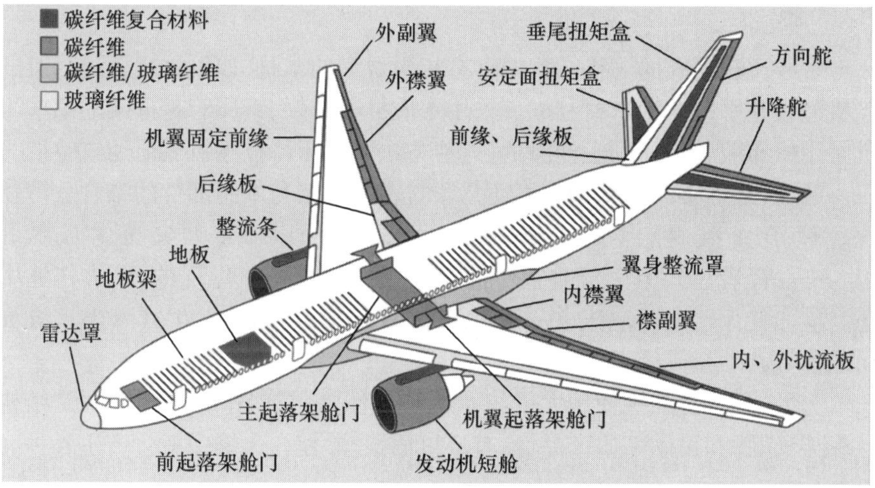

图 3.32 飞机上复合材料的常见类型与分布

复合材料由两种或更多的有机或无机成分构成。一种作为基体将各种材料包容在一起,而另一种(通常是纤维或线性结构)作为增强体以提高材料整体的强度和刚度。玻璃钢(玻璃/环氧树脂和玻璃/聚酯树脂)就是复合材料的一例。

先进复合材料具有高强度、刚度的特性,同时还有抗腐蚀、低比重或特殊电性能、热性能等一些其他特性。先进复合材料的例子有:

(1) 芳香尼龙纤维(凯芙拉)/环氧树脂。

(2) 硼纤维/环氧树脂。

(3) 碳纤维/环氧树脂。

(4) 石英纤维/氰酸酯。

(5) 铝增强环氧树脂基玻璃纤维层合板(Glass Laminate Aluminum Reinforced Epoxy,GLARE)(铝/玻璃/环氧树脂)。

先进航空材料是为满足特殊的空间环境、结构或性能的需求而特别设计的,先进航空材料的例子有:

(1) 铍。

(2) 贫铀(Depleted Uranium,DU)材料。

(3) 雷达吸波材料(Radar Absorbent Material,RAM)。

由 Dr. John M. Oison 撰写的关于先进复合材料和先进航空材料的一篇论文《先进复合材料/先进航空材料:灾害风险控制与灾害响应》被收录在本书**附录 F** 中,它包含了各部门在拟定标准作业流程努力提升飞机救援消防人员安全性时的准则。救援人员应当熟知这些知识,并在处置涉及先进复合材料/先进航空材料的险情时保持必要的警惕性。

塑料

在过去的几十年里飞机制造方法不断变化,飞机结构材料也在同步发展。当塑料变得更加易于获取时,它在飞机结构中的大量应用也就随处可见了,经常用来替代木质部件。木质的内部嵌板、客舱隔板和座椅部件等均可用预成型的塑料部件代替。塑料还用于各种导管、管道和其他飞机座舱部件。

木材

一些比较老式的飞机结构中含有相当数量的木材,如机翼梁、隔板,有的飞机隔板几乎完全用木材制成。采用木质框架或铝/钢质管材框架的某些飞机是用帆布蒙盖然后刷上油漆的,这些方法多用于特技飞机或通用航空的飞机。然而,最为常见的结构技术还是管材金属框架与木制部件的结合。即使这些属于 A 类材料(一般固体物质,此处指木材,其火灾通常用水扑救。——译者注),但由于航空燃油在现场是极有可能出现的,灭火作业中还是应当使用水成膜泡沫(Aqueous Film Forming Foam,AFFF)(油类火灾宜用泡沫扑救。——译者注)。

另外,公务型飞机使用大量的木质装潢作为内饰,这些内饰通常是结构性框架、织物和可燃木质产品,涂有环氧面漆,暴露在火焰中就会产生各种有毒气体。

飞机系统

飞机各系统都有潜在的危险性。当制定飞机事故/事件的处置预案时,飞机救援消防人员要认真考虑以下每个有潜在危险的区域:

(1) 燃油系统。

(2) 液压系统。

(3) 机轮装置。

(4) 电源、电气和辅助供电系统。

(5) 飞机灯光。

(6) 氧气系统。

(7) 雷达系统。

(8) 防火系统。

(9) 乘客/机组气囊。

(10) 驾驶舱紧急停机系统及流程。

(11) 进入/逃生系统。

（12）数据记录系统。

（13）其他各类系统和部件。

标准化标识

各种类型的飞机都有大量的导管、软管和其他管道，它们有相同的尺寸和外观，常常很难区分。因此，设计出一套标准的标识系统，简化对它们的识别并减少误认的风险。

这套标识以三种不同形式体现：颜色、标签和符号，这样很容易准确辨识导管、软管和管路（图 3.33）。颜色的应用是因为它可以从远距离识别，标签对有色盲的人或在火焰、高温和烟雾遮盖或者改变了颜色的情况下很有必要，最后，符号不仅有助于确认颜色和标签，还很容易被不懂英语的人识别。了解这些标识，飞机救援消防人员在飞机疏散作业中遇到这些管道时就能快速而审慎地前进。

颜色/标签/符号的标识系统

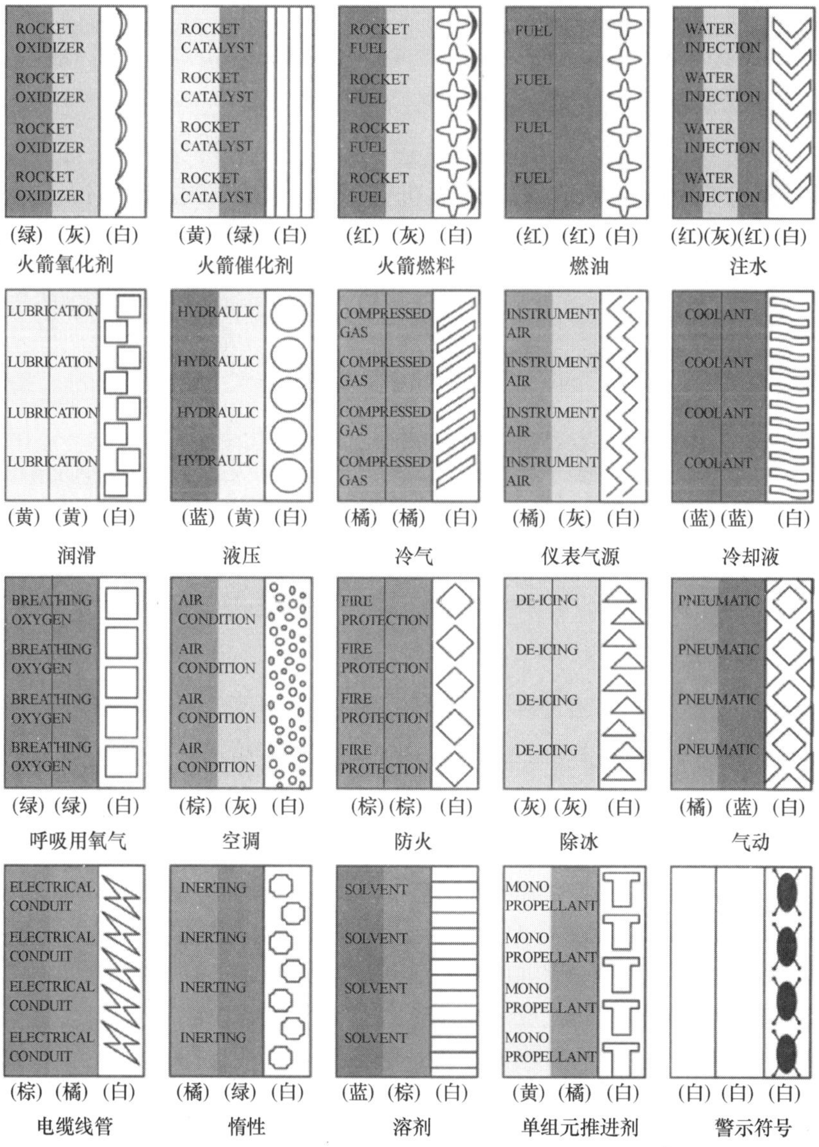

图 3.33 用于识别机上各种导管、软管和管路的颜色/标签/符号系统示意图

↘ 燃油系统

飞机上最大的系统是燃油系统。燃油系统的组成部件——油箱、油管、控制阀和燃油泵——在整个飞机上都有分布,因此燃油系统在飞机事故中具有最大的危险性。燃油系统包括油箱和输送系统两大部分。

载油量范围

商用飞机的载油能力可达 12 000 ~ 232 000L,波音 747 - 400 就是这样。空客 A - 380 之类的新型大飞机设计可以装载超过 400 000L 燃油。

油箱

根据飞机型号和用途不同,油箱可以做成独立单元或是飞机整体的组成部分。小型通用航空飞机的油箱一般在机翼内,结构材料为铝、复合材料或橡胶油囊。商务型、支线飞机和商用飞机也采用整体油箱(机翼内由翼肋、壁板、翼梁、翼面加强板等结构件合围并密封而成的储油结构,可有效利用机内空间,减轻结构重量。——译者注)将机翼用于储存燃油。整体油箱通过使用特殊的环氧树脂粘结机翼内部结构而成。

除了机翼,商务、支线和商用飞机还用两翼之间的机身中段来储存燃油(图 3. 34),有时还有附加油箱安装在机身中央油箱的前面或后面。

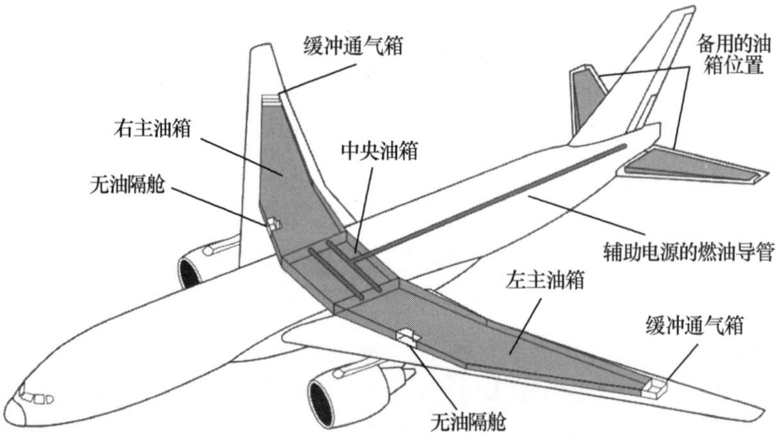

图 3. 34　商用飞机油箱的常见布局

有些设计用于远距离飞行的飞机使用双层壳体的机身油箱。由于这些油箱位于机翼中段盒型结构之外,所以它们没有坚固的结构防护。安放附加油箱的区域包括中央机身吊舱、翼尖、尾翼(水平和垂直安定面)或尾锥。军用飞机还使用辅助油箱或燃油吊舱,它们装挂在外面以增加飞机的航程(图 3. 35)。

如果飞机受到损坏,燃油就可能泄漏。虽然损伤看上去并不严重且离客舱比较远,飞机救援消防人员还是要彻底检查飞机的内部和外部,寻找漏油点,因为漏或渗出的燃油可能聚在机身的低洼处,所以即使很小的损伤都是特别关键的。

民航和军用飞机,包括固定翼飞机和直升机,都使用辅助油箱。在军用飞机上,辅助油箱是可以投放的,藉此提高航速和机动性(我国将这种油箱

图 3.35　F－16“隼”式战斗机有两个外部油箱临时吊挂于机翼下方

称为副油箱。——译者注)。辅助油箱的容量在小型民航飞机上每个大约120L,而在大型军机上可达 8 000L。直升机的辅助油箱位于座舱里面或外部。在飞行过程中,辅助燃油箱中的油通常是最先用完的。

具有自封闭适应性和自动关闭功能的抗坠落油箱应用很有限。虽然油箱制造技术不断发展,这些技术革新还是没有得到广泛采用。有的军用飞机将开孔泡沫块切碎填入油箱,这些能吸收蒸气的泡沫块主要用于防止发射物——如易起火的子弹——穿透蒸气空间后的爆炸,它们对于抑制坠机后的火灾也很有效。

燃油箱可以通过机翼上方的加油口逐个添加(重力加油),或者通过位于机翼下方或机身侧面的单个加油点或多个加油点添加(压力加油)(图3.36)。在压力加油时,有一套阀门能将燃油引到需要加注的油箱。各个油箱内的传感设备可以在油箱即将加满或加到预定油量时自动停止向油箱内注入。有的机翼油箱底部还装有油尺式油量表。

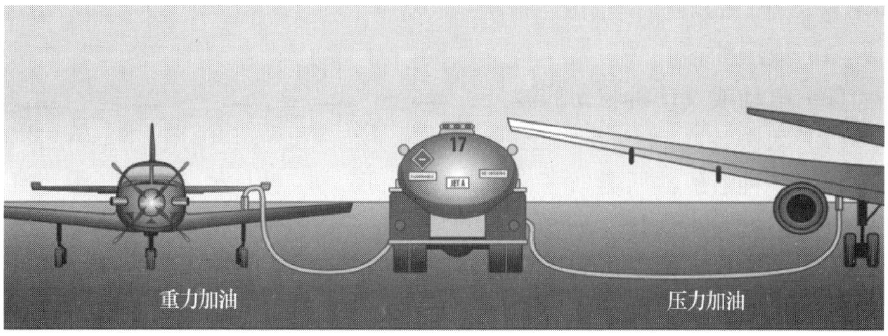

图 3.36　重力和压力加油作业示意图

经过一段时间使用,环氧树脂密封油箱会发生泄漏。常规的修理方法是让维修人员通过机翼上部或下部的入口钻进油箱的密闭空间里。由于这些空间的密闭性,救援工作者应当与飞机维修人员见面并制定一个响应预案,以有效处置这种维修作业中可能发生的任何险情。作为一项预防性措施,准备开展这项工作时,飞机维修单位应当通知机场消防部门到场。

燃油的输送

燃油是通过遍布飞机的油管、控制阀和油泵从飞机油箱输送到发动机的。机尾装有发动机或辅助电源的飞机在内壁、机舱顶部有燃油导管，或者分布在主客舱地板和货物区之间的夹层中。

燃油导管的直径从 3 ~ 100mm 不等。它们用金属、橡胶或多种材料的组合制成，通常用布条缠绕以控制泄漏加重。供压达 30 ~ 280kPa 的燃油泵控制着导管内部燃油的流动，因而停止燃油泵运行也可以控制燃油系统的泄漏。通过断开驾驶舱内的飞机电源和燃油控制电门可以很好地完成停止操作。

环境温度变化会引起油箱内燃油膨胀或收缩。为了减少因膨胀带来的压力上升，油箱都配有通气口和通气箱，用于保存沉淀物、释放燃油蒸气。在正常条件下，流出的少量燃油很快就能蒸发掉，因此这样的溢流一般并不危险。然而在更多情况下，加油员给主油箱过量加油，如果油箱没有发生膨胀，燃油就会溢出到通气箱，再通过溢流管继续流到飞机停放的地面上。

注：军用飞机的燃油箱在冬季通常是满的，然后飞机停入保温机库。膨胀的燃油泄漏到机库地板上，造成对飞机救援消防人员的更大风险。

整体油箱因直接火烤或热辐射而被加热，也会引起燃油膨胀，从通气口处释放燃油蒸气。飞机救援消防人员需要记住，飞机的机翼油箱是和对面机翼油箱通气的。还有一些其他原因导致燃油在飞机下面流淌，这在一般情况下并无危险。例如，当飞机发动机关闭时，或是打开排泄开关从油箱中放掉水和沉淀时，就会发生少量燃油流出，这些少量的燃油一般并不具有明显的火灾危险性。

应急响应人员可能遇到的两种基本燃油类型包括航空汽油和喷气燃油（即航空煤油。——译者注）。这些燃油根据飞机使用需求可以以多种方式进行混合，在第 4 章“安全和飞机危险性”中将会进行详细讨论。危险等级会随燃油的混合方式和泄漏场景而变化。

液压系统

飞机液压系统可以产生飞机控制面操作、起落架收放等所需的巨大动力。大多数现代飞机的液压系统在 21 000kPa 或更高的压力下工作，能装 740L 液压油。该系统包括以下部分：

（1）液压油箱。

（2）电动或发动机驱动的油泵。

（3）动作装置。

（4）各种液压蓄压器。

（5）连接系统油管。

液压油被送到一个压力泵中，由泵将其输送到整个液压系统（图 3.37）。液压油可以在蓄压器中带压力存储。即使发动机停车，蓄压器仍然能够继续带压力存储这些液压油相当长一段时间。这部分存储的液压油随后可以用于向关键的飞机系统提供液压动力，例如：

（1）主起落架。

（2）前起落架。

（3）转向机构。

（4）刹车机构。

（5）襟翼。

警 告!

在运行中的飞机周围处置飞机险情时,要保持头脑清醒并远离有液压和气动操作部件的区域。如果救援人员被咬住或夹到活动工作面中间,就很容易受伤或割断肢体。

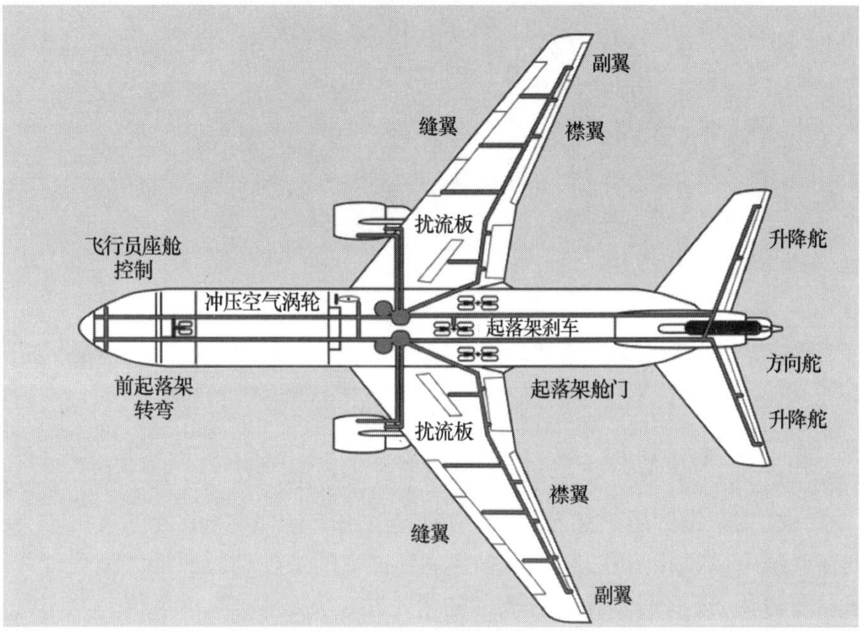

图 3.37 商用飞机液压系统的常见布局

现在有多种类型的液压油。老式飞机使用烃基液压油或植物油;飞机救援消防人员还会遇到红色矿物基液压油;但是还是合成液压油最为常用。合成液压油得到广泛应用是因为它明显降低了起火的危险性。它的闪点是非合成液压油的两倍,一旦着火,火焰的蔓延速度也比较慢。最为常见的合成液压油是一种磷酸酯基的物质。

合成液压油也有缺点。在救援或火灾扑救作业中,飞机救援消防人员必须特别谨慎以免切断带压力的液压导管。当合成液压油以完全雾化的形式喷射出来就特别易燃,如果喷到高温刹车盘或高温发动机部件上,液压油就会被点燃。液压油火灾会产生“火炬效应”,如果是密闭空间还可能爆炸。

注 意

救援人员还必须警惕液压油接触皮肤、眼睛和防护服,因为这类液压油会产生对皮肤和眼睛的强烈刺激,同样也会腐蚀防护服表面。

机轮装置

机轮装置由轮毂、刹车和轮胎组成。机轮装置或小车式机轮的轮毂在老式飞机上用镁制成，而在新式飞机上用钛或铝合金制成。大多数飞机的轮毂装有易熔塞，设计有可熔化的功能，当轮毂达到预定温度时能自动给轮胎放气（图 3.38）。

图 3.38　易熔塞是设计可熔化的，在轮毂超过指定温度时可为飞机轮胎放气

飞机刹车设计用于在着陆后、中断起飞或滑行时减速并停下飞机。飞机刹车系统可以说相当复杂，有着多达三套独立的液压动力源供大型喷气式飞机刹车使用，还有两套相对分离的防滑系统，以及自动刹车系统。刹车组件用镁、铍制成，还会用到石棉（老式飞机上）和碳纤维复合材料（新式飞机上）。飞机刹车盘因飞机重量、着陆速度和为适应短跑道而增加的刹车力等因素的组合效应而频繁产生高温。飞机停下后，刹车盘和机轮还会保持最高温度 20 ~ 30min。

警　告！

处置起落架险情时，例如，刹车盘过热或起落架失火，要坚持从起落架装置的前方或后方 45°方向接近。如果升温超过一定限度，起落架装置和轮胎就会爆炸，从其侧面飞出碎片或碎块。这些碎块的速度足以击穿飞机的机翼整体油箱，并对附近人员造成致命伤害。

大型飞机的轮胎压力超过 1 400kPa。它们通常充氮气（一种惰性气体），这是因为飞机起降过程中会产生大量的热。处置与机轮装置相关的飞机险情的流程将在第 12 章“战略战术作业”中介绍。

电源、电气和辅助供电系统

飞机依靠电气系统为灯光、电子设备、液压泵、燃油泵、武器系统、警示系统和其他设备（图 3.39）供电。有的飞机竟有长达几千米遍布整个飞机的电缆用于输电。飞机电气系统使用交流和直流供电,这是因为有些设备用某种电源比用另一种电源工作起来更有效率。轻型飞机用 12/24V 直流电,大型飞机则用 24/28V 直流和 110/115V 400Hz 交流电,还有的飞机使用电压高达 270V 的直流电气系统。

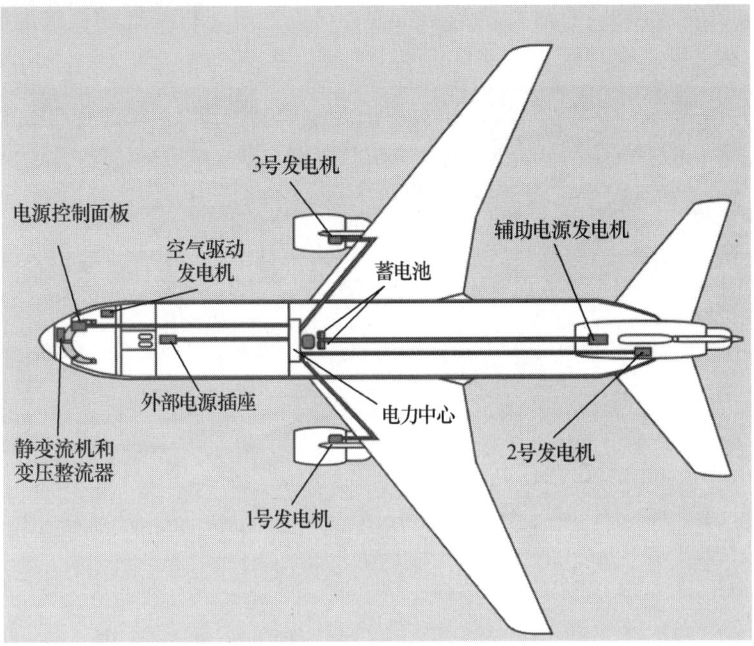

图 3.39　商用飞机电气系统的典型布局

下面将讨论机上各种电源系统,包括以下几种:

(1) 蓄电池。

(2) 辅助电源。

(3) 应急电源(Emergency Power Unit,EPU)。

(4) 地面电源。

飞机蓄电池

飞机蓄电池可以分为两大类:铅酸电池和镍镉电池。从根本上讲,飞机和汽车的湿式电池组工作过程没有区别,二者都用同样的电极浸入电解液中并按照同样的基本原埋进行工作。但是,由于飞机蓄电池在不同寻常的环境下工作,使用时要更加精心。飞机蓄电池的制作可以保证它们在飞机倒飞时不致泄漏。电池电压通常是 12~30V。为了减轻重量,飞机蓄电池具有很小的容量——仅为汽车电池平均容量的 1/3。

注　意

镍镉电池里所用的电解液是强碱性的氢氧化钾溶液,有腐蚀性;而铅酸电池里所用的电解液是脱水硫酸,以上任何一种电解液接触到皮肤都会造成严重灼伤。要注意查看每种类型蓄电池所带的安全说明书(Safety Data Sheet,SDS),以防发生特殊危险。

注　意

有的飞机蓄电池在充电时产生极易燃的氢气,这种气体可能对飞机救援消防人员形成严重的火灾和爆炸危险。

大多数飞机蓄电池都配有快断端子。通常情况下,位于蓄电池电缆末端的直角旋转端子设备能方便地连接和断开蓄电池(图 3.40)。根据飞机的型号和用途不同,蓄电池的数量和位置会有变化,担负机场任务的飞机救援消防人员要熟知蓄电池的位置和机上设备的电气系统开关。蓄电池通常靠近地面电源的连接处,有时蓄电池的位置还可以通过飞机底部的蓄电池舱排水口和/或通气口来辨认。

图 3.40　机场消防员正在使用飞机蓄电池上的直角旋转快断端子

注:军用飞机上经常给蓄电池舱做上标记。

所有的飞机停机流程都必须在切断电气系统之前完成。客机上的应急灯光系统有它们自己的电池组,独立于其他的飞机系统。诸如货舱门正常操作、灭火系统启动、飞行员座舱关闭流程和应急关闭流程等,如果执行这些功能的设备没有了电源,也就无法完成。

图 3.41　商用飞机尾段的辅助电源

辅助电源

辅助电源就是一个带有发电机的小型喷气式发动机,当飞机停在地面要操作各系统时就会用到它,而不必起动飞机发动机(图 3.41)。起动飞机发动机会造成对正在保障飞机的地面维护人员的危险。辅助电源涡喷发动机可以为以下任务提供冷气(即压缩空气。——译者注)和交流电源:

(1) 起动飞机发动机。

(2) 为飞行员座舱供电。

(3) 为蓄电池充电。

(4) 为客舱照明。

(5) 保持舒适的舱内温度。

(6) 飞机在空中飞行时作为备份电源。

在大多数商用飞机上,以及部分支线飞机、商务机上,该装置一般位于飞机的尾段。大型飞机上辅助电源的外部控制通常位于前起落架、机腹、尾翼或主起落架舱内。

辅助电源常用两个进气口工作,一个用于该装置的运行,另一个用于冷却电源舱室。飞机救援消防人员要熟悉用来冷却舱室的那个进气口,一旦发生辅助电源火灾,消防员可以将灭火剂喷入该舱室进气口内。

在辅助电源火灾的灭火战斗中,救援人员靠近它时要特别谨慎,因为其舱门入口常常设置在下方。聚集的燃油可能就在这些舱门内的空隙里,舱门一打开就会洒出来。飞机救援消防人员还应检查飞机上靠近辅助电源舱室的各处火势蔓延情况。在处置任何与飞机系统有关的紧急情况时,飞机救援消防人员应当要求飞机机械师或熟悉涉事飞机类型和结构的维护人员进行协助。

辅助电源本身就是一个小型喷气式发动机,会导致多种危险。辅助电源运行期间,附近的任何人员都会面临噪声和尾气的危害。另外,因为辅助电源用喷气燃油工作,所以总是会有着火的危险性。许多新式飞机有一个自动系统,检测到故障、过热或失火时可以使装置停止运行。在飞行员座舱和外置防火面板上还有手动控制端,以使装置停止运行并释放辅助电源的灭火瓶。机场消防员要熟悉辅助电源的位置、内部与外部的停车开关,以及他们机场的飞机上保障辅助电源工作的蓄电池。

应急电源

应急电源满足了空中飞行的飞机获取应急电力(用于重启发动机)和液压动力(用于飞行控制操作)所需高可靠性、快速响应的手段。大体上有三种类型的应急电源:冲压发动机(Ram - air - turbine,RAT)、喷气燃油和**单组元推进剂**(图 3.42)。

单组元推进剂—— 一种化学物质或多种化学物质的混合物,在特殊的存储条件下较为稳定,但在其他条件下会快速反应并产生大量的高能(热)气体。像肼燃料这样的单组元推进剂已经在飞机应急电源中得到广泛应用。

图 3.42　展开后的冲压发动机示例

飞机救援消防人员要熟悉冲压发动机的一般位置，因为它在电气系统断电时就会启用。启用时需要机身下部区域的一个舱室打开，以便冲压发动机能够伸出机外，这可能会撞到救援人员。喷气燃油的应急电源和喷气燃油的辅助电源具有相同的危险性。

单组元推进剂的应急电源——在 F－16 战斗机等军用飞机上采用——是极其危险的，因为它使用一种叫做“肼”的具有毒性和腐蚀性的燃料作为能源。

警　告!

由于肼可以通过皮肤被吸收，处置该类紧急情况时要一直穿着包括自给式呼吸器在内的全套防护装备。即使是短暂的暴露也可能造成对神经系统和呼吸系统的严重后果。

肼是一种透明、油状液体，有着类似于氨水的气味。某些形态的肼被归类为自燃物，这意味着它与氧化剂接触后能够自动点燃。肼的燃烧范围（燃烧浓度极限。——译者注）在 2.9%～98%，这使得它极易被点燃。关于肼和其他自燃燃料危险性的更多信息见第 4 章“安全和飞机危险性”。

地面电源

地面电源在飞机的发动机或辅助电源不工作时为机上提供电能（图 3.43）。地面电源可以发出交流和直流两种电力，有柴油机或汽油机两种动力模式。机场消防员应当熟悉他们机场上地面电源的停止与断开操作流程。地面电源有各种形式，包括：

（1）装在拖车、半挂车或卡车上的移动式。

（2）位于建筑物内的固定式。

（3）连接飞机与航站楼的廊桥上的桥基式。

图 3.43　与飞机相连的地面电源

警　告！

在电源关闭之前就将地面电源从飞机上断开会导致触电致死或产生电弧，电弧可以为该处聚集的易燃蒸气提供点火源。

飞机灯光

夜间处置飞机险情时，飞机灯光可能是唯一可供救援人员确定他们与飞机相对位置的手段。左翼尖处有一盏红灯而右翼尖有一盏绿灯，机身尾段的末端处则有一盏白灯。如果尾翼上看不到灯，那么可以在翼尖处找到。设计用于照亮垂直安定面侧面上标志的灯称作“标志灯”。着陆灯由高强度聚光灯组成，位于机翼和起落架上。旋转或闪烁的红色防撞灯用于表示飞机发动机正在工作中，位于垂直安定面顶端或机身的顶部和下部（图 3.44）。

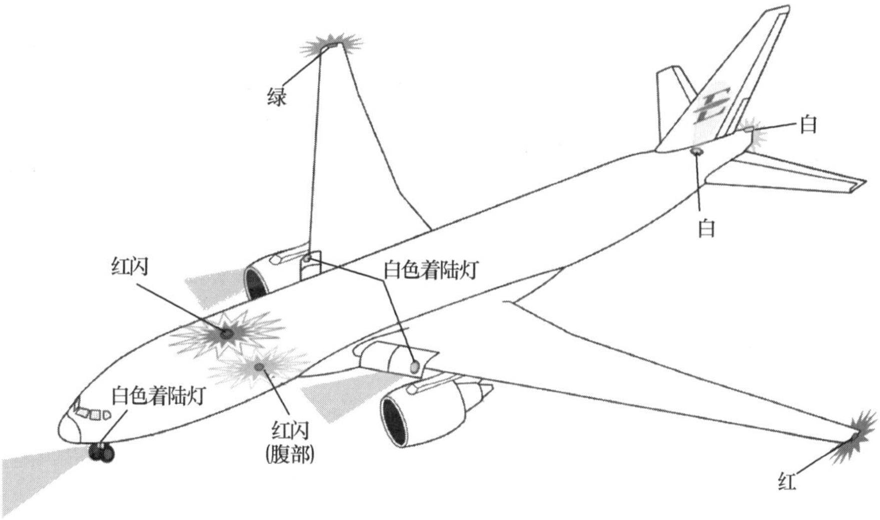

图 3.44　飞机常见外部灯光的分布

氧气系统

所有进行高空飞行的飞机都使用供氧系统为机组和乘客进行生命保障。氧气一般以气体或液体状态存储。

氧气瓶在各类飞机上存放于不同的位置。驾驶舱由一套包含单个氧气瓶的独立系统供氧，氧气瓶一般位于飞行员座舱、前货舱或电子设备舱内。在许多客机上，给机组和乘客供应的氧气存储在机身上的压力瓶中（图 3.45）。商用飞机的飞行机组经常需要使用压缩氧气系统。小型的医用氧气瓶在客舱各处都有，其位置因客舱的布局而异。军用飞机的弹射座椅系统有一个小型应急氧气瓶附在座椅上。有些医疗运输直升机和大多数军用战斗机、轰炸机和攻击机都使用液氧瓶，还有一套调节系统可以

图 3.45　飞机氧气瓶（瓶体实为绿色）

将液氧转换成可呼吸的氧气。

商用飞机为乘客配备了一套化学方法产生氧气的系统。该系统一旦启动,会因放热反应而产生少量的热,这部分热量通常被限制在产氧装置内部,如果直接接触仍然会点燃可燃物。一旦启动,它就无法停下,直到里面的化学物质耗尽为止。该装置一般位于座椅靠背内或头顶行李舱内。

飞行高度7 500m的客机为乘客配备了垂落式氧气系统,为飞行机组配备了辅助供氧系统。乘客一登机就要接受关于如何使用垂落式氧气系统的指导。空中乘务员在紧急情况造成烟雾弥漫的客舱内可以依靠单人呼吸装置(Personal Breathing Equipment,PBE)开展工作。单人呼吸装置用铝膜覆盖并带有一个小型氧气瓶,放置在乘务员头顶上方,那里有一个清晰的标牌以便看到。

警　告!

高浓度的压缩气态氧会加速燃烧进程。

大多数情况下,机上氧气瓶被涂成绿色,但是该涂色方式不是普遍适用的。飞机救援消防人员切勿仅根据颜色辨别事件/事故之后的气瓶。氧气瓶在它的阀体上有手动开关,还有一个安全膜和放气口。如果飞机救援消防人员能够触摸到这些氧气瓶,应当关闭它们。如果暴露在火场中,氧气瓶通常只会放气而不爆炸。放气会加速火势,造成对氧气瓶周围区域的破坏。有些飞机在机身外部有一个指示器,可以显示氧气系统是否已放气。

液氧(Liquid Oxygen,LOX)呈透明的淡蓝色,沸点 -180℃。液氧的膨胀比为860∶1,这意味着1L容器在放气或破裂后可以向空气中释放出860L气态氧。如果接触皮肤会造成类似于冻伤的灼伤,且比冻伤更为严重。就像气态氧那样,液氧本身不易燃,但会助燃。当液氧与可燃物接触时,随时可以形成可燃甚至爆炸性的混合物,例如:

(1) 滑油。
(2) 润滑脂。
(3) 布。
(4) 木材。
(5) 纸。
(6) 乙炔。
(7) 汽油。
(8) 煤油。
(9) 金属粉末。
(10) 沥青。

警　告!

不要随意扰动洒有液氧的沥青,因为它很不稳定、易于爆炸,对震动极为敏感。液氧散发掉之前,在流淌液氧上轻轻行走或者掉落物品到其上面都会引起剧烈反应。

在应急作业中飞机氧气系统会给消防员造成严重威胁。只要富氧环境存在,火势就会烧得越发旺盛。如果液氧与可燃物或易燃物混合,就会有爆炸的危险。如果氧气储存罐或液氧容器因受热膨胀或冲击而破裂,也会造成爆炸或爆燃的后果。

当氧气瓶因坠机冲击而移动或从其固定座上脱位,请不要干扰它,除非因执行救援而必须这么做。该区域要隔离,要保护容器免受火烧或不必要的操作,直到它们可以得到妥善处置。如果关闭氧气瓶可以降低燃烧的剧烈程度,并且消防员能够安全地完成该操作,那么他们就应该这么做。

在涉及液氧的火灾中,应当阻止液氧和/或燃油的流动。如果火灾有液氧持续供应,那么飞机火灾扑救中常用的窒息和覆盖灭火剂的方法是无效的。一种可以接受的对付液氧泄漏的方法是向泄漏点喷射水雾。过冷的液氧可以立即将水转变成冰,形成堵塞,密封泄漏点。

雷达系统

雷达系统可以形成点火源和健康危险。大多数飞机雷达系统在起飞前就已开机并在着陆后停机。因为飞机雷达系统位于飞机前端内部,飞机救援消防人员确认雷达已开机时,千万不要靠近飞机前端(图 3.46)。雷达的能量可以使附近的材料发热,形成点火源,该能量还能对人体组织造成细胞损伤并引起健康方面的其他多种后果。一旦飞机的发动机和电源关闭,那么雷达也就关闭了。在军用侦察机和指挥控制飞机的周边要格外谨慎。从这些飞机的大型外置雷达天线和安装在飞机上的设备就可以看出,它们有功率很强的雷达系统。

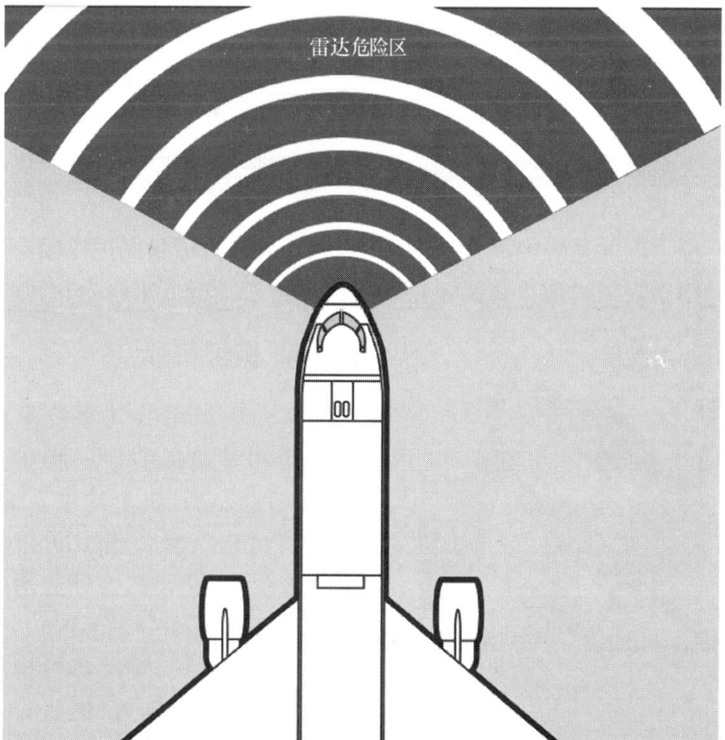

图 3.46　如果怀疑雷达系统已开机,机场消防员切勿靠近雷达危险区

防火系统

许多现代飞机配有防火系统,可由空勤机组或地勤机组启动以消灭发动机、辅助电源和货舱内的火灾。每型飞机都专门设计了相应的灭火剂容量和系统布局。典型的火灾扑救系统包括压力容器、灭火剂传输管路、喷嘴,以及驱动和控制灭火剂释放的装置(图 3.47)。坠机后,这些系统可能已经启用也可能没有启用,飞机救援消防人员应当熟悉它们的位置和操作,因为它们有助于保证飞机系统的安全。但是,一旦蓄电池断开且所有电源都已撤走,那么火灾扑救系统就不能工作了。其他常见的飞机火灾探测和扑救设备还包括:

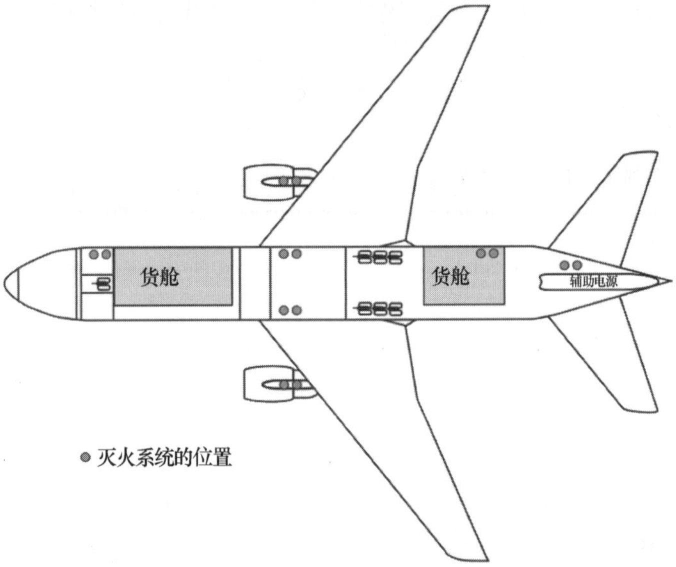

图 3.47　商用飞机上飞机灭火系统的常见分布

(1) 大多数飞机上的洗手间内安装有探测装置,可以警示飞行机组和客舱乘务员。

(2) 洗手间的垃圾箱内还装有小型热敏灭火瓶,可起保护作用。

(3) 用于对付内部火灾的手持式灭火器位于飞行员座舱内和客舱各处。

乘客/机组气囊

乘客和机组用的气囊技术在飞机上获得应用是最近的事。航空工业将要使用一种独立式机上约束系统,可在约束带内植入气囊。美国联邦航空局批准了该系统,安装在各种通用航空和商用航空飞机上,如 A－319。

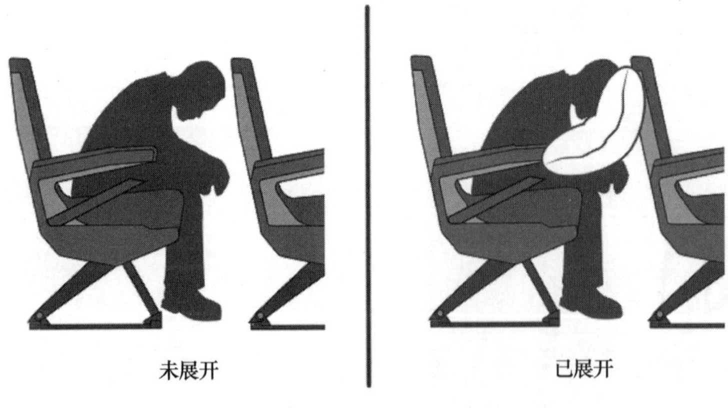

图 3.48　飞机乘客气囊系统的作用示例

对于气囊系统,传感器机构能在坠机过程中启动充气装置,然后充气装置用压缩氦气充起气囊,保护机上人员(图 3.48)。气囊的设计可在 10s 之内放气以保证人员能逃出飞机。

机场消防员要学会熟悉可能遇到的各种气囊系统。发生坠机事故时,有的气囊可能未启用，成为对机上乘员和飞机救援消防人员的一种威胁。万一气囊自发性启动，它会击中乘客或救援人员造成伤害。机场消防员应当知道怎样保险这些设备，以适当降低这种风险。

驾驶舱紧急停机系统及流程

或许有必要由飞机救援消防人员执行飞机上的紧急停机流程。紧急停机流程从简单的一个动作到复杂的一系列步骤都有，这取决于机型的不同。在任何飞机上，一般第一步就是将油门杆移到“慢车”或“停车”状态，要完成这个操作需要将油门杆提起并通过一个**止动**位；第二步是启动防火系统；而关闭电源开关应当是飞行员座舱停机操作的最后一步。

止动—— 油门组件中的一个机械结构。在将油门拉到停车位之前，可以防止在未提起油门杆或将之轻微侧移的情况下，油门手柄被直接拉到完全停车位置。

在大多商用运输型飞机和部分支线飞机上，停机流程会涉及到T形或L形的发动机和辅助电源防火开关手柄，拉动该手柄的同时也就关掉了发动机的燃油、液压、冷气和电连接，同时启用火灾扑救系统。灭火瓶释放按钮或电门通常位于每个防火开关的附近，以便启用扑救系统。T形或L形手柄通常位于油门手柄周围，有时也会在飞行员座舱的头顶面板上（图3.49）。有的飞机还会在前起落架或主轮舱内的外置防火面板上安装辅助电源停机和灭火瓶释放的按钮。

注：拉下防火手柄，大多数情况下就能关闭发动机前面的燃油阀门，发动机仍会继续以慢车状态转动长达30s。

在操作防火系统时，必须接通蓄电池向系统供电。当发动机完全停转后，如果有可能接近蓄电池，即可着手关闭和断开它们。对于波音787，蓄电池在一个密封的盒子中，飞机救援消防人员无法接近。较小的通用航空飞机除了收油门停机，可能还要关掉燃油电门或燃油切断器（图3.50）。

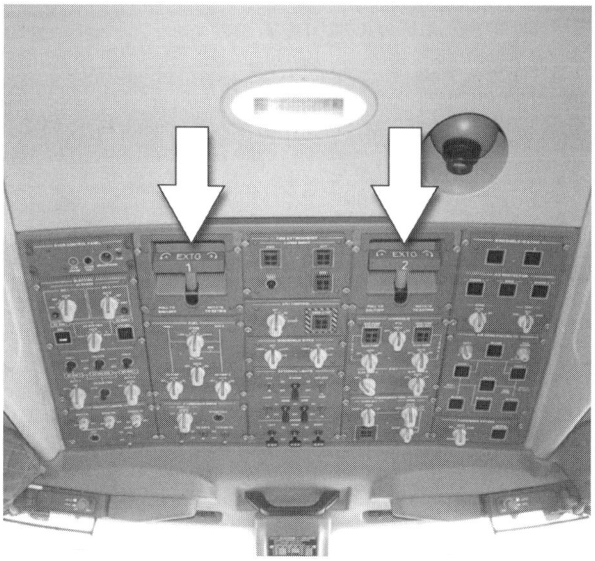

图3.49 飞机消防系统的T形手柄

图3.50 小型通用航空飞机油门杆和燃油电门的位置

军用飞机常常需要救援人员按照一套很详细的流程来完成停机操作。许多较大的军用飞机与同型的商用飞机很相像，因此停机流程也常常相同。如果飞机救援消防人员对这些流程不熟悉，建议他们远离飞行员座舱，以免被伤及。

↘ 进入/逃生系统

在紧急情况下,飞机设计一般要能够在 90s 或更少的时间内完成撤离。主舱门用于正常上下飞机,而服务舱门则用于餐饮补给和清扫作业。这些舱门是主要的逃生途径,其他途径还包括:

(1) 翼上或翼下的舱盖。

(2) 尾锥抛放系统。

(3) 后登机梯(与舱门相连的飞机结构件,飞行前折起并收入机身内。——译者注)或飞机后部下方的台阶。

(4) 顶部舱盖。

航班上的机组人员根据指定的数字和左右侧来识别飞机上的舱门。例如,一个舱门可以称作“L1”或“1 左”,意指左侧距飞机前部最近的第一个舱门,左侧是指当飞行员坐在座舱内时他的左侧。“R2”或“2 右”是指右侧从飞行员座舱向后的第二个舱门(图 3.51)。这些名称在与空勤机组或指定人员联络以协助撤离作业时是非常重要的。

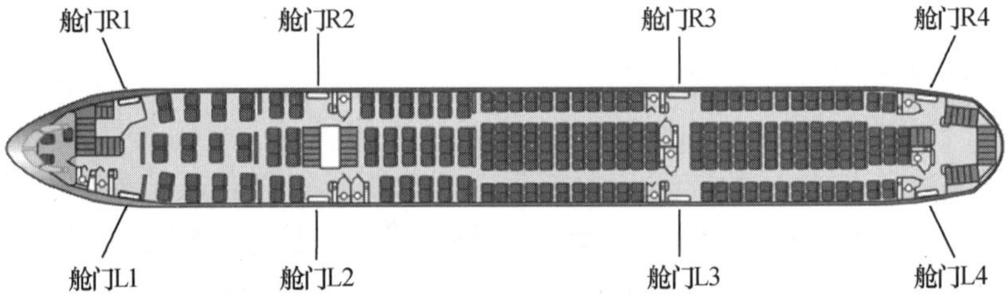

图 3.51　单层飞机上常见的舱门命名惯例

在多层的超大型飞机上,舱门还需要另外的分类方法,即某个特定舱门位于哪一层。空客使用 U 代表上层地板,M 代表中层地板,而 C 代表货舱地板。图 3.52 描述了这个概念。

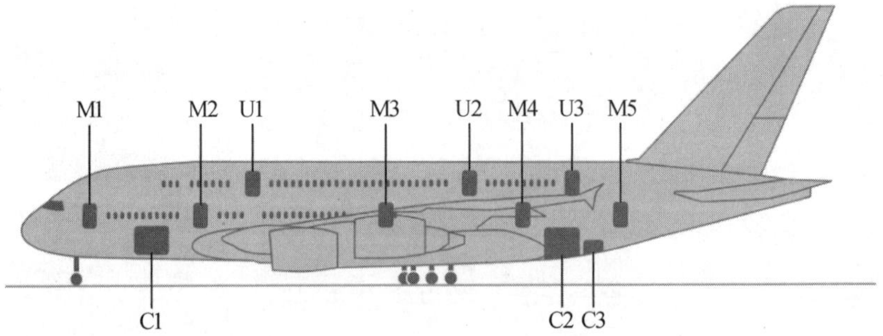

图 3.52　多层飞机上常见的舱门命名惯例

由于不同机型的飞机逃生系统设计差别很大,飞机救援消防人员必须确保熟悉那些常常经停他们机场的飞机,并知道怎样操作这些应急逃生系统。下一节将详述多种飞机上的各种进入/逃生途径。

飞机舱门

机上逃生主要通过舱门实现,它们正常用于服务或例行出入。这些舱门可能位于机身的两侧或仅一侧有,且通常易于操作。商用飞机在每个舱门和

舱盖上或附近写有开启指南。所有舱门外面都有一个用于开锁的锁闭释放机构,使舱门实现以下动作(图 3.53):

(1) 向一侧转开。

(2) 轴式打开。

(3) 向下转开。

(4) 退至上方。

(5) 自由放下。

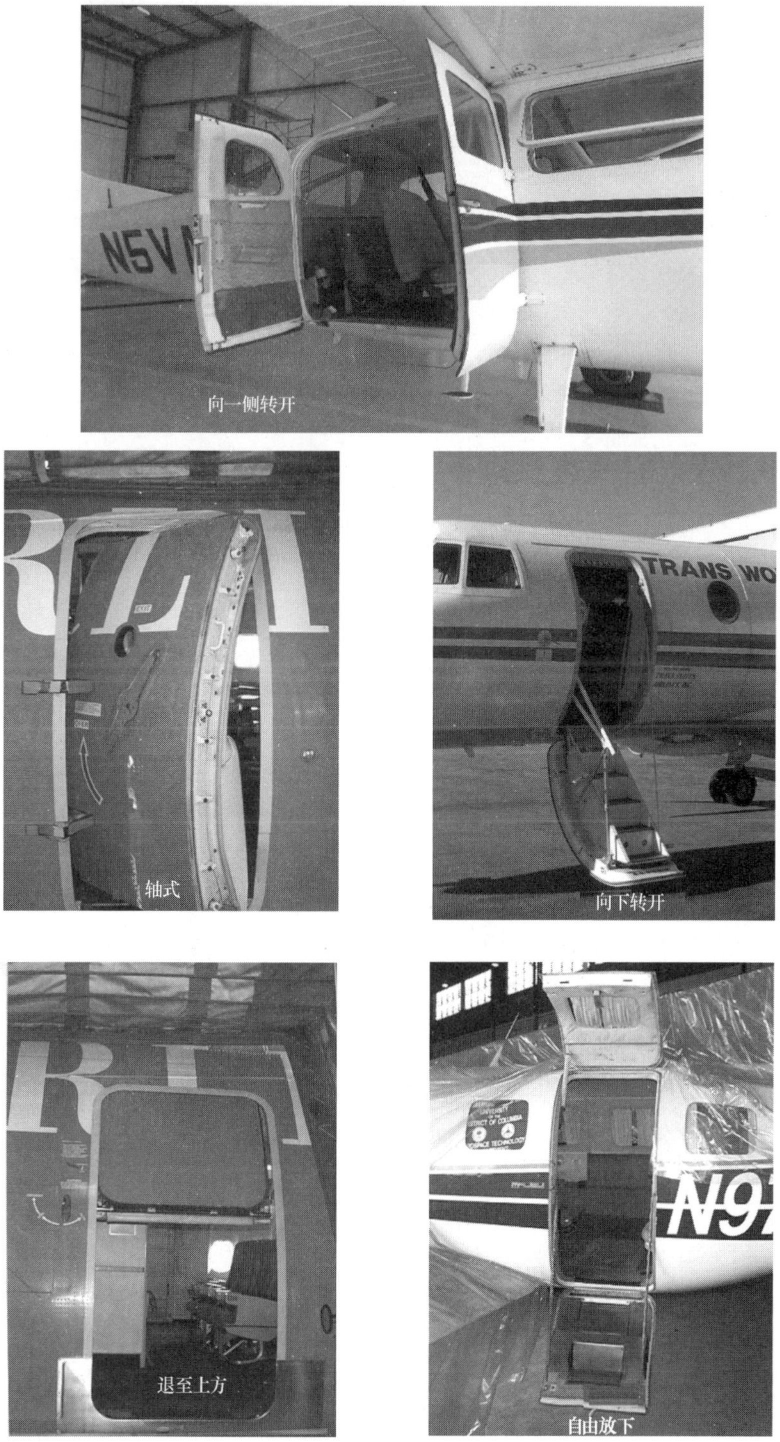

图 3.53　飞机舱门的打开方式

根据飞机的大小和型号不同,有很多不同种类的舱门。同一架飞机上各个舱门的开启和操作步骤也可能变化很大,因此飞机救援消防人员应当花点时间看一看各种飞机的舱门。在内部作业时万一需要快速逃生,知道怎样从飞机里面操作舱门是至关重要的。有些大型机场有空勤机组的反复性训练设施,这些设施内通常有他们机队飞机上用到的各种舱门、舱盖或其他逃生系统的实体模型,这里大多非常欢迎并会接待来访的消防员。这样的训练课程是观察机械操作过程和从内部与外部操作各种飞机逃生系统的绝佳机会。消防员还要知道机组撤离的程序,大多数训练设施内都有机身实体模型,消防员可以利用它们真实地实施撤离过程。

增压

一般地,所有在4 200m以上飞行的飞机都有座舱增压功能。增压系统通过控制一个电机驱动的外流活门不断开关来调节座舱内的空气量,使其耗散到机外。外流活门通常位于后机身的左侧或右侧,某些飞机会装在紧靠翼前的机身左侧。在正常的地面作业中,座舱应当放压,这可以通过外流活门的完全打开看出来。增压在临近起飞前即已自动开始,通常一直保持到降落后,除非故障导致外流活门不能正常打开。很多大型飞机在主起落架或前起落架处有一个下蹲阀(飞机着陆接地时,通过起落架减震支柱的压缩下沉来开启。——译者注),当飞机接地时能完全打开外流活门。

客舱内有压力时,是不可能打开塞式主舱门或翼上/翼下逃生舱盖的。因此,如果消防员不能打开这类舱门或舱盖,他们应当在尝试开门之前找到并强力打开外流活门。有些飞机的进入舱门和货舱门也会有放压设备。很多新型商用大飞机上出现的拱形舱门可以在有压力的情况下打开。在有压力时打开该类舱门也是危险的,不论在机内还是机外,都可能给舱门附近的人造成严重伤害或致死。空客飞机的舱门有一个小观察窗,通过它能看到一盏白色或红色的灯,用以显示飞机内是否还有压力。

有些宽体商用飞机的舱门可以向上收进机身里面从而打开。这些舱门也有逃生滑梯供疏散使用,但是设计成了从外部打开即上锁(从外部开舱门后滑梯处于保险状态,不可展开。——译者注)。这些舱门可沿滑轨移动,具有气动助力功能,在解锁(随时可以操作或启用的状态。——译者注)或应急模式下为开舱门提供动力。外部操作手柄位于舱门前面或后面的机身一侧。

逃生照明方法

商用飞机要求在过道上有地板照明以帮助乘客逃生。指引灯通常直接安装在过道地板上或座位安装处,从白灯或绿灯指向红灯方向,换句话说,红灯表示紧急出口的位置。另外,出口标志需要装在每个紧急出口靠近地板的位置(离地板不超过325mm)。在进行舱内搜救时,如果飞机救援消防人员需要撤离,地板和紧急出口灯可以协助引导他们找到紧急出口。

小型通用航空飞机可能在机身两侧都有紧急出口舱门,其他机型仅在一侧有。不像很多大型飞机,支线飞机装有底部铰接向下打开的紧急出口舱门,门上有台阶。压缩空气作动筒和强力弹簧拉伸机构能帮助打开这些舱门。飞机救援消防人员应当避开这些舱门的运动路径,以免受伤。

有些飞机舱门设置了"速度锁",当飞机达到特定速度以后启用,确保舱门在飞行中不可打开。速度锁在飞机着陆后低于特定地面速度滑行时自动解除。但是,速度锁有可能失效,这种情况下它不会解除。飞机救援消防人员认识一下这些装置及其旁路机理或许有用。

飞机滑梯

飞机滑梯是一种逃生系统,用于从飞机上加快撤离。如果某架飞机的门槛底部离地 2m 及以上,那么联邦航空局会要求在飞机舱门的位置安装一个充气式应急逃生滑梯。这些滑梯必须要能自动开启并在 6s 内充好气,并且能在每分钟内用每条滑道顺利通过 70 个人。即使起落架已经折断,它们也必须能独立支撑在地面上,并在 13m/s 风速下仍然可用,仅需一人协助即可操作。一个逃生滑梯在认定合格之前,必须通过连续 5 次成功的展开和充气演示。

当逃生滑梯的"横杆"被保险到位于门槛底部的驻留夹内时,或是机内的舱门操作杆放到"解锁模式"时,有些窄体飞机的舱门即被认为保险已解除。飞机驶离登机口时,机上空乘会解除滑梯和舱门的保险,让它们保持解锁状态,直到飞机着陆并在目的机场登机口处打开舱门为止。

当舱门处于解锁状态时,从飞机外部开舱门可能因阻力大而比较困难,还会因充气状态和逃生滑梯的打开而比较危险。由于滑梯靠爆发力在数秒内打开,飞机救援消防人员在紧急情况下从外部开舱门时务必要很小心。如果必须使用地面工作梯靠近这些舱门,梯子应当放在铰接点对侧的舱门旁边(对于使用铰接舱门的几乎所有商用飞机来说,基本上都是门的后方)。

正如前面所讨论的,有些类型的宽体飞机装有可以向上收进头顶区域的舱门。在这些飞机上,滑梯通常利用从机外正常打开舱门的流程上锁。这种情况下,机场消防员要将梯子放在舱门控制把手所在的那一侧,它可能位于舱门的任何一侧。对于所有宽体飞机和部分新式窄体飞机来说,舱门可以从机内上锁或解锁。消防员应当熟悉从机舱内部上锁和解锁舱门的流程。如果知道怎样从机内打开逃生滑梯,将会避免受到严重伤害。

当空勤机组开始组织撤离,飞机救援消防人员应当确认每个可用的出口都是打开的,且滑梯在飞机停下后的数秒内展开。一旦展开,逃生滑梯必须得到保护以免遭受火势侵袭,且在大风条件下保持稳定。空乘可能已经要求个别乘客留在滑梯底端协助逃生。如能安排得开,得闲的应急响应人员也应协助逃生(图 3.54)。由于采用聚四氟乙烯作表层,逃生滑梯特别光滑。如果没有人协助,人们往往会在滑梯底端堆积,造成不应有的伤害。使用滑梯时,一般只会有比例很少的飞机乘员受到轻微至中等程度的伤害。

图 3.54　机场消防员在飞机撤离行动中协助乘客

一些老式窄体飞机的滑梯具有手动充气功能，在逃生滑梯顶端某个地方有一个拉出式的手动充气接头，它通常做有标记并涂成红色。有时逃生滑梯因多种原因不能充气，逃生人员和应急响应人员仍然可以拉紧未充满的滑梯用于逃生。

滑梯也可以从飞机上断开用作救生艇。滑梯顶端有一个系留索，组织水上撤离时乘客登“艇”后便可将之从飞机上解开以释放滑梯成为救生艇。

飞机舱盖

在大多数飞机上，舱盖和窗口为塞式设计，这意味着舱盖必须由外向内推或者从里面向内拉。在商用和客运飞机上，这些舱盖或舱门位于机翼的上方或下方，这取决于机翼在机身上的高度（图 3.55）。

图 3.55　机场消防员打开翼上舱盖进入飞机内部

许多新式飞机采用一种充气式逃生滑梯，当翼上出口从机内打开时它就启动。多数翼上逃生滑梯被设计成从外面打开紧急出口时上锁。逃生滑梯被埋入机身侧壁内，启动后可从机翼后缘向外伸展。再强调一次，飞机认知训练对于在紧急情况下确保所有可用的撤离方法得到正确运用是很有必要的。

自动式翼上紧急舱门

在波音 737 600 -、700 -、800 - 和 900 - 系列飞机上，翼上、塞式舱盖已经被一种上方铰接、弹簧加载的翼上舱盖所代替。当从内部或外部启动时，这种舱盖会向上、向外弹出机身。消防员应当了解这种快速开启的舱盖及其带来的夹手危险。波音公司将这种舱盖称为“自动式翼上紧急舱门”。

警　告！

翼上紧急出口会带着巨大的力量打开，可能会伤及飞机救援消防人员。

多数商用飞机拥有翼上或翼下紧急出口,它们尺寸太小,容不下一名穿着包括自给式呼吸器在内全套防护服的消防员,但是可以为插水枪提供一个很好的入口。大型飞机上的翼上紧急出口足够大,即使消防员身穿全套防护服和自给式呼吸器,也可以很容易地进到里面。如果需要用地面工作梯靠近翼上紧急出口,它们应当放置在机翼前缘部位。

窗口

飞机窗口为飞机乘员提供了另一种可能的逃生方式。大多数大型商用飞机在机头两侧都有飞行员逃生窗口。这些窗口足够大,可供人们用于撤离。有时候,通过一个很小的破拆口盖伸手进去,飞机救援消防人员就可以从外面打开一侧或两侧的窗口。该口盖通常位于窗口正下方,当飞机依靠起落架直立支撑时,需要用梯子才能触摸到该口盖和逃生窗口。

客舱窗口是三层结构。其中两层窗玻璃用橡胶垫连接在一起,并用卡子固定在窗框内。第三层也就是最内侧的玻璃属于内墙面料的一部分(图 3.56)。客舱窗口可用斧头或长柄大铁锤破拆后用于通风或射入灭火水流。

注:风挡是两层树脂玻璃中间夹一层普通玻璃的“三明治”结构,用手持工具很难敲破。

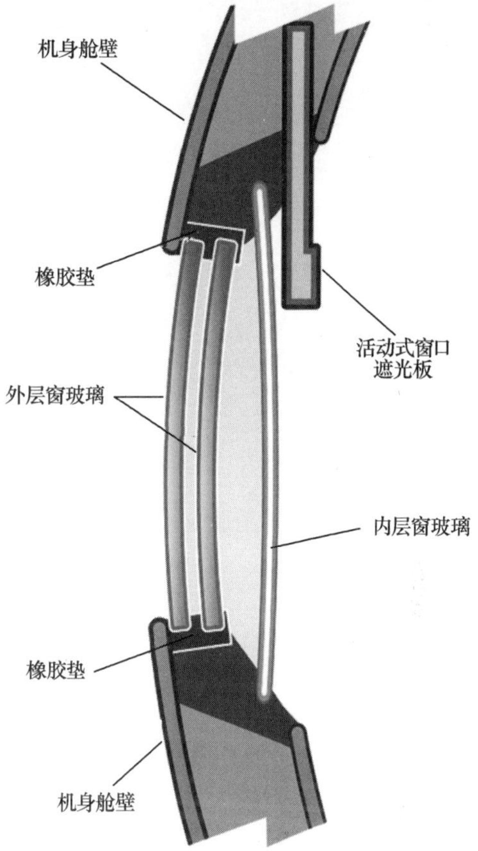

图 3.56　商用飞机客舱窗口的结构

其他逃生方式

可用于协助撤离飞机的其他逃生方式包括:

(1) 后登机梯。

(2) 紧急出口舱门。

(3) 头顶舱盖。

(4) 尾锥抛放紧急出口。

后登机梯

有些中型飞机在尾部装有登机梯,虽然它的设计不是真正意义上的紧急出口,但是当飞机依靠机轮支撑时这些梯子可以提供一个进入主客舱的替代途径(图 3.57)。飞机救援消防人员应当在进入飞机之前确认飞机固定牢靠,查看飞机是否移动,逃生通道没有关上。后登机梯可以从飞机外面放下。在尾部区域有一个小小的检修口盖,位于登机梯的右侧,在这个小舱室内有标记显示控制机构的推开方向,以让登机梯打开后自由放下。

小型飞机会有一个专门设计供应急使用的紧急出口。该紧急出口通常出现在支线飞机上,一旦打开就会从飞机上掉落下来。鉴于其较重的缘故,救援人员在出口打开时必须远离它们并特别小心。

有的飞机还有头顶舱盖,如果装了它,那么撤离和飞机通风就多了一种方式。它们大多位于驾驶舱上方,操作方法各异。

图 3.57　中型飞机上打开的后登机梯

尾锥抛放系统可以通过拉动机身左后部的启动手柄从里面或外面启动。外部控制位于左后区域而内部控制位于机尾里面，消防员需要站在支撑物上才能触摸到外部控制机构。控制机构用一个可拆的铅封来保险，一旦拉开，尾锥即从飞机上分离并掉落到地上，逃生滑梯自开口处展开并自动充气。根据机型不同，乘客可以从舱盖处或者位于机舱后壁的标准尺寸舱门处逃离机舱。如果尾锥还未抛掉，消防员需要先搜索该区域，在抛放之前必须找到困在那里的乘员。

警　告!

消防员在尾锥下方行走时必须格外小心，因为当他们在下面时尾锥有可能被抛放下来。

紧急破拆区

紧急破拆区是飞机机身外部的点，被认为是强力进入飞机、接近受困乘员的理想位置。这些区域应当避开危险因素，如油路、气路和电缆等。在军用飞机上，紧急破拆区用颜色对比明显的记号勾勒出来，并打上“应急救援请破拆此处”的钢印文字(图 3.58)。有些民航飞机也会在机身外部将这些区域喷涂标记。

飞机救援消防人员应当避开机身上紧邻其他系统的区域。一般地，能避开飞机系统的最佳区域位于客舱窗口上方和下方 500mm 范围内。在大型飞机上，这些系统大多位于主地板下面。

切割机身是一个很耗时间的过程，需要操作者有足够的力量和耐心。救援人员应当花些时间熟悉飞机上适合切割的位置，但是他们应当将这种方法作为最后的选择，因为这是强力入舱手段中最为危险和耗时的。

军用飞机破拆标记

军用货运飞机破拆位置

图 3.58　军用飞机上破拆点的标记和位置示例

数据记录系统

数据记录系统,如飞行参数记录仪(flight data recorder,FDR)和飞行员座舱通话记录仪,对于事故调查来说极其重要。这些记录系统通常位于货舱舱壁和机身尾段。虽然飞行参数记录仪和飞行员座舱通话记录仪众所周知叫做“黑匣子”,实际上两个仪器都不是黑色的。该仪器被涂成国际通用的橙色或鲜红色,周围是宽频反射波材料(图 3.59)。

图 3.59　飞行参数和飞行员座舱通话记录仪示例(外壳实为鲜红色)

这些仪器应当就地保护起来,仅在有直接危险被损伤或破坏时才能由飞机救援消防人员挪动。还应当建立并落实一系列看押措施,直到有合适的权威机构从现场取走它们。

如果发现仪器浸在水里,那么就让它呆在水里好了,因为记录仪上有一根容易导电生锈的金属条带(作为牺牲阳极以保护记录仪本身不会锈蚀。——译者注)。如果现场有丢失的可能,应将它们从水中取出后存放在清水中,直到全国运输安全委员会过来进行数据提取。

其他各类系统和部件

有些飞机还有其他各类系统和部件,包括以下几种:

(1) **防冰系统**。主要用电气部件加热飞行员座舱窗口、螺旋桨,还有机身上的探针、通气口和排流管等。这些系统还会利用来自压气机的高温气流加热发动机进气道和机翼前缘。

(2) **气流系统**。从燃气涡轮发动机压气机段引出的压缩空气。该气体可用于交叉起动另一台发动机,内部冷却本发动机,机体和发动机防冰,给气动马达、气动执行机构、液压油箱和废物与水的储罐等设备增压。

(3) **压力气瓶**。有些气瓶装有高压泄压阀,例如氧气瓶。其他无通气口的气瓶,如果在飞机灭火作业期间因外部热源而被加热,就会发生爆炸。这些无通气口气瓶包括液压油、灭火系统、排雨剂和冷气系统的容器。

(4) **空速管**。运输机前机身的两侧通常装有两个或四个L形的空速管,位于飞行员座舱窗口的正下方。这些管子可以测量空气压力,供某些飞行员座舱仪器显示用,例如空速表。由于这些管子关系到某些关键功能的实现,救援人员在训练中不要触碰或扳动这些设备。

(5) **天线**。从机身顶部或底部外伸的部件。飞机会配置多种天线用于通信和导航。

警　告!

飞行期间,空速管会被加热以防结冰。因此,飞机救援人员不要去触碰空速管,因为它们很热,足以使人烫伤。

本章小结

机场消防员的安危与其训练水平及对救援作业中可能遇到机型的熟悉程度紧密相关。飞机救援消防人员必须真正熟悉各种民航和军用飞机。他们必须要能认识固定翼飞机和旋翼飞机的独有特征和部件。为了在正常和紧急情况下能够在飞机发动机周围安全作业,机场消防员要熟悉为飞机提供动力的各种发动机的型号和用途。

飞机救援消防人员应当通过训练认识飞机制造用的航空材料,并理解这些材料在飞机失事和起火时如何变化。此外，机场消防员还必须要能识别和应对飞机上所用的各种燃油、电源和安全系统。

复习题

1. 飞机的主要分类有哪些？（第 58 页）
2. 固定翼和旋翼飞机的大部件有什么区别？（第 73 ~ 76 页）
3. 为飞机提供动力的发动机都有哪些类型？（第 76 页）
4. 飞机结构中常用什么材料？（第 80 ~ 82 页）
5. 飞机系统在紧急情况下可能会出现哪些危险？（第 82 ~ 106 页）

第4章　安全和飞机危险性

学习目标

学习完本章,学生要能够:

1. 认识机场安全程序的组成。[NFPA1003 4.2.4]
2. 知道消防员安全在飞机消防中的重要性。[NFPA1003 4.1.1.3, 4.2.4, 4.4.1, 4.4.2, 4.4.3, 4.4.4, 4.4.5, 4.4.6, 4.4.7]
3. 介绍为飞机救援消防人员配发的各种类型的个人防护装备。[NFPA1003 4.1.1.3, 4.1.1.4, 4.3.1, 4.3.2, 4.3.3, 4.3.4, 4.3.5, 4.3.6, 4.3.7, 4.3.10, 4.4.1, 4.4.2, 4.4.3]
4. 讨论与飞机紧急情况相关的各种危险性。[NFPA1003 4.1.1.3, 4.2.4, 4.3.1, 4.3.2, 4.3.3, 4.3.4, 4.3.5, 4.3.6, 4.3.7, 4.4.1, 4.4.2]
5. 认识军机用飞机的特殊危险性。[NFPA1003 4.1.1.3, 4.2.4, 4.3.1, 4.3.2, 4.3.3, 4.3.4, 4.3.5, 4.3.6, 4.3.7, 4.4.1, 4.4.2]
6. 认识可能发生的恐怖事件的征兆。[NFPA1003 4.2.4]

第 4 章 安全和飞机危险性

历史案例

在一次应急电源起动的空中险情中，隶属第 50 战术战斗机联队的一名消防员赶到现场，开始检查刚刚降落的 F-16 飞机。当三人救援小组到达正在运行的飞机准备检查应急电源起动情况时，天上正下着大雨，浓雾弥漫。消防员靠近正在运行的飞机，身穿全套个人防护装备包括自给式呼吸器，以防遇到肼泄漏。这名消防员只顾避开飞机的进气道，结果滑了一跤，倒向一侧。幸运的是，消防员的防护服和设备仍然完好，并且他扶住飞机起落架保险销尚能站立。

这次险些发生的事件是所有这三名消防员视野狭窄的后果。飞机进气道的危险性确实存在，但它会对每个人造成注意力分散。F-16 的响应训练于是做出修改，强调了在运行中的飞机周边工作时对大范围情况保持关注的重要性。

出动处置飞机火灾和其他紧急情况时，对显而易见的安全问题有所了解有助于将受伤和死亡的危险降到最低。意想不到的飞机危险经常伴随着各种环境条件出现，让消防员们措手不及。在美国，平均每年有超过 100 名消防员死在一线岗位上。消防员必须保持警惕并在整个事件过程中聚精会神，以保护他们自己和队友们的生命安全。

本章介绍了以下主题：

（1）机场安全程序。

（2）消防员的安全。

（3）个人防护装备。

（4）飞机火灾扑救的危险性。

（5）军用飞机的危险性。

（6）恐怖事件。

机场安全程序

每个机场主管部门都应在其作业过程中和所属人员中间推行安全管理系统（Safety Management System，SMS）或风险管理程序。该程序的目的在于：

（1）识别本机场的风险和危险。

（2）采取措施降低或消除危险。

（3）采取措施降低疾病、受伤或死亡对机场员工和途经本机场的乘客的危险。

(4) 采取措施降低或消除对机场财产、设施、设备和车辆的破坏。

机场消防部门,或对机场事件和事故做出响应的其他消防部门,都应制定标准作业流程,包括健康和安全程序。这些流程可以分为多个大类,聚焦于消防部门作业的不同领域。消防部门的每个成员都有责任阅读和领会标准作业流程,如果不能理解关于健康和安全的标准作业流程就可能导致事故或伤害。NFPA1500《消防部门职业安全与健康程序标准》是一部供消防员查阅健康与安全方面信息的优秀资源。

消防部门标准作业流程中应当有一部分是关于利弊权衡矩阵的,用以衡量飞机救援消防作业的可接受危险水平。在执行典型的飞机应急响应任务时,例如扑救火灾与实施救援,飞机救援消防人员会冒着一定程度的危险。要让他们冒着巨大危险去救回尸体显然是不合适的。利弊模型的运用有助于确定响应人员该冒多大的风险。如果利益小而风险高,那么此时采取行动未必是一个好的决定。但是,如果风险低而利益大,那么救援作业应当看作是一种合理风险。

国际消防保障训练协会关于风险管理的原则是:

(1) 在有潜在可能救出遇险生命的情况下,对救援者的安全存在较大风险的活动要严格限制。

(2) 为保护财产而例行采取的活动应当视为对救援者的安全是有潜在危险的,要采取措施减小或避免这种风险。

(3) 当不存在挽救生命或财产的可能时,影响救援者安全的任何风险都是不可接受的。

财产可以包括机场环境,因此这也必须看作利弊权衡过程的一部分。

消防员的安全

事故是致人受伤的祸首。飞机救援消防人员在消防站值班时以及应急响应与作业期间应当确保安全。以下几节将阐述在消防站内和应急作业中的消防员安全问题。

消防站内安全

消防员的安全应从消防站做起。消防员的日常工作环境应当尽可能安全些,保持这种安全环境是所有消防员的责任。首要地,安全始于"安全文化"。消防组织内所有成员均要视该文化培育为己任。安全文化根植于每个消防保障成员的心灵,并在消防站日复一日的经常性活动中和每次应急保障的现场上得到呈现,无论规模大小和复杂与否。每个人都要遵守以下常识性的行为准则,以确保消防站内消防员的安全:

(1) 保持良好的内务秩序。

(2) 保持地板和所有过道表面清洁、干燥,无杂物。

(3) 确保应急通道有照明且无障碍物。

(4) 将所有危险材料存放到合适地点,包括易燃液体。

(5) 所有危险材料(这里包括水成膜泡沫浓缩液)都要附有**安全说明书**,并将其放在容易取到的地方(图 4.1)。

安全说明书——由化学材料制造商和混合商提供的清单,包含特殊材料的各种信息,包括化学成分、理化性质、对健康和安全的危害、应急响应流程和废弃处置流程等。

（6）移动设备和重物时采用正确的抬升和运送技术，请勿羞于求助他人（图 4.2）。

（7）张贴并遵守工具与设备的安全规定（图 4.3）。

（8）使用工具与设备时请穿戴合适的个人防护装备。

（9）按照厂家的建议使用便携式加热器，放置在过道以外和远离可燃物的地方，这样它们不会成为点火源。

图 4.1　飞机救援消防官员正在检查泡沫产品的安全说明书

图 4.2　两名机场消防员正在练习安全抬升技能

图 4.3　飞机救援消防官员正在张贴新的安全需知

工作人员发现任何可能成为安全问题的情况均应报告给他们的直接领导或所属组织的健康与安全官员，以引起他们的重视。更多信息请查阅国际消防保障训练协会的《消防部门安全官员》和《职业安全、健康和保健》手册。

应急响应和现场管理

当要对紧急情况做出响应时，飞机救援消防车上的所有人员在离开消防站之前就应正确穿衣戴帽、入座并扣紧安全带。救援人员不要在途中才试图把防护服穿上。消防车驾驶室内的所有松散物品在车辆开动之前都要固定牢靠,当车辆发生翻滚事故时这些物品可能四处乱飞造成伤害或死亡。地图册、手电筒、工具和设备等都应在出发前固定牢靠。

飞机救援消防人员在机场上保持关注周边情况很重要。赶往应急现场时,他们应当根据塔台和地面指挥的指示,采用最安全最快捷的可能路线到达事件现场(图 4.4)。需要考虑的具体范围包括施工区域,正常响应路线和停车位置应当避开这些地方。为了防止事故和翻车,驾驶员/操作手必须根据以下因素适当注意平衡车速:

(1) 周围情况。

(2) 位置。

(3) 天气状况。

(4) 车辆性能和驾驶员/操作手的能力。

现场四周要设立警戒,阻止与应急响应无关人员进入。飞机救援消防事件现场最常用的组织方法是建立三层作业区,分别标上"热区""温区"和"凉区"(图 4.5)。

图 4.4 飞机救援消防响应充满危险,需要安全驾驶技术

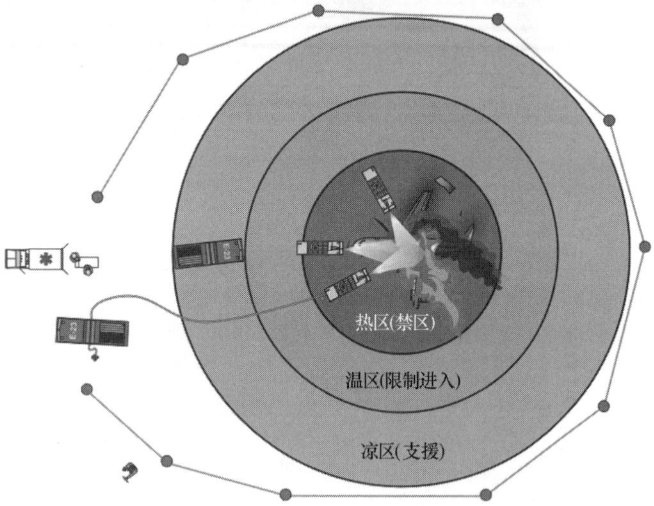

图 4.5 控制区内的危险带示例

热区(禁区)

热区是进行飞机救援和灭火作业的区域,包括指定为"直接危及生命和健康"(Immediately Dangerous to Life and Health,IDLH)的区域。只有执行飞机救援消防相关任务并穿戴个人防护装备的人员才允许进入热区。根据飞机及其事故的性质和程度不同,该区域的大小有很大差别。该区域在整个事件的过程中应当是动态变化的,如果飞机断裂成几部分,就会有不止一个热区。

温区(限制进入区)

温区是热区外侧紧邻的区域。进入该区的人员仅限于那些不必出现在热区却要直接协助热区的飞机救援消防人员。温区内的人员应当穿戴热区适用的个人防护装备。

凉区(支援区)

凉区是位于温区和热区周边的区域。该区外边界要用警戒线与公共区域隔开。要建立一个进出通道以控制车辆和人员进入和离开控制区。凉区的上风区域分布有事件指挥所(Incident Command Post,ICP)、新闻发布官(Public Information Officer,PIO)工作点和以下待命区:

(1) 后备的飞机救援消防人员。
(2) 其他资源。
(3) 抢救车。
(4) 消防车。
(5) 便携设备。

隔离区

在没有必要组织撤离的小型事件中,用警戒线围住该区域可以使旁观者和现场保持一个安全距离,不会妨碍应急救援人员。区域边界的确定要考虑到应急救援人员开展工作所需区域的大小、事件中有关要素所呈现的危险程度、风速与风向、该区域的地形地貌,以及机场主管部门的政策。隔离可以采用带有标志的绳索或警戒条、电线杆、停车计时器或其他随手可用的固定物。但是,用于隔离现场的材料不要绑在事件处置中需要移动的车辆上。该区域一旦被隔离起来,就要有执法人员进行警戒,以确保未经许可的人不会穿越隔离线。

人员计数

每个飞机救援组织都要采用和推行**人员计数系统**来识别和追踪在事件现场工作的所有人员。该系统应当实现标准化以便应用于各种事件。所有飞机救援消防人员必须熟悉这套系统,并在执行紧急事件作业时把它用起来。该系统还要将那些乘坐消防车之外的其他车辆赶赴现场的人员考虑进来,包括机场的和个人的车在内。

人员计数系统——用于确认有哪些应急响应人员正在事件现场作业的一种方法。

人员计数对于空难和二次事故来说相当关键,如果事件指挥员(Incident Commander,IC)不知道有谁正在事件现场,也不知道他们是在什么位置、什么时候进入危险区域的,就不能确定有谁、有多少人可能困在里面或受伤。

当消防员受困或迷失方向、呼吸用的空气消耗殆尽时,或是失踪后未能找到,他们就会牺牲。保持至少两人一组,并有规律地与直接上司保持联络,是确保所有人员能共同坚持到最后的重要措施。

为了保证人员数量可控并且安全,职业安全与卫生管理局(Occupational Safety and Health Administration,OSHA)和国家防火协会对于所有直接危及生命和健康(Immediately Dangerous to Life and Health,IDLH)环境中的事件都要求遵守双进双出的原则(图4.6)。一般地,必须至少有四名全副装备并经过训练的消防员在应急救援现场,才可派出双消防员小组进行内部灭火。在外面待命的两名消防员中的一名可以是驾驶员、操作手或是事件指挥员。双进双出原则唯一允许例外的情况是,已知当时情况会危及生命,只有立即行动才能阻止生命损失,并且当时火灾正处于初起阶段。如果确知遇险人员是救援人员可以够到的,那么双进双出原则可以暂时放弃,但是必须首先考虑救援人员自身的安全。在放弃双

图4.6 机场消防员在飞机救援消防操练中练习双进双出原则

进双出原则时如果发生了救援人员受伤或死亡，那么消防部门不得再以“可以够到遇险人员”为由仍然放弃该原则继续实施救援。

在直接危及生命和健康的环境中，双进双出对飞机救援消防员来说非常重要。消灭飞机内部火灾是一项危险任务，一架正在燃烧的飞机内部可以用铝制地狱来形容，充斥着燃烧的火焰、流淌的塑料、散发着毒气的装潢、逼仄的角落，同时里面还满满地塞着上百甚至更多的乘员。在某些支线客机上，翼上和翼下的紧急出口太小使得“双进双出”不现实。在以上这些情况下，飞机救援消防人员应当尽力通过手势信号、语言交流或其他手段保持联络，相互之间要始终保持联络。飞机救援消防人员应当学习他们部门的双进双出政策，经常练习，直到将之变成自己的第二天性。

双进双出概念要求飞机外部与消防员保持通信，就像建筑消防中那样。外部的**快速干预小组**（Rapid Intervention Team，RIT）必须要与内攻小组保持联络，做好准备出动协助受困或受伤的消防员。另外，NFPA403《机场飞机救援消防保障标准》要求 NFPA 系列的 6 到 10 级机场（FAA 系列的 B 到 E 级）建立专职的快速干预小组。

快速干预小组——两名或更多全副装备并可以立即出动的消防员，要求在危险区域以外待命，必要时冲进去救出里面的消防员；也称作快速干预队（Rapid Intervention Crew，RIC）。

在机内进行作业的团队成员要保持视觉或肢体的联系，以便遇到状况时能够互相帮助。一旦出现紧急情况，**个人安全报警系统**（Personal Alert Safety System，PASS）设备可以手动开启，以帮助外面的消防员找到倒下的内攻人员（图 4.7）。

个人安全报警系统——一种电子式行动缺乏探测器，当消防员没有活动时就会发出很大的响声；也可以手动触发操作。

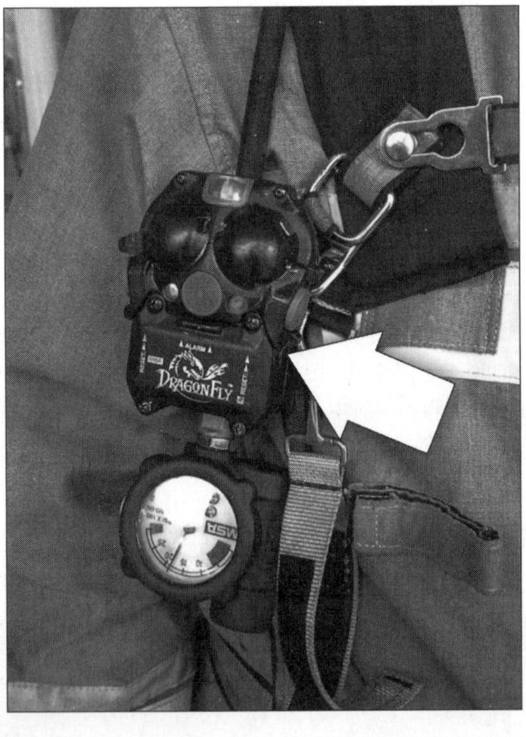

图 4.7　自给式呼吸器上的个人安全报警系统设备示例

人体洗消

飞机事故现场到处都有危险材料和生物危险性。每个坠机地点必须进行危险性评估，参与响应人员应当妥善防护。坠机地点经常有人员需要**洗消**，每个消防员、应急医疗保障响应人员或遇险人员在撤离热区后都可能需要洗消（图 4.8）。

洗消——去除可能造成损害的外来物质；经常用于描述从人体、衣物或某个地方去除危险材料。

图 4.8　正在给机场消防员做洗消

接触飞机燃油和液压油可能造成皮炎。响应人员要用肥皂和清水彻底清洗,以将这些污染物从皮肤上清除掉,随后穿上洁净、干爽的衣物。

在温区的上风向需要建立一个洗消通道,以便飞机救援消防人员及遇险人员、个人防护装备、工具和其他装备可以得到洗消。根据救援作业的强度和持续时间,可以考虑将工具与设备留在现场直到事件终止,以减少洗消装备的次数。

应当根据沾染发生的具体情况制定洗消流程。请参阅 NFPA472《响应人员应对危险材料/大规模杀伤性武器事件的能力标准》,以获得对于特定沾染采用何种洗消流程的指导。

非典型压力事件的处置

众所周知,消防是一种危险职业,消防员经常面临的压力水平要比大多数普通人的高。然而,即使是消防员也会经历比他们平常遇到的压力更大或非典型的事情。有的人也许能够自己应对某种程度的压力,但是其他人还是需要专业帮助的。

从前,对压力事件的处置方法就是在事后不久进行严重事件晤谈(Critical Incident Stress Debriefing,CISD)。这种晤谈(心理咨询谈话的一种。——译者注)就是让一名咨询师和参与事件的救援人员进行谈话,鼓励他们组成一个小组谈一谈他们的经历。

最近被 NFPA 标准引用的一项研究成果表明,严重事件晤谈并没有曾经想象的那么有效,实际上还可能让情况更糟,而不是更好。现在的建议是,由官员和上司观察他们所属人员在非典型压力事件之后是否产生了创伤后应激紊乱(Posttraumatic Stress Disorder,PTSD)的迹象(图 4.9)。这可能就是一个人在解决压力事件中遇到困难的信号。然后官员和上司应当悄悄地建议他去找具有执照/资格的专家获得帮助。有的飞机救援消防人员会在他们的同事中看到压力迹象,可以将该情况告诉本人或报告给上司。有时候,他本人就会自己表达需要帮助。

图 4.9　经历非典型压力事件之后,飞机救援消防部门官员和上司应当观察所属人员有无创伤后应激紊乱

识别创伤后应激紊乱

飞机救援消防人员应当通过训练能识别创伤后应激紊乱的迹象。这些迹象包括但不限于：

(1) 滥用药物。

(2) 与周围的人断绝联系。

(3) 睡眠障碍。

(4) 易怒。

(5) 注意力不集中。

(6) 过度敏感。

个人防护装备

飞机救援消防人员在执行任务时要配备各种各样的个人防护装备来保护他们自己。人体防护服包括站内/工作制服、灭火防护服、防化服和近战服，其他项目还包括但不限于**自给式呼吸器**、个人安全报警系统、听觉防护、眼睛防护等。防护服是否合身也很重要，衣服太紧会撕裂、影响行动或失去隔热能力。

自给式呼吸器—— 一种由使用者穿戴的呼吸器，提供可以呼吸的空气，该空气可以内置或由呼吸器生成，且独立于外界大气；在所有“直接危及生命和健康”的环境下穿戴；也称作“空气面罩”或“空气背包”。

警　告！

消防员在所有的飞机灭火、救援和清理作业期间必须正确穿戴个人防护装备和自给式呼吸器。

人体防护服

消防员在最初的行动展开和战斗中、执行救援以及灾后清理期间，必须采取充分的人体防护措施，穿上全套防护服和自给式呼吸器。担负飞机救援消防响应的消防员要穿戴主管部门认可的防护服。所穿戴的个人防护装备型号取决于火场条件，如燃油载量、辐射热暴露、救援注意事项，以及能否获取。参加实际灭火训练操演是获得对防护装具使用极限真实体验的有效途径。人体防护服包含的项目举例如下：

(1) 站内/工作制服。

(2) 灭火防护服。

(3) 近战灭火防护服。

(4) 防化服。

站内/工作制服

普通工作制服要用防火材料制作，还要能轻易地辨别是否属于准许进入紧急现场区域的人员。NFPA 1500《消防部门职业安全与健康程序标准》中提到，站内/工作制服要满足 NFPA 1975《关于消防和应急保障的站内/工作制服的标准》的要求。然而，工作制服应在穿戴全套防护装备的情况下使用，其本身并不能作为防护服使用(图4.10)。

图4.10　常见的站内/工作制服示例

灭火防护服

消防员会身穿灭火防护服出警处置飞机险情。他们也有可能出警处置与航空无关的机场设施险情。消防员穿戴上个人防护装备和自给式呼吸器，就能得到除最极端条件之外所有情况下的充分保护(图4.11)。尽管在有些应用领域受限，如果消防员能够充分了解险情本身所具有的危险性以及防护服的局限性，这种防护装备仍然能为他们提供足够的保护。

消防战斗服(即灭火防护服，别称。——译者注)非常抗割、耐磨，与破损飞机中常见的锯齿形金属边缘接触时就能体现这种效果。消防战斗服有防潮层，可以保护消防员免受水汽灼伤，还有隔热层提供热防护。但是，它容易"芯吸"碳氢燃料，且不能提供近战服所具有的反射功能。当防护服制造用的材料在接触点吸入了燃油，就发生了"芯吸"现象，该材料以灯芯在灯里传送煤油的方式将吸入的燃油沿着材料不断传送进去。

经常和个人防护装备配套穿着的皮鞋也能吸收有害液体。如果救援者从坠机现场的燃油或其他有害液体中趟过，这些液体就被吸入靴子的皮质件中从而使其遭到沾染。要获得更多有关灭火防护服和近战服的信息请查阅NFPA 1971《关于建筑灭火和近战灭火防护套装的标准》。

图4.11　可以在大多数飞机救援消防作业情况下穿着的防护服示例

近战灭火防护服

有那么几种关于近战灭火防护服的叫法，包括近战装备和**近战服**。近战装备除了有一层镀铝的表层，其他与消防战斗服比较相似，包括裤子、上衣、头盔、套罩、手套和飞机救援消防作战靴等。另一种近战服被称为隔热服，隔热服可以是一件或多件，类似于近战装备。

近战服——特殊的个人防护装备，有反射面层，其设计可保护消防员在贴近火区工作时免受传导、对流和辐射的热侵害，也称"隔热服"。

近战灭火防护服设计用于在高强度热辐射中近距离暴露(图4.12)。近战服有一层具有反射作用的表层，其设计能反射掉近90%的辐射热，保护穿着者抵御高达90℃的接触温度或1 100℃的热辐射。如果再附上一层或几层隔热层，近战服还能承受水汽、热液和部分少量的化学品。

不要把近战服混淆于避火服，避火服设计用于保护穿着者在短时间内完全被火焰吞没时免受伤害，在周边温度达815℃时可暴露一段时间，也可持续暴露在1 100℃的热辐射下面。避火服在救援时使用效果不佳，本来也不是用于救援作业的。近战服和避火服都要配套穿戴自给式呼吸器。要获得更多关于近战服的信息请参阅NFPA 1971《关于建筑灭火和近战灭火防护套装的标准》。

防化服

虽然大多数飞机事故都会有危险材料，但是并非所有飞机救援消防员对危险材料作业都那么专业（图4.13）。对危险材料防护服正确分级的有关信息请参阅NFPA 472《响应人员应对危险材料/大规模杀伤性武器事件的能力标准》。知道在特定情况下需要穿何种材质的防化服是每个消防员的责任。

图4.12　身穿近战服的机场消防员

图4.13　飞机救援消防人员在危险材料演练时身穿危险材料防护服

自给式呼吸器

OSHA 1910.134《呼吸防护》和NFPA 1500《消防部门职业安全与健康程序标准》中有呼吸防护标准，要求所有在岗执勤时可能面临呼吸性危险的人员都要使用诸如自给式呼吸器的呼吸防护工具。消防部门必须采用并保持一种呼吸防护的工作程序，包括呼吸器的选用、检查、安全使用和保养，以及穿戴训练、气体质量测试等，NFPA 1404《关于消防保障中呼吸防护训练的标准》中对此进行了非常详细的解释。关于自给式呼吸器更为深入的研究可以查阅国际消防保障训练协会的《消防基本知识》手册和NFPA 1981《应急保障专用开路式自给式呼吸器标准》。

图4.14　自给式呼吸器可以保护机场消防员在飞机救援消防作业中免遭呼吸伤害

由于有可能发生呼吸伤害，在所有飞机火灾中都必须戴好自给式呼吸器。在飞机火灾内部和周围作业的飞机救援消防人员会面对与一般建筑火灾中相同的有毒环境（图4.14）。任何飞机火灾中的燃烧都可以产生以下物质：

（1）一氧化碳。
（2）硫化氢。
（3）氰化氢。
（4）氯化氢。
（5）光气（碳酰氯，$COCl_2$，气态，高毒，不燃，遇水后有强烈腐蚀性，可经呼吸道和皮肤进入人体。——译者注）。

除了这些危险气体，飞机货物中还会有其他有毒和有害物质。许多民航飞机、商务飞机和军用飞机的结构中都使用了碳纤维以及大量的其他复合材料，造成类似于石棉外露的危险。其他危险还包括过热气体、缺氧、灭火剂和可燃金属等。飞机救援消防人员在事件处置中不要摘掉自给式呼吸器，直到空气经过检测合格，并且有指示要求他们这样做。

呼吸器必须按照生产厂家的要求进行保养和穿戴。需要穿戴呼吸防护工具的救援人员要由医师每年进行一次医学认证，他们必须进行年度健康测试，要让他们的面罩能够与脸部贴合密封，不允许有影响密封的面部毛发，眼镜框也不能穿过面罩贴合区。救援人员必须训练使用呼吸防护工具，并对正确使用这些设备的能力进行年检。

个人安全报警系统

NFPA 1982《个人安全报警系统标准》为个人安全报警系统建立了标准。所有飞机救援消防人员进入危险环境都要穿戴个人安全报警系统设备，它会在救援人员失去行动能力时发声告警。

如果穿戴者停止活动达到约 30s，个人安全报警系统就会自动发声，也可手动启动。它能在 3m 距离发出 95dB 的警示声，持续不断地响至少 1h。有的个人安全报警系统设备可以感受热量，有的与自给式呼吸器做成一体，有的甚至能给远距发射机传递信号以警示事件指挥员消防员出事了。不论该装置特点如何，只要穿戴了功能正常的个人安全报警系统设备，就能提高消防员在险境中被发现的机率。

正像任何其他电子设备，个人安全报警系统设备也会出问题，最为常见的问题是电池失效。作为最低要求，飞机救援消防人员要每六个月更换一次个人安全报警系统设备的电池。此外，可以根据个人安全报警系统设备的功能需要，或者主管部门规定的时间间隔实施。

对于个人安全报警系统设备来说，最可能发生的操作性问题是消防员在进入危险环境之前忘记打开设备。有的生产厂家将个人安全报警系统设备集成到自给式呼吸器中从而解决了该问题，当空气呼吸系统启动时，个人安全报警系统设备随即启动。集成式个人安全报警系统设备唯一的关闭方法是关掉空气呼吸系统。这种自动模式实现了两个目的：一是确保开启个人安全报警系统设备，二是确保关闭自给式呼吸器的供气。

听觉防护

在飞机和飞机救援消防车周边作业时，飞机救援消防人员就会暴露于危险水平的噪声之中，需要戴上听觉防护工具。在消防站里面和周边使用听觉防护工具也是很重要的，那里有产生噪声的设备在工作。发电机、电锯、空气压缩机和其他设备均可产生很高的噪声水平，消防员需要进行防护。NFPA 1500《消防部门职业安全与健康程序标准》界定了消防人员在各种工作环境下暴露于噪声的最高允许水平。

所有飞机救援装备上都应为消防员配备听觉防护工具。耳罩式防护工具能为穿戴者提供出色的降噪效果。耳塞应当配发到救援部门的每名人员，确保大小合适。有些无线电系统的头部装置能够提供一定程度的听觉防护。头部装置厂家能提供每一种个人装置所具有防护水平的有关信息(图4.15(a)、(b)和(c))。

(a)耳罩式

(b)耳塞式

(c)集成式无线电系统/听觉防护头部装置

图4.15　听觉防护工具示例

应当推行一种听觉知识课程，辅以适当的标准作业流程和听力损失宣传文化，如海报等，以建立和保持听力保护意识。还应当为飞机救援消防人员定期提供听力测试。听觉知识课程的主要用意是为了促使救援人员保护听力。比起其他类型的消防员，机场消防员处于更加严酷的噪声环境中。听力损失会影响消防员的一生，所以他们有必要抽时间去选择和使用合适的听觉防护工具。

眼睛防护

飞机救援消防人员在飞机或消防车辆与设备周边工作时，会受到很多不同来源的眼睛伤害。如果救援人员不能保持警惕，也没有戴好眼睛防护工具，那么各种各样的发光器，如飞机上的空速管、消防车上的外反光镜及其他附属物，都会成为潜在的眼睛伤害源。航空发动机在空中工作会产生伤害眼睛的碎片。在飞机救援和消防作业中，飞机救援消防人员正常穿戴自给式呼吸器面罩和头盔，能够遮住脸部，提供一定的眼睛防护。

其他产生火花、粉尘或碎片的活动，如操作电力工具等，也需要消防员戴好护目镜或安全眼镜。个人安全眼镜与其他眼睛防护手段结合使用能为穿戴者提供极佳的防护(图4.16(a)和(b))。但是，眼睛防护工具要根据特定的危险源进行选择，并且满足以下要求：

(1) OSHA 1910.133《眼睛和面部防护》。

(2) NFPA 1500《消防部门职业安全与健康程序标准》。

(3) ANSI Z87.1《美国国家标准：关于眼睛与面部防护的职业与教育实践》。

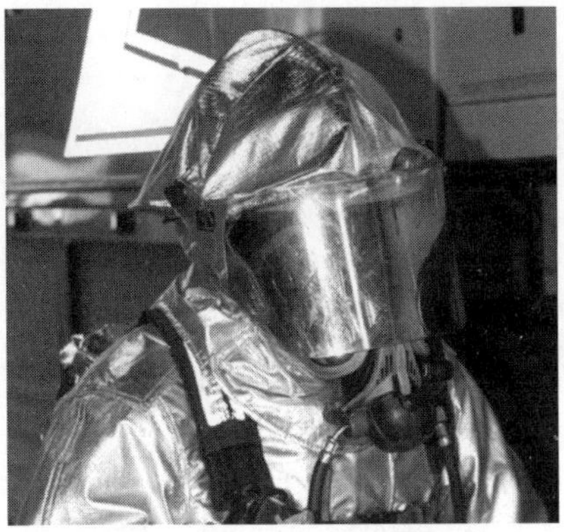

(a) 头盔面罩和自给式呼吸器的面部可在应急作业期间提供眼睛防护

(b) 在检查和保养工具与设备时要戴好个人安全眼镜

图 4.16　眼睛防护工具

飞机火灾扑救的危险性

飞机救援消防人员需要知道伴随飞机紧急情况而来的各种不同类型的危险。消防员在保持关注其他潜在危险的同时，会减少对部分已知危险的注意力。根据紧急情况性质不同，这些危险会有一定差异。

所有飞机事故都要当作有潜在**危险材料**的事件来看待和处置。它们通常涉及大量的燃油和有毒液体。这些材料不仅可燃，还有毒、有刺激性、会破坏环境。事故场地与残骸可能会被洗手间废物、血液病原体和/或生物危险性物质沾染。发生在飞机维修设施内的事件可能存在油漆、溶剂和其他有毒化学物质。如果飞机救援消防人员在有危险材料的事件中暴露，完成任务之后要立即进行妥善洗消。

危险材料——如果在处理、存放、生产、加工、包装、使用、废弃或运输过程中未妥善控制，对人体健康和/或环境安全具有不合理风险的任何材料。

飞机结构用的很多材料在迅速燃烧时会产生危险的燃烧产物，燃烧的橡胶轮胎和可燃金属飞机部件尤其如此。用作飞机内部装潢材料和个人物品的塑料、发泡橡胶和皮革制品在火灾中会释放出多种有毒气体。飞机结构复合材料会引起像石棉那样的呼吸损伤和皮肤刺激。进入有这些危险的飞机事件现场及坠机区域并在里面工作的人员均应正确穿戴包括自给式呼吸器在内的个人防护装备。

事件中可能出现的其他具体危险情况包括那些与农业喷洒作业和危险品出现有关的情形。后面几节将介绍与飞机事故有关的常见危险性，例如：

（1）应急救援现场的危险因素。

（2）燃油的危险性。

（3）飞机内部火灾的危险性。

（4）危险的飞机部件和材料。

（5）发动机的危险性。

（6）空气驱动发电机（Air Driven Generator，ADG）和冲压空气涡轮（Ram Air Turbine，RAT）展开的危险性。

（7）机轮装置的危险性。

（8）直升机的危险性。

（9）弹道回收系统（Ballistic Recovery System，BRS）。

（10）飞机货物所致危险性。

应急救援现场的危险因素

现场所有人员应当持续监视各种危险因素，采取必要行动保护遇险人员和应急响应工作人员。有些坠机现场可能需要不止一名安全官员。飞机事故现场的很多因素与建筑火灾中的很相似，比如热压力等，但是飞机事故现场会产生更大更特殊的挑战。后续几节将讨论每个飞机救援消防人员在出动响应任何飞机险情时都应当牢记的各种因素。

残骸

残骸是飞机断裂形成的大块碎片，可能阻碍飞机救援消防车停放和靠近事件现场(图 4.17)。残骸上的尖锐、锯齿状边缘能够割裂个人防护服造成伤害。残骸中有的系统还在工作，有的则不再工作。

即使在执行很常见的一般任务时，残骸的不稳定性也会导致危险。大段的不稳定机身段会坍塌、滚动、摇晃或滑动。有的紧急出口(包括塞式舱门)在拔出门栓时有可能从飞机上掉下来，例如，德·哈维兰公司一架冲-8 飞机(冲-8 英文名 Dash 8，是由加拿大原德·哈维兰公司研制的双发涡桨式支线飞机，可短距起降。该公司 1986 年被庞巴迪宇航集团收购。——译者注)的 R2 登机舱门在打开时掉到了外面，重达 80kg。机场消防员在飞机舱盖周围时要格外小心，以免被掉落(或抛出)的舱盖砸到。

密闭空间的危险性

密闭空间——不可长时间停留的空间或合围区域，其进出口的开度有限(限制进入)，不利于自然通风，里面可能有有毒、爆炸性或缺氧的空气。

飞机上的**密闭空间**被证明对飞机救援消防人员来说是危险的。起落架舱、电力电子设备舱和油箱都是消防员可能遇到的密闭空间实例(图 4.18)。飞机维修工作者需要进入这些空间进行修理、升级电子设备或修补裂缝。该过程会用到危险材料，如果救援者不知道它们的存在，就有可能减缓或拖延救援作业。

图 4.17 赶往或在坠机地点时，飞机救援消防车的驾驶员/操作手必须当心和避开飞机残骸

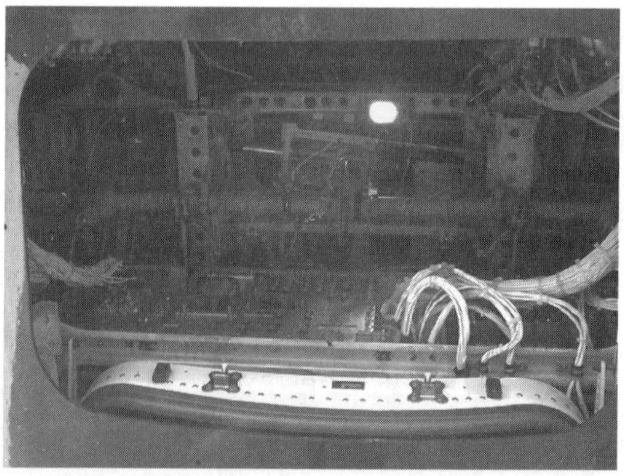

图 4.18 飞机里的密闭空间示例

开始这类作业之前应告知飞机救援消防部门，万一发生了密闭空间险情，飞机救援消防人员也好预先准备，便于实施救援。一个积极主动的办法是，在开展这类工作之前安排和机务人员一起训练一下，以对整个过程和所用材料有更好的认识。飞机救援消防人员应当一直穿着包括自给式呼吸器在内的全套个人防护装备，当进入密闭空间时要携带空气监测器。关于密闭空间救援的进一步信息可以查阅国际消防保障训练协会的《消防搜

救》手册。

密闭空间进入流程

很多管理部门实施了密闭空间进入流程。该流程授权消防部门,有时候是其他机构,在进入行动发起之前要对密闭空间进行检查。各相关机构要给允许进入的密闭空间做上标记,以此表示官方许可进入该密闭空间。这样做是一种积极的方法,确保所有密闭空间的入口情况在一定行政管辖范围内均已通知到位。

热压力

热压力是身穿个人防护装备在湿热条件下工作时的一个严重问题。事件指挥员要确保建立一个**休整**区并定期轮换疲劳的人员。休整区应当处于事件现场的视线和听觉范围以外,同时受到保护以不受极端天气的影响,要提供适当的食品和饮水补给,还要有座位供消防员休息。在事件现场工作的所有飞机救援消防人员均应进行医疗监测。要提供必需品以确保他们身体的核心温度及关键体征维持在正常范围。

热压力——由环境和体力劳动等因素结合而成施加于人体的热载荷。对热压力有贡献的环境因素包括空气、温度、辐射热交换、空气流动和水蒸气压力等。体力劳动通过体内的新陈代谢产生热量来贡献热压力。人的衣着对于热压力也有一定影响。

休整——让消防员或救援人员在事件处置期间可以休息、补充水分和恢复。

现场的其他重要因素

以下是在飞机紧急事件中可能会遇到的另外一些困难:

(1) 茂密的植被和崎岖、松软或潮湿的地形会成为困难且危险的应急事件工作现场。

(2) 不利天气会带来更多的复杂性。

(3) 灭火泡沫覆盖层使得飞机表面很滑,还会埋住障碍物。

(4) 大型飞机离地很高,这样会存在掉落危险。

(5) 用作配重的贫铀物质和通电的雷达系统可能构成对应急响应人员的威胁。消防员应当远离飞机前端,直至确认机上电源已断开,因为大多数雷达系统就在那里。

(6) 军用飞机和部分民航飞机在机身上部或底部也会有雷达系统,有的甚至在机翼上。

燃油的危险性

飞机携带的燃油对于乘员和消防员来说是主要危险,所以飞机救援消防人员充分理解飞机燃油及其特点是很有必要的。一般地,飞机燃油可以分为航空汽油、煤油,以及汽油煤油混合物,其中航空汽油适用于内燃机。还有更为先进的航空燃油推出,例如,“美国空军研究实验室”开发的“生物燃油”可以代替普通燃油。这些生物燃油还在不断发展中,可以从玉米、大豆和甘蔗等生物材料中提取。表 4.1 中就有这些新出现的燃油替代品。

表 4.1 航空燃油

燃油类型	爆炸下限 爆炸上限	闪点/℃	自燃点/℃	蔓延速度 /(m/min)	重量 /kg	运输部 危险级/包装类别	联合国 编号
航空汽油	1.4% ~7.6%	-45	与 Jet A 混合油相当	213 ~243	2.73	3/Ⅱ	UN1203
* Jet A * JP A-1 * JP-8	0.6% ~4.7% 0.6% ~4.7% 0.7% ~4.7%	38 ~41	210 ~500	30 或 更少	2.9 ~3.2	3/Ⅲ	UN1863
* * Jet B * * JP 5	1.4% ~7.6%	-23	243	213 ~243	3.1	3/Ⅱ	UN1863
Jet A-2	0.7% ~5.0%	46	228	动态	3.2	3/Ⅲ	UN1863
北极柴油	0.7% ~5.0%	38	动态	动态	3.2	3/Ⅲ	UN1993
以下是目前正在试验将来有望在飞机和飞行器上得到应用的燃油							
生物燃油	—	218	—	—	—	—	—
S-5	未查到	60	这是国防部研发的燃油,尚未投入使用,有望在 3 ~7 年内达到实用,有关信息不完整				
S-8	0.7% ~5.0%	38 ~52	210	S-5 与 S-8 是用煤提取的,发展中的其他燃油基于压缩天然气(Compressed Natural Gas,CNG)	—	3/Ⅲ	UN1993

* 该类燃油中很少有添加剂　* * 该类燃油中很少有添加剂

注:本表仅用于对比。所有以上信息为大概值且不完整,准确和完整的信息见当地所用燃油的材料安全说明书。

航空汽油与汽车上使用的汽油相似,除了有更高的辛烷值(车用汽油为 87 ~92,而航空汽油为 100 ~145),其燃点、闪点、燃烧极限和蔓延速度等特征与车用燃油很相似。辛烷值的差异不会影响消防方面的特征。航空汽油和低**闪点**喷气燃油,如 Jet B 和 JP-4,发生流淌时应当用泡沫覆盖以限制易燃蒸气的释放。

闪点——液体能够释放出足够多的蒸气从而与液面附近的空气形成可燃混合物时的最低温度。

喷气燃油可分为煤油和混合油两类。煤油最为常见,如 Jet-A 和 Jet A-1(JP-5,JP-6,JP-8)。这些燃油的重要特征在表 4.1 中列出。一般地,这些燃油与航空汽油相比闪点较高、蔓延速度较慢。

泡沫被认为适用于煤油类燃油的流淌火灾。即使周围空气温度远远低于燃油的闪点,停机坪/地表温度仍然会高出 14 ~25℃(原文误为 -4 ~7℃,温度转换算法有误。——译者注),这使得应急响应人员身处危险境地。

混合燃油是将汽油和煤油相混合,如 Jet B(JP-4)。它们比 Jet A 的闪点更低,这使得混合燃油在流淌出来时更具危险性,因此飞机救援消防人员应当考虑立即用泡沫覆盖任何流淌燃油。

注:要获得更多信息,请参阅 NFPA407《飞机燃油保障标准》,或者美国运输部的文献,它们将闪点 60℃或更低的燃油归为易燃液体。

警　告!

飞机救援消防人员应当避免吸入喷气燃油的蒸气和烟雾。众所周知,喷气燃油属于致癌物质,会引起化学性肺炎。

有两种途径可以将燃油从大规模存储处输送到地面停放飞机上:第一种方法是用传统的油车进行翼上重力加油和单点(压力)加油作业,第二种方法是通过地下燃油导管系统用燃油保障车进行加油,该车不装载燃油,而是从地下连接处泵油。

飞机和为其加油的加油车之间的电荷差异会产生静电。静电火花会点燃燃油蒸气。用导电的连接电缆将飞机连到加油车上,并将加油车接地,可以降低这种风险。抗静电燃油添加剂也可以降低加油作业期间电荷积累的风险。

燃烧条件

飞机坠落时,冲击的力量常常危及燃油系统的安全。由此产生的破裂极为危险,因为出现了很多点火源,例如:

(1) 点燃后冒烟的材料。

(2) 摩擦引起的火花。

(3) 电气短路。

(4) 热态发动机部件。

(5) 静电。

(6) 地面的其他点火源。

即使火灾没有发生,消防员也要像火灾真实发生一样赶赴事件现场。从早期响应到残骸整理,在事件的所有阶段都要保持警觉。

在大规模结构性破坏的事故发生之后,飞机燃油会很快泄漏出来并与空气混合成油雾或蒸气。不论燃油属于哪种类型,其油雾都很容易点燃,由此产生的火球又成为其他可燃物的点火源。

在涉及大量航空汽油或喷气燃料的事故/事件中,重新点燃(**复燃**)是一种持续性的威胁。飞机救援人员必须要清楚复燃的危险性,必须用泡沫完全覆盖燃油浸湿的区域,根据需要补充以保持泡沫层完整。

复燃——当灭火剂覆盖层消融或受到物理干扰而破坏,燃油自动重新点燃。

飞机内部火灾的危险性

飞机客舱内部火灾经常涉及一些普通可燃材料,这些材料包括:

(1) 地毯。

(2) 随身物品。

(3) 电绝缘材料。

(4) 嵌板。

(5) 废弃物。

(6) 舱内装潢。

危险的飞机部件和材料

有些飞机部件和材料具有独特的危险性。例如,带电的电线有可能发生触电危险并/或使人受伤。飞机救援消防人员在处置飞机险情时要清楚这样的和其他的危险。本节将认识一下机场消防员需要注意的其他飞机部件和材料的危险性。

警　告!

飞机救援消防人员应当避免接触裸露的电线。运输机通常有交流115V的电力系统和直流24V或28V的电力系统,具有触电危险。

起落架

由于结构上所用金属的原因,起落架在高温下可以被点燃并燃烧。若消防员向起落架喷射水或泡沫,其金属会产生剧烈反应。起落架的另一危险是轮胎达到极高温度时会爆炸。如果这种爆炸发生,就会有部件或碎片从起落架侧面猛烈崩出。

注:有关负责人应当插好不稳定起落架的保险销。

液压和冷气管路

液压和冷气管路内有易燃和有毒的液体和气体。有的液体能腐蚀个人防护装备,也会刺激裸露的皮肤和眼睛。这些管路内压强很高,有时超过21 000kPa。有多种飞机系统依赖于液压,如货舱门等。在这些系统附近工作时救援人员要特别小心,不要被正在运动的部件夹住。其他用到液压和冷气管路的飞机部件还有:

(1) 飞行控制。

(2) 刹车系统。

(3) 反推装置。

(4) 起落架舱门。

警　告!

超过21 000 kPa的压强可以产生巨大能量,足以切断人的肢体或造成致命伤害。飞机救援消防人员在飞机周边工作时应当远离"所有"正在运动的部件。

氧气系统

接近氧气系统时,必须随时保持高度警惕。高压氧气系统、化学制氧设备及液氧系统,当它们与石油产品接触或被卷入火场时,个个都有强烈的爆炸危险性。要将氧气瓶从坠机处移走并保护起来。

复合材料纤维

复合材料是现代飞机上的热门结构材料。飞机蒙皮切割或燃烧所产生的粉尘、烟雾、细小纤维会对消防员形成皮肤刺激和呼吸危险。如果这些纤维的浓度很高还会影响无线电通信,最严重可致双通道无线电通信消失。

生物危险性

飞机上的生物危险通常是指飞机乘员的体液。生物危险也可能来自被装上飞机的捐献血液或器官。体液也可能出现在沾染了洗手间废物的残骸上。全部坠机现场都应当被视为生物危险地带，直至确定没有危险。

空速管

空速管位于飞行员座舱窗口下方的机身侧面。救援者或逃生者使用机上逃生滑梯往下滑时可能会被这些尖锐的管子划伤。空速管经常为了防止结冰而加热，因此飞机救援消防人员不要触碰它们，因为它们非常热，会造成灼伤。

气囊

在救援作业中，未展开的气囊会对飞机乘员和飞机救援消防人员形成威胁。乘客、机组或飞机救援消防人员可能误启这些设备，并被快速展开的囊体强力挤压或伤害。机场消防员要熟悉他们可能遇到各种气囊的每个型号，以便在飞机坠机后能正确保险这些设备。

发动机的危险性

飞机救援消防人员应当知道，他们在飞机发动机周边工作时必须要极为谨慎。如果机场消防员在飞机发动机周围工作不慎，即使是很平常的应急现场，也会使自己严重受伤或死亡。本节将讨论往复式和喷气式发动机的危险性。

往复式发动机的危险性

往复式发动机会产生特有的危险。一台往复式发动机如果没有正确停机，可能因螺旋桨被推动而重新起动。当螺旋桨被推动时，发动机内的磁电机也会跟着转动，并产生火花从而点燃未消耗的燃油。一旦被点燃，螺旋桨就会旋转或者发动机重新起动，不论哪种情况都会导致严重伤害或死亡。

螺旋桨高速旋转时很难看清它的样子。保障人员靠近转动的螺旋桨时必须保持警惕，因为飞机可能毫无先兆地突然动起来，即使运动非常缓慢的螺旋桨也是危险的。机场消防员千万不要触碰或试图停住正在缓慢转动的螺旋桨！螺旋桨的前缘可能为了防冰而加热，所以即使螺旋桨没有转动，触碰它也是危险的。靠近螺旋桨时，保障人员应当至少离它 4.5m 远（图 4.19）。

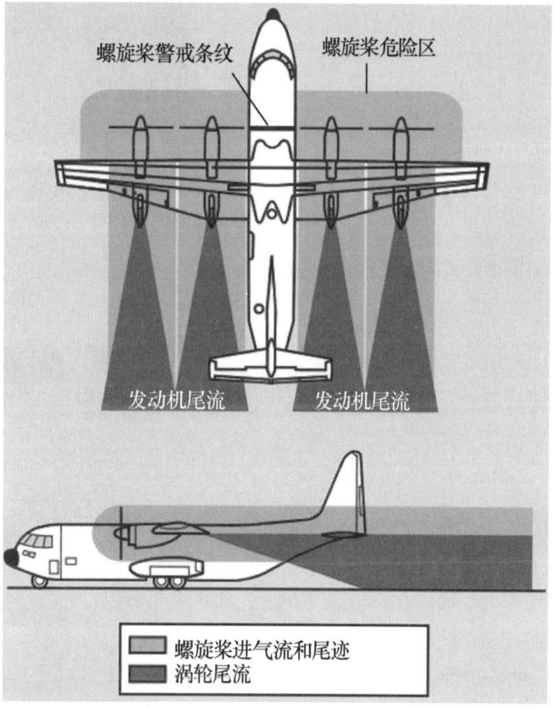

图 4.19　涡桨发动机的螺旋桨和尾流危险区

警　告！

即使螺旋桨已经停转，无论如何也绝对不要推动它。刚刚停转的活塞式发动机有时还能再转上一圈，如果受到推动还会剧烈转动或重新启动。

装有可变倾角螺旋桨的飞机可以让自己向后运动，会在前后两个方向产生**桨叶洗流**。这种螺旋桨即使在功率100%时也很安静，飞机救援消防人员稍不注意就可能走入螺旋桨周围。

桨叶洗流——螺旋桨旋转所产生的空气流。

喷气式发动机的危险性

喷气式发动机会对飞机救援消防人员构成多种威胁。即使坠地后，喷气式发动机仍有可能继续转动。发动机尾流或喷气气流是超高温的，速度可以超过 1 300km/h。喷气式发动机的尾流可以将松散的物体吹出相当远的距离，所以保障人员在喷气式发动机运转时应当避开尾流区。飞机救援消防车的驾驶员/操作手在操作消防车时要清楚这种尾流的巨大威力。喷气气流可以轻易吹翻运转状态喷气式发动机后部离得太近的任何车辆(图 4.20)。

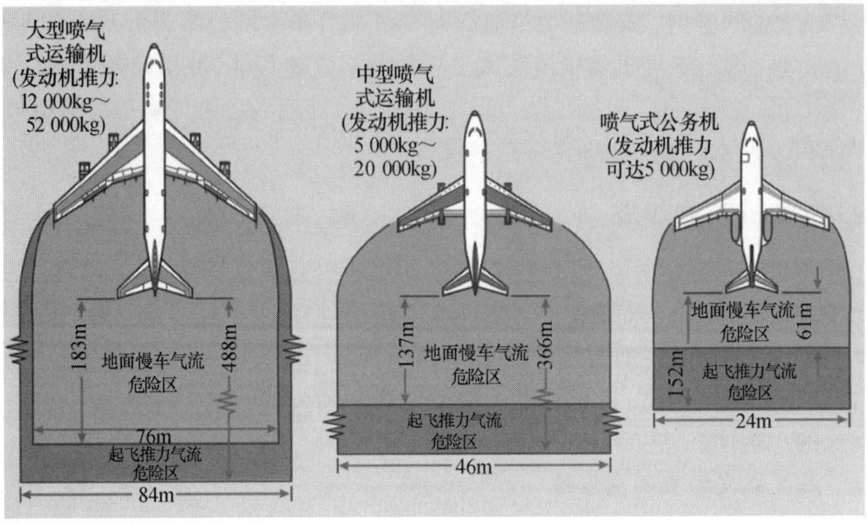

图 4.20 喷气式发动机具有进气和尾流双重危险区

> **注 意**
>
> 事故发生后，如果仍有燃油供应，喷气式发动机还会继续运转。甚至在关机后长达 20 分钟的时间内，喷气式发动机仍有足够的热量点燃流淌的易燃物质。同样，发动机的转动会吸入流淌燃油挥发出来的蒸气从而把它点燃。如有可能，要将发动机周边区域用警戒线隔离起来，建立一个安全区，所有人员不得入内。

运转中的喷气式发动机所产生的吸入危险或吸力是另一种严重危险。大量空气从发动机前部吸入以产生推力。当喷气式发动机运转时，在发动机前面附近的消防员有被吸入发动机的可能，以这种方式进入发动机很可能是致命的，还可能引起发动机爆炸。为了确保一个安全距离，救援人员不要靠近发动机前面，应当站在距离发动机前方或侧面至少 10m 远处。

喷气式发动机的吸力对发动机自身而言也是一种危险。机场消防员要经常注意一下可能被吸入喷气式发动机的任何物体，外来物侵入会对发动机造成严重破坏。

在运转中的飞机上面或下面检查任何系统之前，飞机救援消防人员要通过手势或无线电与飞行员保持联系。指定区域内如有多台喷气式发动机正在运转，地面人员常常难以区分哪台发动机在工作、哪台没有工作，特别是当他们戴着听觉防护工具时。这样一来，消防员和地勤人员只好假定所有发动机都在工作，并对危险区域保持警惕。

注：如果发动机正在运转，飞机顶部和腹部的红色灯标会亮起。小型飞机可能仅在垂直安定面的上部有一盏灯标。

空气驱动发电机和冲压空气涡轮展开的危险性

有的飞机上装有空气驱动发电机或冲压空气涡轮。一旦电力和液压系统在空中发生故障，这些设备可用于提供备用电力和液压动力。它们经常会从机身或发动机短舱内的收起位置猛力展开。飞机救援消防人员需要知道哪架飞机配置了这些设备，以及设备装在飞机的什么部位，以免它们展开时被撞到。

机轮装置的危险性

飞机起落架发生火灾会造成飞机坍塌，或者飞机的机轮装置和组件爆炸性解体。救援人员应当对图 4.21 中标出的潜在破碎区非常清楚。该区域从机轮装置的侧面沿 45°方向向外延伸至少 85m 远。

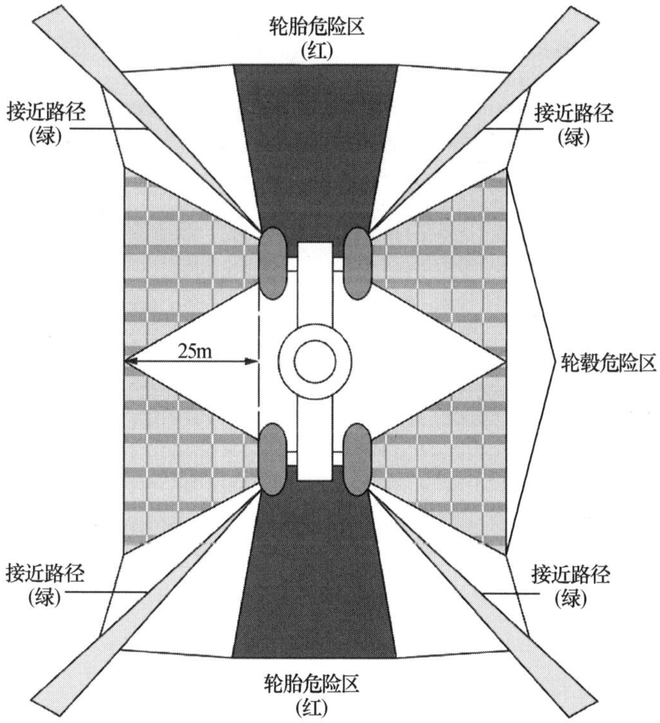

图 4.21　飞机机轮破碎区和安全接近路径

直升机的危险性

直升机必须小心靠近。旋翼是最大的危险所在，任何时候都要回避。在突风条件下，主桨甚至可以探到离地 1m 的高度范围内。由于飞行员对各种条件下旋翼的运动最为熟悉，应当由他决定何时让救援人员靠近直升机才是安全的。救援人员试图靠近直升机之前应当等待，直到飞行员看到他们，并在直升机安全时给出信号(图 4.22)。

图 4.22　飞机救援消防人员在直升机周围工作时应当遵守的安全注意事项

警　告!

直升机旋翼在空中造成的碎片会导致身体伤害。只要出现在发动机仍在运转的直升机周围,消防员就应穿戴合适的个人防护装备,包括头盔、眼睛和听觉防护工具、上衣或夹克,以及浅色或反光的衣物。

尾桨旋转速度很快，同样很难看清，因此救援人员绝对不要从后面靠近直升机。喷气式发动机尾流和无线电天线也应当回避。救援人员应当以蜷缩姿势靠近和离开直升机，并始终处在飞行员的视野内。在不平坦的地面上，救援人员应当总是从下坡靠近和离开——绝对不要从上坡走。

靠近直升机时，救援人员携带的所有装备都必须呈水平方向并低于腰部，如锹、斧及其他工具——绝对不要竖直向上或扛在肩上，并要始终绑紧。在靠近和离开直升机之前，衣物上的任何松散物品都必须适当绑紧。救援人员应当确认所有工具和货物均处于安全状态，并且绝对不要在直升机附近扔东西。

选择合适的降落场(Landing Zone，LZ)在所有地面情况中至关重要。必须事先为飞行员做好与直升机大小相匹配的合适降落场的选址和标识，事件指挥系统设施、医疗和待命区等区域不要设在靠近直升机飞行路径或降落场的地方，那里的噪声和桨叶洗流会引起麻烦。降落时，在选作降落场的地点30m以内，直升机必须拥有一个完全无地面障碍的净空区域。使用聚光灯和车辆前照灯时要格外小心，要明白它们会使飞行员短暂致盲。绝对不要用手电筒照射直升机，避免使用闪光灯、远光灯和警用/警示条带。当直升机降落或离开时，作业区要清空所有人员、货物、个人物品，以及其他可能被旋翼的下洗流吹得到处乱飞的松散物品。要遵守当地设立降落场的有关协议。

注：FAA AC 91－32《直升机内部和周边的安全》提供了在直升机周围开展作业时相关安全注意事项的信息。

在直升机周围工作时，需要考虑的某些重要安全事项包括：

(1) 遵守当地设立降落场的有关协议。

(2) 用聚光灯和车辆前照灯时要格外小心，要明白它们会使飞行员短暂致盲。

(3) 绝对不要用手电筒照射直升机，避免使用闪光灯、远光灯和警用/警示条带。

(4) 当直升机降落或离开时，作业区要清空所有人员、货物、个人物品，以及其他可能被旋翼的下洗流吹得到处乱飞的松散物品。

弹道回收系统

越来越多的通用航空飞机、超轻和试验飞机使用了弹道回收系统(Ballistic Recovery System，BRS)。一旦出现灾难性险情或发动机不工作，这些系统的设计可以快速打开一个降落伞以稳定飞机姿态并减慢其下落速度。虽然这些系统在飞机空中出险时挽救过很多生命，但是它们对飞机救援消防人员来说还是非常危险的，特别是它们在空中无法展开时更是如此。

在大多数配有弹道回收系统的通用飞机上，例如“卷云设计系统”的卷云机身降落伞系统(Cirrus Airframe Parachute System，CAPS)，该系统装在机身上方紧邻客舱后侧的一个口盖下面。在更小的飞机上，整个系统常常装入一个筒状容器里，并安装在飞行员座椅后面的机身结构中。

弹道回收系统设备一般包括用于展开降落伞的火箭、启动手柄、连着飞

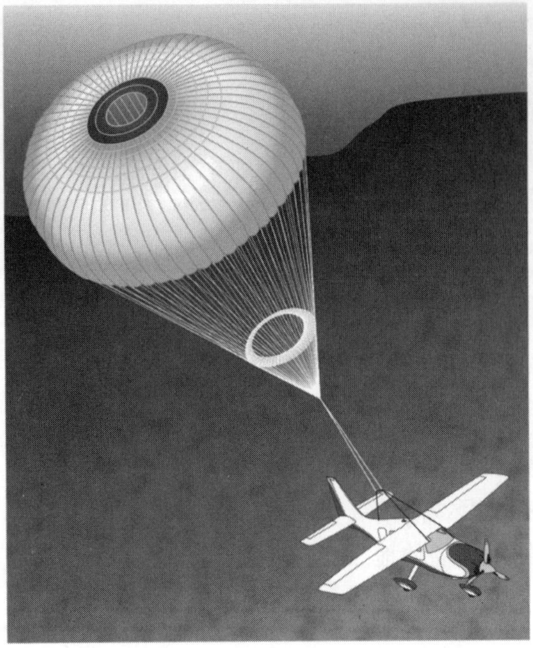

图 4.23　在用的飞机弹道回收系统示意图

机的伞套、伞体及伞绳。当飞机空中遇险，飞行员拉开启动手柄使火箭点火。火箭在几秒钟内达到最大推力，将降落伞伞体从飞机上推出。伞体一旦被推出，连在飞机上的伞套带子以及伞绳也同时拉出。于是伞体打开，并将飞机调整到一个对于救生着陆来说较为安全的速度和姿态（图 4.23）。

如果在飞机事件现场附近出现一个瘪下去的降落伞，就说明弹道回收系统已经启用。在这种情况下，应急响应人员应当保持谨慎，因为坠机点的强风会使降落伞重新鼓起并拉着飞机移动。如果弹道回收系统没有展开，飞机救援消防人员和其他应急响应人员在飞机内部及周围工作时要特别小心，因为它的启动线路和系统本身仍然处于激活状态，很危险。只能从前方或侧面靠近飞机，响应者应当避开火箭可能发射的区域。只有经过训练的人员方可设法将弹道回收系统恢复安全。

注：联邦航空局的网站可以提供更多关于弹道回收系统的信息。

警　告！

弹道回收伞可以沿垂直或水平方向发射，但在飞机上或发射地点并不容易看到它们。不要用普通的克丝钳或单刃刀具去切割启动导线护套，这些工具是无法割破导线护套的。

飞机货物所致危险性

货物运输公司使用大大小小的各种飞机将货物运送到世界各地。另外，商业航班也一直在运送乘客之余捎带货物。这些商业和货运航班上的货物通常是无害的，但还是经常被归入危险因素之列。既然如此，飞机救援消防人员在靠近飞机事件地点时就必须保持高度警惕。

危险品——根据自身性质或联合国关于危险材料的 9 个分类而划定的产品、物质或生物体；在加拿大用于描述危险材料，在美国和加拿大用于指飞机上装载的危险材料。

危险品（dangerous goods，DG）这个词在美国也指危险材料，尤其在航空工业上用于描述危险材料。危险品（危险材料）定义为对人、动物、财产和/或环境有害的材料。危险品的物理形态可以是固体、液体或气体，它们具有危险性质，例如：

（1）辐射。

（2）燃烧。

（3）爆炸。

（4）有毒。

（5）腐蚀。

（6）生物入侵。

（7）氧化。

飞机每天在世界各地运输大量的危险品，因为任何航空货物都有可能包含危险品。然而，这些飞机的事件应急响应还一成不变地停留在普通飞机消防流程的状态。

任何坠机均可认为涉及危险品。正如前面所讨论的，机载物品如燃油和液压油，以及结构材料如可燃金属和复合材料，可能产生对现场人员和装备有害的气体。考虑到机上货物的可能类型和数量，这意味着可能还有更大的危险。飞机救援消防人员在赶赴现场、筹划和施救中必须采取适当步骤以确保他们受到保护免遭危险品侵害。

下面几节介绍了与飞机货物相关的危险，包括以下方面：

(1) 法律法规。

(2) 危险品分类。

(3) 危险品的装卸。

(4) 产品识别。

(5) 检验。

(6) 信息收集(咨询)。

(7) 个人防护装备。

(8) 危险品作业。

(9) 洗手间(Lavatory，Lav)废物泄漏。

(10) 农业应用。

法律法规

通过航空进行危险品运输是有严格规定的。使用民航飞机装载危险品在美国由联邦法律汇编 CFR 第 49 专题第 175 部《飞机载运》和国际航空运输联合会针对国际航运的条款进行了规范。国际航空运输联合会的法规是根据国际民航组织出版的《危险品航空运输安全技术指南》制定的。各种各样的化学品一旦从容器中取出即被视为对外界有危险，这些被视为有运输危险的化学品已在联邦法律汇编 CFR 第 49 专题《运输》的表 172.101 中列出，该表还提供了关于危险品报告剂量(Reportable Quantities，RQ)的信息。

航空货运飞机需要检查由发货人准备的包装和文件，以确保符合所有适用的规定。然而，这些程序尚不足以保证飞机上的装载都没有问题。曾经发生过很多这样的案例，危险材料的非法“不公开”装载也得以进行空运。救援人员必须要清楚，不论出事飞机是小型私人飞机还是喷气式客运航班，都可能有危险材料。

注：用于描述飞机所载危险品的纸质文书上会有红白相间的水果糖专用条纹花边(图 4.24)。这种花边向飞机救援消防人员警示危险材料已装到飞机上。

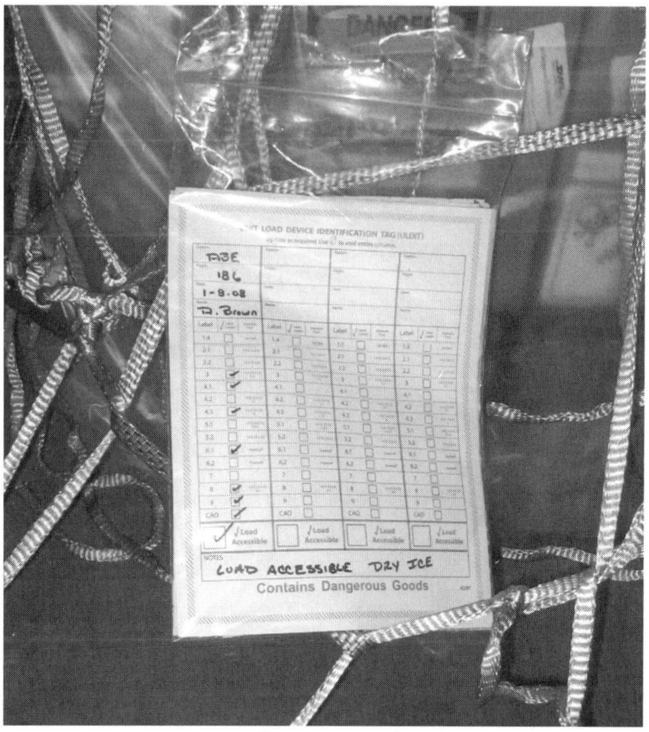

图 4.24　发货文书上的红白条纹花边说明该托盘上装有危险品

联邦航空法规 CFR 第 14 专题第 139 部要求机场消防员完成关于飞机货物危险性、危险材料和危险品事件的初级和反复性训练。针对危险材料和危险品事件及燃油存储区火灾的响应指南必须列入机场应急预案。对该类险情进行预案制定、准备和响应的职责通常分配给机场消防部门。由于机场消防员属于应急响应人员，规定也要求他们进行“危险材料作业水平”训练，而消防官员则应接受 NFPA 472《响应人员应对危险材料/大规模杀伤性武器事件的能力标准》中的“危险材料事件指挥员水平”训练。

危险品分类

危险品可以是元素或化合物，以气体、液体或固体形态存在，或者以这些物理形态的组合存在。美国运输部将“危险材料”定义为“如果在处理、储存、制造、加工、包装、使用、废弃或运输中未妥善控制，会对操作或应急响应人员、公众和/或环境的健康和安全造成不合理风险的物质”。NFPA 472《响应人员应对危险材料/大规模杀伤性武器事件的能力标准》将危险品分类如下：

第 1 类——爆炸物

第 2 类——气体：在加压或深度冷却条件下可压缩、可液化、可溶解

第 3 类——可燃和易燃液体

第 4 类——易燃物品：容易自燃的物质；与水接触后散发易燃气体的物质

第 5 类——氧化剂

第 6 类——有毒和感染性物品

第 7 类——放射性材料

第 8 类——腐蚀剂

第 9 类——混杂在一起的危险品

美国运输部已经许可使用联合国标签系统的警示标签，这些标签在美国国内及国际上的货物包装上获得应用(图 4.25)。

图 4.25　常见的美国运输部警示标签示例

危险品的装卸

> **单元装载设备**——便于快速装载和卸载飞机货物的托盘和集装箱。

在开展危险品装卸相关工作时，飞机救援消防人员要了解飞机货运的实际做法。在货运飞机上，危险货物通常被装在叫做“**单元装载设备**”的容器内，如飞机集装箱或飞机托盘，它们都用网保护着(图 4.26)。这些集装箱随后就被装上飞机。有时装载这些货物需要根据特定集装箱的尺寸和重量选用一些特殊装备。有的航空公司使用经过特别改装的单元装载设备将某些危险品装到货运飞机主甲板上，这些集装箱会有特别的颜色，还有集成的灭火功能。

图 4.26 单元装载设备和货运托盘示例

装有危险品的单元装载设备会有一个小标签拴在外面或放在一个塑料小窗内，表示里面装的是前面所列九个危险等级中的哪个等级，该标签通常有一个红色条纹花边。集装箱里面的特殊喷嘴通过单元外面的接头与便携式洁净灭火器相连，救援人员可以在不打开集装箱的情况下手动释放灭火剂到里面。

在飞行中发生泄漏或火灾时，某些危险品必须要能被机组人员够到。按照一般规律，货运飞机主甲板上的大多数危险品装在最前面的位置；相反，放射性材料则通常尽可能装得离飞行机组远些。

注 意

当试图穿过货运飞机前方区域实施救援时要多加注意，因为该区域距离危险货物比较近。

第 49 专题和国际航空运输联合会可以认定哪些危险品只能用货运飞机运输，而哪些可以用客货两用飞机运输。只能用货运飞机装载的物品会在包装上有一个"仅限货运飞机"标签。飞机救援消防人员应当熟悉本场的航空货运装载流程。

货运飞机有约束网或隔板，以防危险货物移动。有些危险货物不必使用特制集装箱来运输，包括干冰和磁性材料，它们可以装入任何飞机的货舱中。客运飞机可能在任何货舱中夹带有危险品。

有一种潜在危险是消防员在飞机事件或事故现场可能经常遇到的，那就是不明危险品货物的出现。不论哪种原因，没有正确包装、没有发货文书，或者未按危险货运要求进行安全防范处理的货物都是不明危险品货物。这种危险品货物会以下述几种形式出现：

(1) 以邮寄方式不正当发送的危险品。

(2) 在乘客行李中夹带运输的危险品。

(3) 为逃避危险货物运输管理而作为正常货物非法装载的危险品。

产品识别

危险品事件管理的一个重要事项就是正确识别相关产品。由于危险品可能出现的情形多种多样，航空运输中的这种识别工作颇具挑战性。例如，如果飞机发生了严重坠机，现场出现危险品的概率很高，而快速识别它们则几乎没有可能。

注：某些物品可能只会装到货运飞机上，而不会装到客机上。飞机上带

图 4.27　产品需要空运时,该标签用在仅限货运飞机发送的产品包装

有"仅限货运飞机"或"切勿装到客机上"之类标签的包裹,是要警示飞机救援消防人员该物品极为危险(图 4.27)。

如果货物正确标记且完好无损,那么发现和识别危险装载物就容易多了。有多种方法可以在空运中识别危险品,其中部分识别和检验方法如下:

(1) 包装标记。
(2) 标签。
(3) UN/NA 编码(联合国/北美体系)。
(4) 集装箱类型。
(5) 安全说明书。
(6) 发货文书。
(7) 发货人姓名。
(8) 收货人姓名。
(9) 航空公司名称。

危险品的随附文件会因航空公司不同而有所差异,消防员必须熟悉他们机场常见的空运货物类型和货运作业。发货人有义务为包裹正确进行包装、加标签、做标记,并完成"发货人对危险品的声明"。多数航空公司使用带有常见危险材料相关红色条纹花边的国际通行格式,部分货运航空公司使用他们自己的格式。

发货人和离岸货运部门通常各持一份"发货声明",还有一份用透明塑料袋附在包裹上面。如果发的不止一件包裹,就附在从外面容易看到的那个包裹上。

货物清单——列出飞机、车辆或轮船在指定航程中所载全部物品的文件或发货文书。

联邦法律要求向"有指挥权的飞行员"提供机上危险货物的发货文书信息。**货物清单**会放在驾驶舱内。他们还必须持有关于以下信息的书面文件:

(1) 正确的发货名称。
(2) UN 编码。
(3) 危险等级。
(4) 数量。
(5) 货物在机上的位置。
(6) 确认无泄漏和破损包装被装上飞机。
(7) 放射性的分类和等级。
(8) "仅限货运飞机"运输的货物。
(9) 以免检方式运输的货物。

该文书放在驾驶舱内,对于货机来说可能在紧急出口旁边的一个小袋子中,此出口通常是紧靠驾驶舱后面的主登机舱门。

检验

初步的识别需要多个信息来源检验以确保准确。产品识别中出现错误后果会比较严重,如果材料最终处置不当还可能产生破坏性后果。因此,建议在识别和检验过程中至少要使用三种独立信息来源。例如,发货文书中的产品描述是否与集装箱类型及集装箱上的标签相符?

信息收集(咨询)

完成初步的识别与检验后,还必须对产品进行复查以确定其具有的危险程度。这种信息收集过程有助于制定减灾方案。就像识别与检验中所做的那样，要参照不少于三种独立信息来源。这一步有助于确保对产品危险性确定、个人防护装备选用及减灾方案制定等所需信息的收集。美国运输部和加拿大运输部出版的《应急响应指导书》是关于危险材料的一个优秀信息资源。该书应当由所有飞机救援消防车随车携带。其他常见的信息资源如下：

（1）《化学危险响应信息系统》（Chemical Hazard Response Information System，CHRIS）——顶层文件，美国政府印务局。

（2）《豪雷（Hawley）简明化学词典》——约翰·威利父子出版公司。

（3）《危险品初步应急响应指南》——澳大利亚标准协会。

（4）《塞克斯（Sax）工业材料危险属性》——范·诺斯特兰德·莱因霍尔德公司。

（5）《地面运输中危险材料的应急处置》——爆炸物管理局（Bureau of Explosives，BOE），美国铁路协会（Association of American Railroads，AAR）分会。

（6）《消防员危险材料手册》——贝克·马耳他集团公司。

（7）《危险材料防火指南》——国家防火协会。

（8）《危险材料泄漏手册》——加拿大政府出版中心。

（9）《化学危险袖珍指南》——国家职业安全与健康研究所（National Institute for Occupational Safety and Health，NIOSH）

现场检验资源

应急响应单位应当能够方便快捷地查询信息出版物的资源库。要获取关于已知化学品的更多数据可以现场拨打美国的“化学运输应急中心”（Chemical Transportation Emergency Center，CHEMTREC）（800）424－9300*或者拨打加拿大的“加拿大运输应急中心”*（Canadian Transport Emergency Centre，CANUTEC）（613）996－6666。

如果危险材料已完成识别和检验，且其所有性质与特征均已知，那么就可以制定问题处置的减灾方案了。在机场定期运输的常见材料基础上，建议再制定针对特殊产品或特殊情况的应急预案。在制定应急预案时如果需要具体帮助，请参阅国际消防保障训练协会的《急救人员应知的危险材料》手册。要获得关于处置实际事件的更多信息，请参阅国际消防保障训练协会的《危险材料技术人员》手册。

个人防护装备

出动处置飞机危险品险情的人员需要保护，以免受到这些物品的危害。响应人员必须在进入应急场地之前确信熟悉自己所用的个人防护装备。主管部门必须确保符合 NFPA1500《消防部门职业安全与建康程序标准》，并确保在决定实施适当等级防护之前已经完成识别、检验和咨询等所有步骤。要按照所建立的标准作业流程并根据事件性质及该部门现有资源，为危险品响应选择防护装备。在任何情况下都不要向未穿好防护服或未经训练的飞机救援消防人员分配相应的救援或执勤任务。对于涉及未知材料的情况，飞机救援消防人员的角色仅限于隔离受沾染区域并阻止人员进入，直至危险材料响应小组（Hazardous Materials Response Team，HMRT）到来并采集了用于分析的材料样品。

危险品作业

危险品事件处置单位的首要任务就是隔离现场并阻止无关人员进入。这一步不仅可以稳定现场，还涉及到进一步的危险评估，包括确定后面还需要哪些救援工作。有必要保护现场、建立控制区并将非必要的人员尽快隔离开。飞机救援消防人员会建立起一个围界，危险材料小组成员会指定区域大小、提供技术支持、制定现场安全方案和事件行动方案。通过运用系统化评估程序、查阅适当文献，事件指挥员应当能够决定对事件周边以外的邻近区域是否有必要进行清场，如有必要，那么应当清到何种程度。飞机救援消防人员有可能还要参加消除危险材料泄漏的工作，并/或参加飞机内部和附近的其他重要活动。那么，如有必要进行大规模清场，这会成为执法人员或其他人的任务。

如果救援确有必要，那么飞机救援消防人员需冒多大风险这个问题是必须要考虑的。经过培训作为危险材料作业技术人员和专家的飞机救援消防人员不应当参加危险物质事件中的救援和遗体处理等行动。飞机险情一旦涉及危险品，本来已经相当复杂和危险的情况对于飞机救援消防人员来说将会变得更具危险性。在飞机上或周边可能出现的危险品与那些在公路上或固定设施内出现的一样，少量危险材料如果局限或聚集在飞机内部，会比大量洒在公路开阔地带的更糟糕。大多数飞机事件涉及的危险材料的量往往比其他情况中的少，但是，即使是暴露在微量的某些物质下面，对人也非常危险，因此所有相关因素和利弊模型应当随时考虑。关于危险品事件的更多信息，请参阅国际消防保障训练协会的《急救人员应知的危险材料》手册或者国际消防保障训练协会的《危险材料技术人员》手册。有关军用飞机的事故/事件响应将在第 12 章“战略战术作业”中讨论。

洗手间废物泄漏

航空公司飞机上洗手间废物罐的容量从 80 到几百升都有。这些罐体在飞机地面勤务工作中通常被抽净并用新鲜的蓝色消毒液进行清洁。洗手间废物通常送到机场处置设施点进行处置。泄漏会发生在飞机停机坪甚至延续到处置点。

泄漏物可能包括大量的手纸和固体排泄物。洗手间废物泄漏具有生物危险性，需要妥善清洁。与任何其他危险材料或燃油流淌相似，洗手间废物必须防止进入排雨管或下水道。泄漏物应当用真空吸尘器或吸收剂清除，相关机场工作人员或航空货运人员应当妥善处置这些废物。

农业应用

农用化学制剂从相对无害的肥料到高毒的杀虫剂都有，有的农用化学制剂采用液体喷洒，有的则采用粉末形式。它们通常从飞机装货点装载并存储在飞机上，液体的装在罐子里，而粉末的装在厚实的塑料衬里包装袋里。这些材料在装到飞机上之前通常要混合稀释一下。

图 4.28　正在装载化学制剂的农用飞机(撒药飞机)示例

化学制剂的装载量可达数百升。农用化学制剂可以使用固定翼或旋翼(直升机)飞机喷洒(图 4.28)。固定翼飞机通常在发动机和飞行员座舱之间设置一个容器，而直升机则通常用马鞍状容器装化学溶液。

固定翼飞机通常在机场、公路或者尽可能靠近工作地点的起降带进行装载，而直升机通常用卡车送到工作地点并在那里装载。农用喷药或撒药飞机通常有一台或多台保障车辆进行服务，车上装有以下物品：

（1）燃油。

（2）浓缩化学制剂。

（3）水。

（4）混合料斗。

（5）装载设备。

这些化学制剂的喷洒方法成为飞机事故的潜在因素。喷洒化学制剂时高度要很低，以控制因风而致的过度喷洒和浪费。飞行员驾驶这些飞机时常常距离建筑、树木、电线杆、塔或者其他类型的直立障碍物很近，一旦发生事故，消防车可能很难靠近坠机地点，事件本身还因涉危险品而愈加复杂了。

飞机上究竟装了什么东西通常没有任何提示。响应人员应当从残骸中寻找喷洒设备，以此作为提示，证明该飞机是实际用于喷洒农药的。为了搞清机上所装的化学制剂，飞机救援消防人员可以联系这次航空喷洒活动的主人（主人可能不是飞行员）、正在进行喷洒的土地的主人，或者当地的农用化学制剂供应商。一年中不同季节会喷洒不同的杀虫剂、除草剂或肥料，这取决于害虫的生命周期或农作物的生长阶段。

飞行员及大部分坠机影响区都有很大可能受到喷洒物的污染。就像处理其他火灾和危险材料事件一样，救援工作应当从事故地点的上风向实施。

虽然火灾由消防员在安全距离以外身穿全套防护服和自给式呼吸器即可扑灭，但是实际上飞行员的抢救和泄漏物的控制等还应在身穿适当级别的危险材料防护设备的前提下方可实施。与任何其他危险材料的情况一样，所有伤员在送医前都要进行洗消，并彻底洗消所有在应急响应中动用的人员和设备，收集所有泄漏液体，以妥善恢复和保持环境清洁。

值得一提的是，农用飞机基本上属于远离机场的一种问题，因为撒药飞机通常是在并不邻近机场的狭长地带起降的。这些起降带甚至不需要铺层，可能不过只是农场中或附近一片干净、长草的道路。由于这些地带通常位于乡下，机场消防员不太可能是最先到达现场的响应力量。

军用飞机的危险性

军用飞机通常具有与其使命相关的特殊危险性。根据历史经验来看，军用飞机遇险应由就近的军事机构消防部门承担救援责任，只有少数偶然情况下才会落到市政或民航机场消防部门的肩上。根据紧急情况发生的地点，军用飞机会用到民用设施，因此，民用建筑消防人员和民航飞机救援消防人员应当了解一下军用飞机所具有的危险性。关于军机危险性的未解密信息可以通过就近的军事机构获取。

军机相关的特殊危险性

军用飞机会给飞机救援消防人员造成特殊的危险。自燃燃料/肼推进剂参见本书第3章。进入燃油舱导致的密闭空间危险性已在本章讨论过。本节将帮助机场消防员熟悉其他特殊的军机危险性，具体如下：

(1) 自燃燃料。
(2) 箔条。
(3) 曳光弹。
(4) 烟火。
(5) 喷气助推(jet assisted take - off,JATO)起飞系统。
(6) 超大载油量。
(7) 复合材料机身和机翼。

自燃燃料

自燃燃料是一旦互相接触后即可自发点燃的物质(如带氧化剂的肼)。例如,F-16 使用 H-70,即 70% 的肼和 30% 的水。那些采用肼的飞机至少需携带 28L 该燃料。在飞机上可靠而快速获取应急电力和液压动力的需求很可能促进肼燃料的应用。肼有着类似于氨水的气味,在液态和蒸气状态均有毒,会爆炸。它是一种强还原剂,能与诸如四氧化二氮和铁、铜、铅的金属氧化物等氧化剂发生自燃反应。如果肼被吸收在抹布、棉织废料或类似材料中,就会发生自燃。

警　告!

处置肼燃料紧急情况时要始终穿着包括自给式呼吸器在内的全套防护服,因为肼可以通过皮肤被吸收。即使是短暂的暴露也可能对神经系统和呼吸系统造成严重后果。

军机设备使用自燃燃料的一个例子就是军用应急电源,应急电源会用到肼这种自燃燃料作为燃油来源,以取代一般的喷气燃油。消防员在应急出动前或救援过程中或许不知道该系统是否已启用,与这些替代燃油打交道时会出现吸入、摄入和吸收等危险。如果它与多孔有机材料接触,像木头、土壤和布料等,就会自动点燃。

肼在液态和蒸气状态还具有健康危害性。如果液态肼接触到眼睛或皮肤就会造成严重的局部损伤或烧蚀。它能渗入皮肤引发综合效应,与吞入或吸入所产生的后果相似。如果吸入肼蒸气,就会引起眼睛和呼吸道的局部刺激和以下综合效应:

(1) **短期暴露**。会对中枢神经系统产生影响。
(2) **高浓度**。会引起痉挛甚至可能导致死亡。
(3) **重复或长时间暴露**。可能造成对肝和肾的毒害。

注:关于各种型号肼的特有危险性可查阅其安全说明书。

箔条

> **对抗手段**——设计用于防止制导武器锁定并攻击目标的设备或系统。

箔条是由小片状的铝条或塑料组成的雷达**对抗手段**。释放时可在飞机后面形成这些物质的碎片云团,然后将敌方的雷达信号反射回去,显示为一大片次要目标。在箔条释放器周围时要保持谨慎,一次误放产生的力量足以击倒飞机救援消防人员,并会造成严重伤害。

曳光弹

曳光弹是通过产生类似于飞机发动机的大量热量来迷惑热寻的导弹的一种对抗手段。一旦释放,曳光弹就会点火, 让敌方导弹的红外跟踪设备锁定曳光弹,从而让飞行员可以机动规避追上来的导弹(图 4.29)。如果军机坠机现场有曳光弹意外释放,它们密集的热量能引发火灾,烧伤人体组织,曳光弹的强光还能造成失明。

图 4.29　军机正在释放曳光弹

烟火

烟火是一种像照相闪光灯的火药筒,在伞降过程中用于照明。它含有白磷,点燃时能产生耀眼的白光。烟火一旦点燃就很难扑灭,因为它们自带氧化剂。烟火的燃烧温度很高,极为危险,能引燃周围的可燃物。它在各种飞机上存放于不同部位。

喷气助推起飞系统

军用飞机可能会安装火箭助推系统,当滑跑空间有限时可以协助飞机起飞。各种飞机上的可调尾喷口对从一侧靠近飞机的人员构成极大危险,就像通常从飞机前方或后方靠近那样危险。喷气助推起飞装置并非在所有军机上都有。

超大载油量

军用飞机所拥有的燃油携带能力远远超出应急响应人员的想象。例如,一架约 15m 长的战斗机可以拥有超过 12 000L 的载油能力,一架加油机可以拥有超过 200 000L 的载油量。超大载油量需要相应加大使用主力灭火剂,使其足以开辟和保证救援通道,并控制外部火灾。载油量大了,可以想见,会有更大的区域被燃油流淌或危险材料波及。事件指挥员在制定行动计划时,需要清楚地知道飞机的载油量有多少,方能保证现场有足量的水和泡沫用以控制紧急态势。

复合材料机翼与机身

民航的飞机救援消防人员不太可能对军机结构中所涉及的各种不同类型复合材料都了解。如果遇到非正常情形,或者火势发展不是通常所见或是根本不认识的,则建议撤离该区域并尽快联系军方代表。

注:民航的飞机救援消防人员在任何时候遇到军用飞机有紧急情况或坠机都要通知军队。

应急弹射系统

意外触发弹射座椅和座舱盖对于飞机救援消防人员和机组成员来说是极为危险的。装有炸药的座椅弹射器能够将 150kg 的物体以 18m/s 的初速度抛出。经过适当训练,飞机救援消防人员可以保证这些座舱盖和弹射座椅的安全。如果消防员不确定如何保险这些应急弹射系统,他们应当让训练有素和有资格的军队救援人员来处理。座舱盖和座椅“绝对”不要在室内实施抛放,因为座舱盖和机组人员会撞到房顶,从而造成严重损坏、伤害,甚至死亡。下面几节介绍弹射座椅、座舱盖和推进剂驱动设备。

弹射座椅

弹射座椅可以是火箭动力也可以是气体动力的。有的系统仅发射一个座椅,有的发射两个,而有的则能将整个模块从飞机里发射出去。有的系统称为“零—零”系统,即零速度/速率—零高度,可以在飞机地面停放状态时进行发射。还有的飞机在地面时需要在座椅发射之前先抛掉应急舱盖。飞行机组成员通过拉起扶手、拉动双腿间的手柄，或者从头后方拉动面罩来发射座椅(图4.30)。

> **警　告!**
>
> 弹射系统的火箭可以达到14 000℃的高温。这些火箭的尾气会造成严重烧伤或点燃周围物体。

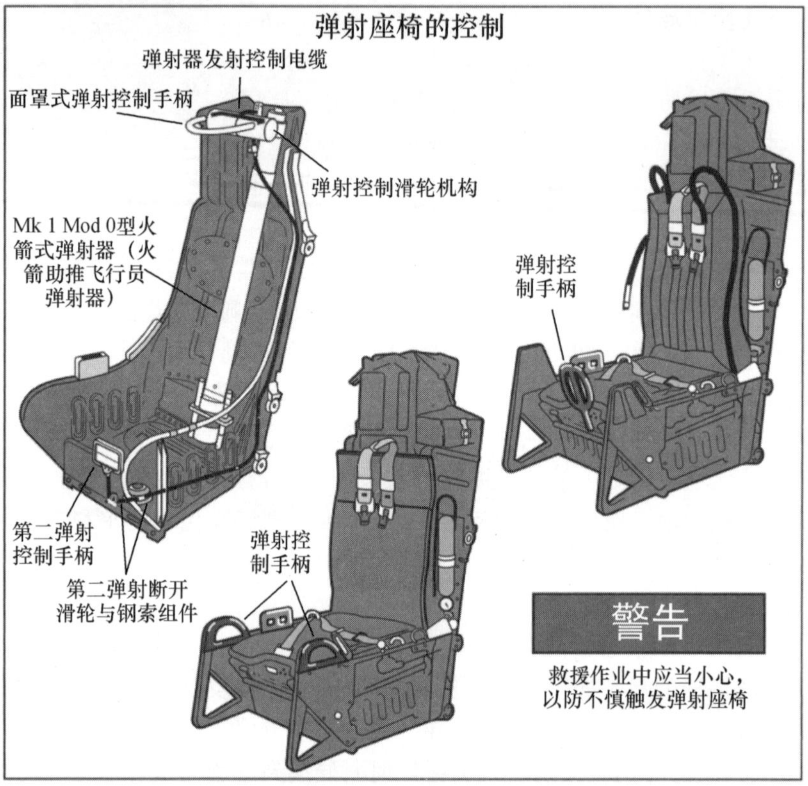

图4.30　机场消防员在保险弹射座椅时要格外小心，因为弹射座椅发射机构因飞机机型和模式不同而有所区别

如果缺乏正规的训练，飞机救援消防人员在应急处置过程中打开应急舱盖有可能引起座椅发射，除非它的椅弹已取出并处于保险状态。弹射系统可以通过中断发射程序、切断启动线路或者给弹射手柄插保险销进行保险。

注：逃生系统、起落架、航炮、应急电源和其他飞机系统的保险销可以在位于主起落架舱的盒子里找到。

给弹射座椅上保险的具体方法取决于其厂家、座椅的模式，以及它进行了哪些改装。每个座椅保险的特殊性需要手把手地传教，只有这样方可在应急保险作业中做到有能力有信心。例如，一种类型的座椅可能需要多个保险销才能使设备正确保险，而另一种模式的座椅却需要在多个地方切断线路。民航的飞机救援消防人员在面对军机应急逃生系统时，不要尝试保险系统，除非他们经过这方面的训练。请务必联系军队人员来执行这项任务。

警　告!

给弹射系统上保险是一项危险的作业。救援人员如果未经正规训练且没有特定机型所必需的设备,就不要试图去给弹射系统上保险。

座舱盖

包围飞行员座舱的座舱盖由金属边框和透明外壳组成,通常用莱克桑(Lexan,聚碳酸酯的一种,商标名。——译者注)或同类高强塑料制成。其设计用于保护飞行员或机组成员,同时为他们提供无障碍视野。共有三类常用的军机座舱盖:翻盖式、滑轨式和铰接式(图 4.31)。在三类座舱盖中,最为常见的是翻盖式和滑轨式。滑轨式座舱盖在救援中更易于操作,因为它不像翻盖式那样有很多局限性。

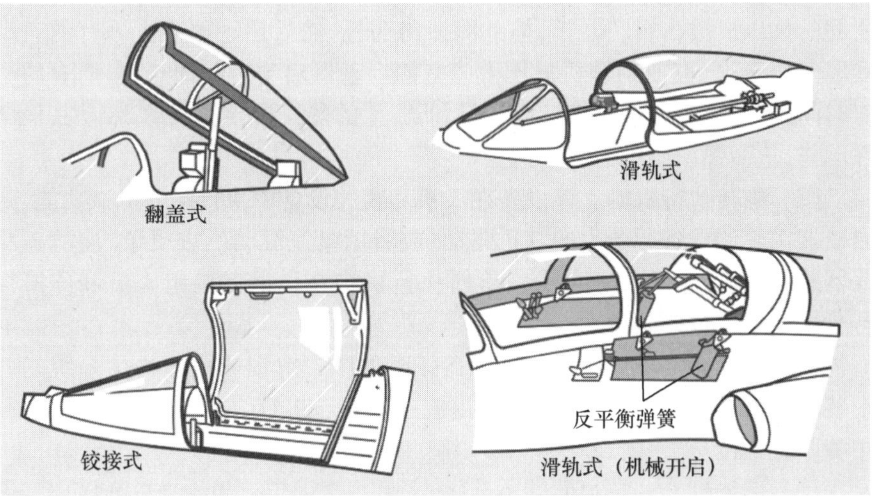

图 4.31　军机座舱盖的基本型式

座舱盖可用多种方式驱动。正常条件下,它们用冷气、电气、液压或人力进行打开和关闭。当打开系统发生故障或机械损伤时,动力操作的座舱盖可以手动打开。一旦打开,就必须使用舱盖锁或支撑杆保持打开状态,它们可以阻止座舱盖突然砰地一声关上。座舱盖一般重达几百千克,所以消防员要确认座舱盖保险可靠,以防不必要的伤害。

有的座舱盖利用埋在壳体内或沿座舱盖边缘分布的爆炸物进行破碎,然后飞行员从结构碎片中弹射出来。对于这种结构破坏系统,只有经过训练的有资格人员才能执行破拆作业以救出飞行员。

大多数有弹射座椅的军用飞机都有从外部应急抛座舱盖的手段,然而,有些新机型并没有配备这样的系统。该系统包括位于钢索一端的 T 形手柄,可站在飞机的任何一侧进行抛放,该手柄和钢索通常在飞行员座舱下面的一个小舱室内,用箭头标出“救援”字样。座舱盖使用一个爆炸装置进行抛放,该装置能将座舱盖抛起并飞离飞机。抛放时要当心,因为座舱盖抛放后会落回到飞机上或救援人员身上。有时抛放座舱盖还会启动座椅弹射过程。座舱盖或应急舱盖只有在绝对必要时才能抛放。

注 意

抛放座舱盖可能会点燃燃油蒸气。抛放座舱盖时,请按照印在飞机一侧的提示进行操作。

推进剂驱动设备

座舱盖抛放和座椅弹射系统均使用推进剂驱动设备中的爆炸药柱进行工作。这些设备通过自动顺序动作将机组成员从运动中的飞机里弹出。有的系统还具有零—零弹射能力,即在飞机零高度、零速度时将机组成员弹出。本节提供推进剂驱动设备的详细描述。

(1) **座舱盖断开器**。该设备可在紧急情况下将座舱盖强力抛放。它们通常是由压缩气体驱动的可伸缩设备。当驱动药柱点火后,快速膨胀的气体迫使压缩筒伸出,将座舱盖抛出飞机。

(2) **启动器**。是个圆柱形设备,在紧急弹射过程中提供一系列事件启动所需的气压。拔出启动器销,撞针即撞击药柱,然后启动器点火。有的启动器靠气压点火,有的则靠机械压力。有的启动器启动后立即点火,而有的会有时间延迟。启动器的推进剂点燃后所产生的热气沿导管流动,带动其他部件动作,从而弹出座舱盖或座椅。

(3) **旋转执行机构**。该设备在飞机和相关设备中执行多种机械功能,由启动器等其他设备所产生的气压驱动,或者用电流驱动。它属于“座舱盖断开器平板释放”系统的一部分。旋转执行机构在弹射后机组人员和座椅强行分离中担负重要角色。

(4) **推动器**。该气动设备可以在弹射程序中解锁或复位逃生系统的各个装置。例如,推动器可在座舱盖抛放前打开舱盖锁,并在弹射前将座椅和护腿归置到位。

(5) **爆炸帽**。一端封闭的小金属管,另一端用带褶皱的橡皮塞堵上。爆炸帽内装易燃混合物,点火后可产生压力或提供点火源。有如下两种类型:

① 喷焰爆炸帽不会爆炸,但是能喷出一个小小的火焰,常用于点燃火箭发动机。

② 封闭爆炸帽是一种低能爆炸物,一般用于爆炸螺栓(形似普通螺栓,内部装有炸药和点火器,用于航天器上的多点连接分离面。——译者注)、爆炸释放机构和固定式灭火系统。

图 4.32 飞行员弹射时,可以在座椅和飞机之间看到火箭式弹射座椅的尾焰

(6) **座椅发射器**。该伸缩式弹射装置用于空勤人员应急弹射。根据飞机构型不同,可以设计为向上或向下弹出。用于射弹飞行员的发射器有两种,分别如下:

① 药柱式发射器用于老式飞机,在座舱盖抛放之后以足够强大的力量将飞行员和座椅推出飞机。

② 火箭式发射器可以提供逐渐增大的推力,以确保机组成员能够成功弹出,特别是在高度较低的情况下更加有效。火箭式发射器效率更高,用于更先进的高速飞机(图 4.32)。

注：在军用飞机发生严重坠机和完全解体的事件中，前述所有危险部件都有可能四处飞散，遍布于撞地区或坠落路径。

其他应急系统

由于军用飞机经常在极端敌对环境中活动，有的设计有提高空勤生存机率的特殊应急系统。这些系统有的是一般飞机的典型配置，而有的是军机所特有。以下应急系统就是军机所特有的，或是军机上特有的形式：

（1）**应急电源**。在断开飞机电力之前必须给应急电源上好保险。如果没有这样做，而是在给应急电源上保险之前断电了，那么应急电源会自动启动。这些以肼为能源的应急电源会产生有毒尾气，缺少防护的救援人员接触到这种尾气会造成严重疾病或死亡。

（2）**火灾防护/探测系统**。几乎所有军用飞机都用**哈龙**或氮气灭火系统保护发动机。与商用飞机很相似，可以用飞行员座舱内的T形手柄启动这些系统。

哈龙——卤代烷系列灭火剂，通过抑制燃油和氧气之间的化学反应进行灭火。

（3）**应急舱门/舱盖**。这些系统的位置和操作方法随军机型号而定。有的军用飞机在机身上部有应急舱盖。对飞机有所了解对于紧急情况下的顺利操作是很有必要的。而有的军用飞机，如C－5、KC－10、C－9和T－43等，装有类似商业航班上的逃生滑梯。

武器和武器系统

军用飞机会随时携带各种各样的武器和爆炸物。这些军械形式各异，例如：

（1）机枪弹药。

（2）火药筒。

（3）火箭弹和导弹。

（4）重力炸弹。

除非飞机带的是外挂武器，飞机救援消防人员不太可能知道机上是否载有武器。战斗机在美国必须默认是“有武器的”，直至被证实确实没有。

尽管可以将民航飞机上的消防流程挪用到不携带武器的军用飞机上，但是如果飞机带有爆炸物，那么消防流程是有显著差异的。主要精力必须集中到火势的快速压制和军事设备的冷却方面，以保持一个生存环境。如果已被火烧到，武器或爆炸物有可能在45s～5min被引爆，这取决于所涉武器的型号。武器被烧到之前，要竭尽全力消灭并/或控制火势。

下面简要描述了飞机救援消防人员在军用飞机上可能遇到的各种武器。

警　告！

在事件处置或坠机救援中，飞机救援消防车“不得”在战斗机前方行驶或停放。

警　告！

如果不太可能迅速扑灭火灾，就不要试图与涉武器火灾进行对抗。因为可能发生爆炸，所有消防员都应当撤退到至少600m以外。如果救援一直在进行，要持续用水（不是泡沫）进行大量喷洒，直至完成救援。

高爆炸药

虽然高爆炸药(High Explosive,HE)本身不是一种特定类型的武器,但是它不同程度地出现在各种武器中。飞机救援消防人员不得以任何方式扰动爆炸物,要通知军队爆炸物处置(Explosive Ordnance Disposal,EOD)小组到现场。有压缩和松散两种类型明显不同的高爆炸药,暴露在火中时它们的反应方式有所不同。

“压缩式高爆炸药”被压缩进一个可操作的容器中,如炸弹箱。在弹药箱没有打开或裂开的火灾现场,辐射热或直接火烧会通过箱体向炸药传导热量,炸药中的热量积累最终会引起弹药的爆炸或爆燃。在有火和/或高温的地方处理密闭的高爆或低爆炸药时,极有可能发生爆炸。

如果弹药箱是打开或裂开的,任何多余的热量都会引起裸露炸药的燃烧,这种开始燃烧的炸药可能最终导致爆炸或爆燃。燃烧的爆炸物产生各种颜色的火焰,可能是红色的、白中带绿的、黄色的或者几乎任何其他颜色。它们燃烧时一般有很强的像火焰一样的亮光。

“松散式高爆炸药”在制造过程中被加热,变成黏稠的液体,然后倒进弹药箱,在那里慢慢变凉并固化。如果弹药箱没有打开或裂开,这种炸药会以压缩式高爆炸药相同的方式进行反应,但是如果弹药箱上有开口,炸药见火即熔化、流动,遇凉重新固化。一旦炸药重新固化,就会变得对撞击和摩擦极为敏感。在这种重新固化的高爆炸药上驾车或走动会将其引爆。不论涉及到哪种类型的炸药,都要预见到它们飞散到整个军机事故现场的情况。

弹药

战斗机和轰炸机通常有内置航炮,配有弹鼓。这类弹药在火中会起反应或击发。航炮配置在机头段或者战斗机、攻击机的翼根部位。救援人员和消防车都不要将自己置于航炮、导弹或者火箭的发射路线上,应当选取与机头或机尾大致呈45°角的位置,并且这样做也未将自己置于翼下火箭或导弹的前方或后方(图4.33)。

火箭弹和导弹

火箭弹和导弹是自带动力的武器,各种飞机均可携带。火箭弹与导弹之间的最大区别是导弹具有制导控制系统,而火箭弹没有。火箭弹必须瞄准并沿目标方向发射。但是两种武器的爆破能力方面没有差别,二者均可装挂在内置短舱中、翼尖上和外置挂架上。轰炸机还可在内置和外置挂架上携带巡航导弹。当暴露于火中,火箭弹的两端均有危险。

重力炸弹

重力炸弹拥有相当可观的破坏力,它们具有多种形状和规格。目前美国库存最大的一种炸弹是1000kg的MK84。虽然许多重力炸弹看起来很相似,它们却有多种功能。有的装有降落伞弹出装置,有的能分裂并散布更小的“小炸弹”,而有的则携带催泪瓦斯。

如要冷却重力炸弹,水是可以选用的灭火剂。不要用泡沫,因为它隔离了武器限制了散热。如果炸弹被火烧及且不能很快冷却,该区域必须立即清场不少于600m以远。如果有一个被引爆,区域内的其他武器也会爆炸。

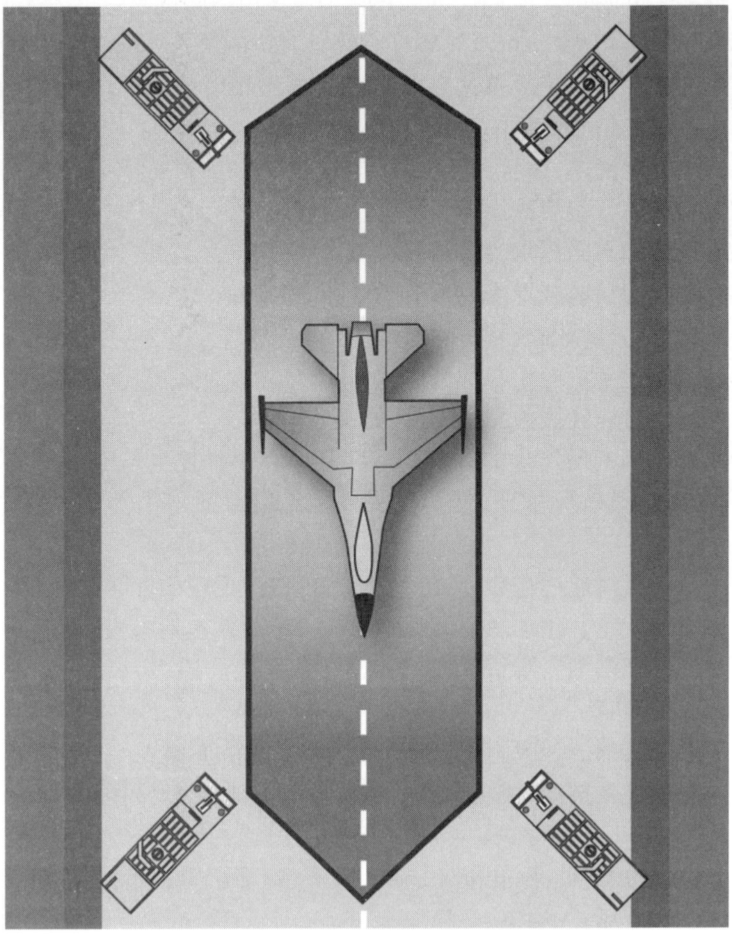

图 4.33　飞机救援消防车应当停放在军用飞机的 45°角位置

警　告!

军用炮弹用电点火,因此坠机现场发现的弹药可能被弹体上积累的静电荷引爆,这种情况不可擅自处置,除非由爆炸物处置人员实施。飞机救援消防响应人员应当及时联系军队的爆炸物处置部门来移走它们。

核武器

核武器可以装到多种不同型号的军机上。机上核武器一般限制在军事机构范围内,飞机通常不会携带这些武器飞行,除非它们是直接飞往作战地区的。因为引爆核反应的机率微乎其微,所以这些武器的根本危险性还是在于它们所含有的高爆炸药。接受过这些系统特殊训练与指导的军事火灾扑救人员负责涉核武器事件的处置。

恐怖事件

机场是人员数量众多的大规模运输系统,这使机场成了恐怖行动的主要目标。这些行动可能涉及"化学、生物、放射/核及爆炸物"(Chemical,

Biological, Radiological/Nuclear and Explosive,CBRNE)等大规模杀伤性武器(Weapons of Mass Destruction,WMD)。机场消防员要进行训练并做好响应该类紧急事件的准备。有很多这方面的训练课程和信息资源。与各种大规模杀伤性武器相关的恐怖事件征兆包括:

(1) 散发出液体、雾状、蒸气或气体的爆炸。

(2) 只破坏了包装或炸弹配套设备的爆炸。

(3) 意外和不同寻常的喷雾剂释放。

(4) 丢弃的喷射装置或说不清的气味。

(5) 没有明显原因或外伤的大批伤亡。

(6) 明确的伤亡模式和常见症状。

(7) 大型目标区域的民众恐慌,如机场等。

核和生物制剂所产生的现象与症状一般在事件发生若干小时至数天后才会出现。《应急响应指导书》可以提供信息以帮助与化学、生物和核制剂相关事件的处置。

化学制剂可以通过在数分钟或数小时内快速显现的症状来判断,也可以简单观察出其征兆。化学制剂的类型及其一般症状包括:

(1) **糜烂型毒剂**。眼睛发红、皮肤刺激、有烧灼感、起水泡、上呼吸道损伤、咳嗽、声音嘶哑。

(2) **血液毒剂**。呼吸困难、头痛、无反应、痉挛、晕迷。

(3) **窒息性毒剂**。对眼睛、鼻子和喉咙产生刺激,呼吸困难、恶心、呕吐,有烧灼感。

(4) **神经性毒剂**。瞳孔缩小、极度头痛、胸部严重透不过气、呼吸急促、流鼻涕、咳嗽、流涎、无反应、痉挛。

现场的飞机救援消防人员应当提供所见情况的详细报告,报告应当包括以下内容:

(1) 观察到的和接到报告的“化学、生物、放射/核及爆炸物”征兆。

(2) 风向、建议的安全接近路线及待命区。

(3) 伤员的数量、伤情、症状及地点。

(4) 控制区边界及指挥所地点。

飞机救援消防人员要执行他们本场的恐怖事件应急响应预案中涵盖的流程。应急响应人员应当运用与危险材料事件中类似的处置流程,响应者要站在上风向和上坡处,离危险区域有一个安全距离。他们还要确立一个边界,以隔离和阻止无关人员进入。对于受沾染或可能受沾染人员的应急洗消也应当落实。关于恐怖事件响应的更多信息可以查阅国际消防保障训练协会的《恐怖袭击应急响应》手册。

本章小结

为了能够安全地开展工作,机场消防员应当接受各种训练,包括个人防护装备及自给式呼吸器、个人安全报警系统以及其他各种个人防护服与工具的分类与使用。他们应当非常熟悉消防站内、响应途中和紧急事件现场的消防员安全知识。飞机救援消防人员应当预见到那些自发赶到事件现场或者在机场警戒的互助消防员的防护需求。

飞机救援消防人员要通晓飞机救援工作的一般危险性及飞机对机场消

防员形成的特殊危险性，包括飞机系统、材料和货物所具有的危险性。飞机救援消防人员要有一些关于军用飞机危险性的工作知识。最后，机场消防员应当能够对恐怖事件进行识别和响应。

复习题

1. 安全管理系统或风险管理程序的目的是什么？（第 109 页）
2. 人员计数系统的重要性是什么？（第 113 页）
3. 火场条件对飞机救援消防人员穿戴的个人防护装备类型有何影响？（第 116～121 页）
4. 飞机货物会带来怎样的危险性？（第 132～139 页）
5. 军用飞机会对飞机救援消防人员造成怎样的特殊危险性？（第 139～147 页）
6. 可能发生的恐怖事件具有哪些征兆？（第 148 页）

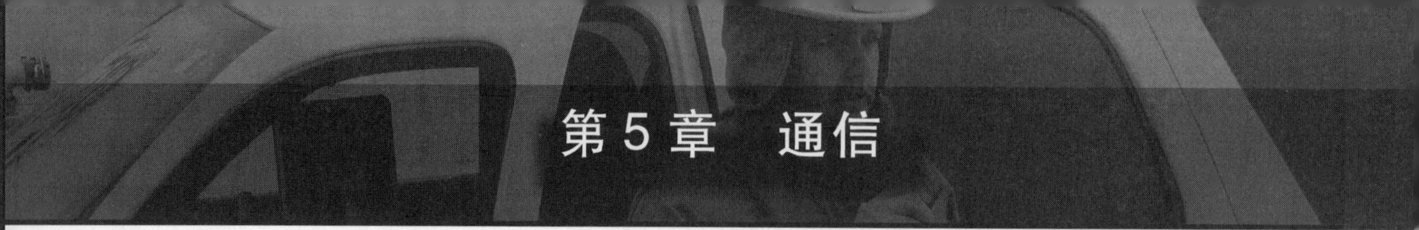

第5章 通信

学习目标

学习完本章,学生要能够:

1. 叙述机场警情的等级。[NFPA1003, 4.2.2, 4.2.3]
2. 解释应急作业中心和移动指挥所的功能。[NFPA1003, 4.2.2, 4.2.3]
3. 认识机场通信系统。[NFPA1003, 4.2.2, 4.2.3]
4. 叙述机场通信流程。[NFPA1003, 4.2.2, 4.2.3]
5. 解释在飞机救援消防通信中所用的灯光与手势信号。[NFPA1003, 4.2.2, 4.2.3]

第 5 章 通信

历史案例

紧急情况下通信畅通很重要。如果能够采用合适的频率让飞机救援消防人员同飞机的机组人员通话，那么紧急事件的结果会大不一样。

曾有一架 MD－80 飞机飞到 7 300m 高空，机组人员遭遇了两三次严重的压气机喘振，同时报告客舱有烟味。为了阻止更严重的破坏并控制发动机，飞行员将一侧发动机的油门减到慢车。然后飞行员声明紧急情况并要求在一个大约 110km 以外的机场着陆。在声明紧急情况之后，飞行员还要求飞机救援消防人员在着陆后立即赶到飞机处。

着陆过程比较顺利，但是机组人员对飞机损伤的程度不太确定。飞行员希望飞机救援消防人员在飞机滑行到出口之前能目视评估一下飞机状况。控制塔台用塔台频率同飞行机组进行通信，而用另一频率同飞机救援消防人员进行通信。通信很快变得复杂起来，塔台管制员在遇险飞机、飞机救援消防车及其他机场车辆之间传递信息很是困难。更为麻烦的是，飞机救援与消防的呼号（“黄鸟”）飞行机组并不熟悉，在飞机救援消防车上也看不到。

经历了糟糕的 3min 通信之后，飞行员要求塔台将频率改成和飞机救援消防车的一样，然后塔台不得不询问飞机救援与消防的事件指挥员他们的车用哪个频率。假如飞行员和飞机救援与消防的事件指挥员使用的是同一个频率，那么飞行员也许最终能对飞机的状况做到心中有数。

发生紧急情况时，飞机救援消防人员要能够与应急**调度员**（也称**话务员**）和空中交通管制员清晰地通信，以定位和赶往事发地点。有些情形下，飞机救援消防指挥员拥有直接与出险飞机空勤机组直接对话的特权。事件处置的成功与否取决于各层级之间清晰而易于理解的通信。清晰传送的指令降低了理解上的误会并有助于最大程度发挥可用资源的作用。清晰的通信可以促进团队合作，降低多台车辆各行其是的可能性，并在各种作业的执行中为事件指挥员提供事件的准确场景。

调度员——在通信中心工作的人员，处理来自公共渠道和应急响应人员的信息。

话务员——在通信中心工作的人员，处理来自公共渠道和应急响应人员的信息。旧称“调度员”，也称为“应急通信技术员”。

每个管理部门都要建立调度与应急现场通信的标准作业流程。这些通信应当与区域内其他机构相互协调。这些流程应当包括明确指定的通信线路、特定的频率及其使用原则。为了达到最佳效果，所有参与机构及其每台车辆应当在日常作业中坚持使用所建立的流程，并且通过定期训练强化这些流程。关于制定和实施飞机救援通信作业流程的建议方法可在联邦航空局咨询通告 150/5210－7《飞机救援消防通信》中找到。

本章介绍关于飞机救援消防通信的有关信息，包括以下内容：

(1) 警情分级。
(2) 应急作业中心(Emergency Operations Center,EOC)/移动指挥所。
(3) 机场通信系统与流程。
(4) 信号。

警情分级

紧急警情的范畴及其名称对于各机场有所不同。联邦航空局使用的短语是“警情Ⅰ——原地待命”“警情Ⅱ——十分紧急”和“警情Ⅲ——飞机事故”。国际民航组织和国家防火协会使用类似于“原地待命警情”“十分紧急警情”和“飞机事故警情”的短语,以便与联邦航空局的警情相对应。每一种警情都与危险和响应的等级息息相关。

(1) **警情Ⅰ(原地待命警情)原地待命**。当确认飞机发生操纵故障时发出警报,该故障暂未严重到影响飞机正常着陆的程度。

① 至少一台飞机救援消防车满员且预先停放到位,确保一旦事故发生立即可用。

② 其余的飞机救援消防车应当保持可用,以供派遣出动。

(2) **警情Ⅱ(十分紧急警情)十分紧急**。当飞机的操纵故障严重到有发生事故的可能时发出警报。

① 所有飞机救援消防车应当满员且预先停放到位,确保一旦事故发生立即可用。

② 要有一台或多台大型的飞机救援消防车可以靠近飞机周围停放,并在最短的时间内开始火灾扑救作业。

(3) **警情Ⅲ(飞机事故警情)飞机事故**。当飞机事故已经在机场内或附近发生时发出警报。

① 飞机救援消防人员应当假定认为尚有幸存者。

② 所有飞机救援消防车应当立即出动。

③ 如果不知道确切位置,飞机救援消防人员应当原地等待,直到获得确切信息。

④ 互助资源应当启用。

注:在第一起飞机紧急事件搞定之前可能又会出现另一起,塔台应当为第二起紧急事件的飞机救援消防人员提供足够多的信息,以便考虑重新分配飞机救援消防资源。

应急作业中心/移动指挥所

飞机救援消防作业的一个关键部分就是通信/调度中心,或是应急作业中心(图5.1)。根据机场大小不同,飞机救援消防部门可以:

(1) 拥有自己的通信中心或应急作业中心。

(2) 与机场其他部门共享一个中心。

(3) 作为当地市政应急保障通信系统的一部分。

一个通信或应急作业中心可以在一个固定地点满足飞机救援消防作业对通信与信息收集的需求。应急作业中心可以在飞机事件或事故中为飞机救援消防作业的事件指挥员提供支持。应急作业中心一般每天 24h 有话务员(调度员)值守,接收来自各种渠道的应急通信,派遣应急车辆和响应人员,传递紧急信息与通信内容。

如果一个飞机救援消防部门拥有不止一个消防站,那么通信中心/应急作业中心可以设在主站那里,同时在其他卫星消防站设置备用设施。通信中心/应急作业中心应当按照这种方式构建,可以让话务员尽量少转移,最大程度减小其工作负担。

飞机救援消防作业的另一个关键部分是移动指挥所(图 5.2)。该车辆可以快速展开,其配置能在飞机事件中为事件指挥员提供支持。根据机场大小和机场需求的不同,移动指挥所在尺寸和复杂程度上可以有所变化。移动指挥所要有足够的通信设备,以同参加应急救援的所有其他部门进行协同。它还应当包括计算设备,可以帮助分析危险材料、天气以及其他与紧急事件相关的数据。

图 5.1　一名调度员(话务员)在机场专用调度中心

图 5.2　飞机救援消防用的移动指挥所示例

替代指挥车

有的机场采用多用途车辆作为其指挥所的载车。这样的替代指挥车包括但不限于救援/指挥车辆和快速机动消防车(Rapid Intervention Vehicle,RIV)。

机场通信系统与流程

话务员、互助组织人员和所有的飞机救援消防人员都要熟悉机场通信常用的短语以及控制塔台人员的通信作业流程。要让互助与支援组织搞清楚机场通信作业流程,在响应紧急事件时努力消除误会。飞机救援消防人员还要熟悉场外机构的通信协议和硬件设施。如果使用了多种类型的无线电系统且互不相容,就要建立、试用并修订相应的通信方案。

机场通信系统(电话、无线电台和计算机)应当为以下部门之间提供通信:

(1) 空中交通管制塔台和机场消防站。

(2) 空中交通管制和参与响应的飞机救援消防人员与车辆。

(3) 机场消防站和参与响应的飞机救援消防人员与车辆。

(4) 飞机救援消防人员和车辆。

（5）场内和场外的辅助人员、保障机构。

在很多机场，执行管理部门（控制塔台、飞行保障工作站、机场管理方、固定基地运营商或者航空公司领导）要与机场消防部门直接通信并且应当能够与支援机构直接通信，如应急医疗保障、机场维修和公安部门等。为飞机救援消防作业服务的机场通信系统包括声音警报、有线电话和无线电台，所有这些都要每天检查。

空中交通管制人员无论采取哪种方法通知飞机事件消防员，通常都要提供如下基本信息。通报方法在机场和机场之间以及和军事机构之间会有所不同。接到信息的消防保障人员要针对如下信息多问一些问题，以充分了解现场情况：

（1）飞机的型号和生产厂家。

（2）航空公司名称和航班号（军用飞机的尾翼号）。

（3）警情等级；消防保障人员可以基于收到的信息选择升级或改变响应等级。

（4）紧急情况。

（5）机上人数。

（6）机上燃油量，通常按吨计，有时也会按剩余飞行小时数计。

（7）报告方所掌握的任何其他有关信息，例如有无危险货物、无法走动的人员、上膛的武器和弹药等。

如果紧急信息是从空中交通管制以外的其他来源得到的，那么飞机救援消防响应也应当按需求进行，还应当告知空中交通管制部门险情的性质和位置，这样进港/出港的飞机也可以得到通知。飞机救援消防部门在响应建筑火灾、医疗救援或汽车事故（Motor Vehicle Accident，MVA）等其他险情时也应当告知空中交通管制部门。

遇险飞机有关的补充信息可以从其他来源获得。这些来源包括但不限于：

（1）航空公司为商业飞行而设置的调度中心或系统作业控制（System Operations Control，SOC）部门。

（2）为军用飞机服务的基地保障或维修作业中心（Maintenance Operations Center，MOC）。

航行通告（Notice to Airmen，NOTAM）

航行通告，一般称作NOTAM，是由机场管理方或空中交通管制人员发布的通告，让航空利益攸关方知晓可能影响机场内正常作业的事项。航行通告说明了跑道、滑行道和基本保障等关于机场作业的重要信息。例如，航行通告会报告有待进一步处理的跑道结构，还会指明日期、时间或者需要等待进一步通知。机场管理方发布航行通告的第一时间消防人员就要知晓并传达其内容。如果消防车及相应保障达不到FAR 139.317部中确定的要求，消防部门人员也必须告知机场管理方，以便及时发布航行通告。

以下各节将讨论飞机救援消防通信的以下方面：

（1）声音警报和有线电话。

(2) 无线电系统。
(3) 计算机。
(4) 航空无线电频率。
(5) 飞行员/飞机救援消防人员的指挥通信。
(6) 正确的无线电/电话通信流程。
(7) 其他通信方法。

声音警报和有线电话

如有险情报告,相应的管理部门会启动声音警报,以警示下列任何或所有人员:

(1) 位于机场上或各种设施内的乘客。
(2) 正规的飞机救援消防人员。
(3) 辅助的飞机救援消防人员。
(4) 重要的支援保障力量,如机场安全部门、当地执法部门、应急医疗提供方,以及其他部门人员。

一般地,可以使用有线电话、扬声器系统、电铃、电喇叭或类似设备及以上设备的组合向机场消防站的飞机救援消防员们报警。在消防站内设有公共广播系统,以便在响应人员离开消防站之前向他们提供有关的紧急信息。如果需要调动机场的辅助消防员或非值勤消防员,可以利用语音启动无线电接收器、手机或者警报/喇叭等在正常噪声水平下容易听到的手段通知他们。

有线通信曾经仅限于在控制塔台和飞机救援消防站之间使用。要尽快向更多资源发出通知,经验表明这很重要,因此有线电话会议网(有时也称作“应急电话网”)在控制塔台和很多应急机构之间建立起来了,包括各航空公司的中转管理部门、医疗运输组织、地区医院以及互助消防部门(图 5.3)等。有线通信也可以设在主消防站和所有卫星消防站之间。

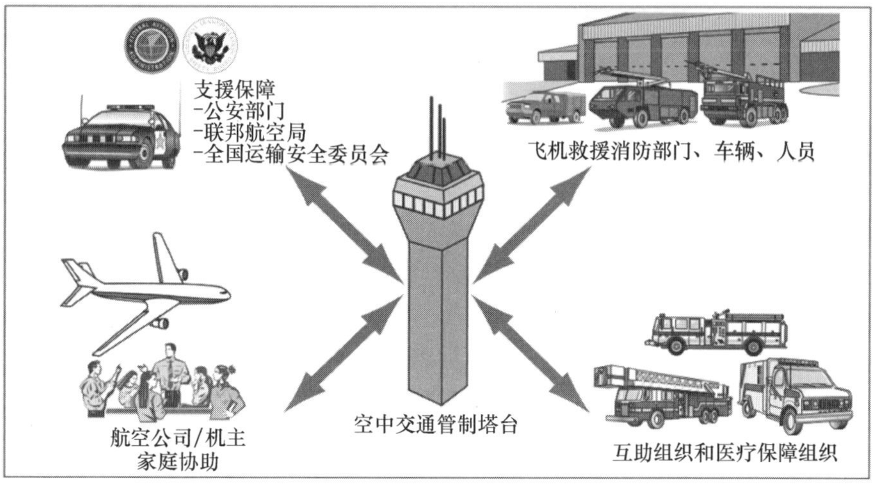

图 5.3 空中交通管制塔台可以和多个应急机构进行有线通信

这样的电话网提供了一种飞机事故/事件通知的主要方式,为了确保其可靠性,这些线路应当定期检查、连续监测,还要提供一种在必要时实施立即维修的办法。这种系统可以同时向各个互助组织发出通知并提出资源需求。有的组织会采用一种单向监听设备,只能接收事件或事故通知,不能进行双向通话。

注:应急电话也可以布置在停机坪上、登机口或者廊桥内。

无线电系统

现场应急作业期间,同工作人员进行通信最为有效的手段是双通道无线电台。该无线电系统应当包括为每个消防站服务的基站、每台所属消防车上的移动电台,以及足够多的飞机救援消防地面作业用的便携式电台。这些电台要有足够多的频道,允许必要的指挥、战术和支援功能在各自的频道上独立运行,而事件指挥员应当能够和其他各频道的部门进行协调作业通信。

注:停机坪和外场的机场工作人员可以配备能够相互之间通信或与空中交通管制部门以及飞机救援消防人员等其他机构通信的无线电台。

尽管每个机构或机构组都指定了专用的无线电频道,可以用于日常和应急通信,所有相关机构还必须有一个或更多通用频道用于互助作业。必须实行严格的无线电规则,以便共享频道能够更顺畅更有效地发挥作用。另外,为了能够收听到当地无线电频道的重要紧急信息,应急机构应当具有多频道扫频能力。

每台飞机救援消防车必须配备双通道无线电系统,该系统可以让飞机救援消防人员同以下人员进行通信:

(1) 其他飞机救援消防以及应急响应人员和车辆。

(2) 空中交通管制塔台。

(3) **公共交通咨询频道**(Common Traffic Advisory Frequency,CTAF)(在空中交通管制不起作用时)。

公共交通咨询频道——在失去空中交通管制时,用于各操作员之间相互进行空中和地面交通协调的机场无线电频道。

(4) 消防站。

(5) 应急作业中心。

机场和飞机救援消防管理部门应当确保消防保障无线电系统遵照执行了联邦通信委员会(Federal Communications Commission,FCC)、公共安全与国土安全局的政策以及主管部门的相关规定。只有经过联邦通信委员会认证的技术人员才有权调试发射设备,包括基站内、移动式和便携式等。

常见通信政策和流程包括但不限于以下内容:

(1) 每24h至少测试一次设备以确保工作正常。

(2) 立即修理或更换有缺陷的部件。

(3) 执行预防式维修程序以确保通信设备连续可用。

(4) 禁止传输错误或误导性信息、使用未经指定的呼号,以及使用下流、淫秽、亵渎性的语言。

(5) 在所有无线电传输中应当使用清晰的文字语言或通用术语,以免产生误会(不要使用专用语、俚语或内部形式的术语,尤其是在多机构共同作业时)。

(6) 使用语音字母表体系进行无线电传输。

(7) 如有可能,请用计算机监视系统做好记录,并采用一字一顿的口语通信方式,以确保作业流程得到执行。

(8) 按照主管部门政策验证和修订联络电话号码以进行紧急联系。

(9) 因飞机救援消防人员掉队或受困之故,可以启用紧急报警按钮。

通信/调度中心负责保证无线电系统的正确操作,此外还要执行一些更为重要的功能,包括:

(1) 尽快清空空域。

(2) 保持空域有序管理。

(3) 决定并发传输的优先次序。

计算机

随着计算机的发展,它们在飞机救援消防领域也有了应用。计算机的类型各式各样,从笔记本电脑到**移动数据终端**(Mobile Data Terminal,MDT)再到**全球定位系统**(Global Positioning System,GPS),不一而足(图 5.4)。计算机可以提供以下信息:

移动数据终端——通过无线电系统与其他计算机进行通信的便携式计算机。

全球定位系统——通过计算从多个卫星到地面同一个 GPS 接收器的信号时间差以在地球表面定位的系统。

(1) 机场布局数据。

(2) 机场建筑火灾预案。

(3) 各种飞机的图表与信息。

(4) 处置危险品险情时所需的信息。

(5) 救援人员向调度中心提供飞机救援消防车的状态与位置的能力。

(6) 在消防车和调度中心之间通过屏幕传递信息。

注:随着计算机技术在硬件和软件方面不断发展,计算机将会作为一种信息工具、通信系统和火灾现场管理系统而不断扩大其应用。

图 5.4 某些飞机救援消防车上配置了计算机数据与通信系统

航空无线电频率

飞机救援消防人员可以使用或收听多个航空专用的无线电频率。无线电频道的具体频率因机场而异。在设有并启用空中交通管制塔台的受控机场,在正常和紧急情况下可以通过地面管制频率获取在飞机飞行场区行车的许可。飞机在滑行道和停机坪周边活动时也使用地面管制频率。在没有地面管制无线电通信的非受控机场,应由主管部门建立标准作业流程,用于说明该机场上车辆和飞机的运行流程。

注:标准作业流程中建立的路线和方式应当对跑道上或不同机场区域内理想的地面交通流进行说明。设计这些路线可以让飞机在所有可能的情况下都能远离高危险和车流密集区。

另一重要频率(或频率组合)是分配给本场或空中交通管制塔台使用的。拥有多个跑道的机场要有若干塔台频率,保证每个跑道都有自己的频率。当飞机进入机场管辖时,就要转至该频率,通常在距机场约 10km 时即开始了。飞机保持在这个频率直到从跑道拐入滑行道为止,然后它们会转换到地面管制频率。

在空中险情处置过程中,消防员如果无法收听到地面管制指令,那么他们就要收听本场控制塔台的频率,并听取飞行员和控制塔台人员之间的对话。参加响应的消防员经常能听到对他们来说重要且利益攸关的信息。控制塔台人员通常以地面管制频率重复播报或传递经过节选的这类信息。

注:如果飞机离机场超过 8km,飞行机组很可能在和空中交通管制中心而不是控制塔台通话。

飞行服务站——向飞机提供航空信息和相关航空支援保障的机构,也能为指定的非受控机场提供机场和车辆咨询服务。

目视飞行规则——由飞行员自行负责导航、与其他物体保持空中距离,并完成其他飞行职能的飞行规则,区别于空中交通管制。

自动航站信息服务——使用无线电频率为某个机场持续自动发布信息,其报告中的典型信息包括天气状况、可用的跑道、在用的进近航道,以及其他有关信息。

在没有现用塔台或机场飞航咨询服务的机场,可由**飞行服务站**(Flight Service Station,FSS)管理无线电频率。飞行服务站可以提供航线期间通信、**目视飞行规则**(Visual Flight Rules,VFR)搜索和救援服务,为迷航飞机和出现紧急情况的飞机提供帮助,交接空中交通管制的放行许可,并广播航空信息和机场飞航咨询。该频率仅在正常工作时段可用。

环球联合通信系统(Unified Communication,UNICOM)是一个私有的非官方频率,可以提供多种保障的信息和途径,在通用航空的机场比较常见。机场工作人员或各种机场承包商有时也会收听该系统。飞行员可以使用环球联合通信系统声明遇险。

公共交通咨询频道在没有空中交通管制塔台的机场或者塔台关闭时使用。用于该目的的频道可以是环球联合通信系统或是某个塔台频率。飞行员使用该频道通报其位置、飞行活动意向(起飞或着陆)或者地面作业(滑行路线)等。车辆操作手,例如飞机救援消防人员,声明他们要进行的地面作业,例如要去哪里或正在做什么。

自动航站信息服务(Automated Terminal Information Service,ATIS)(又称自动航站情报服务。——译者注)是一个对天气和机场信息进行持续无线电广播的频率,它对在用跑道、滑行道关闭和航行通告信息进行确认。

消防员在赶赴现场和在飞机飞行场区作业时,应当持续收听合适的航空频率。如果消防员必须使用地面管制频率进行通信,他们要播报以下信息:

(1)被呼叫单位的名称——“机场名称,地面”。

(2)车辆确认,如“飞机救援消防车1号”。

(3)消防员的位置。

(4)请求到达目标区域的许可。

(5)拟用行车路线(可选)。

如果没有提出路线请求,地面管制人员会给其指定一条。即便是请求了路线,也会因飞机活动或其他原因而更改。飞机救援消防人员在行动之前要重复一次塔台的指令,如有必要就立即询问清楚,不得迟疑。如果地面管制人员提示注意前进区域有飞机通行或危险情况,消防员要明白飞机或险情会马上出现,飞机救援消防车只有在接到确切的许可后才能继续前进,获准进入飞机飞行场区后,救援人员也要将此告知地面管制人员。

注:由于前来救援的互助/自动支援工作队没有配备必要的无线电通信设备或者有可能对机场不熟悉,这些队伍应当由熟悉机场布局的合适人员陪同抵达事发现场。

飞行员/飞机救援消防人员的指挥通信

通过飞机舱内人员和飞机救援消防事件指挥员之间的离散应急频率(Discrete Emergency Frequency,DEF),先进的通信技术可以为进港出险飞机上的飞行操作负责人提供和飞机救援消防事件指挥员直接通话的方便。飞行机组可以向飞机救援消防事件指挥员提供信息,如机上人数、剩余油量,以及可能已带上飞机的危险材料等。考虑到空乘在飞机出险时工作繁重,应当由飞行员首先发起通信。

飞行员/飞机救援消防事件指挥员之间的通信可以让指挥员向飞行员提供包括飞机目视条件、飞机救援消防设备的状态以及与险情相关细节在内的信息。飞机救援消防事件指挥员可以就飞机外部的环境条件为飞行操作人员提出建议，以便他们做出乘客撤离的关键决策。要始终牢记，飞行员是要对飞机及其乘客负最终责任的。飞机救援消防事件指挥员必须记住，只需向飞行机组提供飞机所处的环境条件，而不要发送逃生指令，除非有特别要求。

注：事件指挥员应当通过通信向飞行员清晰地通报指挥员的呼号以及指挥员和飞机救援消防车在哪里。例如，“飞机救援消防指挥将设在A滑行道”。

关于实施飞行员/飞机救援消防之间通信流程的指导意见可以参阅FAA AC 150/5210－7《飞机救援消防通信》。在事先制定计划时，所有各方均应参与讨论飞行员/飞机救援消防之间通信的指导原则。

飞机救援消防人员及其他人员同飞行机组人员进行通信时可以使用的一个备用系统就是飞行内话系统。航空公司的维护、修理、停机坪和牵引等人员在日常工作中使用该系统与机内人员进行通信。有的消防部门在紧急情况下也用它与飞行员通话。可以把特制头盔的插头插入内话插孔处，通常位于驾驶舱、地面电源接口或前起落架的附近（图5.5）。在预先准备时，飞机救援消防人员应当检查这些飞行内话接口的位置，并检查飞机救援消防车上头盔的匹配性。

图5.5　机场消防员使用飞机内话和空勤机组进行通信

飞机救援消防人员可以使用一套或两套系统同机上人员进行通信。在第一套系统中，飞行连接仅支持同驾驶舱及飞行员进行通信；在第二套系统中，飞行内话连接可以支持同驾驶舱及以下各部位进行通信：

（1）各舱室（空调、附件、货舱）。

（2）机轮舱。

（3）尾翼登临区。

（4）加油与辅助电源面板。

（5）机上其他区域。

正确的无线电/电话通信流程

飞机救援消防人员在与其他单位通话时应当按照部门的规定和流程进行。为了能够正确使用无线电/电话系统实现清晰通信，避免复读信息，救援人员应当看一看下面的指导原则：

（1）直接对着麦克风讲话，保持45°角，离嘴不超过40mm。

（2）清晰、平静并口齿清楚地讲话。

（3）注意每个词语的发音，但是要以正常的语句而不是逐个词地表达你的意思。

（4）用正常交谈的语气和适中的语速。

（5）用你在正常交谈中可以做到的最大音量讲话。如有环境噪声干扰，就再大点声，但不要叫喊。

（6）尽量采用降调发音，因为降调语音比升调传递效果好。

（7）室外作业时要遮住麦克风以免风吹。

其他通信方法

在紧急情况下，如果正常的通信设备无效或不匹配，就要派通信员在各响应单位之间传递信息。扩音器可以用于在飞机机组和飞机救援消防人员之间协同行动，给予飞机乘员撤离指引。手机是在指挥车、响应出动的飞机救援消防车和救护车之间进行通信的另一手段。

国际民航组织语音字母表

当大气或其他条件使得无线电传输效果听不清时，标准做法是拼写出关键性的信息，用字母表的一个个字母取代某些标准词语，经常用于表示飞机识别号或建筑编号及位置。该做法降低了某些读音相似的字母产生混淆的可能性。国际民航组织制定的语音字母表专门用于这方面。并且，为了让无线电信息简单化、清晰化，同时保持简短，还制定了由单词和短语构成的专用词汇表。无线电台作业人员在必要时应当使用语音字母表和该词汇表，以确保信息得到正确理解。

下面所列的是字母表中的字母及其相应的发音：

A——Alpha (al - fah)
B——Bravo (brah - voh)
C——Charlie (char - lee or shar - lee)
D——Delta (dell - tah)
E——Echo (eck - oh)
F——Foxtrot (foks - trot)
G——Golf (golf)
H——Hotel (hoh - tel)
I——India (in - dee - ah)
J——Juliett (jew - lee - ett)
K——Kilo (key - loh)
L——Lima (lee - mah)
M——Mike (mike)
N——November (no - vem - ber)
O——Oscar (oss - cah)
P——Papa (pah - pah)
Q——Quebec (kwee - beck)
R——Romeo (rom - me - oh)
S——Sierra (see - air - rah)
T——Tango (tang - go)
U——Uniform (you - nee - form or oo - nee - form)
V——Victor (vik - tor)
W——Whiskey (wiss - key)
X——X - ray (ecks - ray)
Y——Yankee (yang - key)
Z——Zulu (zoo - loo)

1——Wun
2——Too
3——Tree
4——Fow - er
5——Five
6——Sicks
7——Sev - en
8——Ait
9——Nin - er
0——Zero

词汇示例

机场调度员及飞机救援消防人员使用很多机场内专用的通信单词或短语，为了让无线电通信更有效，救援人员要对这些词汇及其含义做到烂熟于心。

下面仅是这些单词和短语的一小部分，机场环境下使用的其他单词和短语读者可以查阅**附录 G** 和**术语表**：

Air Traffic Control(ATC)——空中交通管制。由正规的职能部门实施的保障，确保航空交通能够安全、有序、通畅的运行。

Base Leg——基线边。位于进近端以远并与着陆跑道成直角的飞行路径。

Base to Final——基线边至最后进近(我国称为“四转弯”。——译者注)。转弯进入最后进近位置。

Blind (dead) Spot——盲点。无法收听到无线电信号的区域；也可指在控制塔台上无法观察到的机场部位。

Downwind Leg——下风边。与着陆方向相反并与着陆跑道平行的飞行路径。

ETA——预计到达时间。预计到达目的机场的时间。

Final Approach——最后进近。着陆航线的一部分，在该阶段飞机与跑道成一线，对准陆地方向。

Flameout——熄火。涡喷发动机中的燃烧意外停止，可导致发动机推力丧失。

Fuel on Board——停机油量。飞机上剩余的燃油量，按磅计(每加仑约合 6 ~7 磅(0.7 ~0.8kg/L))(我国按吨计。——译者注)。

Gear Down——起落架放下。起落架处于放下并上锁的位置(飞行员座舱内绿灯亮)。

Go Around——复飞。当不能完成目视进近着陆时由飞行员实施的空中机动。

Hold Your Position——保持原位。“停止前进！待在你当前位置。”

Hung Gear——起落架放不下。飞机有一个或多个起落架不能放下并上锁(飞行员座舱内没有绿灯指示)。

Jet Blast——喷气尾流。因发动机运转而在飞机后面形成的风和/或热气流。

Low Approach——低空进近。在机场跑道或直升机降落场上方进近，飞行员故意不与道面实际接触。

Make a 90, 180, or 360 (Degree Turn)——做 90°、180°或 360°(转弯)。由控制塔台向飞机正常发出的指令，指明飞行员要完成的转弯度数；也经常被控制塔台用于指引地面车辆。

Minimum Fuel——最小油量。表示一架飞机的油量已经下降到难以接受或不可拖延的程度，急需着陆。

Missed Approach——进近逃逸。当无法通过仪表进近实现着陆时由飞行员实施的空中机动。

Overhead Approach(360 Overhead)——上空进近(全向)。军用飞机在着陆之前为了进入机场的起落航线所执行的一系列标准机动动作(一般要保持队形)。(我国称为“通场”。——译者注)。

Prop or Rotor Wash——螺旋桨或旋翼洗流。发动机运转时在飞机后方或周围产生的气流。

Wind Direction and Velocity——风向与风速。约进到10°来标识风向,以节(kn)为单位来标识风速。报告“风330,10”的意思是风从330°方向(自正北方逆时针30°)以10kn(5.36m/s)的速度吹来。

信号

当无法进行无线电通信或者不可能听到语音通信时,飞机救援消防人员还可以使用多种其他信号,下面就来介绍这些情况下的各种信号。

灯光信号

无线电仅仅是交通管制通信手段中的一种,飞机飞行场区的其他交通管制手段还可以利用灯光信号。塔台管制员可以使用灯光枪向车辆或飞机投出一道有色光柱(图5.6)。在飞机飞行场区驾驶车辆之前,车辆操作员应当牢记灯光枪的信号及其含义,如图5.7所示和**附录E**“地面车辆用机场标志和标记”中所述。以下是对信号灯的简要描述:

(1) 持续绿色灯光表示许可穿越、前进或通行。

(2) 持续红色灯光表示停下。

(3) 闪烁红色灯光表示需要清空滑行道/跑道。

(4) 闪烁白色灯光表示回到场内出发点。

(5) 红绿交替灯光表示保持高度警惕。

图5.6 空中交通管制员使用灯光枪向参加响应的飞机救援消防车发送信号

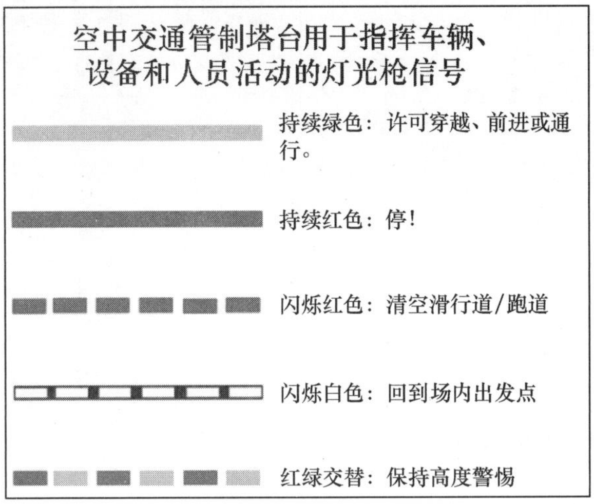

图 5.7　空中交通管制塔台的常用灯光枪信号

手势信号

由于坠机现场一般非常嘈杂，为了能在救援人员之间进行现场沟通，机场消防部门制定了一套手势信号，这些信号曾经在灭火作业时作为沟通手段得到重用。还引入了一些新的信号，使飞机救援消防人员可以在紧急情况下同机上的空勤机组以及航空公司或停机坪上的其他人员进行沟通（图 5.8）。这些信号的设计可以向机组提供关于撤离作业的建议。即使便携式语音启动收发器先进到可以让飞机救援人员在帽子或头盔里面进行无线电通信，救援人员也应当具备一些手势信号方面的基本知识以备无线电通信故障的不时之需。

各机场消防部门有必要补充制定一些手势信号，以与他们特定的作业流程和/或消防车辆相适应。例如，有的部门用一根向上的手指表示要求仅用消防炮打水，两根手指表示要求喷射泡沫。最为重要的是消防部门所有飞机救援消防人员都要知道并理解他们部门采用的所有信号。这些知识只有通过反复训练和经常使用才能掌握。

飞机事故作业用到的信号举例

（1）退出或撤离。所有声音设备鸣响（喇叭、警报器等）并保持较长时间（1～2min）。

（2）消防车灭火剂即将用尽。闪烁前大灯并鸣笛。

（3）打开或关闭水带。以手用力拍打所要求的喷枪枪管。

（4）更换水带喷枪/射流模式。手腕靠拢，击掌。

（5）携水带前进。拍肩。

（6）携水带后撤。用力揪上衣的后摆，或者将手置于胸前，连续做前推动作。

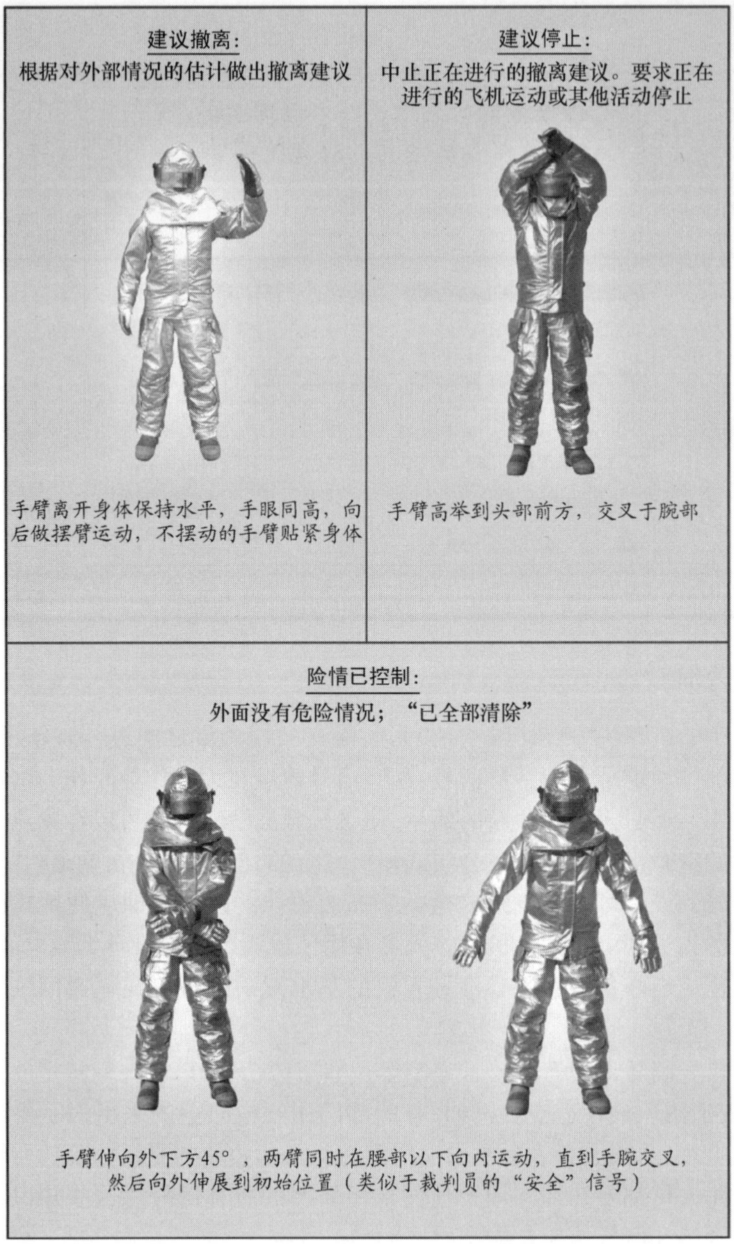

图 5.8　飞机救援消防相关的常见应急手势信号示例

本章小结

通信在任何紧急情况的处置中都是至关重要的，对于飞机的应急救援也是一样。机场消防员必须经过完整训练，熟练掌握他们所在机场使用的通信系统及流程。

本章强调了机场管理方或空中交通管制人员所发布“航行通告”的重要性，还讨论了那些用于向飞机救援消防人员就飞机险情或事故进行报警的声音警报和有线电话的类型与功能，以及在应急响应中用于通信的常用无线电系统和航空频率。在飞行员和飞机救援消防指挥员之间保持通信联络的好处也有所介绍。本章还概述了机场消防员使用的无线电和电话通信正确流程，以确保其通信可以得到准确理解。

机场消防员要心中明白，计算机越来越多地用于传输与飞机事故相关的重要信息,这方面的一些应用在本章也有介绍。由于飞机救援消防作业极为嘈杂,诸如灯光、声音和手势等其他形式的通信手段在事故中向飞机救援消防人员传达指示和命令时是很有用的,本章介绍了多种这样的手段。

复习题

1. 机场警情的三种等级分别是什么?(第 152 页)
2. 应急作业中心的功能是什么?(第 152 ~ 153 页)
3. 飞机救援消防人员都使用哪些形式的通信?(第 154 ~ 162 页)
4. 飞机救援消防人员在用无线电或电话通信时要遵循什么流程?(第 159 页)
5. 飞机救援消防人员为什么要用手势信号进行现场通信?(第 163 页)

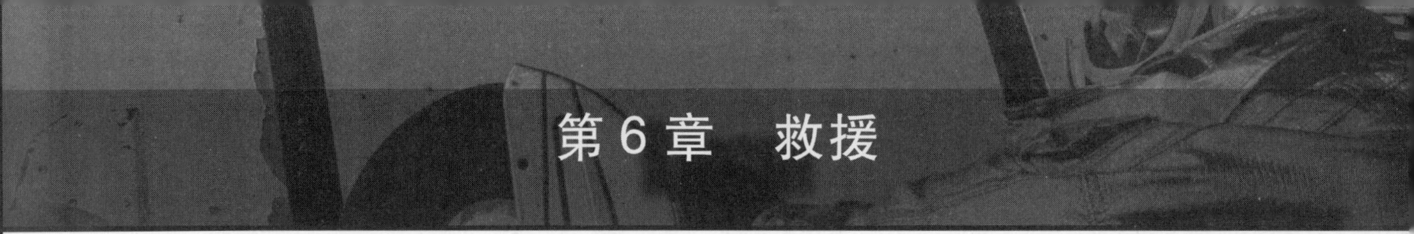

第6章　救援

学习目标

学习完本章，学生要能够：

1. 知道飞机消防与救援中所用救援工具与设备的安全注意事项。[NFPA1003，4.3.7，4.4.1，4.4.2]
2. 认识飞机消防与救援中使用的救援工具与设备。[NFPA1003，4.3.7，4.4.1，4.4.2]
3. 叙述在各种环境条件下实施飞机消防与救援的流程。[NFPA1003，4.3.2，4.4.2]
4. 叙述飞机消防与救援作业的战术。[NFPA1003，4.4.2]
5. 知道进入飞机内部的流程。[NFPA1003，4.1.1.3，4.1.1.4，4.3.4，4.3.7，4.4.1]
6. 解释保险并停机的方法。[NFPA1003，4.1.1.4，4.3.5，4.4.1]
7. 叙述在飞机消防与救援响应中遇险人员营救包括哪几部分。[NFPA1003，4.4.2，4.4.3]
8. 如何使用织带、绳索、铁链或者紧线器（钢索绞盘）稳定飞机。[NFPA1003，4.4.1，4.4.2；技能页6－1]
9. 展开航空舷梯装置（飞机客梯车）。[NFPA1003，4.4.1；技能页6－2]
10. 打开飞机舱门和舱盖。[NFPA1003，4.3.7；技能页6－3]
11. 在飞机蒙皮上切开一个入口（用动力锯）。[NFPA1003，4.4.1，4.4.2；技能页6－4]
12. 使用液压工具（剪切器和/或扩张器）在飞机侧面开一个洞。[NFPA1003，4.4.1，4.4.2；技能页6－5]
13. 就飞机保险和停机进行操作。[NFPA1003，4.4.1，4.4.2；技能页6－6]
14. 描述一下在自行逃生之后对飞机进行初步搜索的流程。[NFPA1003，4.4.2；技能页6－7]
15. 使用液压设备从飞机上移走座椅。[NFPA1003，4.4.1，4.4.2；技能页6－8]

第6章 救援

历史案例

2007年9月30日,一架Beech F33A飞机正在本场做进近练习时发动机失去动力。飞机飞在一片树林上空,只有树顶那么高,飞行员决定在两棵树之间降落,以便让它们吸收大部分的冲击力。飞机插入树顶区约24m后开始停下。树林位于一片沼泽地带,云梯消防车和其他特种消防车无法驶入。首批响应人员不得不爬树,结成绳索系统以使飞机稳固,然后用第二个绳索系统让机上乘员下来。

2011年4月11日,一架Piper PA31飞机着陆后不久撞毁在滑行道上。冲击和随后的大火使飞机大部严重损坏,几乎整个机身都遭到破坏。救援人员使用手动和动力工具救出了飞行员。

2012年4月6日,一架海军的F-18D飞机起飞后双发停车,飞机坠入附近的一片公寓。尽管两名机组成员在临撞地之前从飞机上安全弹射,飞机还是撞倒了几栋公寓建筑并对其他楼宇造成损坏,由于撞击严重,有几处出现不同程度的坍塌。

这些事件表明,机场消防部门未必对所有情形的飞机乘员都能营救。对于这些情形,可能需要专业队伍和装备,这些一般情况下不隶属于飞机救援消防部门。

飞机制造商不断致力于改进飞机的防撞性和提高乘员生还率。设计上的改进包括:

(1)更好的应急逃生路线标志。

(2)改进乘客约束系统。

(3)降低飞机客舱内饰的可燃性。

(4)改进应急逃生出口。

(5)对飞行机组增加训练。

即使有了提高生还率的措施,救人仍然是飞机火灾扑救中的关键一环。飞机救援消防人员可能需要进入失事飞机内部营救被困人员,飞机消防员在执行救援作业时使用工具和设备可能需要一定的知识、技能和能力。

用于飞机事故/事件救援的工具与设备同建筑火灾中所用的工具与设备有一定的不同。但是,有些常规工具如强力破拆进入的工具在大多数情况下对于飞机救援来说也是可以接受的。除了本章提到的工具与设备,还有很多其他工具(如电缆切割器、起钉锤、钢锯、铁铲、开门器等)在建筑和机场的救援与消防中有相似应用。

美国联邦航空局、国家防火协会和国际民航组织都推荐了飞机救援消防车上应携带的工具与设备。鉴于飞机救援消防车上空间狭小、载重受限,这些组织只确定了飞机救援消防部门所属每台车至少应携带的工具与设备(表6.1)。飞机救援消防员要熟悉他们单位所用的工具,要考虑指定一台救援车辆携带特种救援设备。

救援训练应当成为他们部门主要的一项训练内容。救护生还者的技术因多种因素而有所不同。这些因素包括但不限于以下种类:

(1)飞机型号和结构材料。

(2)事件或事故的类型。

(3)飞机损伤程度。

(4)可用的工具与设备类型。

(5)气象条件。

(6)生还者的数量与位置。

表6.1 飞机救援消防车上通常携带的工具与设备

载重和空间的局限性限制了飞机救援消防车上可携带工具与设备的数量。下列是飞机救援消防车上通常所携带的工具与设备。每件工具或每部设备准确的型号、外观、数量和规格则根据机场主管部门的要求而有所区别。

螺栓/电缆切割器	液压/气动强力/切割工具	铁铲
应急斧	手动工具组合*	大锤
干粉灭火器	钩杆	活动扳手
检修口盖左氏快速紧固工具	便携式交/直流发电机	斯托克斯篮子**
电动卷绕带轴电缆	便携式泛光灯	多用绳索
应急医疗工具包	救援专用动力锯	通风扇
安全手电筒/便携灯	撬具	轮挡
落地梯子	座椅安全带/紧固绳切割器	木质或橡胶塞
消火栓扳手	自给式呼吸器	—

*通常的手动工具包括但不限于:老虎钳、螺丝刀、錾子、钢锯、金属剪、圆头斧锤及活动扳手等。

**一种篮形担架,用于在丛林等复杂地形救援。——译者注

本章提供以下相关信息:

(1)救援工具与设备的安全。

(2)救援工具与设备。

(3)救援作业。

(4)救援战术。

(5)进入飞机内部的流程。

(6)飞机停机与保险。

(7)营救遇险人员。

救援工具与设备的安全

很多救援工具与设备可用于多种救援情形,因而为大家所熟知并广泛应用。有不少工具与设备是为飞机救援特别设计的,非常专业。

飞机救援工具包括手动工具和动力工具(图6.1)。根据其使用方式可以分为:切割、撬、推/拉、穿刺和敲击五类。一件救援工具可能同时属于多个种类,有很多手动工具既可以用于撬和扩,也可以用于切割、敲击,甚至是开锁破门的工作。这些工具经常被称为“多用”或“通用”工具。有的工具可以与其他工具组合使用。

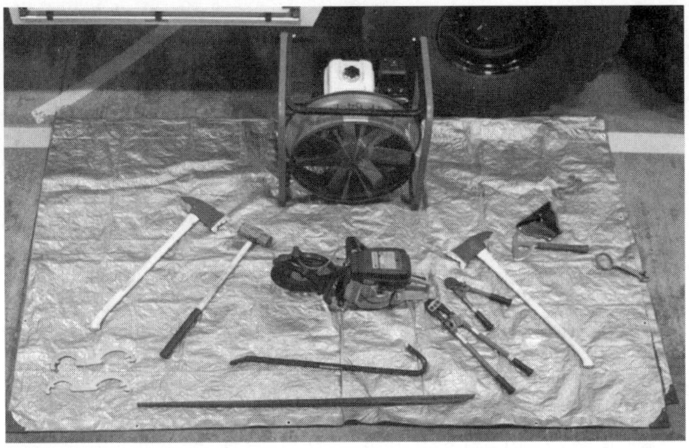

图 6.1　飞机救援消防车上携带的常见手动和动力工具示例

有时候，在执行飞机救援工作时使用动力工具（如电动、液压）比手动工具更容易些，因为这些工具有着巨大的机械力优势。有些动力工具可以产生超过 140 000 kPa 的机械能力。在另外一些情况下，由于可达性和活动空间受限，需要用到小型的手动工具。

下面介绍使用救援工具与设备的安全注意事项、易燃气体环境的危险性，以及飞机稳定性。

使用安全

飞机救援消防人员在执行飞机救援作业过程中操作救援工具与设备要特别注意避免受伤。作业区内的人数应当限制在完成任务所需的最少数量。所有处于危险地带的人员应当穿戴全套防护服，包括眼、手的防护，以及自给式呼吸器（图 6.2）。救援人员还应当戴上听力保护装置，因为救援工具作业时通常很吵。救援人员使用工具与设备时要保持一个自然舒服的体位，脚下站稳。鉴于救援工具作业的危险性质，要保持控制层级扁平化（从工人至主管/安全官员），并且救援小组应当尽力协调行动，避免互相掣肘、影响作业。安全应当始终是第一位的。

图 6.2　飞机救援消防人员在灭火与救援作业中应当正确穿戴防护服和自给式呼吸器

要始终遵守厂家的建议和作业指南。工具应当仅以设计的方式使用，如果超出了设计的使用极限和用途，那么就可能发生工具失效，或者伤及使用者。

负责救援与疏散作业的官员应当互相保持联络，不断重新评估和更新作业方案。飞机一端的活动经常会对另一端的情况产生不利影响。

易燃气体环境

消防员选择飞机事故中使用的工具与设备时，要考虑到事件现场存在易燃气体的可能性。飞机坠落的力量常常伤及燃油系统，产生易燃气体。飞机救援消防人员应当认真考虑这一点，保持谨慎，避免流淌出来的易燃物发生"闪燃"或着火。例如，在切割作业过程中，锯片接触到钢索、铆钉或其他类似材料时会产生火花，可能引起火灾。在任何切割作业期间，飞机救援消防人员都要手持充实的水枪在旁边待命(图6.3)。

图6.3　在切割作业中，机场消防员和充实的水枪应当在旁边待命，以防火灾发生

飞机事件现场必须确保安全才能使用工具与设备。工具的作用区域应当用易燃气体探测仪和温度计连续监控，以防易燃油气浓度和/或温度过高。燃油泄漏必须及时发现、制止或控制。泄漏可以用各种材料或技术来堵塞或修补。泄漏的燃油可以收集装入便携式容器，或者就地围挡。淌出来的可以用土或其他吸收材料拦截，但是用土并不能完全抑制住燃油蒸气。流淌燃油应当用泡沫层覆盖——然后不断补充——也可以用土或其他吸收材料。

飞机救援消防工作组成员应当关闭驾驶舱内的机载电源并断开蓄电池，以消除这些显而易见的点火源。跑道或滑行道灯，如果在飞机冲击下遭到破坏，也应当关闭。

警　告!

飞机救援消防人员进入易燃气体环境中应当使用易燃气体探测仪。

飞机稳定性

消防员在进入飞机之前要时刻注意飞机的稳定性。除非固定牢靠，否则飞机会移动、打滑或滚动——困住甚至有可能伤及乘员和救援人员，引起更多燃油泄漏。飞机的结构状况必须持续进行监视。救援人员在停放消防车时还必须考虑飞机的结构完整性，一旦飞机发生滑移，它可能会撞到或阻挡停放不当的消防车。由于以上这些原因，救援人员必须携带合适的固定工具和设备到达紧急现场。

很多工具、设备和材料都可以用于稳定飞机：叠木支撑、气囊、大木块和千斤顶可以用于阻止飞机滚动、滑动、扭转、坍塌或移动，泥土可以堆起顶住机身，重型设备可以紧靠机身停放。飞机救援人员可以在飞机救援与消防作业中用绳索、织带、钢索和铁链将小型飞机固定在地面锚固点上或将大块残骸固定在大型飞机上。另外，圆木、液压顶杆和梯子等支撑物可以用来支撑飞机段，防止坍塌。

注　意

使用重型设备稳定飞机时，车辆点火钥匙应当拔下交给事件指挥员，以防车辆发生意外移动。

飞机救援消防人员的训练

飞机救援消防人员使用救援设备必须接受带教训练。实操时，训练应当在真飞机上进行，好让消防员掌握这些工具设备的功能和限制。汽车救生中用到的很多技术，在飞机环境中未必奏效，只能通过训练和实际经验才能掌握。在没有飞机可用于救援训练的情况下，可以用大巴车练习本章后面将要讨论的技术。

救援工具与设备

有很多通用工具与设备可以用于飞机救援消防作业。通常在建筑救援与消防方面使用的大多数常规工具与设备也可以用来实现飞机救援与消防的功能。要准备好一系列常规和专用的工具与设备来完成飞机救援消防任务。这些工具与设备可用于完成各种任务，例如，割断座椅安全带或救生衣，在犬牙交错的逃生出口处提供保护，或是封堵泄漏燃油或滑油管路。飞机救援消防人员应当提前做好计划，以便准备合适的工具与设备，采取及时有效的方式进行强力破拆与救援作业。下面几节将要讨论常用工具及其主要或最为常见的用法。

设备/工具集中存放区

工具与设备应当放置在消防车上,可以在救援作业中方便取用。在现场,工具应当保持秩序井然、便于取用。为了有效地管理设备与工具资源,应当在邻近飞机且尽可能安全的某个区域建立一个工具集中存放区。例如,如果飞机救援消防车要回消防站补充水与灭火剂,那么车上携带的液压救援工具与设备就要从车上卸下来,放置在工具集中存放区。

防水布或救援篷布应当铺在地上,然后将设备与工具放在上面。救援人员应当从消防车上卸下必要的工具与设备,放在工具集中存放区。但是有时候可能这样做不太可行,那么救援人员就要做好准备带设备上飞机。

工具集中存放区要管理起来,根据工具的用途与功能排布。例如,斧子、救援切割锯、液压工具、气镐、气囊以及手动工具等。为了能给救援人员及时提供合适的工具,要有足够的飞机救援消防员分配到工具集中存放区。分配到该区的人员还要负责保障这些工具,包括为它们加油或充电、更换锯片或者其他保养任务。工具集中存放区的人员要确保救援人员不会在找一件特定的配件、设备或工具上无谓地浪费时间。

手动工具

手动工具一般可以定义为依靠人力将能量直接传递到工作端的工具。以下是这些工具的部分实例及其在飞机救援消防中的通常用法:

左氏锁扣——头部带有开槽的半周旋转锁扣的商用名。该锁扣用于发动机罩、盖板和飞机各处的检修口盖上。

(1) **左氏锁扣起子**。类似于螺丝起子,设计用于紧固或卸下**左氏锁扣**(图6.4)(我国称为包皮解刀,用于打开和拧紧快卸口盖、发动机包皮上的快卸螺钉。——译者注)

(2) **螺丝起子**。用于打开用左氏和其他螺纹类锁扣固定的检修口盖。在拉出平齐安装操作杆上的手柄时或执行其他任务时会很有用。

(3) **钩杆**。用于推和拉的操作,例如,使货运飞机上的舱门保持开启。可以是常规或专用的坠机顶杆。

(4) **斧子**。在强力破拆时用来打孔并插入液压扩张器的尖头。在大多数商用飞机上都需要用斧子开孔。尽管斧子的形式多种多样,但至少要有一个锯齿边和绝缘柄(图6.5)。

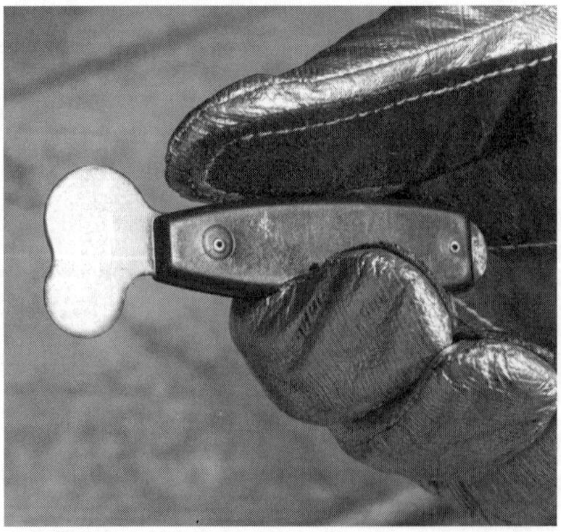

图6.4　左氏锁扣起子示例

图6.5　坠机救援专用斧示例

（5）**多用途强力破拆与救援工具**。用于破拆门和窗，撬开和扭弯搭扣和锁具，轻度翻修，钣金切割和敲打（图 6.6）。

（6）**大锤**。协助将撬具插到位，用以打开舱门或口盖；随着驾驶舱安全性越来越高，可能需要用于协助破拆很多新型舱门。

（7）**金属切割锯（弓形锯）**。用来切割飞机上的金属。

（8）**各种撬具**。标准撬棍、起钉锤、哈利根铁铤（一端是爪，另一端是双尾撬的铁铤。——译者注）及一些其他类型的撬棍，用来对物体起到杠、弯和撬的作用，还可以用来强力打开轻型结构无内压飞机上的舱门和口盖。

（9）**索具切割刀（V 形刃口）**。用来切断座椅安全带、降落伞绳和织带（图 6.7）。

（10）**钢索切割器**。主要用于切断钢索、细水带和金属管道。

（11）**上锁工具**。用于断开燃气发生器导管，使弹射座椅处于安全状态，让救援人员能在其旁边安全工作（图 6.8）。

（12）**剪线钳与克丝钳**。在飞机救援中很有用，至少要有一件可以剪断直径 9.5mm 强化钢筋的钳子。

（13）**弹道回收降落伞绳割刀**。用于割断弹道回收降落伞系统上的绳子。

（14）**吊钩和吊索**。用来挂住、拉动和提起物体。

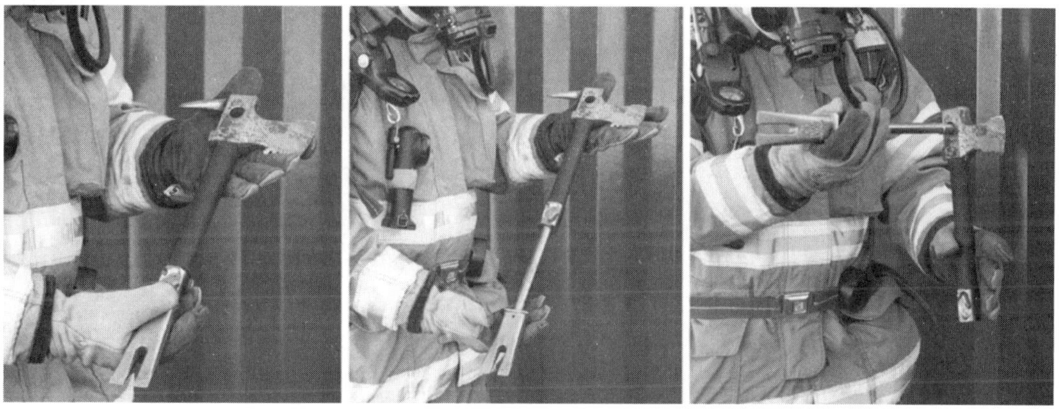

图 6.6　多用途强力破拆与救援工具的三种形式

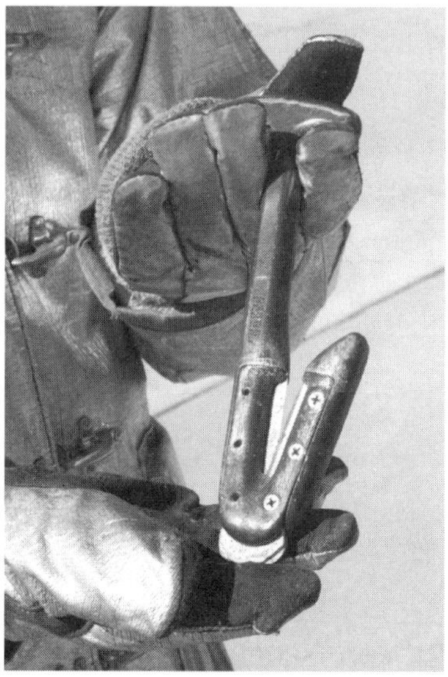

图 6.7　索具切割刀示例

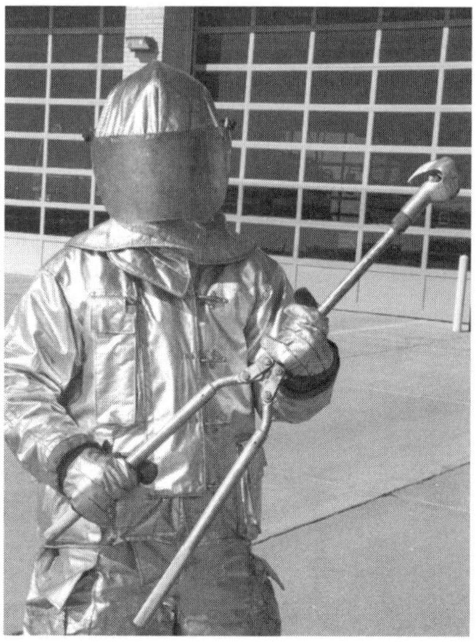

图 6.8　用于让军机弹射座椅置于安全状态的上锁工具示例

大部分消防车配备了工具箱,装有上面提到的部分工具及下列物品:

(1) 螺丝刀。

(2) 内六角扳手。

(3) 套筒扳手组。

(4) 开口和梅花扳手。

(5) 棘轮扳手。

(6) 起子。

(7) 各种钳子。

(8) 手锯。

(9) 锤子。

(10) 凿子。

(11) 夯具。

(12) 切割机。

有的管理部门使用救援工具套装,包括一般插在救援带或工具包内的那些手动工具。这些工具可以包含以下各项:

(1) V形刃口索具切割刀。

(2) 克丝钳。

(3) 大力钳。

(4) 橡皮锤。

(5) 油管堵头(硬木和氯丁橡胶材质)。

(6) 手电筒。

(7) 短柄斧。

(8) 其他小型工具。

动力工具

飞机救援消防作业中使用的工具可能是汽油动力的,或者是电力、液压以及气动的。汽油动力锯以依靠汽油或汽油/润滑油混合物运行的内燃机做动力。电动工具使用电池中存储的能量,通过一个电机将电能转换成机械能。液压工具由液压泵产生压力并通过一种液体(液压油)传递到工具的工作端,液压泵可以是手动操作的,也可以是汽油机驱动或电机提供动力的。气动工具使用空气压缩机或储存的压缩空气传递能量给工具的工作端。气动—液压设备在一个气体驱动液压泵中结合了气体和液体两者的力量,可以产生动力来操作工具。尽管这些动力装置在易燃气体中完全可以安全使用,但是它们仍未广泛应用。下面描述了飞机救援作业中用到的动力工具类型,包括:

(1) 锯。

(2) 钻/起子。

(3) 扩张器/切割器。

(4) 气动(空气)工具。

(5) 超高压水流穿刺工具。

锯

飞机救援作业中通常所用的动力锯包括旋转锯和往复锯(直锯,锯片为一边有齿的长条形。——译者注)。用于飞机强力破拆作业的锯应当配置可以切割金属和复合材料的锯片。

旋转锯。旋转锯是对铝和复合材料蒙皮实施快速、洁净切割应当选择的工具。飞机救援消防人员通常使用圆锯和救生锯两种不同类型的旋转锯。这些锯应当委以重任,能够切割多种材料。它们用起来的缺点是噪声太大,并且锯片碰到黑色金属(钢和铁)时可能产生火花。

救生锯应当有多个锯片,每片的直径至少350mm。在大型飞机上,救援人员为了切透机身会用到大型锯片。如果从各方向都不可能切透机身结构,飞机消防员应当切出间距比锯罩稍宽几厘米的若干平行切缝,然后将切缝之间的材料尽可能多的清理掉,最后应当将锯插入切口间隙完成切割。

为了应对可能需要的各种切割,要携带类型尽可能多的全套旋转锯片。切割片的类型通常有多用途的或复合材料的、碳化和镶钻边缘的,以及锯齿状的。复合材料锯片在圆鼓鼓的机身上使用会快速磨损、破碎或者倒刃,这是因为切割的角度是不断变化的。对于金属材质的锯片要加强检查,确保锯片上的切齿或削齿齐全、尖锐。所有磨损、破碎或损伤的锯片均应更换。

锯片应当在其存放处或携行箱上清晰地贴上彩色代码,确保适用指定任务的锯片可以方便地找到。不同生产厂商的锯片不应交替使用。

长时间切割作业时,比如要锯出一个救生开口,旋转锯的切割片和被切割面均要同时喷水冷却。这样冷却有助于防止所切割的铝融化、搞脏切割面。

往复锯。往复锯装有直锯片,可以像手锯那样来回快速地运动。它们在切割飞机蒙皮和构件时非常有用。飞机救援消防人员在很小的角落或难以够到的区域可以使用这类锯。往复锯更好控制、重量轻,可以站在梯子上或在密闭空间里使用。在考虑用往复锯片锯出所需尺寸的锯缝应采用多大速度时,消防员要记住下面这个简单的规律:金属厚度越大,切割速度就越慢。在切割作业中,用一个喷壶喷水或泡沫可以让锯片工作得更久、锯得更快。

往复锯——使用短、直锯条来回运动的一种电锯。

切割不同种类材料时,有多种类型和尺寸的往复锯锯条可供选择。在飞机事故/事件现场作业时,飞机救援人员会接触到多种类型的锯条用以切割所遇到的不同类型金属。救援人员要确保往复锯有足够多的替换锯条可用。

注 意

为了避免切到可能对救援者或乘客造成安全性问题的区域,飞机救援消防人员必须清楚飞机的构造。

钻/起子

飞机救援消防人员使用的另一种工具就是钻和起子,它们可以用电池/市电做动力或者采用气动方式。如果使用可换头的起子,就可以起掉铆钉、螺钉或螺母与螺栓等,从而打开各种舱室。当靠近这些舱室时,救援人员应当注意不要让工具超过规定转速,否则会打坏开舱机构。

扩张器/剪切器

在救生作业中,有些液压操作工具可以用于扩大结构间距或者强力拆解飞机结构部件。液压可以通过手动泵或动力装置来产生。动力装置通常是汽油发动机、气动力或电池/市电动力泵。由于这些工具的应用灵活多样,因此极力建议将其配置到机场消防部门。

在汽车救生中常用的以市电/蓄电池、气动力或汽油为动力的液压扩张器和剪切器在飞机事件处置中也有一些应用。扩张器主要用于撬、推或挤压,如果配合使用合适的吊钩和铁链,它们还可用来拉动物体。扩张器可以在头部产生数千千帕的压强,扩展达到甚至超过 750mm 的距离。因为扩张器撕裂蒙皮的方向和剪切相反,所以救援人员需要在飞机结构件之间的蒙皮上先开出一个小洞,以便放入扩张器的尖头。有时飞机蒙皮会在扩张器尖头的前方卷起或像橘皮一样被揭起,或者飞机机身的金属会断裂。在飞机侧面快速打开大洞的一项技术就是一前一后地交替使用液压扩张器和液压剪切器。当用扩张器在蒙皮上撕开一个前进的缺口后,接着就用液压剪切器探入缺口剪断里面的承力结构件。

注 意

液压扩张器在救援作业中可能会向四面八方弹出金属碎屑。另外,有的液压工具较重,需要由两个救援人员来操作。在有燃烧危险的区域,救援人员要考虑采用液压扩张器和剪切器,因为它们不会产生火花(不同于电动装置和汽油驱动装置),也不会产生汽油驱动装置那样的噪声。

警 告!

要警惕飞机事故/事件中可能产生的易燃气体。在飞机周围使用动力工具时,要始终穿戴全套防护服,包括自给式呼吸器,还要有一个充实的泡沫枪随时备用,并启用易燃气体探测仪。

气动(空气)工具

飞机救援消防人员在飞机救援作业中可能要使用风镐(或气锤)等气动(空气)工具执行多种切割任务。为风镐提供动力的压缩空气可以来自可充放的消防车气瓶、单体或级联的空气压缩机、飞机救援消防车上的压缩空气系统等。风镐通过对金属物体施加每分钟数千次的短距冲击进行切割。重量相对较轻、尺寸紧凑的风镐可供消防员站在梯子上使用。风镐还可用于将某些安装牢固的塑料窗冲击出来。有各种不同的风镐头部可供选择。

蒙皮穿刺式灭火剂喷射工具——飞机火灾中使用的穿刺式喷嘴。

另一种气动工具是手持的**蒙皮穿刺式灭火剂喷射工具**(Skin Penetrating Agent Applicator Tool,SPAAT),它是一种重要的气动穿刺喷嘴(图 6.9),利用气压驱动喷射工具上一根尖锐、中空的长钉穿透飞机蒙皮。一旦长钉穿过蒙皮,灭火剂便可流过长钉并从其尖端附近的喷嘴或小孔中射出。灭火剂从这些喷嘴中向各个方向喷出,从而实现向飞机内部喷射灭火剂。

超高压水流穿刺工具

超高压水流穿刺工具是一种可以穿透飞机蒙皮并喷射水流的新发明。该设备将研磨剂(通常用花岗岩)混入超高压水射流中,以穿刺铝、钢和复合材料。一旦突破障碍物,就立即关掉研磨剂,然后水射流可将微小的水滴打到火场之中。

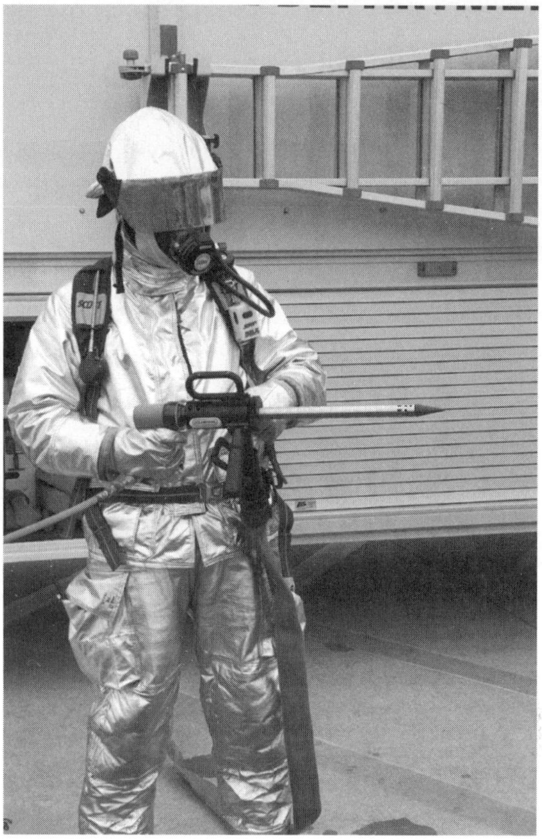

图 6.9　蒙皮穿刺式灭火剂喷射工具示例

> **警　告!**
>
> 绝对不要使用压缩氧气作为气动工具的动力。纯氧与工具上的润滑脂或润滑油混合会造成火灾或剧烈爆炸。

吊升和牵拉工具与设备

经常有必要进行吊升和牵拉以解救被困人员,或者进入飞机内部。救援与消防人员需要熟悉可以执行这些功能的所有各类工具。下面讨论一些常见的吊升和牵拉工具与设备。

车载绞盘

在飞机救援与消防作业环境下,车载绞盘的用途在某种程度上很有限。然而,车载绞盘在如下个别情况下可能会发挥关键作用:

(1) 当残骸需要快速移开以便人员到达某个区域时。

(2) 当飞机或部件需要固定时。

(3) 当需要提供力量协助强力进入飞机时(例如将一扇舱门拉开)。

> **警　告!**
>
> 要按照厂家的建议操作车载绞盘。如果不能遵守像最大承载限制这样的规定,会造成绞盘失效、使操作者或旁边的救援人员受伤或致死。飞机救援消防人员在操作绞盘时要始终穿戴全套防护服,包括手套和护目镜。

紧线器

紧线器的功能与车载绞盘极为相似,只不过该设备更便于携带。通用运用棘齿与滑轮,紧线器使杠杆的牵拉能力实现最大化。将紧线器锚固到一个牢固的物体上,钢索或铁链伸出并挂在要拉动的物体上。当两端均连接好,即可用杠杆将活动物体拉向锚固点。紧线器最常见的规格是 1 ~ 10t。

绳索/钢索

绳索在消防保障中的使用很广泛,其用法也是众所周知的。在飞机救援与消防作业环境下,其用途也一样,主要包括牵拉、用作救生绳、支撑、捆绑、固定、传送工具设备(拉起或放下)以及当作障碍(人群控制)。钢索也可采用与绳索相同的方式使用。关于绳索用途、用法和保养的更多信息请查阅国际消防保障训练协会的《消防基本知识》手册。

铁链

铁链主要与其他设备或工具配合使用,经常用于延长吊升和牵拉作业的作用距离(例如,它们可以连接到一种叫做扩张器的液压救援工具上)。铁链比绳索结实,更适合于某些应用场合。合金钢质的铁链抗磨损力强,建议在救援工作中采用。要选用合适尺寸的铁链,始终做到与要拉动的载荷或所执行的任务相符。

织带

织带通常用尼龙等高强度复合纤维制成,它们被织成扁平或管状的线股,有各种宽度和长度。织带易于由单个救援人员携带,可以在狭小的空间内使用。这种用途广泛的工具所有飞机救援人员都要携带,通常用于身体相关的作业,例如用作座垫或吊带。一根 2.5 ~ 3m 长的织带可以装在消防战斗服的口袋中便于取用。在飞机内部工作时可用绳索、铁链、织带来吊挂工具和照明灯。

托举气囊

托举气囊是一种可以灵活使用的设备,可以方便地用于救援和飞机固定作业。通常由冷气瓶提供的压缩空气的力量通过气囊传递出来,遍布气囊表面。尽管气体压强不超过 1 400kPa,但是压强施加在囊体的每平方米面积上,产生的力量足以举起或移动用其他提升设备无法提起的巨大物体。

托举气囊在救生作业中有着广泛的应用。它们可以插入其他提升设备难以进入的狭小空隙中,并且相对快速、使用方便。气囊系统包括气源、压力调节器、带有安全阀的控制器、导气管和囊体。在调节器和控制器上通常要带一个压力表以监测气压。导气管有各种长度和颜色。系统连接通常使用双锁扣快速接头来实现。有时调节器会因压缩空气膨胀导致潮气凝结而冻住。

飞机救援消防人员使用气囊时应当遵守厂家的安全建议。为了防止万一托举气囊失效而发生坍塌,要始终采用叠木支撑对托举气囊作业加以保护。

飞机救援消防人员可能会用到以下类型的托举气囊:高压、中压和低压,以及堵漏气囊。每型气囊可用于各种特定情况。

高压气囊:高压气囊由氯丁橡胶制成,并用钢丝或凯夫拉芳香尼龙纤维增强,具有颗粒状花纹的粗糙表面以改善抓握能力。未充气时气囊平放厚度约 25mm。气囊大小各异,尺寸从 150mm × 150mm ~ 900mm × 900mm 均有,气囊的充气压力范围约为 810 ~ 1 000kPa。根据气囊大小不同,它们可以充到 500mm 的高度,最大的气囊可以顶起约 75t 的重量。气囊顶起重量的能力随着充起高度的增加而下降,其最大顶起能力一般以顶起 25mm 时的重量为额定值。例如,一个额定 10t 的气囊仅可将 5t 重量顶至 200mm;一个额定 75t 的气囊仅可将 37t 重量顶至 500mm。为了确保安全地发挥最大的顶升能力,要使用叠木支撑或其他合适的底座,以使气囊放置尽可能靠近被托举物体的下方。必须在气囊和物体之间放置防护材料或一层传送带材料,以保护气囊不被刺破。

低压和中压气囊:低压和中压气囊明显要比高压气囊大,在托举或临时固定大型车辆或物体时比较常用。与高压气囊相比，它们的主要优势在于有大得多的举升高程，它们比堆叠的高压气囊更为安全、更易于维修。

然而，低压和中压托举气囊确实还有以下缺点：

(1) 能顶起的重量比高压气囊少。

(2) 在基础和所顶物体之间，需要两倍的空间来插入气囊。

(3) 与高压气囊相比更易被刺破。

(4) 不能独立地竖直向上顶起载荷。

(5) 必须要有一个基础或地基。

根据厂家的不同，低压和中压托举气囊最多能将物体从原地举起 2m 高。低压气囊工作压力一般为 50 ~ 70kPa，而中压气囊为 85 ~ 105kPa，这根据厂家不同而有所差别。

堵漏气囊：根据自身硬件不同，堵漏气囊（也称为气塞）设计用于填到低压液体存储容器的裂缝或孔洞中，或者是管道的开口端。这些气囊的结构与高压气囊很相似，只是设计充气压力要低得多，通常为 175kPa。

千斤顶

便携式千斤顶用于举升和固定物体，包括螺纹型、棘轮蜗杆型和液压型。螺纹千斤顶通过一根丝杆中心轴的转动实现顶出和收回。挖沟时支撑用的螺纹千斤顶可以借助一根 50mm 粗的钢管顶至 2m 远。棘轮蜗杆千斤顶也称为举高千斤顶，这种中型工具在所有类型的千斤顶中稳定性最差，棘轮机构在较重载荷下可能失效，还可能整体崩溃。额定载荷达 20t 及以上的液压千斤顶可以用于重型举升作业，或者用作短距稳定作业中的挤压设备。所有类型的千斤顶均应在平整、水平的地面上使用，并配合使用叠木支撑。在松软的地面上使用时，要在千斤顶下面放置一个平板或钢盘以分散力量。

照明和电力设备

夜间作业时提供辅助照明对于安全执行任务很关键。对于随时拥有照明条件的重要性我们怎么强调都不过分。飞机救援消防人员应当知道如何快速开启便携灯具，以及怎样操作消防车上的灯光设施。每当购买了新的便携灯具、电力工具和发电机，在投入使用之前消防员要确认其电插孔和电源适配器好用。

要注意避免在有易燃气体的环境中使用便携灯具设备，因为它可能成为点火源。救援人员还要小心与电有关的危险并采取必要的防护措施，因为这类设备经常在潮湿的环境中使用。飞机救援消防人员在周围有电的环境下工作时应遵守如下安全事项：

(1) 在发电机、电缆和灯具周边保持一个安全区。

(2) 防止电击。

(3) 所有电线均应视为"火线"并带有高压。

(4) 只使用检验合格且工作状态良好的设备。

(5) 穿戴全套防护服，只使用绝缘工具。

(6) 在电线和电器附近使用梯子、水带或设备时要保持谨慎。

(7) 确认所有电线和设备均有适用的接地线且连接到带有漏电保护（ground fault circuit interrupter，GFCI）的插座上。

(8) 不要触碰任何与电线接触的工具、设备或消防车，因为身体接触会接通通往地面的电路，导致电击。

(9) 不要将电缆挂在围栏、金属护栏上，或者穿过水或泡沫中。

下面具体讨论一些对于成功完成飞机救援与消防任务必不可少的电力与照明设备。

发电机

带有泛光灯的便携式发电机可用于照亮飞机上的强力破拆入口和救援点。这类发电机还可用来操作电动链锯、圆锯、往复锯及各种其他动力工具。消防车上的发电机应当是可移动的，能够将其运至车辆难以到达的地方。发电机插座应当配上漏电保护装置，以防在水域附近作业时发生电击。电接头应当是防水的，以防水或潮气在插座触点内积聚。

便携灯具

机场消防部门应当随时备有便携灯具。使用消防车上的灯光并不能为机内作业或其他距消防车较远（有可能无法到达）的地方随时提供所需的直接照明。便携灯具及配套设备，如电缆与支架等，应当一并带到应急现场，还包括一台足以为所有灯具和其他电力操作工具设备提供电能的发电机。

车载灯光

大多数现代飞机救援消防车都配有各种安装在车上的灯光（图 6.10）。常常可以见到大功率泛光灯装在消防车前面，在赶往现场及随后的作业中可以照亮大片区域。大多数消防车还装有侧灯和后灯。可升起或可延伸灯具还可以提供更多照明。

图 6.10　安装在飞机救援消防车上的泛光灯可用于照亮救援现场

延长电缆

为便携工具提供电力会用到延长电缆。最常见的电缆规格是直径 12mm 的三芯型。电缆可以采取盘卷或卷轴的形式储存，线卷可以随身携带或装在消防车上。电缆应当是防水的，有良好的绝缘性能，没有裸露线。配电箱可以有多个输出插座，插座要带有检验合格的漏电保护装置，插座应当是三叉、扭锁式且有 U 形接地片，适配端要与不同类型的插头相匹配。

手电筒

还要随时备有足够且方便携带的手电筒。有多种类型可供选择：有的自带支架，而有的可以装在头盔和其他头部装置上；有的需要电池，而有的可以靠车载充电装置保持随时可用。还要有足够的备用电池和灯泡。彩色镜头附件可以让手电筒用于引导飞机或发挥其他信号功能。

其他设备

还有很多其他工具、装置和设备可用于飞机救援消防工作，只要飞机救援消防人员有需求并有足够的创造力与能动性，那么就可以充分发挥它们的作用。其他更多开展飞机救援作业所需的常见设备将在下面几节详细介绍。

塞子

木头或塑料制成的塞子主要用于填塞泄漏的管路，如燃油管和液压油管等(图 6.11)。大多数管理部门的救援小组都会携带各种形状和尺寸的塞子，确保在需要时能找到合适的，可调节大小的塞子也应当随时备好。

保险销和其他锁止设备

有的消防部门备有起落架保险销或其他可以上锁以阻止起落架装置运动的设备(图 6.12)。有的军用飞机，尤其是战斗机上，有各种各样的保险销，它们用于保险枪械、座舱盖抛放系统、座椅弹射系统、应急电源和其他危险的系统。军用装置的保险销作为一种确保飞机武器安全的手段，能够避免它们在地面被偶然击发。

图 6.11　木头或塑料塞子在堵燃油和液压油导管时非常有用

图 6.12　飞机救援消防人员应当熟悉用于保险起落架和其他飞机部件的保险销

营救用盖布

营救用盖布可以用来覆盖锯齿状的开口，防止伤及救援人员和乘客们。各色营救用盖布可以用来标识设备集中存放点，也可在进行**伤员分类**时使用。

伤员分类—— 对事故伤亡人员进行放置和分类，以决定治疗和运送的优先级。

梯子

有各种类型的梯子(地面和高空)可以当作救援人员上下飞机高处的通道。救援人员应当考虑如何将梯子架在机翼前缘、所有舱门和飞机其他进入点等部位。

热像仪

热像仪(Thermal Imager，TI)被证明在飞机救援消防作业中对于探测隐蔽火灾和受困机上乘员的位置非常有用。在配有该设备的机场，飞机救援消防人员应当训练正确使用和保养热像仪,确保该设备在飞机事件处置中能得到正确操作、功能正常。一般有车载式和便携式两种热像仪。

叠木支撑和支柱

救援要准备好品种齐全且大小合适的叠木支撑,通常用于稳固或支撑物体或载荷。在保障举升作业时总是会用到它们。用作叠木支撑的木头应当材质坚硬、不变形、平直,并且没有缺陷、木节或裂缝。最常见的尺寸是50mm×100mm 和 100mm×100mm,长 450mm。除了木条的两端,叠木不可刷漆,以免见水打滑。叠木可以堆放在消防车车厢中或存储在板条箱内。还可以购置一些塑料材质的长条、楔形、方块、阶梯状和交错叠放的支撑系统。

动力支柱和撑杆系统也可以用来稳固和支撑不太稳定和即将倒塌的飞机残骸。它们用液压或气体做动力,大部分可以手动收放改变长度,并带有各种垫脚。它们托举的能力较小,通常仅能支撑一般载荷。

通风设备

飞机救援消防车上可以携带便携式风扇和送风机等通风设备。有的消防部门购置了大型风扇装置放在重型卡车上以备飞机出险时使用。风扇可用于冷却高温的飞机刹车装置和机轮,这些风扇的另一个用处是机械式强制通风和排烟。风扇可以由电力、汽油动力或水力的发动机来驱动。

割枪

尽管割枪因具有引发火灾的危险而常常被忽视,它仍然算是一种飞机事件中应用有限的救援工具,只有当其他选择都不能采用时才会最后借助于它。

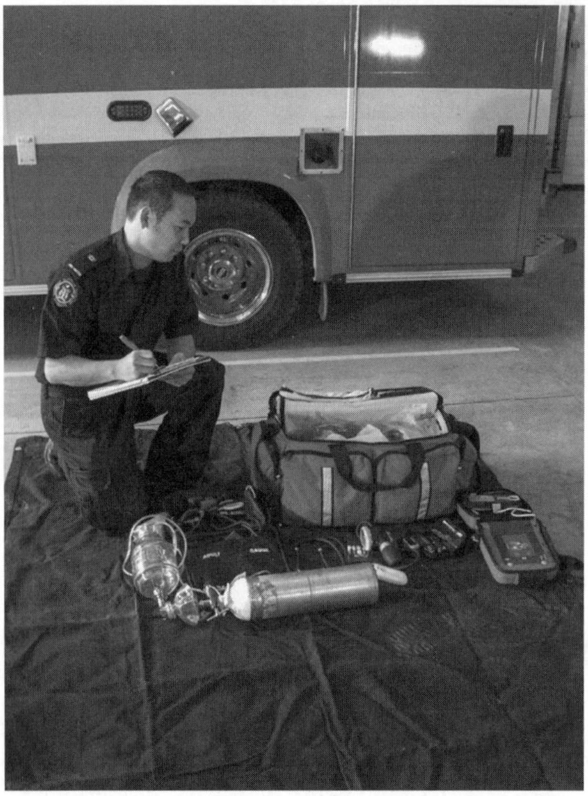

图 6.13　机场消防员/应急医疗技术人员在检查为消防车配置的急救设备

应急医疗急救设备

飞机救援消防车应当配置足够的应急医疗急救设备,以在事件/事故中为遇险人员或飞机救援消防人员提供急救保障(图 6.13)。飞机救援消防组织应当规定急救设备的特定型号、数量和用法,该组织还应当确定需要提供的急救护理的程度,并确保飞机救援消防人员经过训练达到该水平。

救援作业

飞机事件或事故之后,机上乘员可能会自行撤离、在协助下撤离,或者需要解救和救援并从飞机内转移出来。在商用飞机上,飞行机组(如果神志清醒且身体功能正常)可以发起撤离行动,或者协同飞机救援消防响应人员使用离散无线电频率组织撤离飞机。如果据报告说飞行机组已无能为力,飞机救援消防响应人员可以发起飞机撤离行动,或者协助飞机乘员撤离。有时候,部分或所有的飞行机组与乘员无法撤离,这种情况下飞机救援消防人员必须进到飞机内部,执行部分或所有以下任务以解救他们:

（1）缓解飞机危险。

（2）进到飞机内部。

（3）停机并保险飞机系统。

（4）实施搜索与救援作业。

飞机事件或事故后乘员能否生还取决于多种因素。轻度坠机会导致飞机的有限损伤，并且如果紧急出口没有堵住、火灾可以快速控制和消灭的话，乘员死亡量会比较低。严重坠机通常会导致飞机的严重甚至彻底损坏，也不太可能有生还者。如果是地面发生的小事件或事故，乘员生还率会高很多。飞机救援消防人员应当接受定期的救援训练并参加每年一度的救生训练演习。

为了完成救援行动，每个飞机救援消防组织都要设立一个或更多的救援小组，该小组的任务是帮助乘员撤离、必要时破拆进入飞机、消灭内部火灾、解救受困或受伤人员。每个救援小组建议由4～5名人员组成：

（1）两人持水枪走在其他组员的前面。

（2）第二对应当配置强力破拆工具与设备。

（3）辅助水枪手可以作为整个救援作业中的安全备份。

注：两名训练有素的消防人员作为快速干预小组应当随时待命。

正常环境

在正常的条件和环境下，飞机救援消防作业发生时天气良好，位于机场内，并且拥有足够的公告信息、救援人员和车辆，可以满足应急需求。控制和消灭火灾的消防作业能够满足乘员（乘客和机组）撤离或救援的需求。飞机救援消防人员应当在条件允许的情况下尽快开始救援作业，这些作业有可能与灭火作业同时进行。

困难环境/地形

有些飞机救援消防响应可能发生于困难环境或地形，包括：

（1）酷暑或严寒天气条件。

（2）下过暴雨或大雪的地带（图6.14）。

（3）靠近机场的大片水域。

（4）湿地或河口。

（5）峡谷或山区。

（6）沙漠地区。

困难环境/地形条件可能使事件响应和灭火与救援作业更加困难和危险。在高温或寒冷天气条件下，救援必须保持遇险人员的体温和生理功能，确保他们能活下来。极端天气条件还可能对飞机救援消防人员产生负面影响。峡谷内飞机事故的救援需要飞机救援消防人员的特殊技能，他们可能具备也可能不具备。这可能需要确立合作协议，例如，需要提供该类特殊技能的互助，以备这些环境下的不时之需。

当与其他机场或非机场机构一起作业时，飞机救援消防组织应当确保有明确的职责分工，并且必须在应急处置中得到确认、实行和遵守。如果不能做到这些，会阻碍顺利作业并危及所有相关人员的生命。

若要进入并在上述某种环境下开展作业，可能要用到特种载运工具及流程。这些载运工具及其用途包括：

图 6.14　在严寒、降雪和结冰等恶劣天气条件下发生的飞机救援消防响应

（1）**直升机**。用于深入山地、峡谷和水面等偏远地带(图 6.15)。它们可用于载运救援人员、工具和装备,或者向束手无策的幸存者投放漂浮设备或救生装备。

（2）**气垫船**。可以深入沼泽和水面等偏远地带。它们没有像直升机那样的净空要求。

（3）**舟艇**。向水上或水中坠机地点输送救援人员和装备以及从水上撤出遇险人员时很有用。有多种尺寸和功能可供选择,但必须满足救援组织的需求(图 6.16)。

（4）**两栖车**。大多是小型轮式车辆,能够在陆地、泥沼或水中作业。搭载人员和装备的能力有限。

（5）**拖拉机**。在厚雪和恶劣地面上很有效,其有效载运能力一般比较有限,比大多数其他车辆都慢些。

图 6.15　直升机可用于协助救援作业

图 6.16　消防部门的救生艇示例

水上环境

很多机场位于河、湖、海等水体的附近。飞机事故发生后，飞机坠毁在水中或冰面上，这样的条件给飞机救援消防响应人员带来了特殊的危险与挑战。

赶到水上事故发生地后，“指挥所”应当设在岸上最有利的位置。该位置应当便于为水上救援载运工具进出水域的活动提供便利。

救生艇、气垫船和两栖车应当在现场立即展开，飞机救援消防人员应当经过训练，会用他们单位的水上救援载运工具和装备（图 6.17）。

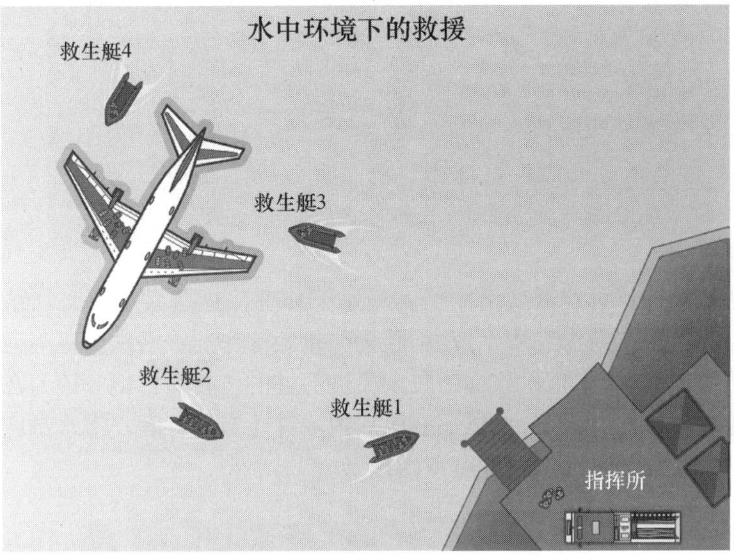

图 6.17　当飞机坠落水中时舟艇被证实在救援作业中非常有用

救援前的火灾危险及其扑救

坠机的冲击力可能破坏飞机油箱和油管，使燃油泄漏到水面上。舟艇尾气、火焰和其他烟火具有点火危险，应当受到控制以防点燃漂浮的燃油。漂浮燃油火灾应当从上风向和上游接近。如有必要，可用水带射流以扫射方式将燃油和漂浮火灾推离核心区域。泡沫和其他灭火剂可用于消灭该类火灾。

就像任何其他飞机救援消防响应中那样，必须要考虑到潜在的遇险人员位置，以免碰撞、伤害甚至压死他们。遇险人员在很多位置均可能被找到：

（1）飞机内部。

（2）飞机外部。

（3）水中。

（4）岸上。

注：遇险人员可能被水流或风顺势带走，使用热像仪可以协助定位水面上漂浮的遇险人员。

靠近岸边的遇险人员可以用绳子或将水带当作漂浮设备将其拖到岸上。通过给 65 ~ 77mm 规格的水带充气、自身对折，然后叠起并用绳索、织带或水带捆扎绳将之扎在一起，可以制成临时的救生筏。

警　告!

离水边 3m 以内或在水上/中工作的救援人员均应穿戴漂浮设备。

有时候,带人的机身段会在坠机后浮在水上,飞机救援消防人员务必不要破坏漂浮残骸的水密封完整性。在不至于引起残骸不当滑移而导致其舱室进水沉没的前提下要尽快将乘员转移出去。

警　告!

在漂浮残骸上工作的救援人员应当保持警惕,以免被困入还在不断下沉的残骸里面。

在坠机地点可能需要潜水员实施水下作业。这些潜水员必须精通穿戴水中呼吸器进行潜水和水下搜索、救援与抢救等作业。潜水员应当遵守标准的水下搜索流程,用指示浮标给较大飞机部件的位置做标记。因为在沉没的飞机舱室中可能有气室,所以那些舱室内或许还有幸存者。潜水员应当从可以到达的最深处进入沉没的舱室内搜索。

警　告!

在潜水作业中,必须遵守一定的安全注意事项:潜水员指示旗应当挂上,以警示救生艇操作员水下有潜水员,潜水员出水之前不得进行拖曳作业。

救援战术

通过协同实施的应急响应、火灾控制与消灭以及救援作业,可以提高飞机乘员的生还率。救援人员必须训练在救援作业中单独以及组队行动。基于预先设置的优先级,按照标准作业流程明确要执行的救援任务。

飞机救援消防人员的最优先任务应当是保护飞机乘员的撤离路线。这包括消除遇到的任何危险因素,如燃油流淌、失火或者残骸不稳。消防员应当在流淌燃油上铺设泡沫层并消灭火灾,以提高飞机乘员的生还率。要有充足的灭火剂和消防车,以确保满足喷射需要。飞机救援消防人员还应能够提供夜间作业的照明,使用滑梯、应急逃生舱盖以及从机翼后缘跳下等方式协助飞机乘员撤离。

对于小型飞机或飞机残骸的快速固定,可以使用织带、绳索、铁链或紧线器(钢索绞盘)来完成。将飞机充分固定可能需要更多资源,飞机救援消防部门可以从场外机构或维修部门获取,这应当在机场/社区应急预案中有所体现。

技能页 6 –1 列出了对飞机或部件进行临时固定以防止不慎移动的步骤。

飞机救援消防人员第二位的任务是营救那些受困且没有帮助无法逃脱的遇险人员。有时候，将遇险人员救出之前有必要为其提供急救，例如，对严重流血进行控制，这需要更多的时间、协同、人力、工具与设备，以及努力。飞机救援消防人员在这些作业中应当全面监视现场情况，以防燃油被重新点燃。

飞机救援消防人员还要提供内部防火、照明和通风等保障。消防员通过打开飞机舱门、舱盖和窗户让空气流动从而实现通风。然后，他们可以利用风实现飞机的自然通风，或者运用风扇或风机实现强制通风。给飞机通风可以吹走舱室中的燃烧产物和其他污染物，将新鲜空气引到飞机里面。

在整个飞机救援消防响应过程中，飞机救援消防人员要尽力保护好现场发现的任何证据。这些证据在事件或事故原因调查中对调查人员可以起到极大作用。

进入飞机内部的流程

飞机救援消防人员必须进入飞机内部才能实施内部作业，例如，飞机停机以及搜索与救援作业等。进入飞机内部最常见的是通过舱门、舱盖和其他紧急出口/进入点实现的。如果通过这些常见入口不可能进入，飞机救援消防人员就不得不利用其他方式强力进入。

如果飞机的起落架完好无损，或者飞机上多层均有乘员，飞机救援消防人员又必须首先从飞机舱门、舱盖和翼上紧急出口进入，这些进入点往往高出地面很多，飞机救援消防人员就要用到梯子、升降平台或移动式航空舷梯等登机设备。

展开和使用登机设备

登机设备的摆放和使用取决于飞机的方位及所用的设备。后续各节提供了如下设备的一般使用流程：

（1）梯子。

（2）升降平台。

（3）移动式航空舷梯。

梯子

地面工作梯可用于进入大部分飞机的主登机舱门和翼上紧急出口。当摆放地面工作梯以靠近和打开一架飞机的主登机舱门时，梯子应当放在与舱门铰接点相对的另一侧，并朝向机身摆放。舱门一旦打开，梯子可以重新摆进打开的门洞内，并锚固在那里以协助人员撤离（图 6.18）。当用梯子靠近翼上应急出口时，梯子应当朝向机身或机翼前缘放置，不得朝向襟翼或前缘缝翼等可能造成梯子倾倒的位置。

警　告！

使用地面工作梯时，要有一名或多名飞机救援消防人员用脚掌或后跟抵住梯子，以防下面滑动或翻起。

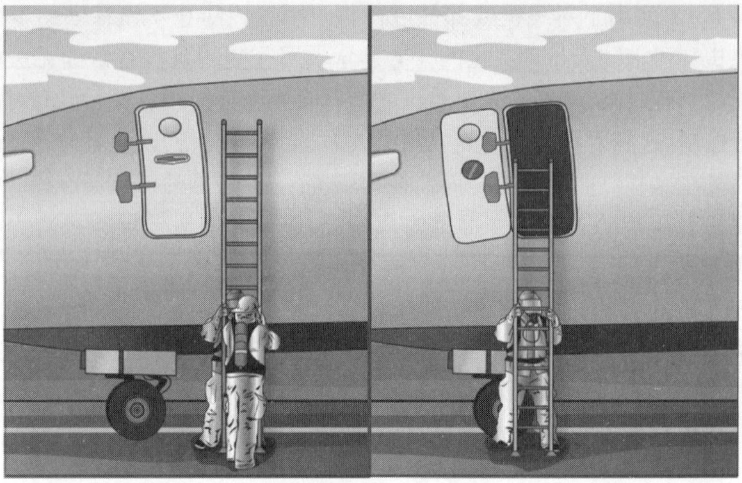

图 6.18　摆放地面工作梯以打开飞机舱门(左)并进入飞机(右)

攀爬角度

救援人员应当知道,使用地面工作梯采用正常的攀爬角度未必能够触摸到舱门手柄。还有,某些飞机滑梯不是从外面释放的,如果舱门打开,滑梯就会展开,从而将工作梯从机身上推开。

升降平台

飞机救援消防人员会用到装有升降平台的消防车,以靠近飞机进入点、协助人员撤离,并将水枪展开和伸进飞机内部(图 6.19)。这些车辆可以是飞机救援与消防编制序列的一部分,也可以通过与当地消防与应急保障部门的自动或互助协议获得。升降平台的实际操作应当由受过训练且有经验的人员执行。

图 6.19　飞机救援消防人员借助升降平台到达飞机机身的较高部位

移动式航空舷梯

移动式航空舷梯是机场常见的专用型保障车,其实就是可以升降的移动式楼梯。这些车辆可以是无动力或者有动力的,无动力的航空舷梯可以用拖车或其他车辆拉到工作位置,而有动力的航空舷梯则通常装在商用底盘车上。

放置到飞机附近后，这些舷梯就可以升起并调整到位，让飞机救援消防人员到达飞机进入点（图 6.20）。它们还可用于帮助正在撤离的乘员到达地面。**技能页 6－2** 描述了在飞机事件现场展开移动式航空舷梯装置的步骤。

图 6.20　机场消防员引导有动力航空舷梯装置入位

通过舱门和舱盖进入

正如第 3 章所述，飞机配置了各种各样的舱门和舱盖，可用于进入飞机内部。飞机救援消防人员应当学会如何打开他们机场常见飞机上每种型号的舱门和舱盖（图 6.21）。打开下翻式或带有应急逃生滑梯的舱门时要格外谨慎，这些舱门打开速度可能很快，会撞到正在开门的飞机救援人员。打开各种舱门和舱盖的步骤见**技能页 6－3**。

图 6.21　机场消防员练习打开飞机舱门

警　告!

那些可能让火焰或有毒烟雾进入机身的进入点应避免打开。

飞机强力破拆

坠落的冲击力可以造成飞机舱门和舱盖不可操作。如果发生这种情况，飞机救援消防人员必须准备强力破拆进入飞机。本章稍前提到的手动和动力操作工具可用于该目的。强力破拆工具可用于完成以下任务：

（1）撬开舱门和舱盖。

（2）切断舱门铰接点。

（3）从飞机框架结构上撬下飞机蒙皮板。

（4）戳穿飞机蒙皮。

注　意

每当使用动力工具对飞机实施强力破拆作业时，都要派飞机救援消防人员手持充实水枪，确保随时扑灭火花和燃油失火。

军用飞机在机身外面会标有切割点，而民用飞机一般没有。切割飞机蒙皮时，飞机救援消防人员应当牢记怎样“辨别铆钉线”，正如第3章所述，以免切到飞机结构件。其他的切割区还包括飞机窗户的周边。切割可选用三边或四边切割。当采用三边法切割铝质蒙皮时，要保留底边不切，以让铝板向下弯折，防止在救援人员可能需要攀爬处出现尖锐边缘。复合材料飞机上必须采用四边法，并且如果切下的蒙皮碎块掉到外面，飞机救援消防人员必须随时准备将其移走或捡起来（图6.22）。

注：当实施四边切割时，底边切割应当先进行，以防锯片或工具被卡住。

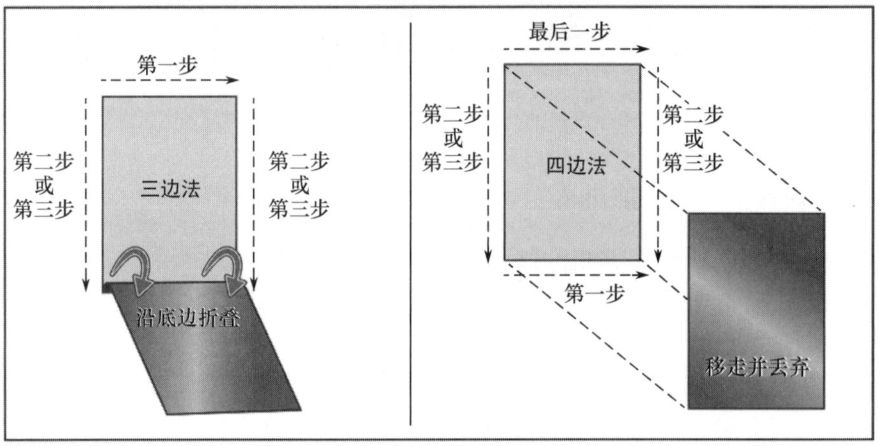

图6.22　三边和四边切割示例

下述技能页描述了飞机强力破拆的一般方法：

（1）**技能页6-4：**在飞机蒙皮上切割入口。

（2）**技能页6-5：**使用液压工具（切割锯或/和扩张器）在飞机的一侧开洞。

飞机停机与保险

飞机坠落后，飞机发动机可能还在运转，需要由飞机救援人员将之关闭。救援人员可能还要启动灭火系统、关闭燃油阀、将电气系统置于安全状态。在军用飞机上，除了前面提到的这些任务，救援人员还要为弹射座椅和武器系统上保险。

飞机救援消防人员应当认识到进入商用飞机驾驶舱的行动会受到坚固的驾驶舱舱门的阻碍。曾经发生过劫机者从驾驶舱舱门闯入的劫机事件，于是加装了这样的舱门。飞机救援消防机构需要就如何打开这样的舱门而接受飞机舱门制造商和航空公司专业人员的培训。

实际的停机与保险步骤会因飞机和飞机的不同以及民航和军用飞机的

不同而稍有区别。以前的飞机救援格言“油门、灭火瓶、蓄电池”已经随着飞机本身的复杂程度而变得更为复杂了(图6.23)。**技能页6-6**介绍了飞机停机与保险的一般步骤。

注:有的民航客机配置了旅客用气囊。飞机救援消防人员应当接受飞机厂家或经销商开展的关于如何正确保险该系统的训练。

图6.23 机场消防员在练习关闭飞机发动机的步骤

营救遇险人员

生命安全是飞机事件或事故应急响应的主旨。飞机救援消防指挥员必须综合考虑对所有飞机乘员的救援和现场飞机救援消防人员的安全。以下各节将讨论:

(1) 遇险人员的分布。

(2) 撤离路线。

(3) 搜索流程。

(4) 解救被困人员。

(5) 伤员分类。

遇险人员的分布

飞机救援消防人员要想帮助飞机乘员,就要首先能够找到他们。在遇险人员搜索中,对飞机救援消防人员有帮助的关键信息包括遇险飞机的:

(1) 可能达到的载客能力。

(2) 实际载客量。

(3) 乘员分布。

飞机救援消防人员应当熟悉经常飞入和飞离他们机场的飞机的载客能力和乘员的通常分布。这有助于飞机救援消防人员对发生大载客量坠机时可能出现的最坏情形做好预案。知道实际载客量有助于事件指挥员及飞机救援消防人员清点乘员。了解某架飞机上乘员的通常分布可以告诉飞机救援消防人员在哪里能找到他们(图6.24)。

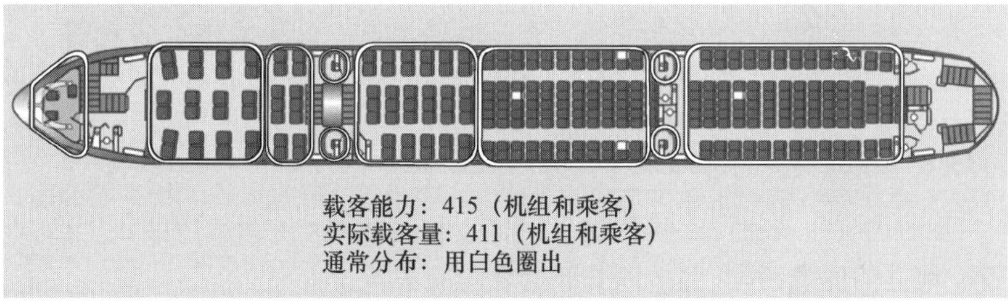

图6.24 飞机载客能力、实际载客量和通常分布示意图

在小型民用飞机上,乘员一般位于组合式飞行控制舱/座舱中。在较大的客机上,乘员会在驾驶舱和客舱以及机组休息区那里。在货运飞机上,飞行机组位于驾驶舱内,而货物押运人员则在货物区,或者在坠地之前已经回到了驾驶舱内。在小型军用飞机(攻击机、战斗机或侦察机)上,主驾驶、副驾驶或其他乘员会在座舱内。在大型军用飞机(轰炸机、货机和加油机)上,人员可能在驾驶舱或机身里的其他位置。

撤离路线

如果飞机坠落只是经历了轻度冲击，那么人员的生还机会、飞机的可靠近程度以及正常打开飞机的可行性都会增加。这种情况下，飞机救援消防人员应当尽量通过正常开口进入飞机内部。常用撤离路线是通过可用舱门及应急窗口（图6.25）。为了从紧急出口迅速逃生，飞机乘员在客舱内的位置在坠机前可能已经改变。飞行机组和机上乘客如果清醒且有行动能力的话，会努力从这些出口撤离。如有可能，飞机救援消防人员应当协助机上的飞行机组组织飞机撤离行动。某些情况下，飞机救援消防人员也可以发起撤离行动。

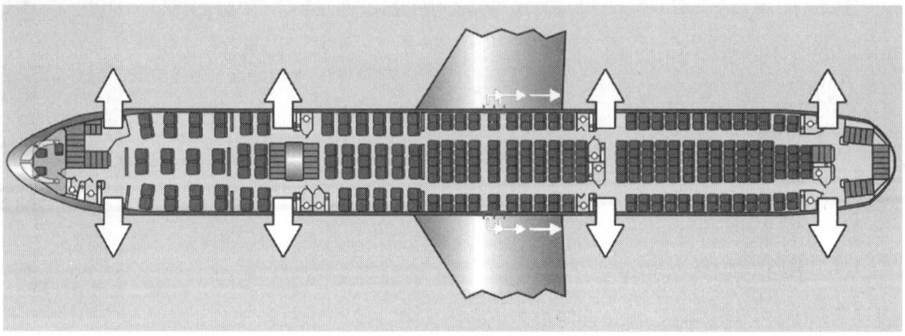

图6.25　飞机常用撤离路线示意图

飞机逃生滑梯在帮助乘员从飞机上撤离时很有用。乘客使用这些滑梯可能会受伤，因为他们没有训练过如何正确使用滑梯。乘客使用逃生滑梯可能会受到摩擦灼伤、擦伤、扭伤和其他轻微伤害。如果飞机机头抬高或侧向一边，逃生滑梯就不能以正确角度展开，这可能造成逃生中的大比例受伤。飞机救援消防人员要会调整滑梯到较佳角度，从而控制受伤的数量和程度，加速撤离作业。

警　告！

高温会破坏逃生滑梯。飞机救援消防人员必须保护展开的滑梯免受火灾侵害，但是要避免往上喷洒泡沫，因为泡沫会使滑梯特别的滑，这会导致严重伤害。

移动式航空舷梯可以代替逃生滑梯。移动式航空舷梯的使用应当列入机场/地方的应急预案，包括以下部门之间的协同：

（1）飞机救援消防组织。

（2）机场运行部门。

（3）机场维修设施管理部门。

（4）航空公司。

地面工作梯或升降平台可用于帮助乘员从飞机下到地面。飞机救援消防人员应当能够控制这些登机设备以确保它们稳固，防止打滑和倾翻，预防它们出现过载。如有可能，飞机救援消防人员应当引导或帮助飞机乘员到达远离直接危险区域的安全地点，这样可以保护他们远离多种危险，比如：

（1）火焰。
（2）燃油、液压油和其他化学物质。
（3）燃烧产物。
（4）飞机救援消防车辆的活动。
（5）灭火与救援作业。

搜索流程

一旦所有能走动的乘员逃离飞机，飞机救援消防人员应当立即对飞机内部进行搜索，寻找那些可能受困或受伤的乘员（图6.26）。要有一个或更多的救援小组进入机内，同时伴随持有充实水枪的消防人员，以在搜索作业中提供防火保护。救援小组应当携带合适的解救和稳定工具，以帮助他们移开或锚固机内遇到的障碍物。

图6.26　机场消防员参加机内搜索训练

在大型飞机上，要有一个救援小组到驾驶舱关机和保险飞机，解救在那里发现的飞行机组人员。还要有一个或多个救援小组去搜索客舱区域。在多层飞机上，数量有限的救援小组每次只能搜索一层。

要系统性开展初步搜索，在向下一区段转移之前要完成对前面各区段遇险人员的清运。进行机内搜索的一般步骤见**技能页6－7**。

如果乘员在飞机救援人员到达之前已经自行撤离，或者飞机已经断开，那么可以在机身外面找到他们。由于多种因素影响，乘员可能在飞机滑过的路径上被找到。要对机外区域进行搜索，以确保没有乘员因疏忽而被遗留。受伤的遇险人员会在靠近飞机或沿飞机路径的地方被发现，而伤势较轻的遇险人员为了尽量远离危险会走到离飞机较远的地方。

警　告！

在飞机事故的全程，飞机救援消防人员要随时留意已经逃出飞机的乘员。

解救被困人员

如果救援人员找到被困或受伤的乘员，他们应当确定被困的性质和/或受伤的严重程度，V形刃口索具切割刀在割断被夹住的安全带时非常有效。有些情况下，冲击的力量可能已经使座椅移位，致其困住了机上乘员。液压切割设备可用于将座椅的腿从地板上切断，让救援人员可以靠近并移出遇险人员。**技能页6－8**描述了切断飞机座椅腿的步骤。

遇险人员受伤的程度和严重性以及事故现场的危险程度决定了必须采取多快的速度将遇险人员从飞机上移走。在危险程度低/伤势一般的情况下，救援人员可以花些时间控制严重流血或者在运走之前将遇险人员捆绑稳固。对于危险程度高/伤势严重的情况，救援人员会觉得在进行应急医疗处置之前先将遇险人员运下飞机比较好。

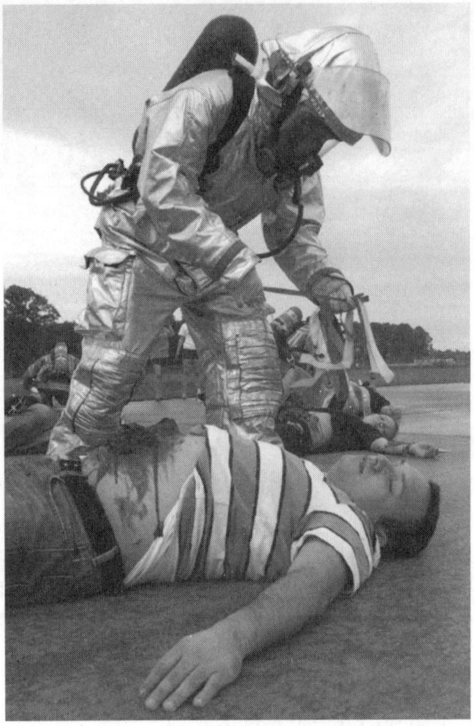

图 6.27 机场消防员在大规模伤亡演习中对“遇险人员”进行伤员分类

伤员分类

因为飞机事件和事故会导致大量伤亡，所以飞机救援消防人员应当训练伤员分类流程。进行伤员分类时，救援人员应当做到：

（1）评估遇险人员受伤的类型和程度。

（2）区分遇险人员，确定运送或处置的优先级。

为了高效完成该项工作，应当采用一个可以让救援人员具备能力在短时间内分类、处置和运送遇险人员的系统。这个系统中举足轻重的因素包括一天中的时段、一年中的季节、事故地点，以及资源获得能力。简单分类和快速运送（Simple Triage and Rapid Transport，START）伤员分类系统经过实践检验已被公认是个有效的分类系统标准。

处置遇险人员时，救援人员应当首先采取预防血源性病原体的人身防护措施，然后启动快速分类系统。可以给遇险人员贴上彩色条带或分类标签（图 6.27），其紧急程度由条带或标签的颜色表示：绿色代表较低优先级或是可自行走动的伤员；黄色代表中度优先级；红色是最高优先级；显然已经死去的人则应当用黑色条带或标签标识，以便他们后续不再被重复检查。

简单分类和快速运送

很多管理部门都采用了简单分类和快速运送系统。

呼吸科（呼吸作用）：

无呼吸迹象——黑色

呼吸 <30——红色（原文误将 ≥ 30 记为红色。——译者注）

呼吸 ≥ 30——转内循环

内循环：

无脉搏——红色

有脉搏——转神经科

神经科（精神状态）：

无意识——红色

间歇性意识丧失——红色

思维正常——黄色

可行走伤员——绿色

记忆这些步骤的一个简单方法是首字母法——RPM：呼吸作用（Respiration），内循环（Perfusion），精神状态（Mental status）。

在夜暗条件下或深草丛地带实施伤员分类存在一定风险。很多应急响应组织在伤员分类时在伤员身上附上彩色发光棒，以便识别他们的位置。深草丛地带会对伤员的位置有遮挡。要注意用足够高的旗帜正确标识每个伤员的位置，以识别其位置和显示其优先级。

本章小结

飞机救援消防人员在应急现场会用到各种手动工具和动力工具。所有的飞机救援消防人员都应当认真训练他们要用的工具，飞机救援消防部门应当事先准确评估可能会用到哪些工具，确信所有必需的工具均可随时方便获得且工作状态正常。

飞机救援消防人员应当一贯按照厂家的指南安全使用工具。在飞机应急处置中，使用工具的一个特殊安全性考虑就是起火条件。机场消防员必须确保他们使用动力工具和手动工具时不会产生更多点火源，以免点燃飞机事件中产生的地面聚集燃油、泄漏的燃油或易燃气体。

飞机救援消防人员要掌握飞机救援作业中所需的各种便携式电气设备和照明设备的安全使用，避免电击并防止电气设备产生更多点火源，这是所有飞机救援消防人员都应当保持警惕的方面。

飞机遇险救援作业主要包括对那些已经自行撤离或者被困在飞机里面需要协助撤离的乘员提供帮助。救援人员可以使用前面提到的工具与设备进入飞机内部。飞机系统必须关闭并保险以便飞机救援消防人员在飞机内部开展作业。部分飞机救援消防人员为机内作业提供防火保护的同时，其他的进行搜索和救援作业。要进行伤员分类，对大批伤员的运送和处置活动设置优先级。

复习题

1. 在易燃气体环境中使用某些工具是如何危及飞机救援消防人员安全的？（第 170 页）

2. 列举飞机救援作业中常用的动力工具。（第 174 页）

3. 困难环境或地形是怎样妨碍飞机救援作业的？（第 183 页）

4. 飞机救援消防人员在救援作业中最优先的两项任务是什么？（第 186 ~ 187 页）

5. 什么设备可用于到达飞机上离地较高的进入点？（第 187 页）

6. 飞机事故发生后，哪些系统需要关闭并保险？（第 190 ~ 191 页）

7. 飞机载客能力的知识在遇险人员救援中对飞机救援消防人员有何帮助？（第 191 ~ 192 页）

步骤1：将织带、绳索、铁链连接到机上稳固点上。

步骤2：将织带、绳索、铁链绑到其他稳固点，例如，大树、电线杆、特别坚固的锚固点、牢靠的标志杆、桥梁构件或者挡好车轮的车辆。选用绳索、铁链或织带时要慎重考虑，确信所选设备在状态和能力方面均能满足当前任务的要求。

注：任何织带、绳索、铁链或钢索必须和要承受的载荷相匹配。

步骤3：将织带、绳索或铁链拉紧。

步骤4：估计并保持所用稳固设备的张紧力。

注：稳固点和设备的数量越多，飞机就会越稳定。

注意：不要将最初的几个带子绑得太紧，因为这会引起物体移位。

注:航空舷梯的每一步操作都要有引导员进行监视。

无动力(拖架式)航空舷梯装置

步骤 1:将航空舷梯装置推到位。

步骤 2:将装置升到适当高度。

步骤 3:将装置摆放到舱门/舱盖/离机点。

步骤 4:将装置稳定好(锁梯、刹车、放轮挡)备用。

有动力(卡车底盘)航空舷梯装置

步骤 1:将航空舷梯装置运送到位。

步骤 2:将装置升到适当高度。
步骤 3:将装置停放到舱门/舱盖/离机点。
步骤 4:将装置稳定好(锁梯、刹车、放轮挡)备用。

上翻式舱门

步骤 1：从地面、工作梯或举高平台抵达舱门。

步骤 2：找到门锁栓/锁扣机构的位置。

步骤 3：操作该机构。

步骤 4：将舱门向里推，然后向上推。

步骤 5：如果舱门卡住，尝试用哈利根铁铤、撬棍或扩张器撬开舱门。

步骤 6：如果锁卡住，用动力锯切割开锁机构，同时用水或泡沫射流扑灭火花。

栓式外开舱门

步骤 1：从地面、工作梯或举高平台抵达舱门。

步骤 2：找到门锁栓/锁扣机构的位置。

步骤 3：操作该机构。

步骤4:将舱门向外打开。

步骤5:如果舱门卡住,尝试用哈利根铁铤、撬棍或扩张器撬开舱门。

步骤6:如果锁卡住,用动力锯切割开锁机构,同时用水或泡沫射流扑灭火花。

塞式舱门

步骤1:从地面、工作梯或举高平台抵达舱门。

步骤2:找到门锁栓/锁扣机构的位置。

步骤3:操作该机构。

步骤4:将舱门向里和侧向推。

步骤5:如果舱门卡住,尝试用哈利根铁铤、撬棍或扩张器撬开舱门。

步骤6:如果锁卡住,用动力锯切割开锁机构,同时用水或泡沫射流扑灭火花。

液压式舱门

步骤1:抵达舱门。

步骤2:找到液压控制机构的位置。

步骤 3:操作该机构。

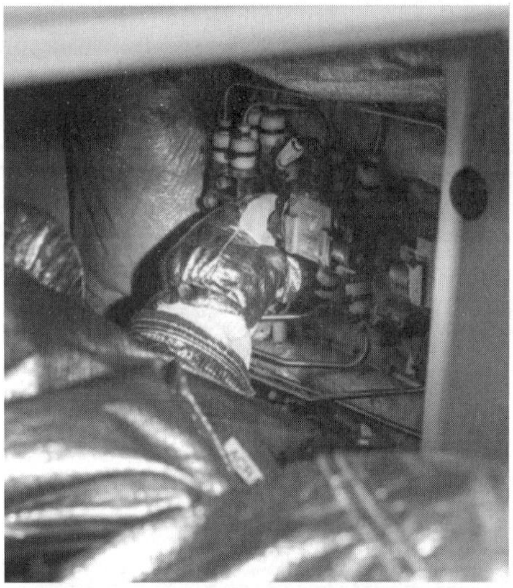

步骤 4:如果舱门卡住,尝试用哈利根铁铤、撬棍或扩张器撬开舱门。

步骤 5:如果锁卡住,用动力锯切割开锁机构,同时用水或泡沫射流扑灭火花。

警告:舱门打开时会带有很大的力量。如果没有心理准备,舱门可能会撞到消防员,或者将消防员从机翼或平台上打下去,造成严重受伤或死亡。

注:如果飞机已经没有动力,就不得不手动打开舱门,用机械手柄泵出液压油。熟悉这些泵在你们飞机上的位置,或者查阅本场的标准作业流程。

合页式舱门

步骤 1:从地面、工作梯或举高平台抵达舱门。

步骤 2:如果飞机配有逃生滑梯,要查看一下是否已经解除保险。如果已解除,应将滑梯保险好(插上保险销),以防意外充气。

步骤 3:找到门锁栓/锁扣机构的位置。

步骤 4:操作该机构。

步骤 5:向里推舱门,再将舱门绕轴转,然后将舱门向外转。

步骤 6:如果舱门卡住,尝试用哈利根铁铤、撬棍或扩张器撬开舱门。

步骤 7:如果锁卡住,用动力锯切割开锁机构,同时用水或泡沫射流扑灭火花。

三边法

步骤 1:选择合适的切割区域。有的飞机在机身上有切割标志。

步骤 2:用尖斧或哈利根铁铤的一端在矩形上方顶点附近凿开一个洞。

步骤 3:将切割锯片伸进洞里,沿矩形的上边作水平切割。

步骤 4:自水平切缝的末端作竖直切割,向下切到低位的"切割"标志处。

步骤 5:向下折弯飞机蒙皮,使之朝向地面。

步骤 6:如果时间允许,可给锯齿状边缘加上护垫。

四边法

注:复合材料必须使用该方法。

步骤1:在飞机机身上找到“切割”标志。这些标志勾画出一个矩形,其范围内的机身内部或飞机蒙皮里面不会有障碍。

步骤2:用尖斧或哈利根铁铤的一端在矩形下方的顶点附近凿开一个洞。

步骤3:将切割锯片伸进洞里,沿矩形的下边作水平切割。

注:如果要完全切掉进入/逃生的板,底边的切缝应当是第一条要切的,以免锯片或救援工具卡滞(门自重所致)。

步骤4:自水平切缝的末端作竖直切割,向上切到切割区的上边。

步骤5:沿矩形的上边作水平切割。

步骤6:将飞机蒙皮矩形块移开。

步骤7:如果时间允许,可给锯齿状边缘加上护垫。

三边法

步骤 1: 选择合适的切割区域。有的飞机在机身上有切割标志。

步骤 2: 用尖斧或哈利根铁铤的一端在矩形上方顶点附近凿开一个洞。

步骤 3: 将切割锯片伸进洞里,沿矩形的上边作多次水平切割。

步骤 4: 自水平切缝的末端作竖直切割,向下切到切割区的底边。

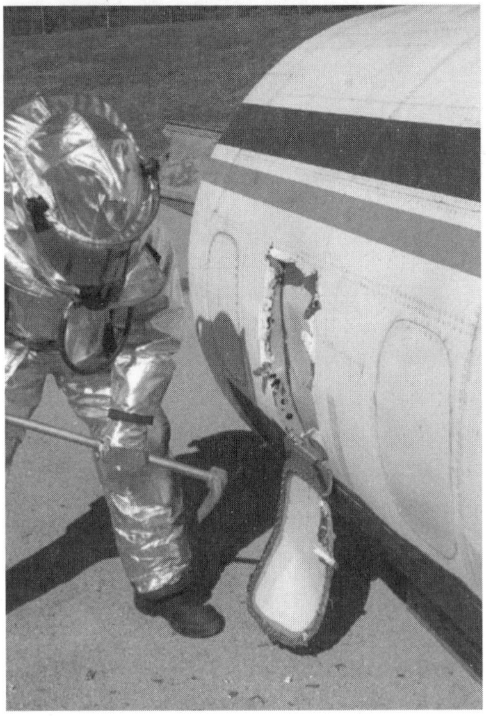

步骤 5: 用液压扩张器或撬具向下折弯飞机蒙皮,使之朝向地面。

步骤 6: 如果时间允许,可给锯齿状边缘加上护垫。

四边法

注: 复合材料必须使用该方法。

注: 该方法需要学员以两名或更多人员为一组合作。一名切割,另一名或更多人员捡拾掉下的碎块。

步骤 1: 选择合适的切割区域。有的飞机在机身上有切割标志。

步骤 2: 用尖斧或哈利根铁铤的一端在矩形的每个顶点处都凿开一个洞。

步骤 3: 将液压切割锯的锯片伸进洞里,沿矩形的下边作多次水平切割。

注: 如果要完全切掉进入/逃生的板,底边的切缝应当是第一条要切的,以免锯片或救援工具卡滞(切出板的重量所致)。

步骤 4:自上方洞口作竖直切割,向下切到切割区的下边。

步骤 5:沿矩形的上边作水平切割。

步骤 6:将飞机蒙皮矩形块移开。

步骤 7:如果时间允许,可给锯齿状边缘加上护垫。

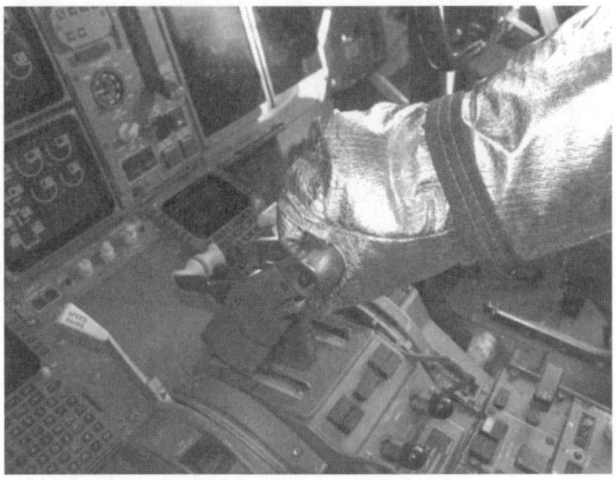

步骤 1: 进入飞机驾驶舱或座舱。

步骤 2: 找到油门杆。

步骤 3: 将发动机油门平稳拉至慢车或停车位置。

步骤 4: 对于军用飞机,要保险弹射座椅/模块。

步骤 5: 关闭燃油阀电门。

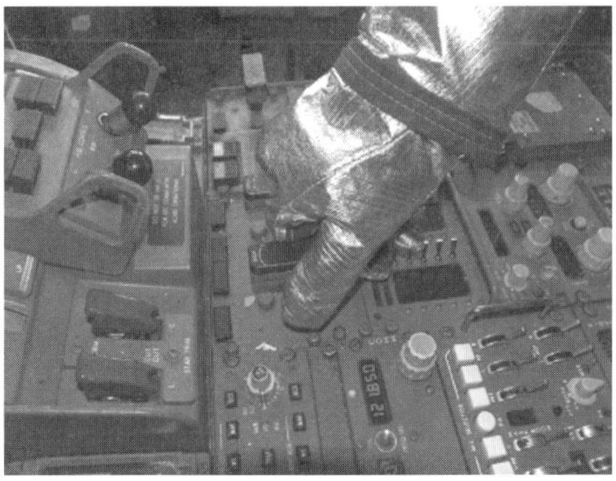

步骤 6: 拉动火灾 T 形手柄,启用机上防火系统,以释放机上灭火剂。

① 拉起手柄以切断燃油。

② 旋转手柄以喷射灭火剂。

注: 机上防火系统会用灭火剂充满整个发动机,消灭那里的任何火灾,同时造成发动机熄火。

步骤 7: 对于军用飞机,要保险飞机的武器/火力装置。

步骤 8: 关闭应急电源/辅助电源电门。

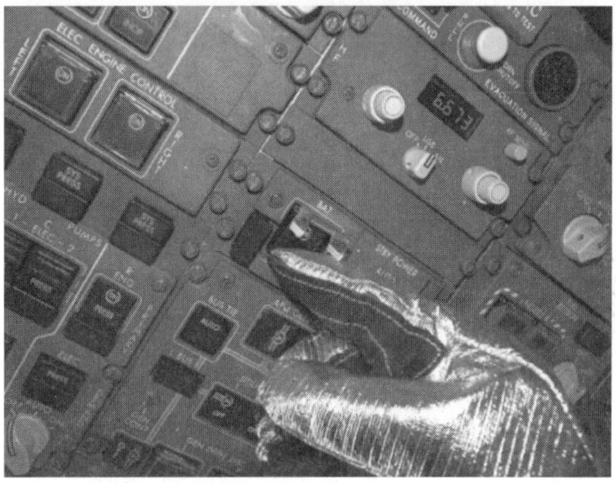

步骤 9: 关闭蓄电池电门。

步骤 10: 找到蓄电池/蓄电池舱。

步骤 11: 用工具打开蓄电池舱。

步骤 12: 断开蓄电池。

注意: 波音 787 的主蓄电池位于两个 E&E 隔框内,一前一后。波音公司建议,消防员"切勿"断开这些锂离子蓄电池或"剪断"其电缆,这是地面维护人员的职责范围。

警告: 蓄电池会释放爆炸性氢气,爆炸的蓄电池会致人伤亡。飞机救援消防人员应当戴上安全眼镜和抗酸手套,保持通风。

注：初步搜索小组应当包括至少两人。

步骤1：向领导或负责人确认实施初步搜索的命令，确定要采用的搜索方式。

步骤2：对要搜索的飞机进行评估。

步骤3：应用所确定的搜索方式搜索飞机，随时向事件指挥员汇报进展。

注：彻底搜索极为重要，遇险人员尤其是婴儿可能会被忽略或被残骸掩盖。

步骤4：运出遇险人员，并告知事件指挥员遇险人数。

注：不要从机内转运明显已死亡的人体，直到调查人员授权可以移动他们。

步骤5：完成搜索，离开飞机。

步骤6：向领导或负责人报告完成初步搜索。

注：初步搜索完成之后，第二组执行对飞机的后续搜索。

注：第二搜索小组也应当包括至少两人。

步骤 1: 试操作切割器。

步骤 2: 将切割器拿到切割位置。

步骤 3: 放好切割器,准备切割座椅腿的下部,或者座椅框架的最薄弱处。

步骤 4: 切断座椅的腿/基础,确保座椅不会倒向或掉到救援人员或其他遇险人员身上。

第7章　灭火剂

学习目标

学习完本章,学生要能够:

1. 解释主力和辅助灭火剂在飞机救援消防作业中的使用。[NFPA1003, 4.1.1.3, 4.1.1.4, 4.3.1, 4.3.2, 4.3.3, 4.3.4, 4.3.5, 4.3.6, 4.3.10]
2. 描述水作为灭火剂在飞机救援消防作业中的使用。[NFPA1003, 4.1.1.3, 4.1.1.4, 4.3.1, 4.3.2, 4.3.3, 4.3.4, 4.3.5, 4.3.6, 4.3.10]
3. 解释用于扑救飞机和燃油火灾时泡沫的作用原理。[NFPA1003, 4.1.1.3, 4.1.1.4, 4.3.1, 4.3.2, 4.3.3, 4.3.4, 4.3.5, 4.3.6, 4.3.10]
4. 认识泡沫浓缩液的分类和特征。[NFPA1003, 4.1.1.3, 4.1.1.4, 4.3.1, 4.3.2, 4.3.3, 4.3.4, 4.3.5, 4.3.6, 4.3.10]
5. 解释泡沫是怎样配制的。[NFPA1003, 4.1.1.3, 4.1.1.4, 4.3.1, 4.3.2, 4.3.3, 4.3.4, 4.3.5, 4.3.6, 4.3.8, 4.3.10]
6. 认识用于喷射泡沫的各种设备。[NFPA1003, 4.1.1.3, 4.1.1.4, 4.3.1, 4.3.2, 4.3.3, 4.3.4, 4.3.5, 4.3.6, 4.3.10]
7. 描述飞机救援消防作业中化学干粉的类型及应用方法。[NFPA1003, 4.1.1.3, 4.1.1.4, 4.3.1, 4.3.2, 4.3.3, 4.3.4, 4.3.5, 4.3.6]
8. 描述飞机救援消防作业中洁净灭火剂的类型及应用方法。[NFPA1003, 4.1.1.3, 4.1.1.4, 4.3.1, 4.3.3, 4.3.4, 4.3.5, 4.3.6]
9. 解释在飞机救援消防响应中节约使用和补给灭火剂的方法。[NFPA1003, 4.1.1.3, 4.1.1.4, 4.3.1, 4.3.2, 4.3.3, 4.3.4, 4.3.5, 4.3.6, 4.3.8]

第7章 灭火剂

历史案例

在一次干粉灭火剂喷枪无法操作的经历中，一家消防救援部门深切感受到了正确理解消防灭火剂系统使用方法的重要性。几名消防员从奥史考士(Oshkosh，商标名。——译者注)T-3000消防车上展开两用灭火剂喷射管，系统已经充压，却无灭火剂喷出。开始检修故障，消防员重起系统并检查所有阀门，结果还是一样。在第三次尝试给管路充压时，消防员仔细观察了阀门的动作。

他们注意到：当系统充压完成，压力即充满灭火剂罐并打开一个从罐体底部伸出的阀门，然后以"T"形通向一根竖管，向上通到车顶消防炮的阀门，向下通到喷枪的阀门。工作人员能够看到下阀门想动却未能打开。他们测试让干粉从车顶消防炮喷出，情况正常，因此他们确定是喷枪的阀门坏了或是操作阀门的气路电磁阀不能工作。

经过进一步检查，工作人员发现：干粉颗粒已经堆积并结块，堵在阀芯上部，完全将其封死。多年以来，该部门只使用车顶消防炮喷射干粉灭火剂。每次用毕，工作人员都认为他们是正确吹净了喷射系统。但是，他们缺少了非常关键的一步。工作人员吹净车顶消防炮是因为他们只用到了该喷射装置。实际上，为了彻底吹净系统，所有孔口都必须打开，确保全部管路干干净净。由于执行了不正确的吹管流程，工作人员已经不知不觉使残余干粉落入下面的阀门，最终积累太多而导致喷枪不工作。

从这次经历中吸取的教训之一就是最好能经常性地活动一下所有灭火剂喷射阀门。该部门还加深了对采用正确吹管流程重要性的理解，以确保全部粉粒每次都能从各个管路中吹出，并且干粉孔口是好用的。

机场的救援消防人员在每一次事件中都可能遇到A、B、C和/或D类(A类：木材、煤炭等一般固体火灾；B类：汽油、蜡烛等液体和可熔化固体火灾；C类：气体物质火灾；D类：可燃金属火灾。——译者注)火灾。为了有效开展工作，救援消防人员必须对燃烧行为和灭火原理有深入的理解，包括每一种**灭火剂**的有效使用方法。很多机场都有多种类型的灭火剂，每种灭火剂都有其特定的用法和应用范围。目前开发并应用于现代飞机上的航空燃油、合成/复合材料、可燃金属以及其他新型材料都有其独特的燃烧特性。这些材料的火灾需要采用特定灭火剂及喷射技术。

灭火剂——用于控制或扑灭火灾的物质。

本章提供以下方面的信息：

(1) 飞机灭火常用的灭火剂。

(2) 各种灭火剂的优点与不足。

(3) 各种灭火剂的喷射方法。

主力和辅助灭火剂

泡沫——通过将泡沫浓缩液与水混合后再向溶液中导入空气膨胀而形成的灭火剂；适用于A类和B类火灾；有蛋白泡沫、合成泡沫、水成膜泡沫、高倍泡沫或抗溶泡沫几种。

二维火灾——燃油流淌汇聚成片，有长和宽两个维度。

在飞机灭火中，有主力灭火剂和辅助灭火剂（补充性灭火剂）两个基本系列的灭火剂。主力灭火剂是设计用于对火灾进行大量喷射和快速压制的灭火剂（图7.1）。主力灭火剂包括水和**泡沫**等水基灭火剂。泡沫灭火剂是用于扑救碳氢化合物燃油**二维火灾**（图7.2）的主力灭火剂。常用扑救灭火剂包括：

（1）水。

（2）泡沫灭火剂。

（3）化学干粉。

（4）哈龙系列灭火剂和哈龙替代品。

（5）惰性干粉。

（6）CO_2。

图7.1　飞机救援消防车在飞机火灾训练中喷射终态泡沫作为主力灭火剂

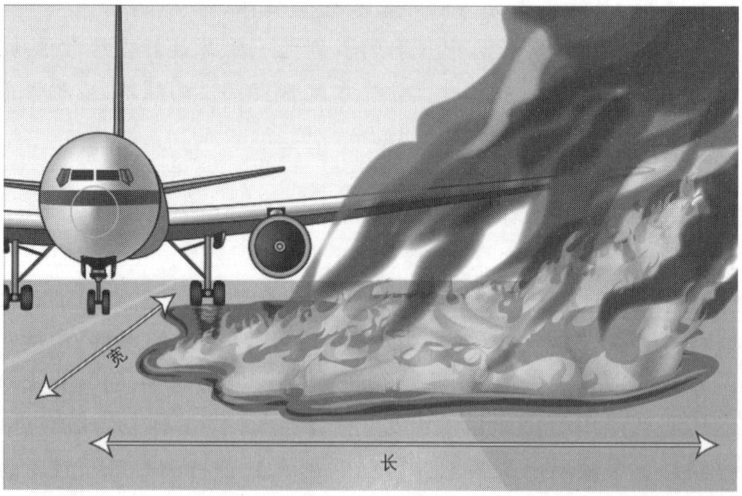

图7.2　二维火灾示意图

三维火灾——具有长、宽和高三个维度的燃油火灾（流淌、喷溅及倾泻的燃油）。

如果主力灭火剂能够正确和足量喷射，它们在扑灭和/或控制易燃液体火灾时还是相当有效的，这种火灾在飞机事故/事件中较为典型。偶尔地，**三维火灾**（流淌、喷溅和/或倾泻的燃油）可能需要用到辅助灭火剂及技术

（图 7.3）。这类火灾被证明是很难用泡沫灭火剂单独扑灭的，但是它可以通过使用干粉等辅助灭火剂进行快速压制。

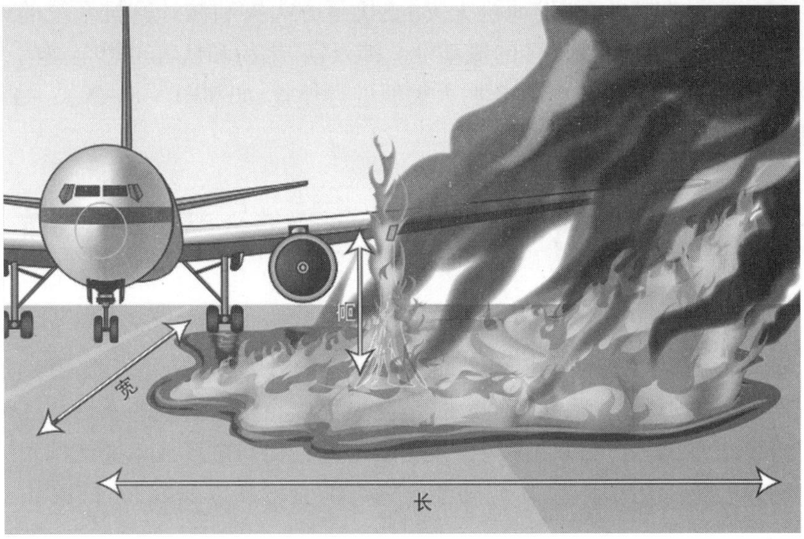

图 7.3　三维火灾示意图

辅助（补充）灭火剂是与主力灭火剂（通常为泡沫）相容且在灭火中与其联用的灭火剂。为了能与主力灭火剂相容，辅助灭火剂的化学成分不得与泡沫的作用相抵触。还有其他一些情况，应对特殊火灾时可以将辅助灭火剂用作主力灭火剂，发生这些火灾的部位包括：

（1）起落架舱。

（2）发动机短舱。

（3）内壁。

（4）舱室。

一般地，辅助灭火剂不如主力灭火剂的效果好，因为它们容易发生复燃。例如，如果干粉灭火剂没有彻底扑灭火灾并冷却附近点火源，那么整个火区就会发生复燃，除非同时喷射了泡沫，可以形成蒸气抑制覆盖层。多灭火剂消防车（Combined Agent Vehicle，CAV）可以消灭可能发生的复燃问题。多灭火剂消防车是采用主力灭火剂加上一种或多种辅助灭火剂的机场消防车（图 7.4）。

图 7.4　可以采用主力和第二灭火剂的飞机救援消防车示例（射流实为紫色）

飞机消防中常用的辅助灭火剂包括化学干粉、二氧化碳和洁净灭火剂。哈龙和哈龙替代品,有时称为“洁净”或“洁净射流”灭火剂,对于难以靠近的火灾被证明是有效的,如发动机火灾、飞机下方火灾和涉计算机系统的火灾等。这些灭火剂确实有极佳的流动性。涉及镁、铝粉和钛等可燃金属的火灾必须用D类的调制干粉可燃金属灭火剂进行扑救,如MET－L－X、G－1粉,或者用大量的水也行。

水

水是消防作业中最为常用的灭火剂,也是扑救飞机内部火灾最宜采用的灭火剂。但是,水单独使用通常不能作为飞机燃油火灾的灭火剂,特别是深坑或凹陷处的那种。通过正确喷水,消防员可以将正在燃烧的燃油从飞机边向外推到很远的地方,以便实施有效救援。这种消防进攻战术要使用大量的水和特殊技能。用水扑救B类燃油火灾可能会增加燃烧面积,同时还会将燃油弄到低洼处。

注 意

用水扑救飞机火灾时,飞机救援消防人员及消防车必须停放在燃油的上坡并保持安全距离,以免水携带燃油流回到飞机救援消防人员和消防车处。

除了当作灭火剂,飞机救援消防人员还将水用于其他各种用途,包括:

(1) 冷却飞机机身,降低外部燃油火灾蔓延到机内的可能性。

(2) 冷却高温残骸碎块,消除复燃点火源。

(3) 为飞机乘客和飞机救援消防人员提供一个有效的隔热层。

(4) 控制二次火灾。

图7.5 机内灭火作业期间产生了水蒸气

注:水的使用会冲走或溶掉此前为防止易燃蒸气点燃而喷施的泡沫覆盖层。

飞机救援消防人员要牢记用水作为灭火剂时那些潜在的危险。水灭火主要利用其吸热能力;在转化为水蒸气的过程中会以1 700 :1的比例膨胀。这种剧烈的膨胀使飞机内部充满水蒸气,尤其在密闭或通风不畅的空间更是如此(图7.5)。水蒸气会阻挡飞机乘员和飞机救援消防人员的视线、导致严重的水蒸气烫伤。

注:水是电的一种良导体,因此工作人员必须保持谨慎,防止电击。

要做一个需求分析判断,以确定在核心救援灭火区域内有没有百分之百满足水源补给的最低供应能力。需求分析应当是书面的,机场会确认已经具备的补水能力。

泡沫的灭火原理

飞机救援消防人员用泡沫扑救飞机和燃油火灾。泡沫通过以下方式消灭或防止火灾发生：

（1）隔离。在燃油和火之间形成屏障。

（2）冷却。降低燃油及邻近表面的温度。

（3）窒息。阻止空气接触燃油并与易燃蒸气混合，阻止易燃蒸气的释放，从而减小点燃或复燃的可能性。

（4）渗透。降低水的表面温度并让其渗入 A 类物质火灾。

消防员必须理解泡沫的特性，以最大程度发挥其效果。泡沫通过在燃油表面形成漂浮的泡沫覆盖层从而对其发挥作用。高质量的泡沫覆盖层应当是大量的细密气泡。尽量不要让以下干扰因素影响泡沫覆盖层：

（1）风。

（2）上升热气流。

（3）火焰。

（4）碳氢化合物（这里指燃油及其蒸气。——译者注）冲击。

泡沫覆盖层可以冷却燃油，并通过阻止易燃蒸气与空气混合从而防止易燃混合气的形成。泡沫在喷施的同时也在消融，其中的水分流出，或者因热量和火焰而汽化。在喷施过程中，热量和火焰导致了泡沫中水分的析出或汽化，因此飞机救援消防人员需要以足够的速度将足量泡沫施加到着火的油面上，必要时还要重新施加以保持其效果。用这种方式喷施泡沫，可以确保在燃烧液体已被扑灭的区域上始终保留一个泡沫层。

如果考虑到理论核心区（Theoretical Critical Area，TCA）和实际核心区（Practical Critical Area，PCA），那么泡沫喷施的密度和速度就更为重要了。理论核心区指紧邻飞机机身的一个专门指定区域，在区域内更易于消灭或长时间控制火势，便于救援人员将受困或失去行动能力的乘员营救出来。实际核心区指相当于理论核心区大约 2/3 面积的一个区域（图 7.6）。NFPA403 和国际民航组织的《飞机保障手册》（第 1 部）提供了确定这些区域的相关信息。通过确定这些区域所获取的信息有助于确定出飞机救援消防组织及机场对泡沫灭火剂的基本需求，这反过来也有助于确定出机场所需飞机救援消防车的数量和类型，以支持所需要的水和泡沫喷施速度。

正如这些标准所指出的那样，飞机救援消防人员喷施泡沫时面临的最严峻问题是他们必须尽快喷出大量泡沫以在火焰上形成一个防火覆盖层。易燃液体流淌的面积越大，快速喷施防火覆盖层就越困难。如果泡沫喷施尚未完全扑灭火灾，根据泡沫的稳定性和其他条件，已喷泡沫的区域有可能蔓延回来或发生复燃。

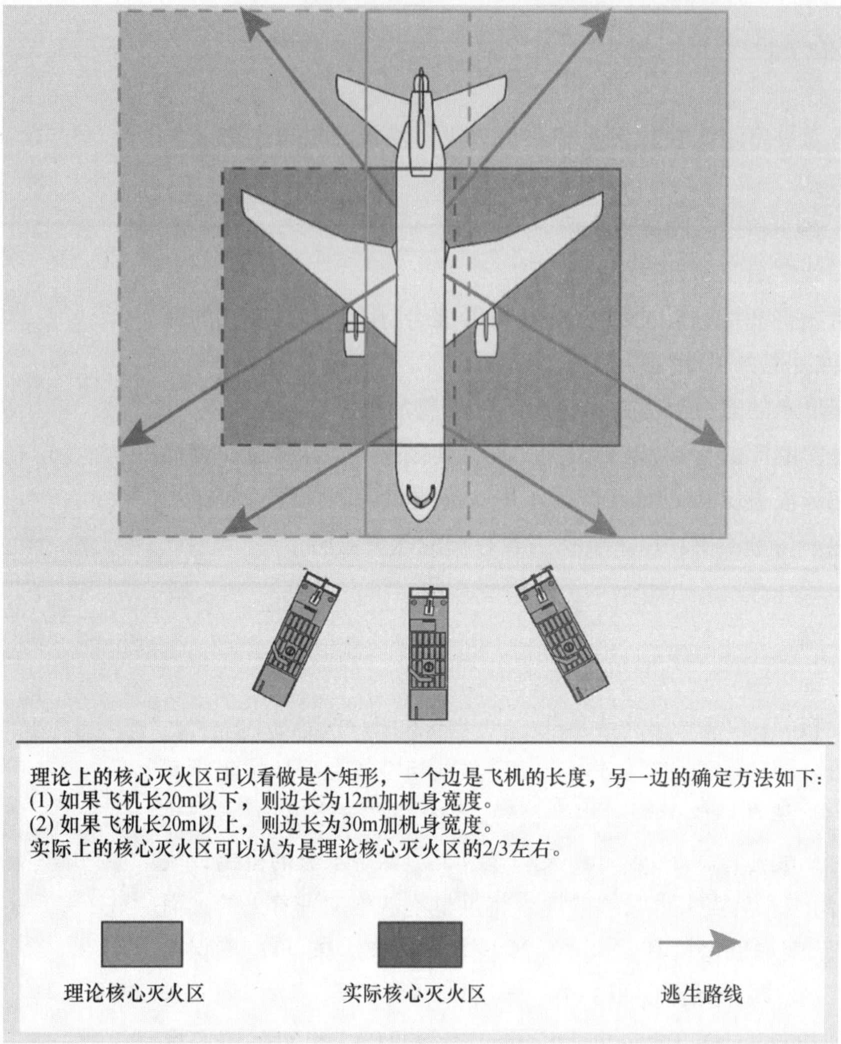

图 7.6　飞机的理论与实际核心区

警　告！

在灭火和救援作业中，切勿冲击或破坏泡沫覆盖层的连续性，火灾会复燃并造成对人员的严重伤害。

注　意

如有必要请重新喷施泡沫，以保持泡沫覆盖层的完整性。

充气——向泡沫溶液中导入空气以发泡，形成终态泡沫。

目前所用的泡沫必须按比例混合(按一定量与水混合)并**充气**(通过机械搅拌混入空气)之后才能使用。为了制备合格的灭火泡沫，必须具备泡沫浓缩液、水、空气和机械充气这几个要素，并以恰当的比例进行混合(图 7.7)。如果缺少任何一个要素，就会导致泡沫质量较差或者不能产生泡沫。

比例混合器——将正确数量的灭火剂特别是泡沫或湿式灭火剂引到水流中的设备。

为了熟悉泡沫的类型和制备过程，要理解以下术语：

(1) **泡沫浓缩液**。在接触水和空气之前存储于容器内的泡沫原液。

(2) **泡沫比例混合器**。按一定的量将泡沫浓缩液引入水流中以产生泡沫溶液的设备。

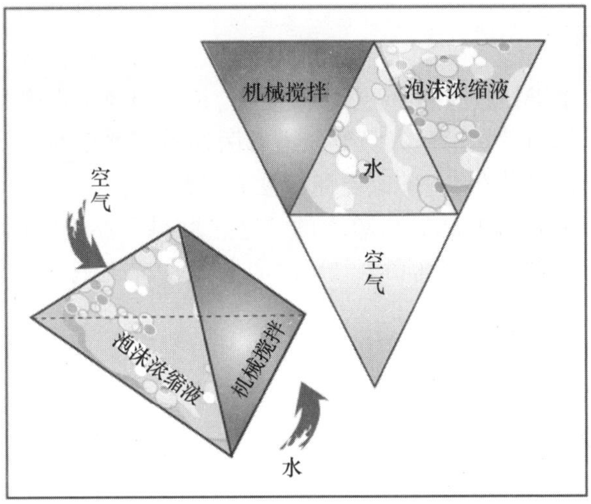

图 7.7 泡沫四面体描述了生成终态灭火泡沫的四个要素

（3）**泡沫溶液**。在引入空气之前，泡沫浓缩液和水所形成的比例适当的混合物。

（4）**终态泡沫**。将空气导入泡沫溶液中所得成品（也称为泡沫）。

注：充气要产生足够数量的气泡以形成有效的泡沫覆盖层。泡沫充气越好，覆盖层就越持久。

泡沫浓缩液

机械泡沫浓缩液可以分为两个基本系列：拟用于 A 类燃料（普通可燃物）的和拟用于 B 类燃料（易燃和可燃液体）的。为了取得良好效果，泡沫浓缩液必须与所应对的燃料相匹配。A 类泡沫不能用于扑救 B 类火灾，因为它们不具有 B 类泡沫的灭火和蒸气压制能力。以下几节有这些方面的信息。

注　意

如果不能正确匹配泡沫浓缩液和燃料的类型，将会导致灭火不成功，甚至可能威胁到消防员的安全。

注：联邦航空局禁止在用联邦航空基金购买的飞机救援消防车上使用抗溶性泡沫（Alcohol Resistant，AR）浓缩液。如果使用了这种类型的泡沫浓缩液，飞机救援消防车的大多数制造商也就不再为车辆的泡沫系统保修。

A 类泡沫

A 类泡沫被证明对于 A 类燃料位置较深的火灾很有效。该型泡沫属于湿式灭火剂，可降低水的表面张力，使泡沫易于渗入可燃物。有的主管部门采用 A 类泡沫扑救飞机内部火灾或机场上建筑相关的其他火灾。关于 A 类泡沫浓缩液及其用法的更多信息，请参阅国际消防保障训练协会的《泡沫灭火原理》手册。

B 类泡沫

极性溶剂——对水有吸引力的易燃液体,很像正磁极吸引负磁极那样,如酒精、甲酮和漆等。

疏水——不能与水混溶。

B 类泡沫用于扑救易燃、可燃液体火灾,并压制暂未点燃的流淌液体所散发的蒸气。飞机救援消防人员要知道有两种不同类型的 B 类泡沫可分别用于两个系列的 B 类燃料:碳氢类和**极性溶剂**类。

碳氢类燃料是石油基的和**疏水**的。这些燃料会浮于水面且不溶于水。标准的消防泡沫作为灭火剂和蒸气压制剂很有效,因为它能浮在碳氢类燃料的表面。碳氢类燃料举例如下:

(1) 原油。

(2) 燃料油。

(3) 汽油。

(4) 苯。

(5) 石脑油。

(6) 喷气燃油。

(7) 柴油。

(8) 煤油。

亲水——能够与水混溶。

极性溶剂是指易燃且**亲水**的液体燃料。这些燃料可以与水混溶。消防泡沫对于该类燃料也是有效的,但是仅限于专用的抗溶性(聚合物)泡沫这类配方。极性溶剂举例如下:

(1) 酒精。

(2) 丙酮。

(3) 喷漆稀料。

(4) 甲酮。

(5) 酯类。

注:许多现代车用燃油混合物中含有 10% 或更多的可溶性添加剂,飞机救援消防人员要将这些燃油混合物当作极性溶剂看待,并在应急事件作业中也如此处置。

为碳氢类火灾专门设计的 B 类泡沫不能扑灭极性溶剂火灾,不论所采用的泡沫浓度多大。用于极性溶剂的泡沫也可用于碳氢类燃油火灾。

黏稠——具有浓厚、黏性、粘附的稠度特性。

注:极性溶剂泡沫不要装入飞机救援消防车使用,因为该类泡沫的浓缩液过于**黏稠**难以正确按比例混合。

一般地,不同厂家的泡沫浓缩液不要在消防车的泡沫罐内混合,因为它们的化学性质可能不相容。该混合准则对于美国军方定制的水成膜泡沫可以例外。包装写上"军方定制",表明可以混用不同厂家的军用定制水成膜泡沫,且不会有不良后果。

在紧急事件现场,来自不同厂家的相近类型(全是水成膜或全是氟蛋白)浓缩液可以在临近喷射前混合。事件处置结束后,所有剩余的非军方定制的混合浓缩液应当从消防车上清理干净,彻底冲洗泡沫系统,重新装入正确类型的浓缩液。

注:虽然不同厂家的军方定制水成膜泡沫浓缩液可以在同一泡沫罐内混合,出于产品质量保证和责任的缘故,还是应当仅用同一厂家的浓缩液。

B 类泡沫的化学性质及其环境影响因浓缩液的类型和厂家而异。厂家提供的安全性说明页提供了其浓缩液的更多信息。一般来说,使用泡沫浓缩液及其溶液所产生的泄漏与残留物对环境是有害的,因此飞机救援消防人员应当采用所需泡沫的最小剂量。只要有可能,就应采取行动尽量限制和清理飞机燃油和泡沫所产生的泄漏。

本节将讨论以下内容:

(1) **配制**。

(2) 起泡。

(3) 喷施速度。

(4) 作业注意事项。

配制——将水和适量的泡沫浓缩液进行混合以形成泡沫溶液。

配制

如今的B类泡沫可以按从1%到6%的不同比例进行混合。具体浓缩液的合适配比写在泡沫液容器的外面。有的多功能泡沫可以采用不同的浓度,这要看用于哪种燃料。这些浓缩液对于碳氢类通常采用1%或3%的配比,而对于极性溶剂则采用3%或6%的配比,具体要依据厂家的建议执行。

起泡

起泡是指向泡沫溶液充气时其体积增加的过程,这是选择泡沫浓缩液用于特定用途时要考虑的关键特性。向泡沫溶液充气的方法会导致起泡程度有差异,这取决于以下因素:

(1) 所用的泡沫浓缩液类型。

(2) 泡沫浓缩液的质量。

(3) 泡沫浓缩液在溶液中的准确配比。

(4) 充气方法。

根据用途不同,泡沫可以分为低倍、中倍和高倍几种。低倍泡沫的空气/溶液比例可达每份泡沫溶液生成20份终态泡沫(比例20:1);中倍泡沫最常用的比例为20:1~200:1,要利用水压操作的喷嘴型喷射设备实现;对于高倍泡沫,膨胀比为200:1~1 000:1。关于泡沫系统的更多信息请参阅NFPA11《低、中、高倍泡沫标准》。

喷施速度

消防泡沫采用的喷施速度取决于以下因素:

(1) 所用的泡沫浓缩液类型。

(2) 燃油是否着火。

(3) 相关燃油的类型。

(4) 燃油是流淌出来还是在油箱里。

注:油箱的类型会影响到消防作业期间所采用的泡沫喷施速度。

NFPA403中确定了飞机燃油流淌火灾适用的泡沫溶液最小喷施速度。关于油箱灭火作业、泡沫配制系统和泡沫生成系统请参阅国际消防保障训练协会的《泡沫灭火原理》手册和NFPA11。

未起火的燃油流淌不必用与起火相同的喷施速度,因为它没有起火时那样的热辐射、明火和热气流。尽管NFPA11中没有给定未起火流淌火灾适用的喷施速度,但是为了预防流淌燃油真的起火,基于火场条件,消防员要准备好在指定时间内至少能够达到最小的喷施速度。

作业注意事项

机场内的水源会影响到飞机救援消防车泡沫系统的泡沫制备质量。为了达到最佳的泡沫质量,需要调节泡沫溶液的供应强度。没有泡沫浓缩液厂家的允许不得使用除锈剂或防冻剂等添加剂。

↘ 特种泡沫浓缩液

针对特定用途可以根据泡沫的性质和表现选用各种类型的泡沫。飞机救援消防人员在选用浓缩液之前应当参考一下手边的保险商实验室(Underwriters Laboratories,UL)清单中每种特定泡沫的应用情况。有的泡沫浓重黏稠,在燃烧液体表面形成厚实的抗热覆盖层;其他的泡沫较薄且扩散得更快。有的泡沫可以在液体表面产生一层表面活性水溶液的油蒸气封锁膜。其他诸如中倍和高倍泡沫通过大量使用可以淹没油面、充斥空间。下一节重点说明特种泡沫浓缩液的几种常见类型。

水成膜泡沫

水成膜泡沫是目前机场最为常用的泡沫。水成膜泡沫是合成物质,包含用氟化剂制成的液体浓缩液,以及由高沸点溶剂和含有适量泡沫稳定剂的水组成的碳氢表面活性剂。飞机救援消防人员可以用净水、污水或含盐的水与泡沫浓缩液进行混合。

注:水成膜泡沫能抵抗化学干粉的消融作用,因此它适合与其他灭火剂联用。

水成膜泡沫是碳氢类燃油火灾的推荐灭火剂。它相对较低的重量使之可以浮在燃油表面,并且较小的黏度让它容易形成一层弥漫燃油表面的蒸气压制膜(图 7.8)。水成膜泡沫还具有明显的扩散效应,只要在燃油表面保持有水成膜泡沫覆盖层,那么冷却水膜就会源源不断地释放出来。

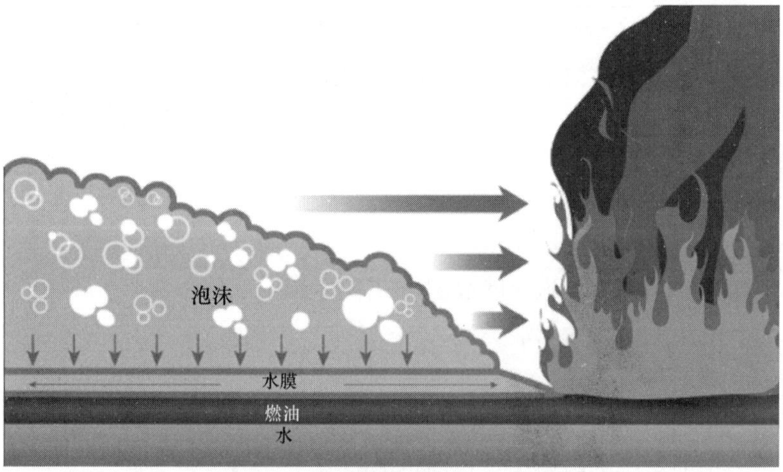

图 7.8　水成膜泡沫形成一层蒸气压制膜覆盖在燃油表面

水成膜泡沫的灭火效果取决于这种灭火剂的喷施方式、喷施速度,以及泡沫的密度。当水成膜泡沫应用于碳氢类火灾时,会发生以下三种情况:

(1) 一层空气/蒸气屏蔽水膜在泡沫覆盖层前方释放出来。

(2) 然后快速移动的泡沫覆盖层在燃油表面和物体周围推进,进一步增强隔离作用。

(3) 随着泡沫覆盖层不断析出水分,释放出更多水膜,这让水成膜泡沫有了为泡沫覆盖层破损表面"疗伤"的能力(即自修复能力。——译者注)。

注:对于碳氢类燃油火灾,水成膜氟蛋白泡沫(Film Forming Fluoroprotein Foam,FFFP)具有类似的作用,这随后将在本章进行讨论。

水成膜泡沫有 1%、3% 和 6% 几种浓缩液。很多厂家都建议将水成膜泡沫用原装容器储存于温度可控的环境中,这样可以达到 20 年的储存寿命。

抗溶性水成膜泡沫在大多数泡沫厂家那里都能买到。对于大多数极性溶剂,抗溶性水成膜泡沫采用3%和6%两种浓度,这取决于所用的具体品牌。抗溶性水成膜泡沫也可以1%和3%的配比用于碳氢类火灾,这取决于厂家。

注:由于黏度太大,抗溶性水成膜泡沫不可用在飞机救援消防车上。

普通蛋白泡沫和氟蛋白泡沫

普通蛋白泡沫(Regular Protein Foam,PF)和氟蛋白泡沫(Fluoroprotein Foam,FPF)在美国均不再广泛应用于飞机消防。但是,这些泡沫在保护油罐和石油加工车间等工业设施时仍很常用。

在20世纪70年代以前,普通蛋白泡沫是几乎所有飞机救援消防领域的主要灭火剂。它的局限性,如腐蚀性及无自修复能力,使之对于今天的飞机消防来说已不够理想。普通蛋白泡沫浓缩液含有水解蛋白,添加剂可以帮助达到以下效果:

(1) 防止浓缩液结冰。

(2) 防止装备和容器腐蚀。

(3) 防止储存期间被细菌分解。

(4) 控制黏度。

如果辖区内有大宗燃油储备,那么飞机救援消防人员应当了解氟蛋白泡沫的功能。它是添加表面活性剂的合成氟化灭火剂,这使得泡沫易于和碳氢类燃油疏离或分开。氟蛋白泡沫具有无与伦比的疏油特性,这使它采用油面以下注入喷施时效果非常理想。

水成膜氟蛋白泡沫

水成膜氟蛋白泡沫浓缩液是在氟蛋白泡沫技术的基础上又增加了水成膜泡沫的功能。水成膜氟蛋白泡沫综合了水成膜快速火灾压制的优点和氟蛋白泡沫持久抗烧的优点。

注:水成膜氟蛋白泡沫还可以做成抗溶型,但是与抗溶性水成膜泡沫浓缩液相比,这一种不能用于飞机救援消防车。

水成膜氟蛋白泡沫是应对易燃液体火灾的有效灭火剂。与水成膜泡沫相似,水成膜氟蛋白泡沫能在燃油表面形成一层自封膜,持续压制燃油蒸气。水成膜氟蛋白泡沫浓缩液能配制成3%和6%两种溶液,可以用非空气吸入式雾化喷嘴和空气吸入式泡沫喷嘴进行喷施。净水、污水或含盐的水均可用于配制泡沫溶液。另外,为了达到较好的多灭火剂应用效果,化学干粉可与水成膜氟蛋白泡沫联用。

正如水成膜泡沫那样,水成膜氟蛋白泡沫的效果取决于喷施速度、泡沫密度和对燃油的覆盖情况。但是,水成膜氟蛋白泡沫在泡沫稳定性保持方面不如水成膜泡沫那么好。火势扑灭后,应当观察泡沫覆盖层,并根据需要补充喷射,避免消融与可能的复燃危险。

高倍泡沫

高倍泡沫是专用泡沫,有一个去污基。由于含水量低,因而它的水渍损失很小。它的低含水量在不希望有流淌时也很有用。有些机场的机库还装有固定式高倍泡沫系统。

高倍泡沫有三个基本用途:

(1) 隐蔽空间。如地下室、煤矿或其他地下空间。

(2) 满足特殊工业用途的固定式灭火系统。如飞机机库、纸库等。

(3) A 类火灾应用。

合成泡沫

合成泡沫是用石油产品制成的。这些泡沫也含有稳定剂、防腐剂和其他化学物质,以控制细菌分解、冰点和黏度。来自不同厂家或不同型号的合成泡沫浓缩液不得互相混合配制泡沫溶液。在将合成泡沫浓缩液和化学干粉灭火剂联合用于飞机火灾之前,飞机救援消防机构应当检验两者之间的相容性。

泡沫浓缩液的储存

泡沫浓缩液可以储存在多种容器中,具体使用何种类型的容器取决于泡沫是怎样生产和输送的。泡沫浓缩液储存的四种常用方法是(图 7.9):

(1) 手提桶。

(2) 贮藏桶(鼓形圆桶)。

(3) 批量中转容器(便携桶)。

(4) 消防车储罐。

图 7.9　从左至右:泡沫贮藏桶(鼓形圆桶)、便携桶和三个 20L 手提桶

手提桶

20L 塑料手提桶是装载和储存泡沫浓缩液常用的容器。这些容器经久耐用,不易受泡沫浓缩液腐蚀性的影响。手提桶可以放在消防车的车厢内、挂在消防车侧面,或者放在车顶储物区。泡沫浓缩液的塑料手提桶堆垛高度不宜超过三层,以防倒塌。抗溶性泡沫的容器必须是密闭的,以防浓缩液表面起皮。采用管路或泡沫喷嘴**引射器**时,泡沫浓缩液可以从桶中直接引出。

> **引射器**——便携式比例混合设备,用于引出液体,例如泡沫浓缩液,并通过水带或管路注入水流中。

贮藏桶(鼓形圆桶)

泡沫浓缩液也可以用 220L 塑料材质或塑料衬里的贮藏桶(鼓形圆桶)进行运输和储存。然后浓缩液被灌进手提桶或送到消防车储罐中以供实际使用。有些部门的消防车设计成直接携带该类贮藏桶到应急现场使用的形式。泡沫浓缩液可以采用与手提桶相同的方式直接从贮藏桶中引出。

批量中转容器(便携桶)

泡沫浓缩液可以用批量中转容器(Intermediate Bulk Container,IBC)进行采购,有时也称为"IBC 便携桶"或简装桶,这是一种装在金属货盘中的大塑料桶。IBC 便携桶近些年来在批量存储中比较常用,桶的大小从 1 000L 至

1 800L不等，需要使用叉车或液压起重机移动。它的使用方法与贮藏桶非常相似。便携桶可以放在皮卡车或平板车上，具有现场重新灌装的功能，费用低廉。

消防车储罐

大多数飞机救援消防车都配有一体式车载泡沫配制系统，通常还有泡沫浓缩液罐，通过管路直接连到泡沫输送系统，这就免去了单独使用手提桶或贮藏桶的必要。飞机救援消防车有两种方法可以将浓缩液添加到泡沫罐中，一种是车顶灌装口，可以从这里用手提桶手工倾倒，或者使用消防站的高架泡沫灌装系统；另一种是靠侧面连接装置，来自管线的浓缩液可以从这里泵进泡沫罐。

泡沫配制与配制系统

要将泡沫浓缩液正确地按比例混合到灭火射流中，需要一种严格按设计要求运行的设备。即使是最好的泡沫配制设备，如果没有按设计运行，也会导致泡沫质量不高或根本不出泡沫。一般地，泡沫配制设备按以下基本原理工作：

（1）流经小孔的水流压力产生“文氏效应”，可将泡沫浓缩液引（抽吸）到水流中。

（2）带压力的配制设备将泡沫浓缩液按所需比例并以与水相同或更高的压力注入到水流中。

本节将定义配制过程，详细介绍在手持与车载作业中常见的各种低能与高能泡沫配制设备。低能泡沫系统仅仅通过用消防泵将压力加到泡沫溶液中，该系统在溶液即将到达喷嘴或即将流出喷嘴时将空气引入其中。高能泡沫系统则在溶液流进管路之前即将压缩空气引入泡沫溶液。

泡沫的配制

为达到最佳效果，泡沫浓缩液必须按为其设计的特定比例进行配制。燃油火灾适用的比例清楚地标在每个泡沫容器的外面。如果不能按照指定的百分比配制泡沫，就会导致生成劣质泡沫，难以达到预期效果。配制泡沫有四种基本方法：

（1）**引射（引出）**。引射作用通过让水流流经一个直径狭小称为引射器的设备来实现。在收缩段有一个旁孔通过管路连接到泡沫浓缩液罐，水流流经收缩段及旁孔产生的分压形成吸力将泡沫浓缩液拉到灭火射流中来（也称为“文氏效应”）。在线式引射器和泡沫喷嘴引射器是两例采用这种原理的泡沫比例混合器。很多飞机救援消防车上安装的环泵泡沫比例混合系统利用泵出口端的水压引出浓缩液生成泡沫溶液，然后送到泵的入口端。

（2）**注入**。配制泡沫的注入方法借助外部的泵或水压迫使泡沫浓缩液按正确比例进入灭火射流中。这类系统通常在车载或固定式防火系统中得到应用。两种常用的类型分别是直接注入和等压式比例混合器。

（3）**批量混合**。最为简单的泡沫配制方式，也称为倾倒法，就是在需要用泡沫时将适量的泡沫浓缩液直接倒入水罐中。然后灭火剂正常泵出，终态泡沫即可通过任意喷口喷射而出。批量混合法仅用于正常的水成膜泡沫（而不是抗溶性水成膜泡沫浓缩液）和 A 类浓缩液。水成膜泡沫浓缩液与水预先混合好,可以在溶液中继续悬浮很长一段时间。批量混合水成膜泡沫时,水罐中的混合液在喷射前必须多搅拌几分钟,以确保混合充分。批量混合的缺点包括以下几点:

① 消防车上的全部水均被配成了泡沫溶液。

② 在消防车补给时不得不关掉射流,这在大型事故中不能保证连续的泡沫喷施。

③ 若重新加水,则很难保证正确的浓缩液比例,除非水罐是完全排空的。

④ 喷射后系统很难冲洗,因为整个水罐内都变成了泡沫溶液。

(4) **预混**。将按比例预先量好的水和泡沫浓缩液在一个容器中混合。预混溶液通常使用压缩惰性气体或空气从压力罐中喷出,另一种替代喷射方法是采用泵和无增压空气储罐。预混方法可用于以下情形:

① 便携式灭火器。

② 轮式灭火器。

③ 托盘式多灭火剂装置。

③ 车载泡沫罐系统。

大多数消防泡沫浓缩液均可与94% ~99.9%的水进行混合。例如,使用3%的泡沫浓缩液时,可用97份的水与3份的浓缩液混合成100份的泡沫溶液;与此相似,对于6%的泡沫浓缩液,94份的水与6份的浓缩液混合成100份的泡沫溶液。用了与喷施设备不匹配的泡沫比例混合器(即使两者是同一厂家生产的),会导致泡沫不理想或根本不出泡沫。

折射计——用于测量溶液中泡沫浓缩液含量的一种设备,基于光在泡沫溶液中传播速度测量的原理进行工作。

联邦航空局建议飞机救援消防车泡沫系统应当用**折射计**和电导率计进行测试,至少每年两次,以确保它们是以正确的百分比进行泡沫配制的(图7.10)。联邦航空局的认证督导员在对联邦航空条例FAR第139部的等级机场进行年度检查时会要求查看泡沫的检测文档记录。

图7.10 飞机救援消防车的驾驶员/操作手使用折射计检验消防车泡沫系统能否正确配制泡沫

车载泡沫配制系统

泡沫配制系统通常安装在飞机救援消防车上。以下泡沫配制系统大多数都可以使用 A 类和 B 类泡沫浓缩液：

（1）固定式在线引射器。

（2）环泵比例混合器。

（3）旁路型等压式比例混合器。

（4）变流量自适应等压式比例混合器。

（5）可变流量可变流速直喷系统。

（6）批量混合。

固定式在线引射器

固定式在线引射器采用与便携式在线引射器相同的原理进行工作，只不过这些引射器是永久性装在消防车泵浦系统上的。关于水带长度、匹配喷枪和引射器的流量，以及入口压力等便携式在线引射器的注意事项同样适用于固定式在线引射器。泡沫浓缩液可以从吸管（使用 20L 手提桶）或消防车上的泡沫罐输送到这些设备中。

环泵比例混合器

环泵比例混合系统包括一个小的回水（旁路）管，从消防泵的出口端回接到泵的入口端（图 7.11），有一个在线式引射器就位于该旁路管线上。该旁路管线上的一个阀门紧靠泵的出口端，控制着流经旁路的水量。当阀门打开时，一小股从泵中分出来的水流（40 ~ 160L/min）被导入旁路管线中。当这股水流经过引射器时，所产生的文氏效应将泡沫浓缩液从泡沫罐拉进旁路管线中，由此产生的泡沫溶液随后被送回泵的入口端，从这里又被泵到出口端并进入喷射管路中。

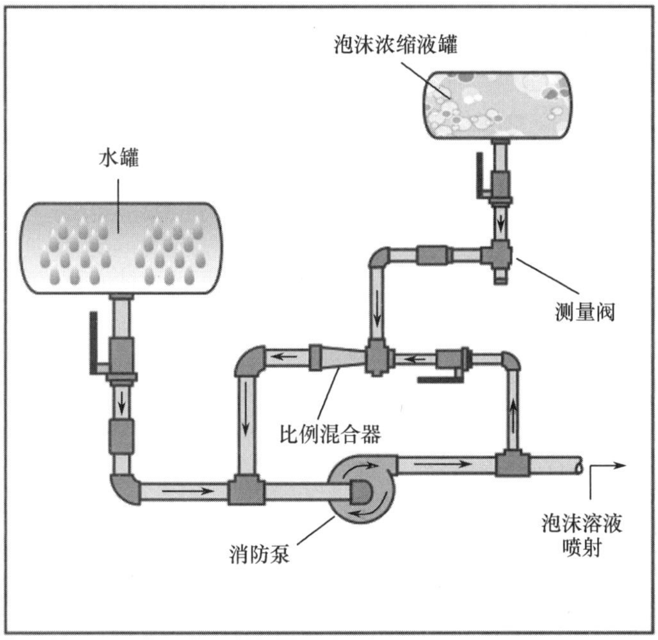

图 7.11　环泵比例混合器的功能示意图

环泵比例混合系统已调节为规定流速，就应以该流速使用，尽管它们仍有一定的柔性（可根据需要调节。——译者注）。例如，在浓度配比 6% 时其设计流速为 2 000L/min 的装置，在浓度为 3% 时可以达到 4 000L/min 的流速。

环泵比例混合器——一种消防车车载泡沫比例混合器，从消防车水泵引出一小股水流进到一个在线式比例混合器中，混合器吸入泡沫浓缩液，并将其带回到水泵的入口端，是最为常见的现役消防车车载泡沫比例混合器。

老式**环泵比例混合器**一个很大的缺点就是不能很好地利用输入压力。如果入口水压大于70 kPa，那么泡沫浓缩液就无法流进泵的入口。该系统工作期间向飞机救援消防车补水时，飞机救援消防人员应当将高压水管连接到水罐的加水接头而不是泵的吸水端（会导致泵入口端压力升高，系统不能正常工作。——译者注）。

另一个缺点就是泵必须专供泡沫作业使用。环泵比例混合器不允许用泵同时喷射淡水和泡沫。

等压式与直喷式比例混合器

大多数飞机救援消防车均采用某种型号的等压式或直喷式的泡沫比例混合系统。这些系统可以以大流速实现最为精确的泡沫浓缩液配制。有几种特定类型的系统已在飞机救援消防车上获得应用，包括：

（1）旁路型等压式比例混合器。

（2）变流量自适应等压式比例混合器。

（3）可变流量可变流速直喷系统。

旁路型等压式比例混合器。配置"旁路型等压式比例混合器"的消防车有一根泡沫浓缩液管路连接到消防泵的每个喷射出口（图7.12）。泡沫浓缩液泵区别于主消防泵，服务于泡沫浓缩液管路。泡沫浓缩液泵从固定式泡沫罐中吸取浓缩液，再以消防泵向喷射端供水相同的压力将其送到出口处。一个液压控制阀随时监测着消防泵和泡沫浓缩液泵的压力，确保浓缩液压力与水压力之间保持平衡。

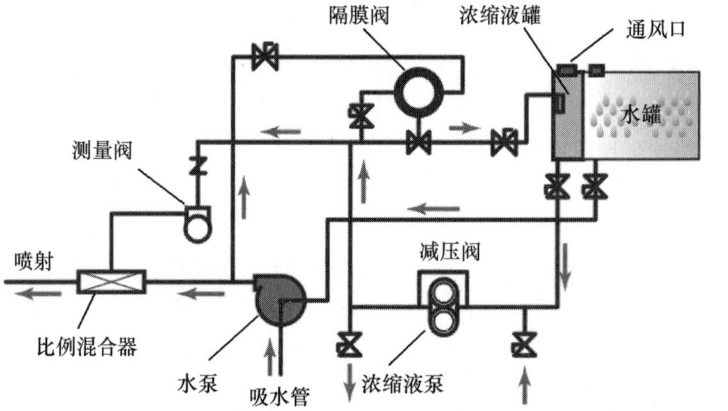

图7.12　旁路型等压式比例混合器功能示意图

旁路型等压式比例混合器的主要优点如下：

（1）具有监测泡沫浓缩液需要量并调节浓缩液供给量的能力。

（2）具有同时从多个出口喷射泡沫和从其他出口喷射淡水的能力。

旁路型等压式比例混合器的局限性有：

取力器——从发动机向辅助设备传送动力的转轴。

（1）需要一个单独的带**取力器**（Power Take - off，PTO）或其他动力源的泡沫浓缩液泵。

（2）本系统中的浓缩液旁路回流会引起发热、扰动和泡沫浓缩液充气（在存储罐中产生气泡）。

变流量自适应等压式比例混合器。在"变流量自适应等压式比例混合系统"中，有一个液压式或电动式控制的变速机构驱动泡沫浓缩液泵（图7.13），该泡沫浓缩液泵向一个植入水管中的文氏管式比例混合装置供应泡沫浓缩液。启动后，泡沫浓缩液泵的输出是受到自动监测的，以使泡沫浓缩液的流量与水的流量相称,从而产生有效的泡沫溶液。

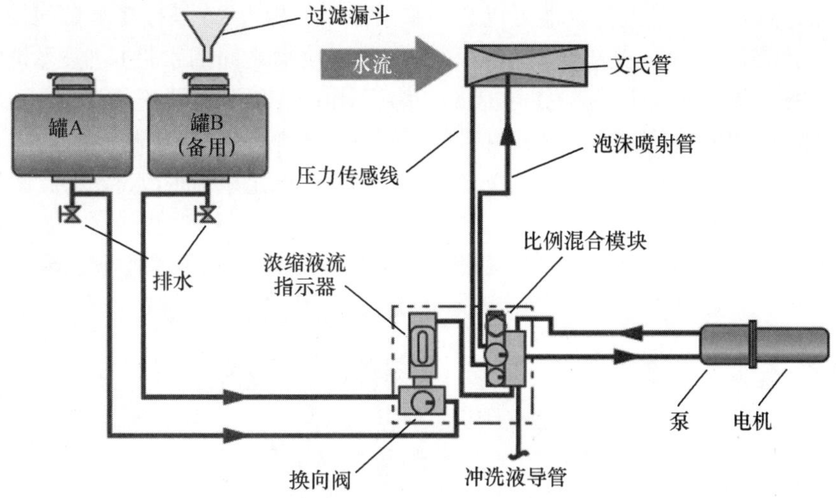

图 7.13　变流量自适应等压式比例混合器功能示意图

变流量自适应等压式比例混合系统的优点有:

(1) 泡沫浓缩液的流量与压力能与系统需求相匹配。

(2) 无返回泡沫浓缩液罐的二次回路。

(3) 可以保持随时可用状态,用后无需冲洗。

(4) 可以采用任何出液口组合同时喷射水流和/或泡沫溶液,输出流量确保可达额定值。

该类系统的一个局限性是消防泵喷射有一个比例控制器(减小了喷射截面),这样一来,喷射后的压力下降要比标准泵多一些。

可变流量可变流速直喷系统。这些系统无需消防车电气系统提供动力即可工作,而大容量的系统可以将电气和液压动力结合起来使用。泡沫浓缩液的引入通过监测水流并控制泡沫浓缩液泵中的正向流速进行控制,这样即可按期望比例引入浓缩液。水的流速主导着泡沫浓缩液的引入,而水压并非主导因素。

可变流量可变流速直喷系统有若干优点,包括:

(1) 在系统设计极限内以任何流速或压力提供准确配比的泡沫浓缩液。

(2) 当喷嘴打开或关闭时,可以自动调节以改变水流大小。

(3) 允许喷嘴高于或低于泡沫泵,不会影响泡沫配制。

(4) 可以使用高能泡沫系统。

注:这种系统的缺点是,泡沫的引入点必须位于岐管的分枝或分配节点前面,以便实现消防泵多路喷射。

便携式泡沫比例混合器

便携式泡沫比例混合器是当今在建筑消防部门使用的最简单最常见的泡沫配制设备。在这里介绍它们是因为很多建筑消防部门对他们当地机场负责支援或直接承担飞机救援消防任务。便携式泡沫比例混合器的三个常见类型分别是:

① 在线式泡沫引射器。

② 泡沫喷嘴引射器。

③ 自引式集流喷嘴。

(1) **在线式泡沫引射器**。在线式引射器是建筑消防设备中最常见的泡沫混合器类型。该型混合器可以装到泵浦控制面板上,或是接在水带铺设的节点上(图 7.14)。关于入口压力和引射器与喷嘴之间的水带长度,飞机救援消防人员要遵守厂家的指导意见。为了让喷嘴和引射器正常工作,两者必须要有相同的流速,必须要用引射器——不是喷嘴——控制该流速。如果喷嘴的流速比引射器的低,那么引射器就没有足够强的水流来带出浓缩液。

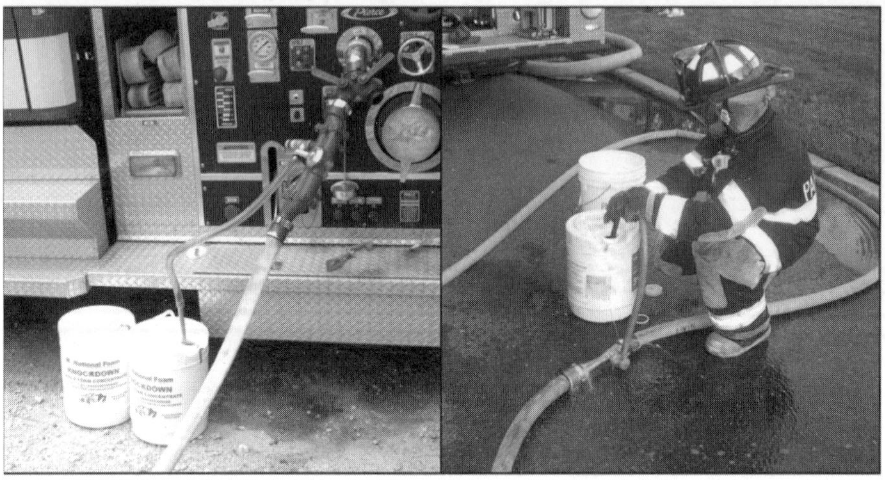

图 7.14　两例在线式泡沫比例混合器,一个位于泵浦面板(左)一个接在水带铺设线中(右)

(2) **泡沫喷嘴引射器**。泡沫喷嘴引射器采用与在线式引射器相同的原理工作。然而,该型引射器是内置在喷嘴里而不是装在管线上,那么就要将泡沫浓缩液放在喷嘴工作地点。如果泡沫喷嘴移动,泡沫浓缩液也需要移动。所需浓缩液的巨大数量加重了消防员转移战位的后勤保障问题。

(3) **自引式集流喷嘴**。自引式集流泡沫喷嘴用于射流超过 1 400L/min 的情况。该类喷嘴的射流能力最高可达 56 000L/min。

高能泡沫发生系统

高能泡沫系统与前面所讨论的那些有根本区别,因为它是在喷入水带"之前"将压缩空气导入泡沫溶液的。贯穿管路和/或水带的泡沫溶液与压缩空气的扰乱运动产生了终态泡沫。不单单是形成泡沫,压缩空气的加入还能让泡沫射流比常规泡沫或水的灭火射流喷射距离远得多。

该系统使用标准的离心消防泵供水。直喷式泡沫比例混合系统装在消防泵的出口端,一旦泡沫浓缩液和水混合形成泡沫溶液,压缩空气在从消防车出来进入水带之前就被加到混合液中。该型系统一般还称为压缩空气泡沫系统(Compressed - air Foam System, CAFS)。压缩空气泡沫系统在建筑和野外消防车上很常见。关于高能泡沫系统的更多信息请参阅国际消防保障训练协会的《泡沫灭火原理》手册。

泡沫喷射设备

泡沫可以通过多种设备进行喷射。其中有些是长期固定在消防车上的,如车顶和前置消防炮。其他还有便携式设备,如水枪喷嘴和便携式消防炮。

车顶和前置消防炮是大部分飞机救援消防车上的主力泡沫喷射设备(图7.15)。这些设备长期固定安装在消防车上,其设计可以满足飞机火灾所需的泡沫喷射速度。飞机救援消防车在接近飞机火场时,可以采用直流水通过消防炮从远距离开始喷射灭火剂。随着飞机救援消防车和火场之间距离的缩短,泡沫射流形式可以随之调整,以免射到火灾区域以外。

图7.15 飞机救援消防车用车顶消防炮喷射灭火剂

水枪喷嘴可以让飞机救援消防人员进入和围绕飞机的座舱或机体进行机动,以靠近小型火灾(图7.16)。这些喷嘴可以是空气吸入式或非空气吸入式的。空气吸入式喷嘴在喷嘴部位将空气吸入泡沫射流内,向溶液充气并产生可长时间保持的终态泡沫。非空气吸入式喷嘴在泡沫溶液射离喷嘴时将空气混入其中。

图7.16 机场消防员在机内灭火训练期间使用水枪喷嘴

便携式消防炮、小型消防炮和水枪可以装在泡沫半挂车或拖车上,提供机库或邻近区域的泡沫灭火能力(图7.17)。根据所采用的系统不同,这些消防炮可以是自动的或手动操作的。水枪可由机库内人员或机场消防员进行操作,这取决于火灾发现时的现场条件。

图 7.17　飞机机库内的泡沫拖车

化学干粉

化学干粉灭火剂喷洒到火焰中会抑制化学链锁反应,从而扑灭火灾。化学干粉灭火剂对于三维或燃油流淌火灾的扑救比较有效,它们对于以下火灾的初期进攻和快速压制还特别有效:

(1) 燃油火灾。

(2) 液压油火灾。

(3) 压力加油火灾。

(4) 润滑油火灾。

注:化学干粉(Dry Chemical)与惰性干粉(Dry Powder)两个术语经常被错误混用。化学干粉灭火剂是用在 A、B 或 C 类火灾的,而惰性干粉灭火剂仅用于 D 类火灾。

用于扑救碳氢类燃油火灾的化学干粉灭火剂中包含多种不同的化合物,包括:

(1) 碳酸氢钠。

(2) 碳酸氢钾(紫钾)(图 7.18)。

图 7.18　存储桶里的碳酸氢钾(紫钾)化学干粉灭火剂

（3）尿素。

（4）氯化钾。

（5）磷酸二氢铵。

多用化学干粉适用于 A、B 和 C 类火灾。它喷到正在燃烧的一般可燃物上具有窒息功能。干粉灭火剂可以在正在燃烧的物质上留下一层坚固的残留物，在可燃物和氧气之间形成密封层。

所有化学干粉灭火剂都是不导电的，这让它们适用于带电的电气设备。但是，这些灭火剂对金属具有腐蚀性，会对电气设备造成损伤。在电气设备或飞机发动机上采用其他灭火剂会好一些，如哈龙、哈龙替代品，或二氧化碳。化学干粉灭火剂要在确实无其他合适灭火剂可用时才能作为最后措施使用。

化学干粉灭火剂无毒，消防员使用一般比较安全。使用时，化学干粉形成一团灭火剂云雾，会降低能见度。雾团中包含高纯、悬浮的微粒，人体吸入后会引发呼吸问题。为了避免这样的轻度呼吸刺激，飞机救援消防人员在喷射化学干粉灭火剂时应当始终穿戴自给式呼吸器。

化学干粉灭火剂并不具有泡沫的所有优点。因为不能冷却火灾、封闭蒸气并防止复燃，化学干粉灭火剂对于典型的坠机事故并不理想，事故现场会有大规模的燃油流淌火灾，流淌区还会有各种障碍物。

既然化学干粉灭火剂不具有泡沫那样的优点，那么飞机救援消防人员就要在联用之前确认两种灭火剂的相容性，以成功用于灭火作业。化学干粉能与集水射流或消防炮作业两种形式下的水和泡沫相容，这很重要，因为化学干粉灭火剂在大风或地形限制的作业中单独使用很难靠近火区。用水将干粉灭火剂包裹在灭火射流内，从而可以直接打到灭火部位。

消防员用水和化学干粉实现火灾快速压制后，还应当立即喷施泡沫覆盖层以防复燃。化学干粉能和水成膜泡沫等泡沫灭火剂相容。飞机救援消防人员将化学干粉、水和水成膜泡沫的结合物称为化学湿剂或水—粉灭火剂。这种组合对付三维或燃油流淌型火灾非常有效。

注：化学干粉会降解蛋白泡沫覆盖层。

下面介绍化学干粉灭火器和消防车车载装置。

灭火器

化学干粉灭火器有两种基本类型：普通 BC 型和多用途 ABC 型。普通 BC 型灭火器被推荐用于扑救航空发动机火灾，而多用途 ABC 型灭火器可以使用但不推荐，这是因为灭火剂的腐蚀性及其在炽热表面有残留。本节除非特别注明，两型灭火器的性质和操作是完全相同的。

各型化学干粉灭火剂具有不同的灭火特性。救援人员应当在选择灭火剂之前查阅美国保险商实验室的清单，以获知每一种化学干粉灭火剂的灭火等级。

注 意

绝对不要将某种化学干粉和其他类型的化学干粉混合或互相沾染，因为它们会发生化学反应，从而引起灭火器内压力危险性上升，并降低灭火性能。

化学干粉灭火剂的腐蚀性

化学干粉灭火剂会对飞机的结构、电气系统和电子设备造成严重的腐蚀损伤。化学干粉残留具有剥蚀作用并且很难清理干净。化学干粉灭火剂只能在没有其他灭火器可用并且火情对财产和人员有迫切危险时方可用于灭火。

在生产过程中,基体材料加入了多种添加剂以改善其储存、流动及防水等性质,该工艺可以使灭火剂在长期放置后仍然随时可用,使其可以顺畅流经系统和喷嘴。

手提式和轮式化学干粉灭火器有两种基本设计:贮压式和贮气瓶式(图 7.19)。贮压式的在灭火剂储罐内保持 1 400kPa 的恒压,而贮气瓶式灭火器采用了一个连接到灭火剂罐上的高压气瓶,在推动一个活塞以释放高压气瓶内的气体之前,灭火剂罐是不会充压的。两种型式的灭火器均使用氮气或二氧化碳作为增压气体。贮气瓶式灭火器一般使用二氧化碳气瓶,除非需要承受冰点以下温度;在这种情况下要采用干燥氮气气瓶。

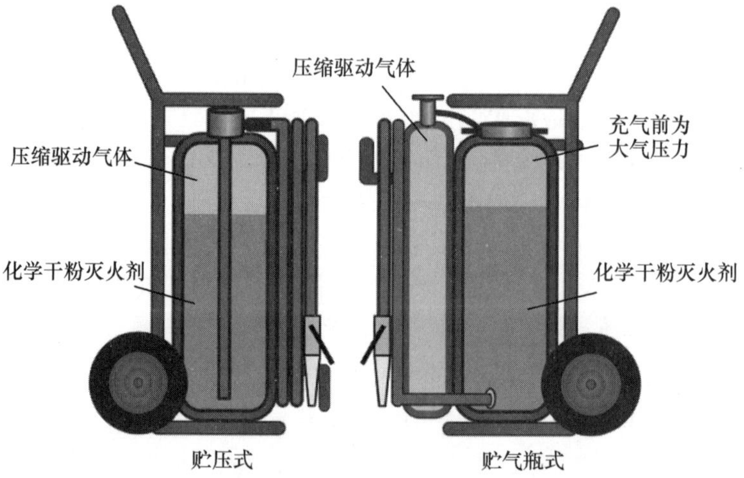

图 7.19　轮式化学干粉灭火器的两种基本设计:贮压式和贮气瓶式

注:如果贮气瓶式灭火器已启动但未使用,那么压力通常会在若干小时内泄掉。

注　意

系统加压后,贮气瓶式灭火器的头部应当避免指向消防员或其他人员。

轮式化学干粉灭火器与手提式的很相似。它们有普通 BC 类和多用途 ABC 类两种。它们可以是贮压式或是从外部气源获得压力。主要区别在于尺寸大小,轮式灭火器要比手提式灭火器明显大很多(图 7.20)。

使用轮式化学干粉灭火器时,飞机救援消防人员应当确保正确进行如下操作：首先，灭火器要放置到位，软管完全展开。这一步很有必要，因为干粉有时会在软管拐急弯的地方堆积，并且一旦软管充满就比较难移动。其次，如果灭火器有外部气源供应，那么增压气体必须导入灭火剂罐内，在喷嘴打开之前用数秒钟时间为罐体充分增压。做好灭火作业准备后，飞机救援消防人员应当按照他们本场的标准作业流程及轮式装置厂家的指南进行操作。

图 7.20　手提式和轮式灭火器的大小对比

注　意

给装置增压时，灭火器的头部应当避免指向消防员或其他人员。由于喷嘴尺寸较大，消防员在灭火器打开时要对其巨大反推力有心理准备，可能需要一定的协助。

消防车车载装置

有的飞机救援消防车配置了化学干粉或化学湿剂灭火系统，这些可能是装在皮卡车上的托盘装置，或是直接嵌入大型飞机救援消防车。这些系统通常由以下部分组成：

（1）化学干粉储罐（图 7.21）。

（2）装增压气体的容器，用气体驱动化学干粉从其储罐内流出。

（3）阀门与管路，将这些物质导出以供喷射。

（4）足够长的软管和喷嘴，可将化学干粉喷出。

依据 FAR 第 139.317 部《飞机救援与消防：装备与灭火剂》，以及 AC 150/5220 - 10《飞机救援消防车使用指南》的要求，车上至少要配置 250kg 的钠基化学干粉或 230kg 的洁净灭火剂。国际民航组织和加拿大运输部对干粉数量的要求根据机场等级有所变化，从 1 类机场的 45kg 到 10 类机场的 450kg 不等。

钾基干粉例如紫钾干粉（purple K power，PKP）是可以替代的，最小需要量为 225kg。紫钾干粉是碳酸氢钠干粉效能的两倍。许多飞机救援消防车携带化学干粉（通常是紫钾干粉）作为辅助灭火剂。选择紫钾干粉进行多灭火剂喷射是因为它能与水成膜泡沫相容。

飞机救援消防车化学干粉系统的容量通常 250kg 起步，有可能比这大很多。化学干粉在飞机救援消防车上的存储方式类似于一般的手提式灭火器：用大型容器装灭火剂，并用相对独立的气瓶装压缩氮气，用以驱动灭火剂。飞机救援消防人员必须要熟悉本部门车辆上化学干粉系统的类型，这些系统要经常查看，确保在需要时工作正常。

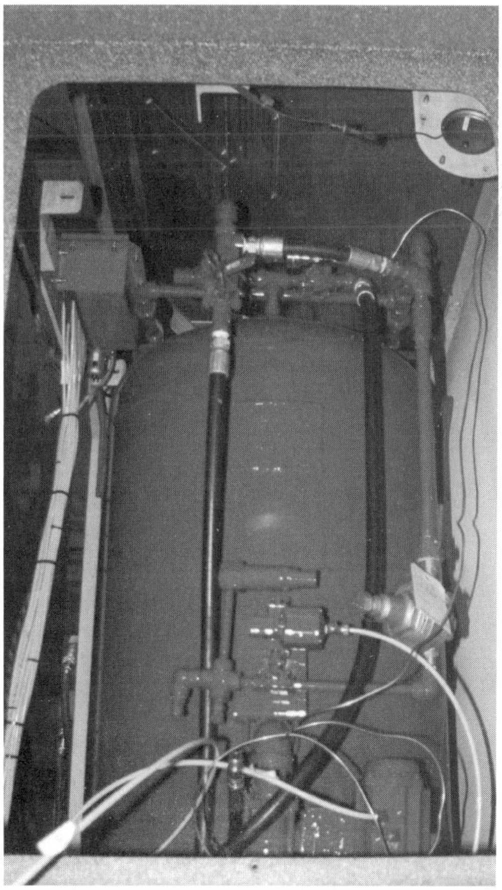

图 7.21　飞机救援消防车上的化学干粉灭火剂储罐

化学干粉有三种喷出方式：干粉枪、背负式和水流注入。

最常用的方法是使用专门放置于车上的化学干粉灭火剂喷枪喷出；对于背负式系统，厂家在车顶或前置消防炮的水流/泡沫喷嘴的正上方加装了一个独立的干粉喷嘴（图 7.22）；水流注入系统则将化学干粉直接注到主力消防炮的水/泡沫流中，这使得化学干粉能留在消防炮的水流中，极大地提高了灭火剂的效力。

图 7.22　飞机救援消防车车顶消防炮上的背负式化学干粉喷嘴

化学干粉喷枪至少需要 30m 长的软管，流量至少 2.5kg/s，射程至少 7.5m。这些干粉枪的最小爆破压力必须达到系统工作压力的三倍。化学干粉消防炮要能以 8 ~ 11kg/s 的流量达到至少 30m 无风射程。化学干粉在可延伸消防炮上的喷射速度应当是以 6 ~ 11kg/s 的流量达到至少 30m 射程。

化学干粉经常用于航空发动机短舱发生的三维火灾或是正在流淌的燃油火灾。这种情况下水流注入方式很有效：先用化学干粉注入水流控制火势，再用水/泡沫溶液消灭流淌火灾及三维火灾。

洁净灭火剂

洁净灭火剂是那些设计用于灭火但是即使有也仅有少量残留的灭火介质。经过联邦航空局测试认证的洁净灭火剂允许用于航空消防。联邦航空局关于洁净灭火剂最小喷射速度的要求可以查阅 FAR139.317。

由于保养成本很高，许多飞机救援消防部门正在改掉自己的洁净灭火剂系统。这些部门将其替换成了化学干粉或化学湿剂紫钾干粉系统。下面介绍哈龙灭火剂和哈龙替代品。

哈龙灭火剂

有些飞机和场所仍然使用哈龙系列灭火剂。这些灭火剂是分子结构中的一个或多个氢原子被卤族原子所取代的碳氢化合物。用卤族原子取代氢原子后产生了不易燃且具有极佳灭火性能的化合物。卤族元素一般有：

（1）氯。
（2）氟。
（3）溴。
（4）碘。

尽管有很多哈龙系列化合物，其中只有一少部分是用作灭火剂的，两种最常见的哈龙灭火剂是哈龙 1211（二氟一氯一溴甲烷）和哈龙 1301（三氟一溴甲烷）。

哈龙可以是气体或是在火中能够快速气化的液体。虽然以液气混合物进行喷射，哈龙处于蒸气云团状态时灭火效果才最佳，可通过化学方式阻断燃烧链锁反应的进行。

哈龙挥发出的蒸气是不导电的，在扑灭易燃和可燃液体表面火灾时很有效。与干粉相似，它们几乎没有任何防止复燃的能力；哈龙对于航空发动机、电气装置以及其他复杂设备相关的火灾相当有效，这是因为它们很容易到达人不可能靠近的区域，并具有很好的空间充满特性。

另外，哈龙是无腐蚀性或研磨性残留的洁净灭火剂，不会对敏感电气设备造成污染。虽然哈龙已长期应用于内燃机的火灾防护，其现代应用主要还是对计算机等敏感电气设备的防护。

注：哈龙能与化学干粉和水成膜泡沫相容。

由于它们可能有破坏臭氧层的作用，哈龙系列灭火剂被列入《关于破坏臭氧层物质的蒙特利尔协议》名单，需要自 2000 年开始逐步淘汰出生产领域。在该协议框架下，唯一例外的是在没有合适替代产品可用的场所且有必要时方可使用。

哈龙替代品

有些消防部门积极推进取代哈龙灭火剂，并在可能的场所使用哈龙替代品。哈龙的替代并非以一换一的过程，很多替代灭火剂需要用比哈龙更高的浓度灭火。这样一来，为了完成灭火，飞机救援消防车上就必须携带更多的哈龙替代灭火剂。

灭火剂的节约和补给

大多数飞机救援消防车可以在数分钟内将它们的水罐和泡沫罐中的灭火剂用尽。在久拖不灭的飞机火灾中，飞机救援消防车会在完全扑灭火灾之前用尽灭火剂。节约灭火剂并建立补给作业有助于确保有效的飞机火灾扑救。

飞机救援消防人员需要熟悉消防车的喷射流速，以便施展灭火剂节约技术。车辆系统操作检查和火灾训练是练习灭火剂节约使用的绝佳机会。

飞机救援消防人员可以在现场或在设立的补给点进行灭火剂补给。飞机救援消防人员需要练习补给操作，以缩短完成该操作所需的时间。

在现场可以用水车完成补给。水车可以连接到战位上的消防车并输水（图 7.23）。用水车还可以在机场内或周边水源地和飞机救援消防车之间建立起一个水的往返接驳线。

使用建立的补给点时，需要飞机救援消防车驶离第一现场，开到补给点

图 7.23　水车正在为飞机救援消防车的水罐做补给

重新加满车上的水罐。在补给点完成补水后，飞机救援消防车就会返回现场，继续灭火作业。建立靠近事件现场的补给点可以限制飞机救援消防车的行驶距离。

补给消防车泡沫罐时，飞机救援消防人员可以采用泡沫拖车和泡沫罐车。利用泡沫拖车运送手提桶、贮藏桶或便携桶装泡沫，送到现场后倒进消防车。泡沫罐车可以携带大量泡沫浓缩液，并泵入飞机救援消防车的泡沫罐。

本章小结

飞机救援消防人员应当对扑救飞机火灾需要用到的常见灭火剂非常熟悉。水、泡沫、化学干粉、惰性干粉和洁净灭火剂在飞机救援消防中都有其特定的用途。然而，泡沫的应用是最为广泛的，这是因为它在扑救碳氢类和极性溶剂类燃料火灾时具有更为出色的能力。

飞机救援消防人员应当熟悉泡沫浓缩液变成终态泡沫的配制过程。另外，飞机救援消防人员必须了解在配制过程中用到的各种喷嘴和其他设备。他们还应当理解泡沫喷射使用的四种方法（见第 9 章“火灾扑救、通风和清理”中“灭火剂喷射方法”部分。——译者注），以及飞机救援与灭火战斗中常用的泡沫喷射设备，包括消防车载集水射流设备和消防炮、消防枪，以及空气吸入式和非空气吸入式喷嘴等。

最后，飞机救援消防人员还必须具有化学干粉、惰性干粉和洁净灭火剂等灭火剂的工作常识。除了理解这些灭火剂的灭火原理，还必须理解这些灭火剂及其喷射设备的最佳使用方法。

复习题

1. 主力和辅助灭火剂有什么不同？（第 212 ~ 214 页）
2. 用水做灭火剂的潜在危险有哪些？（第 214 页）
3. 泡沫是怎样防止火灾发生或灭火的？（第 215 页）
4. A 类和 B 类泡沫分别对哪种类型的火灾最为有效？（第 217 ~ 218 页）

5. 泡沫配制设备工作的两个基本原理是什么？（第 223 页）
6. 飞机救援消防车上的主要泡沫喷射设备有哪些？（第 229 页）
7. 化学干粉灭火时是怎样起作用的？（第 230 页）
8. 什么灭火剂可以用来逐步替换洁净灭火剂系统？（第 234 页）
9. 为什么飞机救援消防人员应当熟悉他们消防车的喷射流速？（第235 页）

第 8 章　消防车

学习目标

学习完本章,学生要能够:

1. 解释怎样确定机场所需飞机救援消防车的数量和适用类型。
2. 描述飞机救援消防车的各种类型和功能。[NFPA1003 4. 3. 2]
3. 认识飞机救援消防车的特征和配套设备。
4. 描述飞机救援消防车上的火灾扑救设备的类型。[NFPA1003 4. 1. 1. 3, 4. 1. 1. 4, 4. 3. 1, 4. 3. 2, 4. 3. 3, 4. 3. 4, 4. 3. 5, 4. 3. 6, 4. 3. 10]
5. 知道为飞机救援消防车补给灭火剂的方法。[NFPA1003 4. 1. 1. 3, 4. 1. 1. 4, 4. 3. 8]
6. 解释飞机救援消防车的保养流程。
7. 为飞机救援消防车补水。[NFPA1003 4. 3. 8; 技能页 8 – 1]
8. 为飞机救援消防车补给泡沫。[NFPA1003 4. 3. 8; 技能页 8 – 2]
9. 为飞机救援消防车补给化学干粉。[NFPA1003 4. 3. 8; 技能页 8 – 3]

第 8 章 消防车

历史案例

飞机的演变影响着飞机救援消防车的改变。飞机的大小、载客与载油量、出动频率不断增加，飞机也开始采用新型燃料和结构材料。坠机火灾救援，今天称之为飞机救援与消防，不得不改变以满足现代飞机的防火需求。

每一个时代都为飞机救援消防车带来新的改进。20 世纪 50 年代，水和泡沫的容量增加，出现了车顶消防炮，响应时间也更快。20 世纪 60 年代，飞机救援消防车几乎成了多灭火剂车，车上携带了水、泡沫，以及化学干粉或哈龙。这些消防车的特征还包括前置消防炮、车下喷嘴和边行驶边喷射能力。20 世纪 70 和 80 年代出现了游戏杆式消防炮控制手柄、轮胎充/放气系统，并且柴油发动机性能也有所提高。由于 20 世纪 90 年代和 2000 年之后有了新标准，飞机救援消防车已能够携带 12 000L 水。部分消防车还配置了可延伸高射消防炮、驾驶员助视系统及电力或液压源。

当今的飞机救援消防车可以携带超过 16 000L 水和 2 400L 泡沫，并且可以在不到 40s 内加速到 80km/h。随着现代飞机的持续进步，飞机救援消防车很可能也会根据需求演变，以满足飞机的防火需求。

飞机救援消防车是每个飞机救援消防部门的灭火主力。它们所保障的机场就像车辆本身一样各不相同。按照航空工业标准要求，飞机救援消防车到达飞机出险现场的时间要比正常情况下市政消防部门响应建筑火灾的时间短得多。考虑到当今飞机携带的大量燃油和众多乘客，飞机救援消防车必须要做好应对各种情况和问题的准备。用于飞机救援消防作业的车辆应当设计成独立式单元，具有在短时间内喷射足量灭火剂的能力(图 8.1)。

图 8.1　飞机救援消防车驾驶员/操作手使用消防车的前置消防炮练习喷射灭火剂

本章提供了以下方面的信息：

(1) 飞机救援消防车的功能需求。

(2) 飞机救援消防车的类型。

(3) 消防车的特征与可选设备。

(4) 消防车的火灾扑救设备。

(5) 灭火剂的补给方法。

(6) 消防车保养。

飞机救援消防车的功能需求

既然在紧急出动处理航空事件过程中赋予飞机救援消防车至关重要的角色,那么就要对它们有特定的功能要求。每个机场都必须确定出自己所需的飞机救援与消防的防护等级,这关系到那里消防车的型号与数量。为了确定一个机场所需飞机救援消防车的型号与数量,飞机救援人员必须搞清楚他们机场的基本防护等级,正如所适用的联邦航空局、国际民航组织、加拿大航空条例和国家防火协会等标准中确定的那样。

防护等级

机场的等级或分类决定了该机场所需飞机救援消防车的最低数量和类型。大多数机场根据所保障飞机的型号和长度及每天平均起降数来分类或定级。联邦航空局、国家防火协会、美军、加拿大运输部和国际民航组织都有各自的分类方法和体系(表 8.1)。

基于机场标定的等级、设置(军方的对等级别)或分类,机场必须保持最低水平的飞机救援消防车及设备。这些消防车和设备可能需要全时段可用,或者仅在有航空公司或其他类型飞机运行期间可用。

尽管各个机构之间有一定差异,但是联邦航空局、国家防火协会和国际民航组织使用了相似的方法确定所需消防车数量和灭火剂总量,都用该机场所降落飞机的长度来确定飞机救援消防车的需要量。然而,它们实际采用的计算公式有一定差别:联邦航空局将其对合格机场的要求限制为能保障有一定载客量的飞机,而国家防火协会、国际民航组织和加拿大运输部则采用在机场降落的所有飞机的长度。

美国国防部还有关于飞机大小、外形方面的特殊要求。NFPA403《机场飞机救援消防保障标准》主导着大部分的军机作业。有的军队部门则基于他们所保护的飞机型号提出了对飞机救援消防车与人力的需求。

NFPA403 还给出了各种大小机场所应有飞机救援消防车数量的标准。这些要求基于国家防火协会的机场大小分类体系而定。

表 8.1　机场等级对飞机救援消防车的功能需求

第一部分 联邦航空局(FAA)/国家防火协会(NFPA)/国际民航组织(ICAO)

FAA 等级	NFPA/ICAO 类别	飞机最大长度/m	所需消防车数量	所需灭火剂总量
GA－1 GA－2 A	1～5	<28	1	单车:携带 227kg 化学干粉、哈龙 1211 或者洁净灭火剂;或者 204kg 化学干粉,以及 379L 水及匹配数量的水成膜泡沫
B	6	≥28m 且<38m	1 或 2	单车:携带至少 227kg 钠基化学干粉、哈龙 1211 或者洁净灭火剂,以及 5 678L 水及匹配数量的水成膜泡沫 或 双车:一辆应符合 A 级要求,另一辆携带至少 5 678L 水及匹配数量的水成膜泡沫

（续）

FAA等级	NFPA/ICAO类别	飞机最大长度/m	所需消防车数量	所需灭火剂总量
C	7	≥38m且<48.5m	2或3	双车： 一辆携带227kg化学干粉、哈龙1211或者洁净灭火剂，以及5 678L水及匹配数量的水成膜泡沫，另一辆需要携带水和匹配数量的水成膜泡沫，以确保两辆车用于产生泡沫的总水量达到11 356L 或 三车：一辆应符合A级要求，另两辆携带水及匹配数量的水成膜泡沫，以确保全部三辆车用于产生泡沫的总水量要达到11 356L
D	8	≥48.5m且<61m	3	三车：一辆应符合A级要求 且 另两辆携带水及匹配数量的水成膜泡沫，以确保全部三辆车用于产生泡沫的总水量达到15 142L
E	9~10	≥61m	3	三车：一辆应符合A级要求 且 另两辆携带水及匹配数量的水成膜泡沫，以确保全部三辆车用于产生泡沫的总水量达到22 712L

（1）如果机场的单个等级群中营运飞机的平均每天起降数达5次或以上，那么每天起降数平均达5次或以上的最长飞机决定了该机场的等级。

（2）当机场上最长的营运飞机平均每天起降数不足5次时，那么该机场应有等级就是比最长飞机所属等级群稍低的那个等级群。

（3）最低等级按规定必须是A级。

表8.1（续） 加拿大的飞机救援消防车功能需求

第二部分 加拿大

加拿大的要求	飞机最大长度/m	所需消防车数量	所需灭火剂总量
1	长小于9m，宽2m	1	单车携带230L水和45kg补充灭火剂，且具有230L/min的喷射能力
2	长至少9m但要小于12m，宽2m	1	单车携带670L水和90kg补充灭火剂，且具有550L/min的喷射能力
3	长至少12m但要小于18m，宽3m	1	单车携带1 200L水和135kg补充灭火剂，且具有900L/min的喷射能力
4	长至少18m但要小于24m，宽4m	1	单车携带2 400L水和135kg补充灭火剂，且具有1 800L/min的喷射能力
5	长至少24m但要小于28m，宽4m	1	单车携带5 400L水和180kg补充灭火剂，且具有3 000L/min的喷射能力
6	长至少28m但要小于39m，宽5m	2	两车携带7 900L水和225kg补充灭火剂，且具有4 000L/min的喷射能力
7	长至少39m但要小于49m，宽5m	2	两车携带12 100L水和225kg补充灭火剂，且具有5 300L/min的喷射能力
8	长至少49m但要小于61m，宽7m	3	三车携带18 800L水和450kg补充灭火剂，且具有7 200L/min的喷射能力
9	长至少76m，宽8m	3	三车携带24 300L水和450kg补充灭火剂，且具有9 000L/min的喷射能力
10	长至少76m，宽8m	3	三车携带32 300L水和450kg补充灭火剂，且具有11 200L/min的喷射能力

凡是因为人力短缺或设备无法保障而导致机场不能满足上述要求且持续七天或更长时间的，机场必须提交修正方案和完成时限。完成时限“必须在给定条件下可行且尽早”。如果因为运转量或者客机尺寸增加的原因导致达到了更高一级分类，机场可有一年的时间来调整。在此期间，如果机场能够通过危险形势分析来说明飞机救援消防保障的取消不会对航空安全产生难以接受的风险，那么加拿大运输部可以授权机场停止提供飞机救援消防保障。

注：信息编撰依据NFPA 403《机场飞机救援消防保障标准》（*原文误为NFPA414。——译者注*）；FAR139.315《飞机救援与消防：等级确定》；FAR139.317《飞机救援与消防：装备与灭火剂》；ICAO《机场保障手册·第1部：救援与消防》；CAR 303.05《飞机的消防分类》和CAR303.09《灭火剂与飞机消防车功能需求》。

注：工作人员应当经常复习相应机构的要求，确保遵照执行。

正如第 6 章中提及的那样，有的机场在环境和地形问题方面有很多困难。飞机救援消防组织可能需要使用各种专业消防装备抵达并营救飞机乘客。这些专业消防装备包括：

（1）直升机。

（2）旋翼飞行器。

（3）舟艇。

（4）两栖车。

（5）牵引车。

待命和响应要求

在航空公司作业期间，飞机救援消防车必须保持可操作状态。如果消防车不可操作并且不能保障飞机救援消防作业，要有相同或性能更好的替代消防车可供调用，机场管理部门有 48h 的时间恢复飞机救援消防保障能力。如果没有替代消防车，或者工作人员无法在 48h 内修好不能操作的消防车，那么机场管理部门就必须将作业待命能力的下降情况报告“联邦航空局区域机场部经理”。他们还必须通知受影响的航空公司。除非不受联邦航空局管辖，机场必须将航空公司的作业量限制在与剩余可用飞机救援消防车相匹配的等级内。

注：如果机场位于冰冻期较长的地区，工作人员就要采取室内停放等手段确保消防车免受冻害。

FAR 第 139. 319 部要求飞机救援消防组织：

（1）在首个飞机定期活动（到达或离港）之前 15min 和最后的飞机定期活动（到达或离港）结束之后 15min 必须保持值勤。

（2）在航空公司作业期间对紧急情况做出响应。

（3）至少有一台飞机救援消防车能在 3min 内从规定位置到达最远一条跑道中间位置，或者到达飞机飞行场区内同样距离的指定地点，并开始喷射灭火剂。

（4）其他飞机救援消防车能在接到报警 4min 内从其规定位置到达指定地点，并开始喷射灭火剂。

注：国际民航组织、国家防火协会和其他机构有其他的响应时间要求，飞机救援消防机构应当查阅他们的管理规定以获得指导意见。

（5）准备好说明 FAR 第 139. 319 部执行情况。

注：如果会导致机场的应急保障能力等级下降，那么在飞行作业时段内飞机救援消防车不可用于机场外灭火。

消防车的设计

有很多机构和标准涉及了各种不同类型的飞机救援消防车和它们各自的设计。在编写机场消防车说明书或者确定一个机场的消防车需求时，应当考虑下述相关规定和标准：

（1）FAR 第 139. 317 部《飞机救援与消防：装备与灭火剂》及 FAA AC 150/5220 – 10《飞机救援消防车使用指南》中的概述。

（2）CAR 第Ⅲ部《简易机场、永备机场和直升机机场 · 第 3 分部：永备机场和简易机场的飞机救援与消防》。

(3) ICAO《机场保障手册 · 第 1 部:救援与消防》。

(4) NFPA403《机场飞机救援消防保障标准》。

(5) NFPA412《飞机救援消防泡沫装备评价标准》。

(6) NFPA414《飞机救援消防车辆标准》。

注:每辆飞机救援消防车都应喷漆并/或做标记以便识别,还应安装合适的警灯。

消防系统的测试

飞机救援消防车的灭火系统需要定期测试,确保良好的作业能力。使用泡沫的灭火系统应当每年进行测试,正如 NFPA412《飞机救援消防泡沫装备评价标准》中要求的那样。辅助灭火剂系统也应当每年进行测试,或按照主管部门规定执行。

飞机救援消防车的类型

飞机救援消防车是为满足航空工业和机场消防部门的要求而特别设计和制造的车辆。飞机火灾涉及大量燃油,需要飞机救援消防车具有快速喷射大量灭火剂的能力。这些车辆在进入或撤离灭火战斗区域时不得不同时协调灭火剂的喷射。为了处理这些复杂任务,飞机救援消防车需要配有以下部分或全部设备(图 8.2):

(1) 消防炮/可延伸消防炮。

(2) 消防枪。

图 8.2　飞机救援消防车车载设备示例

(3) 地面扫射喷嘴。

(4) 车下喷嘴。

当今的飞机救援消防车还配有:

(1) 医疗用品。

(2) 梯子。

(3) 救援工具与设备。

飞机救援消防车必须既能在有铺层的道面也能在无铺层的地带有效开展作业(图 8.3)。在响应期间,飞机救援消防车驾驶员/操作手可能不得不驾车通过困难地带。有些情况下,飞机残骸、遇险人员及可以行走或不能行走的生还者会偶尔出现在这些地带。

图 8.3 飞机救援消防车在铺层道面上和道路以外条件下作业

考虑到飞机救援消防车的特定作业标准及灭火剂系统,NFPA414 根据车辆水罐的容量将消防车分为以下三类:

(1) 容量Ⅰ:454 ~ 1 999L。

(2) 容量Ⅱ:>1 999 ~ 6 000L。

(3) 容量Ⅲ:>6 000L。

联邦航空局根据所装载的水、干粉或洁净灭火剂的数量为飞机救援消防车提供了一套分类体系,这些分类见表 8.2。每辆携带水成膜泡沫的消防车都要携带足以供两罐水与之按比例混合的浓缩液。

表 8.2 联邦航空局对飞机救援消防车的分类

车辆类别	水或水/泡沫溶液/L	化学干粉*或允许使用的洁净灭火剂替代品/kg
1	454	225
2	1 136	225
3	1 900	225
4	5 685	见 14 CFR 第 139 部,第 139.317 部
5	11 360 ~ 17 035,可以有 1 900L 的增量	见 14 CFR 第 139 部,第 139.317 部

*225kg 钠基干粉或 210kg 钾基干粉(例如紫钾干粉)或 220kg 洁净灭火剂。

资源:FAA AC 150/5220 - 10(原文误为“FAA AC 150/5220 - 10D”。——译者注)《飞机救援消防车使用指南》。

在前面对飞机救援消防车概述的基础上,下面几节将介绍以下内容:

(1) 多灭火剂消防车(快速机动消防车)。

(2) 建筑消防车。

(3) 保障性车辆与设备。

多灭火剂消防车

多灭火剂消防车也称快速机动消防车,比典型的飞机救援消防车小一些，通常配有复合式灭火剂系统（图 8.4）。由于它们有紧凑的外形，这些车辆的设计适用于快速赶赴应急现场，也可以在大型飞机救援消防车不便展开的地方进行作业。快速机动消防车可以装配水泵与水罐或是**滑动托盘装置**。水罐的大小从 400～2 000L，辅助灭火剂载量从 50～250kg 不等。是否需要配备多灭火剂消防车要根据机场大小和飞行频率由联邦航空局规章来确定。然而，小型机场仅仅使用一台多灭火剂消防车就足以满足各自的飞机救援响应标准。如果需要在辖区内配置快速机动消防车，飞机救援消防部门应当参考适用的规章或标准做出决策。

滑动托盘装置—— 安装在托架上的灭火系统，可以装到皮卡车底盘上或大型车的车厢内。

图 8.4　快速机动消防车示例

建筑消防车

有些建筑消防车可能需要经过特别改造和配置方可用于飞机救援消防用途（图 8.5）。为预防飞机事故/事件发生，消防员应当熟悉一些关于车辆与泡沫系统的性能与操作方面的知识。

图 8.5　飞机救援消防部门配置的建筑消防车示例

安装固定式泡沫配制系统已经是建筑消防车的一种现代化趋势，配合使用进攻水枪或管路消防炮，可用于泡沫喷射。这些系统支撑泡沫灭火作业的能力有限，因为它们的泡沫浓缩液储罐通常比专用的飞机救援消防车的要小。然而，固定式泡沫配制系统与外置的在线式泡沫喷射器相比，可为消防员提供更强大的功能，因为后者有摩擦损失、缺乏机动性，还有其他问题。

边行驶边喷射（动力调制）——消防车能够在行驶期间泵出灭火剂的能力。

新式泵浦车具有**边行驶边喷射**功能，这让它们能够在移动中发动火灾进

攻,更适合飞机救援消防应用。有些建筑消防车还配置了以下装置:

(1) 全轮驱动。

(2) 消防炮。

(3) 飞机救援设备。

(4) 第二灭火剂系统(化学干粉、洁净灭火剂、D 类灭火剂)。

(5) 大规模伤亡的医疗用品与设备。

要让加装飞机救援消防设备的建筑消防车达到 NFPA414 的要求还是很困难的,因此,飞机救援消防主管部门应当查阅实际的规定与标准,以确定加装飞机救援消防设备的建筑消防车能否满足他们所期望的要求。

所有建筑消防车上的螺纹和接头都要与飞机救援消防车上的规格一致,包括互助性的市政单位和各大公司的消防车都要一致。如果消防车的螺纹不同,就必须要有适配器以确保所有消防车之间能相互衔接。这些连接件让飞机救援消防的补给成为可能。

对于未配备固定式泡沫配制系统的建筑消防车,通过将泡沫浓缩液直接倒入消防车水罐以产生泡沫(批量混合),这是完全有可能实现的。表 8.3 显示了各种水罐对应的浓缩液正确数量。一旦浓缩液铺满罐底,车载消防泵即可用标准工作模式产生灭火泡沫流。关于泡沫作业的更多信息,请参阅第 7 章“灭火剂”。

表 8.3　各种水罐所需的浓缩液量

泡沫浓缩液比例		水罐大小/L				
		2 000	3 000	4 000	6 000	8 000
需要添加的浓缩液/L	1%	20	30	40	60	80
	3%	60	90	120	180	240
	6%	120	180	240	360	480

保障性车辆与设备

为了面对飞机事件带来的危险,大多数飞机救援消防部门会用到一系列保障性装备,这些装备包括(图 8.6):

(1) 指挥车。

(2) 指挥所车。

(3) 移动水源车。

(4) 泡沫供应车及其拖车。

(5) 危险品运输车及其拖车。

(6) 救护车。

(7) 大规模伤亡保障车及其拖车。

(8) 洗消拖车。

(9) 重型救援车。

(10) 大巴车。

与飞机事件相关的风险包括但不限于:

(1) 大规模伤亡。

(2) 大批量人体沾染。

(3) 技术困难(密闭空间、大角度和结构坍塌等)。

(4) 大型危险材料事件。

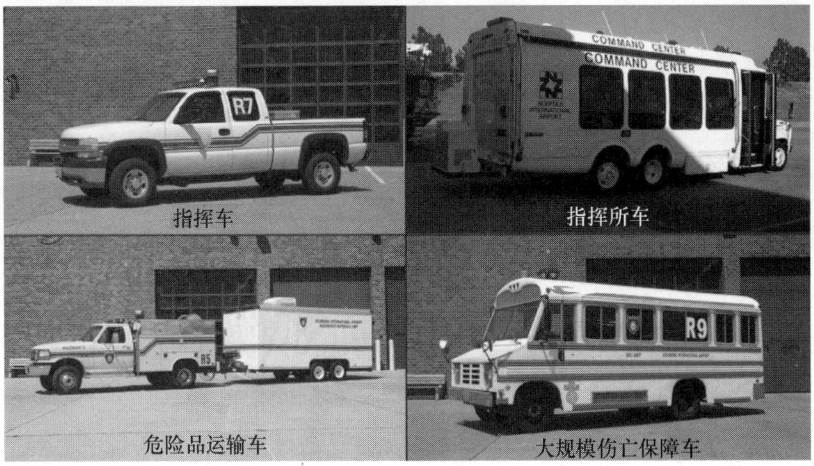

图 8.6　飞机救援消防保障车辆包括指挥车、指挥所车、危险品运输车和大规模伤亡保障车等

有的部门还配置了移动式航空舷梯、食品保障车和其他可以用作举升平台的设备。这些设备改装后成了很有用的设备，例如加装预连接水带、水带卷盘、通风扇，以及其他改进。有一种称为“**内攻车辆**”的消防车，可以快速部署到由起落架高高撑起却内部起火的飞机旁边，提供一个可以从这里发起内攻的平台（图 8.7），更多资料可参阅 NFPA414。

内攻车辆——该消防车的设计可以为飞机灭火作业提供一个举高平台，能将消防员托举到与飞机舱室等高的平面上。

出于该目的，车辆还可由用户定制和重新采购，飞机救援消防人员可以充分发挥自身的创造力和聪明才智。这些消防车主要是为了满足特定机场的特别需求，未必符合飞机救援消防的最低需求。

图 8.7　内攻车辆示例

消防车的特征与可选设备

飞机救援消防车上带有各种各样的系统、特征与可选设备，包括：

（1）车辆标记和灯光系统。

（2）防抱死刹车系统（Antilock Braking System，ABS）。

（3）中控式充放气系统（Central Inflation/Deflation System，CIDS）。

(4) 驾驶员助视系统。

(5) 车辆倒车后视摄像系统。

(6) 车载视频摄像机。

(7) 高机动性悬挂系统(独立悬挂系统)。

(8) 监测与数据获取系统(Monitoring and Data Acquisition System, MADAS)。

(9) 横向加速度指示系统(Lateral Acceleration Indicator, LAI)。

车辆标记和灯光系统

机场上的应急响应具有危险性。飞机救援消防车本身需要清晰可见,确保滑行中的飞机和其他机场车辆可以快速识别正在赶往现场的飞机救援消防车。飞机救援消防车应当安装旋转或闪烁标灯和其他警示灯。很多现代化的飞机救援消防车可能会安装 LED 灯,专门满足现场照明需要。消防车应当漆成和当地背景形成鲜明对比的颜色,使消防车在白天和夜晚作业中更加醒目。反射标志也可以帮助改善消防车的可见性和可识别性(图 8.8)。

图 8.8 白天和夜晚条件下飞机救援消防车上的警示灯、涂装、反光标志和现场照明设备示例

防抱死刹车系统

依据 NFPA414,飞机救援消防车要有防抱死刹车系统。该系统是一套电气系统,能在刹车过程中监测与控制车轮转速。防抱死刹车系统通过在刹车过程中减少抱死现象从而改善了车辆的稳定性和控制力。防抱死刹车系统为驾驶员在路面结冰、积雨之类的恶劣路况下作业提供了更强劲的控制力。

中控式充放气系统

这项先进技术可以让驾驶员在车辆行驶中或停放时给轮胎放气以提高其牵引力。该系统可以在预定的车速下工作而不致影响车辆的灭火能力。轮胎放气不仅提高了牵引力,还产生了更强的机动性。放气还可以帮助去除轮胎表面的泥沙和残骸碎片,使得现代化车用轮胎那能力强大的胎面更加高效。

典型的中控式充放气系统通过车辆驾驶室内的控制面板进行操作,有四种地形设置,可以提高车辆的机动性,一般有公路、路外地带(经过乡村)、软地面(泥、雪、沙)和应急等几种模式。应急模式只允许以不大于 10km/h 的速度行驶 8km,以防轮胎过热。

像其他先进系统一样,当轮胎放气系统需要维护时,就会增加车辆停驶时间。不过，提高恶劣驾驶环境下的事件响应能力，要比车辆不可用时间比完好时间长这个小问题重要得多。

警　告！

当轮胎充气不足或压力变化时，驾驶飞机救援消防车的速度不应太快，否则会发生事故，造成人员伤亡及车辆损坏。

驾驶员助视系统

很多机场都发生过气象或其他影响视觉的条件拖延飞机救援人员响应时间的情况。驾驶员助视系统能让参加飞机救援的驾驶员运用现代技术在恶劣条件下实现更安全、更快速的响应。这些系统的摄像头安装在车辆外面（通常在车顶部位），而显示屏则位于驾驶室内，可能装在车窗旁边的顶篷上或仪表板上，有时还可能嵌在仪表板内。

驾驶员助视系统由下列子系统组成：

（1）**夜视**。用于在浓烟、雾、恶劣气象及夜暗中提高视力的红外摄像头和监视器；“前视红外”（Forward Looking Infra - Red，FLIR）摄像头还可以用于扫描飞机、识别高温点或隐蔽着火点，以及/或定位水中的人员（图 8.9）。

图 8.9　前视红外摄像机（左）和驾驶室内的屏幕（右）能帮助飞机救援消防车驾驶员/操作手在不良视觉条件下驾驶

（2）**导航**。驾驶室里有差分全球定位系统（Differential Global Positioning System，DGPS）接收器，可以显示移动地图。GPS 是一种收集轨道卫星信号并根据经度纬度参数确定在地球上位置的装置；机场的航拍照片被数字化后显示在计算机屏幕上以便查阅。如果机场有地面运动制导与控制系统（Surface Movement Guidance and Control System，SMGCS），也可以添加到驾驶员助视系统中。

（3）**跟踪**。位于指挥中心和救援车辆之间的数字式无线电数据链，事故信息、车辆位置报告和其他消息都可以通过它来传输。

这些子系统的组合在恶劣的驾驶与视觉条件下为飞机救援消防车驾驶员/操作手提供了极大的便利，驾驶员/操作手能够很轻松地定位原本视线模糊的坠机地点。这个显示终端还可用于发送事件的最新和例行消息，以及显示其他响应信息，例如：

（1）飞机应急预案。

（2）紧急检查单。

（3）电话号码簿。

（4）资源数据库。

驾驶员助视系统需要驾驶员/操作手在系统设计的条件下经常进行训练。关于驾驶员助视系统的更多信息可以查阅 FAA AC 150/5210 - 19《驾驶员助视系统》。

车辆倒车后视摄像系统

有很多消防和救援车开始配置车辆倒车后视摄像系统，以帮助驾驶员/操作手更安全地倒车。该系统有一个安装在车身后部的摄像头，连接到驾驶室内的一个小型平面屏（全彩）监视器上（图 8.10）。倒车摄像头对于飞机救援消防车的性能提升价值巨大。

图 8.10　飞机救援消防车上的倒车后视摄像头（左）及在驾驶室内的监视器（右）

注　意

飞机救援消防车倒车时要特别注意，避免因摄像头的存在而在安全上形成错觉。

车载视频摄像机

飞机救援消防车上可以安装车前视频摄像机和远程记录设备。该设备可以设置为在消防车发动时开启并在整个应急响应过程中进行记录。视频影像可以为训练和事故调查提供非常好的资料。

高机动性悬挂系统

无论是在铺层道面上还是道路以外，高机动性悬挂系统均可为飞机救援消防车提供更强的机动性。该系统尽可能地保持车轮与道面接触。普通的直通轴车辆在特别不平坦的地面上会有一种与地面失去接触的趋势。对于高机动性悬挂系统，每个车轮与车轴都和其他轮轴相互独立，这能让每个车轮和地面保持更好的接触，从而保证车辆顺畅通过复杂地形。例如，直通轴的车辆斜向通过水沟时，有可能有一个或多个轮胎与地面失去接触，这是因为轮轴是刚性连接的；而高机动性悬挂使用了独立驱动的悬挂方式，这让每个轮胎都能以相同状态同时与地面保持接触。

监测与数据获取系统

监测与数据获取系统负责收集车辆性能的细微测量数据。该系统可以成套购买并由用户编程设置，以测量以下多种车辆特性：

（1）车速。

（2）车头朝向。

（3）横向加速度。

（4）竖向加速度。

（5）纵向加速度。

（6）发动机转速。

（7）节气门位置。

（8）转向输入。

（9）刹车输入（踏板位置和刹车压力）。

（10）所有数据收集的日期、时间和地理位置。

监测与数据获取系统必须能够存储所测量的数据与当时的时间段，至少应在严重事件发生前的 120s 和发生后的 15s 能及时开启和关闭。系统绝对不能因为紧急关机或是主电源开关断开而丢失记录的数据。

横向加速度指示系统

该设备可以用作早期警示系统，在驾驶员即将突破车辆的安全操作极限并逼近车辆的机动极限时，可以帮助他们觉察到危险，这些状态有潜在的不稳定性并可能导致翻车事故（图 8.11）。但是，这种设备并不能防止车辆侧翻，最终还是要由驾驶员/操作手来观察横向加速度指示器并在所警示的极限范围内驾驶车辆。

图 8.11　横向加速度指示器示例

消防车的火灾扑救设备

飞机救援消防车必须要能够喷射足量的灭火剂，以快速控制或扑灭飞机火灾。为了做到这一点，飞机救援消防车配置了多种火灾扑救设备。这些设备包括：

（1）内置消防泵。
（2）车顶和/或前置消防炮。
（3）消防枪。
（4）地面扫射和车下喷嘴。
（5）举高水路。
（6）可延伸消防炮。
（7）穿透喷嘴。
（8）这些设备的全部或部分组合。

消防泵

很多飞机救援消防车都配置消防泵，可以向灭火系统大量供水。这些消防泵设计成可以在飞机救援消防车行驶中工作，让驾驶员/操作手或消防炮操作人员在赶到现场的第一时间就能向火势发起进攻。由于边行驶边喷射期间在消防泵与发动机之间传输功率的方法各厂家有所不同，飞机救援消防车的操作手要多加练习，逐步熟悉车辆边行驶边喷射的工作特点。请参阅飞机救援消防车的实用技术参数和国际消防保障训练协会的《泵浦消防车驾驶员/操作手手册》。

驾驶室有一个开关或按钮可以启动消防泵。控制机构一般会让操作手选择用水还是用泡沫（图 8.12）。如果消防车有一个模式面板，操作手还可以选择以“坠机”（边行驶边喷射）或“建筑”模式进行泵水。

有的飞机救援消防车具有建筑灭火能力，这种车可以用作建筑泵浦车，能从水源汲水，从消火栓加水，用车上水罐供水。飞机救援消防车上建筑灭火系统的优点包括：向飞机发起内攻时具有很好的水压控制能力，在没有建筑泵浦车的机场上使用时，该车辆还具有扩展能力。

绝大部分提供建筑消防功能的厂家通常都能提供各种用途的泡沫。各厂家的泡沫喷射系统也大相径庭，由于这些系统的变化，驾驶员/操作手必须逐步熟悉他们部门的车辆。

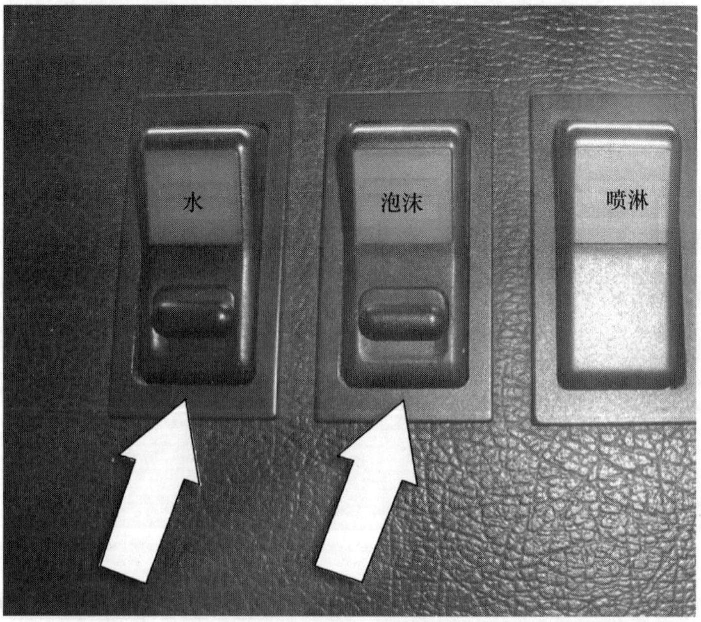

图 8.12　飞机救援消防车灭火系统的水和泡沫启动按钮示例

↘ 消防炮

要在救援与灭火作业中大量使用灭火剂，飞机救援消防车必须要有一个或多个消防炮。为了对失火飞机进行顺利高效地灭火，驾驶员/操作手应当熟知所执掌飞机救援消防车上消防炮的功能。

消防炮可能安装在两种位置。装在驾驶室上面的称为车顶消防炮，而装在车辆前保险杠上的称为前置消防炮（图 8.13）。

图 8.13 飞机救援消防车的车顶消防炮和前置消防炮示例

有的飞机救援消防车带有"双流态"可选的消防炮，这样可以让驾驶员/操作手拥有低流量（一半，50%）或高流量（全部，100%）两种喷射选择。举例来说，一种消防炮可以有两种流量设置：1 400L/min 和 2 800L/min。消防员可以采用低流量进行近距离喷射、节省灭火剂和长时间持久性灭火进攻；他们还可采用高流量进行远距离喷射、大强度压制火势。当一台消防车仅有一门消防炮时就需要具有双流态功能。

注：联邦航空局对消防炮的泡沫喷射最低速度要求见 FAR 第 139.317 部。

消防炮，像所有的机械设备一样，会遇到故障或其他操作性问题。如果有两门消防炮，就可以在一门消防炮发生故障时还有个备份。根据飞机救援消防车的设计，第二门消防炮可以安装在前保险杠、车顶或者举高/可延伸设备上。有了多台消防炮，当车上有两个或更多飞机救援消防人员时，还可以实现多方向灭火进攻。

车顶消防炮的灭火剂射流或喷溅会遮挡飞机救援消防车驾驶员/操作手观察事故现场的视线，甚至达到飞机救援消防车射出的灭火剂流无法奏效的程度。因此，现在有的飞机救援消防车厂家在他们生产的消防车上安装了高流量前置消防炮。这些消防炮能够喷射出与车顶消防炮相同的流速，有取而代之的趋势。高流量前置消防炮的最大好处在于为驾驶员/操作手改善了视野。

前置消防炮可用于近距离喷射，还可以保护消防车免受火焰侵害或油料喷溅。前置消防炮通常可以胜任车下喷嘴和地面扫射喷嘴所担负的所有任务。

飞机救援消防人员可以用控制手柄来手动操作消防炮（图 8.14）。有些情况下,救援人员不得不打开一个阀门,释放锁紧机构,或者拔掉插销才能使用消防炮。把手或手柄上经常有开/关按钮或电门。消防炮控制机构特有的功能可以改变灭火剂的流态,从直流射流到开花或雾状射流都有。

图 8.14　飞机救援消防车驾驶室里的车顶和前置消防炮控制手柄

注:用电动或液压控制消防炮的飞机救援消防车,还应当具有手动控制的能力。

车载消防炮必须要能满足一定的功能要求。消防炮必须要能从中间向两侧各旋转 90°,具有总计不小于 180°的水平转角。驾驶员/操作手应当能将消防炮从水平面升起至少 45°角,他们还必须能采用开花射流向车前方 9m 范围内喷射灭火剂。除非消防炮对操作手来说完全可见,否则就必须要有可以显示消防炮炮身垂直升降和水平转向的指示装置。

主炮必须是有助力的,这些消防炮应当需要不大于 150N 的力量即可操作。

有些消防炮还有自动摆动的特点,该特点让驾驶员/操作手可以将消防炮设置成从一侧自动扫到另一侧。摆动控制机构包括水平扫和行程限制(通常从中间向两侧各 90°)。如果驾驶员/操作手使用这些控制机构不当,他们就可能会浪费很多灭火剂。

消防枪

大多飞机救援消防车都配置有消防枪,预先连接非扁平高压软管,绕在卷盘上,或者是标准的扁平水带,存放于水带箱内(图 8.15)。两种水带都要配置模式可变的开关喷嘴,喷嘴可以是空气吸入式也可以是非空气吸入式。飞机救援消防人员利用消防枪可以:

(1) 为救援人员提供保护。

(2) 消灭消防炮无法到达的机身内部火灾。

(3) 救援作业完成后,消灭外围火灾。

水带越长、越粗,在现场周围布设和移动水带就越困难。水带管线有时不得不在残骸周围、高低不平和湿滑的地上移动,或是使用架高的梯子伸进飞机里面。

飞机救援消防车上的预连接消防枪设有可以在驾驶室里进行远程操作

的供水阀门，或者当水带管线拉紧即自动开启。有的新式飞机救援消防装置上有一根绑在水带末段的钢索，钢索另一端连接到供水口。该钢索连着一枚销子，可以防止消防枪意外充水。当消防员展开水带，水带的张力就会拉动钢索从而拉动销子，让消防枪开始充水。如果水带没有完全伸展，整个系统就不会启动。

有的消防车设有传感器，直到喷射设备（喷嘴）打开并开始出水时，才提高发动机转速、流量和泵压。有时，扭绞、气阻等堵塞现象可能会拖延水带管线的充水，流量提升时转换开关中还可能会出现暂时性的梗阻。

注：如果用消防枪打过泡沫，那么消防员要用清水冲洗一下水带内部。

化学干粉注入系统及喷嘴也可用于飞机救援消防车的消防枪。泡沫和化学干粉部件可以分别也可以组合使用（图8.16）。干粉的流速通常为2.5kg/s。

图8.15 机场消防员手持与飞机救援消防车预连接的消防枪

图8.16 水/泡沫和化学/惰性干粉组合式消防枪喷嘴

还有一种可用在消防枪上的穿刺喷嘴。有的还有内置夯击装置可以让枪头穿刺进入飞机里面，其他类型的则必须使用长柄大锤砸进去。还有一些仅仅是一种长喷嘴，可以将其插到用强力破拆工具打出的洞中。

液压或气动的钻也是可以用的，它们要用冷气瓶或自给式呼吸器的钢瓶驱动钻头钻到飞机内部，然后水、泡沫或其他灭火剂就可以通过钻孔喷射进去了。

辅助灭火剂系统

多数大型的飞机救援消防车都会携带某种辅助灭火剂，这些灭火剂包括化学干粉/湿剂和洁净灭火剂。它们可以通过单独的水带卷盘、双灭火剂喷枪进行输送，或者直接用管路送至化学干粉喷嘴。

地面扫射和车下喷嘴

地面扫射喷嘴用于在车前铺设出一片或一条泡沫覆盖层，使消防车可以驶入灭火和/或救援位置而自身不会受到威胁（图 8.17）。对地面扫射喷嘴的操作应当在车辆驾驶室内即可控制。

车下喷嘴直接从车辆底盘下面喷射灭火剂（图 8.18）。它们设计用于保护飞机救援消防车和设备，以防油料和火焰在车下烧起来。车下喷嘴的控制端也在车辆驾驶室内。

图 8.17　地面扫射喷嘴的功能演示

图 8.18　飞机救援消防车的车下喷嘴示例

举高水路、可延伸消防炮和穿透喷嘴

有的飞机救援消防车配置了举高水路。最为常见的举高水路为曲臂式设计。靠举高水路上的曲臂可以获得更好的视线和控制，更有效地对火灾喷射灭火剂。曲臂可以举升、回转并喷射灭火剂，有的曲臂可以实现边行驶边喷射作业。

注：较早的曲臂设计是不能转动的，而新式的可以从中间向左右旋转 30°。

> **注　意**
>
> 在曲臂举升和/或回转时实施边行驶边喷射作业，可能引起消防车倾斜或翻倒。请按照厂家的指导手册正确进行曲臂作业。

为了符合消防部门的需求，举高水路可以进行改装。曲臂上可以加装不同的喷嘴，例如：

（1）空气吸入式喷嘴。

（2）非空气吸入式喷嘴。

（3）化学干粉喷嘴。

（4）穿透/穿刺喷嘴。

（5）其他第二灭火剂喷嘴。

举高水路的一个缺点是管路系统中会有一定量的灭火剂残留，这些灭火剂在水路撤回时会倾洒在地面上，造成灭火剂的浪费并有可能引起不必要的环境污染。

有的飞机救援消防车配置了可延伸高射消防炮。通过将灭火射流引至进攻火灾的最佳位置，该炮能从火焰根部向火势发动进攻(图 8.19)。操作手要会调整可延伸高射消防炮的位置，以改善路线，从而靠近难以到达的位置。这项功能提升了有效利用灭火剂的能力。可延伸高射消防炮已经被证实在有阻碍的飞机部位很有效，包括以下部位：

(1) 机轮舱。

(2) 起落架。

(3) 飞机内部。

(4) 腹部区域。

(5) 尾翼上的发动机。

图 8.19　装有可延伸高射消防炮的飞机救援消防车

可延伸高射消防炮的操作比较复杂，驾驶员/操作手需要不断训练其操作方法。FAA AC 150/5210－23《飞机救援消防车和可延伸高射消防炮的操作、训练和资格认证》提出了对装有可延伸高射消防炮的飞机救援消防车进行正确操作和战术运用开展训练的要求。

注　意

如果在顶部安装可延伸高射消防炮，那么该车会比其他飞机救援消防车有更高的重心，驾驶员/操作手在驾驶时需要对此进行补偿性操作。

穿透喷嘴，或称穿刺喷嘴，可以加装在举高水路和可延伸高射消防炮上。这些喷嘴的设计可以穿透飞机蒙皮并将灭火剂喷射到飞机里面(图 8.20)。对穿刺喷嘴的测试表明，它们牵制和控制内部火灾蔓延和轰燃条件形成的能力令人印像深刻。

穿透喷嘴有时称为飞机蒙皮穿透喷嘴(Aircraft Skin Penetrating Nozzle, ASPN),它的另一个名字是蒙皮穿透器/灭火剂喷射器。飞机蒙皮穿透喷嘴要求最小流量为1 000L,而大部分的典型流量已达1 400L(每分钟的流量。——译者注)。

注:飞机蒙皮穿透喷嘴可以伸进深处失火的货物达300mm。

根据机型不同,飞机救援消防车驾驶员/操作手应当采用不同的战术穿透飞机蒙皮。对于货机,穿透飞机蒙皮的理想位置在机舱窗户正常位置的上方600mm处,位于结构件之间。飞机的铆钉分布表明了飞机结构件所在的位置。对于客机,普遍接受的经验是用穿透喷嘴在窗户上开洞插入。该战术可防止对飞机产生更多破坏。如果选取窗户不太可能,替代办法是在窗户上方300mm处穿透客机(图8.21),该位置高于座位靠背而低于行李舱。

图8.20　可延伸高射消防炮上的穿刺喷嘴可用于穿透飞机蒙皮,在机身里面喷射灭火剂

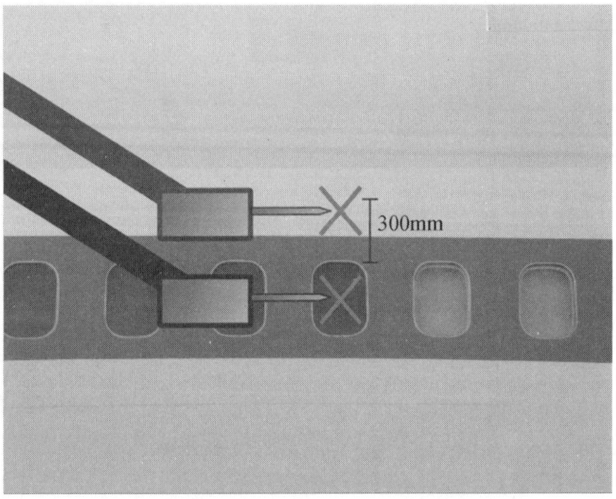

图8.21　穿刺喷嘴作业常用的穿透点

使用穿透喷嘴时,飞机救援消防人员要注意避免影响飞机乘员的撤离。为了达到这个目的,可以采取"阻燃"或"阻击"战术,将喷嘴插在飞机乘员与火区之间。可用飞机蒙皮穿透喷嘴在从顶部到地板的空间内进行大面积射水,这样可以防止内部火势沿飞机内部向纵深全面发展。

飞机救援消防人员应当能够确定主要火势在哪里,这样他们好准确穿透飞机蒙皮并喷射灭火剂。有时候,外部情况可以表明火灾在哪里。最有效的办法是用热成像设备,最好能安装在曲臂上或车上以定位火灾的位置。

有些部门在穿透喷嘴上使用前视红外设备定位货舱里的隐蔽热点,或者协助定位客舱内的火灾部位。另一种选择是将彩色摄像头装在曲臂、喷嘴和穿透器上。这些附加设备为操作手正确选择穿刺点提供了所需的详细信息。

注:彩色光学设备必须要有足够的分辨率,以便在完全展开后能全面监视火场。

举高水路、可延伸高射消防炮和穿透喷嘴均应能让水和泡沫灭火剂流通。它们改装后还要能使用辅助灭火剂,如化学干粉或洁净灭火剂。

手持式穿透喷嘴也很有用。这些喷嘴不能提供可延伸高射消防炮上的喷嘴那样大的喷射流量,消防员使用该工具时必须要注意这一点。当操作手持式穿透喷嘴时,消防员要有足够的工作空间和合适的站立位置。该工具的一个实例就是美国空军的蒙皮穿透式灭火剂喷射工具(图8.22)。

图 8.22　美国空军的蒙皮穿透式灭火剂喷射工具近视图

灭火剂的补给方法

所有飞机救援消防车都应当具备在紧急事件现场快速补给水和泡沫浓缩液的能力。对于大规模应急救援作业，补给是很关键的。

补给灭火剂有多种方法，包括以下几种(图 8.23)：

(1) **快速补给**。以水罐车对直接参与全力灭火的飞机救援消防车建立快速水源供给。

(2) **持续补给**。以固定式水源(如消火栓或泵浦消防车)对飞机救援消防车建立水源供给。

(3) **补给点**。飞机救援消防车轮流驶到一个可以供应灭火剂、车用燃油或其他设备的地点，因为这些物资在事件现场不是随时都有的。

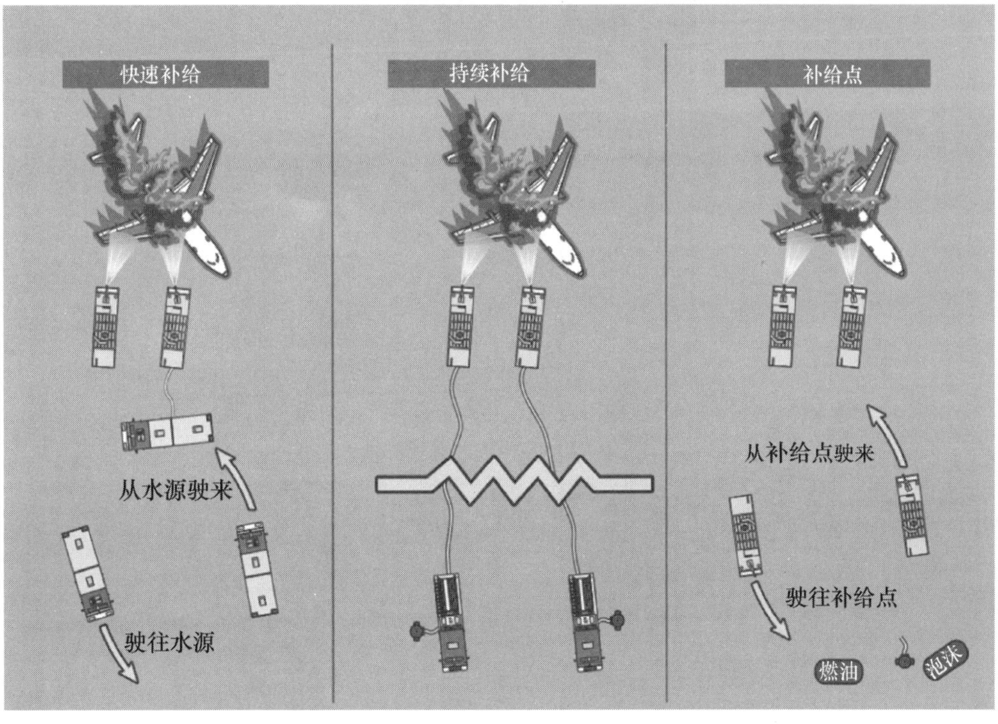

图 8.23　三种灭火剂补给方法示例

飞机救援部门应当制定涵盖以上三个方法的灭火剂补充办法，确保所有的作业注意事项都已考虑进去。每个救援部门都应花些时间训练一下拟在实际事发时采用的灭火剂补给方法。

下面几节介绍加水方法、泡沫液补给，以及辅助灭火剂系统的保障。

加水方法

有多种方法可以为飞机救援消防车供水。补水作业的一系列步骤可参见**技能页8－1**。尽管所有飞机救援消防车都有车顶加水功能，但是在消防站或机场，车顶加水点却越来越少。该方法不如用压力水源加水来得快捷和安全。其他常用补给水源包括：

（1）消火栓。

（2）移动水源。

（3）从泵浦车引出的水管。

注　意

飞机救援消防车的顶上会比较滑，在消防车上走动时要谨慎。

有些飞机救援消防车有自动关闭系统，水罐加满时可以自动关上水罐的加水阀门。有些新式飞机救援消防车上已经有了自动式水罐水量控制功能，连接消火栓或其他水源后，如果水罐水量不足70%加水阀会自动打开，水量达到95%时加水阀会自动关闭。如果要用这套系统将水罐加满，加水阀门必须手动保持开启直到水从溢水管流出。

注：如果补水通常由互助部门执行，那么和这些部门共同练习为飞机救援消防车进行安全有效补水的方法就很关键了，因为这和给泵浦车加水有所不同。

注　意

用泵浦车加水时，要注意不要给飞机救援消防车的管路或水罐过分增压，因为这可能引起水罐破裂。

泡沫液补给

飞机救援消防车可以通过几种不同途径补充泡沫浓缩液，包括（图8.24）：

（1）用20L的容器直接倒。

（2）在消防站进行高架重力加注。

（3）从鼓形圆桶、大储量容器或泡沫补给车中用机械式或手动式泡沫液输送泵抽出。

图 8.24 机场消防员正在将泡沫节约型软管连接到消防车的泡沫液加注接头上

人们最不愿意用的方法是用 20L 的容器直接倒，这种方法比较慢且需要大量的人力。用泡沫补给车是一种较为便捷的方法，可以为消防车在事件现场附近进行保障。不论救援部门采用哪种方法，都应在需要时做到及时、灵活、工作高效。**技能页 8－2** 介绍了实施泡沫液补给作业的步骤。

连接泡沫罐的加注管路必须尽可能少扰动泡沫浓缩液。泡沫罐应当完全充满，口盖不用时要盖紧。空气流动或泡沫浓缩液上方有空隙，都会造成浓缩液脱水或者泡沫在系统内胶化。任何情况下都不允许在同一个罐内存储不同类型的泡沫浓缩液。浓缩液可能会起反应、变稠、凝聚成团，使得配制系统的性能下降。

泡沫罐加注器盒（消防车顶部）的镜面（通过反射观察罐内液面。——译者注）必须随时保持干净，以防外物进入罐内。几乎所有加注器盒都有一个非常尖锐、锯齿状的装置用于刺破 20L 泡沫液塑料容器的底部。向下猛地一放即可将容器置于尖刺之上，这样通常可在 20s 或更短的时间内将容器放尽。

注 意

泡沫的气泡会将镜面（原文误为“尖刺”。——译者注）搞模糊。擦拭镜面时要小心并戴好手套。

在消防车的一侧或两侧通常会有泡沫液加注接头(口径 38mm)。如果还有模式面板,通常就在该位置的旁边。加注人员使用车载泵和便携泵完成泡沫液的补给。在补给作业期间,泡沫浓缩液罐的口盖应当打开。一般地,要有一名人员观察罐内液面指示灯或车顶泡沫罐加注器盒子,当泡沫罐加满时通知加注工作组的其他人员。加注人员必须要准备好一个容器,用它接住管路断开后从加注接头流出的剩余浓缩液。

辅助灭火剂系统的保障

配置了辅助灭火剂系统的消防车一般都是将灭火剂存入压力容器中。飞机救援消防人员需要知道他们部门使用的是什么类型的灭火剂。将不同类型的灭火剂或驱动气体进行混合是不可接受的。

每个系统均应严格按照系统厂家的说明书进行灌充,绝不允许违背厂家推荐的作业指导意见。

化学干粉系统要在通风良好的地方进行灌充,灌充人员应当采取呼吸防护措施。这些系统极少有在事件处置过程中进行灌充的情况。**技能页 8 -3** 列出了化学干粉灭火剂灌充作业的步骤。

尽管所有灭火剂系统在每次使用后都应当进行彻底冲洗,而干粉输送管和软管在任何形式的喷射之后都是必须要彻底冲洗或吹净的。遗留在干粉输送管或软管内的化学干粉往往会吸潮、结块,造成管路阻塞、失效。

许多带有辅助灭火剂的飞机救援消防车都有内置吊装系统(手摇或电动绞盘,有的带遥控)用于更换高压气瓶。为了防止伤及正在更换系统的工作人员,熟悉该系统的操作流程是至关重要的。如果车上和消防站都没有吊装系统,工作人员也必须小心操作,因为高压气瓶很重、很难对付。

消防车保养

根据 FAR 第 139.319 部和 ICAO 附件 14,所有消防车都要进行保养,以便它们在任何航空运输作业中都能始终处于可用状态。所以,飞机救援消防车及其设备在每次换班和每次使用后都要立即检查,必要时还应进行修理。理想情况下,消防车的技师应当定期进行预防性保养检查,提高检查质量,并在检查过程中向飞机救援消防人员解释机械性能和保障要求。在检查中使用一种详细检查单以免漏项,这是一个不错的做法(图 8.25)。机械问题一经发现就要告知维修人员以便及时进行修理。要保持足够的飞机救援消防车储备量,以确保一线的飞机救援消防车不可用时仍然可以提供最低程度的飞机救援与消防保护。

对于每一辆车,工作人员都应当始终有完整的记录,包括以下信息:

(1) 里程。

(2) 发动机小时。

(3) 燃油和滑油的消耗。

(4) 轮胎更换信息。

(5) 部件信息(何时要求、请领和安装的)。

(6) 总费用和不可用时间。

对于每一辆飞机救援消防车,消防泵性能年度测试记录也应当载入这些

图 8.25 飞机救援消防车的驾驶员/操作手在车辆检查中使用详细检查单

永久性文件中。辅助灭火剂高压气瓶上的压力读数要特别加以关注,有很多泄漏的发生是难以检测到的,直到气压表的读数下降甚至变为零才发现。

本章小结

飞机救援消防车有很多种类型。飞机救援消防部门在为本单位选择飞机救援消防车的类型时,应当参考所有使用规定和标准。飞机救援消防部门应当进行一次全风险推演,以确定实现一次成功的救援响应究竟有哪些保障车辆和设备是必需的。飞机救援消防的管理部门必须提供充足的资源,并在必要时与其他机构建立协议,以满足他们机场的需求。飞机救援消防部门还应当制定适当的训练计划和评价办法,确保所属人员能熟练操作飞机救援消防车;而飞机救援消防人员则应学会熟练操作自己分管的每一台车辆,对车辆和配套系统能透彻理解,这对于成功响应和操作是至关重要的。

复习题

1. 机场所需消防车的数量和型号取决于什么?(第 240 页)
2. 飞机救援消防车的主要类型有哪些?(第 244 页)
3. 在视觉受影响的条件下,驾驶员助视系统是怎样帮助消防车驾驶员的?(第 249 ~ 250 页)
4. 在什么场景下飞机救援消防人员会用到消防枪?(第 254 页)
5. 灭火剂补给的三种方法是什么?(第 259 页)
6. 飞机救援消防车的保养记录里应当包括哪些信息?(第 262 页)

补水——水车(移动水源)

步骤 1:停好水车以便为飞机救援消防车补给。

步骤 2:将供水水带从水车连接到飞机救援消防车的加水接头上。

步骤 3:如有必要,打开飞机救援消防车的罐压放泄设备。

步骤 4:打开飞机救援消防车的水罐加水阀。

步骤 5:启动水车的水泵。

步骤 6:打开水车的出水阀。

步骤 7:监视补水过程。

步骤 8:飞机救援消防车的水罐加满后关闭水车的出水阀。

步骤 9:关闭飞机救援消防车的水罐加水阀。

步骤 10:停止水车的水泵。

步骤 11:从飞机救援消防车上断开供水水带。

补水——高架加水点

步骤 1: 将飞机救援消防车停放在高架加水点下面，等待补给。

步骤 2: 打开飞机救援消防车水罐加水口盖。

步骤 3: 将高架加水水带放入飞机救援消防车的水罐开口内。

步骤 4: 打开高架加水点的阀门。

步骤 5: 监视补水过程。

步骤 6: 飞机救援消防车的水罐加满后关闭高架加水点的阀门。

步骤 7: 关闭飞机救援消防车水罐加水口盖。

补水——消火栓

步骤 1: 停好飞机救援消防车准备补水。

注意: 切勿向水罐过度增压——见厂家的指南。

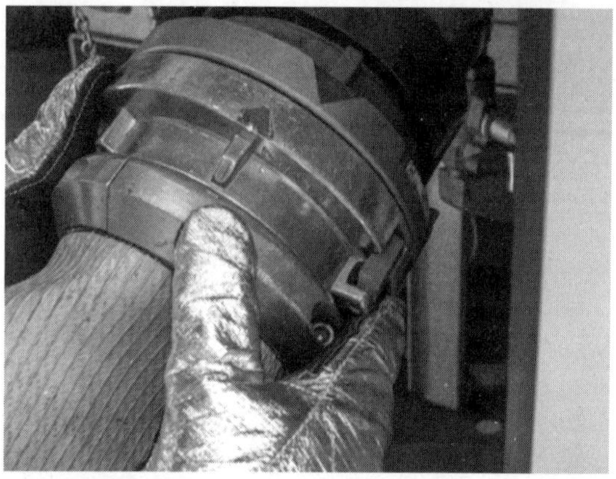

步骤 2: 将供水水带连接到飞机救援消防车的加水接头上。

步骤 3: 再将供水水带连接到消火栓上。

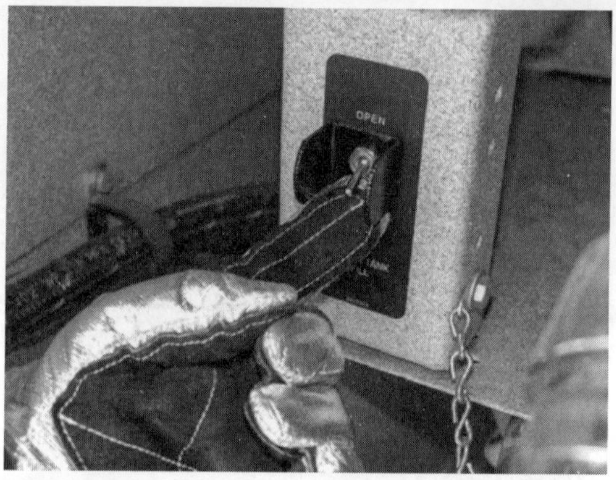

步骤 4: 如有必要,打开飞机救援消防车的罐压放泄设备。

步骤 5: 打开飞机救援消防车的水罐加水阀。

步骤 6: 打开消火栓的水阀。

步骤 7: 监视补水过程。

步骤 8: 飞机救援消防车的水罐加满后关闭消火栓的水阀。

步骤 9: 关闭飞机救援消防车的水罐加水阀。

步骤 10: 如有必要,关闭飞机救援消防车的罐压放泄设备。

步骤 11: 从飞机救援消防车和消火栓上断开供水水带。

补给泡沫——泡沫手提桶

步骤 1:停好飞机救援消防车准备补给。

步骤 2:打开飞机救援消防车泡沫罐的添加口盖。

步骤 3:打开泡沫手提桶。

步骤 4:将泡沫液倒入飞机救援消防车泡沫罐。

步骤 5:监视泡沫补给过程。

步骤 6:操作结束,关闭飞机救援消防车泡沫罐的添加口盖。

步骤 7:用大量的水将流出的泡沫浓缩液从飞机救援消防车的漆面上冲掉。

补给泡沫——泡沫输送泵

步骤 1:停好飞机救援消防车准备补给。

步骤 2:将泡沫软管连接到飞机救援消防车上。

步骤 3:如有必要,打开飞机救援消防车的罐压放泄设备。

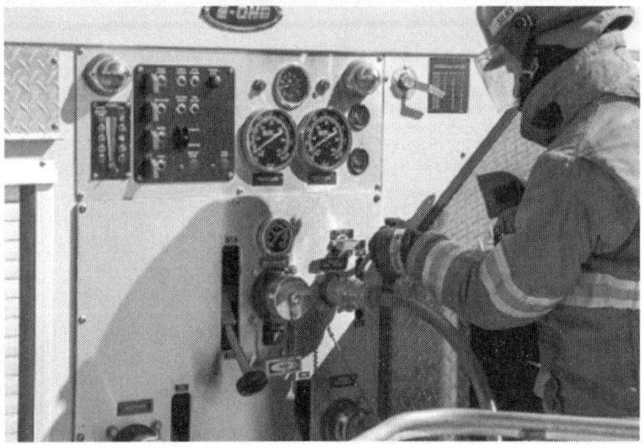

步骤 4:打开飞机救援消防车的泡沫罐补液阀。

步骤 5:启动泡沫输送泵。

步骤 6:监视泡沫补给过程。

步骤 7:飞机救援消防车的泡沫罐加满后关闭泡沫输送泵。

步骤 8:关闭飞机救援消防车的泡沫罐补液阀。

步骤 9:如有必要,关闭飞机救援消防车的罐压放泄设备。

步骤 10:从飞机救援消防车的泡沫添加接头处断开泡沫软管。

化学干粉灭火剂的补给

步骤 1:停好飞机救援消防车准备补给。

步骤 2:确认所有化学干粉系统的阀门均已关闭。

步骤 3:确认化学干粉系统的灭火剂罐已经卸压。

步骤 4:打开化学干粉系统灭火剂罐。

步骤 5:按照厂家建议将化学干粉灭火剂送入罐内。

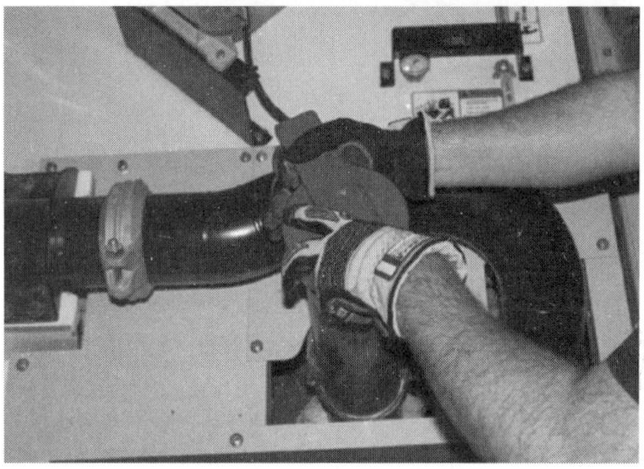

步骤 6:关闭化学干粉灭火剂罐的堵盖。

步骤 7:按照厂家建议更换或给系统高压气瓶和/或气压系统重新充压。

第9章　火灾扑救、通风和清理

学习目标

学习完本章,学生要能够:

1. 认识火灾扑救技术。[NFPA1003, 4.1.1.3, 4.1.1.4, 4.3.1, 4.3.2, 4.3.3, 4.3.4, 4.3.5, 4.3.6, 4.3.10, 4.4.1]
2. 叙述飞机火灾中的通风方法。[NFPA1003, 4.3.7]
3. 叙述飞机事件/事故后的现场清理作业。[NFPA1003, 4.3.10]
4. 解释现场清理作业中证据保护的重要性。[NFPA1003, 4.3.9]
5. 保护燃油源头。[NFPA1003, 4.3.3, 4.4.2; 技能页9-1]
6. 用飞机救援消防车的消防炮扑救燃油流淌火灾。[NFPA1003, 4.3.2, 4.3.9, 4.3.10; 技能页9-2]
7. 展开和操作飞机救援消防车的水枪扑救燃油流淌火灾。[NFPA1003, 4.3.1, 4.3.9, 4.3.10; 技能页9-3]
8. 用水枪扑救三维燃油火灾。[NFPA1003, 4.3.3, 4.3.9, 4.3.10; 技能页9-4]
9. 进攻内部火灾。[NFPA1003, 4.3.4, 4.3.7, 4.3.9, 4.3.10; 技能页9-5]
10. 扑救辅助电源/应急电源或发动机的火灾。[NFPA1003, 4.3.5, 4.3.9, 4.3.10; 技能页9-6]
11. 用水枪扑救机轮装置火灾。[NFPA1003, 4.3.6, 4.3.9, 4.3.10; 技能页9-7]

第9章
火灾扑救、通风和清理

历史案例

飞机救援消防小组响应一架货运飞机的发动机火灾。飞行员报告机身内有黑色浓烟。响应人员用飞机救援消防车的消防炮开辟了一条救援通道,用水成膜泡沫向发动机火灾进攻。他们很快控制了火势,然后用水枪转移到内部以完全压制住它。由一人协助乘员撤离,其他人通过人用和货用舱门给飞机通风。当乘员和烟雾均已离开飞机,灭火小组开始清理机身内部。消防员们发现了少量隐蔽火情并马上消灭了它们。飞机救援消防小组在整个作业过程中努力保存好任何重要证据。飞机检查显示,发动机是飞机上遭到火灾严重破坏的唯一部位,机身上还有少量的烟熏损坏。

飞机事故发生之后,大火和燃烧产物会威胁到机上人员和飞机救援消防人员的生命安全。坠机会带来燃油和点火源,共同造成大火。航空燃油导致的火灾会快速产生大量的热,足以烧穿飞机蒙皮。这样的火灾会通过打开的紧急出口和撞成的破洞进到机内,还会阻碍乘客从飞机里面逃出去。

飞机火灾本身很危险,机上可能有大量的燃油和人员。与飞机火灾作战,飞机救援消防人员必须始终遵循安全规定。本章将介绍以下内容:

(1) 火灾扑救。

(2) 通风。

(3) 现场清理。

(4) 证据保护。

火灾扑救

飞机出险时会有潜在的火情,也可能火灾已经发生但没有被发现。飞机救援消防人员遇到没有火灾的情况,他们也必须采取行动防止起火。如果火灾已经发生,飞机救援消防人员应当使用灭火剂为乘员撤离开辟救援通道,同时全力扑灭火灾(图9.1)。

飞机救援消防人员需要接受飞机火灾扑救技术训练,包括定期参加实际灭火训练操演。所有的飞机实际灭火训练必须达到NFPA1403《实际灭火训练进阶标准》的要求。

注:当地飞机救援消防机构需要达到适用本机构的规定或标准中提出的反复熟练性训练要求。更多信息参见**附录D**。

图 9.1　机场消防员在实际灭火训练操演中喷射灭火剂

未起火飞机事故

飞机救援消防人员可能遇到燃油从机内流出来但没有点燃的情况，这一般称为燃油流淌。为了防止起火，这些流淌燃油要从飞机上或点火源附近冲走、擦净或用泡沫覆盖。要采取措施防止出现火花，以防点燃暴露的燃油。飞机电气系统必须断电以降低火花危险。在燃油液体和蒸气附近的切割作业中，消防员应当手持充实的水枪守在旁边，以控制任何初起火灾。

为了防止燃油流淌量增大，要对燃油源头进行保护，这可以通过停止燃油泵、关闭燃油阀和封堵泄漏油管或油箱来实现。完成这些任务的步骤已列入**技能页 9－1** 中。

起火飞机事故

坠机会泄漏大量燃油。由此导致的火灾会快速包围飞机，侵犯飞机蒙皮，阻碍乘员撤离。到达现场后，事件指挥员只能在以下两种基本进攻方法之间选择（图 9.2）：

（1）全面灭火。

（2）维持逃生/撤离部位。

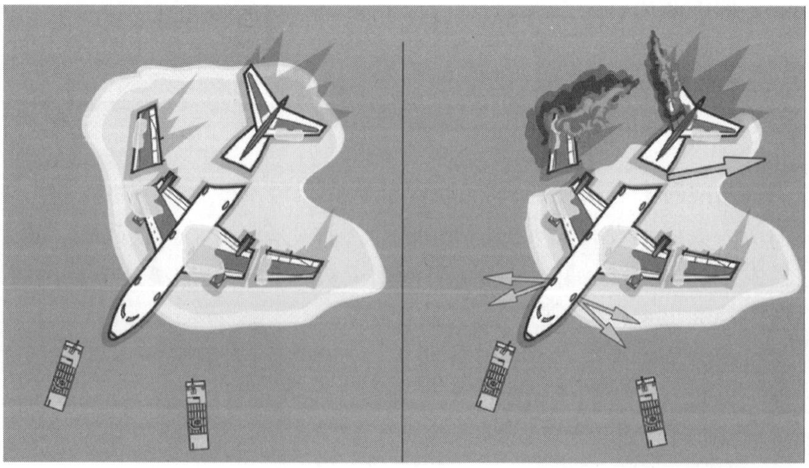

图 9.2　两种基本的飞机救援消防进攻方法：全面灭火与维持逃生/撤离部位

火灾透入飞机机身

每当坠机现场出现火灾,飞机救援消防人员必须牢记,当火焰在机身外部肆虐时,滞留在飞机里面的人员最多只有三分钟的生存时间。正如 NFPA 402 和 ICAO 第 1 部中所强调,这是由于当铝质蒙皮直接暴露在火中时烧穿时间只有一分钟甚至更短。在决定采用全面灭火方法还是维持逃生/撤离部位的方法时,需要认真考虑这些事实。

在全面灭火方法中,所有努力均是为了消灭包围飞机的全部火情。全面灭火是资源密集型方法,需要大量的水和其他灭火剂。

维持逃生/撤离部位的方法是一种节约资源的选择,只需消灭位于撤离路线上的那些火情。根据情况变化,事件指挥员可以从一种方法转换成另一种方法。

对于大规模飞机火灾,飞机救援消防人员应当尽量使用消防车上的消防炮和泡沫灭火。使用大量的水和泡沫对于火灾是有效的;但是消防炮操作手还是应当尽量采用灭火剂节约技术,这样可以防止消防车在彻底灭火之前就把灭火剂用尽。

对于小规模飞机火灾,飞机救援消防人员可以使用泡沫枪或化学干粉灭火器灭火。选用灭火器时,飞机救援消防人员应当选择合适的灭火器型号与规格。

飞机救援消防人员可以使用泡沫覆盖层消灭或阻止燃油流淌火灾。这样做时,消防员必须清楚,泡沫也会被沾染并燃烧。所有泡沫的消融速度依泡沫类型和沾染程度不同而有所区别。喷射泡沫过程中造成的燃油飞溅会导致其形成一种可以燃烧的油—气混合物。消防员应当采用不会破坏已有覆盖层的方式喷射泡沫,以保持泡沫层完整。在实施该作业时泡沫枪是很有用的。

任何飞机或燃油流淌的火灾扑灭之后,飞机救援消防人员应当从火灾部位退出,同时保持喷枪指向火灾方向,以防复燃。消防员应当随时关注现场情况并查找复燃迹象。

飞机救援消防人员或许会遇到机上火警指示器告警的事件。在处置这些事件时,飞行机组应当将飞机停到一个经过批准且离跑道稍远的地方。飞机停在可控的位置后,飞机救援消防人员可以目视检查飞机有无火灾迹象(图 9.3)。在整个过程中,飞机救援消防人员应当保持与飞行机组不间断联系,确保所有人员均清楚现场情况的变化。

图 9.3　机场消防员目视检查机舱

注:在检查过程中,热像仪(Thermal Imager,TI)、前视红外设备或者简易感热枪对于查找隐蔽火情都很有用。

警　告!

当飞机救援消防人员检查出现火警指示的飞机时，飞机可能仍有一台发动机在运转以向飞机各系统提供电力。飞机救援消防人员在运转中的喷气式发动机进气道及往复式和涡桨发动机的螺旋桨周围工作时，必须保持谨慎。

进攻技术

只要情况允许，飞机救援消防车就要从上风向、上坡和上游靠近飞机，如果可行的话。风有助于灭火，它能提高消防射流的可达性，并将热量和烟雾从灭火作业现场吹走。从上风向、上坡和/或上游靠近可以防止点燃的燃油顺坡而下，流向飞机救援消防车（图 9.4）。

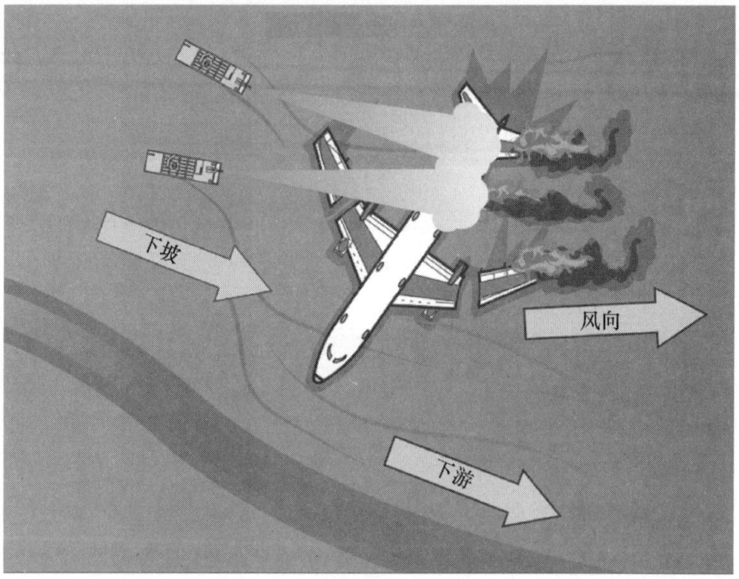

图 9.4　飞机救援消防车从上风向、上坡和上游靠近飞机事故现场示意图

注：在飞机两边作业的消防炮操作手一定要避免将点燃的燃油推到飞机的另一边。

应当将消防炮的射流沿机身长度方向喷射，这样做有助于：

(1) 将火焰从机身推离。

(2) 冷却机身。

(3) 保护正在撤离的乘员。

(4) 帮助救援队进入飞机。

最开始的消防射流（使用泡沫或泡沫和辅助灭火剂的复合剂）应当喷到撤离行动正在进行的区域，以保护那些正在撤离的人。三维或流动火可以用主力灭火剂（泡沫）和辅助灭火剂（干粉或洁净灭火剂）结合来灭火。火扑灭后还要喷射泡沫，以防复燃。

如果火已进入机身，应当用泡沫枪直接发起内攻。辅助灭火剂在对付泡沫不能到达的火灾时很有用，例如，可以用洁净灭火剂消灭隐蔽的电子和电气箱里的火灾。

飞机救援消防人员要用泡沫或水雾保护飞机裸露部分。注意确保水雾或流水不会破坏火场核心区的泡沫覆盖层。飞机事故中的燃油流淌应当用泡沫覆盖层盖住，同时尽其所能消除点火源，例如，飞机电气系统部件和热态发动机等。灭火之后，飞机机身和部件必须均匀冷却。

灭火剂喷射方法

在飞机救援消防工作中，喷施泡沫有四种基本方法。以下分别介绍滚进法、反射或顺流法、火根法和淋降（雨流）法。

滚进法。滚进法沿正在燃烧的大片液体的前缘向地面喷射泡沫流。然后泡沫在燃油表面翻滚而过。飞机救援消防人员继续喷施泡沫，直到延伸到燃油的所有表面并且火焰熄灭为止（图 9.5）。有必要沿流淌液体的边缘向不同位置移动射流以覆盖整个油面。该方法仅用于地面或铺层道面上的大片液体燃油（已燃烧或未燃烧）。

图 9.5　机场消防员练习泡沫喷施的滚进法

反射或顺流法。反射或顺流法可以在大片燃烧液体或未燃烧流淌液体的边上或里面有高耸物体（图 9.6）时采用。这些物体包括以下各种：

（1）机身。

（2）墙壁。

（3）油罐外壳。

（4）机身。

（5）发动机。

飞机救援消防人员将泡沫射流喷向物体，让泡沫流下或反射到油面上。采用顺流法时，有必要向燃油区周围多个点喷出射流，以达到对燃油火灾的完全覆盖和消灭。

火根法。水成膜泡沫可以采用与火根成零度的灭火剂喷射角进行喷施，以使灭火剂效果最佳、灭火时间最短（图 9.7）。泡沫射流通常用“大流量泵消防炮”或者具有大流量能力的“低位进攻喷嘴”来喷施；其实，用手持泡沫枪采用火根法喷施泡沫也很有效。

注 意

注意不要搅动静止或聚集的燃油，这可能会扩大火灾的规模或影响区域。

图 9.6　采用反射或顺流法喷施泡沫

图 9.7　机场消防员采用火根法喷施泡沫

淋降(雨流)法。淋降(雨流)法将射流以 40°角喷到火场或流淌区的上空，让泡沫轻轻飘落到油面上(图 9.8)。这种方法在刚刚到达现场并开始喷射时能够延伸泡沫射流的射程。

淋降法是对付离地面较高的油箱火灾的主要手动喷施技术。在大型火灾中，飞机救援消防人员将射流喷到一个位置，让泡沫就地发挥作用并从那里开始沿油面流散开来，这样做很有效。在小型火灾中，消防员在整个油面上用射流来回扫射，直到燃油被完全覆盖、火灾被扑灭。

注：消防员使用该方法时必须要考虑风的作用。

注 意

避免将泡沫射流直接向下打入燃油里面。

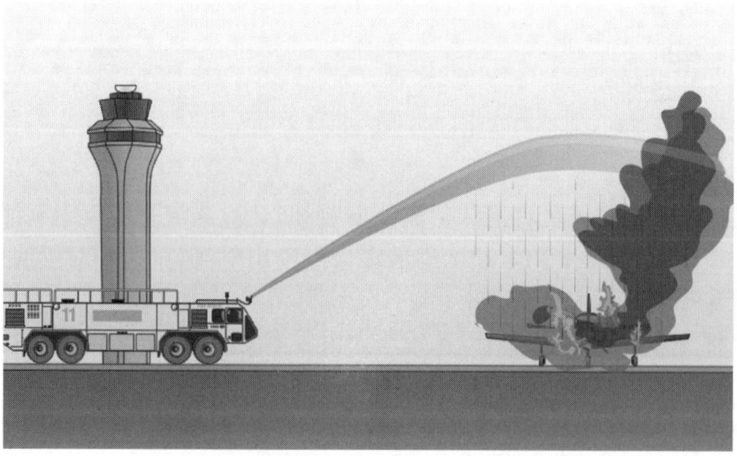

图 9.8　采用淋降(雨流)法喷施泡沫

消防炮的操作

飞机救援消防车的消防炮提供一种远距离喷射大量泡沫和其他灭火剂的手段，在消防车靠近飞机、驻车甚至运动中均可使用。当消防炮的喷射已不能有效打到火焰时，飞机救援消防人员应当移动消防车以创造更佳进攻角度，也可以使用消防枪。消防炮还可用于将燃油和火焰从飞机上推开，为飞机乘员提供一个逃生通道。

操作消防炮时，飞机救援消防人员在可能的情况下应当发挥风的积极作用。顺风可以延伸消防炮射流的有效射程。侧风和迎风时，因为干扰射流并打乱其模式（图9.9）从而缩短消防炮喷射的有效射程。

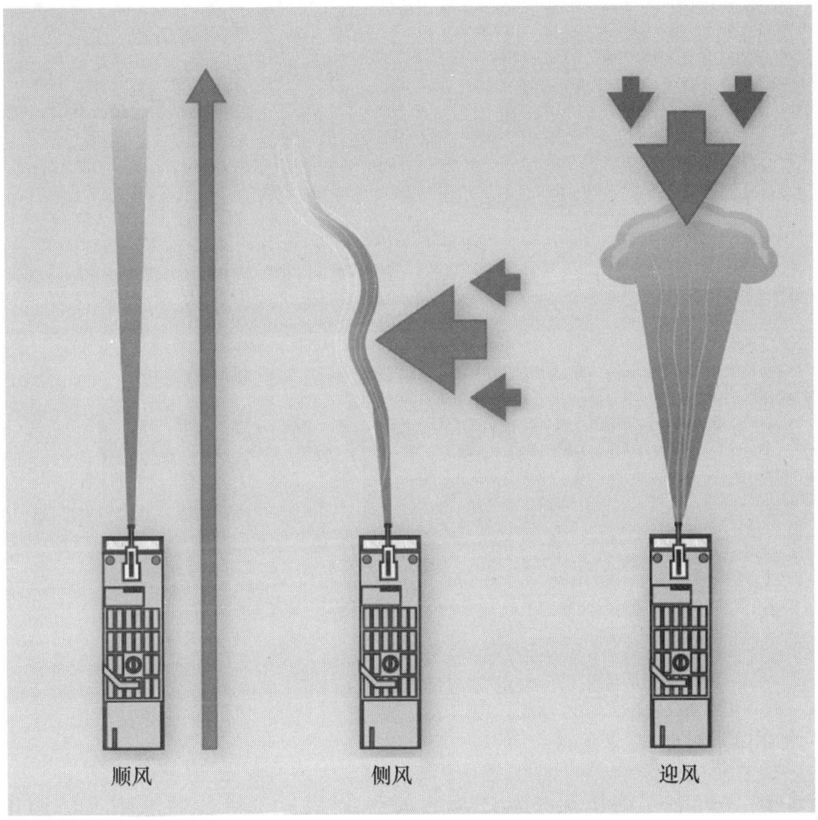

图9.9　风对消防炮射流的影响

飞机救援消防人员应当在消防车靠近飞机火灾的过程中即开始操作消防炮。正常情况下，消防泵随着消防炮转入工作位置并设置为直流水时启动。**技能页9－2**列出了用飞机救援消防车载消防炮扑灭燃油流淌火灾的步骤。

注：飞机救援消防炮操作员在灭火作业中要认真监视车上水和泡沫的储量，以免灭火剂提前用完。

消防枪的操作

火灾主体扑灭后，飞机救援消防人员应当开始使用消防枪（图9.10）。消防枪对于小片燃油流淌、飞机残骸和内部火灾比较有效。使用泡沫枪扑灭燃油流淌火灾的步骤见**技能页9－3**。这些消防枪的布置从战略上应当有利于：

(1) 持续火灾控制。

(2) 维持泡沫覆盖层。
(3) 保持救援通道畅通。
(4) 消灭任何部位的火灾。
(5) 通过控制灭火剂流量实现节约灭火剂。
(6) 保护飞机救援消防人员。

图 9.10　机场消防员从飞机救援消防车上展开消防枪

注　意

操作消防枪时，飞机救援消防人员要避免从燃油流淌区穿过。如果这不可避免，务必不要破坏泡沫覆盖层或搅动燃油。

水的喷射

我们已经有很多用水扑救飞机火灾的方法。飞机救援消防人员使用雾状或开花水流获得了极大成功。水滴越小，水流吸热就越多，但是水流也会变得越分散，受风和上升热气流的影响就越严重，结果也就越难到达火焰所在的位置。

用水与流淌燃油火灾作战时，消防员要使用最小 38mm 的水枪并以水雾模式喷射。消防员应当避免使用直流水，因为它会搅动和打散燃油，造成易燃液体扩散并将火带到其他裸露处。

注：因为建筑消防车不会像飞机救援消防车那样带那么多水，所以如果喷水得当，其水源还是可以坚持很长时间的，足以让飞机救援消防人员有效实施救援。

直流水大概是对付有舱室无通风的飞机内部火灾最好的喷嘴工作模式。与雾状水相比，直流水不会过度干扰热层，产生较少的水汽，射程更远更便于控制火灾主体。近年的火灾行为研究表明，短时间（大概 30s）使用直流水左右摆动射入头顶上方的过热燃烧产物中，可以抑制轰燃的形成条件（图 9.11）。

图 9.11　将直流水射入机内高温舱顶比较有效

泡沫喷射技术

机场消防员需要操作泡沫炮/枪喷射集水射流用于对付火灾或流淌燃油。手动喷施泡沫时采用正确的技术很重要。如果采用的技术不正确，例如将泡沫直接打入液体燃油内，会削弱泡沫的作用。

注　意

避免将泡沫射流直接向下打入燃油里面。

任何灭火剂的正确喷射在重要性上堪比灭火剂种类的选择。在大型室外火灾现场，到达着火地点并喷施泡沫应当从消防炮能射到的最远处开始。“绝热和隔离”的原理可以解释一般战术过程。初步的泡沫喷施应当绝热机身并保护飞机蒙皮的完整性。绝热机身有助于保护可能正在自行撤离的乘员。接下来要考虑的应该是尽力将火焰从机身分离（隔离）开来。尽管这些技术可能因具体情况而不得不进行修改，但基本原理是不变的。

泡沫可以使用各种喷嘴进行喷施，包括喷雾式、空气吸入式和消防炮等。这些灭火剂可以用直流水或其他各种模式的水进行喷射，这取决于距离火场的远近和风的情况。

非空气吸入式泡沫喷嘴可以让消防炮拥有更好的射程，有助于控制和消灭更远的火灾。从非空气吸入式泡沫喷嘴射出的水成膜泡沫或水成膜氟蛋白泡沫扩散较少、流得更远，形成具有较低抗复燃能力的不太稳定的泡沫覆盖层。

非空气吸入式泡沫喷嘴——不直接将空气引入泡沫溶液射流的一种喷嘴，泡沫溶液先利用喷嘴的内部结构进行搅拌，然后离开喷嘴再让空气与之混合。

喷射泡沫，目的就是形成泡沫覆盖层抑制燃油释放易燃蒸气。泡沫不是经久不变的，必要时必须补充喷施，直到燃油蒸气危险消除。直射流必须谨慎使用，避免破坏已有的泡沫覆盖层或者搅起下面的燃油。直射流可以利用现成的物体表面进行反射以免破坏已有的泡沫覆盖层。火灾主体消灭后，消防炮可以关闭并保持待命状态，以防火灾重新点燃。

泡沫也可以用消防枪喷施，方法和用消防炮喷施泡沫相同。飞机救援消防人员在操作消防枪时必须小心，以免枪的射流或他们的鞋子（当他们必须从里面走时）破坏了泡沫覆盖层。

消防车的停放和位置调整

在战术上，驾驶员/操作手应当考虑消防车的正确停放和位置调整。知道消防炮的有效射程极为重要，喷射应当从消防炮的有效射程处开始进行。驾驶员要想通过判断获知准确距离可能比较困难，他只有对事故现场的“一维”视角，有局限性。喷射有可能射过头、落点过近或者未有效控制火势。

为了确定消防车是否停放恰当，消防炮操作手可以运用“短冲”的喷射技术，具体步骤如下：

(1) 喷射泡沫 5 ~ 10s。

(2) 稍作停顿，评判火势。

(3) 如果喷射没有打到火焰：

① 改变射流模式。

② 重新定位消防车。

(4) 如果火势得到有效控制：

① 关闭消防炮。

② 移动消防车去进攻另一片火灾（图 9.12）。

如果可以，就让一名干部或其他消防车到 45° 角位置观察消防炮的喷射效果。在那里可以向驾驶员发出指令调整消防炮位置以使效果更佳。

驾驶员还应当根据需要调整消防车位置，将灭火剂喷射到恰当的区域，飞机救援消防车本身具有专门为该目的而设计的边行驶边喷射能力。消防车调整位置时要有地面引导，以防有飞机残骸以及从飞机上掉下来的行李和/或乘员。

另外还要注意节约灭火剂。消防炮操作手应当时不时停下来评估灭火剂喷射的效率和效果。飞机救援消防人员还应当牢记，要尽可能地采用低流速喷射以节约灭火剂。

图 9.12　飞机救援消防车边行驶边喷射灭火剂

泡沫浓缩液和水一经混合形成泡沫溶液,泡沫溶液内就必须再混入空气(充气)才能喷洒到燃油表面。使用低能泡沫系统时,泡沫的充气和喷施由雾化喷嘴或泡沫喷嘴来完成,有时称之为泡沫发生器。低倍泡沫可以用消防枪喷嘴或集流设备来喷施,而标准消防喷嘴仅可用于喷射某些类型的低倍泡沫,最好使用可以产生所需效果(例如,快速析液型泡沫或缓慢析液型泡沫)的喷嘴。本节重点介绍便携式泡沫喷射设备。

注:泡沫喷嘴引射器和自引式集流泡沫喷嘴也可以看做便携式泡沫喷嘴,但是因为在第 7 章"灭火剂"中已有介绍,所以本节省略。

消防炮喷嘴。消防炮喷嘴是有前置管路的集流大型喷射装置,直接与泵车、拖车或机场救援消防车上的泵相连。他们能够左右扫射,设计用于大量喷洒泡沫或水(图 9.13)。消防炮可以是空气吸入式、非空气吸入式或两者组合式,任何一款的应用都很成功。与其他类型的喷嘴相比,非空气吸入式喷嘴拥有更远的射程和穿透力,而空气吸入式可以产生高质量的泡沫。因为任何类型消防炮的表现都很让人满意,所以消防炮选型仅仅是喜好和本场需要的问题而已。有的飞机救援消防车配置的消防炮喷嘴对于主力(水/泡沫)和辅助(化学干粉或洁净灭火剂)灭火剂均可喷射。

消防枪喷嘴。国际消防保障训练协会将消防枪喷嘴定义为"1 ~ 3 名消防员可以安全手持且流速低于 1 400L/min 的喷嘴"。大部分消防枪泡沫喷嘴的流速远远低于该值。可供飞机救援消防人员使用的两款最常见的消防枪喷嘴是标准雾化喷嘴和空气吸入式泡沫喷嘴。

固定流量或自动式雾化喷嘴均可用于将泡沫溶液变成低倍、短时效泡沫,这常称之为未吸气泡沫。该喷嘴将泡沫溶液打散成细小液滴并利用液滴穿过空气时的搅拌作用产生发泡行为(图 9.14)。其最佳应用就是用于一般水成膜泡沫、抗溶性水成膜泡沫或水成膜氟蛋白泡沫。有些喷嘴制造商有泡沫充气附件可以加在喷嘴的前端以增加泡沫溶液的吸气作用。

图 9.13　车顶和前置消防炮喷嘴示例

图 9.14　机场消防员在使用自动式雾化喷嘴

空气吸入式与非空气吸入式喷嘴。空气吸入式喷嘴采用直流或开花水流模式在大片场地喷射氟蛋白泡沫时效果较好。空气吸入式喷嘴产生的泡沫可

文氏效应—— 一种物理定律，当水或空气等流体在压力作用下流经节流孔时，孔口处的流速会增加，与此相应地作用于收缩部位侧壁的压力会降低。由于周围流体处于相对较大的压力（大气压）之下，于是被迫进入低压区域。

以抑制复燃和回燃。这些喷嘴根据**文氏效应**将空气引入泡沫溶液并实现灭火剂的高倍膨胀。空气吸入式喷嘴的设计可以产生高质量泡沫，具有优良特性，例如：

（1）气泡大小均匀。

（2）一致性。

（3）稳定性。

（4）保水能力。

（5）隔热性。

泡沫在泡沫喷嘴里得到搅拌，这导致了能量和速度的损失，因此射流从空气吸入式泡沫喷嘴算起的射程也明显比标准雾化喷嘴的近些。然而，这些喷嘴是用于生成低倍泡沫最有效的喷射装置。6∶1 和 10∶1 的发泡倍数是低倍空气吸入式装置最常用的。

非空气吸入式喷嘴相比空气吸入式喷嘴更具实际优势。这些喷嘴表现出以下优点：

（1）更远的泡沫射流射程。

（2）覆盖大片区域的能力，相对于传统的可变射流喷嘴而言。

（3）可产生宽幅雾化模式用于人员保护。

有些情况下，用非空气吸入式喷嘴可能比传统的低倍设备灭火更快。泡沫里面空气气泡比较少，因此比充气泡沫更加稠密，这让泡沫能够更好地穿透火场的上升热气流或烟囱效应，生成水膜也更快。产生的泡沫大致是下列因素的一个函数：

（1）泡沫溶液的性质。

（2）喷嘴设计。

（3）选择的喷嘴工作模式。

（4）液滴大小。

（5）射流在燃油表面的冲击。

非空气吸入式设备也有一些劣势，这往往只有在实验室和场地测试之后才能发现。由于泡沫溶液未以机械方式导入空气，使其最终仅有 2∶1 或 3∶1 的低发泡倍数，这么低的发泡倍数限制了泡沫对熄灭后火场表面的密封能力，削弱了泡沫应对复燃和回燃的效果。

消防员会基于喷嘴对泡沫种类的匹配能力决定用哪种类型的喷嘴。喷射蛋白或氟蛋白泡沫要用空气吸入式喷嘴。只有成膜类的泡沫适用于非空气吸入式喷射。水成膜泡沫可与任何一种喷嘴匹配。

注：对于有些非空气吸入式喷嘴，有附件可用于快速切换到空气吸入模式。

化学干粉灭火剂的喷射

飞机救援消防人员会使用化学干粉灭火剂扑救飞机相关火灾。下面介绍了如何使用灭火器和消防车载单元喷射化学干粉灭火剂。

注　意

化学干粉属于微小的可吸入刺激物，因此飞机救援消防人员在喷射时应当始终穿戴自给式呼吸器。不要将化学干粉灭火剂直接喷向正在逃生的乘客。

灭火器

化学干粉灭火器有两种基本设计:贮压式和贮气瓶式。贮压式的在灭火剂储罐内保持 1 400kPa 的恒压,而贮气瓶式灭火器采用了一个连接到灭火剂罐上的高压气瓶,在推动一个活塞以释放高压气瓶内的气体之前,灭火剂罐是不会充压的。

两种型式的灭火器均使用氮气或二氧化碳作为增压气体。贮气瓶式灭火器一般使用二氧化碳气瓶,除非需要承受冰点以下温度;这种情况下要采用干燥氮气气瓶。

机场较大型的干粉灭火器一般采用轮式装置(图 9.15)(我国称为推车式灭火器。——译者注)。这些灭火器可以是如上所述的贮压式,或者是包含一个存储压力气体的气瓶。消防员采用与手持式灭火器相同的方法从轮式装置内喷射化学干粉灭火剂。轮式装置操作注意事项类似于手持式灭火器,并增加以下两项:

(1) 在管路充气之前完全拉出软管。

① 充气的软管会比较难移动。

② 化学干粉会在软管急弯处堆积。

(2) 在打开喷嘴之前停顿数秒,以便外部气源为粉罐充分增压。

图 9.15　机场停机坪上的轮式化学干粉灭火器示例

注　意

给装置增压时,灭火器的头部应当避免指向消防员或其他人员。由于喷嘴尺寸较大,消防员在灭火器打开时要对其巨大反推力有心理准备,可能需要一定的协助。

化学湿剂灭火系统——用湿的化学溶液作为主要灭火剂的灭火系统;通常安装在抽油烟机和匹配的管道处,那里容易积累油脂。

车载装置

有的飞机救援消防车配置了化学干粉或**化学湿剂灭火系统**。这些系统可能是放置在皮卡车上的托盘装置,或是直接嵌入大型飞机救援消防车内。这些系统通常由以下部分组成:

(1)化学干粉储罐。

(2)装增压气体的容器,用气体驱动化学干粉从其储罐内流出。

(3)阀门与管路,将灭火剂导出以供喷射。

(4)足够长的软管和喷嘴,用以喷射灭火剂。

干粉可通过三种不同的方法喷出。最常用的喷射方法是用放置于车上的化学干粉灭火剂专用喷枪喷出,其他流行的方法还包括背负式和水流注入。拿背负式系统来说,就是厂家在车顶或前置消防炮的水流/泡沫喷嘴的正上方加装了一个独立的干粉喷嘴。水流注入系统则将化学干粉直接注到主力消防炮的水/泡沫流中发挥作用,这样可使化学干粉留在消防炮的水流中,极大地提高了灭火剂的效力。

化学干粉喷枪至少需要 30m 长的软管,流量至少 2.5kg/s,射程至少 7.5m。这些干粉枪的最小爆破压力必须达到系统工作压力的三倍。化学干粉消防炮要能以 8~11kg/s 的流量达到至少 30m 无风射程。化学干粉在可延伸消防炮上的喷射速度应当是以 6~11kg/s 的流量达到至少 30m 射程。

消防员经常使用化学干粉应对飞机发动机短舱的三维火灾或正在流淌的燃油火灾(图 9.16)。这种情况下水流注入方式很有效:先用化学干粉注入水流控制火势,再用水/泡沫溶液消灭流淌火灾及三维火灾。

注:每次使用之后,操作员都要吹一吹整个化学干粉系统,确保残余灭火剂全部清除干净。

图 9.16　机场消防员在训练操演中向三维火灾喷射化学干粉

洁净灭火剂的喷射

消防员应当用短冲方式喷射洁净灭火剂,例如哈龙和哈龙系列灭火剂,随后观察火场上的灭火剂效果。飞机救援消防人员应当利用风的作用提高洁净灭火剂喷射的射程。虽然洁净灭火剂有很好的透视能力，灭火剂云在灭火和救援作业中仍然会阻碍视线。

双灭火剂进攻

双灭火剂进攻就是将主力灭火剂（泡沫）和辅助灭火剂（化学干粉或洁净灭火剂）结合使用。关键在于两种灭火剂要能够相容且飞机救援消防人员采用并行方式喷射灭火剂以获得最大效能。正确实施双灭火剂进攻对于消灭三维火灾很有效。

三维燃油火灾扑救

三维燃油火灾涉及到燃油流动、喷溅或者从飞机上倾泻而下，并在地面或停机坪上汇聚成片。三维火灾比较难灭是因为燃油流动的持续性。能够应对机上流出着火燃油和着火油坑两种情况的双灭火剂进攻战术是必须的。泡沫的喷射要能够覆盖大片油火从而阻止易燃蒸气燃烧。辅助灭火剂云团应当包裹住飞机里流出来的着火燃油从而实现灭火。火灾扑灭之后，飞机救援消防人员应当关闭燃油系统阀门或堵住油管或油箱以制止泄漏，并继续监视现场防止复燃。**技能页 9－4** 列出了用消防枪扑灭三维燃油火灾的步骤。

飞机内部火灾进攻

飞机救援消防人员应当使用消防枪开展内部火灾进攻作业。飞机救援消防人员进入飞机内部之前应当尽力确定火灾的位置。内部火灾位置的线索包括：

（1）来自飞行机组和/或乘客的报告。

（2）透过飞机窗户可见的火焰。

（3）冒烟即表明火灾的位置。

（4）鼓起的飞机蒙皮或起泡的涂装。

（5）运用热像仪、前视红外仪或感热枪。

泡沫或水可用于扑救内部火灾。飞机救援消防人员可能需要移动残骸或内部面板以接近火灾处。水雾/泡沫对扑灭机上装潢、货物或其他可燃物的火灾很有效。扑救内部火灾的步骤见**技能页 9－5**。如果内部火灾不能立即扑灭，飞机救援消防人员需要使用泡沫或喷雾冷却和保护外部裸露部分。

> **注　意**
>
> 内部火灾灭火作业不得干扰飞机乘员撤离。

应当检查一下行李和货物区有没有火灾。这些区域的火灾会使地板对上面乘客舱的支撑力降低，导致坍塌，威胁到飞机乘员和飞机救援消防人员的生命安全。有可能需要拖开行李和货物以便暴露隐蔽的火灾。水或泡沫可用于扑救行李和货物区域的火灾。

发动机和辅助电源/应急电源火灾扑救

发动机和辅助电源/应急电源（以下简写为 APU/EPU。——译者注）发生火灾时，飞行机组会首先尝试用机上灭火系统进行灭火。其他情况下，消防人员会对无人的飞机进行处置；因此，机场消防员必须熟悉关机流程和外部关机设备的位置。

处置发动机或 APU/EPU 火灾时，将水或水成膜泡沫的射流打到进气道内并不总是能够扑灭火灾，尽管一部分灭火剂可以进入发动机或 APU/EPU 的核心处，然而火灾很可能已扩展到发动机外核周围的附件部分。

洁净、气态的灭火剂是扑救发动机或 APU/EPU 火灾的可选灭火剂。如果没有洁净灭火剂可用，也可以使用泡沫。采用洁净灭火剂和泡沫可能要考虑日后对发动机进行维修后再投入使用。使用洁净灭火剂和泡沫后可能需要对发动机进行修复，然后仍可重新投入使用。化学干粉可以根据本机场飞机救援消防部门的判断进行使用（例如：发动机烧损已无利用价值；局部火灾猛烈且有蔓延到飞机其他部位的危险。——译者注），但可能会导致发动机损坏。

最好的灭火方法是从驾驶舱/座舱内或者从外置防火面板（如果有）处（图 9.17）启用发动机或 APU/EPU 的灭火系统。大型飞机通常在座舱内有很容易识别的发动机和 APU/EPU 防火开关，很多机型还有外部 APU/EPU 防火面板设置在前轮舱、主轮舱、机腹或机尾处。除了启用灭火剂瓶，该系统同时还会检测动力装置的燃油、液压、电气以及气动部分的连接情况。

图 9.17　APU/EPU 关闭程序可以在驾驶舱/飞行员座舱或外置防火面板上完成

注：发动机和 APU/EPU 关闭控制位置的多样性正说明了开展飞机认知训练的必要性。

如果无法靠近也不能使用飞机的防火系统，或者如果它灭火失败，响应人员就要承担打开发动机整流罩或 APU/EPU 检修口盖的任务，尽全力彻底灭火。机场消防员需要训练识别并打开正确的面板，且有合适的工具完成这项工作。由于飞机出险时可能有残余燃油汇聚到发动机或 APU/EPU 区域，发动机或 APU/EPU 整流罩应当从最低处到最高处逐次打开。鉴于这些检修口盖的位置和形状，消防员做这项工作时必须格外谨慎。炽热并着火的液体或发动机零件可能就藏在这些位置里面，整流罩包皮打开时它们会掉落到消防员身上。

如果消防员不能安全靠近内部结构，在打开结构之前他们会考虑使用穿刺工具喷射灭火剂。如果没有穿刺工具，就用现有的强力破拆工具打开一个入口。在使用本节讨论的任何发动机火灾控制技术之前，发动机应当停车，燃油、供电、液压和气动力供应要切断。

穿刺发动机外壁的关键是要知道从哪里能穿透到附件舱内。在错误的部位穿刺会偏出这些机匣，打到紧靠外壁里侧的其他发动机部件上。有的飞机配置了灭火入口或易碎包皮，可用于直接向发动机内喷射灭火剂。

其他喷射灭火剂的方式还包括利用发动机或 APU/EPU 外面的检修口盖。用来检查滑油量或液压油量的口盖也可以用于进到发动机内部。

如果起动阶段有过多燃油喷进发动机，就会发生尾喷管火灾，造成燃油和燃油蒸气从发动机中穿过，尾喷管总成内的高温引起燃油和燃油蒸气起火。通常，飞行员会切断燃油并让发动机冷运转或提速，这个动作可以将多余的着火燃油从发动机后部吹出去，与此同时要执行重新起动步骤。往往是在飞行员灭火不成功的情况下消防部门才会被叫过去。着火燃油偶而会从尾喷管内流到地面上。

如果风扇或压气机叶片从发动机内飞出或涡轮盘解体，就发生了非包容式发动机失效或解体。这种情况发生时，碎片会击穿发动机整流罩并穿入飞机的其他部位。如果螺旋桨推进式飞机的螺旋桨叶片飞出，也会发生类似的问题。由此造成的不平衡会引起发动机解体和飞机失控。如果发动机碎块保留在发动机外壁或整流罩内，这就是包容式发动机失效或解体。

发动机部件断裂最糟糕的情形是穿入机身和/或机翼结构，引起乘员伤亡，刺破油箱，切断燃油和液压油管，燃起内部火灾，或者破坏飞行控制系统。鉴于燃油箱和管路的位置和形状，这种情况会造成三维流淌燃油火灾。这就要求飞行机组必须立即撤离飞机，让消防员对内部火灾进行猛攻，以支持撤离行动。除非客舱的完整性遭到破坏，否则非包容式发动机失效可以像普通的发动机火灾一样进行处置。**技能页 9 – 6** 列出了扑救发动机或 APU/EPU 火灾的步骤。

机轮装置火灾扑救

如果机轮装置失火，最安全的方法是利用消防炮以大量水远距离喷射。这种方法能够保持消防员在危险区域之外并实现灭火和迅速冷却。火焰熄灭后还要保持继续冷却，使其对其他部件的破坏降到最低。水枪也可以用来代替消防炮，只要消防员像第 4 章“安全和飞机危险性”中描述的那样从机轮装置的前方或后方 45°角接近即可(图 9.18)。如果没有水，那么任何可用的灭火剂都应当拿来消灭机轮装置火灾。**技能页 9 – 7** 列出了用水枪扑救机轮装置火灾的步骤。

图 9.18　机场消防员进攻假想的机轮装置火灾

注：如果怀疑有镁或钛，远距离大量喷水是有效的初步灭火技术。如果火没有扑灭，就要采用合适的 D 类灭火技术。

机轮装置结构材料在不断发展。早期的机轮装置结构中包含少量的镁或钛，这些金属给应急作业带来了安全问题。所幸，这在今天的商用和军用飞机上已经很少见。新一代机轮装置材料重量更轻、

更抗自然侵蚀,危险性也更小,举例如下:

(1) 烧结金属。

(2) 碳材料。

(3) 铝合金。

注:消防部门在制定本机场的标准作业流程时应当考虑到机轮装置材料。

机轮装置可能因飞机的飞行控制系统引起液压故障而超温。如果发生这类故障,飞行员不得不用比平常更大的刹车力让飞机减速。

如果起落架液压系统中含有石油基燃油,那么机轮旁边的液压配件发生火灾是有可能的。消防员应当立即用合适的灭火剂控制这些火势。如果不能控制火势,热量就可能传到机身,使火灾蔓延到飞机内部。

注:被点燃后,航空液压油(*原文用 Skydrol,是商标名。——译者注*)可在高温下受热分解,产生有毒气体。

注 意

机轮装置火灾中不论是否存在可疑危险,都要穿戴全套防护服和自给式呼吸器。

裸露物防护

在飞机消防作业中,机场消防员必须防止火灾蔓延到未失火、裸露的物体上,例如其他飞机和构筑物。保护裸露物最好的方法是尽可能快速有效地消灭飞机火灾,限制它蔓延到其他物体。裸露物保护必须根据应急现场具备的条件区分优先等级,尤其是资源有限时。如果时间和资源允许,裸露的飞机可以从危险地带牵引离开。

在消防作业中必须保持谨慎,以免把正在燃烧的燃油推向未失火的裸露物。裸露物保护需要另外的人员和设备,用喷雾水的冷却射流喷到裸露物上。飞机救援消防人员必须防止火灾、燃油和其他污物进入地下设施、下水道、排雨沟及地漏内。

火箭发动机火灾

有的飞机配置了助推火箭发动机,可以在起飞时提供额外推力。这些火箭筒可能安装在短舱内、飞机尾锥内或者飞机的腹部或侧面。这些火箭筒周围的火灾要小心靠近。不要尝试消灭已经烧起来的火箭筒本身的火。应当用喷雾水或泡沫控制火箭发动机周围的火灾。

如果配置火箭筒的飞机坠落而火箭筒没有点火,应由有资格的人员尽快去除点火器和点火导线。实施这项工作期间,飞机救援消防人员应当执行安全守卫工作。

军用飞机会携带火箭驱动的导弹。为了安全起见,飞机救援消防车应当停放在前方或后方与火箭/导弹纵轴成45°角的位置,如第4章“安全和飞机危险性”中所述。火箭发动机火灾的灭火原则也同样适用于火箭驱动的导弹。

跑道泡沫喷施作业

虽然跑道泡沫喷施作业很少出现在北美，但是在其他一些国家跑道喷施泡沫的方法仍在使用。用蛋白泡沫进行跑道喷施曾经被认为对于出现机轮收起或起落架故障等问题的飞机进行紧急迫降时有用。主要想法是降低飞机损伤并减小冲击后发生火灾的危险性。

跑道喷施泡沫的效果尚未得到已有证据的充分证实。在有些跑道泡沫喷施作业中，飞机在泡沫覆盖层上要么落得太近要么落得太远；在没有泡沫的跑道上发生的事件中，飞机仅受到不太严重的损伤且无大规模火灾发生。跑道泡沫喷施作业可由本机场管理部门决定，作业训练应当认为属于本场自行组织的训练。ICAO 第 1 部描述了实施跑道泡沫喷施作业的具体步骤。

通风

协助内攻的适当通风应当是有计划协同作业的一部分。利用通风吹走热量和有毒气体可以提高遇险者的生还概率。只要确认通风是安全的，救援人员就应当进行通风。

初始通风可以通过打开尽可能多的舱门和舱盖来实现。有的窗户可以破拆进入。消防员应当利用打开迎风侧的飞机舱门、舱盖和窗户所获得的正压进行通风（图 9.19）。水力通风也是可能的，可以通过在机内向出口处喷射水雾射流来实现。

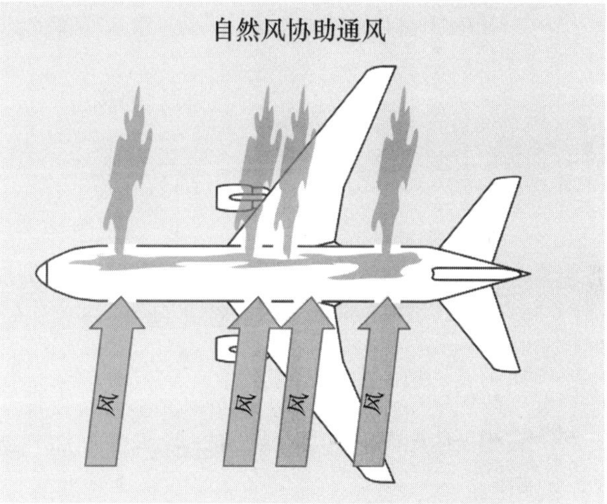

图 9.19　风有助于从机身吹走烟雾和其他燃烧产物

有时候，可以在飞机顶部制作垂直通风口。机场消防员只有从举高平台上开展工作时才能实施这项作业，并且绝对不可站立在飞机本身的上方。这需要一把带 400mm 切割片的救援、旋转或切割锯，可以用它在大多数商用飞机壳体上进行贯穿性切割。为了给切割提供润滑并防止熔化的铝沾在切割片的刃口上，作业期间的任何切割均应用水或泡沫进行冷却。飞机救援消防人员要避免去破拆向机头或尾部倾斜的顶部区域，因为这些区域是增强的，并且无法进入主客舱区。

飞机救援消防人员应当看清铆钉线，以找到合适的通风位置。密集铆固的区域要回避。如果机内天花板和行李舱尚未烧坏，那么飞机顶部的垂直开口只能为上方的可进入区域通风，大型飞机在这里会有一个乘员休息区。

注：通风作业时可用手电筒照亮飞机内部。

警　告！

无论孔洞是在飞机顶部烧穿还是切割出来的，切勿将水枪或消防炮的射流喷向里面，这样会干扰垂直通风进程，并将火焰和燃烧产物沿飞机水平方向推送。

现场清理

每次飞机事件/事故之后，不论是否发生过明火，必须要进行彻底的现场清理检查。就像通常那样，在清理作业开始之前要咨询一下现场调查权威部门。

图 9.20　飞机救援消防人员在清理作业期间应当继续穿戴他们的个人防护服和自给式呼吸器

在清理过程中，飞机救援消防人员必须确认所有火灾均已彻底熄灭。飞机内部火灾扑救的这一阶段是最为困难也是最为危险的阶段之一。因为有毒气体和烟雾聚积，还会出现其他危险，所以消防员的安全是最大的焦点。为了保护他们自己，飞机救援消防人员要穿戴自给式呼吸器，直到他们工作的空气环境用合适的气体与颗粒物探测器检查后表明是安全的。另外，手里要始终紧握一支充实的水枪（图 9.20）。

飞机救援消防人员在飞机内部进行清理作业时要保持格外谨慎。飞机的结构布局存在很多空隙，会藏有隐蔽火灾。消防员需要移开以下物品，以接近位置较深、被遮盖的火灾：

（1）地毯。

（2）壁板。

（3）隔板。

（4）天花板盖板。

注：救援人员要当心蔓延到天花板盖板上方空隙里的火灾，这些火灾会继续蔓延并从救援人员后面掉下来。

要注意保护内部结构，尽可能保持其原始外形。这样做有助于确定火灾的起源和诱因，方便事后调查。如果飞机救援消防人员必须挪动壁板或改变其他结构，他们应当做好描述性标签或拍照，以此说明该物体的初始位置。如果事件中飞机某处起火，那么确定起因极其重要。进行现场清理之前，起火点需要在清理作业中进行辨别并加以保护。

消防员可能需要掀开残骸的某个部分，以彻底灭火。每当飞机蒙皮要被穿透，飞机救援消防人员都应考虑到一些潜在危险，包括切到高压液压导管、压缩气瓶、冷气导管，以及军用飞机上未爆炸的弹药等。所有发热点均应实施冷却，直到灭火完成，不会再发生复燃。

救捞和财产防护

救捞和财产防护作业是关于恢复和保护邮件和乘客行李等物品的行动。在灭火和清理作业期间，飞机救援消防人员小心喷射灭火剂可以控制财产损失。

证据保护

现场清理期间，救援人员应避免挪动任何证据，它们可以帮助调查人员确定事故原因或损失程度，同时做好人员防护，预防**血源性病原体**。现场清理人员只可以挪动飞机上对完成灭火至关重要的部分。如果飞机或其部件及控制面因为对人员生命构成直接威胁而必须挪动，就要尽所有努力去保护物理证据，记录初始条件和任何被挪动物体的位置。

血源性病原体——传染性微生物，出现在人的血液中，可以使人群致病。这些传染物包括(但不限于)乙肝病毒和艾滋病毒。

飞机救援消防人员应当熟悉他们消防部门关于本作业区域的所有标准作业流程。联邦航空局在咨询通告 150/5200 - 12《消防部门在飞机事故现场证据保护中的职责》中提供了关于证据保护的通用指南。并且，全国运输安全委员会也提供了处置民航飞机事故的通用准则，飞机救援消防人员应当熟知这些内容。

只有获得授权的人员方可挪动火灾扑灭后遗留在残骸内的尸体。过早挪动尸体会影响对其进行辨别，还会破坏医检人员、验尸官或其他调查权威部门所需的证据。如果确实有必要在医疗部门到达之前挪动尸体，那么飞机救援消防人员要为每具尸体用数字贴上标签，或者立一根木桩，以说明发现尸体的地点。他们应当在标签上注明尸体挪来的起始位置，还要在其事件报告的飞机事故现场示意图上记载此信息。该信息在事故调查中将会极为重要。

本章小结

在飞机事故中，飞机救援消防人员必须做好准备，防止易燃液体和可燃物质被点燃，扑灭已经开始燃烧的火灾。火灾扑救需要飞机救援消防人员使用灭火剂和车载系统，做到训练有素、密切协同。通风对于乘客和机组的救援很有帮助。从飞机里面排出燃烧产物可以提高机内人员的生还概率，改善消防员的视线。现场清理对于确保所有火灾已扑灭从而防止易燃和可燃物复燃是很关键的。在火灾扑救、通风和现场清理等作业过程中，飞机救援消防人员必须注意保护事故中发现的证据。

复习题

1. 对于起火飞机事故，请指出两种基本进攻方法。(第 272 ~ 273 页)
2. 飞机救援消防人员可以用什么方法找到合适的通风位置？(第 289 页)
3. 在现场清理作业中，需要挪动哪些材料以便接近隐蔽火灾？(第 290 页)
4. 为什么现场清理人员只可以挪动飞机上对完成灭火至关重要的部分？(第 291 页)

停止燃油泵

步骤 1:接近燃油泵控制开关。

步骤 2:停下燃油泵。

步骤 3:燃油泵控制开关断电。

关闭燃油阀

步骤 1:确认发生泄漏的油管。

步骤 2:接近那根油管的燃油阀。

步骤 3:关闭燃油阀。

封堵泄漏燃油导管或油箱破洞

步骤 1：确认泄漏燃油导管或油箱破洞。

步骤 2：确定合适的堵塞尺寸/型号或合适的封堵材料。

步骤 3：将堵塞/封堵材料塞入燃油导管或油箱破洞，直到泄漏停止。

步骤 1: 飞机救援消防车接近火灾的同时展开消防炮。

步骤 2: 按要求启动灭火剂泵。

步骤 3: 将灭火剂射流瞄准火场上方。

步骤 4: 当消防车处于消防炮射程之内即开始喷射灭火剂。

步骤 5: 用指定技术以适当压力和流量操作消防炮，直到火灾被扑灭。

① 根据距离和火势/燃油情况，按需要调整消防炮模式。

② 根据需要中断灭火剂喷射，以确定火势/燃油情况。

注: 要节省灭火剂。

步骤 6: 火灾扑灭后停止喷射。

技能页 9－3
展开和操作飞机救援消防车水枪扑救燃油流淌火灾

步骤 1：靠近水枪。

① 如有必要，解锁水带卷盘。

② 取下安全网/打开水带舱室。

步骤 2：拉出水枪。

① 完全展开水带。

② 恰当放置水带，避免扭绞或打结。

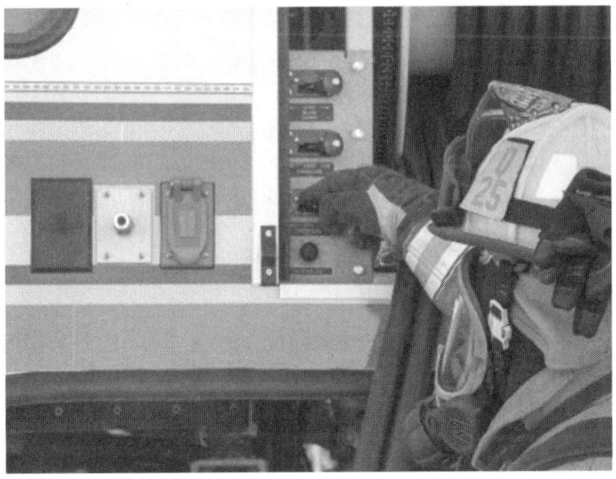

步骤 3：充实水枪。

步骤 4：打开喷嘴，放出水枪内的气体。

注意：缓慢打开喷嘴以降低喷嘴反力。

步骤 5：测试水带射流模式。

步骤 6：关闭喷嘴。

注意：缓慢关闭喷嘴以弱化水锤效应。

步骤 7：拖动水带向火灾前进，如有必要，灵活绕过障碍物。

步骤 8：到达火灾现场。

步骤 9：用指定技术以适当压力和流量操作喷嘴，直到火灾被扑灭。

注：要节省灭火剂。

骤 10：撤退，并保持关注现场情况。

步骤 1:展开和充实水枪。

步骤 2:到达火场。

步骤 3:用指定技术以适当压力和流量操作喷嘴喷射主力和辅助灭火剂,直到火灾被扑灭。

注:要节省灭火剂。

步骤 4:保护燃油源头。

步骤 5:撤退,并保持关注现场情况。

直接法

步骤1:进入飞机内部。

步骤2:拖动水带向火灾前进,如有必要,灵活绕过障碍物。

注:两名消防员应位于水带同一侧。

步骤3:打开喷嘴之前确认喷嘴模式对于火势/燃油状态来说正确。

步骤4:缓慢打开喷嘴,避免喷嘴反力。

步骤5:将灭火剂射流瞄准火焰根部。

步骤6:从一侧向另一侧扫射灭火剂射流,每一侧均要扫到火焰边界以外。

步骤7:根据火势/燃油情况,按需要调整喷嘴模式。

注:要节省灭火剂。

步骤8:按需要灵活移动水带和喷嘴。

步骤9:当火灾已扑灭或燃油表面已覆盖一层泡沫时,停止喷射。

步骤10:缓慢关闭喷嘴以弱化水锤效应。

步骤11:给机身通风以吹走热量和其他燃烧产物。

步骤12:从火场撤退,随时关注现场情况,查找复燃迹象。

间接法

步骤 1:进入飞机内部。

步骤 2:拖动水带向火灾前进,如有必要,灵活绕过障碍物。

注:两名消防员应位于水带同一侧。

步骤 3:打开喷嘴之前确认喷嘴模式对于火势/燃油状态来说正确。

步骤 4:缓慢打开喷嘴,避免水锤效应。

步骤 5:将灭火剂射流瞄准火焰上方,或者斜射向飞机表面。

步骤 6:从一侧向另一侧扫射灭火剂射流,每一侧均要扫到火焰边界以外。

步骤 7:根据火势/燃油情况,按需要调整喷嘴模式。

注:要节省灭火剂。

步骤 8:按需要灵活移动水带和喷嘴。

步骤 9:当火灾已扑灭或燃油表面已覆盖一层泡沫时,停止喷射。

步骤 10:缓慢关闭喷嘴以降低喷嘴反力(水锤)。

步骤 11:给机身通风以吹走热量和其他燃烧产物。

步骤 12:从火场撤退,随时关注现场情况,查找复燃迹象。

组合法

步骤 1:进入飞机内部。

步骤 2:拖动水带向火灾前进,如有必要,灵活绕过障碍物。

注:两名消防员应位于水带同一侧。

步骤 3:打开喷嘴之前确认喷嘴模式对于火势/燃油状态来说正确。

步骤 4:缓慢打开喷嘴,避免喷嘴反力。

步骤 5:如有配置,打开化学干粉喷嘴。

步骤 6:将灭火剂射流瞄准火焰根部。

步骤 7:沿燃油表面向一侧扫射灭火剂射流。

步骤 8:高举灭火剂射流并瞄准火焰上方,或者斜射向飞机表面,并扫向火焰的另一侧。

步骤 9:将灭火剂射流回扫火焰根部,然后从上方再扫回去。

① 根据需要重复操作。

② 根据火势/燃油情况,按需要调整喷嘴模式。

注:要节省灭火剂。

步骤 10:按需要灵活移动水带和喷嘴。

步骤 11:当火灾已扑灭或燃油表面已覆盖一层泡沫时,停止喷射。

步骤 12:缓慢关闭喷嘴以弱化水锤效应。

步骤 13:给机身通风以吹走热量和其他燃烧产物。

步骤 14:从火场撤退,并对现场保持警惕,关注复燃迹象。

注:有的飞机辅助电源盖板需要用到扳手之类的特殊工具才能打开。要熟悉你单位的飞机。

步骤 1:到达飞机处,判断火场情况。

步骤 2:启动外部控制以打开机上灭火系统(如果可行)。

注:要保证机上灭火系统已通过启用外部控制打开,或者在可能的情况下与飞行机组沟通确认打开。

步骤 3:识别检修口盖的正确位置。

步骤 4:使用钩杆或其他工具打开检修口盖。

注意:不要站在口盖正下方,着火的燃油会滴落造成受伤或死亡。

步骤 5:用指定技术以适当压力和流量喷射灭火剂。

注:要节省灭火剂。

步骤 6:当火灾已扑灭时停止喷射。

步骤 7:如果是用消防枪灭的火,则将其从火场撤出。

步骤 8:随时关注现场情况,查找复燃迹象。

注:处置军用飞机时,响应人员应当假定会涉及可自燃油料,需要进行危险材料响应。

注意:高温会引起易熔塞喷出,造成碎裂危险。

步骤 1:展开并充实水带。

步骤 2:从 45°角到达机轮装置处。

步骤 3:用指定技术以适当压力和流量操作喷嘴喷射水流,直到火灾被扑灭。

注:如果怀疑有镁或钛,远距离大量喷水是一项有效的初始灭火技术。但是如果火灾没有被扑灭,就要采用适当的 D 类灭火技术。

注:要节省灭火剂。

步骤 4:撤退,并保持关注现场情况。

第10章 驾驶员/操作手

学习目标

学习完本章,学生要能够:

1. 认识飞机救援消防车驾驶员/操作手训练课程的组成。[NFPA1002, 9.1.2, 9.1.3]
2. 描述飞机救援消防车日常检查、测试和保障的流程。[NFPA1002, 9.1.1]
3. 认识车辆操作安全基础。[NFPA1002, 9.1.2, 9.1.3; NFPA1003, 4.1.1.3, 4.1.1.4, 4.2.1, 4.2.4]
4. 解释飞机救援消防车在各种环境下操作的注意事项。[NFPA1002, 9.2.1, 9.2.2, 9.2.3; NFPA1003, 4.1.1.3, 4.1.1.4, 4.2.1, 4.2.4]
5. 描述灭火剂系统及其喷出过程。[NFPA1002, 9.2.2, 9.2.3; NFPA1003, 4.1.1.3, 4.1.1.4, 4.2.4, 4.3.2, 4.3.3, 4.3.5]
6. 解释飞机救援消防车的灭火剂如何补给。[NFPA1002, 9.1.1; NFPA1003, 4.3.8]
7. 对飞机救援消防车进行例行性绕行保养检查。[NFPA1002, 9.1.1; 技能页10-1]
8. 进行发动机舱检查并对飞机救援消防车做例行预防性保养。[NFPA1002, 9.1.1; 技能页10-2]
9. 对飞机救援消防车进行驾驶室内部操作检查。[NFPA1002, 9.1.1; 技能页10-3]
10. 启动、怠速和关闭飞机救援消防车。[NFPA1002, 9.1.2; 技能页10-4]
11. 驾驶飞机救援消防车。[NFPA1002, 9.1.2; 技能页10-5]
12. 用飞机救援消防车进行多种道路测试。[NFPA1002, 9.1.2; 技能页10-6]
13. 完成多种驾驶练习。[NFPA1002, 9.1.3; 技能页10-7]
14. 用后视镜倒车。[NFPA1002, 9.1.2; 技能页10-8]
15. 停放飞机救援消防车。[NFPA1002, 9.2.1, 9.2.2; 技能页10-9]
16. 为飞机救援消防车载消防泵提供动力。[NFPA1002, 9.2.2; 技能页10-10]
17. 对飞机救援消防车进行日常操作检查。[NFPA1002, 9.1.1; 技能页10-11]
18. 利用飞机救援消防车的消防炮设备打出灭火射流。[NFPA1002, 9.2.3; NFPA1003, 4.3.2;技能页10-12]
19. 在调制/边行驶边喷射方式下利用飞机救援消防车的消防炮设备打出灭火射流。[NFPA1002, 9.2.2; NFPA1003, 4.3.2;技能页10-13]

第 10 章
驾驶员/操作手

历史案例

在一次实际灭火训练期间，一台消防车使用了化学干粉系统灭火。当驾驶员/操作手回去两天后换班时，该驾驶员被指派到同一台车。进行车辆检查时，该驾驶员发现从那次实际灭火训练后干粉枪还没有吹过气，干粉在管路内堆积并结块，再也吹不动了。将干粉管在地面上摔了两个小时后，终于疏通可以使用了。

在进行跑道值班期间，一名机场消防员正在陪着工程队维修跑道，而工程队不知不觉进入了有飞机正在滑行的控制区。该驾驶员/操作手意识到了危险，很快打开车灯和警报器，以引起工程队的注意。在向工程队开进的过程中，驾驶员/操作手听到一声闷响但忽略了这个问题，继续去提醒工程队。直到将工程队从滑行飞机引导到安全地带后，该驾驶员/操作手才确定闷响来自他所辗压的四盏滑行灯。

2013 年 6 月 6 日，亚航 214 航班飞往旧金山，在最后进近时坠毁。机场应急响应人员赶往飞机坠落地点灭火并撤离乘客。有一名遇险人员，消防员认为已经死亡，将其放置在机外地面上。机场应急车辆驾驶员被通知了该尸体及位置，在随后的响应中，该遇险人员曾被两辆机场应急响应车辆辗压。

这三例事件的共同点是驾驶员/操作手心慌意乱。这三个案例分别强调了在日常应急车辆使用中关于车辆检查、安全驾驶和灵活决策的重要性。

在第一种情形中，驾驶员/操作手忽视了基本的车辆回场保养步骤，厂家建议和检查单没有得到执行。另一点是另一名换班人员也忽视了堵塞了的干粉管。一旦真的发生险情，这些行为可能会让人付出生命代价。

其他两种情形表明，在实际情况下驾驶员/操作手是多么容易心慌意乱！在这些情形下，驾驶员/操作手承受着不同程度的压力，产生不同的后果。

飞机救援消防车驾驶员/操作手有责任将消防员和消防车安全送达紧急现场或去执行其他任务并接回。在现场，驾驶员/操作手必须能够正确、快速、安全地操作消防车。驾驶员/操作手还必须保证消防车及其装载的设备随时完好。驾驶员/操作手还有一项极为重要的任务，就是尽快定位降落的飞机，喷射灭火剂以提高生命安全概率，并注意节约灭火剂（图 10.1）。驾驶员/操作手的责任范围有时候还会更多，因为一辆飞机救援消防车的驾驶员/操作手有可能还是这辆车上唯一的消防员。

一般地，驾驶员/操作手要沉稳老练、有责任心、安全意识强。由于他们的责任很重，驾驶员/操作手在压力巨大的紧急情况下要有能力保持冷静、积极的心态。为了确保驾驶员/操作手能够承受其工作所带来的沉重责任，或

图 10.1　飞机救援消防车的驾驶员/操作手需要练习灭火剂的喷射与节约

许有必要对他们进行心理分析、吸毒和酒精测试,以及背景调查等。

本章讨论的是飞机救援消防车驾驶员/操作手的职责与任务,包括:

(1) 驾驶员/操作手训练课程。

(2) 消防车检查与保养。

(3) 车辆操作安全基础。

(4) 飞机救援消防车操作注意事项。

(5) 灭火剂喷出。

(6) 灭火剂补给。

驾驶员/操作手训练课程

每个飞机救援消防机构都需要为所属驾驶员/操作手开设驾驶员/操作手训练课程。为了较好地完成任务,所有驾驶员/操作手都必须达到他们各自的管理机构所制定的各项要求。另外,NFPA1002《消防车驾驶员/操作手职业资格认证标准》给出了驾驶员/操作手的最低资格要求,特别是该标准的第 9 章是专门针对飞机救援消防车驾驶员 / 操作手的。关于驾驶员/操作手的更多信息可以参阅 FAA AC150/5210 – 23《飞机救援消防车和可延伸高射消防炮的操作、训练和资格认证》。最低资格的标准还可以在 CAR323.14 和 ICAO 第 1 部第 14 章中查到。关于驾驶员/操作手通用资格的更多信息,可以参阅国际消防保障训练协会的《泵浦消防车驾驶员/操作手手册》。

图 10.2　资深驾驶员/操作手(左)正在训练新驾驶员/操作手(右)

飞机救援消防车的驾驶员/操作手还应当完成管理部门为场内驾驶所要求的附加训练并取得特种执照或许可(图 10.2)。飞机救援消防车驾驶员/操作手应当遵守所有的机场交通规则,在进入和离开机场或禁区时要注意观察周围的机场安全作业情况。

以下主题应当纳入飞机救援消防机构的驾驶员/操作手训练课程:

(1) 认知车辆。
(2) 预防性保养。
(3) 车辆驾驶/操作,包括:
① 应急车辆操作课程(Emergency Vehicle Operations Course,EVOC)。
② 成功完成障碍驾驶课程。
③ 在所有天气条件下尝试前往所有机场区域。
④ 经历灭火作业。
(4) 灭火系统操作,包括:
① 主力(泡沫)灭火系统。
② 压缩空气泡沫系统。
③ 辅助(化学干粉、哈龙或哈龙替代品)灭火系统。
④ 灭火剂喷射设备(消防炮、可延伸高射消防炮、消防枪等)。

消防车检查与保养

大家总是希望飞机救援消防车一接到通知就能风驰电掣般赶赴事件/事故地点并开始作业。进行彻底的车辆检查和**保养**有助于保持车辆随时处于良好的作业状态。

保养——保持设备或消防车处于可用或待命状态。

每个消防部门都应有一套车辆检查与保养标准作业流程。本节的目的不是教会飞机救援消防人员怎样检查车辆,而是要让他们明白掌握检查与保养程序的系统性方法的重要性。

飞机救援消防车的安全、高效操作一定程度上取决于操作手避免超出车辆设计极限与安全条件的控制能力。驾驶员/操作手应当深入学习操作手册,并具有操作方法、安全防范、装置功能和使用限制等方面的丰富知识。车辆手册上有车身参数、检查清单、润滑表及排故指南等。驾驶员/操作手应当熟悉每个控制手柄、转换开关、仪器与量具,掌握其功能与操作方法。关于飞机救援消防车参考手册中的更多信息请参考表 10.1 中相关内容。

表 10.1　车辆参考手册的部分内容

手册分本	内容	指南	说明
操作手	车辆部件、消防系统和车用可选集成设备的安全操作所需的全部信息	关于车辆、专用设备、日常保养与检查、排故、建议润滑的介绍	所有控制手柄与仪器的位置与功能
保障	修理与翻修指南,工作小时、里程、循环次数;包括一个索引	修理与排故,调整步骤,小修与大修,翻修,总成修理与更换,组件拆装	翻修与修理所需的线路图、专用工具
部件	用于识别部件、总成、分总成的插图;包括一个索引	车用各种零件的外观与数量;所有非标准的螺帽、螺栓、垫圈、注油嘴及类似零件的尺寸、螺牙尺寸和专属特征	部件、总成和分总成的说明;编号和部件清单的完整参照表

下面要讲述:
(1) 消防车的检查流程。
(2) 尾气排放。
(3) 底盘润滑。
(4) 车用蓄电池。
(5) 行车后检查。
(6) 车辆清洁。

(7) 泡沫系统检查与测试。

(8) 化学干粉系统检查与测试。

(9) 洁净灭火剂系统检查。

(10) 文档撰写、报告及跟踪回访。

消防车的检查流程

每个消防部门都必须制定本机场的标准作业流程,可以根据厂家要求及部门需要检查飞机救援消防车。该标准作业流程很有必要,因为一台消防车只有经过充分检查和保养才能在紧急事件中正常工作。

进行车辆例行检查和保养可以让驾驶员/操作手娴熟地操作车辆。这些操作练习他们做得越多,在紧急现场操作时效果就越好。驾驶员/操作手应当采用系统化的方法检查和保养消防车,该方法要基于以下内容:

(1) 部门标准作业流程。

(2) 厂家建议。

(3) 国家防火协会标准。

(4) 消防车检查规定。

系统化的方法有助于确保每次检查完成时所有需要执行的项目均已查到。尽管各部门的检查流程会有所不同,但是一次日常检查至少要包括以下内容(图 10.3):

(1) 翻阅此前的检查记录,看看有没有反映什么问题。

(2) 查看发动机的各种液量。

(3) 查看灭火剂量。

(4) 设置后视镜和安全设备,使其适合操作该车辆的人。

(5) 进行试操作以确认车辆工作正常。

图 10.3　飞机救援消防车驾驶员/操作手正在翻阅往日检查记录并检测机油量

注:对于驾驶员/操作手按规定轮值时间进行换班的部门,接班驾驶员/操作手应当询问正要交班的驾驶员/操作手一些有关信息,包括事件活动、设备使用情况或出现的问题等。

各管理部门实施例行检查和保养工作的时间安排差别很大。有的消防部门要求驾驶员/操作手在每次值班出车之前均要执行该例行检查,而其他消防部门则要求驾驶员/操作手在每周工作基础上执行这样的检查。很多管理部门还有更详细的检查和保养要求,需要驾驶员/操作手在每周或每月的工作基础上完成,作为对例行检查的补充。

注:部门的满员程度会影响到例行检查和保养工作的频率。

驾驶员/操作手应当安全而经常性地进行检查。以下原则可以确保对消防车进行安全检查,避免发生人员伤害:

(1) 在进行清洁、调节、保障或检查时,停止所有发动机和附件的操作,除非该操作为调节所必需。

(2) 挡好车轮。

(3) 使用不易燃的溶剂进行清洁,这样不会损伤部件。

(4) 发动机工作时,保持手、脚和宽松衣物远离皮带、滑轮和换挡杆。

(5) 加油、维护燃油系统或做电池相关的工作时,不要吸烟。

(6) 取下戒指、手表和其他金属物品,它们会造成卡滞或燃烧危险。戒指和手表阻塞已经造成多起严重伤害。

(7) 根据所采用的材料、步骤和工具,穿戴相应防护服(手套、围裙、眼罩等)。

进行消防车保养时,驾驶员/操作手要遵守标准作业流程。这些流程应当清楚地界定驾驶员/操作手的职责范围。对于驾驶员/操作手必须检查且能够完成的确定性内容,所有相关人员均应知晓并理解。驾驶员/操作手的保养/**修理**职责在不同的管理部门有所区别;但是,驾驶员/操作手需要经常解决一些小毛病,例如,油量减少或灯泡烧掉等,并将之作为他们的保养工作之一。

修理——恢复或组合不能使用或不合适的东西。

这些流程还应指定一种方法进行汇报、修正、形成文档并跟踪车辆保养检查。流程还应涵盖可能要做事后分析时所需信息的获取步骤。全国运输安全委员会会经常性调阅车辆检查记录,尤其是当出现操作问题时。

涉及到复杂工具、部件或者深奥机械知识的修理工作可以留给有资格的技师完成(图 10.4)。较大的管理部门拥有自己的修理设施和技师,他们可以在修理站开展工作或者赶赴消防站或事故现场进行修理。有的消防站将

图 10.4 一名有资格的消防车技师正在检查发动机的机油量和状态

修理工作外包给当地修理服务机构。

注:机场主管部门会确定每个站的保养和修理任务分配。

停用的会比经常使用的车辆产生更多问题。有些部件例如泵浦总成、空调机轴封、车轮轴承以及高压水系统等会因干燥而不能工作。所有问题均应报告给相应管理部门,确保在车辆重新投入使用之前能得到解决。

对于那些必须所有车辆始终保持可用状态的机场来说,如果有一台车因保养问题而不能工作,这就很严重了。应当有一套程序保证车辆状态正常、随时可用,让飞机不要因地面保障水平不足而不得不转场。

商业驾驶执照——发给有能力检查和驾驶总重达 12t 或以上车辆的人员的一种驾驶执照。

以下内容基于 NFPA1002 的要求和美国针对考取**商业驾驶执照**(commercial drivers' license,CDL)提出的出车前检查官方要求。这些检查流程为车辆检查提供了一个合理的基础,在专业消防站每次值班出车前,以及在义务消防站每周工作时和每次回场后,所有驾驶员/操作手均应有能力完成这些检查。

注:有的管理部门不要求他们的驾驶员/操作手考取商业驾驶执照。

靠近车辆

靠近一台要检查的车辆时,驾驶员/操作手应当观察(图 10.5):

(1) 从远处看很明显的问题,例如车体破损或严重向一侧倾斜。

(2) 车辆停放的地势。消防站的地面、行车道或停车区会有斜面。

(3) 车辆液体泄漏,例如水、冷却液、机油、液压油或变速器油,这意味着可能有严重的机械问题。

图 10.5　驾驶员/操作手正在查看飞机救援消防车下有无液体泄漏

靠近一台要在室内检查的车辆时,请确认在进行检查之前该区域已正确通风。只要天气情况允许,消防车均应停到室外进行性能测试。任何时候进行消防车停放和运行,均应挡好车轮。

注　意

柴油机尾气中含有有害化学物质及其混合物,任何时段都不要在无通风的区域运行这类发动机。

左右辨向

消防车的侧面在各消防部门会用不同的名称识别，驾驶员/操作应当使用他们部门普遍接受的叫法（有的管理部门使用街道名/路名，还有的使用驾驶员名/领导名）。

绕行法

进行消防车检查的一个特别方法就是路线或**绕行法**。在绕行检查中实际进行了两种检查：**作业准备检查**（NFPA 标准和本场管理的作业流程所要求的内容）和车辆**出车前路适检查**。

绕行法—— 一种检查方法，驾驶员或检查者从消防车的一个部位开始，沿顺时针或逆时针方向检查整个车辆，也称为路线法。

作业准备检查——检查消防车和车载装备，以确保所有装备在位、清洁并可用于作业。

出车前路适检查——目视检查消防车，以确保底盘车的主要部件无丢失、无故障。

注：国际消防保障训练协会认为这些是最低限度的检查内容。遵守所有管理法律、规章和政策是驾驶员/操作手的责任。

驾驶员/操作手从驾驶室车门处开始绕行检查，沿顺时针方向围绕消防车开展工作。驾驶员/操作手环绕车辆行走时，他或她要对车辆做一般性观察，查看有无以前不曾记录的破损情况。该目视检查涉及到以下检查项目：

（1）车况。
（2）清洁。
（3）破损。
（4）缺陷。
（5）功能。
（6）泄漏。
（7）遗漏项。

驾驶员/操作手进入驾驶室，启动消防车，对消防车各系统进行**功能检查**（具体步骤因部门规定及消防车设计而异）。**技能页 10－1** 提供了以绕行法进行例行性保养检查的详细指导。

功能检查——操作消防车的某个系统或部件，以确保其工作正常的检查。

注　意

无论何时，消防车都要尽可能在室外运行，以防危险化学物质在车库内积聚。

车轮和轮胎

有多项与车轮（轮毂）和轮胎有关的内容需要检查。车轮（轮毂）应当目视检查一般状况、腐蚀和破损等（图 10.6）。这里所说的破损包括轮毂金属上的裂纹和变形。车轮螺母应当进行检查，确保它们已上紧。有些部门在每个车轮螺母表面刷上油漆线以显示可能发生的松动，还有些部门要求用扭力扳手定期检查车轮螺母。

驾驶员/操作手应当确保轮胎型号是匹配的。决不允许将子午线轮胎和斜交线轮胎混用。另外，根据相应厂家的指定型号，所有轮胎的尺寸和承重额定值均应保持相同。

任何商用车的轮胎选型均是在车辆规格最后确定之后才定下来的。消防车的轮胎选型基于消防车的**额定总轴重**而定。

额定总轴重——轴系可以安全承载的最大重量值。

轮胎可承受的最大额定时速（km/h）并非可以在该速度连续工作的建议

图 10.6　驾驶员/操作手要目视检查轮毂

值,它是轮胎工作性能的额定上限。驾驶员/操作手必须坚持遵守所管理的每辆消防车上轮胎的规定限定值。

查看轮胎状况时,驾驶员/操作手应当检查以下内容(图 10.7):

(1) 胎纹深度适当(根据各州或省的检查要求而异)。

(2) 胎面剥离。

(3) 鼓包。

(4) 胎侧过度磨损。

(5) 割痕。

(6) 干腐烂。

(7) 爆胎。

图 10.7　驾驶员/操作手正在检查消防车车胎状况

（8）外来物。

（9）扎进轮胎的物体。

注：气门杆不应有切削、裂纹或松动，气门杆帽应当在位。

不论轮胎用到什么程度，NFPA1911 均要求每七年更换一次。胎纹较深的旧轮胎可以成为爆胎的直接原因，导致严重事故和死亡。这一点要特别注意，因为消防车每年的登记里程（千米数）很少。

根据 NFPA1911 要求，要检查消防车轮胎充气是否达到消防车厂家的建议胎压（图 10.8）。要始终按照本部门的轮胎充气标准作业流程执行。太足或太欠的压力均会损伤轮胎并导致抓地性能变差，以及燃油消耗过多。

注：驾驶员/操作手应当理解印在车胎侧壁的全部信息。

图 10.8　飞机救援消防车驾驶员/操作手正在检查车胎压力

胎压

印在每个轮胎外面的最大胎压不是建议的工作胎压。请设定并保持胎压在轮胎厂家给出的合适压力建议值，该压力是针对轮胎尺寸、型号、负荷等级（帘线层数）及测出的在用轴负荷而确定的。每个轮胎厂家都会有印刷的表格，因此你可以根据实际轴重自定压力。可以监测胎压的气门杆帽越来越普及，有望成为一些新式消防车上的标配。

发动机舱检查

如果消防车外部整体已检查完毕，驾驶员/操作手要准备进入发动机舱进行检查和例行预防性保养（图 10.9）。根据部门规定或驾驶员/操作手的习惯，这些检查可以在消防车启动之前进行。如果想要采取这种方式，由于发动机处于冷态，某些液位（曲轴箱润滑油、变速器油）的读取必须要考虑到这一点。如果这些检查在发动机启动之前或之后做均可，那么大多数检查（变速器油量除外）不要在车辆运行时做。驾驶员/操作手绝对不要仅仅依赖告警灯或仪表；所有油量均应检查。

厂家的手册会推荐汽车工程师协会（Society of Automotive Engineers，SAE）某个编号的机油。汽车工程师协会编号仅表明油的黏度，油的其他重要特征还有防腐、起泡、沉淀和积碳等，这些特征由炼油厂控制。

图 10.9　驾驶员/操作手正在进行发动机日常检查

注　意

根据每个厂家的建议为发动机选用合适的燃油。未采用合适的发动机燃油会导致发动机和排气系统过度损伤。

发动机舱内项目检查暂无既定要求。驾驶员/操作手通常希望按照消防车检查单上罗列的项目顺序一步步执行,确保不会漏项。在所有情况下,都可以查阅操作员手册以确定每台消防车合适的检查流程和适用的油液。**技能页 10-2** 列出了发动机舱内项目的检查流程。

车内检查

消防车外部检查完成之后,驾驶员/操作手可以进入驾驶室开始检查里面,涉及如下任务:

(1) 调整后视镜、座椅和座椅安全带。

（2）启动发动机。

（3）检查所有仪表板设备，看指示是否正确。

（4）操作所有行车灯和应急灯。

安装在驾驶室内的所有各种设备这时候均应检查。这些设备会有很多，例如，应急设备包括反光三角牌，或者消防车作业所属管理部门要求的资料等。驾驶室内部操作检查请参考**技能页 10 - 3**。

供电载荷管理系统。新式消防车会配置供电**载荷管理系统**，可以防止车辆发电系统**过载**。过载可能是由于现代消防车上增加了大量用电设备造成的问题。一般地，载荷管理系统可以将**载荷顺序器**和**载荷监控器**合并成为同一个设备。载荷顺序器按指定间隔打开各种指示灯，使所有设备的启动电载荷不会同时发生。载荷监控器“监视”系统有无电载荷增加，这可能威胁到系统使其过载。

如果出现过载条件，载荷监控器会关闭不太重要的电气设备，以防过载，这称之为**甩负荷**。例如，如果启用**逆变器**向两个 500W 泛光灯供电，那么载荷监控器就会关掉驾驶室空调系统或舱室照明灯。驾驶员/操作手必须要理解他们消防车上供电载荷管理系统的设计，以便他们能够确定车辆是否工作正常。他们还必须能够分辨甩负荷和供电系统故障之间的区别。

手动换挡器。如果消防车配置的是**手动换挡变速器**，请检查离合器踏板的调整间隙。踏板不应有接合不充分或**自由行程**（也称游隙）过多现象。自由行程是踏板在**离合器分离轴承**实际接触离合器分离爪之前必须推经的距离。自由行程太少会造成离合器打滑、过热或过快磨损。离合器分离轴承的寿命也会缩短。自由行程过多会造成离合器脱开不彻底，这会导致硬性换挡、齿轮撞击并损伤轮齿。驾驶员/操作手要熟悉他们所属车辆的自由行程正常范围，由有资格的技师检查和调整自由行程不太正常的离合器。

转向系统。对于转向系统，应当通过检查得到合适的调整量和反应。这可以通过检查转向盘有无过多自由行程来实现，这些自由行程不会让车辆前轮产生实际动作。一般地，**转向盘行程**在任一方向不应大于约 10°。对于 500mm 直径的转向盘，任一方向的位移大概是 50mm（图 10.10）。位移超过该参数表示有严重问题，在正常和紧急驾驶条件下会导致车辆失控。

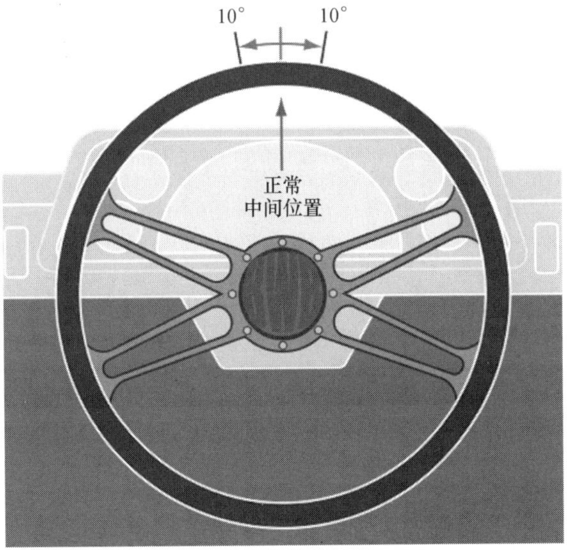

图 10.10　转向盘的行程要尽量小

载荷管理系统——一种供电监控系统，如果底盘车电压开始下降至预定水平以下，系统会按预定顺序分流电载荷。

过载——装备或导体的操作超过其额定载流量。持续过载会导致过热而损坏装备。

载荷顺序器——供电系统中的一种设备，按指定间隔亮灯，使得所有设备的启动载荷不会同时发生。

载荷监控器——对供电系统中可能导致系统过载的负荷增加现象进行“监视”的设备。

甩负荷——如果发生过载条件，载荷监控器会关闭不太重要的电气设备，以防过载。

逆变器——将 12V 或 24V 直流电转换成 110V 或 220V 交流电的升高变压器。

手动换挡变速器——传动系的一种部件，可以接收发动机传递的扭矩，将之转换以驱动车轮。用离合器将变速器从发动机上脱开，以让消防车启动、停下或者换挡，最大程度发挥发动机性能。

自由行程——离合器开始将发动机从变速器上脱开之前，离合器的活动量。

离合器分离轴承——用于推动离合器内的压盘分离杠杆并与离合器踏板相连接的一种部件，启用后可将离合器与发动机脱开。

转向盘行程——在转向系统中，从转动转向盘开始到转向系统产生动作的活动量。

车辆总重。每台车都会用铭牌标示“额定总车重”(Gross Vehicle Weight Rating,GVWR)。驾驶员/操作手应当熟悉这些铭牌并据此保持车辆状态。商用车辆要求将铭牌贴在醒目的地方。额定总车重经常与整备质量相混淆。整备质量是刚下总装线不含工具、水、设备和乘客的空消防车的重量。厂家将额定总车重作为在理想条件下可以安全上路工作的最大重量。额定总车重铭牌也可以显示每个车轴的最大承重,以及胎压建议值。

任何消防车投入使用之前,要将计划投入保障的设备、水带、水及乘员加载到所有舱室内,测量每个轴的承重并将结果与铭牌标定的额定总车重相比较。如果测出的重量比额定总车重多,就去掉或重新布置设备,直到获得安全的承载方案。

驾驶员/操作手要能分辨他们周围哪些是“超重”车辆。左右摇摆的车辆、看上去好像紧压在它们车轴上一样的车辆,如家用摩托车、拖挂车以及皮卡车等,每天都可以在道路上看到。按照 NFPA1911,左右两侧的重量差值不应超过 7%。

驾驶室内灭火/救援设备。很多管理部门都会在乘员室的前部和/或后部放置灭火/救援设备。尽管对该类设备的检查并非车辆路适检查中的必要内容,这仍然是防备紧急事件的关键一环。该类设备应当放置有序并固定可靠。NFPA1901 要求该类设备的固定要能够承受前面和侧面的冲击,不会从固定位置松脱。国际消防保障训练协会的《消防基本知识》手册提供了关于检查灭火与救援设备工作性能方面的更多信息。

刹车的检查与测试

确定车辆的刹车工作状态正常是检查过程中极为重要的部分。很多严重的消防车碰撞都是由刹车失灵引起的。

液压刹车系统——启动后使用密闭系统中的液体为制动轮缸加压的刹车系统。

防抱死刹车系统——可以监控车轮转动的一种电气系统。当刹车时,并且发现有一个车轮开始抱死,则该车轮上的刹车力暂时释放以防打滑。

气体驱动刹车系统——利用压缩空气解除弹簧刹车(驻车制动)的刹车系统。

小型消防车以及一些老式的车辆会配备**液压刹车系统**。很多从 1990 年开始制造的商用和私家车配备了**防抱死刹车系统**。驾驶员/操作手必须知道他们消防车上所用的刹车系统类型,并且熟悉其操作方法。

有各种测试方法可以用于检查刹车性能,主管部门会规定怎样和什么时机测试刹车。下面重点介绍一些比较常见的刹车测试方法。

气动刹车。消防部门的很多大型、现代泵浦消防车配备了**气体驱动刹车系统**(气动刹车)。国家防火协会和其他资源机构提出了气动刹车使用的推荐方法。

在配有气动刹车的消防车上,发动机启动后,气压必须在规定时间内达到足够压力。与积累足够气压的规定时间相比,如果发动机必须运行得更久,那么消防车就要由有资格的技师进行检查和修理。可能有必要增加一个电动空气压缩器,或者将消防车连接到消防站压缩空气系统,以便在消防车不使用时仍能保持足够的气压。这些措施可以防止延误应急响应。

配有气动刹车的消防车会设置一个气压保护阀,可以防止储气瓶压力下降到 560kPa 以下时操作气喇叭或其他非必要设备。任何该系统的缺陷必须报告并由有资格的技师进行修理。

压缩空气罐

压缩空气罐会产生潮气，引起罐内锈蚀。潮气在寒冷天气会结冰并导致其他气动设备故障。经常排水可以减少甚至杜绝锈蚀和结冰。尽管新式消防车会配备空气自动排水系统，气罐仍然需要根据主管部门的保养工作安排进行手工排水。在检查中，如果发现在气罐或储气瓶内有水，就要立即报告以进行维护。

防抱死刹车系统。防抱死刹车系统减小了消防车强力刹车造成侧滑、折叠或打转的可能性。防抱死刹车系统在强力或紧急刹车时能够协助驾驶员/操作手保持车辆沿直线轨迹前进。该技术极大地改善了停车过程的可控性。

刹车测试。消防车的刹车至少每年要采用 NFPA1911《现役消防车的检查、保养、测试和报废标准》给出的方法进行一次充分测试。这些测试可以确定消防车在行进时的制动性能，评估车辆停放时的驻车制动效果。

驾驶员/操作手要根据主管部门对检查和保养工作安排的规定进行**气动刹车测试**（很多州和省对商用车辆上路行驶前的要求）。

驾驶员/操作手一般都不太愿意做修理和调整以补偿刹车问题。刹车太松的消防车很难停下来。如果**刹车间隙调整臂**未能在厂家规定范围内工作，那么车辆就不能再行驶，直到由有资格的技师修好为止。

气动刹车测试——用于确定气动刹车系统操作性能的一系列测试。测试包括气体损失、压气机增压、漏气告警、驻车制动紧急启用等。

刹车间隙调整臂——气动刹车系统中采用的设备，连在驱动控制臂和刹车摩擦衬片之间，用于补偿刹车摩擦衬片的消耗。

自动式刹车间隙调整臂

自动式刹车间隙调整臂由很多不同的厂家生产，使用方法不尽相同。请经常查阅消防车厂家的操作手册或州和省适用的法律，获得关于刹车系统和刹车测试的更多信息。

气动刹车测试用于向驾驶员/操作手提供安全信息，否则这些信息还不太容易发现。此前提及的步骤在各州和省之间有一定差别。熟知所有法律、政策和操作手册中厂家的建议是驾驶员/操作手的职责所在。

如果有测试表明刹车工作不能达到州或省的现行要求，消防车就应当停止使用并进行修理。驾驶员/操作手应当参考 NFPA1911 以获得更多指导。

尾气排放

根据其生产日期，新式消防车上的排气系统可能会加配一种可以让柴油机排放更加清洁的系统。**柴油颗粒过滤器**（Diesel Particulate Filter，DPF）可以拦截尾气排放中的大量颗粒物。但是，该系统必须定期进行恢复处理，升高排气温度以烧掉在过滤网上积聚的颗粒物。在自动恢复模态，车辆仍可正常工作。如果车辆行驶中滤网已经变得很脏却没有自动恢复，那么车辆的动力和操控性就会下降，直到恢复过程完成。车辆在这种状态下不可用于应急响应。

柴油颗粒过滤器——设计用于从柴油机尾气中去除柴油颗粒物或烟灰的一种设备。

注　意

请勿将物体放置于该恢复系统的尾气附近。

选择性催化还原——使用柴油机尾气液帮助进一步降低排放的一种系统。

柴油机尾气液——含有 67.5% 的软化水和 32.5% 的高纯度尿素的一种溶液，在选择性催化还原系统中用于降低柴油机尾气的氮氧化物水平。

除了柴油颗粒过滤系统，2010 年 1 月 1 日之后生产的发动机还会配置一种称之为**选择性催化还原**（Selective Catalyst Reductant，SCR）的尾气后处理系统。选择性催化还原系统使用**柴油机尾气液**（Diesel Exhaust Fluid，DEF）帮助进一步降低排放。柴油机尾气液放置在柴油颗粒过滤器下游的一个储罐内，喷到尾气中以减少柴油机产生的氮氧化物排放量。在采用该系统的消防车上，柴油机尾气液储罐中的液量要在消防车检查中进行查看。

注：有的柴油机尾气液生产厂家不建议将储罐加满；相反，由于液体有储存期限和可能存在的液体结晶等原因，他们建议重新添加之前要先放干净。

定期检查排气系统并查找开裂或泄漏迹象，检验排气管的包扎或隔离是否完好无损，密切关注接头和弯管处。对于 2007 年及以后生产且配置了柴油颗粒过滤器的发动机，尾气在恢复过程中可能会达到很高的温度，尾气泄漏会损坏周围部件或使之起火。这些高温出现在柴油颗粒过滤器之后的管路上，对于个别发动机也可能出现在柴油机尾气液设备之前。

底盘润滑

底盘润滑——为底盘的某些部件添加油脂和其他润滑剂以降低磨损、噪声和粘连。

有的消防部门要求驾驶员/操作手要定期做**底盘润滑**。适当润滑有助于防止发生高价修理并可缩短不可用时间。有效的润滑取决于适当等级润滑剂的使用、润滑频率、用量和润滑方法等。要选择合适的润滑剂，需要考虑本单位的要求、润滑剂特性和厂家建议。驾驶员/操作手应当查阅操作手册，了解润滑油的类型、加油口位置和油脂注油嘴。

如果底盘润滑属于驾驶员/操作手的职责范围，可以采取以下步骤完成这些任务：

（1）熟悉所有润滑加油点。多数消防车用户手册中都会有润滑注油嘴图表。

（2）用专购的抹布擦净注油嘴。

（3）将润滑油枪的加油管末端按压在注油嘴上。

（4）操作润滑油枪的泵油手柄，直到感觉到阻力。

注：感觉到阻力后继续泵油会造成压力过大，可能损坏橡胶油封。

（5）绕车辆继续该操作，直到所有的润滑点均已加好。

新式消防车会配置自动润滑系统。如果消防车有该配置，就要按照厂家的指南来操作。并非车上所有注油嘴都可通过自动系统完成，驾驶员/操作手应当查阅用户手册以识别需要手动润滑的注油嘴。

车用蓄电池

大多数现代车用蓄电池都是免维护的。驾驶员/操作手应当检查电缆连接是否牢固，并用薄薄一层油脂、凡士林或蓄电池端子保护产品进行防护

(图 10.11)。老式消防车还会用到需要添加蒸馏水的蓄电池,随着长期蒸发需要补充电芯内的液体。要逐步停用这类蓄电池电芯,或者用免维护电池进行替换。要保持蓄电池外表清洁。

图 10.11　飞机救援消防车驾驶员/操作手准备检查车辆蓄电池系统

要查找蓄电池开裂或泄漏的迹象。大多数汽车蓄电池含铅和硫酸,如果漏酸流到皮肤上或眼睛里,就会表现出很强的腐蚀性和危险性。蓄电池还可以挥发出极具爆炸性的氢气,一个小小的火星即可将其点燃。有的汽车蓄电池有缝隙可供这种气体溢出,因此蓄电池附近的任何点火源甚至一根香烟都可以引起爆炸或火灾。蓄电池炸裂可能会把腐蚀性酸液迸射到人的眼睛里或皮肤上。

警　告!

电池会挥发出爆炸性氢气。作业时要进行通风,配戴安全护目镜和防酸手套。电池爆炸能致伤或致死。

在有些单位,驾驶员/操作手要负责为车上蓄电池充电。消防车蓄电池可能会因长时间不用或供电系统非正常放电而需要充电或跨接启动。驾驶员/操作手要将需要经常充电或跨接启动的消防车情况向本部门的技师进行汇报,以便采取补救措施。

在消防站,充电一般用蓄电池充电器进行,驾驶员/操作手应当对其熟练操作,因为可能需要快速使用它们,以便启动车辆进行应急响应。按照适用的指南和安全步骤进行作业,包括进行电池充电时对眼睛的安全保护。

注:新式消防车会配备车载充电系统或跳线螺桩以便于跨接启动,而不必直接接触蓄电池。

如果车辆需要在远离消防站时进行跨接启动,可能需要用跨接电缆连接到其他车辆上。在尝试对一台车进行跨接启动之前,驾驶员/操作手必须清楚几个注意事项：

（1）确认正在用作电源的车与正在跨接的消防车的供电系统有相同的电压，这可以防止对双方系统产生损坏。

（2）跨接或给系统充电之前请查阅厂家的操作手册。操作手册应当指定电缆需要连接到哪个蓄电池。大多数消防车拥有不止一个蓄电池与其相连。

（3）确认跨接电缆采用建议的方式连接到指定的蓄电池上。确保充电区所有人员穿戴了合适的防护服包括眼保护装置。

行车后检查

本章到此为止所述的所有工作均要在车辆开始作业之前进行。消防车在火场或其他应急现场进行了长时间作业或是车辆刚刚结束一段长途行驶之后，要谨记还要做一些检查。每个管理部门都有他们自己的行车后检查流程，但是，国际消防保障训练协会还是建议使用统一的流程进行行车后（原文误为“出车前”。——译者注）检查。

车辆清洁

对消防车及车上携带的设备进行清洁是检查和保养工作的重要方面。很多消防员都清楚，随时保持车辆和设备洁净是一项长期坚持的消防保障传统。他们还知道，当地纳税人有一块重要的基本投资用在了消防车上，并且纳税人希望车辆能被照顾和保养得很好。

保持车体洁净还有助于延长车辆寿命。在寒冷季节，当有恶劣天气时会用到道路除冰盐，就会产生对钢铁车体部件的腐蚀。频繁冲洗以清除这些化学物质可以降低车体和部件损伤的可能性。

如果零件上没有灰尘和污垢，那么消防车和设备部件的检查就方便多了。洁净的发动机便于检查泄漏及其来源。例如，如果水带或电线覆盖了油污和灰尘，就很难判断它们是否破裂或磨损，因为看不到橡胶或绝缘层的真实状态。柴油残渣是很讨厌的问题，因为它会粘附任何接触到的东西，形成黏糊糊的残留物。容易出状况的几个地方都在发动机舱内，那里的连接部位、燃油喷射器或其他控件会因灰尘积累而无法工作。消防员要注意检查发动机上有燃油导管和过滤器的一侧。

注：虽然燃油喷射器没有外部动部件，它们仍是积聚灰尘和油垢的源头，这个地方应当进行检查和清洁。

消防车底部应当和顶部一样保持洁净。油垢、潮湿、灰尘和污秽物不得在底部积聚，这样机械缺陷可以比较容易发现。有几种部件可以更加方便看到，包括悬挂和刹车部件，以及弹簧卸扣、传动系统和转向机构等。

过度清洁消防车会有反作用。水蒸气清洗或高压水喷雾会带走底盘、发动机、水泵和车体下部的润滑脂。使用脱脂剂或清洁剂时这个作用会更严重。清洁车体和部件时，请注意不要清除掉必要的润滑脂。现代消防车还会有复杂的电线网及连接件，在电线和连接件周围使用高压清洁设备时要小心。大规模清洁之后有必要进行例行润滑，确保所有部件都能得到正确保护，以免过度磨损。

腐蚀控制

保持洁净可以延长车辆寿命。如果不能保持消防车清洁就会促使车漆氧化和车辆部件腐蚀。飞机救援消防车在野外作业后回到消防站时、在恶劣天气条件(雨或雪)下使用后或者格外脏时,都要进行清洗。为了确保车辆随时保持洁净,应当做到以下几点:

(1) 有规律地清洗消防车并彻底漂清,通常每周一次。

(2) 根据需要清洗消防车的内部、外部、顶部和底部。

(3) 用中性肥皂去除脏物和油脂。

(4) 要特别关注车轮位置和车底部。

(5) 漂清并用麂皮(精细擦拭常用的一种动物毛皮,比较柔软并且不会像纸或布那样有纤维脱落。——译者注)擦干车辆。

(6) 定期用压缩空气吹一吹车辆,打扫驾驶室,擦干余水。

(7) 按厂家指导意见保养车辆的防护面漆。

(8) 根据需要用水蒸气吹净底盘和底部。

清洗

大多数消防车厂家会向消防部门提供专业指南,教他们如何最好地给消防车做清洁。如果没有厂家的专业指南,下面提供了消防车清洁的一般指导。

清洗消防车外部是最为常做的保养工作之一。很多车辆厂家都建议根据车辆使用年限在步骤上稍有区别。新的消防车清洁时要轻柔一些,以免损伤崭新的漆面、细节部位或透明保护层。

在消防车接装后的最初六个月内,油漆和防护层尚新且没有经过风吹日晒,车辆要用冷水经常冲洗以固化漆层,不会起斑点。为确保消防车的整体外观最佳,减少对新漆和防护层的损伤,建议遵守以下清洗指南:

(1) 用不带喷嘴的浇花软管给消防车喷水。高压会将灰尘和残渣嵌到面漆里。

(2) 在使用肥皂之前要尽可能多地将浮灰从车上漂洗掉,这样可以减少砂粒,它们会划擦到面漆里。绝对不要干擦灰尘。

(3) 在灰尘、砂粒和道路除冰盐干结在消防车表面上之前就要进行冲洗,采用专门设计用于车漆的清洁产品。不要用特别热的水或当车表面很烫时进行冲洗。

(4) 从车顶开始自上而下进行冲洗。

(5) 用干净的麂皮擦干消防车,要将其在干净水里频繁漂洗,也可用橡皮清洁刷擦车。如果没有彻底擦干车体,会加速腐蚀。

当新车的面漆按照厂家建议正确完成时效固化之后,可用带有喷嘴的浇花软管或压力清洗器为消防车快速冲洗。然而,还是需要经常性地用肥皂水结合手洗来保证较好的洁净度(图 10.12)。

玻璃保养

清洁车玻璃可以使用温肥皂水或购买的玻璃水。这些液体可以结合纸巾或干净抹布一起使用(图 10.13)。商店里的毛巾一般不可使用,因为即使洗涤之后,仍然可能有金属屑藏在布里面。要避免使用干毛巾或布,因为它们会将砂粒和灰尘带到玻璃表面。不要使用灰刀、钢丝球或任何研磨工具清除玻璃上的积垢。如果没有擦净玻璃上多余的水,时间一长就会形成小点点,可能阻挡驾驶员的视线。

图 10.12　飞机救援消防人员正在清洁他们的消防车

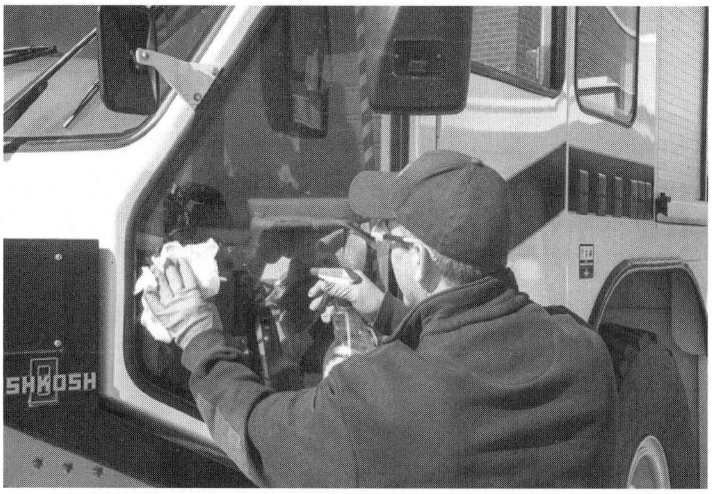

图 10.13　驾驶员/操作手正在清洁车窗玻璃

内部打扫

请保持座椅面、仪表板、发动机舱盖和地板表面洁净,因为积灰和残渣会造成这些位置的面漆老化。现代消防车电气设备敏感,可能会被水分或洗涤液损伤或破坏。请遵守厂家关于消防车内部清洁的指导意见,采用以下步骤清洁内部:

(1) 清扫或用吸尘器吸除大片的浮灰。

(2) 使用温肥皂水或购买的清洁产品清洗表面。消防员应当注意只使用消防车厂家指定的产品,以免可能损伤内部表面。

(3) 避免使用油漆稀料、丙酮、洗衣皂、漂白粉、石脑油之类的溶剂。

(4) 使用洗涤剂时要给驾驶室或乘座区通风。

(5) 在车辆的电气系统附近使用液体时要多加小心。

(6) 保持舱室、转轴、滑轨和堵头处洁净无残渣。根据厂家的规定进行润滑。

打蜡

消防部门在给车辆外表使用车蜡或上光剂时应当遵守消防车厂家的指导意见,包括以下内容:

(1) 在新式消防车上使用这些产品之前要重温一下指导意见。有的产品也许没有必要再用了,实际上它会损伤漆面上涂的透明保护性密封漆。

(2) 使用车蜡或上光剂之前请参阅厂家的手册。

(3) 如果必须要用,请等到消防车使用六个月之后再使用这些产品。

(4) 请彻底清洗和擦干车辆,再根据产品说明书使用车蜡或上光剂,最后用软布或机械抛光将车辆擦亮。

泡沫系统检查与测试

飞机救援消防车泡沫系统在容量、喷射方法和配制系统等方面差别很大。对这些系统的每日检查通常包括确认灭火剂罐是否满载,以及泡沫系统阀门在正确的操作位置。至少每年一次的检查应当包括对泡沫配制系统的测试,以保证车辆喷出的泡沫浓缩液和水的比例正常。泡沫配制不当会造成以下一个甚至两个方面的问题:

(1) 将泡沫加到水中形成的混合液太稀(泡沫/水的溶液中泡沫浓缩液不足),这会降低它的灭火能力,造成泡沫覆盖层消融速度比预计的要快,因而覆盖层不会维持得太久。

(2) 泡沫浓缩液加得太浓(泡沫/水的溶液中泡沫浓缩液过多),这会造成对昂贵而有限的泡沫浓缩液的浪费。

NFPA412《飞机救援消防泡沫装备评价标准》中提供了两种方法用于测试泡沫配制系统,可确保计量精确:

(1) 泡沫溶液折射率测试。

(2) 泡沫溶液电导率测试。

注:救援人员做这些测试应当按照厂家建议的流程进行。有的厂家在他们的工程手册中提供了一些简单的泡沫浓缩液野外测试方法(灭火剂成膜质量测试)。

泡沫溶液折射率测试

泡沫溶液折射率测试是用一种叫做折射计的设备进行的,在泡沫配制系统生成泡沫溶液之后可以用它测试泡沫质量。该测试方法建议用于蛋白、氟蛋白和水成膜氟蛋白泡沫溶液。用于合成泡沫时不太准确,因为它们一般情况下折射率读数非常低。电导率测试方法适用于所有类型的泡沫,但是仅建议用于合成泡沫。

有些测试用的配制设备可以有不止一种状态设置进行操作,例如某型在线喷射器就有3%和6%两种设置。用这些设备进行测试时,每种比例至少要准备三个试样,还要分别为其准备绘图纸。进行泡沫测试可以参阅 NFPA412 中的流程。系统生成的实际泡沫溶液应当从各个连接好的水带、泡沫炮及其他泡沫喷射设备中取样,以供测试。取样之前,每个喷射设备都要用淡水充分冲洗干净。设备在取样之前至少要出泡沫 30s 以上,以取到混合得较好的试样。将这些试样在折射计上进行测试,然后将结果绘制在绘图纸上,其结果必须在适用的 FAA 和 NFPA 标准所定参数范围以内。

泡沫溶液电导率测试

泡沫溶液电导率测试用于检查泡沫配置设备与系统所产生的合成泡沫的质量情况。因为合成类泡沫浓缩液的颜色很浅,前面提到的折射率测试对于它们来说不够准确。电导率测试不依赖于泡沫的颜色,而是用它们的导电能力检验其中的实际成分。

电导率是物质传递电流的能力。蒸馏水中没有足够的固溶物来导电,但是家庭供水系统和自然界水源的水中有。因此,用来灭火和制作泡沫浓缩液的水均可导电。将泡沫浓缩液按比例加入水中后,终态泡沫溶液的电导率介于淡水和泡沫浓缩液之间,相关数据可用于测量溶液中泡沫浓缩液的含量。

有三种方法可以做泡沫溶液的电导率测试:直读式电导率测试、电导率对比测试和电导率校准曲线测试。

直读式电导率测试:直读式电导率计直接测量溶液的导电性能,并显示读数。电导率计上所读到的结果未必指的就是溶液中泡沫浓缩液的实际百分比。做这种测试时,电导率计必须首先用淡水调零,这一步可以采用以下一种或两种方式:

(1) 采集待测水样放入容器,然后将传感器头浸入水中调零。

(2) 将传感器直接装进消防泵出水管内,输水时对电导率计调零。

电导率计调零之后,就可以从配置系统中提取泡沫溶液试样了。用水测试时,可以浸入容器中或将电导率计直接装进消防泵出水管内,从而得到读数。一旦传感器浸入溶液中,即可从电导率计上得到读数,如果它没有给出溶液中的浓缩液百分比,应将读数绘在图纸上(校准曲线)以得到最终结果。

电导率对比测试:步骤很简单,首先,取得准备用于对比测试的淡水的读数;然后,取得所测系统产生的泡沫溶液的读数。那么,溶液中泡沫浓缩液的百分比就可以用下式确定:

溶液中泡沫浓缩液的百分比 = (溶液电导率 ÷ 水的电导率)

温度补偿电导率计——设计用于测量溶液电导率的设备;它根据不同温度下电导率的变化进行调整。

电导率校准曲线测试:电导率校准曲线测试使用一种手持式**温度补偿电导率计**进行。校准曲线按照与折射率测试相同的方法得到。不同的是,这里是用电导率计来获取读数的。电导率计在测试前可能需要用消防车水罐中的水进行校准(调零)。做测试时,驾驶员/操作手将电导率计的探针插到溶液中,记下数字标尺上的读数。

注:不要让泡沫的气泡在探针上聚集。

一旦得到校准曲线,从待测配制设备中出来的泡沫溶液试样就可以进行提取和分析,测试得到的读数随后被绘制在校准曲线上,以确定溶液中的浓缩液百分比。水罐中的水也有可能沾上一些浓缩液,厂家的操作手册中就有对这种沾染进行数据校正的信息。

泡沫浓缩液罐中也有可能受到沾染,这通常是由于测试或是泡沫浓缩液管路中的止回阀安装不当引起的,该阀用于阻止浓缩液或泵中水的回流。要解决这个问题可以参阅厂家的操作手册。如果所测试的泡沫浓缩液存在可疑问题,应当联系泡沫的生产厂家。大多数厂家都会对给他们发送的浓缩液样品在实验室进行测试和评估。

泡沫测试的参考文献

NFPA1911《现役消防车的检查、保养、测试和报废标准》指出，泡沫应当每年进行测试。要获取泡沫系统测试的更多详细信息，包括压缩空气泡沫系统，请查阅 NFPA1901《自动式消防车标准》第 21 和 22 章。国际消防保障训练协会的《泵浦消防车驾驶员/操作手手册》中也包含了关于泡沫系统测试的详细信息。

泡沫枪的检查

泡沫系统检查的另一个关注点是消防部门车载泡沫枪所用的输送方法，泡沫枪的输送用具类型有 38mm 或 45mm 水龙带、胶管卷盘及多灭火剂枪等。驾驶员/操作手要按照正常的保养、保管与加载流程使用这些用具。

化学干粉系统检查与测试

对于化学干粉系统，在消防车日常检查中要查看瓶体气压。通常在压力低于 12 000 ~ 10 500kPa 时，驾驶员/操作手应当依据厂家的指导意见对气瓶进行更换或充压。瓶体内的压力随气温不同而变化，剩余压力读数可能需要利用温度修正表进行调整。

干粉通常用漏斗加到灭火剂罐内，并采用以下灌充与安全指导意见（图 10.14）：

（1）处理化学干粉灭火剂时要戴眼保护装置和粉尘面罩或其他呼吸过滤器。

（2）将粉罐加到厂家额定容量。

（3）将加粉口处的螺纹和垫圈座的表面擦干净。

（4）检查垫圈上有无划伤、磨损和变形。

（5）重置粉罐头部的指示器，如果有的话。

移动或安装气瓶时，要始终保证它的运送保护帽在上面。有的厂家还提供了车载吊臂和绞盘，可从车顶升起和放下气瓶。

对化学干粉系统进行测试是非常昂贵而且耗时的。确保系统功能正常的唯一途径是按一定规律定期开启系统（图 10.15）。将干粉系统重新投入正常保障时，厂家会建议遵守一系列安全流程，消防员切勿违背这些流程。

消防车开过一段时间之后，化学干粉会开始沉积并在罐内压实。驾驶员/操作手应当按照厂家建议预防灭火剂在干粉罐内压紧或结块。

因为干粉罐使用时所处氛围中有较多水分，潮湿的环境也会促进沉积。在潮湿条件下使用会引起灭火剂结块，不能正常发挥作用。

图 10.14　驾驶员/操作手正在为消防车干粉储罐添加化学干粉

图 10.15　化学干粉系统需要定期进行操作测试

驾驶员/操作手还应当检查干粉枪。这些枪每次使用后都要彻底吹净，以免干粉堵塞管路造成系统失效。工作人员在吹净干粉管并装回卷盘过程中要遵照厂家的建议进行。

洁净灭火剂系统检查

洁净灭火剂通常存储在飞机救援消防车上的压力容器中，并且像干粉那样，可能需要由其他气体驱动，如氩气或干燥的氮气。这些灭火剂一般通过小口径软管进行输送，它们属于车载洁净灭火剂系统的一部分。这些系统除了要查看灭火剂量、驱动气体压力和软管状况以外很少需要去检查。由于这些系统保障时会涉及较高的气压，工作人员要逐字逐句地按照厂家的步骤实施。

警　告!

曾经有消防员死于压力系统操作不当，因此每次操作压力系统时都要始终遵守厂家的指导意见。

文档撰写、报告及跟踪回访

每个管理部门均应制定检查和保养政策，详细规定如何将检查结果形成文档并传送给行政管理体系的相应人员。标准化的撰写格式和/或计算机程序可以用于这方面(图 10.16)。除了要对信息进行适当的收集和传递，还要有一个可以进行数据存储和恢复的填报系统，以便对记录进行维护。由主管部门为特定消防车设计制作的检查单可以确保每个驾驶员/操作手均能以检查单为指南执行统一和完整的检查行动。

图 10.16　驾驶员/操作手向计算机数据库录入消防车检查数据

如果消防车或车载单件装备发现有开裂、变形或需要任何形式的修理，驾驶员/操作手应当按照由主管部门制定的政策就修理情况进行文档撰写、报告及跟踪回访。依据管理权限，跟踪回访可由最初报告的驾驶员/操作手、其直接上级或分管修理职能的机关人员执行。

关于这些活动的指导意见如下：

（1）消防车检查的目的是查找需要修理的系统。

（2）驾驶员/操作手按照本部门政策对有问题的系统撰写文档（例如，通过手写或计算机形成文档）。

（3）驾驶员/操作手将问题和文档提交直接上级。

（4）基于问题性质，在一段时间之后要对修理情况进行跟踪回访。对于达到 NFPA1911 中“报废”标准的严重问题或项目，要立即采取行动落实。

消防车的保养和检查记录是重要文件，有很多用途。在申请保修时，会需要这些记录作为书面材料证明已做过所需的保养。在发生事故时，保养记录是很可能被调查人员追问的内容。关于反复多次修理的完整文档记录有助于决策是购买新的消防车还是继续修理旧的消防车。驾驶员/操作手必须要就他们部门使用的记录系统进行训练，对于坚持准确、及时记录的重要性有一定理解。

车辆操作安全基础

掌握了车辆功能后，驾驶员/操作手必须花些时间学习如何安全操作车辆。飞机救援消防车比建筑消防车更大更重，要是由未经训练的人员操作会很危险，即便是先前经过训练的驾驶员也需要一些指导。

NFPA1002《消防车驾驶员/操作手职业资格认证标准》第 9 章介绍了飞机救援消防车驾驶员所需的驾驶技巧。作为最低要求，标准要求驾驶员/操作手掌握以下操作：

（1）启动消防车。

（2）向前行驶。

（3）换挡。

（4）上路。

（5）刹车。

（6）停车。

（7）关闭消防车。

建议驾驶员/操作手们多加复习这些技能，包括国际消防保障训练协会的《泵浦消防车驾驶员/操作手手册》中那些适用于飞机救援消防车驾驶员/操作手的有关内容。**技能页 10－4** 介绍了飞机救援消防车的启动、怠速和关闭流程。**技能页10－5**给出了驾驶飞机救援消防车的流程。

NFPA1002 建议驾驶员/操作手在预定路线上练习驾驶，其中包含了驾驶员/操作手在正常操作过程中可能遇到的机动动作和道路特征。驾驶员/操作手在通过认证准予驾驶消防车之前要成功完成这些训练。该标准要求驾驶员/操作手对预备驾驶的各型消防车都要完成这些练习。有些管理部门在允许驾驶员/操作手到机场作业区进行道路考试之前，要求他们必须完成这些评估（图 10.17）。这样做可以确保驾驶员/操作手在允许驾车出行之前有足够能力操控车辆。

准备驾驶和操作飞机救援消防车的人员应该成功修完应急车辆操作课

图 10.17　一名受训的驾驶员/操作手正在练习驾驶飞机救援消防车通过一系列交通隔离锥筒

程。美国有很多机构开设这一类课程，并为驾驶员/操作手提供多项技巧训练，包括但不限于：

（1）车辆刹车和反应时间。

（2）车辆侧翻警示及预防。

（3）防滑、控制及恢复。

（4）安全加速和减速。

驶离消防站前的注意事项

车辆操作安全在驶离消防站之前就已经开始了。驾驶员/操作手和乘员必须系好安全带！安全带的确能救命。车辆驾驶室内所有重物都要固定好，一件随意摆放的设备（如袖珍收音机）在车辆冲撞时会成为一枚飞弹，因此有关人员要花些时间把车内及车外的这些物品固定和收藏好。

确认车辆安全设备已按驾驶员/操作手的需要调试好也很重要，要花些时间调整后视镜、座位、转向立柱和电台音量，这些均有助于避免撞车。驾驶员/操作手要确保所有车厢门均已关闭并且消防车驶离消防站之前车库大门已完全打开。

刹车反应时间

驾驶员反应速度可以通过驾驶员/操作手对意外情况的反应时间很好地说明。在需要快速做出决定时，反应速度对飞机救援消防车的制动有直接影响。了解车辆的制动特点可以防止严重车祸。如果加上结冰、积雪和积水等其他因素，轮胎下面的摩擦力会降低，这使得车辆的制动效果更差。驾驶员/操作手要时刻留意各种外界条件、牢记他所驾车辆的制动距离，从而能够做出安全反应并安全刹停车辆。

总停车距离由发现距离、反应距离和制动距离（图 10.18）三部分组成。用于描述总停车距离的公式为：

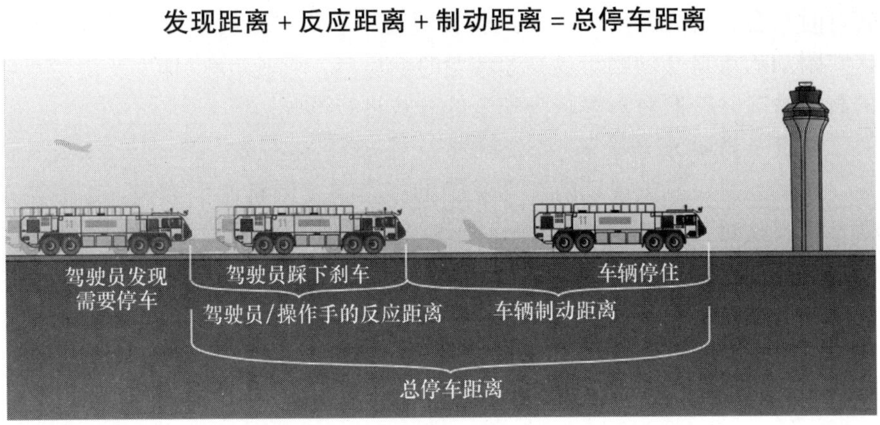

图 10.18　总停车距离概念示意图

发现距离是从驾驶员的眼睛看到危险到驾驶员的大脑意识到危险时车辆所驶过的距离。机灵的驾驶员发现时间约为 3/4s。以 90km/h 速度计，一辆车在 3/4s 时间内可以行驶 18m。反应距离是从驾驶员的大脑告诉脚离开油门起到脚实际开始踩动刹车踏板止所行驶的距离。一般驾驶员都有约 3/4s的反应时间，在 90km/h 速度下，这又增加了 18m 距离。刹车距离是指从开始使用刹车直到停下所需要的距离。以 90km/h 速度在干燥道面上行驶，一辆刹车系统良好的重车从开始刹车到停下需要 50m 距离或 $4\frac{3}{4}$s 时间。这样看来，在 90km/h 速度下，大概需要 6s 时间才能停下，而车辆会开出将近 86m 距离。

在可能发生问题的行车条件下，将脚虚踩在刹车踏板上会缩短反应距离和总停车距离，这包括将脚从油门踏板移开和保持在刹车踏板上面不动两个步骤。当需要紧急停车时这样会给予你更多的优势。做一个机灵的驾驶员，随时准备做出反应！

防止侧翻

飞机救援消防车容易侧翻有多种原因，其中一个就是重心比其他类型的车辆要高。驾驶员/操作手必须记住，当转弯驶上滑行道时，一辆 6 000L 的四轮飞机救援消防车与一辆小皮卡的反应是不同的。水罐一般情况下是装在车架主梁上或高出主梁的，如果驾驶员/操作手在转弯时打方向过猛导致重量快速向一个方向甩出，车就有侧翻的危险。

另一个解释飞机救援消防车侧翻的方法就是认真理解一下这样一个概念：一个运动的物体会倾向于保持其恒定速度的运动状态，直到给它施加一个不平衡力。这个原理在飞机救援消防车以高速拐陡弯时同样成立，如果车的重量向一个方向快速前冲，其巨大动量会在该方向上持续，直到有一个相同或更大的力使它停下。如果前进的动量要比车的悬挂系统提供的阻力更大，那么车很可能会翻跟头。如果让经历过翻车的驾驶员/操作手回忆事故发生的经过，他们通常都会记得转弯但好像根本不知道车是从哪里开始翻的。

所有用联邦航空基金购买的新车都要有横向加速度指示器设备，它可以向驾驶员/操作手指示车转弯时的倾角。驾驶员/操作手在转弯时要抽时间看一眼该装置，以更好地了解车辆当时的受力。

防止侧翻的最好办法是熟悉车辆的特点——知道重心在哪里并且知道

转弯时车会有怎样的反应。飞机救援消防车上放的东西越多,车也就越重。这些附加的重量会加剧车辆高速转弯时的反应。驾驶员/操作手要清楚车辆的载荷情况并按照对车辆较为安全的方式进行驾驶。

速度与离心力

速度会对飞机救援消防车驾驶中的多个重要因素产生影响。当一辆车做直线行驶时,其速度对所需停车距离将产生直接影响,简单地讲,车开得越快,让它安全停下的距离也就越长。

速度还会影响车的转弯能力。一辆车速度越快,转弯时施加在上面的离心力也就越大。随着离心力的增加,如果该力超出了车辆悬挂系统的抵抗能力,那么翻车的可能性也会增加。相对于行车条件而言,车开得太快是事故的最大诱因。在这些交通事故中,速度是一个因素,会造成致命的交通事故。

行车条件不断变化,驾驶员必须能够随机应变。飞机救援消防车的速度必须合理,与预判的实际情况、潜在条件或危险相匹配。控制速度需要持续关注条件的变化,例如:

(1) 地区类型。

(2) 道面。

(3) 天气。

(4) 照明。

(5) 事故地点的距离。

(6) 有无其他车辆。

(7) 车辆状况与驾驶员的身体状况。

那些靠应急路线进行飞机应急响应的机场必须知道飞机救援消防车的速度与离心力。理想情况下,这些道路的建造形式能降低速度与离心力产生的危险性。

避免打滑

有时候要避免打滑是比较困难的,这是因为飞机救援消防车不仅较重而且开得很快,需要很长距离才能停下。在恶劣的气象条件下,避免打滑更加困难。为了避免打滑,驾驶员/操作手一定要知道在正常条件下的停车距离,了解车辆在干燥道面上的刹车反应有助于驾驶员/操作手预见在湿滑或结冰的道面上刹车会有怎样的反应。另一个方法就是让救援人员花点时间在本单位通常遇到的各种条件下进行训练。这并不是要刻意去机场上找块冰面,直冲过去然后努力控制车辆,而是要缓慢地启动,然后尝试刹车与转弯。对车辆在训练条件下的反应有了充分理解将会在实际的应急响应驾驶条件下获得回报。

对导致打滑条件的回避与发生打滑后知道怎样纠正打滑同等重要。每当轮胎失去抓地力就会发生打滑。最为常见的打滑是刹车或加油门过猛时后轮失去控制。后轮打滑发生在后驱动轮抱死导致方向失控时,抱死的车轮比转动的车轮牵引力小,因此后轮通常滑向一侧并试图赶上前轮,整车往往会侧滑以至打转。解除刹车可以让后轮重新转起来从而不再滑行。如果车辆开始滑向一侧,驾驶员应当向那一侧打方向,当车辆恢复向前行驶,驾驶员还不得不仔细地反打方向,以免又滑向另一侧。

前轮打滑大多是因为相对于行车条件而言开得太快所致。轮胎花纹太浅或前胎承重不足也会引起前轮打滑。不论驾驶员怎样转动转向盘,车头仍然沿直线前进。停止前轮打滑的唯一办法就是让车慢下来。

地面积水时车辆可能发生**滑水**。滑水是一种因道面有水而产生的方向控制全部或部分丧失的情况，它是由轮胎与道面失去接触而剩下一点或无牵引力所引起的。发生滑水后刹车与转向都是不可能的，解除油门应当可以让驾驶员重新获得对车辆的控制。发生滑水时，刹车是不会让车减速的。引起滑水并不需要很多的水，在低速时也可能发生，如果胎压较低或胎面磨损则更易发生(图10.19)。

滑水——转动的轮胎(汽车或飞机的)被水汽、水或液体油膜从铺层道面上分离开的一种情况，会导致机械式刹车效能的丧失。

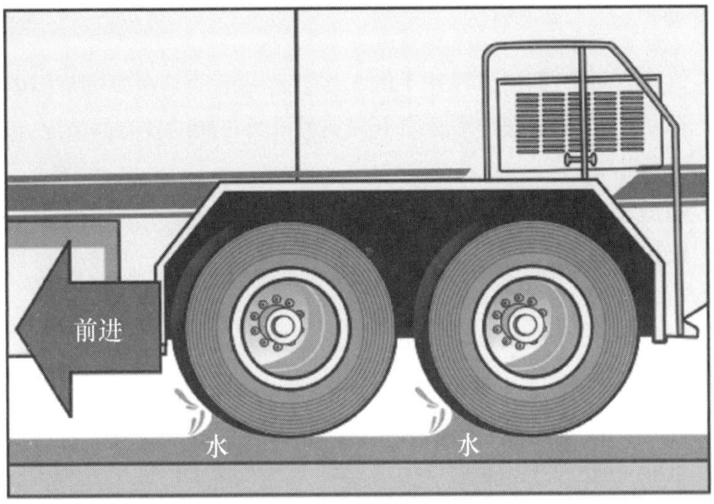

图10.19　发生滑水示意图

加速与减速

为了保持对车辆的适当控制，驾驶员/操作手首先应当了解车辆控制中的加速与减速效应。赶往紧急现场时驾驶员/操作手主要关心的是尽可能安全快速到达，但是驾驶员/操作手一定要记住，他正在驾驶一辆以95km/h速度前进的重型汽车，这些大型的飞机救援消防车要比相同速度行驶的客车需要更长的停车距离。赶往紧急现场时，驾驶员/操作手应当预见车辆的运动，并相应地加减车速。

加速与减速过猛的另一个影响就是增加车辆的发动机、变速器和刹车系统的负担。如果驾驶员不能正确操作车辆，维修这些系统的代价就会很高。就像通常那样，在对飞机救援消防车的安全操作有疑问时，救援人员应当按照厂家的建议执行。

换挡与挡位类型

大部分现代飞机救援消防车都配置了自动挡变速器。自动挡变速器比手动挡变速器高效得多，允许操作人员在赶往紧急现场时集中精力开车而不必换挡。但是，仍然有一部分曾经承担飞机救援保障的车辆配置了手动挡变速器，很重要的一点就是要学会操作这些手动挡车辆的相应技能。在道路以外开车需要更慢的速度并且要用更低的挡位。驾驶手动挡车辆的更多信息请参阅国际消防保障训练协会的《泵浦消防车驾驶员/操作手手册》。

飞机救援消防车操作注意事项

驾驶活动大多是在正常驾车条件下进行的。驾驶员/操作手要在正常的条件下开始学习安全驾车,才能在面对各种道面条件时,比如结冰和积雪,有充分的准备应付这些情况。

机场内

飞机救援消防车驾驶员/操作手的大多数驾驶活动是在机场范围内完成的。飞机救援消防车驾驶员/操作手必须十分熟悉机场布局的各方面情况,包括:

(1) 滑行道。

(2) 跑道。

(3) 停机坪。

(4) 辅助公路。

飞机停放区域给驾驶员/操作手带来特殊的挑战,因为那里会遇到各种活动与障碍,包括:

(1) 正在滑行的飞机。

(2) 正在保障飞机的加油车。

(3) 地面设备。

(4) 航班工作人员。

(5) 航班乘客。

在这些情况下,飞机救援消防车的安全操作是极为重要的。驾驶员/操作手必须谨慎通过这样的飞机停放区域。对于不能集中精力的驾驶员/操作手来说,很多这样的危险好像是从前面蹦出来的一样。驾驶员/操作手应当花些时间开车围着飞机停机坪转一转,直到对赶往紧急现场时可预见的各种情况习以为常。

警　告!

飞机救援消防车的驾驶员/操作手在任何情况下都绝对不要在停放或滑行中的飞机的机翼下驾车,这样做对飞机救援人员和车辆都极为危险。

建筑消防功能

有些飞机救援消防车设计有建筑消防系统,可以让该车以建筑消防模式作业。这对于想用他们的车进行内攻以及扑救机场建筑火灾的机场消防部门来说比较受欢迎。每家生产商对其车辆的建筑消防系统都有不同的设计。驾驶员/操作手应当花点时间学习一下车辆的建筑消防功能。

大概最为重要的驾驶问题之一就是赶赴应急现场时的路线选择问题。

与建筑消防员不同，飞机救援与消防小组成员能够不断得到紧急情况的提前通报，有预先指定的响应路线可以到达沿跑道分布的待命停车位。驾驶员/操作手在出动时一定要能够不看地图也不用思考路线的最佳选择即可知道该走哪条路。尽管情况可能随时变化，但是赶赴跑道附近待命地点的主体响应过程则很少变化。驾驶员/操作手要知道怎样和空管的地面管制员相配合以安全到达这些区域，而且还要牢记这些道路的设计不像普通公路那样可以高速转弯和行驶。在赶往紧急现场的途中，飞机救援消防车驾驶员/操作手要留出充足的时间刹车及安全过弯。**技能页 10－6** 列出了用飞机救援消防车进行各种道路测试的流程。

机场外救援响应

由于飞机事故可能也确实会发生在机场以外，飞机救援消防车驾驶员/操作手应当接受训练并做好准备在场外条件下驾驶与操作他们的车辆。飞机救援人员要研究机场周边的街道与公路，以识别可能用于抵达各种场外坠机地点的路线。街道与公路的布局、宽度及行驶/停车条件是可能影响大型飞机救援消防车辆出动的关键信息。

飞机救援消防车在场外公路或交通拥挤情况下，一侧或两侧的活动间隙可能会十分有限。可以在驾驶员面前的挡风玻璃上方贴一个小标签，写上车的高度、宽度和重量，这是一个提醒救援人员飞机救援消防车限制条件的简便方法。必须调整车速、刹车和机动性等以适应道路的交通条件，确保飞机救援消防车不会在出动过程中发生事故。

机场周边桥梁的高度和重量限制也会影响场外救援响应路线的选择。很多飞机救援消防车非常高，附带的车顶消防炮系统加大了碰撞上方障碍物的危险性，尤其是在矮桥（此处指廊桥，在我国少见。——译者注）上更是如此。由于自身体积很大，还携带了大量灭火剂，飞机救援消防车特别重，可能会超出当地桥梁的承重极限。

不良环境或行驶路面条件

不良的环境条件是延误飞机救援消防车赶赴飞机事故/事件地点的常见制约因素。有很多情况会造成视线下降和减慢应急响应速度，例如：

（1）大雨。

（2）阻挡视线的降雪。

（3）雾。

（4）烟。

（5）黑暗。

在这些条件下，很难看到一架没有灯光或不在燃烧的飞机。驾驶员/操作手在靠近可疑的事故/事件现场时必须格外小心，以免偶然撞到飞机、残骸或是那些正在撤离或被甩出来的人员。

知道事故/事件的可能位置能够帮助驾驶员/操作手选择最佳路线，使响应车辆避开有问题的道路。驾驶员/操作手在视线较差时行车应当调动起他们所有的潜能，包括降低速度和开窗聆听异常声音。

沿某个路线穿越机场时，驾驶员/操作手要熟悉机场布局。在昼间时段认知机场的训练可以帮助驾驶员/操作手在视线较差的条件下找到前进道路。另外，了解跑道和滑行道上的标志和灯光系统对于驾驶员/操作手在光线不良时找路也是很有帮助的。

其他可能影响驾驶员/操作手的条件包括：

(1) 松软或潮湿的土质地面。

(2) 陡坡。

(3) 车辆越障。

(4) 有限空间掉头。

(5) 斜坡。

(6) 倒车。

(7) 夜间驾驶。

松软或潮湿的土质地面

在土质地面及不良天气条件下开车是每个驾驶员/操作手赶往紧急现场时都可能遇到的情况。每个驾驶员/操作手都必须知道他或她的车在道路以外的行驶能力。

轮胎可以放点气以改善在道路以外的行驶能力。通过给轮胎放气，驾驶员/操作手在轮胎与地面接触处减小了直径并增加了宽度，这样就提高了轮胎与地面之间的牵引力。在回到硬质道面和正常行车条件后立即将轮胎充到合适的压力。对于放过一部分气或胎压不足的车，绝对不要以应急响应速度驾驶。胎压低还增加了在积水道面上发生滑水的可能性。如果轮胎要在低压力下使用，建议启用**胎边锁**。

胎边锁——保持轮胎卷边紧贴轮毂的设备。

为了改善车辆在道路以外条件下的使用与操作性能，发展了一些先进技术，其中之一就是中控式充放气系统。中控式充放气系统可以让车辆操作手给轮胎放气以增加牵引接触面，这也有助于避免轮胎花纹里塞进泥砂而降低牵引力。该系统使用一个车载空气压缩机并在车辆驾驶室内进行控制。许多机场已经选用了该系统以应对恶劣的野外条件。

在高低不平的地面上，安全约束系统(能根据汽车的碰撞强度控制安全气囊和安全带限力器。——译者注)可以让驾驶员保持驾驶感和掌控感。驾驶员/操作手应当警惕以下几个方面，以确保在高低不平的地面上安全驾驶：

(1) 确保消防车上所有乘员始终系好座位和肩部的安全带。

(2) 注意派人在前面走，以引导消防车通过可疑区域。

(3) 如果是你自己驾车，并且不确定前方情况，那么停车，下车，亲自检查可疑区域。

(4) 离开硬质道面之前观察情况，考虑下面两个问题：

① 最近下过雨没有？

② 草地是绿色还是黄色，颜色改变表明前方有湿滑地带。

(5) 避开单独成片的积水区。

(6) 保持恒定车速并保持车轮直行。

(7) 如果你开始失去牵引力，请保持继续驾驶。

(8) 只有当你被陷住或需要停放车辆时才能停车；无充分理由的停车常常造成车困在泥地、沙地或软土中，需要拖出来。

(9) 保持前照灯和风挡玻璃洁净，使得视线最佳。

在道路以外停车也需要有警惕性，例如以下几个方面：

(1) 掉头停下，朝向你准备撤离的道路。

（2）在考虑出口的前提下，找一块地方倒车进去。

（3）确定有足够大的地面展开空间。

（4）离开车之前绕车作最后一次检查。

湿或干的黏土塞进轮胎花纹，会显著降低车的牵引力。车在泥里的表现和沙子里的非常相似。驾驶员/操作手需要采取以下行动以成功通过泥泞和沙子地带：

（1）用车辆、发动机和传动系的最小牵引力保持行进（图10.20）。

（2）上坡前提速，下坡前减速。

（3）预计牵引力会出现问题或车辆必须离开硬质路面时，要考虑接上差速锁。

注　意

不需要时请及时脱开差速锁。带差速锁行驶会对车辆造成一定程度的损伤。

（4）保持稳定、平顺的前进速度。

（5）保持变速器在低挡位，尽可能避免换挡。

（6）保持预见性，尽力避开难走的地点。

图10.20　飞机救援消防车驾驶员/操作手应当学会如何成功驾车通过泥泞地带

注：顺利穿越泥泞或沙地的能力只有通过实践方能获得。

路线、道面、地形、载荷或交通状况等出现情况时，可能迫切需要将自动挡变速器转换至低挡位。挡位越低，发动机的“刹车”效应就越明显。在爬坡或下陡坡时，将变速器换至低挡位可以提供充足的驱动力，使驾驶员有能力保持消防车可控。上下陡坡时，或者有其他不平整、不同寻常、不可预料的路况时，常用2挡控制车速。在较滑的路况驾车时，如结冰、积雪、泥泞，加速与减速都要平稳进行。

飞机救援消防车自动挡变速器的第一挡位是爬行挡，用于缓慢、恶劣路况和坡路的驾驶，包括道路以外区域及穿越泥泞和积雪等。它可提供最大的牵引力和发动机刹车作用。在这些情况下不要提挡。只有在车辆停止时才可换进或换出第一挡位,行车期间手动换挡只能在 2 ~ 5 挡之间进行。

重新获得正常的牵引力后,驾驶员/操作手还必须知道如何安全恢复到正常的驾驶状态,例如,从无路环境驶回到硬质道面。以下练习考虑到了从道路以外回到道路之上的安全转换驾驶:

(1) 松开油门,然后脱开差速锁开关;也许有必要慢慢倒车方可脱开该系统,因为传动系统的扭力很大。

(2) 停下并检查车辆有无损伤,特别是以下项目:

① 底盘。

② 传动系。

③ 传动轴。

④ 车轮。

⑤ 车轮螺母。

⑥ 刹车管路。

⑦ 灭火系统管路。

⑧ 轮胎。

(3) 在进入机场作业区行驶之前,清除泥巴、石子或其他潜藏的外来物(图 10.21)。

(4) 确信所有设备安全。

图 10.21　在道路以外行驶后,驾驶员/操作手必须检查消防车轮胎上夹在花纹中的外来物

陡坡

厂家设计的所有大型消防车都有陡坡行驶功能,但是这并不意味着车辆可以像在平地那样开。当爬上和驶下陡坡时车的重心会改变,如果不得不在陡坡上操作车辆,驾驶员/操作手应当特别谨慎,不要突然改变方向。泥泞、积雪及道面较差等其他因素会带来更多的安全问题,增加在坡路上行车的危险性。大多数消防车的用户手册都会标明爬坡能力,即爬上或驶下指定陡坡的能力。

用户手册还会标明消防车越过障碍的能力和斜坡稳定性。消防车规格还应当说明“接近角”,即满载车辆可以靠近的最陡斜面,以及“离去角”,即满载车辆能够离开的最陡斜面(图 10.22)。驾驶员/操作手必须练习驾驶所属车辆,以熟悉每辆车的使用极限。

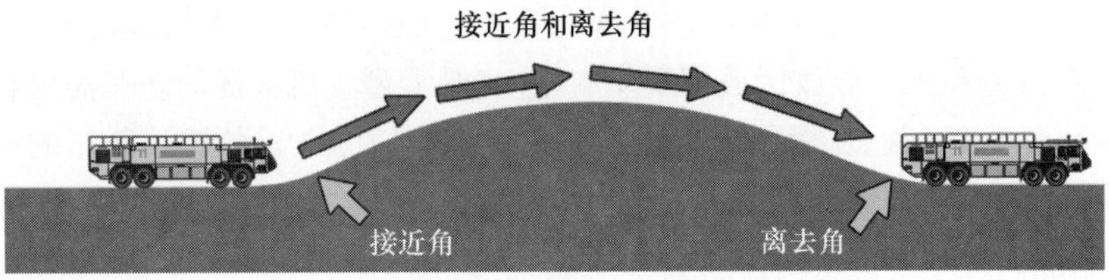

图 10.22　飞机救援消防车驾驶员/操作手
必须熟悉接近角和离去角是怎样影响消防车响应的

车辆越障

车辆在道路以外行驶时被困住的一个主要原因就是被卡在下面的某个物体上。飞机救援消防车的设计已经考虑到了要尽可能加大离地间隙,尽管如此,车辆还是难免被车下的物体卡住。操作手必须清楚车辆的离地间隙,然后学会观察地面物体,判断是否能够越过。

练习这项技能的方法之一就是树起一个不至于损伤车底盘的物体,然后从上面开过去,以更好地理解车辆的能力。了解这一点可以帮助驾驶员/操作手决策车辆是否能通过挡在路上的障碍物。

除了路上的障碍物,飞机救援消防车驾驶员/操作手还应当能够穿过水沟和沟壑等地面高度突变的地方。以下几项原则对驾驶员穿过类似危险地带会有所帮助:

(1) 利用低挡位越过浅沟,缓慢前进。

(2) 斜向进入沟内,使得一个轮子离开沟时同轴的另一个轮子才进去。

(3) 如果沟壁很陡则启用差速锁,使用该锁是一个明智的选择。

(4) 充分加速,使车到达沟底后仍然保持运转,这样可以让车有足够的动量爬上对岸。

沟壑和峡谷是因流水冲刷而自然形成的。沟壑往往比水沟更深一些,前面提到的很多原则均适用于对沟壑的穿越。以下是穿越沟壑的几个特别注意事项:

(1) 通过前仔细查看地形,选择较好的地点确保车辆能够通过。

(2) 缓慢接近,低挡位,接上差速锁,与沟边保持正确的角度。

(3) 通过踩刹车使前轮缓缓进入沟底,仔细让双轮均能触底。

(4) 当车轮触底后开始提速,一直加速到前轮接触对岸时足以爬出的程度。

车辆能否有效、成功地通过水沟、沟壑和峡谷取决于障碍的深度、顶部宽度和顶部边缘状态。浅而宽的水沟、沟壑和峡谷比深而窄的更容易通过。优秀的驾驶员会聪明地判断出他的车辆能否成功通过某个水沟、沟壑和峡谷,如果非常怀疑能否成功,那么就去寻找替代路线。有时候花点时间到达现场,总比冒险被困或损坏消防车要好。

在这些地带开车时驾驶员应当谨慎行进。沟壑里经常有石子地带,需要驾驶员缓慢行进。他们还应当驾车绕过大型障碍物,尝试"跨过"大石头会增加消防车被困在障碍物上的风险。

有限空间掉头

飞机救援消防车很大,驾驶员/操作手心里要清楚让消防车掉头所需要的空间有多大。通过做狭小空间掉头的练习,驾驶员/操作手可以了解车辆的转弯方式和转弯半径。NFPA1002 提供了狭小空间掉头驾驶课目的开展方法。工作人员可以使用交通隔离锥筒或其他不易撞坏的物体设置路障。很多滑行道和飞机停放区域都属于有限空间,大型飞机救援消防车需要在里面掉头,所以驾驶员/操作手应当熟悉和适应他们的飞机救援消防车的掉头操作。

斜坡

靠近较陡的斜坡时,驾驶飞机救援消防车的一个关注焦点就是选择正确的冲击角。车辆应当设计成在道路以外操作时可以顺利驶过斜坡。驾驶员/操作手不仅要知道车辆的性能,还要能够观察出消防车是否可以靠近水沟、峡谷或其他斜坡。

驾驶员/操作手在斜坡上的操作会影响到重心的位置,更确切地说,他或她应当以锐角或很小的夹角靠近斜坡,以减小对车辆重心的影响。以下几个做法应当可以帮助驾驶员在斜坡上安全行驶:

(1) 如有可能尽量避开斜坡地带。

(2) 极缓慢地行进,避开石块、土丘或其他地形特征引起剧烈起伏的地面。

(3) 在路上行驶时,让车轮走在路的上坡一侧。

(4) 如果车开始打滑,就朝滑动的下坡方向打方向。

(5) 在斜坡地形开车不要盲目自信。

坡度的变化并不总是一目了然,还会突然出现。车辆遇到绿草地或软泥地时很可能打滑。洼地、土丘、石头和低胎压均能造成车辆侧翻。向上坡转向会将重量置于下坡一侧的车轮上,使车辆更加不稳定。各种驾驶练习的流程见**技能页 10 –7**。

倒车

由于驾驶员不能看到车后方的全景,倒车总是比较危险的。驾驶员应当尽可能避免倒车。临时或长时间停车时,驾驶员应当尽量停在需要动车时即可向前开出的地方。如果向后倒车是唯一选择,可以采取以下安全防范措施:

(1) 看着行车的道路或方向。

(2) 在应急作业和日常例行作业中,如果人手多且情况允许的话就派一名倒车引导员。

(3) 出去绕车走一圈。

(4) 倒车时尽可能慢些,以便在车辆严重偏离路线之前有机会纠正打错的方向。

(5) 向具有最佳视野的方向倒车。

(6) 如果还有人手,就在车的正前方、倒车引导员的另一侧设置第二引导员。

(7) 引导员应当身穿反光背心,以提高他们对驾驶员的可见度(图 10.23)。

(8) 引导员可以使用发光和反光棒发出信号,使用便携式电台与驾驶员/操作手沟通。

图 10.23 如果条件允许,飞机救援消防车倒车时要设置一名或多名引导员

注　意

国际消防保障训练协会建议，消防车倒车时一定要设置引导员。

即使有了引导员，倒车终究还是要由驾驶员负责。驾驶员要始终能够看到引导员。一旦看不到引导员，驾驶员就要停止倒车；当引导员重新出现在驾驶员的视野中，倒车方可继续。

相应地，引导员不要离开他的站位，直到驾驶员给他信号。驾驶员要保持引导员所在一侧的车窗在放下位置，以便听到其声音。引导员还可以使用便携式电台通过车载收音机与驾驶员对话。夜间，所有可用的灯光都要用于照亮引导员，如车上的倒车灯、后置泛光灯等。

飞机救援消防车应当配上一个警示系统，倒车时可以向他人发出警告。有的则配了倒车传感器，当车尾离路面物体越来越近时，可以让驾驶室里的嘀嘀声响得越来越大、越来越快。现代化的飞机救援消防车上配置了后置视频摄像头，可将倒车路径显示在驾驶室的显示器上。诸如消防站停车位上刷的线条、消防站地板和后壁上的目标标记之类的参照点对于倒车进入消防站的车库是很有用的。**技能页 10－8** 列出了飞机救援消防车使用后视镜倒车的流程。

夜间驾驶

天黑以后，机场看上去与白天有很大的不同，路面、滑行道、跑道和草地，白天看着很正常，这时会变得难以看清。这些区域内排布的各色灯光数量众多，让人眼花缭乱。每个驾驶员/操作手都应当在夜间到机场上去，练习四处寻找他们的道路。就像飞行员练习使用**仪表助降**与仅用仪表飞行那样，驾驶员/操作手也应经常地练习使用驾驶员助视系统或前视红外系统进行驾驶（图 10.24）。该项练习应当在类似于他们可能遇到的恶劣天气或夜暗的条件下进行。驾驶员必须要知道这些系统只是二维的，会影响深度感。

仪表助降——仅依靠仪表数据操纵飞机降落；可能是由于恶劣天气或其他因素所致。

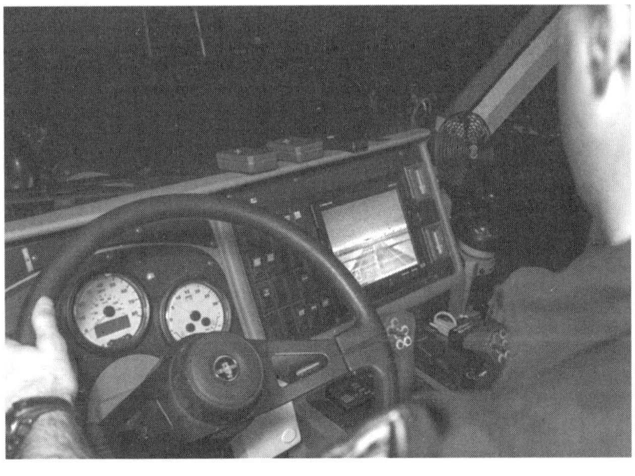

图 10.24　飞机救援消防车驾驶员/操作手需要练习运用驾驶员助视系统或前视红外系统进行夜间驾驶

在事故/事件现场移动与停放飞机救援消防车

救援人员必须思考他们到达现场时将会遇到什么、应该怎么做。每次事故/事件都有所不同,驾驶员/操作手到达现场后必须对所遇到的各种情况保持警惕,不要对乘客和机组人员造成进一步伤害。

要采用以下原则停放消防车:

(1) 停放消防车要对大多数人员具有最大程度的好处。

(2) 对乘员(乘客和机组人员)撤离和火场条件要随时保持关注。

(3) 根据需要转移位置,以保护乘员撤离和控制火势。

下面介绍飞机救援消防车驾驶员/操作手在响应途中应当考虑的各种现场因素。

残骸的形式

坠毁时,飞机会变成碎片或残骸散落在坠落地点周围。驾驶员/操作手必须随时关注周边情况,以免撞到或辗压残骸。决定残骸形式的因素包括:

(1) 坠落类型(严重坠机或轻度坠机)。

(2) 飞机大小。

(3) 飞机冲击的方向和速度。

(4) 坠落地点的位置。

(5) 地形类型。

(6) 天气条件。

掌握残骸形式的信息有助于我们深入了解可能发生的危险,残骸会对靠近事故/事件地点的救援人员造成一些问题。接近现场时,驾驶员应当缓慢靠近,如有可能就派引导员引路。驾驶员/操作手要注意寻找:

(1) 大块残骸。

(2) 遇险人员。

(3) 火情。

(4) 危险材料。

飞机跑道和滑行道没有减速坡,如果飞机救援消防车在响应赶往应急现场途中遇到隆起物,不幸的事实大概是该隆起物就是残骸或碎片,或许甚至是遇险人员。

生还者

进行事故/事件响应时,驾驶员/操作手必须时时考虑哪里能发现生还者。如果乘客和机组人员能靠自己逃出飞机,他们中很多人在第一波飞机救援小组或应急车辆到达之前就已经在飞机外面了。靠自己逃出来的乘员会努力向前走,当他们满心想着正在走向安全地带时,却往往是走向了匆匆赶来并可能危及他们的应急车辆。有的部门在实践中要求将应急灯熄灭,这样生还者们就不会走向他们的车。

操作威力强大的消防炮时,驾驶员/操作手切记不要用水流射向那些乘客或机组人员。夜间可能很难看清遇险人员,响应人员在夜间工作时应当利用辅助灯光设备照亮现场。

警 告!

当心从飞机上自行逃出或被甩出来的乘客和机组人员。应急作业期间撞到这些人的风险极高。

机上乘员逃生也会影响到消防车的停放。客舱的机组人员受过训练，在打开舱门之前会先确定一下外面的情况，他们不会使用直接受到火势威胁的紧急出口。大部分人不会冒险穿过大火逃生，除非这是唯一的选择。通常情况下，逃生在受威胁程度最小的紧急出口处进行，往往位于飞机的上风区域。

飞机救援消防人员应当保护正在逃生的乘员及飞机，将之与流淌油火隔离开来。未受损的机翼整体油箱也需要保护，以防更多燃油流出加剧火势。威胁飞机的流淌油火应在飞机救援消防车到达后一分钟内得到控制。

地形

事故/事件发生处的地形必然会影响驾驶员靠近飞机。很多机场远离大都市、靠近山地、濒邻水域，有的甚至处在已经围绕机场发展起来的市中心，这些地形条件增加了停放飞机救援消防车的难度。因此救援人员需要熟悉机场及周边区域的地形。

注：在已停机的飞机旁停放时，只要地形允许，就要停在事故/事件地点的上坡、上风向和上游的位置。

事件现场的地形会存在以下一些问题：

(1) 泥泞。

(2) 陡坡。

(3) 缺少接近事故/事件地点的路。

(4) 漫水路口。

(5) 危桥。

(6) 多石/多坡地带。

所有这些因素都会拖延响应进程，使救援行动困难重重。解决地形问题的关键仍然是预见困难并非常熟悉机场及周边区域。如有可能，驾驶员/操作手应当预见到地形问题并使用替代路线到达事发地点。在紧急事件现场停放飞机救援消防车的流程见**技能页 10－9**。

灭火剂喷出

有效喷射灭火剂对火灾扑救结果的影响举足轻重。驾驶员/操作手必须要熟悉各种灭火剂及其灭火特性，以及怎样喷射才能有效灭火。驾驶员/操作手要特别关注以下事项：

(1) 主力灭火剂系统。

(2) 压缩空气泡沫系统。

(3) 辅助灭火剂系统。

(4) 灭火剂管理。

(5) 地形与风的作用。

(6) 射程、穿透力及喷射。

主力灭火剂系统

主力灭火剂系统设计用于利用消防车的消防炮和消防枪喷射水或水/泡沫混合液。飞机救援消防车驾驶员/操作手需要训练启动指定消防车的主力灭火剂系统，并利用消防车车顶和前置消防炮喷射水和泡沫。

启动主力灭火剂系统的过程通常始于车载消防泵的启动，该过程在**技能页 10－10** 中有介绍。然后选择水或泡沫作为拟用灭火剂。准备好合适的消防炮进行作业，再择机将阀门打开放出灭火剂。该过程应当作为日常练习进行操作，以确保飞机救援消防车可以顺利作业。**技能页10－11** 介绍了对飞机救援消防车的主力灭火剂系统进行日常操作检查的过程。

消防炮中喷射的灭火剂形成灭火射流用于扑救火灾（图 10.25）。最初的灭火射流利用消防车装载的水和泡沫产生；在长时间火灾扑救作业中，会需要更多的水，只能从压力水源和自然水源获取。**技能页 10－12** 给出了分别通过车载水罐及压力与自然水源给消防车载消防炮供水而打出灭火射流的步骤。

图 10.25　从飞机救援消防车前置消防炮喷出的灭火射流

压缩空气泡沫系统

有的飞机救援消防车配置了压缩空气泡沫系统。压缩空气泡沫系统的原理很简单，使用存储的泡沫浓缩液与水的预混溶液，或是从消防车上的泡沫罐与水罐中抽出后配制而成的泡沫溶液。不论哪种情况，都是将压缩空气打入泡沫溶液中，使泡沫溶液高度充气，空气—灭火剂比例高达 20∶1。这比标准的飞机救援消防车低倍泡沫系统得到的正常平均膨胀比 4∶1～6∶1 要高出很多。这个 20∶1 的比例意味着可以用 120L 泡沫溶液产生 2 400L 终态泡沫的产物。

由于这种高倍泡沫的覆盖层质量好且析水（消融）时间长，飞机救援消防行业对这个过程很感兴趣。如此高的空气比还使得水带更轻，对于延长灭火时间也有着惊人的效果。已有便携式系统推出，采用预混灭火剂和带调节系统的压缩气瓶。这些系统在小规模燃油流淌和停机线火灾中比较好用。

辅助灭火剂系统

辅助灭火剂在扑救飞机火灾时比较有用。这些灭火剂可以通过消防炮喷射，但是最常见的还是用消防枪喷射。用消防炮进行操作的系统可在驾驶室内控制，而消防枪系统则在地面进行控制。由于系统使用方法各异，飞机救援消防车驾驶员/操作手应当熟悉他们部门使用的那些系统的操作方法。

灭火剂管理

驾驶员/操作手必须完全了解正在使用的灭火剂,并且知道怎样筹划使用,这一点对于在远离机场且资源补充困难的坠机地点作业的救援人员来说尤其重要。关于灭火剂的进一步信息可参阅本书第 7 章“灭火剂”,以及国际消防保障训练协会的《消防基本知识》手册。

驾驶员/操作手必须知道每辆消防车所携带的每种灭火剂具体有多少,以及这些灭火剂的实际灭火能力有多大。经过持续大量地使用,大多数飞机救援泡沫消防车都会在大概 90 ~ 120s 内耗尽它们的灭火剂储备。应当避免不必要或无效的泡沫喷射,因为泡沫对环境不好。

通过在逼真的场景中训练,飞机救援消防车驾驶员/操作手要能对他们车辆的灭火能力建立感觉。该项训练能让驾驶员/操作手对于真实的紧急条件下怎样和向哪里喷射灭火剂做出一个正确的判断。节约使用灭火剂的一般原则如下:

(1) 不要在赶往现场过程中浪费灭火剂。

(2) 尽量靠近以有效发挥消防炮作用,使灭火剂够到火焰;如果消防车停得太远,灭火剂就够不到火焰,造成浪费。

(3) 使用恰当的消防炮工作模式或水流,以让最大量的灭火剂喷到火上。

(4) 不要喷得离火过远或过近。

(5) 如果消防车有两种水流功能,就采用近程小水流。

地形与风的作用

正如地形会妨碍车辆靠近飞机出事地点一样,它也会影响到灭火剂的喷射。假如地形不允许在飞机的上坡展开作业,那么灭火剂就只能从下坡位置喷射。这会影响到灭火射流的射程,并且一旦燃油和火焰从飞机处开始沿斜坡向下蔓延,就会将灭火小组和消防车置于危险境地。其他不利地形可能会妨碍用车载消防炮进行灭火剂直接喷射,只能将水枪拉到着火地点灭火。

类似的,风对所有类型的灭火射流都会有决定性影响。由于机场空间宽阔,往往比其他建筑物密集地方的风更强。当向强风中喷射或射流穿过强风时,灭火射流会散开且射程明显缩短。特别是使用干粉或洁净灭火剂的情况下,灭火剂如此之轻以至于风可以很容易将其打散、带走。将干粉加到水/泡沫流中通过水枪或消防炮喷射的系统能够削弱风对干粉的不利影响。

恰好位于上风向时,显然可以达到最大的射程。越是离下风向近,飞机救援消防车就越要靠近着火区,以便将灭火剂喷到火中。因为泡沫是用于消灭和覆盖火势的,飞机救援消防车最不利的位置就是正下风向。正上风向是最佳位置,而与风向成 90°或垂直也是可以的。再强调一下,所有威胁到机身整体的火势都是需要尽快扑灭的,所以飞机救援消防车就不得不在各种风向条件下作业。风也会推动火势蔓延,很多情况下火势与高温会出现在机身的下风一侧,很多轻度坠机还伴有机身前部和机翼的冲击损伤。

射程、穿透力及喷射

每台大型飞机救援消防车都有一定的特色,能使该车达到一定的灭火剂喷射速度、压力和射程。驾驶员/操作手必须知道该车的灭火剂喷射性能。知道了车载消防炮的作用距离可以让驾驶员/操作手判断车的有效灭火范围并保持安全距离。如果车靠得过近,它可能受损甚至被引燃。

驾驶员/操作手要能够判断灭火剂会对火产生多大作用,并像前面讨论的那样,不得不去确认一下灭火剂是否真的喷到了火中且正在灭火,每次喷射灭火剂数秒钟即可很好地弄清这一点。这样一来可以让泡沫充分起作用并在燃烧的油面上扩展开来,还能节约灭火剂。

每门车载消防炮都有特定的功能,每分钟的升数、水压及消防炮的部位都对功能的实现有一定贡献。有的车辆配有一门可延伸消防炮,这门炮比传统的车顶消防炮伸得更远。可延伸消防炮还具有从下方进攻的能力,可将灭火剂放得离火焰根部更近,降低了喷射时火对泡沫层的破坏作用。

喷射技巧

每名驾驶员/操作手都要掌握车辆灭火系统的操作技能。最难以操作的系统之一就是车顶/前置消防炮。驾驶员/操作手应当练习使用消防车的消防炮,直到他们可以熟练射到火焰并有效灭火。为了学会应对实战,泡沫是必须要喷射的,而对环境的顾虑又让我们难以做到频繁训练。

学会开车射靶的一个窍门是开设一门课程,用交通隔离锥筒和皮球做练习。皮球放在隔离锥筒上,驾驶员/操作手向锥筒进行"攻击",尽力用灭火射流将皮球从锥筒上打下来。这需要驾驶员/操作手训练有素,知道能将皮球从锥筒上打下来所需的车载消防炮的射程与控制方法。通过做这一类的练习,驾驶员/操作手就能练出操作消防炮的技能。

边行驶边喷射功能

大型飞机救援消防车的一个重要特征就是边行驶边喷射能力(有时称之为"调制")——向火区开进的同时使用一个或多个车载消防炮发动灭火进攻。只有通过练习方能掌握边行驶边喷射进行有效灭火的技能。车体的运动使得消防炮的控制相当困难。有的管理部门将边行驶边喷射操作作为例行检查的内容之一,其他单位还会就边行驶边喷射操作开展定期训练。驾驶员/操作手应当能够轻松进行这些操作,可以按战术移动消防车,同时用消防炮熟练击中目标。**技能页 10 – 13** 给出了用飞机救援消防车载消防炮打出灭火射流的同时进行调制/边行驶边喷射的具体步骤。

灭火剂补给

在飞机救援消防车作业中最为常见的灭火剂补给需求是给大型飞机救援消防车重新加水,因为所有飞机救援消防车的泡沫液罐容量都足以供好几罐水来配制泡沫。例如,一辆飞机救援消防车上有 6 000L 的水罐和装有 3% 型泡沫浓缩液 800L 的泡沫液罐,该车要用掉满满四罐水(共 24 000L),就算这样仍有 80L 的泡沫浓缩液剩下。如果没有稳定的水源,那么如此大量的泡沫液也就毫无用武之地了,因此补水是飞机救援消防作业中最为重要的内容之一。

泡沫浓缩液的补给比较容易,可以用 20L 的容器或用泡沫补给车向飞机救援消防车中加上若干升。每个消防部门都要设计一套满足自身需要的补给系统,有的部门甚至在机场周围设有中心供应点,以节省补给泡沫液的路上时间。关于灭火剂补给的更多信息在第7章“灭火剂”中有介绍。

干粉与洁净灭火剂的供应

和泡沫浓缩液与水的供应系统不同,事件处置过程中对飞机救援消防车的干粉或洁净灭火剂进行补给通常是不现实的。一旦这些系统用尽,它们在事件的后续处置中就再也没用了。这些系统有特殊的保障要求,只有在不急不忙的情况下才能安全进行。

为了有效开展泡沫浓缩液与水的补给作业,诀窍之一是将之称为“快速补给”,并设法降低车辆的不可用时间。直接采用扳把式快速接头或内扣式水带接扣可以缩短水或泡沫浓缩液补给管路的连接时间。用泵从泡沫补给车或其他补给源上输送泡沫浓缩液也可以使操作更快。

要对火灾最坏的情形进行事先筹划,估算出需要多少灭火剂才能扑灭该机场预计可降落的最大飞机发生的火灾,知道了这个信息可以帮助消防部门决策用哪种类型的补给系统才能最好地满足需要。

本章小结

飞机救援消防车的驾驶员/操作手要对所属车辆负责。驾驶员/操作手应当确认他们的车辆已经检查好,消防车上所有灭火系统都经过测试并随时处于正常工作状态。

驾驶员/操作手要对他们的车辆安全到达现场并在现场停放负责。他们还必须了解飞机救援消防车的使用限制并在极限范围内驾驶。他们必须知道怎样安全通过各种斜坡、地形,应对白天和黑夜的各种天气影响,并且驾驶员/操作手应当认识并会用飞机救援消防车上的所有驾驶辅助系统。

最后,驾驶员/操作手有责任管好车载消防炮及其他出口所喷出的泡沫灭火剂,他们必须掌握灭火剂管理方法并经常练习,确保能在大风条件下或边行驶边喷射时判断灭火剂的射程和穿透力。

复习题

1. 飞机救援消防机构的驾驶员/操作手训练课程应当包括哪些主题?(第304~305页)
2. 消防车日常检查的流程是什么?(第306页)
3. 飞机救援消防车的驾驶员/操作手应当训练哪些车辆操作技术?(第325~326页)
4. 什么样的环境条件会对飞机救援消防车的驾驶员/操作手有影响?(第331~332页)
5. 节约灭火剂的一般原则是什么?(第341页)
6. 飞机救援消防作业中最常见的灭火剂补给需求是什么?(第342页)

注:本技能页介绍了以绕行法进行例行性保养检查的一般原则。并非所有在这里列出的设备在每台消防车上都会见到。另外,设备的位置也会因具体消防车而异,只需检查本消防车涉及的内容即可。要坚持遵循厂家的建议和本场的标准作业流程。

开始检查

步骤 1:设立检查区。如果天气情况允许,在室外停车。如果停在室内,确认有合适的通风设备或者大门打开,以便通风排出汽车尾气。

注意:柴油机尾气可能包含多达 100 种有害化学物质及其混合物。任何时间都不能在没有通风的地方运行这些发动机。

步骤 2:给车轮挡上轮挡。

步骤 3:走近车辆开始检查。

① 查看明显可见的损伤。

② 查看车底有无泄漏点。

③ 查看有无异常倾斜,这表示底盘有缺陷。

前部左、右两侧检查

注:可以从左前角或右前角开始。

步骤 4:检查驾驶室侧面和后视镜有无损伤。

步骤 5:检查驾驶室门,确认其工作情况正常。

① 确认车门可以关紧。

② 确认锁栓可以按设计的方式工作,并且运动间隙很小或无间隙。

③ 检查所有门和窗的玻璃完好、洁净。

步骤 6:检查所有台阶、平台、把手和后视镜安装牢靠,没有变形。

步骤 7:检查驾驶室后部的装备均在车上,配件齐全,工作正常,固定牢靠。

消防车车体

步骤 8:记录自上次检查后发生的任何明显的车体损伤。

轮胎和车轮

注:只要能触及,就检查每个轮胎和车轮组件。

步骤 9:检查位于车辆侧面的轮胎/车轮组件的状况。

① 检查有没有缺失、变形或断裂的螺柱、凸缘或卡子。

② 确保车轮螺母紧固。

③ 检查有无影响轮胎与轮毂贴紧的裂纹或损伤。

④ 查看前挡泥板有无缺失且紧固。

⑤ 检查有无刹车粉尘、金属屑的异常堆积,以及在车轮上或附近区域有无腐蚀金属屑的堆积或尾迹。

⑥ 检查车轮或轮胎上有无液体流痕,这意味着车轴齿轮油有泄漏。

注:车轴齿轮油的油封看上去有轻微渗出仍是可用的,但是在车轮、刹车部件或轮胎上有液体流痕则是不可接受的。

步骤 10：目视检查左、右前轮后侧部件有无可疑情况。

① 查找扭力杆、弹簧、弹簧挂钩、卸扣、U 型螺栓、减震器或支撑件的缺陷。

② 检查弹簧有无裂纹，否则可能有断裂或掉落的碎片。

③ 车辆在平坦地面上时检查弹簧有无过度变形。

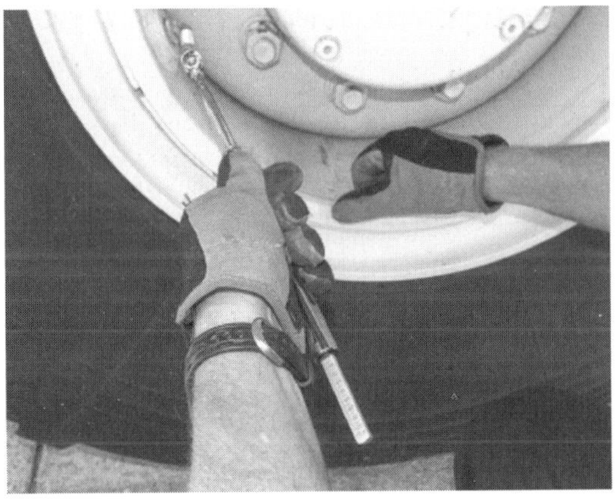

步骤 11：用气压表检查前胎充气是否适当，并对照消防车厂家在联邦要求的额定总车重标定值基础上给出的气压建议值核对读数。

步骤 12：检查前胎气门杆和气门杆帽有无裂纹或松动。

步骤 13：检查前胎。

① 对照轮胎侧面显示的型号和联邦要求的额定总车重标定值检查轮胎。

② 检查胎面，验证胎纹没有过度磨损或损伤。

③ 检查有无胎面开裂或胎壁过度磨损。

④ 确认没有切口或物体扎进轮胎。

⑤ 依据 NFPA1911（2012）检查有无大于 10mm 的鼓包。

⑥ 检查翻新胎有无胎面分层。

⑦ 确认有挡泥板，且安装正确、状态良好。

设备舱室

步骤 14：检查所有设备舱室。

① 检查所有理应在各自舱室的设备均实际在位、固定良好、处于可用状态。

② 检查舱室灯可用。

③ 确保舱室和里面的设备整齐、洁净。

④ 确认每个舱室门打开和关闭正常且锁栓结合紧密。

注：你可以此时或等到操作前检查时再进行设备检查。

软管

步骤 15：检查存放在车侧壁内外的所有软管。确认软管安全、固定牢靠。

注：该项检查应当包括预连接进攻管路或软管卷盘。

步骤 16：检查所有辅助灭火剂系统。

① 检查灭火剂量。

② 检查驱动气体压力。

外部设备及状态

步骤 17：检查存放在车辆外部的所有设备物理状态良好且固定牢靠。

步骤 18：确认消防车侧面的反光条带状态正常。

步骤 19：第二消防员：操作驾驶室内的车侧警灯电门，开启后大声告知正在检查的消防员。

步骤 20:检查车侧警灯,确保其功能正常,所有灯泡均工作,灯罩无缺失且无裂纹或断裂。

蓄电池状态(如果装在消防车侧面或后部的话)

警告:蓄电池能释放爆炸性氢气。操作时要注意通风,戴上安全护目镜和防酸手套。电池爆炸有可能造成伤亡。

注:根据消防车的设计,蓄电池可能位于发动机舱或车上其他位置的一个隔舱内。大多数现代车辆的蓄电池均为封闭型,不需要驾驶员/操作手做内部检查。

步骤 21:如果消防车安装的是非封闭蓄电池,要仔细打开口盖并检查电解液(水)位。

步骤 22:如果电解液位过低,则向电芯内添加蒸馏水或厂家建议的水。

步骤 23:检查所有的蓄电池连接件。

① 紧固所有松动的连接件。

② 用小苏打和水的混合液冲淋连接件,再用钢丝刷擦洗,然后用干净水漂洗,从而将线端周围的腐蚀物清除掉。如果清洗过蓄电池,则应使其干燥,以防出现寄生电流。

③ 将蓄电池顶上的碎片、脏物、灰尘和水分清除掉,以防电流从端子到端子发生“流出”,导致电气问题。

步骤 24:检查蓄电池的固定装置,确保蓄电池紧紧保持在原位。

步骤 25:如果消防车配置了内置的充电装置,检查以确保其工作正常。

后部检查

步骤 26:检查后保险杠区域有无未经记录的损伤。

步骤 27:第二消防员:操作驾驶室内的所有尾部行车灯和应急灯电门,每次操作一个,大声告知正在检查的消防员是哪个电门。

步骤 28:当灯点亮时,检查所有行车灯和应急灯,确保其功能正常,所有灯泡均工作,灯罩无缺失且无裂纹或断裂。检查刹车灯和倒车灯。

步骤 29:检查后舱门打开和关闭正常。

步骤 30:检查存放在消防车车尾外面的所有设备工作状态正常且固定牢靠。

步骤 31:确保所有固定附件没有缺陷。

步骤 32:测试并检查车上所有液压、气动和电动的支架或设备操作正常。

顶部检查

步骤 33:检查车尾台阶、把手和平台是否安全无损伤。

步骤 34:检查泡沫罐液位。

步骤 35:检查水罐液位。

步骤 36:检查辅助灭火剂罐装填量,如果有的话。

步骤 37:检查车顶安装的管路。

步骤 38:检查车顶安装的设备。

步骤 39:检查灯和灯座有无损伤,功能是否正常。

警告:泛光灯特别亮,消防员离得较近时不要直视它们。

步骤 40:检查警报器有无损伤,功能是否正常。

注:在警报器测试期间要戴好听力防护装置。

步骤 41：检查车顶消防炮有无损伤，功能是否正常。

步骤 42：目视检查车顶有无损伤或锈蚀。

另一侧检查

步骤 43：重复步骤 20～4（从后角至前角）中适用于这一侧且尚未检查的内容。

前部检查

步骤 44：靠近车前查看有无此前检查中未发现的车体损伤。

步骤 45：查看车辆下面的刹车、前轴、转向系或管路（如果能看到）有无明显损伤，对松弛、弯曲、磨损、碰伤或缺失的零件做好记录。

步骤 46：检查挡风玻璃有无缺陷、外表洁净。

步骤 47：检查雨刮器的刮片在挡风玻璃上贴合良好、没有破损且状态正常。

步骤 48：启动消防车发动机，或将消防车连接到充电系统上。

步骤 49：第二消防员：操作驾驶室内的所有前部行车灯和应急灯电门，每次操作一个，大声告知正在检查的消防员是哪个电门。

步骤 50：当灯点亮时，检查所有行车灯和应急灯，确保它们功能正常，所有灯泡均工作，灯罩无缺失且无裂纹或断裂。

步骤 51：目视检查车前部所有声音警报设备（电子式警报扬声器、机械式警报器，以及气喇叭）。

车前区域的应急设备

步骤 52：检查前置消防炮（如果有该配置的话）。

① 检查气动/液压管路是否完好。

② 如果配置了低位进攻喷嘴，确认其可以按正常方式上下活动自如。

步骤 53：检查前置水带放置稳妥，适于上路行车。

① 检查喷嘴洁净、在位。

② 如果使用的是模式/水流可调的喷嘴，模式调节机构活动自如，打开和关闭轻松。

撰写文档

步骤 54：将检查和保养工作载入文档，并将问题按本场规定上报。

注:练习本项技能之前,确认车辆已准备好、无关人员已清场。请牢记将检查和保养内容按本场的标准作业流程正确载入文档。

检查准备

注:查看消防车用户手册,确定是否要趁车辆运行期间工作温度正常时检查变速器和助力转向的液位。如果是这样,那么现在就做这些检查(紧接驾驶室内部检查之后),在消防车停车之前完成。

步骤1:停好消防车,如有必要请挡好轮挡。

泄漏

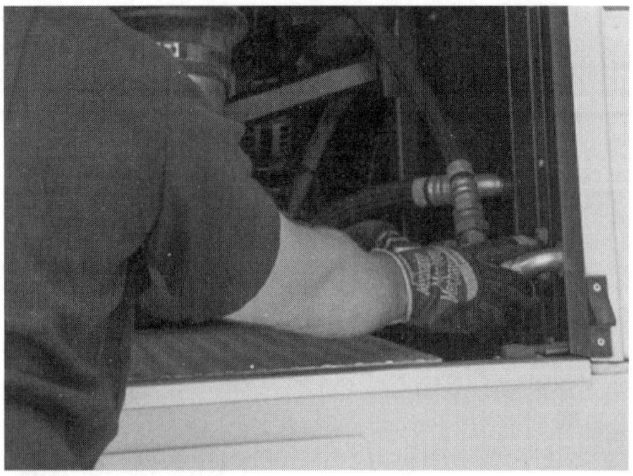

步骤2:检查所有水带和液压导管的情况,看有无液体泄漏,包括防冻液、水、风挡玻璃雨刮器水(我国通常称为玻璃水。——译者注)、机油、燃油、变速器油、液压油、助力转向液和/或蓄电池电解液等。

注:泄漏检查应当贯穿检查和保养全过程。

机油(曲轴箱油)

步骤3:使用油尺确认机油量。

注:让消防车停放在平坦/水平的地面且机油沉静下来之后,再进行这项工作。

步骤4:必要时通过发动机机体上的加油口添加机油。查阅用户手册,了解机油的正确型号和添加量。

发动机气滤

步骤5:检查进气系统,查找有无损伤或脏物堆积。不要卸开滤清器检查。

步骤6:按照厂家建议值,如果气滤阻力表显示阻力过大,则更换气滤。务必遵守用户手册的指导和消防部门的规定。

注:气滤阻力应当按照NFPA1911(2012)7.7.5进行监测。

排气系统

步骤7:检查排气系统有无损伤,在检查单上记录发现的损伤。

步骤8:测试排气系统上的雨帽(如果有该配置的话),确保其操作顺畅。

散热器冷却液

警告:当发动机和散热器系统冷却后再检查冷却液液位。

步骤 9:确定防冻液是否在储罐的正常标志线以上。

① 打开防冻液添加口盖,或者通过观察玻璃窗查看,如果有的话。

② 正确读取冷却液液位。

注:某些车辆的冷却液储罐有两个标志线,一个是发动机热态时用的,另一个是冷态时用的。

步骤 10:添加冷却液。要用消防车厂家认可的型号,直到液量达到用户手册指定的正确液位标志线。

步骤 11:检查散热器导管,在消防车日志或保养工作单中记录任何泄漏或非正常磨损。

步骤 12:清除挡住散热器或进气口的杂物,如叶子或垃圾。

冷却风扇

警告:有的发动机冷却风扇可以无警示地自动启动。在风扇旁边工作时要保持谨慎。

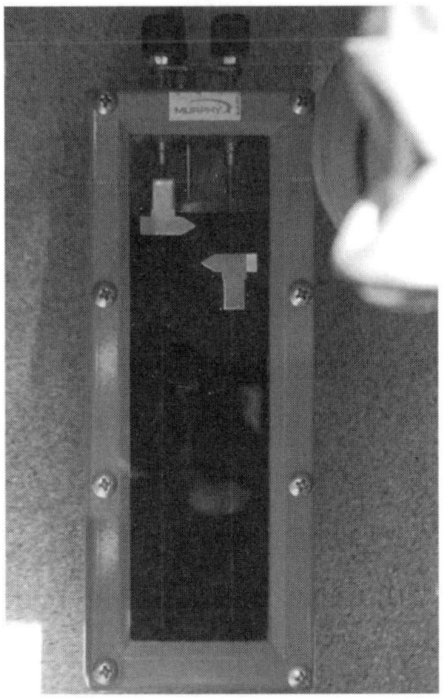

步骤 13:检查冷却风扇,在消防车日志或保养工作单中记录任何裂纹或叶片缺失问题。

风挡玻璃雨刮器液

步骤 14:检查风挡玻璃雨刮器液的液位。

步骤 15:如果罐内少于一半,则添加风挡玻璃雨刮器液。

蓄电池状态

警告:蓄电池能释放爆炸性氢气。操作时要注意通风,戴上安全护目镜和防酸手套。电池爆炸有可能造成伤亡。

注:根据消防车的设计,蓄电池可能位于发动机舱或车上其他位置的一个隔舱内。大多数现代车辆的蓄电池均为封闭型,不需要驾驶员/操作手做内部检查。

步骤 16:如果消防车安装的是非封闭蓄电池,要仔细打开口盖并检查电解液(水)位。

步骤 17:如果电解液位过低,则向电芯内添加蒸馏水或厂家建议的水。

步骤 18:检查所有的蓄电池连接件。

① 紧固所有松动的连接件。

② 用小苏打和水的混合液冲淋连接件,再用钢丝刷擦洗,然后用干净水漂洗,从而将线端周围的腐蚀物清除掉。如果清洗过蓄电池,则应使其干燥,以防出现寄生电流。

③ 将蓄电池顶上的碎片、脏物、灰尘和水分清除掉,以防电流从端子到端子发生“流出”,导致电气问题。

步骤 19:检查蓄电池的固定装置,确保蓄电池紧紧保持在原位。

步骤 20:如果消防车配置了内置的充电装置,检查以确保其工作正常。

自动变速器液位

注:根据厂家建议,在车辆行驶并遍历所有前进挡之后,并且车还在运行时,或许有必要检查一下变速器液位。

步骤 21:依据厂家指导意见和消防部门规定,用油尺、观察玻璃窗和/或电子仪器检查自动变速器的液位和状态。

步骤 22:如果油尺或电子仪器上的读数显示液量过低,则给自动变速器补液。确保根据用户手册按正确的型号和数量添加。

助力转向液位

注:如果在消防车停下之前尚未进行助力转向液位检查,那么现在就进行这项工作。

步骤 23:检查厂家的标志线,依据厂家指导意见和消防部门规定确定助力转向液位。任何液位下降均应报告。

步骤 24：如果读数显示液量过低，则进行补液。确保根据用户手册按正确的型号和数量添加。

注意：勿将储罐加冒，因为这样对系统有损伤。

刹车油（液压刹车系统）

步骤 25：检查刹车总泵内的刹车油量，要遵守用户手册中给出的步骤。

步骤 26：如果油量过低，则进行补液。确保根据用户手册按正确的型号和数量添加。

进气系统

步骤 27：检查系统有无泄漏。

① 使空气系统处于正常的工作压力，发动机关闭，绕消防车行走并注意听漏气声。

② 对于无自动排水功能的气罐，任何积累的沉淀都要放掉。如果湿罐内水分过多，那么就要更换干燥剂，系统要由主管部门认可的应急车辆技术人员来操作。

皮带

警告：切勿在车辆发动机还在运转时尝试检查皮带，这可能造成严重伤害或被皮带和皮带轮卷进去。

步骤 28：检查发动机舱内所有皮带，看松紧度和有无过度磨损。这些皮带包括水泵的、空压机的、风扇的、交流发电机的，等等。

注：要熟悉每根皮带调整好之后松紧度适当的感觉。大多数发动机都会有多个驱动皮带轮。

电线

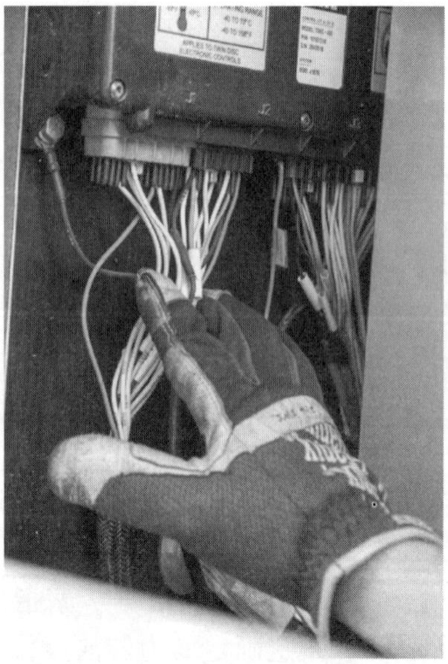

步骤 29：检查发动机舱内的电线。

① 查找磨损、开裂、松弛或有其他破损现象的电线。

② 在消防车日志或保养工作单中记录发现的电线问题。

③ 将发现的电线问题交给技师修复。

转向连接

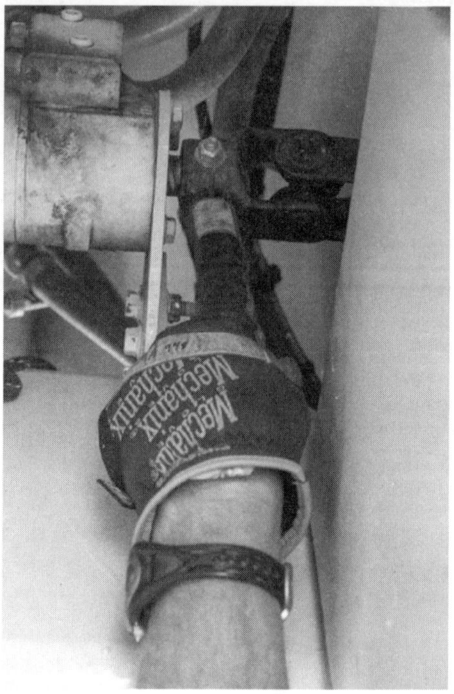

步骤 30：检查转向连接的总体情况。

① 检查松弛和自由行程，自由行程过大则应报告。

② 检查有无紧固件缺失。

燃油系统

步骤 31：按照本场的标准作业流程要求，长期停放消防车时油箱保持最低油量。

步骤 32：检查有无泄漏。

步骤 33：通过查看滤清器沉淀杯（燃油滤清器下部呈杯状，燃油自下而上流入后流速下降，水和较重杂质沉淀于杯底，较轻杂质随燃油流向滤芯并附于其上。——译者注）检查燃油系统有无污染、水或杂质。

步骤 34：检查燃油箱的固定箍带是否安全无锈蚀。

撰写文档

步骤 35：将检查和保养工作载入文档，并将问题按本场规定上报。

注:本技能页介绍了驾驶室内部操作检查的一般原则。并非所有在这里列出的设备在每台消防车上都会见到,只需检查本消防车涉及的内容即可。要坚持遵循厂家的建议和本场的标准作业流程。

驾驶室

步骤 1:将消防车停在室外,如果天气情况允许的话。

步骤 2:设立检查区。如果停在室内,确认有合适的通风设备或者大门打开,以便通风排出汽车尾气。

注意:柴油机尾气可能包含多达 100 种有害化学物质及其混合物。任何时间都不能在没有通风的地方运行这些发动机。

步骤 3:给车轮挡上轮挡。

步骤 4:安全登车进入驾驶室。

步骤 5:检查安全带/约束系统。

① 确认它们安装牢固且操作顺畅无卡滞。
② 确定带体无损伤、切口或磨损。
③ 检查锁扣可以方便地打开、合上。

步骤 6:检查后视镜没有缺失和断裂。

步骤 7:确认可倾斜/伸缩转向盘的位置合适,工作正常。

步骤 8:调整座椅和后视镜。

步骤 9:关闭所有附件的电门。

步骤 10:启动车辆。

步骤 11:按照本场的标准作业流程怠速运行发动机,升温到正常工作温度。

仪表板

步骤 12:确认下述所有仪表均运行在正常工作范围:

① 速度表/里程表。
② 转速表。
③ 机油压力表。
④ 燃油量表。
⑤ 电流表和/或电压表。

⑥ 空气压力。
⑦ 冷却剂温度。
⑧ 真空表。
⑨ 液压表。
⑩ 变速器油温表。
⑪ 发动机/泵工作时钟。
⑫ 柴油机尾气液箱液位表(2010 及以后配置了选择性催化还原的柴油发动机)。
⑬ 柴油颗粒过滤系统指示灯关闭(2007 及以后的柴油发动机)。
⑭ 灭火剂仪表。

步骤 13:检查消防车停车时速度表位于或非常接近零。

注:如果速度表显示在零以上,那么该表有故障或是消防车处于取力挡状态。

步骤 14:确定油量表读数至少为 3/4 满,或者符合本部门的标准作业流程。

步骤 15:检查所有其他仪表指示位于用户手册规定限值以内。

操控

步骤 16:简单操作驾驶室内所有按钮,检查以下各个系统:

① 电气设备电门。

② 转向灯电门。

③ 远光前大灯电门。

④ 加热和空调控制。

⑤ 收音机控制。

⑥ 公共广播系统(如果有该配置的话)。

⑦ 声音警报设备控制(警报器、自动警报喇叭、气喇叭、倒车告警、座椅安全带警示器、车门打开警示器,等等)。

注意:测试声音警报设备之前适当做好听觉防护。不要在室内或有人站在消防车前或附近时对声音警报设备进行测试操作,这样会给那个人造成听力损伤。当没有其他人处于可能有害的位置时方可测试这些设备。

⑧ 驾驶室内所有计算机设备的控制(移动数据终端、移动计算机终端[Mobile Computer Terminal,MCT],等等)。

⑨ 风挡玻璃雨刮器控制(检查驾驶室里的储液罐)。

⑩ 车窗除冰控制。

⑪ 载荷管理系统。

⑫ 消防泵。

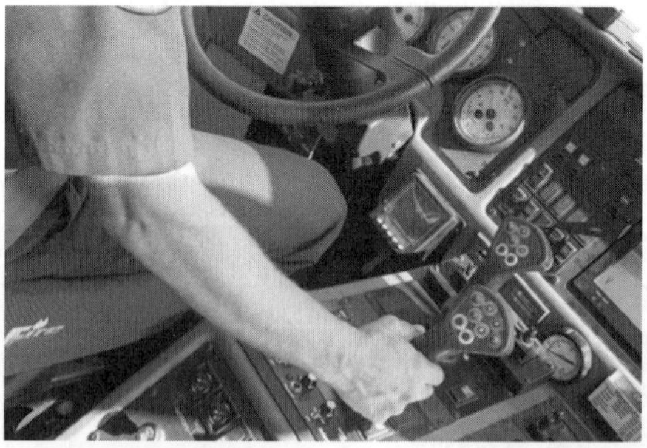

⑬ 消防炮控制。

⑭ 消防炮阀门。

⑮ 驱动系统联锁控制。

转向盘

步骤 17:检查转向盘的自由行程,在消防车日志或检查单中对自由行程不足或过大的情况做好记录。如果存在不当自由行程(不会使车辆前胎产生实际运动的多余行程),则应安排时间请有资格的技师进行修理。

注:如果消防车配有助力转向,则进行“自由行程”检查时发动机必须处于运行状态。

空气刹车系统

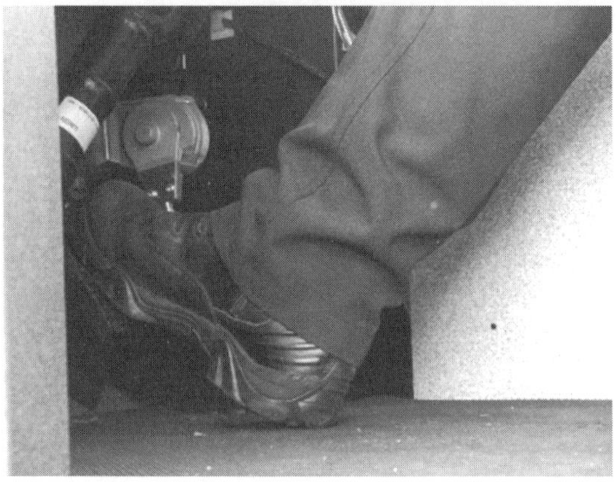

步骤 18:当发动机关闭、挡好轮挡、变速器置空挡、气罐充满且驻车制动释放时,将刹车踏板踩到底。

注:测试中偶尔会出现报警,如果这时消防车正在运行那么就需要缓一缓。要注意气压积累所需的时间。

步骤 19:对出现的漏气声及指针位置做好记录。一分钟后,直通底盘式车辆气压下降不应超过 20kPa,拖挂式云梯消防车不应超过 30kPa。

步骤 20:当发动机关闭且主电门打开时,连续踩动刹车踏板使气罐压力降低,警告灯和蜂鸣器应当在 420kPa 之前启动。

步骤 21:步骤 20 完成后,释放驻车制动,继续踩动刹车踏板,直到空气刹车控制产生自动动作,按钮弹出。

注:这会在 140 ~280kPa 之间发生。

步骤 22:启动发动机,让气压上升到正常水平。

注:在怠速 45s 内上升到 595 ~700kPa。

步骤 23:当指针停止上升,空压机就断开了。

注:这会在 840 ~910kPa 之间发生。

步骤 24:踩下刹车踏板,以 35 ~70kPa 的步幅让罐内压力下降至 595kPa 后停止。确认气压表的指针在该项测试之后开始显示压力上升。

撰写文档

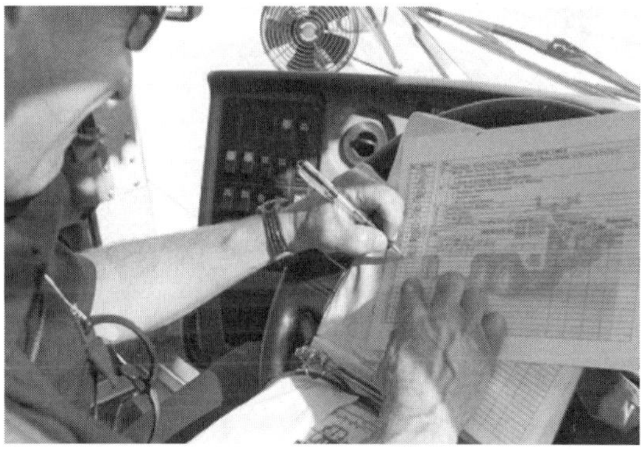

步骤 25:将检查和保养工作形成文档,并将问题按本场规定上报。

注:练习本项技能之前,确认车辆已准备好、无关人员已清场。

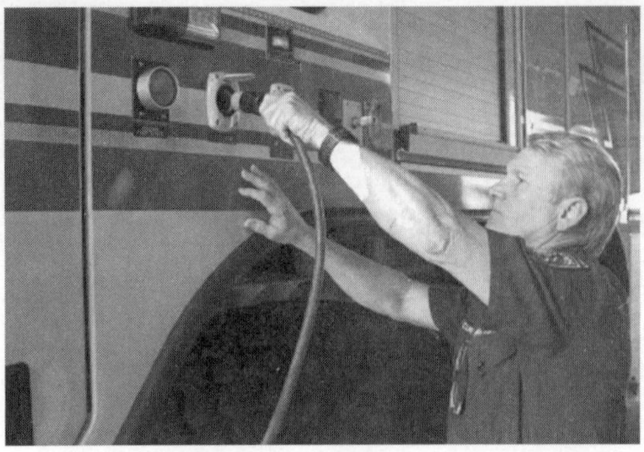

步骤 1:从消防车上断开所有外部电缆、气管或排气系统软管。

步骤 2:适当使用台阶和扶手登上消防车。

① 系上安全约束装置。

② 确认消防车所有乘员均已系上安全约束装置并做好听觉防护。

步骤 3:检查驻车制动已启用。

步骤 4:打开蓄电池电门。

步骤 5:打开点火电门;等待车辆计算机和系统完成正常的启动过程。

步骤 6:按照厂家建议操作启动控制部分。

步骤 7:让发动机怠速,观察消防车仪表。

① 如果机油压力表在 5 ~ 10s 内没有降到厂家的建议值,请立即关闭发动机。

② 检查电流表和/或电压表,确认电气系统工作/充电正常。

③ 检查气压表,确认气压积累足以释放驻车制动和操作行车制动。

步骤 8:按照厂家流程停止发动机。

步骤 9:将蓄电池电门置于关闭位置。

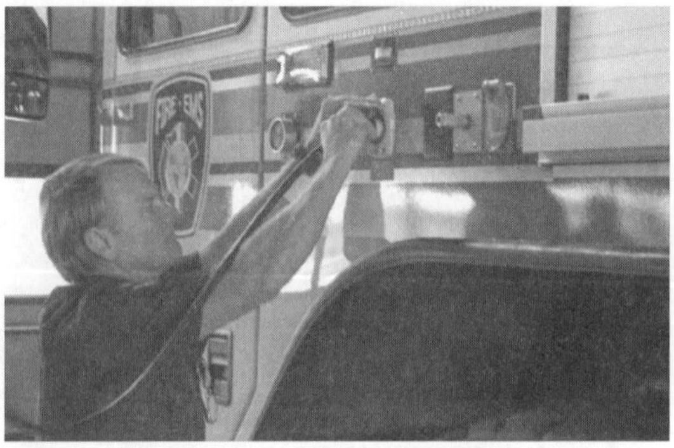

步骤 10:重新给消防车连接外部电缆、气管或排气系统软管。

注：练习本项技能之前，确认车辆已准备好、无关人员已清场。

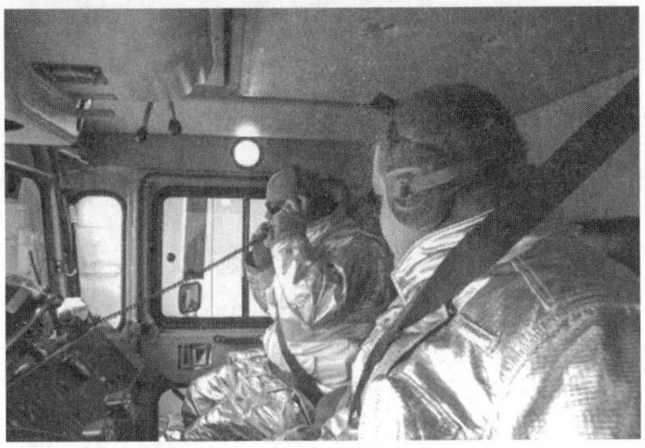

步骤 1：执行**技能页 10 －4** 中的步骤以启动消防车。

步骤 2：确认消防车上所有人员已坐好，系上安全约束装置并做好听觉防护。

步骤 3：踩下行车制动器踏板。

步骤 4：释放驻车制动器。

步骤 5：将变速器放在一个正常作业的挡位。

步骤 6：驾车前行，适当踩油门。

步骤 7：消防车驶离消防站后继续前行，你可以将机场的场地和交通状况一览无余。

步骤 8：柔和刹车，将消防车停好。

步骤 9：按照**技能页 10 －4** 关闭消防车。

注: 本技能页没有对道路测试进行逐步的指导,而是简单给出每项技能的检查单,以满足标准要求。通过/失败的标志点系统可由主管部门根据需要制定。

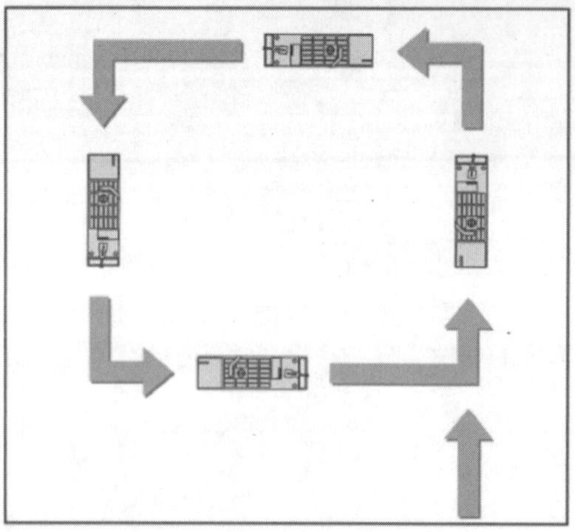

步骤 1: 完成四个左转。

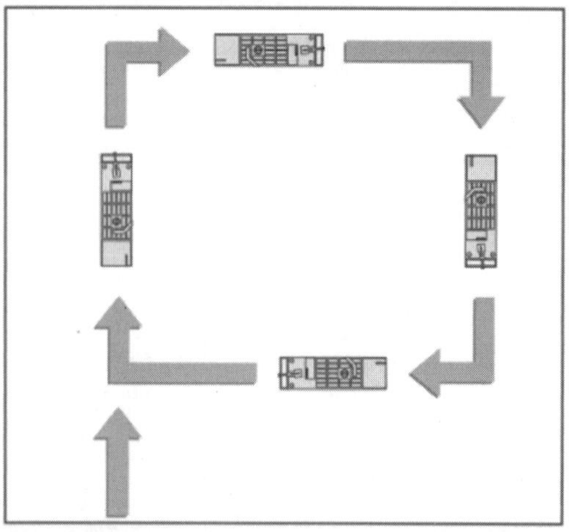

步骤 2: 完成四个右转。

步骤 3: 驾车通过城市商业街的一段直路,或至少1.6km 长的双车道乡村道路。

步骤 4: 驾车通过一个直行路口和两个必须停下的路口。

步骤 5: 驾车沿弯路行驶,左弯或右弯均可。

步骤 6: 驾车通过立交桥涵洞或限高桥。

注:本技能页没有对驾驶练习进行逐步的指导,而是简单给出每项技能的检查单,以满足标准要求。通过/失败的标志点系统可由主管部门根据需要制定。

步骤 1:驾车通过松软或潮湿土壤地带。

步骤 2:爬上一个陡坡(30% 的坡度)。

步骤 3:开下一个陡坡(30% 的坡度)。

步骤 4:驾车通过能见距离有限的区域。

步骤 5:驾车跨越或通过一系列车辆空间障碍(高度、宽度、底盘)。

步骤 6:完成有限空间掉头。

① 启动消防车。

② 驾车进入车道起始端,靠近任意一边。

③ 开始掉头,根据需要尽可能多打方向,让消防车做 180°转弯并且不碰任何一个隔离锥筒。

④ 驾车回到车道起始端。

⑤ 让消防车停下,柔和刹车无打滑。

步骤 7:驾车沿斜坡行驶(20% 的倾斜度)。

步骤 1: 完成**技能页 10－4** 中的步骤以启动消防车。

步骤 2: 在一个单独的练习场地开始做本项技能练习。检查两侧后视镜。保持关注周边情况,知道引导员的位置并知道消防车后面有什么。按照本部门的标准作业流程进行操作。

步骤 3: 反向停好消防车。

步骤 4: 缓慢倒车,时不时地看每个后视镜,始终能看到引导员。

警告: 如果驾驶员需要移开视线不看引导员,则要将车停下,直到能够重新看到引导员。

① 按照引导员的指引行事,如果无法看到引导员则要停车。

② 继续倒车直到引导员用信号要求停车。

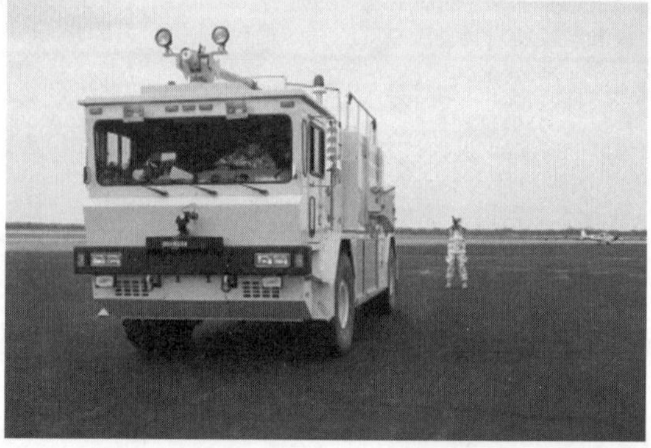

警告: 引导员仅仅是个引导,驾驶员对行驶中的车辆负完全责任。

步骤 5: 重复练习直到练习者对隔离锥筒车道足够熟练。

步骤 6: 按**技能页 10－4** 关闭消防车。

步骤 1:先初步靠近飞机。

① 上风向,如果有可能的话。

② 上坡,如果有可能的话。

步骤 2:启动消防泵。

步骤 3:确认驾驶室内泵浦面板上所有仪表和阀门工作状态正常。

步骤 4:靠近目标,验证消防炮的性能。

步骤 5:启动挡风玻璃冷却液系统。

步骤 6:依据本场规定在飞机边上停放(飞机型号、危险性、现场条件等)。

步骤 7:基于现场条件和危险性,随时准备调整消防车位置。

注:本技能页内容为消防站泵浦消防车的操作提出了合理的一般性建议。尽管很多基本原理对于各厂家、各型号的消防泵和消防车来说大体相同,每个厂家的设备还是有特殊的细微差别,对于这些驾驶员/操作手必须要熟悉。由于这个原因,驾驶员/操作手要经常查阅所操作消防车和消防泵的用户手册。请牢记要坚持遵守厂家的建议和本部门的标准作业流程。

步骤 1:到达适当位置。

步骤 2:启动消防泵。

步骤 3:确认驾驶室内泵浦面板上所有仪表和阀门工作状态正常。

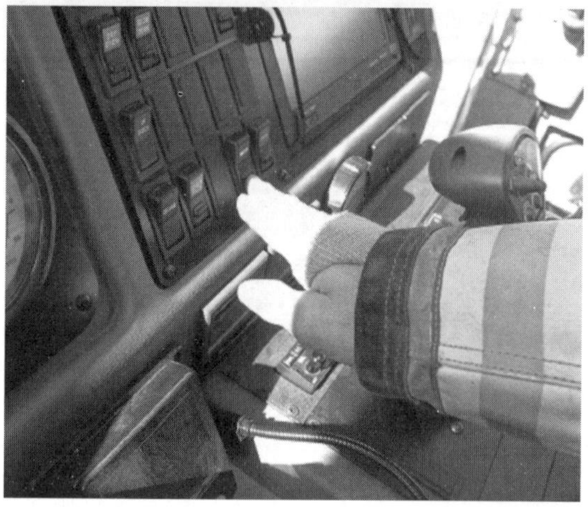

步骤 4:脱开消防泵。

注:本技能页介绍了进行检查的一般原则。开始本项技能练习之前请确认消防车停在合适的位置,并且所有安全注意事项均已得到遵守。要坚持遵守厂家的建议和本场的标准作业流程。

步骤1:到达日常操作检查地点。

步骤2:启动消防泵。

步骤3:确认驾驶室内泵浦面板上所有仪表和阀门工作状态正常。

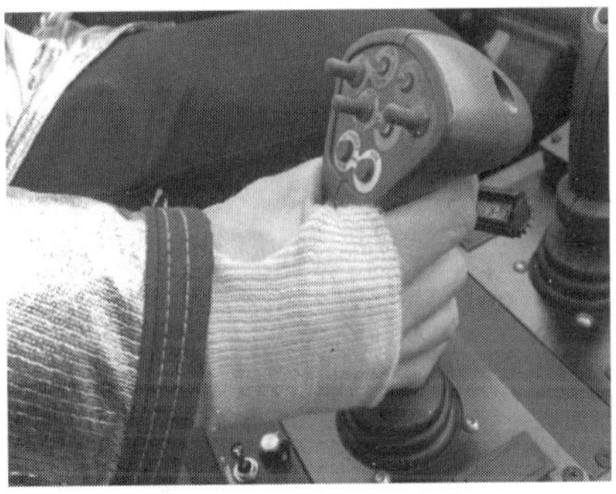

步骤4:操作消防炮出水,依据厂家指导意见检查所有消防炮功能。

① 测试车顶消防炮/可延伸高射消防炮和前置消防炮(如果有的话),操作正确,动作幅度大。

② 测试以确认喷射的远近和模式符合用户手册的规定。

步骤5:测试挡风玻璃的冷却液系统。

步骤6:展开并操作水枪。

步骤7:再次准备车辆。如果使用了车载水罐中的水,则应补满水罐。

步骤8:如果本场的标准作业流程有要求,给消防泵、喷嘴和所有充水管路彻底放水,以防在寒冷天气因冰冻造成不必要的损伤。

步骤9:将检查和保养工作载入文档,并将问题按本场规定上报。

① 列出损坏、差异或丢失的物品。

② 将损坏、差异或丢失的物品向适当人员汇报。

使用内置液罐

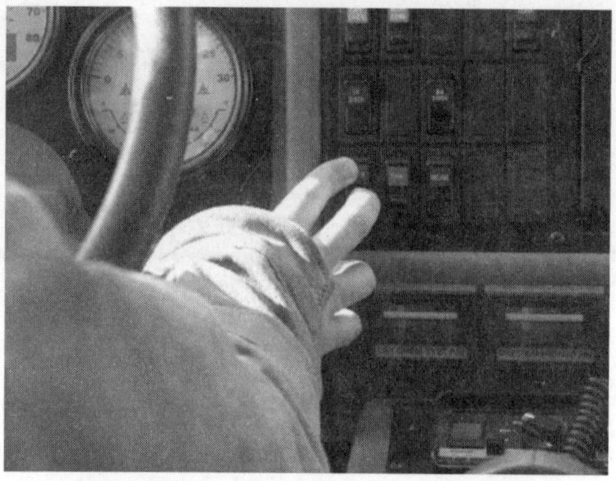

步骤 1：到达合适位置。

步骤 2：启动消防泵，选择合适的灭火剂。

步骤 3：确认驾驶室内泵浦面板上的所有仪表和阀门工作状态正常。

步骤 4：操作车顶消防炮/可延伸高射消防炮和前置消防炮射出灭火剂。

步骤 5：调整喷射模式，达到合适的距离和覆盖范围。

步骤 6：泵和管路排空。

使用压力水源

步骤 1：到达合适位置。

步骤 2：连接合适的水源。

① 消火栓。

② 泵浦消防车。

③ 补给车。

步骤 3：打开水源阀门，接收供水。

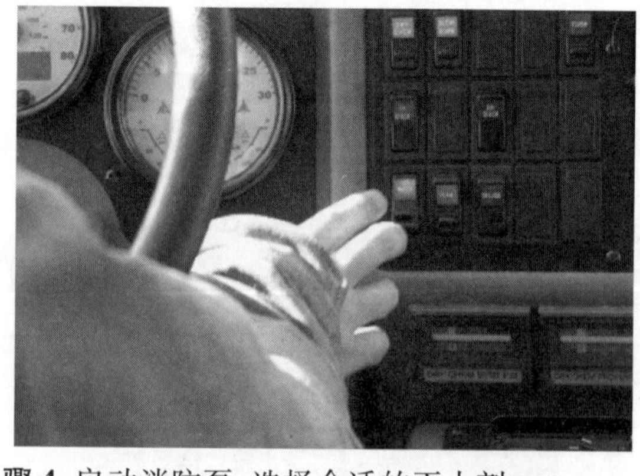

步骤 4：启动消防泵，选择合适的灭火剂。

步骤 5：确认驾驶室内泵浦面板上的所有仪表和阀门工作状态正常。

步骤 6：操作车顶消防炮/可延伸高射消防炮和前置消防炮射出灭火剂。

步骤 7：调整喷射模式，达到合适的距离和覆盖范围。

步骤 8：脱开消防泵。

步骤 9：泵和管路排空。

使用自然水源（具有该功能的消防车）

步骤 1：到达合适位置。

步骤 2：靠近自然水源停放消防车。

注：监视地面稳定性，确保消防车停放的位置不会坍塌并陷进水源里。

步骤 3：将滤水器装到硬质吸水管连接头上。

步骤 4：将吸水管和滤水器放进自然水源，滤水器的位置要求如下：

① 低于水面 600mm 以下。

② 高于水源底部 600mm 以上。

步骤 5：打开合适的供水阀。

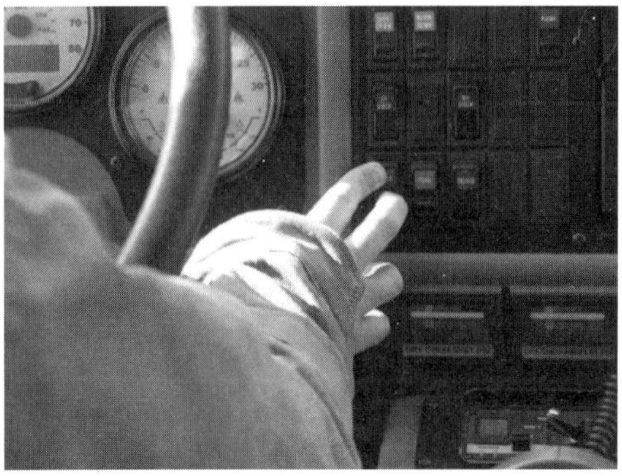

步骤 6：启动消防泵，选择合适的灭火剂。

步骤 7：按照厂家的指导意见操作引水泵，直到获得吸力。

步骤 8:操作车顶消防炮/可延伸高射消防炮和前置消防炮射水。

步骤 9:调整喷射模式,达到合适的距离和覆盖范围。

步骤 10:泵和管路排空。

步骤1：驾驶消防车到达合适位置。

步骤2：启动消防泵。

步骤3：确认驾驶室内泵浦面板上所有仪表和阀门工作状态正常。

步骤4：演示喷射功能。

步骤5：操作车顶消防炮/可延伸高射消防炮和前置消防炮射出指定类型的灭火剂。

步骤6：根据距离和覆盖情况适当调整模式。

步骤7：根据现场条件和本场的标准作业流程进行调制/边行驶边喷射作业。

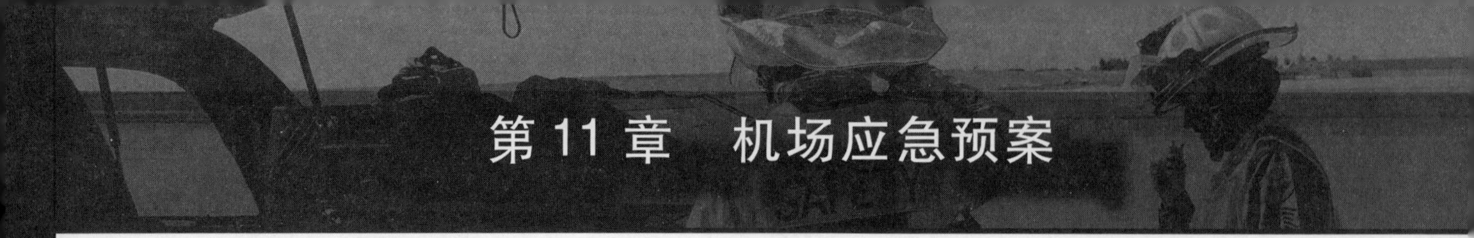

第 11 章　机场应急预案

学习目标

学习完本章,学生要能够:

1. 描述飞机救援消防保障相关的管理分工。[NFPA1003 4.2.2]
2. 认识机场/社区应急预案的组成。[NFPA1003 4.2.2]
3. 制定机场/社区应急预案时应当考虑的因素。[NFPA1003 4.2.2, 4.2.3, 4.2.4]
4. 知道应急响应的注意事项。[NFPA1003 4.1.1.3, 4.2.2, 4.2.3, 4.2.4]
5. 描述对各种紧急情况进行飞机救援消防响应的流程。[NFPA 1003 4.1.1.3, 4.2.4, 4.3.9, 4.3.10, 4.4.1, 4.4.2]
6. 解释互助和保障人员训练以及联合训练操演的注意事项。[NFPA1003 4.3.1, 4.3.4, 4.3.5, 4.3.7]
7. 认识机场/社区应急预案回顾的组成。

第 11 章
机场应急预案

历史案例

在 2005 年 8 月，法航 358 航班坠落在多伦多市皮尔森国际机场 24L 跑道端头以外 300m 位置，滑入碧谷市的克里克峡谷。航班上有 297 名乘客和 12 名机组成员。乘员们一发现机外起火，就立即开始撤离。事故未造成人员死亡，有 12 人重伤、大量轻伤。坠机后的大火将飞机烧毁。

应急响应小组赶往事故地点，第一台响应车辆在坠机警报响起后的一分钟内到达现场，由于机上乘员众多且事发位置特殊，首批响应人员请求米西索加市消防与应急保障机构给予协助。

在此次坠机数月之前，多伦多市皮尔森机场的消防与应急保障机构和米西索加市的消防与应急保障机构举行了联合训练操演。这次训练由上述机构共同提供设备放置在现场，两个部门共同协作进行搜索和救援作业以及灭火。在另一互助组织——卡列登市消防保障部门的支持下，他们用往返接驳运水的方式保证了持续的水源供应。

多伦多市皮尔森国际机场对于机场紧急情况一直是常备不懈的。他们最近刚刚回顾了本场应急响应预案并进行了拓展训练，包括：

(1) 桌面推演(每月 6 次)。

(2) 训练操演。

(3) 应急作业中心内部训练。

(4) 有机场员工和承包商参加的应急响应。

机场对大型紧急事件积极主动投入训练使得他们能够顺利执行其应急预案。机场应急作业中心负责协同全机场工作，同时各作业面的领导负责协同具体的应急响应活动。机场让大客车将未受伤乘客转运到空闲候机楼，一家附近的宾馆接待坠机涉事人员的朋友和家人。对响应工作的出色协同使得机场在仅仅五个小时内就重新投入航空运营。

拓展预案的制定及事发前采取的准备措施对于事故的成功处置绝对至关重要。多伦多市皮尔森国际机场已根据本次事故的教训对其应急响应工作做了改进。

制定应急预案对于机场内和周边社区的飞机救援消防程序的有效落实至关重要。一个有效的预案涵盖了所有相关机构的角色与分工、权限划分，以及场内、场外响应人员之间的协同能力等。

本章介绍关于机场应急预案的以下主题：

(1) 管理分工。

(2) 机场/社区应急预案的组成。

(3) 机场/社区应急预案的通用事项。

(4) 应急响应注意事项。

（5）应急响应。

（6）训练。

（7）机场/社区应急预案的回顾。

管理分工

为机场提供飞机救援消防保障是机场管理部门的责任，它们要确保飞机救援消防机构得到充分的：

（1）组织。

（2）装备。

（3）人员。

（4）训练。

（5）运行。

机场管理部门会指定一个私立或公共组织机构提供飞机救援消防保障。联邦航空局等级机场的机场管理者需要建立和修订用于处置各种紧急情况的全面预案，并进行演练。每个等级机场都要制定《机场认证手册（Airport Certification Manual，ACM）》，用于说明机场怎样达到第139部的认证要求。根据规定，机场/社区应急预案应当是《机场认证手册》的一部分或是一个独立的文件。

不在联邦航空局分级体系内的机场也应当考虑建立它们自己的应急预案。美国国防部（Department of Defense，DOD）要求它的每个永备基地均要有应急预案。很多情况下，一部独立、详细的预案可以满足所有相关机构的需求；另外，一部独立、包罗万象的预案或许过于烦琐，这时候就需要有一个上层文件，它由多个独立单元或附件做支撑，每个都规定了在给定条件下各个机构的职能，或者在各种条件下一个给定机构的职能。所有预案，无论简单还是复杂，都应当搞清楚并反映出可能的需求、当地资源和可用的互助力量。所有预案都不能与当地、州/省或联邦的法规相抵触。

机场/社区应急预案应当是机场和周边社区之间的一个协调工具。机场/社区应急预案中的组成机构应当包括但不限于：

（1）机场主管部门。

（2）空中交通保障。

（3）飞机救援消防部门/当地消防部门。

（4）机场安保/当地公安。

（5）医院。

（6）应急医疗服务。

（7）政府主管部门。

（8）机场运营方与承包商。

（9）运输主管部门（陆、海、空）。

（10）军队。

（11）互助机构。

机场/社区应急预案的关注焦点应当在于确保有效进行飞机消防与救援作业以使飞机乘员获救的流程。预案应当说明以下主题：

（1）飞机救援消防机构和当地消防部门、公安部门以及医院之间的互助协议。

（2）事件或事故发生之前、期间、过后各个部门的职责、分工和可用资源。

（3）主管部门赋予下一级飞机救援消防领导的权限。
（4）事件指挥与控制的分工。
（5）飞机事件/事故在场内或场外发生时预案的补充。
（6）各种天气和地形条件下的飞机救援消防作业。
（7）命令传递流程及事件终止。
（8）进行事后分析和讲评，以辨别预案的优点和不足。

在事件或事故发生之前，一部详细的预案是最为有效的工具。如果预案能够练习并付诸行动，那么精心制定的完整、全面的预案被证明是可以挽救生命的。预案要涵盖必要的现场上和现场外作业的各个方面，这很重要。必须加强联系以确认所需的材料是随时可用或需要时可以在短时间内得到的。时常回顾和训练可以帮助所有人员对预案更为熟悉，也可以调整预案以适应变化的需求。

机场/社区应急预案至少三年进行一次测试，要通过全规模练习进行。整个预案应当由机场管理部门和所有资源机构每年进行一次练习，至少要进行桌面推演练习。

机场/社区应急预案的组成

虽然有很多不同的格式可以采用，但是有一些基本构成对于所有预案而言是通用的。所有预案通用的章节包括：
（1）简介。
（2）**飞机事件**和事故。
（3）爆炸事件。
（4）建筑火灾。
（5）大批伤亡和/或致命性事件。
（6）自然灾害。
（7）破坏/恐怖袭击/劫机。
（8）危险材料紧急事件。
（9）故障飞机的搬移。
（10）居民的扰乱。
（11）水上救援态势。
（12）未经授权的飞机移动。
（13）大型燃油泄漏和仓库设施火灾。
（14）结构性坍塌。
（15）人群控制。

飞机事件——飞机操纵过程中发生的意外情况，不属于飞机事故，如果不纠正就会或有可能影响后续的安全操作。

不负责机场管理或责任较小的建筑消防部门也应做好预案，以应对他们响应区域内可能发生的**飞机事故**，主要方式是寻求他们辖区内或周边机场的援助。响应预案应当反映出在他们地界之内所有可以预见的偶发事件，以及他们在与机场消防部门签定的互助协议中的分工。由于存在很多变化，所有相关机构必须认识到，他们的预案至少每年都要通过联合训练操演进行验证。为机场周边区域提供保护的建筑消防员们必须了解一些飞机救援与消防的知识，他们应当有规律地同飞机救援消防员并肩训练，并将之列入机场应急预案与演练之中（图 11.1）。

飞机事故——飞机操纵过程中发生的意外情况，有人员死亡或受重伤，或是飞机受到损坏。

机场/社区应急预案还要说明通过使用呼号、消防车标志和事件管理安全背心等识别飞机救援消防车和人员的方式。对于呼号、标志和背心的标准化可以减少紧急情况下的混乱。机场/社区应急预案还应当说明以下事项：

(1) 救援与灭火作业。

(2) 同新闻媒体交流的原则。

(3) 有关人员的法律义务。

(4) 修订与维持预案所需的联合训练。

图 11.1　机场/社区应急预案研讨会

联合行动预案的相关资源

涉及多部门的联合行动预案主要基于本章及以下出版物所提供的信息：

(1) NFPA424《机场/社区应急预案指南》。

(2) NFPA402《飞机救援消防作业指南》。

(3) NFPA1500《消防部门职业安全与健康程序标准》。

(4) NFPA1561《应急保障事务管理系统标准》。

(5) NFPA1600《灾难/紧急事件管理与商业延续程序标准》(加拿大对应的是 CSA Z1600《紧急事件与社区管理程序》)。

(6) 国家事件管理系统(National Incident Management System, NIMS)。

(7) ICAO《机场保障手册》第 1、5、7 部。

(8) 联邦应急管理局(Federal Emergency Management Agency, FEMA)《联邦应急管理局灾难预案编写准则(消防队长部分)》。

(9) FAR 第 139. 325 部《机场应急预案》。

(10) FAA AC(咨询通告)150/5200 - 12《消防部门在飞机事故现场证据保护中的职责》。

(11) FAA AC 150/5200 - 31《机场应急预案》。

(12) FAA AC 150/5210 - 7《飞机救援消防通信》。

(13) FAA AC 150/5210 - 13《机场水上救援预案与装备》。

(14) FAA AC 150/5210 - 17《飞机救援消防人员培训课程》

(15) 加拿大航空条例 302. 202《机场应急预案》。

(16) DODI 6055. 6《消防与应急保障程序》。

(17) 航空公司飞行员协会《事故中的生存因素指南》。

机场/社区应急预案的通用事项

机场/社区应急预案是机场“风险管理”的重要组成部分,应当针对所有干扰机场作业与保障的事项提供一种全危险事件管理方法。这样的预案介绍了机场设施范围以内发生紧急情况时对协同响应的需求,包括对周边当地辖区的物资需求。预案应当尽可能完备、详细,确保所有相关机构都知道在各种情况下的角色与分工。下面介绍制定一部机场应急预案时必须考虑的各种情况。

安全管理系统

机场/社区应急预案应当反映出机场的危险管理或安全管理系统的情况。鉴于其自身特性,应急响应是很危险的,而安全管理系统的出现将有助于降低对应急响应人员和遇险人员的危险或风险。

涉事飞机类型

在很大程度上,事故所涉及飞机的类型、用途和数量决定了所需飞机救援资源的品种和数量。飞机救援消防人员在处置通用航空飞机或商用飞机的事故/事件时的预防措施相似。农用飞机事故/事件虽然属于通用航空的范畴,但由于潜在农药危险,或许需要一种自发式的危险材料响应。飞机救援消防人员要熟悉在本地区飞行的军用飞机,包括军事机构及其联系电话,以备飞机事故之需。熟悉并为经常光临本机场的飞机做好预先谋划,有助于筹备和制定一个有效的机场/社区应急预案。

事故/事件类型

正如第 5 章中所述,飞机救援消防人员有可能应召参加三个级别警情(Ⅰ——原地待命,Ⅱ——十分紧急,Ⅲ——飞机事故)的响应。

准确理解紧急情况、事件和事故之间的区别可以帮助救援人员确定需要什么样的装备,以及将要进行怎样的操作。

飞机救援消防响应的定义

任何重大事件都有可能超出机场可用资源的支持能力,并会潜在地影响到机场的运行和声誉。这些事件包括环境的、经济的和/或法律责任的重大事件。飞机救援消防人员需要响应的紧急情况、事件和事故,每个都有其独特性,分别定义如下:

(1) 紧急情况。突发或意料之外的单个事件或一组事件,需要立即行动进行处置。

(2) 飞机事件。飞机操纵过程中发生的意外情况,不属于飞机事故,如果不纠正就会或有可能影响后续的安全操作。

(3) 飞机事故。飞机操纵过程中发生的意外情况。作为飞机操纵的后果导致(机内或机外)人员死亡或受重伤,或是有飞机受到实质性损坏;并非受到一人或多人的蓄意破坏而致损伤或受伤。

对客舱内出现烟味进行响应可以归类到紧急情况。对刹车过热的飞机做出飞机救援消防响应可以称为事件。飞机坠毁则被认为是事故。飞机救援消防人员需要对飞机紧急情况、事件和事故进行响应,它们有的是在飞机着陆之前已通告的,有的则是未经通告的。

事故分为轻度坠机和严重坠机,可根据严重程度和冲击的角度来判断(图 11.2)。在轻度坠机中,如果逃生没有被火势所阻挡,伤亡率往往比较低。严重坠机是无人生还的坠机事故,会对飞机造成严重的结构损伤。由于冲击速度很大,严重坠机经常将飞机摔成碎块并且残骸飞散至很大一片区域。尽管从定义上讲严重坠机是无人生还的,但还是发生过几次有个别人生还的事例。

图 11.2　轻度坠机和严重坠机示例

在两种类型的事故中,飞机救援消防人员应当集中精力于首要目标——生命安全/救援。如果飞机救援力量尚不足以实现直接救援,那么就必须将重点放在火势的控制上,尽量为生还者提供一个逃生途径。提供有效的火势控制有助于保护可能的生还者,同时也保存了坠机现场的证据。

有很大比例的飞机事故形成火灾是因为有大量燃油且存在众多点火源。由于飞机火灾蔓延迅速,飞机救援消防人员必须快速响应,采取适当措施提高救援和灭火作业的成功机率。正如第 4 章“安全与飞机危险性”中所讨论的那样,飞机事故/事件有时涉及危险材料,如燃油、化学药品、放射或病源制剂及爆炸物,飞机救援消防人员必须做好处置这些情况的准备,包括那些来自爆炸、破坏和劫机的威胁。

关键飞行阶段

飞机的关键飞行阶段包括起飞后的最初 5min、着陆前飞行的最后 10min,以及飞机在 3 000m 以下非巡航飞行的全部时间。因为这些也是飞机事故最易发生的时间段,飞行机组和空乘人员均执行“纯净座舱规则”(Sterile Cockpit Rule,SCR),该规则要求飞行机组与空乘在飞行的关键阶段尽量节制过多的谈话或者对于飞机安全操作无关紧要的任务。进出机场的定期航班处于关键飞行阶段期间,等级/关联机场的消防部门所属人员应当按照机场主管部门的要求保持在位。

可能的事故地点

在所有飞机事故/事件中有很大一部分发生在机场上或其附近,一般位于跑道入口或离地区域。在这些地方,飞机也许正在滑行、起飞、进近与着陆，与此同时其他飞机也许正在牵引、加油或者在机场其他位置进行保障。救援人员可以通过研究到达与离港的交通形势确定出事故/事件有可能发生的区域。机场上的事故/事件必须进行预测并制定合适的预案。发生在远离机场地带以下区域的事故/事件也需要做好相应的预案：

（1）市区。

（2）郊区。

（3）乡村地区。

（4）水上环境。

应当准备一份机场及周边地区的网格地图作为机场应急预案的一部分。和机场应急保障救援与防火相关的所有机构必须拥有最新的、标准化的机场及其周边 8～25km 范围网格地图（图 11.3）。该地图要能识别以下项目：

（1）道路。

（2）桥梁。

（3）围界大门。

（4）可能对响应造成阻挡或延迟的其他地形特征。

（5）前进路线。

（6）关键位置。

① 水源。

② 医疗设施。

③ 集结地点。

④ 直升机机场。

（7）预先确定的集结地点。

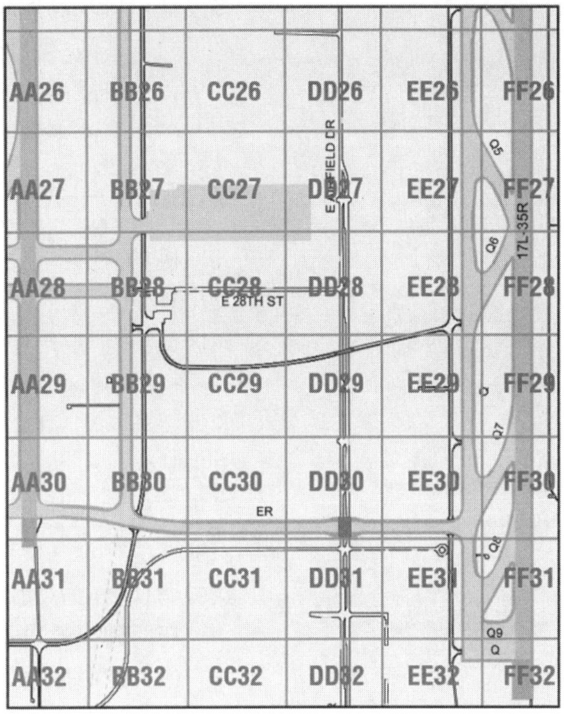

图 11.3　机场网格地图的局部

这些地图应当与那些依据应急预案有响应责任的互助单位分享。要实际查看网格地图以确保所有响应人员已经周知事故地点的确切位置。可以使用 GPS 定位仪帮助确定已坠飞机的位置。

机场/社区应急预案要提出消防部门对发生在“**事故多发区**”（Accident Potential Zones，APZ）的飞机事件进行响应/行动的原则。事故多发区是紧邻跑道末端以远的陆地区域，沿主飞行路径分布，比其他区域的飞机事故风险高（图 11.4）。该区域覆盖了向跑道末端以外延伸 4 500m 远的广大区域，分为以下部分：

事故多发区——紧邻跑道末端以远的陆地区域，沿主飞行路径分布，比其他区域的飞机事故风险高。

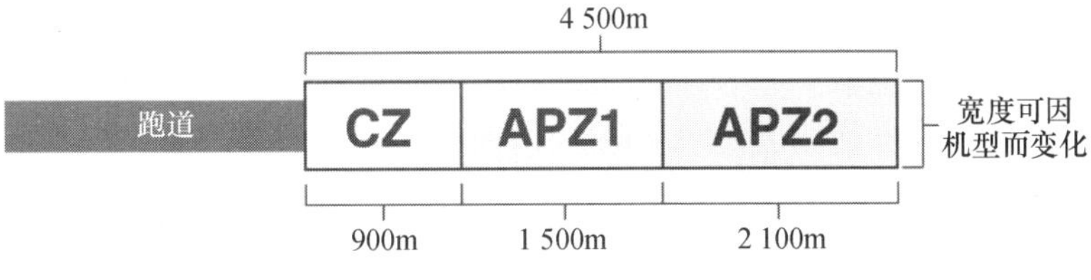

图 11.4　事故多发区概念示意图

（1）保险道（Clear Zone，CZ）。紧邻跑道末端以外的区域，具有很高的事故潜在风险。该区域自跑道末端向外延伸 900m。

（2）APZ1。保险道之外的区域，具有较大的事故潜在风险。该区域自保险道边缘向外延伸 1 500m。

（3）APZ2。AP1 区之外的区域，具有一定的事故潜在风险。该区域自 AP1 区边缘向外延伸 2 100m。

飞机救援消防部门应当建立非常明确的机场危险评估办法。这些评估内容应当包括地面使用，使用不当可能会影响空域或威胁到飞机操纵和事故多发区。机场的危险评估还应当包括以下判断标准：

（1）事故多发区的可达性。

（2）事故多发区的跑道末端位置。

（3）事故多发区的危险性。

跳伞——投弃区内搜救

机场/社区应急预案应当确定出预定的跳伞与投弃区域、区域地图，以及出现紧急情况时军机飞行员在该区域跳伞与放油或投弃弹药的程序。该区域应当属于飞机报告失踪或迟归后实施搜索计划的首选位置之一。

机场/社区应急预案应当在设立跳伞—投弃区的同时制定空勤机组成员的救援与撤离程序。应急响应预案（Emergency Response Plan，ERP）还应确定出某些飞行参数，包括飞行路线及负责的管制中心。如果消防部门不得不在军事机构或其附近对飞机事件/事故实施救援，要咨询当地的军事机构以识别这些跳伞—投弃区的具体位置。机场/社区应急预案应当确定一个“搜救协调官”作为搜救作业的主要联络人员。

有两种搜救作业：

（1）**空中搜救**。坠落飞机通过各种方式披露出来：收到紧急定位信标（Emergency Locator Beacon，ELB）的信号、飞机迟归报告或有目击者等。

（2）**地面搜救**（Ground Search and Rescue，GSAR）。地面搜救作业一般因收到人员定位信标的信号或收到人员迟归或丢失的报告等而发起。地面搜救志愿团体和政府或私营部门的飞机也许能提供协助。

一旦确认飞机坠落、失踪或迟归，就会立即发起地面搜救。对所有可能参加的部门都要告知地面搜救作业的性质、位置和要求。

以下机构应当尽力组织起自己的救援：

（1）执法机构。

（2）当地消防部门。

（3）搜救组织。

（4）民间空中巡逻组织（Civil Air Patrol，CAP）。

（5）直升机（应急医疗的和私人的）。

（6）国防部。

（7）海岸警卫队。

在两种搜救作业中，如果立即启动作业就能尽早发现身体状况良好的人员，增加找到他们的机会。飞机发生空中失踪后，响应机构能积极定位与营救坠落人员是至关重要的，很多坠落的空勤机组人员最初只是昏厥或是对弹射损伤的延续反应。

事故地点的可达性

对可能发生事故的地点进行预案制定相关调研时，飞机救援人员应当检查通往最有可能发生坠机区域的通道。机场/社区应急预案应当确认以下区域的可达性：

(1) 可能的事故地点。

(2) 主要的替代路线。

(3) 水源。

(4) 路、桥和地形限制。

这些项目每个都要在该区域的网格地图上标出来。消防车前进的障碍以及到达主要和辅助水源地的通道可以通过地面与空中勘察加以确认,还有可能找到备选的响应路线,以让救援与消防作业更加方便。

道路与桥梁的尺寸和状况会制约现场的可达性。立交桥涵洞与桥梁可能存在高度、宽度和重量方面的限制。抵达现场还会受到各种类型的围界、大门的限制。例如,某个地方虽然邻近机场却在铁路路基的另一面,这时消防车要抵达就会遇到困难。如果没有提前筹划,车辆可能不得不绕行数千米才能抵达目的地,这就损失了宝贵的时间。如果道路或桥梁有可能堵塞并影响到响应时,应将情况通知给飞机救援消防机构和其他应急响应人员。

各种地形特征都会阻碍响应能力。现场地形也可能会影响救援人员实施救援作业,以及在喷洒灭火剂时应选择哪一种灭火方法。对于那些可能阻挡或阻碍重型消防车通过的困难地带,行车路线是需要筹划的。举例说明这些地形,主要有:

(1) 水沟。

(2) 被围地区。

(3) 树木丛生地带。

(4) 溪流。

(5) 沼泽。

(6) 湿地。

前进方案应当包括在无道路地带可能走通的路线。有些情况下,救援人员可以在预先筹划阶段对路线进行微调以使车辆能够到达事故地点。例如,斜坡路和坚实的河床使得车辆穿过浅浅的小河成为可能。还有一些情况,或许有必要向可能成为事故地点却无法抵达的区域修筑道路,在事故之前准备好足够可用的资源,一旦需要就可以加速完成道路修筑。

应当建立一个标准应急响应预案的模型以备每次出事时使用。该模型应当将指挥所、现场周边控制区、进入与撤退通道等进行标准化(图 11.5)。随着飞机结构上复合材料使用的增多,所有工作区均应设置在上风向,以免在下风向受到危险性沾染。标准应急响应预案还要划出一定区域满足以下需求:

(1) 人员、设备与车辆的集结。

(2) 伤员分级、处置与运送。

(3) 应急响应人员的休整。

(4) 直升机降落场(直升机机场)。

(5) 殡葬事宜。

(6) 媒体/公众事宜。

要时刻牢记那些参加应急响应人员的需要,确保有一条进入现场的道路和另一条离开现场的道路,以保证顺利运送伤员,这样做有助于防止应急响应车辆发生交通堵塞。

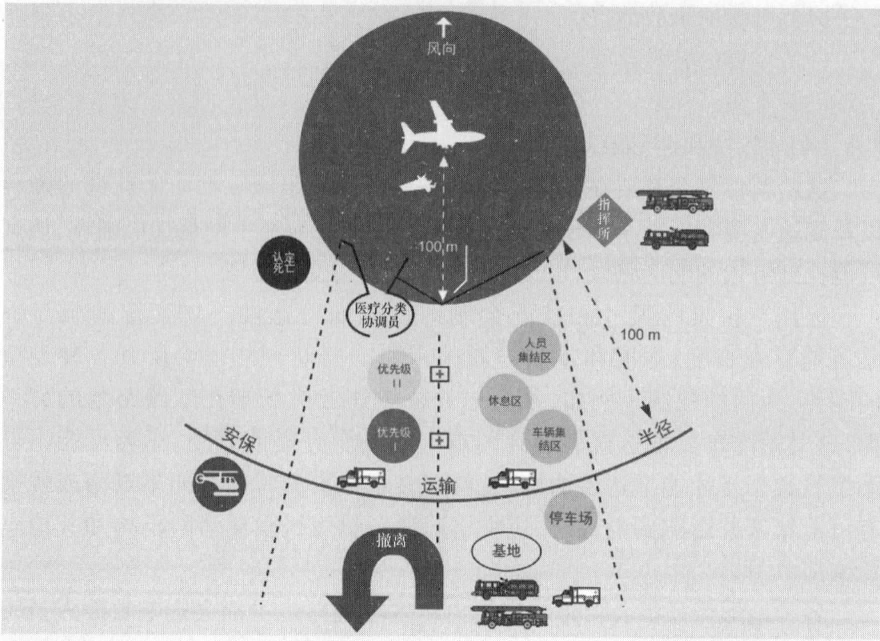

图例

伤员分类区与撤离区
(以隔离带标识)

- 医疗分类协调员——最先与遇险人员进行医疗接触
- 第Ⅰ优先级(立刻)——危及生命或肢体的伤势
- 第Ⅱ优先级(稍后)——不需要马上进行决定性处置的伤员；或是不可能存活的遇险人员
- 轻伤/无伤——等待由巴士撤到航空公司指定的区域
- 认定死亡——在放弃之前要由验尸官和全国运输安全委员会的人员进行整理
- 指挥中心——指挥/通信站
- 医疗保障拖车——保障物品应当放置在离分类区3m以内
- 撤离——用隔离锥筒划分而成的救护车/巴士路线。不得侵占分类区或支援区
- 直升机着陆区——用反光材料作标记以方便夜晚使用

支援区

- 人员集结区——例如，志愿者与接受过急救训练的人员、机场维护与本地应急服务人员
- 设备集结区——例如，起重机、篷车、灯光设备、各种互助机构的设备
- 停车区——例如，经过准许的车辆、贵宾车、新闻媒体
- 休息区——例如，移动式厕所、为救援人员搭建的临时帐篷

标准应急响应预案

标准应急响应预案是基于事件/事故发生于机场限定区域这样一个前提的系统。它假设飞机救援消防的需求局限于坠机地点周围一个单独区域，并且在该区域外围某个指定方位能够提供支援。基于对支援区各个特定部位所指定基本活动的分析，根据相互靠近程度并考虑后勤需求和对于恢复工作的价值，分别确定其位置。

指挥所位于上风向的中心地带，在不实质性进入飞机救援消防机动区域的情况下尽可能靠前布置；它是所有支援活动的焦点。各片区根据其距离指挥所的远近和在支援任务中的功能来分配活动。

医疗需求包含伤员分类区、伤亡保障区及医疗用品和设备放置区的建立。其他有关的功能区还包括那些指定用于救援人员集结、休息、停车、采访和安保的区域。

图 11.5　标准应急响应预案模型示例

关于天气和低能见度的注意事项

飞机救援消防人员可能会发现自己参加响应会遭遇各种各样的天气状况。当地特有的各种天气现象,尤其是对于非标准道路或道路以外区域来说,其影响应当认真考虑。气候条件如风、雨、冰雹和雪可能延误或阻止赶往事故地点的响应。正常情况下适合重型车辆的地形可能变成了一片泽国,使得救援与消防作业陷于泥潭或受到牵制,有时候重型车辆与设备的使用甚至变得不可能了。

在预案编写过程中,要制定出对机上乘员以及所有应急响应人员进行严酷天气防护的注意事项。如果预计要长时间开展救援作业,可能需要在坠机地点搭建简易帐篷。根据具体条件,有时要在坠机现场和能遮风挡雨的休整区之间来回运送救援人员。遇到恶劣天气,应提供保护乘员不暴露在外的用具,尤其是当从现场向外运送遇到延误时。

NFPA 402《飞机救援消防作业指南》建议,在飞行作业中,当地面能见度低于800m时要启动“原地待命警情”流程。至少要有一台主力消防车停放到在用跑道的中点附近待命,除非消防站的位置能让消防车满足设定的响应时间要求。当在滑行道或停车点待命时:

(1) 消防车应当保持运行。

(2) 消防车应当被充分照亮,以显示其位置。

(3) 所属飞机救援消防人员应当收听本部门的无线电频道。

(4) 要启用前视红外/驾驶员助视系统,如果有安装的话。

应急响应注意事项

除了本场的飞机救援消防部门,其他机构、团体和部门也可能会参与飞机事故/事件的应急响应。下面介绍如下几个方面的应急响应注意事项:

(1) 向应急响应和保障人员报警。

(2) 首批响应。

(3) 后续响应。

(4) 其他后勤保障。

(5) 其他作业注意事项。

向应急响应和保障人员报警

负责制定机场/社区应急预案的部门应当编写一份关于首批与后续响应中关键人员的应急通信录。可以运用多种方法警示这些应急响应和保障人员。这些方法包括:

(1) 喇叭、警报器或其他声音告警系统。

(2) 电话。

(3) 寻呼机。

(4) 电台。

可以用自动匹配拨号系统自动召回所有非值班消防人员。电话号码(包括寻呼号码)应当包括一些昼夜全时段(包括周末和假期)均可联系到的人员的号码。很关键的一点是让召回人员花名册保持更新,确保在紧急情况下能确定救援人员位置。应急预案还应当包括召回的流程。

首批响应

首批响应通常涉及空中交通管制塔台最初电话通知到的那些机构。在坠机电话通知和网络通知发出后,每个机构都要开始响应行动。紧急情况的性质与规模常常决定了他们的响应等级。除了飞机救援消防保障,首批响应还应包括以下人员、他们的联系方式以及所在位置:

(1) 执法部门。

(2) 应急医疗保障。

(3) 航空公司/机主(即相关承包商或飞机运营方代表)。

(4) 机场管理/运营方。

执法部门

执法部门参与机场应急预案制定可以帮助界定分工,使作业流程标准化。飞机救援消防人员在处置飞机事故/事件时会与各种各样的执法部门打交道。机场/社区应急预案要确定在飞机救援消防作业方面应由执法部门处理的专门事项。

执法人员主要处理现场安保任务。现场安保有一部分工作是设立安全围界以保护现场和残骸。安全围界还要考虑到无障碍救援、医疗和灭火作业。机场维修或公用事业部门往往能够提供以下物品协助执法部门设立围界：

（1）路障。

（2）交通隔离锥筒。

（3）便携式红光手电筒。

（4）警戒带。

现场安保的另一项工作是对通道/入口的保护。执法人员可能需要守卫或锁上备用的机场入口，以此作为控制进入现场的手段。执法人员通常有责任保护现场通道，并限制其他人靠近重要首长。为重要首长提供识别通行证或许能取得较好的限制效果。为了保证安全，这些通行证可能需要每天更换。

执法部门有可能要负责组织事件现场及周边区域的大规模撤离行动。有时执法人员还要承担解决安全围界以内或坠机点附近居民需求的任务。

未经授权的人聚集在事故地点附近会干扰应急响应人员，所以需要进行执法来控制交通和人群，这可能需要交警疏导交通以避开事发地点或绕行。如果条件允许，执法人员还不得不排查安全围界内的未经授权人员，并将其清理出去。

人群控制的对象有时候还包括媒体记者。对于飞机事故，媒体的反应通常规模大且行动迅速。媒体会运用各种可能的手段进入现场，成为围界控制的一大难题。在所有关键部门的新闻发布官到场并设立正式的媒体工作组织及区域之前，执法人员都要负责对媒体人员进行控制。

执法人员还可以处理飞机事件中的很多其他任务。这些活动包括以下方面：

（1）在危险区域或“飞行数据与座舱语音记录仪”等需要保护的物体周围设置路障或隔离条带。

（2）拍照、录像或保留其他事件资料。

（3）从可能存在的目击者那里识别和收集信息。

（4）提供专业设备和人员。

① 炸弹处置装置。

② 事故调查。

（5）在有潜在恐怖分子的事件中，排查第二和第三破坏方案的设备。

除了以上提到的职责，执法人员还应当时常注意以下问题：

（1）残骸里的犯罪活动证据（枪、毒品）。

（2）应急响应人员面临的危险因素。

（3）危险材料。

（4）贵重物品。

（5）邮件。

（6）钱币。

执法部门还要负责与场外机构进行配合。这些场外机构可能需要靠近事发地点收集信息、进行调查或评估事件及相关作业，经常需要协调并进入事件现场。机场/社区应急预案应当为这些活动指定联系人。部分场外机构包括：

(1) 联邦航空局。

(2) 全国运输安全委员会。

(3) 官员、政要和其他重要人物。

(4) 其他应急响应组织。

消防指挥员一到达现场就要同执法人员协同、合作，以快速确定责任区、了解需求，以及初步行动计划。指挥所离得远、警察和消防之间沟通与协调不畅等是在飞机事件中备受诟病的问题。

应急医疗保障

应急预案还应当说明应急医疗保障方面的需要，包括当地应对批量伤亡的方案。尽管飞机救援消防人员可能会有应急医疗救护方面的培训，出现大量受伤人员的事故/事件还是需要当地应急医疗保障机构和人员进行协助。应急医疗人员可能需要完成伤员分类、应急护理和伤员运送等工作，所以像飞机事故这样的紧急事件，其预案制定需要医院和医疗响应人员的参与。

机场/社区应急预案中的应急医疗保障部分应当说明以下问题：

(1) 应急医疗保障分工。

(2) 医生和其他医疗人员。

(3) 医疗救援协调员和伤员运送协调员的位置。

(4) 伤员分类和简单处理的地点。

(5) 当地医院和医疗设施。

(6) 救护车和空运后送服务。

(7) 响应人员的休整服务。

(8) 供临时停尸的地点。

救护车可以由消防和应急保障机构或者场外机构提供。要有足够数量的救护车能在允许时限内将伤员送达医疗处置单位。由于飞机事故会发生在机场或硬质地面以外，所以救护车要能够在道路以外行驶。

机场应急预案应当确定出所有参与救援的医疗单位可以接收各种受伤程度伤员的能力与限制。还应当建立一种能够确定可用病床数量的系统，这样可以让负责运送的人员知道哪家医院正在开放、伤员正在送往哪里。

或许还可以启用机库、航站楼等机场设施安置受伤轻微的乘客与机组成员，别忘了这些人员也是刚刚遭遇并从飞行事故中存活下来的。这样的设施必须要空间够大，内设宽敞的休息室、会客室和特需房间。如果启用了这样的设施，应当保证其安全，只有获得准许的人员和家庭成员方可进入。其他可用场所包括当地宾馆和学校，那里通常都有所需要的资源，可以作为事故生还者们临时休息的地方。

航空公司/机主

航空公司注定是航空灾难管理中的关键一方。他们可以提供大量的物质资源、专门技术、与出险飞机相关的信息、可能夹带危险材料的货物，以及机组和乘客的人数和机上分布等。另外，许多航空公司组织已经建立起航线灾难响应和家庭援助工作队，可以作为应急响应的一支力量。

有些机场为航空站管理员配置了有声监控器，当空中交通管制拨通坠机电话时有声监控器启动。这样能够警示管理员当前形势紧迫，可能需要启动航线应急预案。航线响应人员要向机场运营办公室报告，以便为往返坠机现场提供护卫保障，这也应当作为预案的一部分。根据坠机地点的位置不同，当地执法部门需要为坠机现场担负护卫职能。

多数大型航空公司有安全人员、调查人员及其他救援人员，可以从其公司总部出发赶到事发地点去管理和保护他们公司的利益。当地的航空公司员工可以先为事件提供一些帮助，直到公司的后续援助赶过来。根据事件发生的位置不同，这可能需要几小时至几天时间。一个机场的各公司之间经常有公司间或互助协议。事件指挥员会要求指派一个头衔较高的航空公司代表进入指挥所。

在指挥所能有一名航空公司代表是非常有用的，这些代表可以提供多种设备，例如：

（1）航空舷梯。

（2）随车吊。

（3）行李装卸车。

（4）牵引车。

（5）行李拖车。

（6）灯具。

（7）大巴车。

航空公司代表还可以提供飞机技师与维护人员，以协助完成以下作业：

（1）稳定飞机系统。

（2）为起落架插保险销。

（3）支撑不稳定的机身段。

（4）提供关于飞机的有关信息。

航空公司代表应该还能提供飞机资料，例如：

（1）乘客与机组人员名单。

（2）货物清单。

（3）危险材料装运单。

（4）装载方案。

1996 年《空难家庭援助法案》和 1997 年《外国航空公司家庭支持法案》要求涉事的航空公司承担多项与乘客及其亲友相关的任务。航空公司需要准备好一个让乘客和他们的亲友重聚的方案。等待乘客归来的亲友需要集中待在一个有安全防护或相对隔离的地方。为了保护和满足乘客的需求，需要有一些医疗与安全方面的协助。航空公司还要向去世乘客或机组人员的亲属发善后通知，还有接送及其他需求。如能建立一个所有航空站管理员的资源目录就可以加速联络进度。

获得全国运输安全委员会的授权和豁免之后，航空公司就会负责飞机的搬移或救捞任务。残骸可以移至机库或工作房慢慢地进行部件装配和分析，这项任务需要起重机、充气顶升设备、其他重型设备以及特殊的专门技术，只有部分大型航空公司才有这样的能力。

机场管理/运营

机场工作人员在航空灾难中要充当管理角色,特别是当事情发生在场内或邻近机场的时候。他们会承担很多任务并提供各种各样的资源和保障。相关的机场工作人员包括:

(1) 经理/主管。

(2) 服务员。

(3) 运营人员。

(4) 神职人员。

(5) 工程师。

(6) 飞机维护人员。

机场管理应当保证机场工作人员能够得到训练,并且要随时准备在紧急事件管理中发挥一定作用。在消防与医护人员完成他们的任务之后,机场工作人员就会成为事件指挥员或与执法部门共同指挥。

当应急救援作业告一段落,机场管理人员的主要目标就是继续正常运营或是更改机场的运营。他们会做出关闭所有或部分机场跑道、滑行道及其他设施的决定。机场会就机场区域因紧急情况、气象条件、消防车状态或其他重大问题而限制使用发布航行通告。他们会与航空公司和空中交通管制部门共同工作,重新规划路线让飞机与乘客到备降机场降落。

来自相关机构和新闻媒体的直升机以及私人飞机聚到事发现场上空的情况并不罕见(图 11.6)。它们会对自身及地面人员构成危险。如果上空的飞机由于噪声、旋翼洗流和拥挤等成为一个麻烦,飞机救援消防人员可以通过就近的"联邦航空管理局空中交通管制单位(塔台)"申请一个小范围的空中禁飞区。如果发生的是水上事故,那么"海岸警卫队""海港巡逻队""救生员组织"或其他沿海执法机构均可在事发地周围建立一个安全地带。

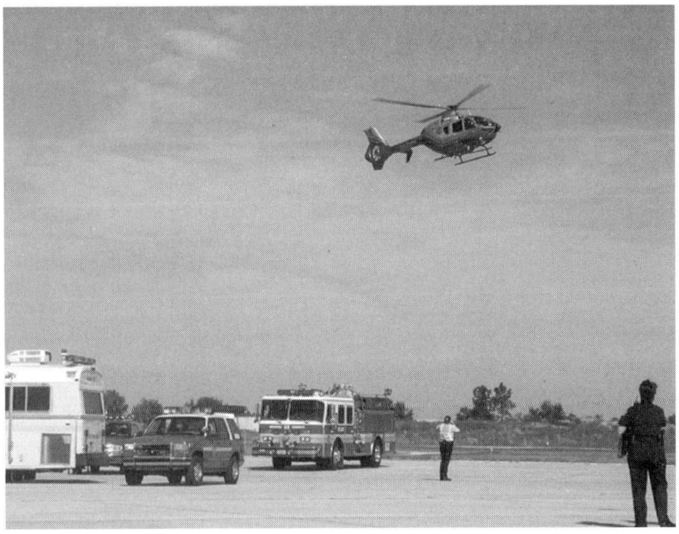

图 11.6　飞机救援消防训练实操现场上空的直升机

机场管理人员会制定一些关于要求和需求的通知,他们会通知事故相关的飞机运营方、政府或军事组织,事故可能会涉及他们的某架飞机,另外还要通知以下机构:

(1) 联邦航空管理飞行安全地区办公室(Flight Safety District Office,FSDO)。

(2) 全国运输安全委员会。

(3) 联邦调查局(Federal Bureau of Investigations,FBI)。

(4) 用户。

(5) 移民局。

(6) 农业部。

(7) 环保局(Environmental Protection Agency,EPA)。

(8) 健康与福利机构。

(9) 邮政部门。

应急通知清单

无论灾难的大小如何，保持应急通知清单最新是至关重要的。每当清单上的人员调走或重新委派、电话号码改变，或是响应系统各方面的负责人有变化，该清单就不可避免会过时，除非发明一种手段可以随时监视与分享这些变化。

机场本身就可以提供很多物质资源，机场各分支机构可以提供如下资源：

(1) 卡车、拖拉机、大巴车。

(2) 吊升设备。

(3) 便携照明灯。

(4) 饮用水。

(5) 移动厕所。

(6) 通信设备。

(7) 跑道关闭叉形灯(一种X形装置，上面分布有单排指示灯，黄底白灯，立放于跑道入口处。——译者注)。

(8) 动力或手动工具。

(9) 表示事件现场各区域的专用标记，例如：

① 遇险人群队伍。

② 医疗区。

③ 待命区。

(10) 隔离锥筒、路障、隔离条带。

(11) 轻便的遮盖物。

机场工作人员可以帮助“事件指挥系统后勤保障组”找到以下资源：

(1) 专用材料。

(2) 设备。

(3) 供给。

(4) 保障。

(5) 承包商。

(6) 其他专用资源。

出于消防和警戒需要，机场工作人员可以设立内部和外部的安全围界。他们可以把守入口并协助保护事故地点。在没有地面电台频率支持的情况下，他们可以为需要进入或在机场作业区行驶的设备提供引导。机场巴士可以用于运送未受伤或伤情轻微的人员到临时安置区。

场内事故过后，机场工作人员要进行对跑道、滑行道、构筑物和导航辅助设备进行损伤评估与检查。要制定一个恢复方案以协同应急维修并使机场恢复全部保障功能。他们可以帮助保护残骸与事故区。如果飞机运营方或航空公司尚未进行处置，机场通常会承担起移动飞机与残骸的责任。

机场工作人员对航空公司及机场承包商的能力与可用资源更为熟悉，机场管理方还会就以下很多资源向航空公司及机场承包商进行协同与联络：

(1) 必要的帮助、人员、设备或设施使用。

（2）乘客、机组人员、货物和目击者名单。

（3）用作临时停尸房、物品存放区、联系人查验区和媒体区的私有机库和建筑。

机场管理方可以获得天气信息并预报其对事件的可能影响，他们可以处理事件现场及相关活动的视频与图片资料，固定式机场安全摄像头经常可以用于这方面。

后续响应

首批响应力量到达现场后，后续响应网络即可启动。与首批响应相似，后续响应网络应当根据紧急情况的严重程度发布指令进行展开与联络。下面介绍后续响应中应当认为比较重要的联络方。根据事件性质，后续响应还可以有更多联络方。

互助支援力量

机场应当与周边的消防与公安部门以及其他应急服务组织签署互助协议。在飞机事故中，特别是起火的事故，时间对于救援与消防作业来说是很重要的，可用资源的数量也能使这样的事件出现显著不同的最后结果。参与机构应当在机场关键位置建立集合点和待命区，其中之一可以设在机场消防站。

通过事先签定的协议，互助消防保障可以作为首批响应通知清单的一部分。作为首批响应力量，其派遣与响应一般是自动的。若非如此，飞机救援消防人员就需要联系互助调度中心，并按正常程序请求补充人力与设备。

为了让可能涉及的所有力量能够协同一致，预案制定者要会见所有各方代表，集体议定指挥链、角色与分工、确定资源、制定流程。该会议应当形成一个来自各方的可用资源综合清单，包括关键的应急电话号码。所有这些互助协议和清单必须定期回顾，通常每年一次。这些协议应当及时修订以和变化的条件相符并保持最新。

和互助机构协同的一个重要内容就是确保装备、通信和作业技术的匹配性。来自互助部门的消防员应当接受飞机救援和消防技术训练，在机场消防保障方面他们还应当和飞机救援消防训练充分结合，包括桌面的和全规模练习，以及机场/社区应急预案测试。

可用的消防车、设备和水源

机场/社区应急预案应当包括特定事件中可能额外需要的消防车、设备和水源，这些包括但不限于：

（1）泵浦车。

（2）云梯消防车。

（3）水罐车/运水车。

（4）便携式照明设备。

（5）起重和提升设备。

（6）医药供给。

（7）专用车辆。

另外需要注意的是对重型装备和特殊用途装备的可能需求和来源，例如：

（1）推土机。

（2）吊车。

(3) 铲车。

(4) 灯光车。

(5) 切割/焊接工具。

(6) 牵拉/提升工具。

(7) 舟艇。

根据情况不同,飞机救援消防部门可能需要从互助部门以外的机构调集特殊车辆与设备,这些其他机构包括设备出租公司、建筑公司和矿产公司。在机场应急预案制定中,写出的方案应当指明每一类事故/事件的响应需要哪一种车辆。预案制定者在要求重型特殊车辆时应当考虑到可能遇到的地形。

为了确保这些工具与设备的顺利调用,协议性信息应当成为机场应急预案的一部分,免得事故发生后不得不再制定这样一份协议。确认机场内或周边可能存在的水源这一点应当特别加以强调。如果事发地点附近没有消火栓或充足的自然水源,就要考虑实施泵浦车接力或水车往返作业。

要有具备资格的驾驶员/操作手操作专用的车辆/消防车/装备。预案要确保消防车、装备和水源的实控人随时可以联系得上。

人员休整所需资源

消防部门应当努力达到 NFPA1584《人员在应急作业和训练操演中的休整过程标准》中对休整的要求。不论承担何种角色与任务,所有响应人员均应花些时间到休整区休息并检测生命体征,同时也补充一下营养和水分(图11.7)。应当安排信誉好的小贩、小卖部或其他类似的组织,建立起一个休整区,在整个事件处置期间保持供应。设立休整区的最佳资源是美国红十字会、"救世军"的地方分会(基督教的一种传教组织,编制仿照军队形式。——译者注)或消防保障辅助团体。

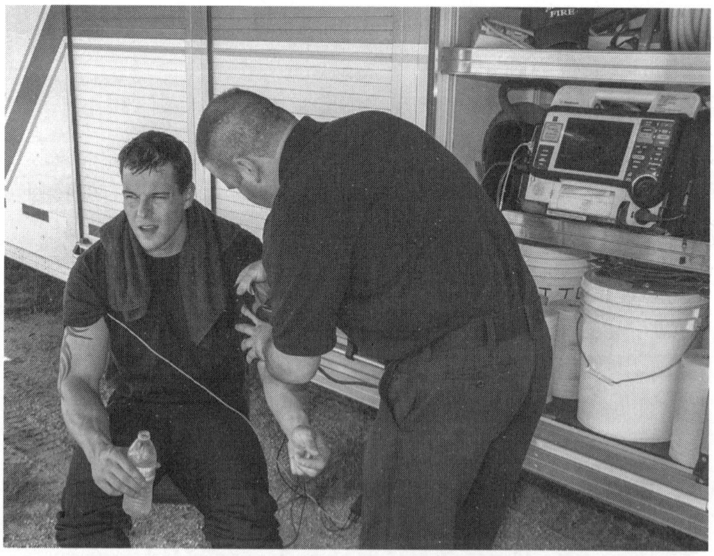

图 11.7　休整时机场消防员应当进行补水和医学检查

注:机场的食品供应商可以作为一项重要资源,因为他们有稳定的水和食品供应。

应当立即建立起充足的资源供应,确保为救援人员提供一个他们从现场作业撤退下来可以去的地方。飞机救援消防人员必须进行适当的洗消处理以免沾染休整区。该区域应当与应急现场隔离开来(视线与声音),不会受伤员分类区、临时待命区和其他作业区的影响。另外，该区域必要时应提供遮蔽物和可以坐或躺的地方，并且有热饮或冷饮、新鲜水果或其他合适的食物。

注：关于本主题的更多信息，请参阅防火出版社的《布雷迪(Brady)紧急事件休整》手册。

精神健康专业人员

在事故现场工作时，飞机救援响应人员承受着极大的心理压力。这种压力在响应人员被叫去迅速处置大量伤员时产生，他们要面对各种各样的伤势，并且还是在危险环境下工作。依据事件类型不同，残骸可能埋压了很多遇险人员，需要大力进行解救。很多伤势往往相当严重，这让响应人员在随时会发生死亡的环境下工作。置于这种环境下的救援工作者会觉得压力山大，并且因为还有大量的任务需要完成而趋近崩溃。

消防部门、机场运行部门、执法部门和应急医疗保障部门应当拥有一批具备资格的精神健康专业人员作为他们资源目录的一部分。如果有响应人员对非典型压力事件表现出了消极反应，那么该响应人员的领导或同伴就要坚决建议他找精神健康专业人员就诊。

其他后勤保障

有很多其他机构和组织可以在飞机事件处置中提供后勤保障。下面将介绍可以获取更多帮助的各种机构、资源、部门和途径，这些在紧急情况下可以说是很重要的联络方。

政府机构

有很多政府机构可以参与到飞机事故响应中来。这些机构包括但不限于：

(1) 全国运输安全委员会。

(2) 联邦调查局。

(3) 酒精、烟草和火器管理局(Bureau of Alcohol, Tobacco, Firearms, and Explosives, ATF)。

(4) 其他联邦机构。

(5) 健康和福利机构可以在事故导致的身体和精神健康问题方面提供帮助。

(6) 国家邮政服务会做出响应，以负责对机上装载的邮件进行处理。

(7) 海关和移民服务可以在涉及国际游客时提供帮助。

(8) 如果飞机事故发生在农村地区或者该飞机上装有农用化学品，那么国家和州/省的农业部门就可能会介入。

(9) 环保部门会做出响应，以确定事故是否会对环境造成显著影响。

(10) 公用事业部门可能需要关闭或维修被事故损坏的设施。

军方的帮助

军事保障未必局限于军事设施的边界以内，特别是对飞机和其他航空器的保护来说更是如此。当财务支出直接关系到联邦机构利益或者涉及公众骚乱或灾难时，美国的公共法律允许将军事基金用于非联邦的、民用或私人方面。军方机构会和周边的社区防火组织共同加入相关的互助协议，提供前面所提及的很多保障。

在军事设施附近发生民航事故的经历显示出在这类灾难发生之前合作制定预案的必要与价值。当地国防机构可以为以下活动派出军事人员：

(1) 现场安全。

(2) 遗体处理。

(3) 提供资料。

(4) 火灾与危险因素控制。

(5) 医疗保障。

(6) 后送中心。

(7) 为大批人员提供食品。

军队还可以提供各种资源,包括:

(1) 车辆。

(2) 重型吊升设备。

(3) 飞机,如救护直升机。

(4) 帐篷。

(5) 野战医院。

(6) 驾驶员。

(7) 军舰。

(8) 其他设备。

红十字会

在1996年的《灾难家庭援助法案》框架下,红十字会被赋予同全国运输安全委员会及相关航空公司代表一起工作的任务,在大型客机事故发生后提供广泛的保障。红十字会通过与航空灾难响应小组并肩工作,可以为正在接受治疗和无需接受治疗的遇险人员提供精神健康咨询服务。他们可以通过慈善组织和个人的帮助确保遇难者的家庭不会崩溃。他们在为养育小孩的家庭提供幼儿看护服务的同时,还可以提供周边的精神健康资源。

红十字会与验尸/医检部门的代表合作可以帮助发布死亡公告。红十字会为有关家庭提供咨询,在坠机后尽快安排适当的无宗教差别的殡葬服务,包括为那些无法辨别的遗体在将来举办葬礼悼念服务。

红十字会还能够通过提供售货服务、推荐住所及其他有偿资源来支持灾难响应。红十字会有一个语言智库,可以为非英语的遇险者提供翻译。

注:"救世军"有着与红十字会相似的灾难应对程序。

殡葬协助

处置大型灾难的预案应当包括提供临时停尸房。在大型飞机事故中,死亡人数可能会大大超过当地停尸设施的容量,预备一些能保持遗体尊严的备用手段是必要的。

当地的验尸官、停尸房和太平间的代表应当与消防部门的预案制定者及全国运输安全委员会/加拿大交通事故调查与安全委员会(Canadian Transportation Accident Investigation and Safety Board, CTAISB)的代表见面,制定出双方均可接受的流程。应当做出资源方面的安排,提供冷冻车作为一种临时停尸的手段。机场内也会有一些带有相应设备的设施可以满足同样目的。

联邦航空局

联邦航空局负责调查所有的民航飞机事故,以确定有无违反联邦航空法律或规定之处。调查可能涵盖以下方面的任何细节：

（1）空中交通管制单位的运行情况。

（2）联邦航空局已认证飞机的适航性。

（3）联邦航空局已认证空勤人员、航空机构、运营商、航空公司或机场的能力。

联邦航空局还会调查和决定所有未经全国运输安全委员会调查的飞机事故/事件的可能失事原因。他们会确认所有可能导致事故的行为和环境条件均已被记录和评估，并且已经采取了防止类似事故发生的措施。

空中交通管制塔台

建议机场应急保障人员定期和塔台工作人员碰头，一起回顾和改进操作方法。空中交通管制塔台会将飞机紧急情况和其他观察或报告的机场上紧急情况立即通知应急响应机构、机场保障和互助机构。塔台会转达从联邦航空局频道收听到的关于紧急情况的消息。他们会向所有进港与离港的空中交通发出通知，告知机场正在进行的紧急作业以及因作业导致飞机救援消防保障无法保证的情况。

如果飞机事故发生在场内，空中交通管制塔台有权关闭机场和/或受到影响的跑道和滑行道。塔台的所有无线电交通通信均会被记录，并且这些记录要保留 15 天。如果有事故发生，记录载体会被复制、传送并保留 6 个月，或者直至事故原因找到。空中交通管制系统（Air Traffic Control System，ATCS）也会受到全国运输安全委员会关于事故潜在原因的调查。

海岸警卫队

虽然被视为美国武装力量的一部分，美国海岸警卫队在和平年代还是在国土安全部（Department of Homeland Security，DHS）（*原文误为国土防卫部*（Department of Homeland Defense，DHD）。——译者注）的领导下工作。美国海岸警卫队负责对美国领海的所有搜索与救援任务。海岸警卫队在需要他们协助的紧急事件中可以采取如下行动：

（1）对发生于外海、河流和其他内陆水域的航空紧急事件与水上迫降做出响应。

（2）协调商业船只赶往飞机坠落地点。

（3）用他们的飞机长距离运送救援设备与人员（图 11.8）。

（4）提供可用于搜索与救援、水上指挥所、转移残骸的各种船只。

（5）提供带有扩展资源数据库的应急方案，其中有飞机水上事件中可能用到的海中和水上专用资源。

图 11.8　海上警卫队的飞机和救援人员参加训练操演

其他水上资源

港务局、救生员组织、海港巡逻队、工程兵部队和其他海上组织拥有在飞机事件中可能用到的船只与设备，包括以下专业资源：

（1）救捞公司。

（2）海上建筑公司。

（3）驾驶员。

（4）消防艇。

（5）舰艇。

（6）声呐。

（7）水下搜索设备。

注:私家船主也曾在飞机水上事件中起过辅助作用。

外语口译和语言学家

当地的语言资源应当在应急预案中予以确定。航空公司可以提供口译人员,也可以采用其他技术进行翻译。

宗教组织和牧师

应当安排联系牧师对亡故者及其亲属进行抚慰,在合适的时间与地点进行宗教服务。教堂是很好的志愿者来源地,也是可以发挥事件指挥功能的良好实体设施,例如后送中心。

通信服务

当无线电频道、电话线路和手机网络负荷饱和时,业余无线电组织(业余无线电爱好者)可以提供一种额外的通信手段。中继器和天线可以安装在机场各种地方。业余电台的操作人员可以安排在事件指挥所的关键位置,为通信提供备用手段。他们通信全靠自己的设备。电话和手机通信公司也可以在发生航空灾难期间提供另外的临时通信手段。

公用事业部门

市和县级的公用事业部门可以提供各种各样的车辆、设备和人员支持飞机事件响应。州属公路管理处、水务局、燃气和电力公司等也能提供类似的资源。

图 11.9 一架民间空中巡逻飞机正在飞行

民间空中巡逻

该志愿组织可以提供飞机灾难相关的多项服务。他们拥有飞机和合格人员,可用于搜索并定位坠落的飞机(图 11.9)。当应急定位发射机(Emergency Location Transmitter,ELT)出现故障时,他们可以找到并关闭它。民间空中巡逻队曾经提供过很多赈灾服务,如周边安全保障、协助停尸等。这些资源通常是无偿的,要找他们可以联系位于伊利诺斯州斯科特空军基地的空军救援协调中心(Air Force Rescue Coordination Center, AFRCC),联系电话:1-800-851-3051 。

机场承包商和固定基地运营商

机场承包商和固定基地运营商(Fixed-Based Operator,FBO)能提供各种资源、设备、设施和专业人员。那里有飞机保养和修理设施,配备合格的技师,具有大型起重能力,还有专业的强力破拆与救生装备。航空公司的食品供应商和食堂能够为应急响应人员、事件现场工作人员和事件相关其他人员提供饮食。机场的直升机出租公司、航空/飞行学校、出租车、公交公司和其他商业机构也可以提供资源和帮助。承包商和固定基地运营商的设施有时可用于开会、工作、讨论方案或集合待命。航空公司和固定基地运营商可以在遗体处理和事故调查作业之前协助为受损飞机抽掉燃油。

应急保障/管理办公室

市、县、州的应急保障办公室(Office of Emergency Service,OES)(有时称为应急管理办公室(Office of Emergency Management,OEM))及其应急协作方、互助合作方是获取各种专用资源与帮助的中心。联邦应急管理局是救灾期间联邦资源的联络处。这些机构还可以提供救灾响应工作队、通信和指挥功能等。

搜索救援队

有很多志愿者、专业人员和有偿组织在某些类型的搜索与救援方面很专业，他们包括：

(1) 野外、山地和沙漠搜索救援(Search and Rescue，SAR)队。

(2) 骑行民兵。

(3) 水下救援队和驾驶员。

(4) 越野(四轮驱动)车队。

(5) 雪地车队。

(6) 搜救犬单位。

建筑承包商和设备租赁公司

这是很多可能用到的专业资源的一个来源渠道，例如：

(1) 车辆(吊车、拖拉机、卡车、拖车、卷扬机、铲车)。

(2) 工具与设备(割枪、锯、发电机、照明灯、千斤顶)。

(3) 围挡材料(油布、塑料膜、栏杆、路障、隔离锥筒)。

(4) 生还者与应急小组使用的设备(移动厕所)。

运输管理部门

运输管理部门可以提供各种车辆，这在飞机事故响应中很有用。这些车辆包括但不限于小汽车、卡车、大巴车、维修车和全地形车辆。要指派一名运输部门的领导用一辆引导车带领车队从车场赶赴事故地点。

其他作业注意事项

处理通信联络以及和新闻媒体打交道是两个其他作业注意事项，在飞机事件应急预案制定中一定要提到。事件所涉及的机构必须在事发之前就解决好通信联络上的困难，确保响应人员和设备在紧急情况下可以取得联系。

应急预案还必须提到应急响应工作中如何处理与新闻媒体的关系。通常要委派一名新闻发布官负责向新闻媒体简要发布符合当时局势的信息(图 11.10)。

注：有的机场在社会媒体所在地派人负责关注和传递信息。

图 11.10　飞机救援消防部门新闻发布官在飞机救援消防演练中向媒体通报情况

通信

为了让多部门作业顺利进行，清晰的通信是非常重要的。一份清晰的互助协议可为你们社区提供一个方便可用的通信策略。另外，各社区应当具备多频道扫描能力，以便收听当地电台的关键性交通信息。在联合作业中尽量不要使用无线电代号或深奥的术语，要像国家事件管理系统中强调的那样使用明码文字和平常文字，有助于消除语言上的混淆。

多部门无线电通信系统

多部门无线电通信系统（Multiagency Radio Communication System, MARCS）的电台目前在某些州已经可以使用了。该系统是州内无线电系统，可以让已订购使用权的应急机构在全州范围内进行连续通信。

要实行严格的无线电规则以促进对公共频段的适当、有效使用。采用多频段有助于保持对事件的通信管控。机场事件行动方案（Airport Incident Action Plan，AIAP）应当解决事件通信方案，明确呼叫代号、无线电频率，以及指挥/战术与应急医疗保障的频段，并提供几个案例。

新闻媒体

要认识到新闻报道的重要作用，消防部门的工作人员应当定期与各新闻媒体的代表碰头，讨论保持现场安全的必要性及公众知情权等共同关心的问题。要制定明确的流程，以共同原则执行各自功能。新闻发布官要与机场主管部门及当地媒体共同努力，制定出一个统一的通信方案。

媒体代表有可能在权威调查部门到达之前赶到事故现场。要将他们引导至预定的媒体情况通报区。应急救援人员应当提防来自媒体的代表，确保其站在危险区之外，并将他们支给新闻发布官。

新闻发布官应当将安全事项告知媒体人员。在不干扰应急作业的情况下，飞机救援消防人员应当与媒体人员充分合作。

注：在向公众披露情况时，媒体是一项非常有用的资源。

只有将准确、真实的信息透露给新闻媒体，公众的关注情绪才能得到最好的安抚。响应人员要回避发表评论，并将所有媒体都支给新闻发布官。假如涉及到商务或军用飞机，一旦航空公司和/或调查机构的代表到达现场，那么向媒体发布信息就成为他们的责任了。

应急响应

最后，机场/社区应急预案需要解决一些特殊紧急情况。下面介绍如何对以下几类紧急情况做出响应：

（1）涉及军机的事故。

（2）机场建筑火灾。

（3）危险材料事件。

（4）医疗紧急情况/传染病。

（5）恐怖活动。

(6) 大规模伤亡事件。

(7) 事后现场控制。

(8) 自然灾害。

涉及军机的事故响应

涉及军机的紧急事件要有联合指挥中心的一名军方事件指挥员或代表参加。在可能的情况下,只有军方人员才能处置那些精密、危险和复杂的军机系统,例如:

(1) 压力座舱。

(2) 弹射座椅。

(3) 军械。

(4) 弹药(图 11.11)。

(5) 武器。

(6) 其他专用的飞机特征。

图 11.11　飞机坠机演练中的一名美国空军爆炸物处置技术人员

在获知发生了涉及军机的飞行事故后,应当打电话给最近的军事机构,或是通知美国海岸警卫队(U. S. Coast Guard,USCG)国家响应中心。

注:美国海岸警卫队国家响应中心的电话号码是:1 - 800 - 424 - 8802。

另外,还应当联系当地的联邦应急管理局。接到通知后,军方会派遣协助工作组,通常包括以下人员:

(1) **基地消防部门的人员**。依据现有互助协议条款,来自基地消防部门的最高官员要会见民航事件指挥员,要么作为事件指挥员的技术顾问成为联合指挥中心的一员,要么当确认事件发生在国防区域(National Defense Area,NDA)内时担任指挥。大多数地方机构都同联邦消防部门签有互助协议,他们通常选择放弃对涉及军机事件的控制权。最好能建立一个联合指挥中心,尤其是当发生了殃及池鱼的损失时更应如此。

(2) **爆炸物处置人员**。爆炸物处置人员负责去除引信、移动并整理武器、部件和残余物。

(3) **军队纠察**。必要时可以协助当地执法机构。但是,他们在军事机构之外没有行政管辖权，除非事件发生于国防区域——在该情况下，军队纠察对现场/区域拥有完全控制权。

（4）**医护人员**。协助处置伤亡人员。

（5）**生物环境人员**。协助管理放射性材料及对人员与装备进行洗消。

（6）**殡葬事务人员**。协助对遗体进行整理和识别。

（7）**信息官员**。充当或陪同事件的新闻发布官向新闻媒体代表发布信息。

（8）**事故调查委员会人员**。除非事故还涉及民航飞机，否则只有军方的事故调查委员会能调查事故原因，确定由坠机造成的危险性质与程度，并尽力降低危险性。

（9）**法律官员**。在他们对联邦政府的声明中为市民提供建议和帮助。

（10）**重型设备人员**。挪移军机残骸；但是，涉事民航飞机的机主要负责挪移自己飞机的残骸。

军方领导抵达飞机事故现场后，他们需要从目击者那里了解如下信息，以利于事故调查：

（1）事故发生时间。

（2）飞机当时运动的朝向。

（3）事故发生时的天气状况。

（4）是否看到有人从飞机上跳伞。

（5）坠落前有无空中爆炸。

机场建筑火灾

飞机救援消防机构必须常常准备处置机场上的建筑火灾。联邦航空局要求等级机场在其机场/社区应急预案中涵盖属于机场财产的建筑火灾。机场/社区应急预案通常只需确定什么机构负责建筑灭火，并由那些机构自行制定他们的标准作业流程。航站楼、机库、控制塔台及其他辅助性建筑都是机场不可分割的一部分，同样也需要防火保护。

机场建筑的应急响应预案应当确定航站楼、机库、控制塔台内的撤离程序，还要规定好飞机救援消防机构及当地消防与应急保障部门的角色与责任分工。在有些机场，本场的飞机救援消防机构应当作为该机场所属建筑的主要响应机构，而当地的市政消防与应急保障机构负责支援他们。在其他机场，当地的市政消防与应急保障机构则是对机场建筑火灾的主要响应者，而飞机救援消防机构负责支援他们。更多关于建筑消防程序的信息请参阅国际消防保障训练协会的《消防基本知识》。

对危险材料事件的响应

可能发生的危险材料响应是应急预案制定中需要由制定者解决的另一部分内容。危险材料经常在机场的以下位置出现：

（1）油料存储区域。

（2）飞机加油与保障车。

（3）运输车。

（4）飞机维护机库。

（5）货物区。

应急预案必须考虑到以下物质所产生的危险性：

(1) 飞机燃油。
(2) 润滑油。
(3) 液压油。
(4) 液氧。
(5) 油漆溶剂。
(6) 无损检测(Non - destructive Inspection,NDI)放射源。
(7) 夹带危险品的货物。

危险材料响应预案应当以特定机场经常出现的危险作为重点。预案必须确定由哪个机构来提供特殊设备和人员,以及要以怎样的流程通知这些响应机构。机场应急预案要确定负责本机场危险材料响应的组织和机构,以及其他支援响应的机构。由这些机构制定他们自己用以实施机场危险材料响应的标准作业流程。

依据 SARA 题Ⅲ《应急预案与社区知情权法案》,当机场或机场承包商在其场所内使用或拥有的固体、液体或气体危险材料超过一定数量时,他们按要求通常要有一个"危险材料经营方案"。该方案必须提交行政管理机构(通常是市或县的消防部门或健康部门)并且必须明确以下事项:

(1) 响应人员。
(2) 联络号码。
(3) 员工训练。
(4) 危险材料清单。
(5) 危险材料的数量。
(6) 危险材料的位置。

医疗紧急情况/传染病响应

机场/社区应急预案应当对机场设施内发生医疗紧急事件的响应等级做出说明,谁提供应急医疗护理,谁负责向医疗单位运送。急救和简单的前方护理可以由机场消防和应急保障组织提供。大规模伤亡事件中更为复杂的护理和医疗救助会涉及场外机构。

商业乘客空中旅行的日益增长产生了一个隐忧,那就是飞机有可能搭载了一名或更多有传染病的乘客。这样的人可以通过空气传播将疾病传染给与他们同行的乘客,然后这些乘客反过来又将疾病进一步传染给后续的航班或传遍整个人潮涌动的机场航站楼。

传染病响应应急预案应当明确应急响应人员实施以下行动的流程:

(1) 保护他们自己不被传染。
(2) 隔离可能已被传染的乘客,使其远离未受传染者。
(3) 为发病人员提供应急医疗护理。
(4) 将发病人员运送到医疗机构。
(5) 联系当地健康部门或疾病控制中心。

恐怖事件响应

机场和飞机长期以来都是恐怖分子的目标。被劫持的飞机降落在机场上,就要对该事件作出应急响应。由于使用了金属和化学物质探测器并对行李进行扫描,个人携带手枪与手榴弹等复杂武器上飞机的可能性近些年已大大降低了。然而,恐怖分子开始学会携带美工刀和二元(双组分)炸药等非常规武器登机。为了对付恐怖活动,在日常和应急保障中机场不得不启用更多安全措施。

由于在恐怖事件中会使用或释放危险材料,恐怖事件响应预案中有很多内容可与危险材料事件响应预案并行处理。第二方案事件具有致残应急响应人员的危险性(恐怖分子的第一方案针对机上乘员,启动较早,而第二方案时间滞后。——译者注),恐怖袭击具有犯罪性质,这些都要求采用不同寻常的处置方法。

机场应急预案的制定者必须制定一个对恐怖事件进行响应的预案,该预案应当与该特定机场的恐怖风险或危险因素相符。预案要确定事故/事件可能涉及的所有机构的特定角色与分工。通用航空机场的恐怖事件响应预案可能和大客流机场的有所不同,因为所涉及的飞机类型、可能遇险人员的数量,以及危险程度等都有很大不同。由于事件本身的犯罪性质,恐怖事件响应预案需要涉及更多机构,例如国土安全部及联邦调查局。在应急响应预案中应当为可能有恐怖活动的飞机确定一个临时停放区,该停放区的位置应当与航站楼及其他飞机相对隔离开来。只有获得授权的机场和互助机构人员才允许进入机场、隔离区或事故地点。

大规模伤亡事件的响应

商业客机坠毁会导致众多人员伤亡。在这类事件的现场,应急响应人员必须做好应对众多可行走伤员、严重受伤者以及有可能出现的死亡乘客的准备(图 11.12)。

图 11.12　某机场举行的大规模伤亡事件演练

机场/社区应急预案中的大规模伤亡事件(Mass Casualty Incident,MCI)响应部分应当界定本次响应所涉及每个机构的角色与分工,大规模伤亡事件预案还应当确定以下流程:

(1) 提供救治设备、设施和场所。
(2) 协助可行走伤员。
(3) 对伤员进行分类。
(4) 为受伤者提供运送保障。
(5) 对死亡者进行尊严保护。
(6) 指定一个亲友帮扶中心。
(7) 设立一个家庭重聚中心。

注:大规模伤亡事件训练资源可以从国家消防学院和联邦应急管理局那里获取。

事后现场控制

紧急情况结束后,飞机事件发生地在一段时期内仍是一个繁忙之地。消防/救援人员、警察和调查人员通常会留下来协助事件调查工作。航空公司、飞行员协会、空中乘务员协会及其他机构的人员也会出现在现场,代表他们各个机构的利益。

预案要考虑到这样一群人出现后现场不会对其有危险,同时确保现场证据不会受到偶然或故意的触碰,这很重要。应急预案中应当确定以下事项:

(1) 有可能来到事后现场的部门。
(2) 允许这些人员进入现场的流程。

(3) 审查流程和政策。
(4) 安全保护措施和流程。
(5) 对入口与出口的控制,所有到坠机现场处理事务的人员都必须经过此地。
(6) 可保证现场作业持续运行数日的所有必需品。

自然灾害

机场像其他地方一样易于受到自然灾害的影响。根据当地的地理特点,这些自然灾害包括:
(1) 暴风雪。
(2) 雷雨。
(3) 洪水。
(4) 地震。
(5) 海啸。
(6) 龙卷风。
(7) 飓风。

由于无法阻止自然灾害发生,机场主管部门、工作人员和应急保障部门必须采取措施降低破坏程度,恢复飞机作业。机场/社区应急预案中应当说明以下问题:
(1) 监测恶劣天气进展的方法。
(2) 通知机主并警示进港飞机的方法。
(3) 将要采取的初步防护措施。
(4) 应急供给。
(5) 人员防护用具。
(6) 应急发电机待机运行。
(7) 灾后清扫和恢复。

训练

完成一部机场/社区应急预案的制定本身并不是终点,也不能确保应急响应有效实施。但是,机场应急预案确实减少了应急作业中经常存在的模糊认识。开展应急作业的效率往往取决于相关机构的预案制定得如何。除此之外,作业能否成功还取决于相关各方对预案理解与执行得好不好。只有设计并实施了关乎预案各个部分的训练,这个预案才会取得成功。通过实施桌面和实际的操练与演练,集中精力练习响应协同的每项专门任务,那就再好不过了。在完成小规模练习的基础上,还要进行全面的操练与演练,练习整个应急预案,记录差距、做出修订,以改正不足之处。在美国,这类指南可以从"国土安全演练与评价计划(Homeland Security Exercise and Evaluation Program,HSEEP)"的网站上查到。

下面介绍训练方面的注意事项,包括互助机构、支援人员和联合训练操演。

互助机构和支援人员的训练

即使有,也很少有消防部门能够在没有支援的情况下长久保持足够数量的值班人员去处置防区内的每个意外事件。大多数部门配备的人员和装备仅供处置常规、日常的事故/事件，而在大型事件中或同时发生多个事件时还是常常需要互助的。互助协议各方应当参加机场应急预案的制定、训练和演习。

由于消防部门在飞机事故中的响应时间比其他常遇险情更为关键，互助消防部门和机场支援人员应当进行充分训练以快速有效地执行其消防任务，这些现场的表现只有通过频繁的训练和评估才有保证。

有可能为机场提供保障的互助组织和人员需要逐步熟悉机场及其飞机。他们还要了解机场专用术语、控制塔台的灯光信号，以及机场作业中特有的其他信息。互助单位人员应当熟悉的其他重要事项包括：

（1）跑道。

（2）滑行道。

（3）停机区。

（4）消火栓和其他水源。

（5）到达机场各区域的路线。

要让飞机救援消防活动中用到的互助消防员与他们的主管部门一同接受训练，这很关键。消防员参加从未接受过专门训练的活动，这在某些行政区可能是非法的。曾经有未经训练的消防员在参加他们没有训练过的作业活动时严重受伤或死亡，后来有多名消防队长、消防局领导和市政当局被追责。

互助训练中应当突出建筑消防车及设备在飞机火灾战斗中的运用，一旦需要，既可用于支援机场火灾扑救力量，也可单独运用。还应当强调一下快速补给训练，互助人员可以在现场或消防站内协助让飞机救援消防车重新投入战斗。消防员应当在尽可能理想的条件下练习飞机救援与消防作业。建筑消防员应当练习飞机内部灭火作业，并尝试将建筑灭火技术应用到飞机灭火战斗中。反过来，机场消防力量同样应当熟悉机场周边区域，以及他们的消防车及设备怎样最大程度地用于支援建筑消防作业。

如果机场支援人员得到了正确训练，他们能在机场很多区域成为正规消防力量的得力助手。为机场全体职员开设的课程应当教会他们熟悉灭火器的使用、火警报告流程和撤离流程。有了基础性的灭火器训练，支援人员就可以消灭初起火灾。

联合训练操演

不论在制定预案过程中投入了多少思考与努力，均要有一次或多次的联合训练操演来检验一下。相关人员需要多参加几次全面的训练操演，才能够对预案的成功执行感到心中有数。飞机救援消防中的作业优先权同其他类型紧急情况是一样的，即救人、火势控制、损失控制。这里需要强调一下各参与机构之间的战术事宜。联合作业的成功实施取决于机场应急预案的制定与合作。查找并降低相互间在消防车、设备、通信系统上的差距，包括专用术语、流程以及作业方式或基本原则等，对于实际险情的处置是至关重要的。

联合训练的操演、演习和考核均应在机场上进行。参加共同举行的训练操演可以帮助评估机场应急预案。每次练习之后，所有相关各方要参加一次相互平等的综合性事后分析。预案的各个侧面都要客观回顾，出现的任何不足都应纠正。

要按照主管部门的要求进行一次全面的灾难演习，确保参演各方能够熟悉各自的角色。每年进行一次桌面推演可以帮助查找机场/社区应急预案以及所有参加机构操作过程和流程中的优势和薄弱之处。

机场/社区应急预案的回顾

机场/社区应急预案应当根据主管部门的政策和流程进行回顾和更新。在机场/社区应急预案制定过程中，相关机构必须建立一个评估系统：

（1）有经过严格训练的考评员。

（2）能查找操演和机场/社区应急预案各部分内容中需要修改的问题。

（3）提供有助于机场/社区应急预案修订的反馈。

在全面演习、桌面推演或实际的飞机事故之后，要进行一次操演/事件后检讨或行动后报告（After Action Report，AAR）。根据收集的信息可以查找机场/社区应急预案的优势和薄弱之处。该信息随后还可以用于修订机场/社区应急预案以改进应急作业。

本章小结

一部机场应急预案应当包括对所适用机场的多方面事宜，包括机场保障的飞机类型、机场上可能的事故地点及其可达性，还包括机场的气象条件和搜救能力等信息。另外，机场/社区应急预案应当组织好飞机救援消防人员可能用到的所有资源，要想获得这些资源需要联系哪些机构和组织，以及紧急情况下如何同资源各方进行通信协调。

机场/社区应急预案还必须对那些有可能发生在某机场的恐怖事件或军机坠落等特定险情的响应作出规定。无论如何，机场/社区应急预案的各个方面都应当定期练习。联合训练操演应当吸纳所有能参加应急响应的互助支援机构，确保所有机构在执行机场/社区应急预案中他们那一部分时能做到训练有素。对于成功消灭险情来说，这种训练与预案的精心编制过程同等重要，该过程是编制一部应急响应所要遵循的成功预案所必需经历的。

复习题

1. 哪些机构应当被写进机场/社区应急预案？（第 368 页）
2. 所有机场/社区应急预案中通用的构成部分是什么？（第 369 页）
3. 请介绍标准应急响应预案模型的用途。（第 375 页）
4. 在飞机事故/事件的首批响应阶段应当动用哪些机构？（第 377 页）
5. 机场/社区应急预案应当解决哪些特殊紧急情况？（第 390 ~ 391 页）
6. 联合训练操演之后要有什么活动？（第 396 页）
7. 机场/社区应急预案回顾中应当包括哪些信息？（第 397 页）

第12章 战略战术作业

学习目标

学习完本章,学生要能够:

1. 认识国家事件管理系统—事件指挥系统的组成和训练。[NFPA1003 4.2.2]
2. 描述针对各种空中紧急情况的战略战术。[NFPA1003 4.2.4, 4.3.6]
3. 描述针对各种地面紧急情况的战略战术。[NFPA1003 4.2.4, 4.3.1, 4.3.2, 4.3.3, 4.3.4, 4.3.5, 4.3.6, 4.3.7]
4. 认识轻度坠机的类型与特征。[NFPA1003 4.2.4, 4.4.1, 4.4.2]
5. 认识严重坠机的类型与特征。[NFPA1003 4.2.4, 4.4.1, 4.4.2]
6. 解释飞机紧急情况响应的流程。[NFPA 1003 4.1.1.3, 4.2.2, 4.2.4, 4.3.1, 4.3.2, 4.3.3, 4.3.4, 4.3.5, 4.3.6, 4.3.7, 4.3.8, 4.3.9, 4.3.10, 4.4.1, 4.4.3]
7. 解释军机事故响应时需要采取的行动和考虑的因素。[NFPA 1003 4.1.1.3, 4.2.2, 4.2.3, 4.2.4, 4.3.1, 4.3.2, 4.3.3, 4.4.1]
8. 解释涉危险材料飞机事故/事件响应时的注意事项。[NFPA 1003 4.2.4]
9. 学习活动12-1:使用网格地图赶赴飞机事件/事故地点。[NFPA 1003 4.2.1]
10. 学习活动12-2:使用语音字母表和航空术语获得地面管制员的放行许可。[NFPA 1003 4.2.3]
11. 学习活动12-3:运用事件管理系统协议向事件指挥员传递关于飞机事件/事故的准确情况报告。[NFPA 1003 4.2.2]
12. 学习活动12-4:查找飞机事件/事故的危险情况并采取纠正措施。[NFPA 1003 4.2.4]
13. 学习活动12-5:对飞机事故或事件中的遇险人员进行初步的伤员分类。[NFPA 1003 4.4.3]

第12章
战略战术作业

历史案例

来自廷克基地消防和应急保障中心的消防员对一架F－15飞机出现油量过低的空中险情进行响应。所有待命车辆在飞机到达之前约10min即已就位。飞机做了一个快捷、较低的进近，将其机翼反复调整以补偿55km/h的侧风。

飞机撞上进近跑道拦阻系统并滑向跑道左侧后进入草地，起火。飞机救援消防人员立即响应，快速消灭了机下和草地上火焰。火势被限制在机下一个很小的区域，火灾损失仅限于油漆烤焦。

飞行员关闭飞机后自行逃生。他从飞机处跑了大概30m远，救援人员找到该飞行员，检查了他的身体状况，将其送往“机场管理中心”。

一旦飞行员关闭飞机，就不会有更多危险因素了。该飞机没有装填火工品和照明弹，飞机救援消防人员也保持了弹射座椅的原始状态。

在险情处置过程中，事件指挥员非常关心断开飞机电源，而飞机救援消防人员却不熟悉飞机，不知道它没有蓄电池或备用电源系统。他们不懂一旦关闭发动机就没有电源可以打开座舱和操作其他重要的安全系统了。救援人员不得不借助技术条令查找这些信息。

虽然这种飞机属于该部门的年度训练计划范围，却未指定为基本要求而被视为随便了解性内容。飞机救援消防人员一般是通过每半年浏览一次技术条令来训练该型飞机的。

这次飞机事件加强了飞机认知的重要性，包括：

(1) 车辆靠近。

(2) 危险性。

(3) 操纵系统。

(4) 机组人员解救。

飞机救援人员必须能够在各种情况下做出关键性决策。战术决策从险情通报即已开始，延续整个险情作业的全过程。场地大小估计和战术决策要在数秒内完成，这些决策包括外界的机构援助、应急医疗援助和各种后勤保障需求等。

练习决策的最佳地点是在训练室，这要好于事发后临机决策。在那里，策略可以进行推演，预案可以拟制，检查单可以罗列，战术可以在可控环境下强化。响应人员要进行带想定背景的训练，努力想象面对坠机地点时的各种挑战。

飞机救援消防人员要应对的飞机事故和/或事件类型无非是空中险情或地面险情。对于每一种险情，各级都要有标准作业流程用以说明每一类险情对应的飞机救援消防响应。这些标准作业流程涵盖了从空中险情通报流程到大型地面险情响应的各种情形。

本章介绍了以下主题：

(1) 事件管理。

(2) 空中险情。

(3) 地面险情。

(4) 轻度坠机。

(5) 严重坠机。

(6) 响应流程。

(7) 军机事故响应。

(8) 飞机危险材料事件响应。

事件管理

机场消防部门需要为它们的战略战术作业引进并使用事件管理系统。经历了几次可怕的事件之后，美国政府强制所有应急服务组织采用通用术语和指令体系以改善协同作业能力。国土安全总统令(Homeland Security Presidential Directive, HSPD)/HSPD-5 做出进一步强调，各州、各地方政府和各部落实体必须采用国家事件管理系统，以符合联邦基金要求。这样一来，机场应急组织必须确保它们的指令体系在紧急情况处置时与外部组织的相匹配，因为这些外部组织大多都采用了国家事件管理系统。

2004 年 3 月，美国政府官方采用事件指挥系统作为国家事件管理系统的一部分。更多的关于国家事件管理系统—事件指挥系统模型及其应用的信息可从国家事件管理系统说明书和由国家消防事件管理联合会主办、防火出版社发行的《规范流程指南》杂志中找到。国家事件管理系统—事件指挥系统的设计适用于从延续数分钟的小型孤立事件直到能延续数天乃至几个星期、涉及多家机构与互助单位的大型事件。关于国家事件管理系统—事件指挥系统的信息可以从国家事件管理系统的网站查询。

国家事件管理系统—事件指挥系统的组成

国家事件管理系统—事件指挥系统将指挥策略与组织流程有机结合，提供一套行之有效、系统化的组织体系。事件指挥系统组织体系清晰地显示出通信过程和指挥环节。国家事件管理系统—事件指挥系统设计用于独立单位使用或多家单位共用，提高指挥效率和人身安全。其组织的设计可用于机场的各种紧急和非紧急事件。

运用国家事件管理系统—事件指挥系统，从应对小型事件到处置大型事件的转换，抑或多机构作业，仅需对相关机构做适当微调即可。下述要素相互配合、共同作用，为清晰通信和有效作业奠定基础：

(1) 通用术语。

(2) 模块化组织。

(3) 一体化通信。

(4) 统一的指令体系。

(5) 单一的行动方案。

(6) 方便管理的控制范围。

(7) 预先指定的事件处置设施。

(8) 全面的资源管理。

要搞懂航空领域国家事件管理系统 - 事件指挥系统的应用,飞机救援消防人员应当知道其体系中的主要职位描述:

(1) 指挥。

(2) 操作。

(3) 计划。

(4) 后勤。

(5) 财务/行政。

国家事件管理系统—事件指挥系统还增设了一些其他职位,如智囊团,负责收集事件相关信息。有些情况下,这可以归为“计划”功能的一部分。在最初的响应过程中,每个人将负责承担这些功能中的一部分。如果事件规模较大、情况复杂,这些功能将被分派到消防部门的具体个人、场内或互助/自动支援组织体系的其他有资格人员。机场组织体系内所有人员都要确保自己熟悉可能被分配承担的功能。事件指挥员要保持对这些功能负责,直到它们被分派出去。

国家事件管理系统—事件指挥系统的训练

最好能让所有飞机救援消防人员接受国家事件管理系统—事件指挥系统训练,作为他们的入门训练、反复熟练性训练、专业提升训练的一部分。国家事件管理系统—事件指挥系统课程由国家消防学院、联邦应急管理局和很多州、地方部门的在线资源提供。表 12.1 确定了各级职责适用的课程。

具备了事件指挥系统的理念,并经历了想定背景下的训练,一名事件指挥员应当能够自觉将事件指挥系统的原则应用到航空响应中。想定背景下的训练允许事件指挥员通过决策进程进行工作,并回顾检查用于决策的各个指令。想定背景下的训练也允许驾驶员/操作手、领导、消防员和卫生员使用他们的决策进程进行工作,因为这关系到他们在坠机现场所分派的职责。诸如机场调度和机场安保等保障人员也应参加这样的训练,以充分理解他们在合作行动中的角色和地位。想定背景下的训练允许事件指挥员犯错,并在尝试和错误中进行学习,为实际事件做好准备。飞机救援消防机构应当整合出一个系统,可以建立和分派事件管理中的各个要素。

表 12.1 国家事件管理系统—事件指挥系统课程

响应人员	本级课程
入门级响应人员 和救灾工作者	FEMA IS - 700:NIMS 简介 ICS - 100:事件指挥系统介绍(或同等内容)
一线指导人员	FEMA IS - 700:NIMS 简介 ICS - 100:ICS 介绍(或同等内容) ICS - 200:ICS 初级(或同等内容)
中层管理人员	FEMA IS - 700:NIMS 简介 FEMA IS - 800:国家响应预案(National Response Plan,NRP)简介 ICS - 100:ICS 介绍(或同等内容) ICS - 200:ICS 初级(或同等内容) ICS - 300:ICS 中级(或同等内容)

（续）

响应人员	本级课程
指挥员和参谋长	FEMA IS－700：NIMS 简介 FEMA IS－800：国家响应预案简介 ICS－100：ICS 介绍（或同等内容） ICS－200：ICS 初级（或同等内容） ICS－300：ICS 中级（或同等内容） ICS－400：ICS 高级（或同等内容）

空中险情

空中险情包括失火和其他可能导致飞机故事/事件的问题。这些险情包括但不限于以下内容：

（1）各种系统失效。

（2）液压问题。

（3）发动机失效或失火。

（4）飞行控制系统不可操纵或故障。

（5）液压原因或机械原因致起落架失效（起落架放不下或其他影响着陆安全的情况）。

（6）军用专属事宜，如掉弹、弹射座椅启动、座舱盖脱开。

（7）座舱失压。

（8）机上失火（图 12.1（a））。

（9）鸟撞（图 12.1（b））。

（10）结构性失效。

（11）燃油量低或耗尽。

（12）雷击、紊流、风切变、结冰。

（13）医疗紧急情况。

（14）乘客扰乱。

（15）恐怖事件。

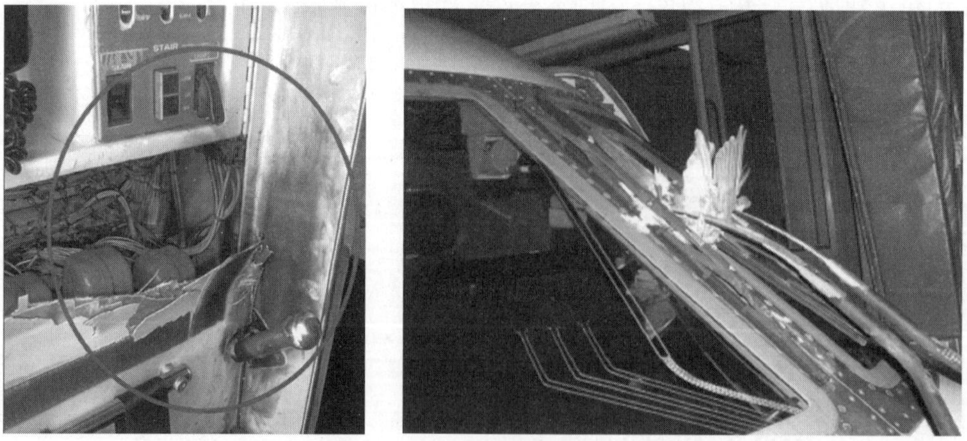

(a) 飞机在空中发生电气火灾造成的损伤　　(b) 飞机在空中发生鸟撞风挡玻璃造成的损伤

图 12.1　空中险情示例

以上这些情况有的本身并非险情，但它们的后果会引发险情。下面介绍当飞机火警指示器启动、空中火灾和液压/起落架失效时的战略战术。

飞机火警指示器启动

当火灾告警指示灯亮起,机组成员要通过设备检测和目视观察来确定是否真的发生了火灾。完成这些检查之后,如果机长认为飞机安全且适于飞行,则飞行可以正常进行。如果确有问题并宣布出现险情,则空中交通管制会通知机场消防部门,飞机救援消防人员们赶赴他们的预定待命地点等候飞机。一旦着陆,空中险情即转为地面险情,并且根据严重程度不同,可能需要做全面的应急响应。

出险飞机落在跑道上之后需要停稳以便飞机救援消防人员可以检查受影响部位,查找发热或冒烟的依据。如果飞机救援消防人员没有找到发热或冒烟的依据,飞机可以继续滑行到航站楼。如果依据找到,飞机救援消防人员应当靠近受影响部位开始灭火,这就必须停机、撤离飞机乘员。飞机救援消防人员可能需要飞机维护人员打开飞机包皮或操作地面电源装置。

空中火灾

载人飞机发生的内部火灾真的很危险,特别是当火灾发生在空中。由于现代飞机上有火灾自动探测系统,内部火灾通常在初起阶段就被探测到了。

如果火灾在空中即可靠近,飞机机组成员会尝试用机上灭火器消灭它。如果火灾不能用机上防火设备进行处置,或是它的位置在空中无法靠近,就会发展成严重火灾并快速蔓延。在这种情况下,要立即尝试进行紧急迫降。

根据完成紧急迫降所花时间长短,热量、烟雾和有毒气体会累积,形成对飞机乘员的致命威胁。如果有毒气体达到足够高的浓度,应急出口一打开就会发生轰燃或滚燃。在密切协同下,救援工作者要尽快给飞机通风。

客舱内部火灾涉及的可燃物有地毯、面板、舱内装潢和其他普通材料。飞机救援消防人员应当使用水枪射流和建筑灭火流程消灭这些火灾。顶部、四周和地板上的嵌板可能需要移开以露出隐藏的火焰。灭火作业可能因需要先撤离飞机乘员而受到妨碍或延迟。

液压/起落架失效

液压失效或起落架放不下会严重危及飞机和机上乘员的安全。根据严重程度不同,飞机在空中和地面都可能经历一系列飞行控制问题。这类险情可能影响到飞机的转弯、刹车和/或停止。

飞机救援消防人员在处置这种险情时可能要考虑采用备用待命位置,以免危及他们自身的安全。沿在用跑道两侧停放飞机救援消防车并保持安全距离,可以降低消防车和人员的风险。其他机场车辆必须离开出险飞机,以便飞机救援消防车和人员径直靠近该飞机。因电气短路或摩擦产生的火花能够点燃流入机身内部靠下位置的液压油,成为内部火灾的潜在诱因。

地面险情

地面险情只涉及在地面进行作业的飞机。这类险情可能涉及飞机及周边地面车辆、构筑物或者另一架飞机。需要制定应对多种地面险情的作业方案,从简单的飞机检查到多重管辖响应这些方案均应涵盖。

图 12.2 美国空军 KC－135 加油机在向停机区滑行时失火并爆炸

飞机救援消防人员可能遇到的地面险情包括:

(1) 机轮装置问题。
(2) 可燃金属失火。
(3) 燃油/易燃液体泄漏和流淌。
(4) 发动机/辅助电源火灾。
(5) 发动机失效。
(6) 加热器失火。
(7) 飞机内部火灾(图 12.2)。
(8) 地面碰撞。
(9) 蓄电池/电气设备火灾。

紧急撤离协助

飞机一旦着陆,飞行机组就会开始组织紧急撤离。到达现场的飞机救援消防人员需要立即用正确的频率联系飞行机组并报告机外条件,以防止不必要的撤离,为机组提供一个机外情况报告。对于大多数发动机、机轮装置以及其他较小的外部险情,飞机救援消防人员完全可以在不惊动机上乘员也不需要组织撤离的情况下控制形势。撤离可能危及和伤害逃生者,还会增加难度和干扰飞机救援消防作业和机场作业。

是否撤离通常最终由机长或飞行机组决定。飞机救援消防人员在奋力进入飞机实施救援和/或灭火时不要阻碍乘客和机组逃生,救援人员必须寻找并打开其他可用的出口。另外,在那些有能力逃生的所有人员出来之后,飞机救援消防人员要准备去帮助那些不能解救自己的乘员。

帮助正在撤离的乘员使用逃生滑梯时,飞机救援消防人员应当做到:

(1) 立于滑梯底部两侧,滑梯边缘与大腿中部同高,以便使其稳定。
(2) 伸出手臂,在乘客到达滑梯底部时协助其站起来。
(3) 让乘客的前冲动量帮助其完成该过程。
(4) 将乘员引导到安全地带。

处置外部火灾时,救援人员应当合理停放飞机救援消防车,以利灭火并使火焰远离正在用于逃生的紧急出口。实施内攻时,他们应当使用水枪射流进行通风和灭火。

机轮装置

现代飞机的机轮通常都在轮毂内嵌入式装配了易熔塞,它们设计成可熔化式,当轮毂达到预定温度时便给轮胎自动放气,一般为 150～205℃。放出轮胎气压便降低了机轮内的压力,这样也就减小了机轮解体碎裂的可能性。如果飞行事件发生而其易熔塞不能正常工作,就要加倍小心了,消防员必须从前方或后方以 45°角靠近这种飞机。

以下介绍了与机轮装置有关的两种最常见的危险情况:刹车盘高温和机轮失火。

警 告!

处置刹车盘高温事件或机轮失火情况时,要坚持从机轮装置的前方和后方以45°角特别小心地靠近,绝对不要从轮轴指向的侧面靠近。

警 告!

要始终穿戴全套防护服,包括自给式呼吸器。有些飞机的刹车片含有铍,会产生有毒火焰和烟雾。

刹车盘高温

无论是正常降落还是紧急迫降,刹车盘和机轮装置经常过热,这引起了飞机救援人员的关注。有几种方法可以确定机轮温度:热像仪和其他温度监测设备可用于在安全距离以外测试机轮温度(图 12.3),在某些新型喷气式运输机上,机轮温度还可以在驾驶舱内进行监测。

图 12.3 机场消防员使用感热枪测量飞机刹车盘和机轮温度

每当大型运输机降落后长距离滑行、中断起飞、不放襟翼降落或是发动机反推装置出问题时,飞机救援消防人员就要做好处理刹车过热情况的准备了。这类险情通常因机轮装置冒出棕色烟雾而被发现。如果飞机停下时机轮装置正在冒烟,需要加强观察,这是因为机轮峰值温度直到飞机在停机坪完全停下 20~30min 后才能达到。刹车盘高温不应和刹车火灾相混淆,后者中火焰是可见的。

注:飞机在指定的冷却位置停好后,请挡好前起落架轮挡以防飞机移动。

刹车盘高温可以采用的冷却方法包括以下几种:

(1) **正常冷却**。在飞机救援消防人员指定的机场偏僻区域让机轮装置自行冷却;飞机救援消防人员要监视该机状态直到确定安全时为止。

(2) **细水雾或雾状水**。用于冷却机轮装置。随着新式刹车材料的进步,通过消防炮以细水雾或雾状水持续喷射可以很好地替代吹风机,并且更加安全。

(3) **吹风机**。用风冷却机轮装置,比正常冷却更快。很多飞机救援消防部门使用便携式吹风机,该方法要求消防员离危险地带很近才行。对于螺旋桨飞机,热态刹车盘前方的螺旋桨可以用作风扇冷却刹车盘。

注:在消防员靠近飞机之前,发动机应当关掉。

机轮失火

如果飞机发生机轮火灾,塔台或飞机救援消防指挥员需要通知飞行员,因为飞行员在机上可能没有该火灾的任何表现。消灭机轮火灾最安全的办法是在远处用消防炮喷射大量的水来灭火。这样既让消防员处于危险地带之外,还能够快速灭火和冷却。即使火已熄灭,消防员仍要继续进行冷却,以防复燃并将对其他部件的损伤降到最低。只要消防员从前方或者后方45°角靠近,水枪也是可以使用的。

如果没有水,任何其他可以获得的灭火剂都可以用来扑救机轮火灾。这些其他种类的灭火剂可以消灭机轮火灾,但没有水的冷却防复燃功能。气态灭火剂在完全消灭机轮火灾之前是可能被风吹走的。

注:如果怀疑是镁或钛失火,用大量的水从远处喷射是有效的初期灭火措施,但如果火势没有熄灭,就要采取适用的D类火灾灭火措施。

可燃金属失火

现代飞机上普遍使用各种金属,其中有些是可燃的,如镁和钛。镁是一种很轻的银白色金属,一般认为它的燃点接近熔点(650℃)。作为一种固体,即使它不太容易被点燃,仍然被列为可燃金属。它是否易于燃烧取决于它的聚集形态(厚度和形状)。在大多数螺旋桨飞机和早期的喷气式运输机上,镁被用在以下部位:

(1) 起落架。

(2) 发动机固定架。

(3) 机轮盖板。

(4) 发动机部件。

钛,一种银灰色金属,与普通钢有同样的强度,重量却只相当于其56%。有的钛合金具有最好的铝合金三倍的强度。一般认为钛的燃点在其熔点(1 700℃)附近。正是因为其耐热抗燃,钛被用于制作发动机部件和短舱。它还用于现代喷气式运输机的起落架装置。另外,钛在新型大飞机上被越来越多地大量应用。

如有可燃金属失火,用消防炮大量喷水是一种已被普遍接受的初起火灾控制方法。起初,这种水流可能加重火势,导致金属溅出大量火星或火花,这必须在用水灭火之前就考虑到。然而,用水确实很有效,这是因为它迫使正在燃烧的金属从飞机上脱落并阻止了未燃金属达到燃点。对于严重坠机现场上正在燃烧的可燃金属允许其烧尽,或者用干粉灭火剂、土以及其他干燥惰性材料进行掩埋。

在少数其他情形下,少量正在燃烧的金属可以用铁铲转移到安全地带任其燃烧,直到所有燃料耗尽。消防员应当始终戴好自给式呼吸器,以防吸入燃烧金属释放的烟雾,这种烟雾有剧毒且多数含有金属颗粒。

专用的D类火灾灭火剂如MET－L－X、Lith－X和G－1粉剂在控制镁和钛火灾时也是有效的,当无水可用或被证明无效时,应当考虑采用这类灭火剂。

燃油/易燃液体泄漏和流淌

有些情况下,飞机救援消防人员到达事故现场而飞机燃油或其他易燃液体（液压油、酒精或滑油）已有流出或正在泄漏，但并未着火，此时飞机救援消防人员应当采用下述防范措施：

（1）尝试从源头关闭燃油，或用紧急燃油开关阀（飞机上的防火开关。——译者注）、输油阀实现。

（2）堵住或弯折断裂的易燃液体导管以减少泄漏。

（3）避免可能产生点火源的行动。

（4）如果燃油流淌危及乘员则立即组织撤离。

（5）让所有不必要的人员离开救援区域。

（6）确认消防人员穿上了包括自给式呼吸器在内的全套防护装具。

（7）如有必要，用泡沫覆盖所有暴露的燃油表面，保持泡沫层完整以阻止油气释放。

（8）将流出的燃油保持/收拢在尽可能小的区域内。

（9）不要让泄漏和流淌的油进入排泄口、防洪沟、下水道、建筑或者地下设施内。

（10）保持消防车和设备随时可用，一旦火灾发生能保证救援作业。

（11）使消防车停放在燃油流淌的上风、上坡位置。

（12）暴露在火场的燃油箱要进行冷却，以防烧坏或爆炸。

（13）使用强力破拆工具时要保持谨慎，以防伤及燃油、滑油（航空发动机润滑油通常称为滑油；车辆发动机润滑油通常称为机油。——译者注）和液压油导管及油箱。

注：本节所述燃油流淌的处置流程要符合主管部门制定的规定和流程，在流程制定过程中应当纳入 NFPA407《飞机燃油保障标准》中的相关信息。

尽管每次飞机燃油流淌事件都不尽相同，但是所有燃油流淌都会涉及以下这些变量：

（1）流淌面积大小。

（2）地形。

（3）设备。

（4）天气条件。

（5）易燃液体类型。

（6）飞机载客量。

（7）可用的应急设备和人员。

在机务保障期间，如果燃油泄漏越来越多，或是发生了燃油流淌，那么机务人员应当这样做：

（1）机务人员必须立即停止加油作业。

（2）非必要人员离开本区域，直到危险得到控制、故障修复，并且该区域恢复安全。

（3）应将此事通报给机场和航班安全人员，以便决定让机场运行继续或中止，直到问题得到解决。

燃油流淌所造成危险的严重程度主要取决于燃油的挥发性如何，以及靠近点火源的程度。在常温常压下，航空汽油和其他低闪点燃油不断散发出蒸气，能够与液体表面的空气形成可燃混合气体。航空煤油（A 或 A－1 型喷气燃料）并不存在该过程，除非环境温度达到 40℃ 以上，并且油温已经达到同样的程度。必须强调的是，炎热天气下的铺层道面温度可以超过 60℃；所以，流淌出的燃油在这种情况下要作为易燃液体对待。

在任何流淌或漏油情况的处理中，必须要特别注意避免可能为油蒸气提供点火源的行为。为防范燃油流淌和泄漏而采取的其他措施包括但不限于：

(1) 如果燃油正从供油导管或设备中泄漏或流出，则立即关闭紧急燃油开关阀。

(2) 如果燃油正从飞机的加油口、通气管或油箱焊缝中泄漏或流出，则立即停止供油。

(3) 断开所有与飞机连接的电源。

(4) 撤离机上人员。

飞机重新投入使用之前，机务人员务必仔细检查飞机有无损伤、有无易燃蒸气进入机翼或机身的隐蔽部位。维修记录应当保存完好，其中记录了事发原因、各类人员的修正措施，以及为防止复发所做的工作。这些信息还要列入消防部门的事件报告中。

不论流淌规模大小如何，为降低险情危害起见都要撤离机上人员。任何正在撤离的人都不允许从液体燃油上走。任何溅上或浸入燃油的衣物都要立即脱掉，以免增加额外的可燃物。皮肤沾染了燃油应当用肥皂和水洗掉。

车上和飞机上的发动机都会产生热量或火花，可以点燃汇聚在车辆四周的油料。地面上的流淌燃油被覆盖泡沫或清除之前，飞机救援消防人员绝对不能启动任何飞机、摩托车，或其他能够产生火花的设备。同样地，运行中的非应急车辆或其发动机应当关闭或开走，如果这样做安全的话。

如果发生流淌时航空发动机正在运行，那么该飞机应当移出危险区域，除非流淌面积会因此而扩大，或者螺旋桨洗流（桨叶旋转形成的空气涡流。——译者注）或喷气气流会增加燃油蒸气的危险程度。

如果燃油已经进入洗手间下水道或排雨管，救援人员应当堵塞入口，以免有更多的燃油流进去，并立即通知责任单位领导和当地环保官员。不要采取稀释、冲散油料等进一步行动，直到这些官员赶到、对形势做出评估并向事件指挥员提出建议。

大多数机场的加油区和停机坪都连通到油—水分离系统或双重防爆的回收系统。这种情况下，流淌出的燃油是允许排入该防爆系统的。有的管理部门还允许使用乳化剂中和、分解燃油，然后让其排入排雨管。飞机救援消防人员在努力阻止污染扩散时要熟悉这些系统。

> **警　告！**
>
> 绝对不能将燃油或其他污染物排入下水道或排雨管，也不要向这些管道中加水以试图稀释污染物。这些行为可能增加起火的概率，还可能给机场造成重大的环保法律责任。

如果下水道和排雨管的污染很严重，就要采取措施让运行中的车辆和飞机之类的点火源远离人孔（路面下水道的检修孔，供人出入。——译者注）或排雨管的入口和出口，直到这些地方的空气可以取样并确定在安全范围内。

注:为控制油料流动降低流淌燃油所致危险,飞机加油坪设计的进一步信息请参阅 NFPA 415《机场航站楼、加油坪排水和登机通道标准》。

任何飞机上面出现燃油流淌都要彻底检查一遍,以确认没有燃油或燃油蒸气沉积到襟翼收纳区或机翼截面内等非设计用于储存燃油的地方。任何与燃油接触过的货物、行李、邮包或类似物品在装到飞机上之前都要清理干净。

发动机/辅助电源失火

发动机/辅助电源火灾对飞机救援消防人员来说具有不同寻常的挑战性。在飞机救援消防车和人员到达之前,驾驶舱的机组人员应尽力做到:

(1) 关闭发动机/辅助电源。

(2) 启动发动机/辅助电源灭火系统。

(3) 断开供电系统。

(4) 关闭燃油和液压供应。

在没有乘员的飞机事件中,飞机救援消防人员可能需要关闭机上发动机或辅助电源,因此,飞机救援消防人员必须熟悉飞机的外部关机设备和内部关机步骤。这些系统可以同时停止发电机的燃油、液压、电力和气动连接。

洁净灭火剂在扑救发动机或辅助电源火灾时比水或泡沫更为有效。无论如何,用洁净灭火剂、水或泡沫灭火后都可能要对发动机进行维修后才能继续使用。使用干粉灭火剂扑救发动机或辅助电源火灾会造成损伤,干粉灭火剂需要经过主管部门同意才能使用。

> **警　告!**
>
> 喷射到热态喷气式发动机进气道和尾喷口的水或泡沫可能造成发动机部件解体并产生榴弹状飞散。如果要采取该步骤,飞机救援消防人员应当远离发动机。

喷气式发动机可能含有用镁和钛制成的零件。如果没有易燃蒸气出现,并且发动机短舱和飞机部件可以保持一定完整性,那么这些零件可以任其烧尽。

发动机**整流罩**或辅助电源检修口盖需要打开以利灭火。因为残油往往汇聚在辅助电源附近区域,所以辅助电源的整流罩应当从最低点向最高点逐次向上打开。消防员打开检修口盖时要加倍小心,以免掉出正在燃烧的炽热液体或发动机零件,这些东西可能会掉落到消防员身上。

整流罩——飞机发动机周围可以打开的覆盖物。

穿刺工具可用于在打开发动机整流罩和口盖之前向里面喷射灭火剂(图 12.4),这只能在发动机和电源关闭后进行。灭火口或易碎口盖在向发动机或辅助电源直接喷射灭火剂时比较有用。

热启动过程中尾喷管发生的火灾通常由驾驶舱机组人员控制。有些情况下,飞机救援消防部门也需要扑救这类火灾。

发动机或辅助电源火灾扑灭后,飞机救援消防人员应当检查周边区域,

图 12.4　穿刺工具用法示意,可在打开发动机整流罩之前向里面喷射灭火剂

以确认火灾是否蔓延,所有隐藏火灾都必须消灭掉。

发动机失效

如果部件在发动机内部断裂并滞留在发动机壳内或是通过尾喷管脱离发动机,此时发生的就是包容式发动机失效。所有发动机均设计为这种失效,这样不会形成对飞机的直接威胁。

非包容式发动机失效定义为发动机部件产生碎片并击穿四周的发动机短舱。这些碎片能够穿透机身和/或机翼结构并且:

(1) 对乘员造成伤害。

(2) 刺穿油箱。

(3) 割断燃油和液压导管。

(4) 引起三维、流动的燃油火灾。

(5) 引发内部起火。

(6) 破坏飞行控制系统。

飞行机组可能要立即组织机上人员撤离,这时需要对内部火灾发动猛烈攻势以协助撤离。如果客舱暂未受到火灾侵害,非包容式发动机失效可以像一般的发动机火灾那样处置。

加热器失火

加热器在飞机机身、机翼和机尾段可以找到。这些加热器通过安装防火系统进行保护。这些防火系统可以用来扑灭空中的加热器火灾。一旦飞机着陆,飞机救援消防人员应当检查加热器所在舱室及周边区域,确保火灾没有复燃或蔓延。

飞机内部火灾

大规模的飞机内部火灾由多种原因引起:

（1）电气问题。

（2）货物或行李舱内可燃或易发生反应的材料。

（3）非包容式发动机失效。

（4）轻度坠机后的燃油流淌火灾。

飞机救援消防人员要努力从空中交通管制中心关于空中发生机内火灾的情况报告中获取尽可能多的信息。机场消防部门可能需要更多资源处置客机或货机内部火灾。要尽可能快地发起互助/自动支援，好让更多援助及时到达并发挥作用。

飞行机组或乘客会报告有某种物质燃烧的强烈气味，甚至还可能看到了烟雾，此时可能是包裹发生闷烧或冒烟而引发险情。货舱火灾会削弱支撑上方地板的结构单元，引起坍塌而困住地板下面的消防员。要发起飞行员和消防员之间的通信以确认机舱内状况。

应急处置过程中如果飞机救援消防人员要进入飞机，需要委派一个快速干预小组待命，快速干预小组成员需要将防护装具和自给式呼吸器穿戴整齐，等待一声令下出动协助。

当一部分飞机救援消防人员正在查看飞机内部火情时，另外的应当进行一次细致的外部检查，包括机轮舱，寻找烟雾或炭化、炽热的迹象。火焰可以通过飞机侧窗发现，特别是对于设备舱内部火灾尤其好用。消防员还要考虑使用红外设备进行内部和外部侦察。

如果确定失火，飞行机组很可能会在飞机一停下来即组织撤离，现场的飞机救援消防人员要通过打开所有可用的出口、帮助乘客跳入滑梯离开飞机来协助他们撤离。风向是在打开出口之前必须考虑的因素。如果协调得不好，会因风助火势穿过机舱，进而使火灾增强、蔓延。

机上烟雾和物质燃烧气味的常见来源和位置如下：

（1）过热的荧光灯镇流器。

（2）食品准备区。

（3）洗手间。

（4）飞行员座舱区域。

（5）航空电子和电气设备舱。

（6）货舱。

（7）过热的电气部件。

（8）个人电子设备上的锂电池失火。

飞机上发生荧光灯设备镇流器过热的概率与在建筑物中发生的一样，通常并不严重。由于忽视镇流器过热的后果可能比较严重，所以飞行机组人员如果察觉到这种气味千万不要认为问题不大而置之不理。

烟雾大多来自机上的食品准备区。飞机救援消防人员必须彻查此处，包括所有的下水、储藏间及餐盘加热设备。机上厨房的电源开关和电路断路器都位于飞行员座舱内。

飞机洗手间内安装的烟雾报警器可以帮助探测该位置的烟雾。这些报警器只能提供原地报警而不能向飞行员座舱传递警报。在飞行员座舱的机组人员可能并不知道烟雾报警器已经触发，直到有空中乘务员报告给他们，这样会延误紧急迫降流程的启动。

在客运和货运飞机的下层货舱安装了用于警示飞行机组的烟雾探测系

统。下层货舱还安装了必须由飞行员启动的灭火系统。货运飞机可能在主货舱地板上也装有烟雾探测器,但没有灭火系统。

在飞行员座舱区域,可能有一套或更多断路器面板。如果整个飞机上有任何电气系统出现故障,飞行机组会因断路器断开而引起警觉。飞行机组往往会在付诸行动排除电路故障之前多次尝试复位断路器。由于他们对飞机非常熟悉,飞行机组成员可以帮助飞机救援消防人员确定隐蔽火情的具体位置。

注:飞机系统反常和电台干扰也可能意味着出现了内部火灾。

除了主客舱,飞机内部火灾还可能从其他多个地方起火。隐蔽空间的火势会在以下位置传播:

(1) 飞机蒙皮和内部管线之间的狭缝。

(2) 头顶可进入空间。

(3) 整个货区或机腹区域。

(4) 飞机的长或宽方向。

可能很难判断哪里是起火点、哪里是蔓延区。便携式红外探测器或热像仪可以用于定位表示隐蔽火情的"热点"。隐蔽火情还可以通过移开一些地板、墙板和顶板进行定位。在飞机外部,漆层鼓泡或变色可能表明是着火区。喷洒细水雾,注意观察水变成水汽并迅速蒸发的地方,这样也可以找到着火区。

如果暂未开始撤离,飞机救援消防人员必须利用所有可用的舱门和舱盖立即进入飞机,在进行灭火战斗作业准备的同时开始救出乘客。

警　告!

在各个舱门处装有应急逃生滑梯系统,根据机型不同,有的还会装在机翼上方紧急出口处,因此进入飞机时要保持高度警惕。如果从外面打开门窗,逃生滑梯会展开并严重击伤或击毙毫无防备的救援人员。

警　告!

内部火灾会造成缺氧;如果打开紧急出口让新鲜空气进入过热的空气中,则有可能发生轰燃或滚燃。

消防员进入飞机切勿妨碍乘员紧急撤离。让乘员撤离飞机并不会阻碍消防员打开所有可用的逃生舱门、舱盖、窗口等开口为飞机通风。

在大多数飞机上,翼上和翼下出口的狭小尺寸对于穿戴了全套防护装具和自给式呼吸器试图进去的飞机救援消防人员来说是一种挑战。一旦进去,在狭窄、受限的过道里穿行有点困难,或许还会受到不清醒、死亡乘客和机上掉落行李的磕绊。

如果能够安全进入,飞机内部火灾可以用水和/或泡沫采取与建筑火灾相同的方式进行扑救。内部灭火作业流出的水会稀释正在起蒸气抑制剂作用的机外泡沫覆盖层。内部火灾战斗人员必须要确保他们有无障碍的逃生通道可供离开飞机,因为机内情况瞬息万变。

只要翼下没有火,架设第一个内攻水枪的最优位置通常是上风向的翼上舱盖或舱门(图 12.5)。机翼为进入飞机提供了可供站立的平台。由于大多数逃生乘客都会纷纷冲向舱门,所以翼上舱盖往往成为首选入口,如果飞机上有的话。翼上逃生出口还将飞机前后分开，可以用于阻止火势向另一方向蔓延。在窄体客机上，直流水射流从这里一般都可以打到主客舱的两端。消防员在机内行走要特别小心，因为地板可能已经很脆弱甚至烧穿。最终目标在于保证飞机救援消防人员和机上乘客的安全，所以要尽最大可能快速打开所有舱门和舱盖，只要有可能就建立、保持和保护所有可用的救生通道。

火势会在机腹内蔓延，因此货舱、电子设备区和其他工作机构空间必须打开并检查火灾迹象。也许有必要从货舱卸下行李以便检查火势走向及灭火。火势还会在飞机的其他隐蔽区域蔓延，例如头顶上方区域和侧壁。所以，全部涉火区域都要检查、灭火并清理。

图 12.5　机场消防员尝试通过翼上舱盖进到飞机机身里面

注：在全面涉火的飞机内部火灾中，机尾的结构完整性会受到破坏。消防员应当做好应对这种情况的准备，因为机尾破坏后飞机后部会突然塌落在地面上。

货运飞机和飞机通风对于飞机救援消防人员来讲已经成为两个特殊难点，这些问题将在下面讨论。

连接廊桥的飞机

在航班到达和离场作业时或是过夜停放期间，飞机常常连着廊桥停在那里。不论是载人的还是无人的飞机，只要失火就会危及航站楼和机场作业的安全。要特别关注飞机救援消防人员怎样处置机场上单体或多体廊桥相关事件。很多时候，要从廊桥上通过一根外接电缆为飞机提供电源。在拔掉飞机—地面电源连接的插头之前，应当先断开地面电源。如果能够安全靠近，飞机救援消防人员还要断开蓄电池。

飞机救援消防人员要制定有关这些结构的事前预案，并进行训练，以验证处置这类结构最有效的方法。事件指挥员还应当考虑是否有必要将廊桥移离飞机或将飞机移离廊桥，以消除可能的火势蔓延。

无人的飞机

无人的飞机失火往往因发现得晚而发展成大型事件。舱门全部关闭而无人看管的飞机会因长时间持续闷烧而积累成烟雾和潜在的爆炸性混合气，它们会在不知不觉间形成，在飞机打开之后才能发现。打开这种飞机的舱门是相当危险的，因为有可能发生轰燃(因为空间内大部分可燃物被加热到自燃点而几乎同时被点燃。——译者注)、滚燃(贴近空间顶部，从起火位置向烟雾流动方向迅速蔓延，目视类似滚动。——译者注)，极个别情况下还会发生回燃(因大量迅速补充氧气而引起的轰燃。——译者注)。就像在建筑火灾扑救中那样，这种情况意味着灭火战斗需要伴随实施垂直通风。手持充实水枪的消防员应当就位，以便在火势增强时立即发动进攻，这在给飞机通风时有可能会发生。这些情况下使用穿刺式水枪效果较好。事件指挥员应当根据火势对生命安全的威胁程度而斟酌发起强攻进行飞机救援作业的必要性。

货运飞机

满载货运飞机的内部火灾与客运飞机火灾有很大不同，这是因为二者在乘员数量和燃烧载荷上有差异。货运飞机比客运飞机更有可能载有大量有害货物/危险品。

货运飞机在地面上发生火灾，飞行机组通常可以从正常的登机舱门或是飞行员座舱紧急出口逃出来。一旦确认所有机组成员已经出来，就不必再担心救援的问题，可以集中精力灭火。如果货物区的舱门打不开，常规的内攻就很困难。

发起内攻之前，飞机救援消防人员应当尽量弄清有没有、有什么类型的、有多少危险品在飞机上，危险品的相关信息在货物清单上有，清单放置在飞行员座舱内，或者在主要装货舱门附近某个地方。不同于放射性物质，危险品要让飞行机组能靠近，通常放置在飞机前部附近。不管机上危险品的推测数量有多少，当出现货运飞机险情后，有害物质处置小组是必须立即成立的。如果有的话，红外热像仪可用于帮助寻找着火位置。

注：飞机上用于装危险材料的容器可能自带灭火系统。

货物集装箱和装货托盘使得难以靠近火灾，并使火灾内攻作业更加危险。在箱体和机身之间通常仅有几毫米的空隙。如果出现较小火情，可能有必要先卸货再靠近火灾。

将蒙皮穿刺喷嘴用于进攻货运飞机内部火灾应该是最佳战术。飞机救援消防人员应当先从飞机外部确定最热位置，然后从那里穿透机身。该技术可以将灭火剂刚好射入着火区而不会让飞机救援消防人员去冒内攻的危险。

如果蒙皮穿刺喷嘴刺破飞机壳体不够深而不能插到空腔里面，那么飞机救援消防人员还是不得不靠近着火区、扑灭火灾并实施清理。如果这些穿刺喷嘴够不到着火区，消防员应当采取以下措施：

(1) 用热像仪确定火灾影响区域。

(2) 打开火焰上方或飞机下风向一侧紧邻着火区的飞机结构进行通风。

(3) 如有必要，可以移动飞机以有效利用盛行风向，也可以牵引到不影响正常作业的地方或更靠近消火栓水源的地方。

(4) 在飞机上风向开口，进到里面彻底灭火、阻止蔓延、实施清理。

机上灭火系统

目前已研制出使用多种机上灭火系统的新技术。用单个穿刺式喷嘴自动喷射高倍泡沫展现出可喜的效果；外部的消防部门灭火连接装置将来会普及；热探测传感器可以帮助确定应当部署穿刺式喷嘴的确切位置；设计用于覆盖货物托盘的防火布也有助于扑灭火灾并阻止它们自由燃烧。关于飞机救援消防相关技术的更多信息可以从联邦航空局技术中心网站获取。

飞机通风

消防员应当尽快、安全地建立起通风。以下是几种实现通风的途径：

（1）**初始通风**。通过打开舱门和舱盖或者打碎窗户来实现。

（2）**正压通风**。通过打开飞机迎风面的舱门、舱盖和窗户来实现。

（3）**水力通风**。通过敞开的舱门、窗户或舱盖从外面喷射雾状水来实现。

（4）**垂直通风**。沿飞机顶部用救援锯切割入口来实现（图 12.6）。建立垂直通风时，飞机救援消防人员应当做到以下几点：

① 绝对不要在机上站立，而是站在举高平台上工作。

② 切割作业中要喷洒水或泡沫以润滑切割过程，避免熔融的铝粘附锯片刃口，从而保护飞机救援消防人员。

警　告！

绝对不能将水枪或消防炮的射流打入烧成或割出的机顶孔洞内，这样会阻扰垂直通风进程，还会迫使火焰和燃烧产物在飞机内水平传播。

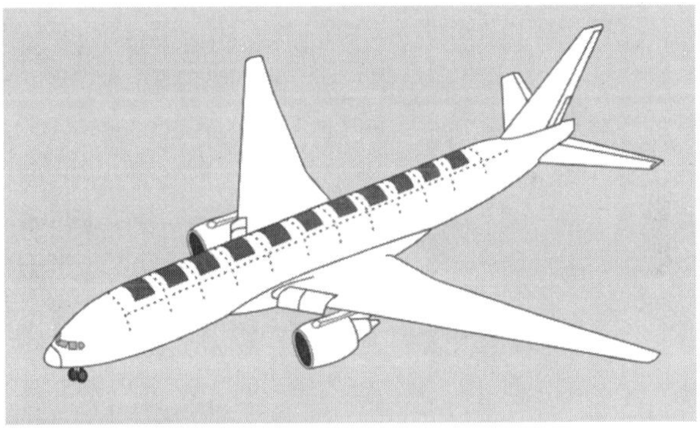

图 12.6　飞机垂直通风可能的切割点

早期通风很重要，这是因为用水扑救内部火灾会使有限空间内快速充满烟雾和水汽。这种条件增加了搜索营救的难度，使乘客和救援人员面临被水汽灼伤的危险。一旦开始通风，救援人员就应当冲进去，立即开展内部搜索，开始灭火战斗，从未着火的一侧实施营救。

地面碰撞

由于地面碰撞的广泛性，飞机救援消防人员必须从整体上观察每个事件，而不是仅仅聚焦于事故相关的那架飞机。地面碰撞可以是飞机和其他飞机、车辆、动物及/或跑道之外地表固定物之间的碰撞。飞机救援消防人员要了解的其他因素包括：

（1）车内受困和/或受伤人员。

（2）建筑物内受伤人员。

（3）相关建筑物的结构完整性。

(4) 在飞行场区走动的受伤动物。

(5) 从车上泄漏的危险材料。

注:为了避免地面碰撞,有些机场采用了“交通警示和避障系统”。这些系统可以跟踪机场车辆的运动。空中交通管制地面管制员会监视这些车辆的运动,必要时可以干预以防止发生地面碰撞。

蓄电池/电气设备火灾

如果电子/电气(Electronic and Electrical,E&E)设备区发生火灾,飞机救援消防人员在靠近设备区之前应当确保飞机处于关机状态。消防员可以让飞行机组在离机之前关闭飞机电源来完成这项任务。如果飞行机组已经离机,飞机救援消防人员就不得不进到驾驶舱内执行关机操作。

飞机电源关闭后,飞机救援消防人员可以靠近电子/电气设备区并灭火。消防员应当打开检查口盖并在电子/电气设备区放置喷嘴。消防员需要向设备区喷射洁净灭火剂 20 ~ 30s,具体根据飞机大小而定,然后关闭口盖让灭火剂抑制火势。1min 后,他们应当再次打开口盖查看抑制效果。如果仍然有火,消防员应当再喷射灭火剂并关闭口盖。

如果火势很顽强,就需要用水枪来消灭火灾。在任何情况下,飞机救援消防响应人员扑救电子/电气设备区火灾过程中均要穿戴个人防护装备,包括自给式呼吸器。

注:目标是尽可能快速、安全地扑灭火灾,所造成的损失越小越好。

轻度坠机

轻度坠机是机体未严重损坏或断裂,很可能有较大比例生还者的飞机坠落事件。飞机通常在某种程度上仍可控,并以合理程度和可控方式坠落,机体仍然保持完整无损或断成几大段。轻度坠机事件经常发生在场内或机场附近。这类事件可能伴有燃油起火,尽管无火事件并不罕见,特别是对于燃油耗尽的飞机更是这样。

在轻度坠机现场能遇到生还者的机会还是很多的。尽管轻度坠机中会有死亡,更有可能的还是各种程度的非致命伤。乘员们常常能够自我解救并从轻度坠机现场走出来。为了营救受困和/或严重受伤乘员,救援作业不得不与火灾扑救紧密结合进行。

飞机救援消防人员只有在套上全套防护服和自给式呼吸器之后才能开始人员解救作业。水枪小组应当为救援人员提供保护,防止其受到轰燃的侵害。在对火势实施初步进攻时,如果消防炮射流够不到着火区时,根据残骸区域大小,可能需要架设和使用水枪。下面详细论述轻度坠机的几种最常见类型。

机轮收起或机腹着陆

机轮收起或机腹着陆可能是液压系统故障或其他原因引起。关于机轮收起式着陆有几点总结如下:

(1) **前起落架收起,主起落架放下。**需要飞行员降低高度和速度以保持前部抬起,坚持到最后可能的时刻。

（2）**单个主起落架收起**。最危险，最难以控制。

（3）**起落架放下但未锁紧**。起落架会突然倒下，飞行机组和飞机救援消防人员得不到任何先兆（图12.7）。

如果飞机从地面擦过，油箱可能会破裂，摩擦产生大量的热和火花提供了点火源。飞机在机场跑道上降落时，这些危险通常要比在松软地面上更为严重。机腹着陆之后，关键是要尽力抑制以使起火的可能最小。

图12.7　着陆时该机因起落架上锁不到位而倒下

机轮收起状态着陆时，飞行员几乎不可能保持对飞机的控制。一触地，飞机就会断裂或偏出跑道。飞机救援消防人员应当将消防车停放在距离跑道有一定安全距离的地方，以免被撞到，只有飞机滑经停放的车辆以后才能开车去追赶飞机。

此类降落之后，大型飞机可能一点也没有损伤，大部分乘员能够自行离机。如果确实起火了，飞行员要采取措施灭火并控制火焰离开机身——特别是紧急出口位置。受飞机最终姿态的影响，逃生行动可能会受到阻碍。逃生滑梯是设计当机轮正常放下时撤离用的，但是在飞机机轮收起而机身贴地时，逃出的乘员常常会在滑梯底部挤成一团，导致逃生过程特别慢。

水上迫降

另一种轻度坠机就是机轮收起状态下在水面降落，即众所周知的水上迫降（图12.8）。很多机场在它们的进近/离场航线上或其邻近区域有大片水体。飞机出现以下情况后，就可能发生水中的飞机事故：

（1）滑出跑道。

（2）着陆距离过短。

（3）中断起飞。

（4）进入水沟。

（5）坠机。

图12.8　对哈德逊河中水上迫降成功的全美航空1549航班实施救援作业

本场飞机救援消防部门必须要确保可以满足对这些地点快速响应的时间需求。FAA AC 150/5210－13《机场水上救援预案与装备》规定，距离水体3km以内的机场应当制定预案以处置飞机的水上救援。要有足够多的道路通往水体附近，还要有船用滑道以放出救生艇，这些对于救援行动是至关重要的。

水上的飞机事故对于想去灭火和实施救人作业的飞机救援消防人员来说是危险和具有挑战性的。水面上会有燃油覆盖，它们可能正在燃烧或没有燃烧。如果可行，飞机救援消防人员应当在整个表面覆盖泡沫层。如果飞机有一部分浸在水中且没有失火，飞机救援消防人员在实施救援作业时应当保持警惕，因为浮上水面的燃油遇到热态发动机部件会起火。救生艇发动机具有引燃的危险性，不可进入受到燃油污染的区域。为了保护救援区域，消防员可能不得不完成以下内容：

（1）打散未起火的成片燃油。

（2）用高压水流推走燃油。

（3）用泡沫覆盖燃油。

（4）用商用回收产品处理燃油。

已经被点燃的漂浮燃油应当从上风向和上游靠近。如果火灾在射程之内，那么火灾扑救作业可以从岸上实施。如果不是，可以让潜水员或用小型消防艇将水枪漂到需要的位置。火焰可以用一种扫射水流的技术将其从救援区清理出去。

在发生飞机水上迫降的情况下，飞机救援消防人员可以利用救生艇和受过水上救援训练的人员一起将人员从飞机上转移出来。救落水乘员对于飞机救援消防人员来说将是一种挑战。

飞机救援消防人员还要懂得飞机残骸有可能会浮起，因为舱室上部空间会留存多个气团。在飞机的水线以上某处开口可能使空气溢出，造成残骸在乘员转移出来之前沉没。

飞机救援消防人员需要专业车辆与设备开展水中救援作业。严酷的天气会造成体温下降，尤其在冬天，这会使飞机乘员和救援人员快速失去行动能力。即使在较为温暖的天气，风也会导致体温下降。根据空气和水的温度，加上被救人员的年龄、身体条件和受伤程度，体温下降被证明会在数分钟内致死。在冰冷的水中，飞机救援消防人员可以穿上特制的漂浮衣，它还能再浮起2~3个人。氯丁橡胶材质的紧身潜水衣也可供救援人员使用；但是，它在低温下提供的保护不如干衣服效果好。

飞机救援部门还需要一些诸如毛毯、轻便高密度聚乙烯连衣裤和应急救援帐篷之类的物品来保持大批生还者的干爽和温暖。机场摆渡巴士也可用于收容并为生还者保暖。对于发生在湿地、沼泽和潮汐淹没平地上的飞机事故，用常规救生艇和陆地车辆难以抵达，充气船也许是更好的替代工具，这些船底平、体浅，仅需几厘米水深便可有效作业，可以通过宽阔的遍布泥浆的潮汐平地。单人小船可用于牵引筏子运送生还者、救援人员和设备往返于事件现场。

对生还者的水上救援往往会涉及水面救援技术和设备。虽然直升机在一些水上救援作业中效果较好，但有时螺旋桨的下冲气流会把救援者和漂浮物从被救人员身边吹走。筏子和其他类型的漂浮设备可以从直升机上投放和布设。飞机逃生滑梯可以从飞机上解开作为筏子使用，在一些老式的窄体飞机上，滑梯需要翻过来用，每一种滑梯都有系索供手工连接到飞机上作为撤离平台。飞机上的坐垫可以用作漂浮设备。水体附近的飞机救援消防部门应当考虑随车携带单人漂浮设备（Personal Floatation Devices，PFD）、轻便救生头盔和救生绳等水上救生设备。

生还者和飞机救援消防人员很可能沾染上燃油，需要进行适当洗消。机场/社区应急预案要列出进行洗消的角色与分工。

中断起飞冲出跑道

该类轻度坠机常常是飞机完整无损或断成几截。该类轻度坠机的原因包括以下几种：

（1）突然失去动力。

（2）道面打滑。

（3）跑道长度不足以让飞机停下。

（4）跑道入侵。

(5) 鸟/野生动物撞击。

(6) 涡轮失效。

该类险情常有乘客存活。但是,飞机救援消防人员要快速响应,保护逃生通道以确保乘客能够生还。

端保险道上可以安装工程材料拦阻系统以拦住飞机。如果被拦住的飞机起火了,飞机救援消防人员要做好应对可能发生三维火灾的准备。工程材料拦阻系统的材料发生腐烂或其他损坏会加重燃油的流淌和燃烧。飞机救援消防人员可能需要实施双灭火剂进攻或其他战术同火灾作战。

直升机坠落

直升机具有相对较轻的结构,因此,它们承受不住垂直撞击产生的巨大力量。起落架、旋翼和尾桨部件常常被摔断开,剩下破损的机身内部成为残骸主体(图 12.9)。残骸主体中常常有发动机和油箱,要谨慎靠近,因为油箱和燃油火灾具有的危险性对于直升机和其他飞机来说都是一样的。

图 12.9 直升机坠落残骸

警 告!

旋翼,通常靠近乘客区,坠机后还可能继续转动。要避免靠近旋翼仍在转动的直升机。强风和崎岖地形会造成旋翼低头或使救援人员走入转动旋翼的运动路径中。

严重坠机

严重坠机——对机体造成严重损伤的坠落,显著降低乘员生还的可能性。

过载力——由加速度或重力产生的作用在物体上的力,以 1g 为加速度单位(即,加速度相当于 1g 的倍数。——译者注)进行非正式描述。

严重坠机可导致机体严重损坏(机体解体)并显著降低乘员生还的可能性。这常常是一种高速度、大角度的冲击,飞机几乎不能或完全失去控制,往往发生在机场以外的地方。在严重坠机中,施加在乘员身上的**过载力**超出了人类的承受水平;或是座位和安全带在冲击下未能勒住乘客。

在严重坠机中,飞机常常和地面、树木冲撞而断开。包括机翼、尾翼、起落架在内的主要结构件会破裂，并散落在前进沿线很大一片区域内。机组成员或乘员在飞机停下之前就可能被抛出去，所以在这些情况下，对伤亡人员的搜寻要彻底、范围要大。在这类事故中，飞机救援消防人员应当注意现场安全、证据保护、暴露防护等。

在场外的严重坠机点，正在赶来的飞机救援消防人员会遇到以下物体失火：

（1）构筑物。

（2）植被。

（3）车辆。

（4）飞机残骸。

（5）其他 A 类可燃物。

机场/社区应急预案应当确定飞机救援设备出动要驶离机场多远、可以组织起的最大资源量有多少。机场消防部门曾因仅出动救援离港、进近航线范围内的却不救远离机场的坠机事故而受到指责。

可控飞行撞地

很多情况会造成坠机：

（1）使飞机保持高度的液压或其他系统失效。

（2）不良气象条件使飞行员失去对飞机的控制。

（3）仪表校准有误导致飞行员无法准确导航。

不论坠机原因如何，即使飞行员不能完全阻止坠机的发生，他们往往仍然可以控制飞机坠向哪里。将一架正在坠落的飞机引向目的地被称为可控飞行撞地。

紧急情况下，飞行员可能仅有坠机前的数秒钟控制飞机，飞行员不得不选择允许飞机沿当前方向撞向建筑或是试图使飞机转向到一片田地、附近的湖泊或山坡。

飞机救援消防人员必须做好应对所有意外的准备，因为可控飞行撞地可能发生在各种地形、出现各种不同情况。即使飞行可控，响应人员仍然无法在飞机飞行中就预测出它将撞向哪里。

山坡坠机

山坡上的飞机火灾有时难以靠近，以致消防员要想阻止火势蔓延和实施彻底清理很受限制。航空燃油常常飞溅到很大区域，很快烧尽，只剩下零星的残骸和植被仍在燃烧，山坡上的燃烧物扩散要比想象中的更快更广。

涉及建筑物的坠机

相比单纯的飞机事故，撞进建筑物的坠机显然会造成更加复杂的问题。飞机一坠地就会碎裂，飞散的碎片会损坏周围的东西：会产生对屋顶及更高楼层的损坏，地板和壁板会坍塌或摇摇欲坠，建筑物内外受波及的人员会受到伤害（图 12.10）。

第一时间赶到的消防官员必须尽可能准确估计形势，向后方清楚地描述情况，恰当安排可用资源。救援人员应当查找有关物品并清空整个区域，要让围观人员尽可能远离事发区域。

几乎可以肯定，飞机油箱会严重损坏、箱内油料会散落。起飞之后，新式大型客机携带的燃油多达320 000L。只要有可能，飞机救援消防人员就要尽力采取措施阻止燃油流入坠机区域的建筑、下水道和雨水管内。

飞机救援消防人员应当制止吸烟行为并注意消除其他点火源。火势可能受油料飞溅的影响而大面积分散、快速蔓延，威胁天然气管线、破坏民用供电系统。

图 12.10　2001 年 9 月 11 日美航 77 航班撞击五角大楼的后果

响应流程

每个管理部门必须制定对所有类型的飞机险情进行响应的流程。每名消防员必须知道他们在总体作业中的角色，以便所有需要的功能都能快速有效执行。尽管各管理部门的响应流程千差万别，但有些比较通用的内容是大多数机构都应列入他们标准作业流程的，本节将对其重点介绍。

标准应急响应

在跑道上为预期险情设置的飞机救援消防车待命地点应当预先确定并写入标准作业流程(图 12.11)。险情发生时，响应车辆应当直接赶赴这些地点，除非被调派至另外地点。如有可能，响应车辆应当至少掌握与事故有关的以下信息：

(1) 飞机制造方与型号。

(2) 险情情况。

(3) 响应类别。

(4) 机上油量。

(5) 乘客的数量与位置，包括受伤人数，如果知道的话。

(6) 关键重要货物的性质与位置。

(7) 飞机所处位置(如果即将着陆，指预计使用的跑道；如果已经坠机，指事发地点)。

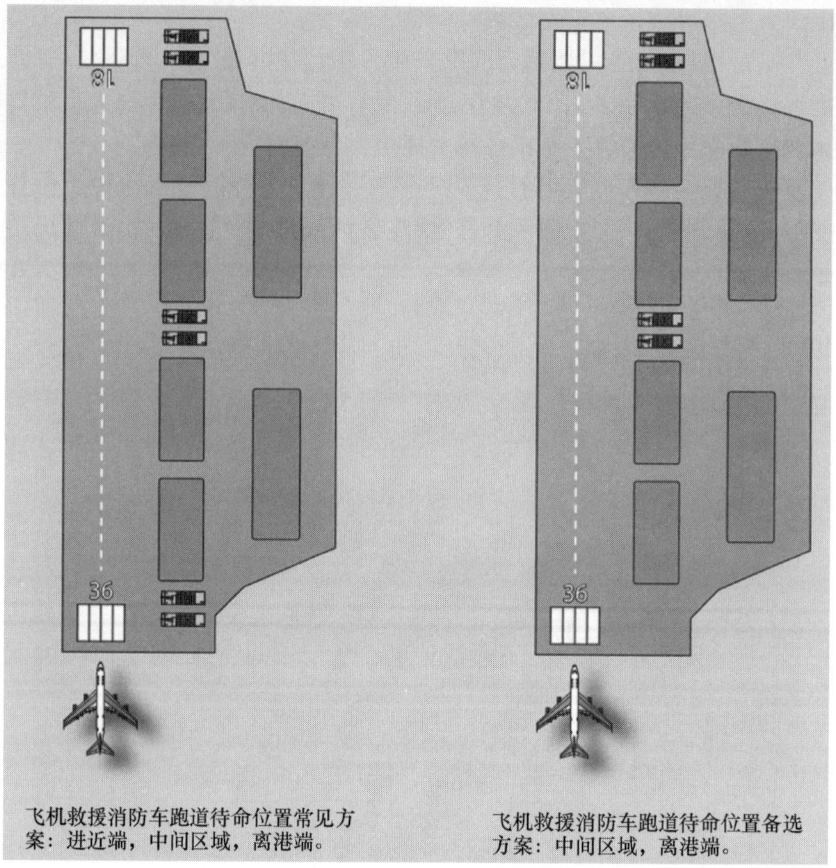

图 12.11　两例为飞机救援消防车预设的跑道待命位置

鉴于时间攸关，飞机救援消防人员必须在考虑天气、能见度、地形和交通的基础上随机应变。调整其响应速度与安全是同等重要的响应注意事项。机场/社区应急预案中的消防部门章节应当包括准备采用的响应路线，除非有不可预见条件导致其他考虑。该流程允许所有部门预先假定其他部门的行动。以下是选择路线应当考虑的因素：

(1) 可能的事故地点。

(2) 当前可用的路线(包括易碎大门的部位，如果有的话)。

(3) 可能的替代路线。

(4) 消防车设计参数，如重量、高度、宽度等。

(5) 桥梁、坡道等的承载能力。

(6) 天气影响。

(7) 其他障碍。

如果应急响应过程中驾驶员/操作手的视线出现障碍，驾驶员/操作手要倍加小心驾车前行。当接近坠机现场时出现视线障碍，驾驶员/操作手应将他们的消防车完全停下，视线恢复才能继续行驶，以确保正在逃散的乘员不会被行驶中的救援车辆撞到。如果车上有两个人，其中一个应到车前清障，确保车前区域畅通且乘员不会被辗压。如果消防车驾驶员/操作手看不到站在地上的消防员了，驾驶员/操作手必须立即停下消防车，以杜绝辗压消防员的可能。在重新看到对方之前，救援行动绝对不能再继续。夜间作业时，前视红外设备或手电筒可能会在引导消防车安全到达现场时用到。

响应人员还必须采用避免损伤消防车和设备的方式进行响应，要避免在飞散于整个事故现场的飞机碎片上辗过，炽热或尖利的飞机碎片很容易损伤车胎，威胁驾驶员/操作手和救援小组的安全。

在响应和灭火作业中，飞机救援消防人员必须竭尽全力保护事故现场和保存证据。响应人员还要关注刚到现场时遇到了怎样的情况，谁可能已经进入了现场，什么证物已被移动（如果有的话）。有关人员在事后做现场调查时需要知道这些信息。

飞机事故的响应时间对于有效开展救援是至关重要的。机场主管部门要求机场的飞机救援消防车能在指定时间内从消防站响应到达事故/事件现场，并开始喷射灭火剂。后续车辆必须能在 3～3.5min 内响应并开始灭火。任何情况下飞机救援消防人员都应当清楚其主管部门对他们机场的响应标准要求。

未声明险情的应急响应

未声明险情是没有预先报警即发生的险情。对于空中（声明的）险情，飞机救援消防人员通常能在飞机尝试着陆之前得知某些进近前的信息。然而，不管哪种情况，所得到的信息可能都是粗略的，比如“飞机在 17 跑道进近端起火”。

要为互助机构提供建议的集合地点或待命区域，还要建议他们带上作业所需的个人或专用设备。

飞机救援消防机构会收到来自空中交通管制塔台或当地消防或警察部门关于场外坠机的报警。预先指定的消防车会从机场出发赶往坠机地点。对于场外道路与桥梁的事先调查可以作为预先筹划场外应急响应工作的组成部分。响应过程中，飞机救援消防机构和响应单位应和当地消防部门协同行动。到达坠机地点后，飞机救援消防部门的高级领导要向当地消防部门的高级领导报到。机场/社区应急预案要确定场外坠机现场所有机构的角色与分工。

建立事件指挥与现场管理

负责人必须通告所有响应人员：保证系统正常运行的“指挥”已经建立起来。建立事件指挥要同步设立一个“指挥所”：用电台与“指挥所”所在地保持通信；在指定作为“指挥所”的车上安装绿色旋转信标灯/闪光灯。这两项功能可以示意互助响应人员，表明现在有人负责，以及支援行动应向哪里报告。不幸的是，在当时群情激动的情况下可能省略了这一步，导致无人负责，或是多个部门都声称在负责。

紧接着，其他要做的就是尽快建立作业与后勤工作队。事件指挥员最常做的往往是要求增援和各种保障。由于有很多决策要在短时间内做出，在初始响应中很容易让人乱了阵脚。

可以按照第 4 章“安全和飞机危险性”中介绍的那样，通过建立控制区从而实现现场管理。要保证事故现场安全，避免非必要人员进入现场干扰灭火与救援作业。机场/社区应急预案中要确定负责现场安全的部门，通常是机场保卫或当地执法部门。

筹划

就像其他类型事件那样，对飞机事件进行筹划（风险估计）是救援作业最关键的部分之一。本阶段的任务选定和资源申请奠定了事件后续的基调。筹划应当从四个不同侧面来检验：

（1）事件指挥员。

（2）驾驶员/操作手。

（3）官员/消防员。

（4）应急医疗保障响应人员。

事件指挥员随响应车辆一同行动是飞机救援消防响应中的常见情况，这样可以立即建立起指挥。如果不是这样，首先到达现场的响应车辆必须建立指挥，传递清晰的情况报告，说出还需什么样的后续资源，描述想要采取的行动计划。这使得其他响应车辆可以预想现场情况并为他们可能的角色做好准备。后续资源和/或专用车辆召集得越快，救援行动成功的可能性就越大。这一过程可以作为自动响应预案的一部分并入其中。快速筹划也为正在赶来的主要领导提供了他们到达现场后担任指挥员所需的部分信息。需要列入事件指挥员检查单的项目包括但不限于：

（1）**互助支持**——多少才够用。

（2）**物资存放处**——预先设立，面积足够大，最好有唯一入口和另一个不同的出口。

（3）**对大巴车和毯子的需求**——应当预先筹措且可调用。

（4）**医疗保障**——伤员分类、处理和运送。

（5）**救援人员休整**——资源和地点。

（6）**形势报告**——就机场状态（开放/关闭）向应急作业中心报告，如果该中心已启用的话。

情况关注和有效通信

为了准确评估情况并恰当分配资源，飞机救援消防人员需要熟悉其机场和经常使用该机场的飞机。拥有关于危险、通信系统和事件优先权方面的知识可以极大地帮助决策和评价事件作业的安全/效果。一个清晰、完整、简炼、平静和富有亲和力的情况报告可以奠定事件后续的基调。

从驾驶员/操作手的视角看，第一辆消防车最初的接近路线和停放位置往往决定了后续车辆的站位。事件指挥员随意转换已建立的指挥位置并不可取，除非救援小组和车辆的安全受到威胁。驾驶员/操作手要时刻注意将自己的消防车停在不必倒车就有足够空间撤离现场的位置，这是因为工具设备都摆放在车后方，与此同时，操作员们也站在车后面，这些都是驾驶员/操作手无法看到的障碍。

对于坠机来说，最需要强调的就是对乘员的营救。火焰能在60s之短的时间内烧穿飞机蒙皮，因此应当立即着手尽快救人并实施灭火作业。因为灭火剂常常供应有限，所以扑救作业中必须强调节约灭火剂，以确保消防员安全不受影响。

官员/消防员的关注焦点应当是通过思考以下问题从而在脑海中梳理飞机情况：

（1）逃生滑梯有危险吗？

（2）舱门和舱盖在什么位置，怎样进去？

（3）飞机装有可用于协助通风的顶部舱盖吗？

（4）我在现场需要哪些类型的资源？

（5）飞机是否仍然完整无损？

（6）如果不是，我应该先对付哪一段？

（7）我怎样才能为最多的人实现最大的利益？

如果飞机事故导致了大规模伤亡事件，那么应急医疗保障的主要目标应当是进行伤员分类、确定受伤乘客数量、提供病员护理，以及运送伤员到当地医院。将这些信息传达到前方事件指挥员那里，确保能及时提出要求以保证所需物资得到配送，努力消除灾情。

飞机救援消防人员应当理解筹划是个贯穿事件始终的持续过程。最初的任务分配会随着事件的进展而改变。飞机救援消防官员必须要将战略或战术上的变动通报给作业单位和个人。

下面介绍飞机救援消防人员在飞机险情处置中必须考虑的常见筹划注意事项。

事件中的优先权

在各种遇险情况下，不论是失火、救人、医疗紧急事件，还是任何其他事件，事件处置的优先权基本上是相同的。这些优先权的次序如下：

（1）生命安全（首先应包括应急响应人员的安全）。

（2）事件现场的稳定。

（3）财产保全。

（4）社会秩序恢复。

尽管在各种紧急事件中情况略有差异，实际的优先权还是一致的。生命安全总是居于首位并有最高的优先权，尽管救人可能不是最先到达的响应人员所采取的第一个行动。有些情况下，尝试救人之前有必要先控制危险，并且要对采取行动所获得的好处和所带来的危险做好权衡。

第二项优先权就是通过隔离和/或降低危险来稳定事态。如果火势可以控制，或者危险材料泄漏被限制，那么形势就稳定了，而第三项优先权——保全财产（包括保护环境）——就好解决了。一旦危险得到稳定和限制，它就不再构成对周边财产的威胁。第四项优先权是社会秩序恢复，这里指让机场回到完全正常的作业状态。

注：所有不得已移动过的电门、阀门、连杆、座椅和设施均应做好记录。

停放消防车

灭火与救援作业要想成功的话，飞机救援消防车和其他响应车辆必须要正确停放。由于飞机救援消防车经常以单纵队行进，第一辆到达事故地点的消防车也就建立起了其他车辆的行进路线，引导它们进入最后的灭火位置。停放消防车时，先期到达的救援小组和事件指挥员应当遵循以下守则：

（1）谨慎靠近现场，以免辗压到已离机乘员、残骸、破损地面、流淌燃油，或其他危险物。

（2）不要驾车穿越可能遮挡已离机乘员的烟雾。

（3）进入坠机点之前先查看地形是否平坦、地面倾斜度和风向。

（4）努力将车停在上坡、上风向，避开可能在低洼区域聚集的燃油和燃油蒸气。

（5）停放车辆切勿将事故现场其他应急车辆的入口或出口堵住。

（6）停放车辆要便于在发生轰燃时快速开展作业。

（7）停放车辆要便于用其保护逃生路线或实施机内救人作业。

（8）停放车辆要便于用消防炮、水枪保护逃生路线或对从机内逃出来的人们实施救援作业（图 12. 12A ~ F）。

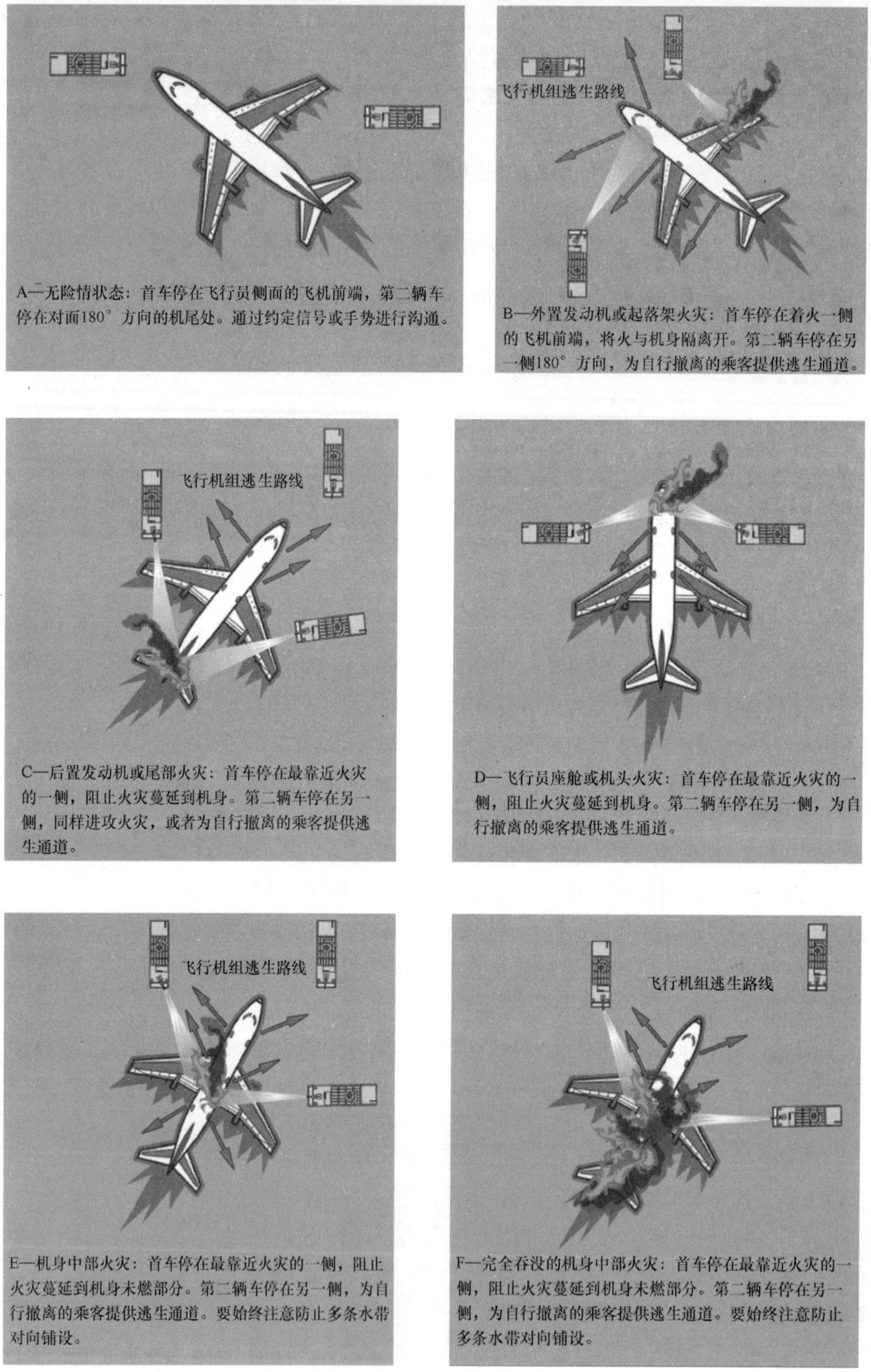

图 12. 12　飞机救援消防车基于以下几种情形停放：
A. 无险情状态；B. 外置发动机或起落架火灾；C. 后置发动机或尾部火灾；
D. 飞行员座舱或机头火灾；E. 机身中部火灾；F. 完全吞没的机身中部火灾。

(9) 停放车辆要尽可能便于挪动位置，尤其是倒车机动不受阻碍。

(10) 对标准应急响应预案的模型按第 11 章“机场应急预案”中讨论的进行修订。

确定最后一辆消防车在应急现场的布置之后，其他必须考虑的因素还有：

(1) 出动消防车的数量、类型和功能。

(2) 出动人员的数量和能力。

(3) 残骸的位置和状态。

(4) 生还者的数量和位置。

(5) 与飞机险情相关的危险区域，例如螺旋桨旋转区或喷气式发动机的进气和尾流区。

注 意

面对军用战斗机时，要“始终”认为飞机是载有武器的。切勿将飞机救援消防车停放在飞机前方，无论飞机初始状态如何，也不管控制塔台是否确认过它没有武器。

风

即使迎风救人和灭火作业可以实现，这样做无论对飞机救援消防人员还是机上乘员都是非常困难和危险的。迎风作业时，烟雾会遮挡视线、热辐射更强烈、灭火剂到达火区也更困难。只有当现场条件排除了采用其他方式靠近的可能性，方可尝试从下风位置向火场进攻。

飞机救援消防人员应当尽力发挥风的优势。上风向作业更安全更有效，这是因为热量和烟雾被从作业区带走了。顺风进攻能让灭火剂的喷射更加有效，这样也缩短了灭火时间。还有，飞机乘员选择上风向逃生路线更安全，因为这里的应急通道不受炽热和烟雾影响。

地形

地面特征的影响是显而易见的：

(1) 松软或泥泞的土壤会困住重型消防车和设备。

(2) 陡坡难以跨越或爬上。

(3) 低洼或下坡区域会变得遍地燃油。

(4) 粗糙或多石的地形难以通过。

地形的其他影响可能没这么明显，例如，消防车不能开进飞机附近的沟壑或下坡沉陷处，这里会有燃油流入或是油蒸气聚集。

注：飞机救援消防人员在设立伤员分类区、工具与人的待命区及休整区时也要考虑地形的影响。

残骸

残骸的状态和位置及其产生的危险性必须恰当评估。根据飞机是否完整、断开、破碎或倾覆，需要用不同的进攻方法。如果飞机的乘坐部分断裂成了好几块残骸，那么可能就需要不止一处消防车停放点。飞机救援消防人员要花点时间确认一下最初的灭火努力是瞄向机身部分，而不是无人的机翼段或飞机其他部分。

生还者

赶往或在应急现场作业时,飞机救援消防人员必须对那些可能已经自行撤离飞机的乘员保持警惕。在光照不足或天气条件不好时,驾驶员助视系统可以帮助驾驶员/操作手持续关注周边情况,避开事故地点的生还者和残骸。

乘员的数量与位置牵涉到救援努力应当从哪里开始。如果乘员尚未撤离且机身完整无损,飞机救援消防人员应当决定所采用的救援入口(正常的登机舱门、紧急出口,或是紧急破拆点)。如果飞机内部已经开始组织撤离,飞机救援消防人员要保护好正在使用的出口,可能还要协助乘员使用逃生滑梯,引导他们到达安全地带。

可以行走的生还者要送到远离灭火与救援作业的安全地带。受伤的生还者应当被运到安全庇护区。航空公司应当建立一个安全地点供生还者集结并能收到事态进展通报。

危险区域

飞机事故的整个区域都应当看做是危险的,以下特殊区域更要尽可能避开:

(1) **飞机螺旋桨**。可能是危险的,即使发动机不运转仍有危险。

(2) **喷气式或燃气涡轮发动机**。喷气式或燃气涡轮发动机(实为同一种发动机,在第3章和第4章中用了不同名称。——译者注)的进气道和尾流区是危险的,这是因为它们产生的热量完全可以达到大多数航空燃油的自燃点。当运转时——即使是慢车——喷气式发动机的进气道能为发动机吸入大量空气,这样的吸力足以把人吸入发动机。在发动机的另一端,尾流温度被发现能够严重烧伤人身。根据油门的设置,喷气式发动机发出的巨大气流可以轻易吹翻大型的飞机救援消防车。

(3) **射击路线**。枪械和火箭弹的前方,以及军用飞机上导弹、火箭弹的尾流区域,都应始终回避。飞机救援消防人员应当以45°角靠近射击路线。

(4) **机翼**。因为机翼结构会毫无先兆地掉落,所以不要实施需要飞机救援消防人员或其他人员在机翼下面或其他悬吊残骸下面行走的救援作业。如有可能,请固定好残骸以防飞机结构件塌落。

(5) **锯齿状金属**。大多数残骸都会有这样的危险区域。

(6) **先进航空材料**。可能形成极热的、难以扑救的火灾。

(7) **生物危害**。被厕所废物污染的遗体和残骸。

(8) **雷达系统**。通常位于飞机前端内部。在该系统发射的电磁波下暴露会损害健康。

警　告!

碰撞或转动螺旋桨可能造成磁电机点火,从而引起发动机启动和螺旋桨运转。

警　告!

为了防止出现更大危险,飞机的各种系统均应关闭,其蓄电池应当断开以确保各系统无法重新供电。

初始进攻/火势控制

火势现状和坠机状态决定了初始进攻消防车的位置,该阶段进攻的主要目标是救出困在飞机里面的乘员。威胁这些区域的火势要尽快消灭(图 12.13),其他与无人段机身或机翼相关的没有威胁的火势可以留给随后赶来的消防车。有时很难区分救人和灭火两项行动,因为它们相互关联且常常同时进行。

如果火势局限于发动机短舱或机翼,那么消防员应当努力控制火势止于翼根或是发动机部位。机翼中可能还满载着安全油量(飞机正常着陆前应当保留的最少油量。——译者注)的燃油,那么也需要保护。如果机翼损坏,多余的燃油会倾泻进火区,如果油正从油箱流出并且已经在地面扩散,消防员要努力让火焰远离机体和逃生区,至少要坚持到乘员撤完或全部救出。

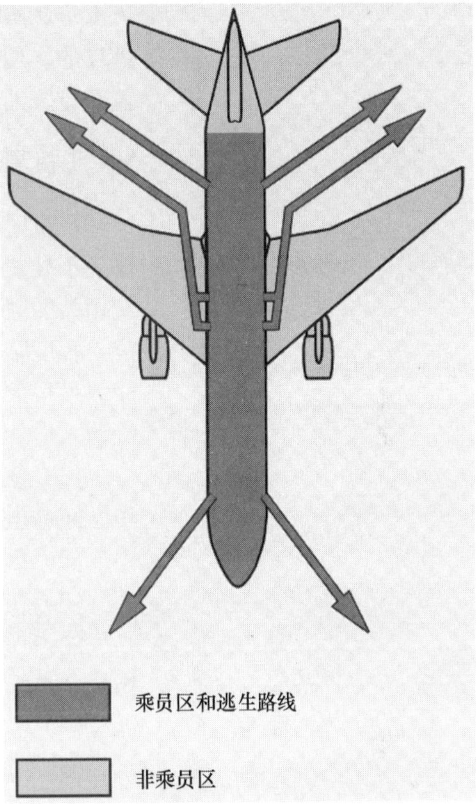

图 12.13　机上的有人区和无人区以及乘客和机组的一般逃生路线

在失火或疑似失火事件中,初始进攻常由一辆或更多消防车使用车顶和前置消防炮来实施,而其他消防车进行水枪作业和内攻,努力建立机内和飞机出口附近的安全区域。紧随初始进攻而至的是救援人员,在水枪掩护下进入飞机。

水源供应要足以支撑内部灭火作业。飞机救援消防人员在进入飞机之前要了解机舱的长度,以保证携带了足够长的水带进入飞机。

在没有失火的事故中,上述基本流程还是要执行的。虽然不必灭火,但是消防员还是必须要用泡沫覆盖流淌燃油并手持充实的水枪待命。与此同时,要有足够多的车载消防炮待命,以防火灾发生。

如果飞行机组已经开始组织乘员撤离,最先到达的消防车要建立一个安全的出口区域,以便撤离行动可持续进行,确保逃生通道完整、不被火焰侵袭。如果机身已不完整,可能需要建立不止一个救援作业区。

延伸臂的使用对于空间受限的坠机现场灭火是很有帮助的。包括低位扫射模式(将喷嘴架设在延伸臂顶端,以便降低高度贴近火焰根部扫射的工作模式。——译者注)和节约灭火剂在内的喷射方法对于保护乘员和消防员的安全是很关键的。

在救援人员进入之前,机身各段需要进行固定。这会用到各种物品,从顶升气囊、叠木支撑到稳固的机身段,可以把机身段与重型设备捆绑在一起。

要快速控制火势以建立安全逃生区,就要在早期喷洒大量灭火剂。对于经过特殊设计的飞机灭火消防车,消防炮和地面扫射装置用于控制机身外围的火焰,水枪用于支援、内攻和清理。初始进攻在消防车一到即可开始,车顶消防炮、前置消防炮和地面扫射装置要在车辆一进入飞机有人区段范围内就开始使用。然而,因为消防车上装载的灭火剂有限,消防炮要在灭火剂能正常发挥作用而不被浪费的情况下才能使用。最开始泡沫应沿着机身喷射以防火焰侵犯到机身上,同时建立一个逃生通道或救援路径。消防炮操作手应当运用“短促喷射”技术:喷射泡沫 5 ~ 10s,停止,然后重新评估喷射效果和火场态势:

(1) 如果火仍在燃烧,加大灭火剂量。

(2) 如果没有喷到火,挪动消防车位置或调整灭火剂射流。

(3) 如果火已被扑灭,可以考虑挪动消防车去灭其他区域的火。

注:灭火剂初始喷射完成后,操作手可以考虑调小流量以节约灭火剂。

虽然建筑消防车没有特殊设计的喷射系统,通过使用水成膜泡沫它们仍然可以有效用于飞机火灾。如果水成膜泡沫供应充足且有源源不断来自消火栓、水车或天然水源(河流、湖泊、池塘、蓄水池、水井等,可用吸水管将水送至消防车水罐。——译者注)的水,必要时建筑消防车还是可以保证有效进攻的。用大流量水枪和集流装置配以合适的雾化喷嘴可以实现大范围覆盖和显著的吸热效果。

飞机事故遇险人员的管理

严重坠机事故中,应急医疗保障的角色在遗体处理和事故调查之外可能仅限于处置受伤的救援人员了。根据季节不同,可能需要应对炎热或严寒天气相关的医疗问题。

轻度坠机带给救援人员最大的挑战就是处置和运送遇险人员,而且有可能数量很大。应急医疗保障人员要做的第一件事应当是将受伤和未受伤的流动人员从坠机区域清理出去,这可根据以下指导原则进行:

(1) 使用应急车辆上的公共广播系统(Public Address,PA)或大喇叭召集已经逃出飞机的受轻微伤或未受伤人员自行走到最近的安全庇护区。

(2) 尽量利用表面平整、容易到达的区域,如跑道、滑行道或公路。

(3) 在地面铺上油布或其他覆盖材料,让伤员感觉舒适。

注:有的飞机救援消防部门给他们的油布做上彩色标记,以匹配常用的伤员分类颜色标记体系。

(4) 尽量不要将生还者直接放在湿草地、脏污或其他裸露地面上。

(5) 用橙色交通隔离锥筒或其他类似设备将该区域围起来。

要尽快给伤员盖上衣物以保持他们的核心体温。休克会导致体温降低,这是外伤、烧伤者的第一杀手。这在温暖的天气甚至都会发生,更应是低温或潮湿天气条件下要考虑的关键问题。要有足够多的毯子或一次性覆盖物,要立即可用,这很重要。

下一步应当是将飞机残骸外面无行动能力的伤员、那些让其转移到安全区域却置之不理的可行走生还者,以及方便靠近并从残骸内移出的人员,统统清理出坠机区域。救援小组应当携带担架、木板或其他类似设备进入坠机区,移走这些无行动能力人员。受伤人员可以在被发现处就地分类,或送到集中"分类区",在那里进行妥善的固定、包扎和分类。要在处置区域进行再次分类。救援者应当使用某种分类标签体系根据他们伤情的严重程度做好标签,可以将第6章"救援"中介绍过的"简单分类和快速运送"作为样板参照执行。

如果需要,安全庇护区应当设置在上风向和上坡,方便救护车和互助支援力量靠近。它还应当位于最近的安全位置,以缩短救援人员运送受伤人员的距离。应急医疗保障提供方应当努力在一小时内将伤员从坠机地点经过伤员分类区运送到当地医院。

成年伤员要用担架或木板运送。伤员常常要在不平坦、湿滑的地面上穿过乱糟糟的碎片、残骸来运送。很多救援者在抬木板退着走时可能被绊倒而受伤，在坠机现场有很多绊人的危险。轮式担架或担架车仅需一两个人就可有效运送伤员。

担架与木板在大量伤亡事故的初始阶段常常是紧缺资源。应当有足够数量的担架作为应急医疗物资使用，因为在一个机场或区域的最大型运输机事故中常常会有不可预知数量的遇险人员需要处置。多伤员担架应当有快速捆扎系统用于固定伤员。如果在初始阶段现场缺少足够的担架，救援者需要知道基本的徒手携运方法用于转移伤员，这些普通携运方法的设计可以减少对伤员和救援者的进一步伤害。关于徒手携运方法的信息可以查阅国际消防保障训练协会的《消防基本知识》手册。正确的运送技术应当由救援者使用，由安全官推行。

机场人员

通过应急医疗组织运送伤员所需的人力是一个很大的资源需求。有的机场训练了一批非应急救援人员作为担架夫或应急协助人员。他们需要适当接受以下方面的训练：

(1) 事件管理系统/事件指挥系统。

(2) 血源性病原体。

(3) 事件现场危险性。

(4) 个人防护。

(5) 正确的运送技术。

(6) 担负的任务。

还要为他们提供以下物品：

(1) 合适的事件现场标识。

(2) 衣物、手套、靴子。

(3) 眼睛和头部的防护器材。

做好分类并加上优先级标签之后，遇险人员就应当被送到处置区，优先级高的伤员要先送。该过程一般由互助/自动支援的消防部门响应人员来完成，与此同时，互助应急医疗保障的人员要帮助建立分类区、准备运送红标签伤员。向他们强调带有红标签的伤员要先送，这一点很关键。

在进行初期救援和分类工作的同时，其他救援人员应当去搭建“处置和转运区”。遇险人员会被分成立即、可缓和轻微/无伤三种医疗处置优先级。就像“分类区”那样，“处置区”应当建在残骸的上风向，在考虑可能性、方便性和安全性的前提下尽量离“分类区”近一些。建立“处置区”时要遵循以下原则：

(1) 在地上铺设油布、塑料膜或其他覆盖材料，提供一个放置伤员的干净区域。

(2) 考虑使用消防车或抢救车隔离不同的处置区。

(3) 如果天气特别热、冷或潮湿，就把帐篷或其他遮蔽物派上用场，如果有的话。

(4) 考虑在大型建筑物或车内建立“处置区”，如果有的话：这些场所内可能有加热装置或空调，伤员在这样的“处置区”可以得到更先进的外伤护理。

在“处置区”内,每个伤员都应当重新评估并放到相应的区域进行处置。一旦伤情稳定,伤员应当在第一时间运送到医疗机构。

运送伤员到医院的手段应当在机场应急预案中特别指明,可以包括直升机、大巴车和救护车。为救护车指定待命区时必须注意不能离处置区太近,如有可能,可将待命区设置在处置区的下风向,以免救护车发动机的废气影响到救援人员。直升机降落区不要太靠近分类/处置区,以保护应急医疗保障响应人员和伤员免受直升机旋翼洗流带起的残骸碎片伤害。

可行走伤员

要确定一个安全庇护区,在这里对可行走伤员进行分类处置。让他们离开现场的好处包括:防止他们返回坠机地点;出于精神健康原因将他们与坠机现场隔离开来。伤员们坚持寻找亲人的念头会强烈地支撑他们试图返回现场。伤员的隔离也很重要,这能保护他们不受新闻媒体人员以及那些寻求代理他们法律事务的律师们的打扰。必须有人陪着这些绿标签伤员,确保他们不会走开。

除非遗体可能受到进一步损坏,或者需要移动以执行救援任务,否则不要移动遗体。在正常进行遗体处理前如果必须移动它,记得要在现场做好标记,并登记其原始位置和状态。遗体可以用分类标签、木桩、旗子或其他标志进行识别,每个标志物和遗体均应编号标识并拍照。任何死尸和较大块及较集中的遗体碎块均应盖好,以减小对应急工作人员和现场其他人员的视觉压力。

事故调查负责机构可以授权将死亡乘员移出飞机残骸或碎块分布区。注意不要影响乘员识别或病理数据采集的进行。要移动的遗体在被转移之前应当在其原始位置进行编号和拍照。可以设立一个临时停尸房放置死去的遇险人员。

灭火

灭火工作就是要消灭所有表面火情,无论是地面还是机内的。不管哪里的泡沫层出现消融,即使仍有泡沫覆盖也要检查并补充喷洒泡沫。飞机救援消防人员在灭火作业中必须穿戴全套个人防护装备和自给式呼吸器。

灭火只是火势控制的一个外延,因为控制还包括保持逃生出口免遭火患以及尽可能彻底隔离机上有人区段。如果能有更多资源,要么是因为救援人员不必再实施救援作业,或是因为有更多车辆赶到,都要沿火区边缘向外推进以扩大控制范围。

消灭表面的、内部的和隐藏的或是难以靠近的火灾务必彻底,以免发生进一步的火灾损失,并确保该区域方便清理。如果撤离和救援作业不得不收缩后退,就不要再努力进行彻底灭火了。但是,伴随救援行动的灭火作业还是要根据当时形势以及可以调动的消防车和人员数量进行调整。

灭火作业中,储备消防车和设备可以临时动用;更多移动供水车或接力建筑消防泵可用于补充水源消耗;设计用于装运大量医疗补给的专用车辆这时也是需要的;专用的照明和气源装置也可能会用到;在事故调查负责人授权的情况下,可以用吊车和重型设备移动残骸部件以确保彻底灭火;坠机碎片只有在确因救援需要时才移动，如有可能，移动之前要拍照留证，至少要做好登记，以供将来参考用。

清理

每次事件/事故之后都要彻底进行清理。飞机救援消防人员要仔细检查残骸以确保火完全熄灭。所有高温处均应进行冷却，直到不会再发生复燃。

开始清理作业之前，要先咨询一下现场的事故调查主管部门。飞机救援消防人员必须确认所有的火情均已完全熄灭。飞机救援消防人员要穿戴全套个人防护装备和自给式呼吸器，在清理作业中要手持充实的水枪备用。飞机救援消防人员要向飞机维护人员核实，确保在对有潜在危险的压力系统实施撬、弯或切割作业之前，它们已经处于保险状态。

注　意

清理作业可能会向大气中释放碳纤维。飞机救援消防人员在实施这些作业之前要正确穿戴个人防护装备和自给式呼吸器。

飞机内部要尽可能保持原始状态，以帮助确定火灾的源头和起因，便于事故调查。飞机救援消防人员应当做好描述性记录或拍照片，表明被移物体的初始位置。初始点在清理作业期间需要进行辨别和保护。

事件终止

当救援、灭火和其他应急作业完成后，事件指挥员就会结束紧急状态。飞机事故会拓展机场应急响应预案的界限，经常有来自多个辖区的互助力量被召集过来协助。事件指挥员要记住，在互助力量协助时，这些响应单位的原地就会缺少人手，事件指挥员应当考虑及时将互助装备和人员遣回。不值班的机场消防部门人员可能需要返回机场上帮助完成事故后作业。事件终止的内容包括：

（1）消防车、防护服、自给式呼吸器、工具、设备的洗消。

（2）飞机救援消防车的补给。

（3）应急响应人员休整。

（4）互助资源的遣回。

（5）飞机残骸和事故现场的保护。

（6）事件指挥系统各部门的总结报告。

（7）举行机场官方参加的讲评会。

事件后工作

飞机事件结束后，还有很多工作必须由飞机救援消防人员来完成或协助完成。事后马上要落实的任务包括以下活动：

（1）确认事故地点的安全。

（2）重新评估潜在危险并采取行动消除它们。

（3）提供防火值守以防止燃油点燃。

(4) 保全证据以协助事故调查。

(5) 在做较大变动之前对飞机结构进行登记。

(6) 对飞机碎片的位置进行登记。

(7) 保护并移走行李、邮件和货物。

(8) 控制燃油泄漏并给飞机油箱放油。

(9) 协助打扫现场。

(10) 确定有无设备损坏或丢失。

(11) 完成事件报告。

从事故飞机上取下的行李应当转交给航空公司官方。通常可以全面授权飞机救援消防人员从事故飞机上取下邮件并做好保护。待邮政服务人员到达后,要将邮件交由他们保管。货物清单有助于识别混在飞机货物中的危险品。飞机救援消防人员不应取走任何个人财物,他们应当向其指挥员报告这些财物的所在位置。

飞机发生事故之后,可能需要放油。执法部门、航空公司、油料部门、事故调查及飞机救援消防的领导层需要充分讨论放油过程。要在放油作业区周围设立一个无火区,该区域半径至少要有 15m。放油作业过程中不得同时进行其他作业。

更多的事件后工作还包括:

(1) 补给水成膜泡沫达到联邦航空局规定储量。

(2) 补给应急医疗保障的资源供应。

(3) 更换在坠机现场遭到损坏或发生故障的设备。

(4) 为坠机调查人员确定事件原因和火灾原因提供支持。

(5) 与所有响应人员进行事后交流以总结教训。

事件终止和事件后工作中最为要紧的一项就是救援者的精神健康,他们在坠机现场完成了各种各样的任务。飞机的坠毁看上去会非常惨烈,给应急救援者带来日常工作中极少遇到的视觉和嗅觉感受,如果曾经有过的话。完成坠机响应之后,飞机救援消防领导应当观察他们的人员,看看有没有影响其行为的灾后压力迹象。飞机救援消防领导可以帮助安排咨询活动,帮助响应人员和机场工作人员处理好因事故经历而引起的心理问题。历史证明,心理问题无人能够幸免,这些问题无论是在工作之中还是工作之余都会影响到救援人员的生活方式和行为。

军机事故响应

并非所有的军机事故都发生于军事设施中。事实上,很多发生于居民区内或附近。民航的飞机救援消防人员出动救援军机事件应当采取以下行动:

(1) 小心靠近坠机现场。

(2) 救出机上人员。

(3) 为受伤人员提供应急医疗护理。

(4) 在残骸中搜寻生还者。

(5) 如有失火或爆炸危险,则将他们移离该区域以保护生还者避免二次伤害或死亡。

(6) 保护受事故影响的居民及其财产。

（7）通知就近的军事管理部门。

（8）准备好与当地有关部门联系：

① 消防部门。

② 执法部门。

③ 医疗机构。

④ 民防机构。

（9）守护残骸并在周边设立无烟区。

（10）将摄影记者和新闻媒体引到合适的公共事务军事代表机构。

技术条令 00－105E－9《航空应急救援和灾难响应信息（应急保障）》可以作为地方机构应对军机事故时使用的一项珍贵资源。该手册由国防部编写，手册及其附录提供了美国和北约的各种军用车辆和航空车辆方面的信息，例如：

（1）结构。

（2）危险。

（3）紧急逃生系统。

（4）防火系统。

（5）机组逃生和停机流程。

（6）应急响应要求。

注 意

面对军用战斗机时，无论飞机初始状态如何，也不管控制塔台是否确认过它没有武器，要"始终"认为飞机是载有武器的，切勿将飞机救援消防车停放在飞机前方。

注：本书第 10 章还有遇到军机事故时所应遵守流程的更多信息。

报告军机事故

可以通过有线电话或无线电台就近联系军事机构，报告飞机事故情况，提供如下信息：

（1）报告人的名字和位置。

（2）飞机坠落的时间。

（3）飞机是否曾经或正在着火。

（4）怎样到达坠机地点：

① 确切的地理位置。

② 公路网。

③ 罗经方向。

④ 行车距离。

（5）机组人员是否已跳伞或与飞机一起着陆。

（6）是否需要医疗保障。

（7）遇难人数。

（8）居民死伤情况或个人财产损失。

（9）飞机尾号。

(10) 飞机型号或类型。

(11) 派人在哪里接应救援小组。

(12) 事故地点附近适宜降落直升机的区域。

呼叫者要确定对方已经收到报告并已理解其内容。呼叫者还应当提供与事件相关的进一步信息,军事机构提的任何问题都要在挂机之前回答清楚。呼叫者通常要留下一个回拨号码。

接到报告后,军事机构会派出一个协助工作组,通常包括以下人员:

(1) 消防部门成员。

(2) 爆炸物处置人员。

(3) 军队纠察。

(4) 医疗人员。

(5) 生物环境人员。

(6) 殡葬人员。

(7) 信息官员。

(8) 事故调查部门。

(9) 法律官员。

(10) 重型装备操作人员。

当军方领导到达飞机事故现场,他们需要从目击者那里获得下列有助于事故调查的信息:

(1) 事故发生时间。

(2) 飞机当时运动的朝向。

(3) 事故发生时的天气状况。

(4) 是否看到有人从飞机上跳伞。

(5) 坠机前有无空中爆炸。

靠近军机坠落地点

看看那各种紧急逃生方式,还有那些机载武器系统和设备,就知道军用飞机要比民用飞机危险得多! 为了能顺利靠近军机坠落地点,有很多基本的安全事项需要注意。飞机救援消防人员应当按以下要求行动:

(1) 如果有可能,就从上风向靠近。

(2) 乘车靠近要格外小心,以免撞上坠落地点附近的生还者或武器。

(3) 从45°角方向靠近外挂油箱前后部或是载有火箭或导弹的挂架。

(4) 不要触碰或扰动在坠落地点及附近发现的任何武器。

军机油料的危险性

制定军机事件的战略战术时需要特别考虑的就是军机油料所具有的危险性:许多军用飞机使用喷气燃料的各种混合物,其闪点比民航燃油明显偏低;另一项与军用飞机及其燃油系统相关的危险涉及到一种称为自燃燃料的油料。这些油料及其危险性已在第 3 章"认知飞机"和第 4 章"安全和飞机危险性"中介绍过。

常规武器/弹药灭火流程

正如前面所述,军机事故的应急响应人员不要靠近外挂油箱前后部或是载有火箭或导弹的挂架,也不要触碰或扰动在坠落地点及其附近发现的任何武器。他们要注意避免将人与车置于飞机航炮的射击路线上，例如A－10、F－16飞机上就有航炮。如果风向和地形等因素允许，飞机救援消防车应当停放在飞机中线45°角方向。

飞机危险材料事件响应

飞机救援消防人员在机场和飞机事件涉危险材料时要能够察觉，并采取必要步骤保护自己、公众和环境，这很关键。最初的报告也许并未显示有危险材料，但是对一般危险材料警情线索的失察很可能导致飞机救援消防人员自身成为问题的一部分，而不是解决问题的因素。查阅国际消防保障训练协会的《急救人员应知的危险材料》和其他相关资源可以获得危险材料事件及响应流程的更多信息。

本章小结

飞机救援消防人员紧急出动绝对不可犹豫不决、情况不明或毫无准备。机场消防部门要将国家事件管理系统—事件指挥系统作为在机场内外应对紧急事件和事故的一种组织手段。飞机救援消防人员必须理解事故与事件的不同，也要理解空中险情、地面险情、轻度坠机和严重坠机的差异。

正确理解并遵循所有响应流程是成功实施飞机救援消防作业的关键。消防员必须懂得他们在应急响应中各自的角色：搜寻和救人、停放消防车、应急医疗保障、搭建伤员分类与处置中心、灭火、清理、指挥，等等。他们还必须学会在指挥链中行动，能够判断或协助判断事故现场形势，快速、准确考虑到所有的情况变化。最后，飞机救援消防人员应当知道怎样正确处置涉及军用飞机的紧急情况，尽管他们不是军方的消防员。

复习题

1. 国家事件管理系统—事件指挥系统中的主要职位有哪些？（第401页）
2. 哪些空中险情会导致飞机事件或事故？（第402页）
3. 飞机救援消防人员遇到的地面紧急情况有哪些情形？（第404页）
4. 在轻度坠机现场找到生还者的机会如何？（第416页）
5. 哪些情况会导致严重坠机？（第420页）
6. 响应车辆应当掌握哪些与飞机险情或事故有关的基本信息？（第421页）
7. 在响应军机事件时，民航的飞机救援消防人员要采取哪些行动？（第434～435页）
8. 如果飞机救援消防人员对一般危险材料警情线索失察会导致什么后果？（第437页）

参考本书后面的**附录 B:学习活动参考答案**,可以获得建议的响应方法。

目的

要将机场及周边区域的网格地图作为机场应急预案的组成部分。要定期练习看网格地图,确保飞机救援消防人员能够准确而快速地赶赴飞机事件/事故地点。

指导

1. 阅读下面的飞机事件/事故想定。

2. 使用提供的网格地图,筹划出最安全最有效的事发地响应路线。路线筹划过程中,要考虑到危险、障碍和你的消防车重量。

想定

大雾和暴雨连夜袭击了你所在地区,视线受到影响。你早上 6:00 接到来自空中交通管制的报告,说是一架赛斯纳 414 飞机坠入机场南部的沼泽区。你和你的飞机救援消防小组驾驶消防车赶往事故地点,车内装有 5 700L水和 850L 泡沫。请使用网格地图,筹划出从你所在消防站到事故地点的最佳可能响应路线。

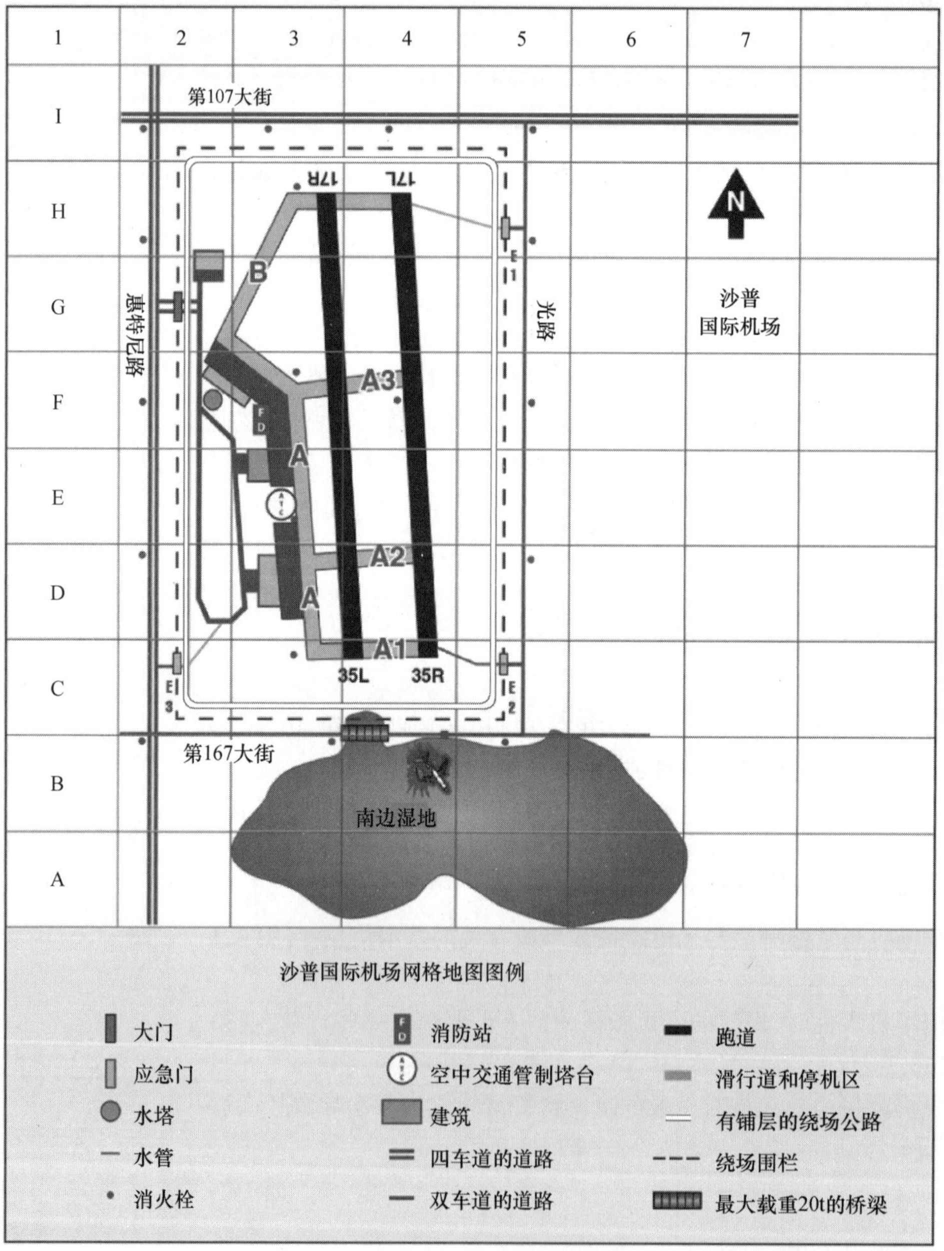

参考本书后面的**附录 B:学习活动参考答案**,可以获得建议的响应方法。

目的

飞机救援消防人员可能需要获得地面管制员的放行许可。为了能够有效而清晰地沟通,救援人员应当练习使用国际民航组织的语音字母表,以及机场环境下专用的单词和短语。

指导

1. 阅读下述想定,这是"**学习活动 12 –1**"的续篇。

2. 使用语音字母表和航空术语,写一个提交给空中交通管制方的请求,可以在穿越跑道或保障道路之前获得放行,以模仿飞机救援消防人员和空中交通管制方之间的无线电对话。

注:如果需要,请参考第 5 章第 160 ~ 162 页的提示信息框"国际民航组织语音字母表"和"词汇示例",查找字母表中的字母及其相应的音名。

想定

你的飞机救援消防车,呼号 C –3,正在从沙普国际机场消防站开往位于南边沼泽地带的坠机地点。你的行程规划可以让你沿第 445 页**附录 B** 中显示的路线行进。

参考本书后面的**附录 B:学习活动参考答案**,可以获得建议的响应方法。

目的

飞机救援消防人员有时需要用事件管理系统(Incident Management System,IMS)协议传递关于飞机事件或事故的重要信息,确保事件指挥员的信息准确。

指导

1. 阅读下述飞机事故想定,这是"**学习活动 12 –1** 和 **12 –2**"的续篇。

2. 基于想定中的细节,起草一个准确的情况报告,其中包括事件指挥员有必要了解的重要信息,以便协调后续响应。

想定

早晨 6:10,你和一个飞机救援四人小组到达一架小型飞机的坠落地点,位于你机场外一处松软、潮湿的沼泽区,天气炎热潮湿。你马上注意到有一名遇险人员从事故地点自行撤离了,正在沿着沼泽周边走动。一架赛斯纳 414 飞机已部分沉入水中,正在泄漏的燃油在水面上清晰可见。你注意到飞机坠落时撞倒了几棵大树,垂下的树枝挡住了进入客舱内的通道。虽然火焰从飞机外部不可见,但是缕缕烟雾正从发动机内飘出。当你靠近飞机,发现有一个螺旋桨仍在缓慢转动。

学习活动 12 -4
查找飞机事件/事故的危险情况并采取纠正措施

参考本书后面的**附录 B:学习活动参考答案**,可以获得建议的响应方法。

目的

识别飞机救援消防事件中可能出现的多种危险对于确保能够安全有效地消除险情非常重要。该活动让学生练习识别并消除在飞机事故中可能遇到的危险情况。

指导

1. 阅读下述飞机事故想定,这是“**学习活动 12 -1** 至 **12 -3**”的续篇。
2. 制作各种危险情况的清单,包括想定中提到的。
3. 提出你要采取的纠正措施以消除你识别出的每一处险情。

注:如果需要,请参考第 4 章“安全和飞机危险性”,查阅关于飞机事件/事故中可能遇到的常见危险情况的更多信息。

想定

你赶往一架小型飞机的坠落点,位于你机场外一处松软、潮湿的沼泽区,天气炎热潮湿。所有参加响应的飞机救援消防人员均正确穿戴了全套个人防护装备。你注意到有一大段机身从飞机上脱离,挡住了进入客舱内的通道。你看到飞机已部分沉入沼泽的水中。正在泄漏的燃油在水面上清晰可见。虽然火焰从飞机外部不可见,但是缕缕烟雾正从发动机内飘出。当你靠近飞机,发现有一个螺旋桨仍在缓慢转动。当你进入飞机开始搜索和营救遇险人员,却发现有断裂的液压导管和正在泄漏的液压油。在这架小飞机的密闭空间里,你看到有多种易燃物正在燃烧,如毛毯和嵌板等。

参考本书后面的**附录 B:学习活动参考答案**,可以获得建议的响应方法。

目的

飞机救援消防人员可能被召集参加有大量遇险人员的飞机事故或事件,伤员的伤势不尽相同。飞机救援消防人员还会遇到已经死亡的遇险人员。飞机救援消防人员必须随时准备快速而准确地估计遇险人员的状况,然后执行适当的伤员分类流程以建立处置优先等级。救援人员还应当使用某种伤员分类标签系统,根据他们伤情的严重程度标记遇险人员。紧急程度用条带或标签的颜色表示。

指导

1. 阅读想定,熟悉对各个遇险人员的描述。该想定是"**学习活动 12 –1** 至 **12 –4**"的续篇。

2. 在估计每个遇险人员的伤势之后,将遇险人员划归到合适的伤员分类体系中:绿色代表较低优先级或是可自行走动的伤员,黄色代表中度优先级,红色则是最高优先级。显然已死亡的遇险人员应当用黑色条带或标签进行标记。

注:请参考第 6 章第 194 页的提示信息框"简单分类和快速运送",可查阅关于初步伤员分类的更多信息,或采用你机场主管部门的伤员分类体系。

想定

你接到一架小型飞机坠入你机场附近沼泽区的报告。该航班载有五名人员,包括飞行员。到达现场后,你发现该飞机翻了过来,一边机翼破损,但是飞机主体基本完整。你注意到有烟雾和小火苗从飞机里面冒了出来。运用合适的工具和个人防护装备将遇险人员从残骸中成功救出来后,在将他们转移到伤员分类区之前,你必须对遇险人员的伤情做出准确估计并做好标记。

遇险人员#1

刚刚到达,你就发现飞行员已经利用尚且完好的座舱门成功将自己从飞机内解救出来。他在呼喊求救,很明显处于极度悲伤状态。他的呼吸有点费力,报告说脖子有点痛,但神志良好反应正常。

遇险人员#2

该乘客在飞机中部被找到,那里已被烟雾吞没。她的骨盆和大腿骨好像已经被冲击力挤坏。她不能辨认方向,但尚清醒。她的呼吸快且浅,脉搏弱,肤色苍白表面湿黏。

遇险人员#3

该乘客在飞机后部靠近起火处被发现。你马上注意到,他的脸、颈和臂表面严重烧伤,头部受到钝器击伤,到处是血。他没有反应,你无法感受到他的脉搏和呼吸。

遇险人员#4

该乘客在救援人员的协助下能够慢慢走出飞机。她的臂和手受到二级烧伤。她因吸入少量烟雾而哮喘,但并未出现严重呼吸困难。她能够和救援人员清晰沟通,神志灵敏。

遇险人员#5

该乘客在飞机过道被发现,卡在残骸下面。他的大腿和腹部有撕裂伤,但失血较少。不过,他声称下半身剧痛,你怀疑他可能受到了内伤。

附录 A
国家防火协会履职要求与章节页码对照

NFPA 1003（2015）

编号	对应章	对应页
4.1.1	1	9 ~ 10
4.1.1.1	1	10，17 ~ 18
4.1.1.2	1	10，17 ~ 18
4.1.1.3	2，3，4，6，7，8，9，10，11，12	39 ~ 53，57 ~ 107，110 ~ 147，187 ~ 190，211 ~ 236，251 ~ 263，271 ~ 289，325 ~ 329，330 ~ 339，339 ~ 342，377 ~ 390，390 ~ 395，421 ~ 434，434 ~ 437
4.1.1.4	4，6，7，8，9，10	116 ~ 120，187 ~ 191，211 ~ 236，251 ~ 263，271 ~ 289，325 ~ 329，330 ~ 339，339 ~ 342
4.1.2	1，4	17 ~ 27，109 ~ 149
4.2.1	2，10，12	29 ~ 55，325 ~ 329，330 ~ 339，438
4.2.2	2，3，5，11，12	29 ~ 31，32 ~ 39，58 ~ 72，151 ~ 165，368 ~ 369，369 ~ 370，371 ~ 377，377 ~ 390，400 ~ 402，421 ~ 434，434 ~ 437，440
4.2.3	2，5，11，12	39 ~ 53，151 ~ 165，371 ~ 377，377 ~ 390，434 ~ 437，439
4.2.4	4，10，11，12	109 ~ 116，121 ~ 148，325 ~ 329，330 ~ 339，339 ~ 342，371 ~ 377，377 ~ 390，390 ~ 395，402 ~ 403，403 ~ 416，416 ~ 419，419 ~ 421，434 ~ 437，437，441
4.3.1	3，4，7，8，9，11，12	82 ~ 106，116 ~ 147，211 ~ 236，251 ~ 259，271 ~ 289，295，395 ~ 397，403 ~ 416，421 ~ 434，434 ~ 437
4.3.2	3，4，6，7，8，9，10，12	82 ~ 106，116 ~ 147，182 ~ 186，211 ~ 234，235 ~ 236，243 ~ 247，251 ~ 259，271 ~ 289，294，339 ~ 342，403 ~ 416，421 ~ 434，434 ~ 437
4.3.3	3，4，7，8，9，10，12	82 ~ 106，116 ~ 147，211 ~ 235，251 ~ 259，271 ~ 289，292 ~ 293，296，339 ~ 342，403 ~ 416，421 ~ 434，434 ~ 437
4.3.4	3，4，7，8，9，11，12	58 ~ 72，82 ~ 106，116 ~ 147，211 ~ 235，251 ~ 259，271 ~ 289，395 ~ 397，403 ~ 416，421 ~ 434
4.3.5	3，4，6，7，8，9，10，12	82 ~ 106，116 ~ 147，190 ~ 191，211 ~ 235，251 ~ 259，271 ~ 289，300，339 ~ 342，395 ~ 397
4.3.6	3，4，7，8，9，12	79 ~ 106，116 ~ 147，211 ~ 235，251 ~ 259，271 ~ 289，301，402 ~ 403，403 ~ 416，421 ~ 434
4.3.7	3，4，6，9，11，12	82 ~ 106，116 ~ 147，167 ~ 182，187 ~ 190，289，297 ~ 299，395 ~ 397，421 ~ 434
4.3.8	7，8，10，12	223 ~ 228，235 ~ 236，259 ~ 262，342 ~ 343，421 ~ 434
4.3.9	9，11，12	291，294，295，296，297 ~ 299，300，301，390 ~ 395，421 ~ 434
4.3.10	4，7，8，9，11，12	116 ~ 147，211 ~ 229，251 ~ 259，271 ~ 289，290，294，295，296，297 ~ 299，300，301，390 ~ 395，421 ~ 434
4.4.1	3，4，6，9，11，12	57 ~ 107，110 ~ 147，167 ~ 182，187 ~ 191，271 ~ 289，390 ~ 395，416 ~ 419，419 ~ 421，421 ~ 434，434 ~ 437
4.4.2	4，6，9，11，12	110 ~ 147，167 ~ 190，191 ~ 194，292 ~ 293，390 ~ 395，416 ~ 419，419 ~ 421
4.4.3	4，6，12	116 ~ 120，191 ~ 194，421 ~ 434，442

NFPA 1002（2014）

编号	对应章	对应页
9.1.1	10	305 ~ 325, 342 ~ 343, 344 ~ 347, 348 ~ 350, 351 ~ 353, 361
9.1.2	10	304 ~ 305, 325 ~ 329, 354, 355, 356, 358
9.1.3	10	304 ~ 305, 325 ~ 329, 357
9.2.1	10	330 ~ 339, 359
9.2.2	10	330 ~ 339, 339 ~ 342, 359, 360, 365
9.2.3	10	330 ~ 339, 339 ~ 342, 362 ~ 364

附录 B
学习活动参考答案

第 12 章

学习活动 12－1：使用网格地图赶赴飞机事件/事故地点。

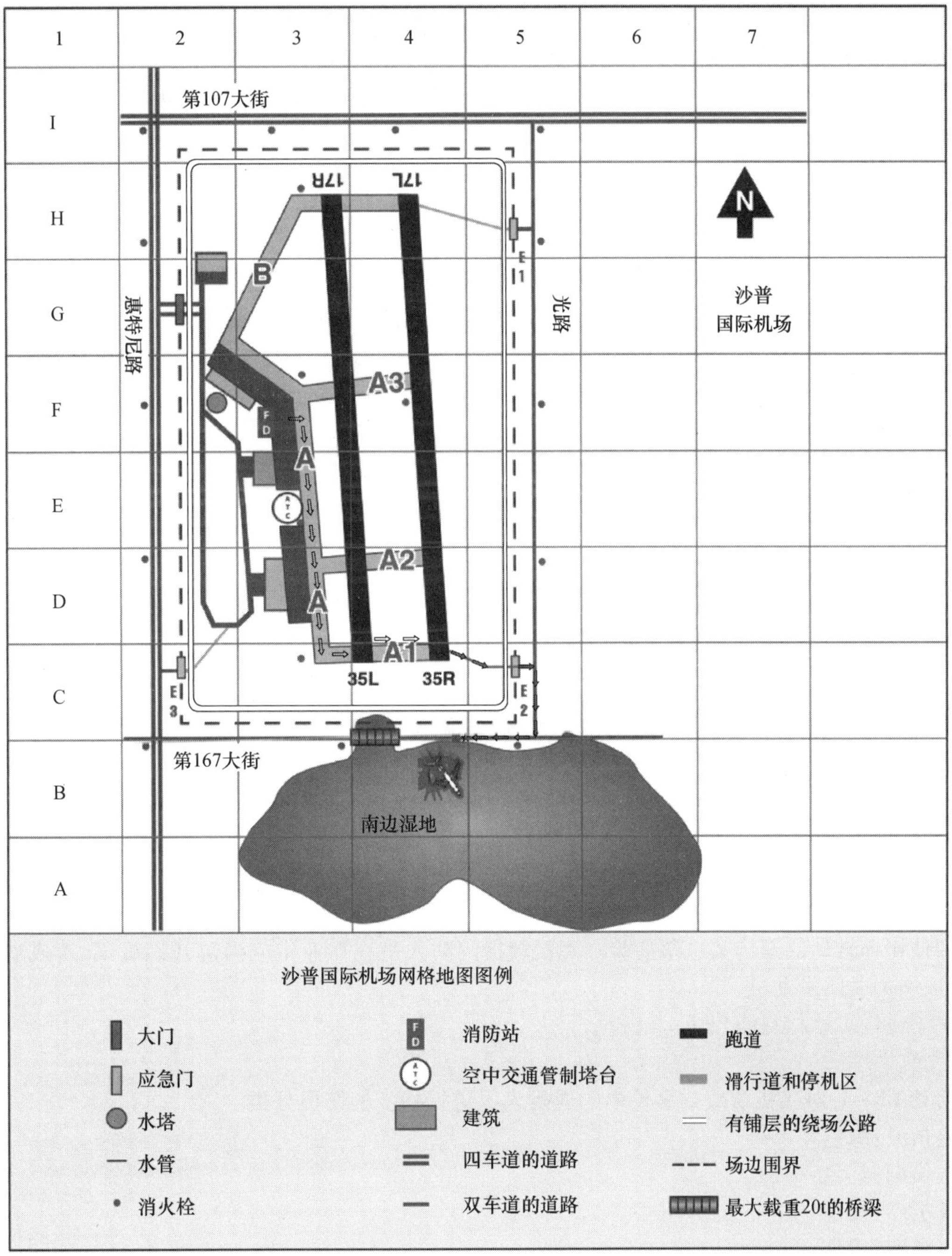

学习活动 12-2:使用语音字母表和航空术语获得地面管制员的放行许可。

答案可以不必完全相同,但是你请求空中交通管制方的许可时均应使用恰当的语音字母表和航空术语,如下例中所示:

在滑行道A 上的跑道等候区标志处停好后,尚未到达跑道35L,请求放行许可。

Cash 3:“空中交通管制,Cash 3 请求穿越 35L 跑道从 A 滑行道到 A1 滑行道。”

空中交通管制:“Cash 3,按你请求继续穿越 35L 跑道。结束时请告知。”

Cash 3:“空中交通管制,Cash 3 收到,将按请求穿越 35L 跑道,并在结束时告知。”

穿越跑道。

Cash 3:“空中交通管制,Cash 3 已经离开 35L 跑道并停在 A1 滑行道。”

空中交通管制:“明白,Cash 3。”

继续前进到滑行道A1 上的跑道等候区标志处,尚未到达跑道35R,请求放行许可。

Cash 3:“空中交通管制,Cash 3 请求允许穿越 35R 跑道从 A1 滑行道到应急门 E2。”

空中交通管制:“Cash 3,按你请求继续穿越 35R 跑道。结束时请告知。”

Cash 3:“空中交通管制,Cash 3 收到,将按请求穿越 35R 跑道,并在结束时告知。”

穿越跑道。

Cash 3:“空中交通管制,Cash 3 已经离开 35R 跑道,谢谢。”

空中交通管制:“明白,Cash 3。”

学习活动 12-3:运用事件管理系统协议向事件指挥员传递关于飞机事件/事故的准确情况报告。

答案可以不必完全相同。请使用你所在部门的标准作业流程传递以下信息:

(1) 告知已到达现场。

(2) 建立指挥体系。

(3) 发现的现场条件。

(4) 飞机。

(5) 遇险人员。

(6) 危险。

(7) 现场可达性。

(8) 要采取的行动。

(9) 对后续帮助的要求(如果需要)。

学习活动 12-4:查找飞机事件/事故的危险情况并采取纠正措施。

答案可以不必完全相同。

(1) 个人防护装备和炎热、潮湿条件可能导致消防员脱水和中暑。在事件全程注意让消防员适当休息、补充以降低该风险。

(2) 包围飞机的水面可能使接近飞机更加困难。要准备更多人员和船只。

(3) 泄漏燃油漂浮在水面上随时可能被点燃,喷洒大量水成膜泡沫以降低该风险。

(4) 即使慢速转动的螺旋桨也很危险。飞机救援消防人员在作业中应当避开螺旋桨,若成功接近飞行控制部位,应努力关闭发动机。

(5) 对于机内可燃材料应当用水枪和水灭火。

学习活动 12-5:对飞机事故或事件中的遇险人员进行初步的伤员分类。

遇险人员#1:绿色

遇险人员#2:红色

遇险人员#3:黑色

遇险人员#4:黄色

遇险人员#5:红色

附录 C
补充参考资料

国家防火协会标准

NFPA 1002, *Standard on Fire Apparatus Driver/Operator Professional Qualifications*
NFPA 1003, *Standard for Airport Fire Fighter Professional Qualifications*
NFPA 402, *Guide for Aircraft Rescue and Fire – Fighting Operations*
NFPA 403, *Standard for Aircraft Rescue and Fire – Fighting Services at Airports*
NFPA 405, *Standard for the Recurring Proficiency of Airport Fire Fighters*
NFPA 407, *Standard for Aircraft Fuel Servicing*
NFPA 408, *Standard for Aircraft Hand Portable Fire Extinguishers*
NFPA 409, *Standard on Aircraft Hangars*
NFPA 412, *Standard for Evaluating Aircraft Rescue and Fire – Fighting Foam Equipment*
NFPA 414, *Standard for Aircraft Rescue and Fire – Fighting Vehicles*
NFPA 415, *Standard on Airport Terminal Buildings, Fueling Ramp Drainage, and Loading Walkways*
NFPA 422, *Guide for Aircraft Accident/Incident Response Assessment*
NFPA 424, *Guide for Airport/Community Emergency Planning*

联邦航空条例

联邦条例汇编,标题 14,第 139 部,第 D 分部:
Sec. 121.310, *Additional Emergency Equipment*
Sec. 139.315, *Aircraft Rescue and Firefighting: Index Determination*
Sec. 139.317, *Aircraft Rescue and Firefighting: Equipment and Agents*
Sec. 139.319, *Aircraft Rescue and Firefighting: Operational Requirements*
Sec. 139.325, *Airport Emergency Plan*

联邦航空局咨询通告

150/5200 – 12 *Fire Department Responsibility in Protecting Evidence at the Scene of an Aircraft Accident*
150/5200 – 18 *Airport Safety Self – Inspection*
150/5200 – 31 *Airport Emergency Plan*
150/5210 – 5 *Painting, Marking, and Lighting of Vehicles Used on an Airport*
150/5210 – 6 *Aircraft Fire and Rescue Facilities and Extinguishing Agents*
150/5210 – 7 *Aircraft Rescue and Firefighting Communications*
150/5210 – 13 *Airport Water Rescue Plans, Facilities, and Equipment*
150/5210 – 14 *Airport Fire Rescue Fire Fighting, Tools and Clothing*
150/5210 – 15 *Airport Rescue and Firefighting Station Building Design*
150/5210 – 17 *Programs for Training of Aircraft Rescue and Firefighting Personnel*
150/5210 – 18 *Systems for Interactive Training of Airport Personnel*
150/5210 – 19 *Driver's Enhanced Vision System (DEVS)*

150/5220 – 10 *Guide Specification for Aircraft Rescue and Fire Fighting (ARFF) Vehicles*
150/5220 – 17 *Aircraft Rescue and Fire Fighting (ARFF) Training Facility*
150/5220 – 19 *Guide Specification for Small Agent Aircraft Rescue and Fire Fighting Vehicles*
150/5230 – 4 *Aircraft Fuel Storage, Handling, Training, and Dispensing on Airports*

应急响应电话号码

国家响应中心	1 – 800 – 424 – 8802
化学品运输应急中心	1 – 800 – 424 – 9300
加拿大运输应急中心	613 – 996 – 6666 或 移动电话拨 * 666

军事运输

爆炸物/弹药事件:	703 – 697 – 0218
所有其他危险品事件:	1 – 800 – 851 – 8061

网站

国家防火协会:
http://www.nfpa.org
联邦航空局:
http://www.faa.gov
美国运输部:
http://www.dot.gov
飞机救援消防工作组:
http://www.arffwg.org
技术条令 00 – 105E – 9
http://www.robins.af.mil/library/technicalorders.asp
注:要订阅技术条令 00 – 105E – 9 请联系:
HQAFCESA.CEXF@tyndall.af.mil

附录 D
飞机救援与消防实际灭火训练要求

飞机救援与消防实际灭火训练要求

<table>
<tr><th>管理机构</th><th>国家防火协会</th><th>联邦航空局</th><th>加拿大运输部</th><th>北约</th></tr>
<tr><td>训练条例</td><td>NFPA 1003 (2010)
NFPA 405 (2010)</td><td>AC－150－5210－17(B)</td><td>CARs 323
(2012)</td><td>STANAG
7145(Ed5)</td></tr>
<tr><td>训练频率</td><td>“有规律地”</td><td>12 个月</td><td>12 个月</td><td>白天－6 个月
夜间－12 个月</td></tr>
<tr><td>燃油流淌/聚集火灾
化学灭火器</td><td>—</td><td rowspan="3">水枪/消防炮:放置有飞机实体模型或类似设备的低洼处火灾</td><td>$9m^2$
最小</td><td></td></tr>
<tr><td>• 水枪</td><td>例如:
359 L/min
69.7 m^2</td><td>$36m^2$
最小</td><td>水枪</td></tr>
<tr><td>• 消防炮</td><td>例如:
946 L/min
192 m^2</td><td>$450m^2$
最小</td><td>消防炮</td></tr>
<tr><td>三维火灾</td><td>水枪</td><td>—</td><td>水枪</td><td>水枪</td></tr>
<tr><td>内部火灾</td><td>水枪</td><td>—</td><td>—</td><td>水枪</td></tr>
<tr><td>辅助电源火灾</td><td>水枪 或 消防炮</td><td>—</td><td rowspan="2">水枪
或 消防炮</td><td rowspan="2">水枪</td></tr>
<tr><td>发动机火灾</td><td>—</td><td>—</td></tr>
<tr><td>机轮/刹车盘火灾</td><td>水枪</td><td>—</td><td>水枪</td><td>水枪</td></tr>
<tr><td>火灾场景编号</td><td>7</td><td>1</td><td>6</td><td>6</td></tr>
</table>

(“燃油流淌/聚集火灾”行、“加拿大运输部”列的数据计量换算结果有误,中文译本已更正。——译者注)

附录 E
地面车辆用机场标志和标记

美国运输部
联邦航空局

机场标志——行动与目的

4-22	滑行道/跑道等候区：在跑道与滑行道相交处短暂停留
或	跑道/跑道等候区：在跑道交叉处短暂停留
8-APCH	跑道进近等候区：暂时等候正在进近的飞机
ILS	仪表助降系统等候区：在仪表助降系统决断区短暂停留
⊖	禁入：用于标识禁止"飞机"进入的铺层道面
B	滑行道位置：用于识别车辆/飞机所在的滑行道
22	跑道位置：用于识别车辆/飞机所在的跑道
	等候区边界：跑道保护区的离开边界
	仪表助降系统决断区边界：仪表助降系统决断区的离开边界
J→	滑行道方向：在滑行道交叉处指示方向和名称
↙L	跑道出口：离开跑道并进入滑行道时的方向和名称
22↑	离港方向：标示起飞跑道的方向
↖MIL	进港方向：为到达飞机标示方向
	滑行道结束：表示滑行道到此为止

塔台频率 ______________

地面频率 ______________

参考资料：空勤信息手册(Airman's Information Manual, AIM)和咨询通告150/5340-18C《机场标志系统标准》
FAA Form 5280-7 (05-00)

FAA-机场认证程序
国家库存号（NSN）：0052-00-918-1000

机场标记

- 等候区：在跑道交叉处等候，也可用作着陆与短暂等候标记
- 仪表助降系统决断区：在仪表气象条件下短暂等候
- 滑行道/滑行道等候区：在由空中交通管制引导时，在滑行道交叉处短暂等候
- 飞行场区边界：定义飞行场区与非飞行场区的边界
- 滑行道边：界定可用的全强度滑行道铺层道面的边界，毗连不可用的铺层道面
- 断续滑行道边：界定毗连铺层道面或可用于滑行的停机坪的边界
- 1-19 等候区的道面涂刷标记：在与跑道交叉的滑行道上短暂等候
- ↖B 滑行道方向的道面涂刷标记：交叉滑行道的方向和名称
- K 滑行道位置的道面涂刷标记：表示飞机所在的滑行道

空中交通管制塔台灯光枪信号

信号的颜色和形式	车辆和人员的行动
持续绿色	许可穿越、前进或通行
闪烁绿色	不可用
持续红色	停
闪烁红色	清空滑行道/跑道
闪烁白色	回到场内出发点
红/绿交替	保持高度警惕

4-22 待命位置标记

ILS 仪表助降系统决断区标记

附录 F
先进复合材料/先进航空材料：灾害风险控制与灾害响应

John M. Oison, PhD.
写于 2000 年 01 月
(更新于 2007 年 01 月)

概述

虽然先进复合材料和先进航空材料(Advanced Composites and Advanced Aerospace Materials,以下简称为AC/AAM。——译者注)与其他材料相比具有多种优势,但是它们确实有一些环境、安全和健康方面的重要问题值得关注。这些材料在最终设计状态下一般认为是安全的、稳定的,从生物学上讲是良性的,然而如果受到火灾、爆炸或高能量冲击等破坏的话,这些材料就会表现出特有的危险性和需要关注的问题,需要及时妥善处置。

以下指南是针对复合材料险情响应所提出的建议性防范措施与步骤。但是,危险性取决于材料的类型、数量、损坏程度以及险情的现场情况。大多数情况下,现场材料密集分布会增加其造成渗入、吸入、摄入、吸收等潜在危险的可能性。

该指南涉及飞机险情响应的各个方面,包括灭火、调查、恢复、清扫和处置,普遍适用于涉及这些材料的任何情形。由于现场情况千变万化,这些信息一般是定性的,应当根据需要对具体情况进行针对性修改。不过,该指南的目的仅仅是供世界各地制定协同、有效的步骤与政策时作为基础,以最大程度控制风险并使复合材料灾害的环境、安全和健康危险最小化。虽然该文件中概括的这些偏保守的方法在缺乏特定具体数据时可算是最好的行动指南,最终,还是鼓励用户开展最新的研究和操作,在其达到实用程度后用以完善文中信息。

大多数情况下,复合材料灾害的危险性可以通过训练、预防和准备得到快速而有效的降低。

定义

复合材料:两种或多种材料的物理组合,一般包含一种增强材料和一种"粘合剂"或基体材料。一般地,增强材料或承载单元就是纤维,而树脂则构成基体以支撑纤维并填满空隙。这种增强的基体结构实现了纤维间的应力传递。复合材料一般由几层方向各不相同的层板组成,大多数情况下会在两个层板之间加入蜂窝夹芯材料。复合材料的名称即可说明它的物理构成:纤维的类型/树脂的类型。

举例:玻璃纤维复合材料(玻璃 / 环氧树脂、玻璃 / 聚酯树脂)

先进复合材料:由高强度、高硬度增强物(即纤维)和具有重量轻、抗腐蚀、热稳定和特殊介电性能等特性的基体组成的复合材料。先进复合材料以其不断提高的性能、成本、复杂程度及灾害危险的潜在性区别于传统的复合材料。

举例:碳纤维 / 环氧树脂、硼纤维 / 环氧树脂、芳纶纤维(凯夫拉)/ 环氧树脂、石英/ 氰酸酯树脂。

先进航空材料:可以满足航空领域对结构、环境或性能等特殊要求的高度专业性材料。

举例:铍、贫铀、雷达吸波材料。

清楚地区分先进复合材料和先进航空材料这两种材料是很重要的,因为这关系到几种非常特别的、独有的危险性。

危险性:环境条件的一个状态或是连续变化过程,具有致伤、致病或者性能破坏的潜在可能性。同样地,它也可描述成活动、条件或环境的潜在或内在特征,可以导致不利或有害的后果。

基于该定义,本文将阐述遭受严重破坏的先进复合材料和先进航空材料所具有的危险性,同时强调对风险的控制。

风险控制:通过预想和阻止意外事件来减少事故发生或其他重大损失的过程。它强调裸露物的复杂性和对广大出险区域的围挡,这些是灾难现场的标志性问题。有效的风险管理由风险控制和风险资助组成,可以通过知识学习、训练、准备和对相关因素的理解来控制其发生。避免损失必须依靠灾前和灾后两方面的努力来实现。

背景

灾难中的火灾、爆炸和/或高能冲击造成的 AC/AAM 材料破坏呈现出特有的环境、安全和生理危险性。在典型的飞机火灾中,温度可达 1 000 ~ 2 000℃,有机基体材料(树脂和聚合物)在约 400℃ 即可燃烧,产生有毒的燃烧产物并释放出增强材料(纤维)。不同类型的复合材料和航空材料,相应的材料动力学和反应差别极大,例如,玻璃和芳纶增强纤维往往在高温下融化,而高温却会使碳或石墨纤维氧化,进而改变其尺寸、形状、孔隙度及其他特性。

灾难中强烈的加热与机械力一般会引起先进复合材料结构的老化、脱胶和/或"爆炸性"断裂。如果吸收了这样的断裂能,正常情况下坚硬而高强的增强材料会断成纤维颗粒、变成粉末,或降解成像布一样的连续物。先进航空材料可以产生剧毒氧化物或重金属沉积。因为释放出来的碳纤维很坚硬,它们随时可能穿透人的皮肤,而硼纤维甚至可能穿透骨骼。更严重的,经过活化和氧化的纤维成为高温分解产物和燃烧产物(一般有毒),具有强烈的渗透与吸入危险,这是因为毒素会进入并滞留在体内。这种现象在涉及遗体中有血源性病原体(如艾滋、乙肝)的灾难中特别关键。几乎总是如此,破坏类型、数量和程度都会影响到灾难发生地 AC/AAM 材料的密集度,这反过来又决定了危险的程度。盛行天气条件也能极大地影响灾难附近区域受损材料的散布程度。

火灾伴随着它所产生的热量、振动和破碎,可使"先进复合材料"发生几种不同类型的破坏,破坏效果可以从简单的强度削弱,直到"不易察觉(Low Observable,LO)"的性能变化、分层、脱胶、炭化、融化、燃烧、气化等。"先进航空材料"产生的后果很广泛,这与材料类型密切相关,例如,贫铀和铍这两类材料在承受高温(>700 ~ 800℃)时都会产生剧毒氧化物。

虽然 AC/AAM 材料只是与飞机灾难相关的众多危险(例如燃油、润滑剂、外来金属物、武器等)之一,但是由于其所具有的潜在危险、越来越多的应用和良好的持久性或耐久性,它们确实需要更加慎重对待和广泛预防。在有潜在危险的蒸气、气体、颗粒和复合材料灾难所产生飘飞纤维中暴露的情况需要进行控制,因为它们较强的散布能力和复杂的化学混合物会导致恶性循环。

受损 AC/AAM 材料的危害途径包括吸收(接触)、吸入(呼吸)、渗入(扎伤或割伤)和摄入(吃、喝和抽烟)。可吸入颗粒的毒性及其致病潜力是三个变量的函数:① 肺中颗粒的剂量或数量;② 沉积颗粒的体内深入程度;③ 在肺中的持久性(时间)。暴露于火中的碳纤维往往会断裂得很短,碎成直径极小并带有尖刺的颗粒,这就增大了它们被吸入的概率和体内输送的便利。如果灾难发生地干燥、有风,这样的天气条件会增加颗粒再次散布的机会。同样地,不论是吸入还是渗入,先进复合材料是不容易消除或排出的,这是因为它们的形状尖锐、硬度高。AC/AAM 材料可能产生的其他健康和环境后果还包括皮肤和呼吸问题、中毒和过敏反应、沾染,以及在先进航空材料中的放射性暴露。这些影响可能是急性或慢性的、局部或系统性的,这取决于当时的具体情况。最常见的皮肤危险是机械性刺伤或割伤,还会发生感染(局部或系统性的)。对呼吸道的刺激也很常见,这很像讨厌的粉尘刺激。废气排放、烟雾中的有毒产物、闷烧垃圾和氧化(火灾所致)颗粒是主要的呼吸危险源。

在可以导电的 AC/AAM 材料(如石墨或碳纤维)灾难中,如果材料密集度很高(通常仅在灾难核心区),

就会有短路或电弧放电的危险。虽然比较少见，却可能导致电力设备性能下降或瘫痪，包括通信干扰。研究表明，由于环境排放和烟雾扩散造成的各种各样的电气设备故障真是千差万别，尤其是在灾难发生地更是如此。飞散出来的碳或石墨纤维还会受到高电压区的影响，降低那里空气的介电性能，这反过来又导致设备功能丧失。

验证

鉴于当前和未来 AC/AAM 材料应用的高速增长，聚焦风险控制并降低 AC/AAM 灾难带来的环境、安全和健康危险从而制定切合实际的政策与举措是很关键的。随着相关基础知识的积累，关于成本、安全和操作性等方面的举措和方针也随之得到了优化。

基于 AC/AAM 材料所具有的现实存在又难以描述的灾难危险性，有必要采取一些降低危险性的措施。变化无常的野外环境不利于工程控制方法的实施，所以包括完善的个人防护装备、训练和安防练习在内的行政控制方法需要立即付诸实施。保守控制措施尽管根据实际情况进行了优化，仍然不失其根本性。细心和常识是最好的行动指南。因为飞机灾难往往在极端恶劣的天气、地形和位置等条件下发生，损伤程度差别很大，通用的危险控制和防范措施是不可取的。千变万化的情况要求对保守的防护措施进行材料全寿命周期或“从摇篮到坟墓”式的责任考量，这一点对灾难响应的各个方面都要做到，从初步响应与灭火，直到调查、恢复、清扫和处置。

主要问题

当前，影响涉 AC/AAM 灾难响应的主要问题有：

1. 纤维散布和再散布

——包括灾难的动力作用，有效的响应措施，以及抑制材料（固封剂）的适用性等。

2. 材料与燃烧的相互作用效果

——多种材料的联合作用效果，以及动态破坏程度。

3. 密集度与相容性

——对于暴露的限制（AC/AAM 在现场的密集度达到多大时需要限制暴露。——译者注）没有做过特别规定。装备、措施与灭火剂的相容性问题仍然存在。

4. 吸附与吸收的高温分解与燃烧产物

——有毒危险物质的影响及其程度。

5. 场所与装备的沾染与洗消

——对危险进行有效而切实处理的方法。

6. 清扫和处置复杂物品（包括按照其类型和破坏性有可能归类到危险材料的物品）

——确定对废弃物的合适处置方法和分类。

7. 血源性病原体

——检查受沾染残骸以渗入方式进行艾滋和乙肝传播的潜在途径。

8. 放射性暴露效应

——评估可能暴露于贫铀和其他放射性先进航空材料中的程度与后果。

9. 对氧化铍和其他高度危险先进航空材料等剧毒物品的暴露

——评估防护措施和防护装备。

个人防护装备使用指南

由于正常到达的首批响应人员、消防员被认为是 AC/AAM 灾难的主要响应小组，因此也就面临着来自这些材料的最大危险；不过，除了处理最为极端的事件，他们从头到脚都能得到最好的防护。所有紧邻 AC/AAM 灾难区域的人员，还有遭受浓烟包围的人员，都必须穿上防护服或避火近战服以及自给式呼吸器，直到复合材料火灾“完全”扑灭,并冷却到149℃以下,不再冒浓烟。移动残骸以便充分冷却必须在限制微粒扩散的方式下进行。这里有一个重要提醒:对于第二批到达现场的人员,包括所有后续的响应作业人员,与最初的灭火活动相比,由于暴露时间更持久、防护水平通常也有所降低,他们遭受AC/AAM灾难伴生危险的潜在可能性“会更加严重”。但是如果正确使用了个人防护装备,坚持遵照执行良好的灾难响应流程,是可以实现最低程度的危险暴露的。为了有效进行灾难风险控制,所有涉及人员都既要了解这些危险本身也要了解如何正确响应,这就使得每个相关人员之间的协同与沟通很关键。预备知识与训练,包括一般常识、良好的判断力以及快速决断力,对于成功都是至关紧要的。

个人防护装备要求	
AC/AAM 灾难条件	建议的个人防护装备
燃烧或冒烟的材料	1. 全保护防火服 2. 自给式呼吸器 3. 绝对不要使用橡胶手套
断裂、飞散或碎裂的材料(火灾、爆炸或高能冲击之后)	1. 套头式防护服(高密度聚乙烯合成服装)——用头巾和盖脚布配合使用 2. 带有“高效粒子空气(High Efficiency Particulate Air,HEPA)”过滤器的全脸覆盖呼吸器(注:一种带过滤器的空气面罩,如果装备或受过呼吸训练的人员还未到场,可以临时代用) 3. 硬底工作靴(最好是钢尖、带腰的) 4. 皮面丁腈橡胶衬里的工作手套(不是手术用手套)
小范围或外围区域的材料暴露	1. 长袖长裤腿的耐用工作服 2. 杂尘过滤器或面罩 3. 充分的眼睛防护(风镜或安全眼镜) 4. 硬底工作靴(最好是钢尖、带腰的) 5. 皮面丁腈橡胶衬里的工作手套(不是手术用手套)

AC/AAM 的灾难风险控制指南

灾难发生之后,应当立即通过回答以下问题来对形势进行评估:

(1) 灾难现场是否涉及 AC/AAM?

(2) 如果有,它们在哪里,是否受到破坏?

(3) 谁能提供关于这些材料的类型与含量等信息,能否找到他们以明确回答这些问题?

(4) 环境是如何影响现场形势的? 例如,天气是否会影响到响应,当地地理条件是否会改变响应策略?

一旦这些基本问题得到解答,就应当执行以下步骤,要定制专门的响应办法以适应具体的危险形势。

1. 首批响应者(通常是消防员)要对灾难现场进行初步侦察:

(1) 可能对 AC/AAM 材料造成破坏的火灾、爆炸或高能冲击的征兆。

(2) 松散的机上纤维和微粒的出现。

(3) 对盛行气象条件/风向包括烟雾(如果有的话)的估计。

(4) 现场对于火灾/冲击/爆炸的暴露程度。

(5) 当地/附近的装备/资产的破坏与危险性,包括残骸的形式。

(6) 暴露人员与环境的沾染路径。

2. 使用一连串清晰而直接的指令对现场建立控制。如果具备适当防护的救援人员还未来到,要避免进入事发地,直到经过良好训练且装备齐全的救援人员到达现场。

3. 从紧邻事发地附近直接受到浓烟泄漏影响的区域撤离人员,包括容易移动而且重要的装备。为了避开浓烟,需要不断移动消防装备,特别是在涉及大量 AC/AAM 材料的大规模灾难中更应如此。禁止“任何”没有防护的人员在事发地下风向聚集。如果无法回避烟雾,就要使用有增压驾驶室的消防车;但是这就对洗消提出了更高的要求。一些由现代化 AC/AAM 材料构成的可燃产品能够渗透临时防火套装上用于通风的保护膜。类似地,沾染、洗消和防护对于个别灾难来说是非常重要的关注点,通常是指隐形飞机。如果面对浓烟、露天大火或者 AC/AAM 材料闷烧,消防员应当将他们自己的身体作为整个系统的组成部分一同监视,这包括检查腋窝、腹股沟等流汗较多的地方有没有隐蔽的化学性灼伤/发炎，该现象取决于在密闭空间之类的环境中是否出现稀有材料聚集。无论怎样，这一点值得关注。

4. 更改或转移受灾难和烟雾直接影响区域内的飞机和飞行作业。在现场离地（Above Ground Level，AGL）150m、方圆300m范围内（有可能视材料密集度和当地条件而扩大），不允许有地面或飞行作业（特别是直升机）。

5. 开始阶段应当遵守正常的消防灾难响应流程。一旦建立了对火势的控制，就要实施对AC/AAM材料的特别防范。根据所涉材料的类型不同，一些与装备相关的问题就会出现，包括：一些先进复合材料硬度高而显得穿刺工具不够锋利；有些区域无法穿透，除非预先知道高硬点和应急穿刺点位置；难以扑灭的隔热层内部（深埋）火灾。复杂的发动机进气道与埋入式尾喷口区域对于火灾扑救而言特别具有挑战性。

6. 灭火并使AC/AAM材料冷却至149℃以下。主要火势扑灭以后，可以通过喷射薄水雾或薄薄的泡沫层到受波及的材料上实现降温。有些情况下，灭火剂的相容性是个问题，例如，干粉抑制剂会破坏一些先进复合材料部件。所以为了让外部材料的破坏最小，就必须在对付小规模、独立成片的火灾时保持谨慎。更为极端的情况是，已知的灭火剂在扑灭一些特殊AC/AAM材料火灾时好像没什么效果。要特别注意这些非常罕见的情形。

7. 只有配备了"自给式空气呼吸器"的消防员才可以进入正在燃烧/闷烧的事发地附近区域，直到消防部门主要领导宣布该区域从着火到闷烧/排烟各方面都是安全的。如果有可能，要对高压水流或泡沫喷射保持警惕，因为两者有较大的潜在可能造成AC/AAM材料破坏和飞散。

8. 避免拖拽消防水带通过事故残骸或受沾染地区，因为这样很可能造成磨损和/或设备沾染。包括消防战斗服和水管/空气导管在内的装具会被尖锐的锯齿形先进复合材料残骸戳坏。靴子特别容易在有锯齿形坚硬先进复合材料残骸的地方被割破或刺穿，同样地，它们也非常容易被微粒沾染，并将这些沾染物传递到灾难核心区以外的其他地方。

9. 用警戒线或绳子将事发地围起来并开设单一出入口。只有经过充分防护的救援人员才允许出现在灾难核心区和外围区域（沾染弱化区）。消防部门主要领导和生物环境工程师或者现场指挥员共同负责划定外围区域。作为指导性意见，外围区域应当划在距离受损复合材料部件8m以外，当然，根据当地的气象和地理条件会有所变化。

10. 如果非事发现场的其他人员已经直接且明显地受到材料和烟雾危险的侵害，应当咨询医护人员以进行评估和跟踪。如果有可能，可以告知医护人员其受侵害的类型和程度。要建议和告知其他尚未受到威胁的平民在事发地周边受影响区域或在烟雾下风区域所应采取的实用预防措施。对灾区相关人员的伤情处置和结果进行跟踪。

11. 配合现场指挥员或事件指挥员，在必要时靠近事发地点以进行更详细的侦察和调查。对于大型的灾难响应，尤其是涉及新型、罕见的AC/AAM材料时，建议求助"危险材料响应"单位，因为他们具有更多的经验和较强的局势控制能力。

12. 如果有可能，应由有资质的工业卫勤人士或生物环境专家尽快对灰尘、可吸入颗粒和纤维进行毒理学和区域性研究。但是，所有研究人员必须进行充分防护，调查方案应当包括目视观察，空气、土壤和水的人工取样，以及对工程控制和现场所用个人防护装备进行评估。

13. 通过检查残骸、咨询资深人士、查阅可用资源（如机组领导、系统管理员、参考文献、网站、运营商或飞机专家等）尽快确认特种飞机和材料的危险性。以适当方式向所有响应人员表明或指出AC/AAM材料的位置和密集度。

14. 在事故现场少行走、工作或移动物品，以免过度干扰，以此尽可能控制粒子/纤维在飞机上的扩散，这也包括尽可能减少灭火装备的活动。

15. 使用盖格计数器（H·盖革和P·弥勒发明的一种气体电离探测器。——译者注）寻找任何可疑残骸或粒子，以定位、保护和移走放射性先进航空材料。联系相关权威部门，严格依规处置。

16. 对于单一进入控制点（Entry Control Point，ECP）的进出活动进行监管。可以采取以下原则：

（1）离开事故地点时，救援人员应当完成明确规定的洗消步骤。带有"高效粒子空气过滤器"的真空吸尘系统非常受欢迎，如果有可能，可以用它将 AC/AAM 沾染物从外衣、工作手套、靴子、头盔和装备上去掉。如果没有这种真空装置，就必须尽力冲洗、擦拭或刷掉尽可能多的沾染物。

（2）尽快建立干净处所（例如帐篷或拖车），以供穿戴和脱下便携式个人防护装备。

（3）不得在隔离区和沾染衰减区内吃、喝或抽烟，除非事件指挥员另有规定。必须提示救援人员在吃、喝、抽烟之前要洗手、前臂和脸。

（4）受沾染的防护服应当妥善包装、铅封和处置。

（5）救援人员在下班之前应当洗个凉水澡，防止出现任何传播散落纤维和微粒的问题，这可能需要一些简易淋浴器。

（6）如果可行，遇险人员/响应人员脱掉的受沾染外套应当移送事发地的洗消区，以保护后到的医护人员。任何被认为由 AC/AAM 材料暴露引起的病理反应都应当立即报告。同样地，应将事件情况及其潜在危险告知当地医疗小组。病理反应的症状包括：

① 呼吸道发炎且呼吸能力下降。

② 眼部发炎。

③ 皮肤发炎、敏化、皮疹、感染或者有过敏反应。

（7）所有被沾染的鞋袜都应当进行清洁，以限制残留物扩散到干净区域和保障车辆。

（8）材料安全说明书应当供有资格人员随时取用。

（9）在应急救援期间，安全禁区可能需要更多的控制手段。

17. 用塑料布、薄雾状的水或灭火剂、固封材料、篷布类结构等保护烧过的/可移动的 AC/AAM 残片和散落的灰烬/微粒残余，以防止再次扩散。

18. 使用固封或抑制材料之前，要先咨询一下专业的飞机权威部门和/或调查人员。出于对灾难核心区的安全考虑，其固封工作刻不容缓。在固封/捆绑、飞机拆解和恢复期间，消防装备应当随时可用，并且明火必须完全熄灭、材料冷却到 149℃以下。为确保充分冷却而移动残骸时，应当采取控制颗粒物扩散的方式进行。通常会用到两种固封材料：一种用于燃烧过的 AC/AAM 材料和残骸，另一种用于地面固封。宽敞地形和硬化地面（水泥或沥青）通常无需使用固封材料，除非那里颗粒物浓度很高。

19. 获取和配制（如有必要）固封剂或抑制溶液，如聚丙烯酸（Polyacrylic Acid，PAA）或丙烯酸地板蜡与水。不建议使用轻油，因为它会变成一种气溶胶并聚集在装备表面上，妨碍材料检查，其本身也会危害健康。普通的丙烯酸地板蜡比较容易得到，应当以适当的比例进行混合，大致在 2∶1～10∶1 之间，这要根据环境条件、破坏程度和事故后调查所做的危害性分析进行认真判断后确定。

20. 在被烧过/破坏的 AC/AAM 材料上以及含有散落微粒残骸的任何区域施加（最好是喷洒）适当厚度的固封溶液覆盖层。将这些材料盖严，直到浸湿不能移动，然后任其慢慢变干。

21. **注**：对于随后必须由事件调查人员进行微观化学和材料学分析的残骸，其上面施加的固封覆盖层需要有一定的可剥离能力。使用覆盖层溶液时要谨慎，因为它们会和某些材料发生反应，而且剥离的过程可能会损伤部件。聚丙烯酸可以使用普通氨水（氢氧化铵与水的体积比约 1%）或磷酸三钠（每 7.57L 水加一小杯 227g 的磷酸三钠）（相当于 1L 水加 30g 该溶质。——译者注）的稀释溶液去除。

22. 如果确实有必要，可以用农用土壤增黏剂将材料粘附在沙子或泥土上。大多数溶液都可以按照 $2.26L/m^2$ 的密度喷洒到地面上。

23. 如果有可能，改良的硬质地面（如水泥和沥青）应当用真空吸尘器（有电保护的真空吸尘器）清除干净。应当避免扫地作业，因为这会让微粒再次飞散。流出来的液体需要通过铺设塑料或粗麻布的水渠或排水沟进行收集。**注**：整个坠机地点或灾难发生地都必须筑堤以防灭火剂流失（避免额外的清洁或环境污染）。

24. 所有固封剂喷涂设备都应当立即用稀释溶液进行冲洗/清洁，以免日后使用时出现堵塞等问题。同样地，所有消防车和装备必须在灾难现场进行最大程度的洗消，可能会用到水和“高效粒子空气”真空吸尘器。

25. 用衬垫盖住破损残骸上必须保留的尖锐突出部位，以免在处置和分析时致人受伤。

26. 将已覆盖的部位和/或材料用塑料布/膜仔细包扎起来，或者将之装入大约 0.15mm 厚的塑料袋。普通垃圾袋一般是不行的，除非多层套起来使用。

27. 任何材料处置工作都要根据当地、州、联邦和国际的方针政策进行。对于那些确实无需进行事故调查分析或修理的材料，可以向适当机构咨询有关流程与政策。在授权进行处置之前确保各方均已同意。所有 AC/AAM 废弃物均应恰当标注材料类型，并加上这样一句话："不得焚烧或当废品出售"。

28. 在灾难现场按要求完成所有必要的土壤和道面恢复。

29. 将所有危险废弃材料装入合适的容器中，并依据所有适用规定进行恰当处置。

30. 如果飞机曾经处于浓烟中或残骸区，应当进行以下工作：

(1) 使用有电保护的"高效粒子空气"真空吸尘器对进气/通风/冷却的入口处进行抽吸。

(2) 对于内部涉烟区域，要用目视和电子方式检查所有舱室内有无残留，并吸除干净。

(3) 起飞之前进行通电和系统检查，并做一次发动机试车。

31. 对于受到严重影响的结构和装备，要彻底清洁所有天线绝缘子、外露的传输线套管、电路断路器，以及其他可用的电气部件。检查进气道和尾喷口有无烟雾或残渣的痕迹，如有必要则进行洗消。

32. 持续监视受到影响的人员、装备和灾难发生地。

快速响应检查单

- ❑ 对灾难现场进行初步侦察。
- ❑ 使用一连串清晰的指令对现场建立控制。
- ❑ 从灾难核心区的紧邻区域撤离人员。"禁止任何没有防护的人员在事发地下风向聚集"。
- ❑ 当条件成熟时禁止所有地面和空中作业。
- ❑ 灭火并使 AC/AAM 材料冷却至 149℃以下。
- ❑ 用警戒线将事发地围起来并开设单一出入口。
- ❑ 咨询医护人员对受暴露沾染人员进行评估和跟踪。
- ❑ 配合事件指挥员对事发地进行详细侦察。
- ❑ 依据调查协议由专家进行毒理学和区域性研究。
- ❑ 确认飞机和材料的特殊危险。
- ❑ 避免对事故现场过度干扰。
- ❑ 定位、保护和移走放射性先进航空材料；联系相关权威部门，严格依规处置。
- ❑ 对单一进入控制点的进出活动进行监管。
- ❑ 保护烧过的/可移动的 AC/AAM 残片和散落的灰烬/微粒残余。
- ❑ 使用固封或抑制材料之前咨询飞机权威部门。
- ❑ 获取和配制固封剂或抑制溶液。
- ❑ 在被烧过/破坏的 AC/AAM 材料上施加/喷洒固封溶液。
- ❑ 在需要施加覆盖层的地方使用可剥离的固封覆盖层。
- ❑ 如果有必要可使用农用土壤增黏剂。
- ❑ 对硬质地面进行真空除尘。
- ❑ 用稀释溶液对固封剂喷涂设备进行冲洗/清洁。
- ❑ 为破损残骸上的尖锐突出部位加上衬垫。
- ❑ 用塑料布/膜包扎已覆盖的部位和/或材料。
- ❑ 根据当地、州、联邦和国际的方针政策进行材料处置。
- ❑ 完成土壤和道面的恢复工作。
- ❑ 对危险废弃材料进行恰当处置。
- ❑ 持续监测受到影响的人员和场所。

参考文献

[1] "A Composite Picture." *Safety and Health.* Nov 1991. P 38 -41.

[2] *A Composite System Approach to Aircraft Cabin Fire Safety.* NASA Technical Memorandum. Apr 1987.

[3] *Advanced Composite Repair Guide.* NOR 82 - 60. Prepared by Northrup Corporation, Aircraft Division, for USAF Wright Aeronautical Laboratories, Wright - Patterson AFB, OH. Mar 1982.

[4] "Aircraft Fire Fighting Procedures for Composite Materials." US Navy/Marine Corps Training Film # 112769. Naval Education and Training Support Center, Atlantic. Norfolk, VA. 1993.

[5] American Conference of Governmental Industrial Hygienists. ThresholdLimit Values for Chemical Substances and Physical Agents, ACGIH, Cincinnati, OH. 1998.

[6] Baron, P. A. and K. Willeke. "Measurement of Asbestos and Other Fibers." *Aerosol Measurement Principles, Techniques, and Applications.* Van Nostrand - Rheinhold, New York, NY. 1993.

[7] Bickers, Charles. "Danger: Toxic Aircraft." *Janes Defence Weekly.* 19 Oct 1991.

[8] Brauer, Roger L. *Safety and Health for Engineers.* Van Nostrand - Rheinhold, New York, NY. 1990.

[9] Code of Federal Regulations, 29 *CFR* 1910. 1000, *Air Contaminants.*

[10] *Composite Aircraft Mishap Safety and Health Guidelines.* Project Engineer: Capt Keller. USAF Advanced Composites Program Office, McClellan AFB, CA. 18 Jun 1992.

[11] *Composite Aircraft Mishap Safety and Health Guidelines.* ASCC ADV PUB 25/XX. Air Standardization Coordinating Committee, Washington, DC. 16 Sep 1992.

[12] *Composite Material Protective Equipment and Waste Disposal.* Memo from 650 MED GP/SGB to 411 TS/CC, Edwards AFB, CA. 14 Oct 1992.

[13] Conference on Advanced Composites, 5 -7 Mar 1991. Proceedings. San Diego, CA. 1992.

[14] Conference on Occupational Health Aspects of Advanced Composite Technology in the Aerospace Industry, 5 -9 Feb 1989. AAMRL - TR - 89 - 008. Vols I and II, Executive Summary and Proceedings. Wright - Patterson AFB, OH. Mar 1989.

[15] DARCOM/NMC/AFLC/AFSC Commanders Joint Technical Coordinating Group on HAVE NAME (JTCG/HN). *HAVE NAME Guide for Protection of Electrical Equipment from Carbon Fibers.* May 1978.

[16] Faeder, Edward J. and Paul E. Gurba. "Health Effects in the Aerospace Workplace_Some Concerns." SME Conference Proceedings: Composites in Manufacturing 9. Dearborn, MI. 15 - 18 Jan 1990.

[17] *Fire Performance and Suppressibility of Composite Materials.* Hughes SBIR Phase II Report HAI 92 - 1071 DRAFT. 15 Dec 1992.

[18] *Fire Safety Aspects of Polymeric Materials, Volume 6: Aircraft: Civil and Military.* Report by the National Materials Advisory Board of the National Academy of Sciences. 1977.

[19] Fisher, Karen J. "Is Fire a Barrier to Shipboard Composites?" *Advanced Composites.* Vol 8, No 3: May/Jun 1993.

[20] Gandhi, S. and Richard Lyon. *Health Hazards of Combustion Products from Aircraft Composite Materials*, Draft Manuscript, FAA Technical Center. 1997.

[21] *General Advanced Composite Repair Processes Manual.* USAF TO1 - 1 - 690. McClellan AFB, CA. 1 Aug 1990.

[22] Hetcko, John. "Disposal of Advanced Composite Materials." Defense Division, Brunswick Corporation. Lincoln, NE.

[23] Hubbell, M. Patricia. "Hazard Communication and Composites." McDonnell Douglas Space Systems Company. A3 -315 - 12 - 1. Huntington Beach, CA 92647.

[24] Kantz, M. "Advanced Polymer Matrix Resins and Constituents: An Overview of Manufacturing, Compo-

sition, and Handling." *Applied Industrial Hygiene*, *Special Issue.* 50(12). P 1 – 8. 1989.

[25] *Mishap Response for Advanced Composites.* US Air Force Film. 46th Test Wing Audio – Visual Services, Eglin AFB, FL. Sep 1994.

[26] Morrison, R. General Background on the Filtration Performance of Military Filters. US Army Chemical and Biological Defense Command, Aberdeen Proving Grounds, MD. 1998.

[27] Naval Environmental Health Center, *Advanced Composite Materials*, NEHC – TM91 – 6. 1991.

[28] Naval Safety Center. *Accident Investigation and Clean up of Aircraft Containing Carbon/Graphite Composite Material Safety Advisory.* Unclassified Telex N03750 from NAS Norfolk, VA. 20 Aug 1993.

[29] Olson, John M. *Aerospace Advanced Composites Interim Technical Mishap Guide.* USAF HQ AFCESA/DF. 22 Mar 1994.

[30] Olson, John M. "Composite Aircraft Mishaps: High Tech Hazards? Part I and II. *Flying Safety Magazine.* Vol 49, No 11 and 12. Nov and Dec 1993.

[31] Olson, John M. *Mishap Risk Control Guidelines for Advanced Aerospace Materials: Environmental, Safety, and Health Concerns for Advanced Composites.* 28 Oct 1993. USAF Advanced Composites Programs Office, McClellan AFB, CA.

[32] Olson, John M. *Safety, Health, and Environmental Hazards Associated with Composites: A Complete Analysis.* 15 Nov 1992.

[33] "Position Paper on the CORKER Program." Oklahoma City Air Logistics Center. 16 Feb 1993.

[34] *Revised HAVE NAME Protection Manual.* MP 81 – 266 MITRE MTR 4654. A. S. Marqulies and D. M. Zasada, Eds. Jun 1981.

[35] Risk Analysis Program Office at Langley Research Center. *Risk to the Public from Carbon Fibers Released in Civil Aircraft Accidents.* NASA SP – 448. Washington, DC. 1980.

[36] *Safe Handling of Advanced Composite Materials.* 2nd Ed. SACMA, Arlington, VA. Jul 1991.

[37] Seibert, John F. *Composite Fiber Hazards*, US Air Force Occupational and Environmental Health Laboratory (AFOEHL) Technical Report 90 – 226E100178MGA. 1990.

[38] *Summary of Medical Evaluation of Boeing Employees Working with Composite Materials Who Have Filed Workers Compensation Claims for Illness.* Seattle Medical Care, Association for Independent Practitioners. Seattle, WA.

[39] Thomson, S. A. "Toxicology of Carbon Fibers." *Applied Industrial Hygiene*, *Special Issue.* 50(12). P 34 – 36. 1989.

[40] Warnock, Richard. "Engineering Controls and Work Practices for Advanced Composite Repair." *Applied Industrial Hygiene*, *Special Issue*, 50(12). P 52 – 53. 1989.

附录 G
补充词汇表

A

Acknowledge——“请确认您已收到并理解的消息。”
Advise intentions——“请解释一下您想怎么做。”
Affirmative——“是”;“已许可”或“对。”
Air Traffic Control(ATC)——由正规的职能部门实施的保障,确保航空交通能够安全、有序、通畅的运行。

B

Base leg——位于进近端以远并与着陆跑道成直角的飞行路径。
Base to final——转弯进入最后进近位置。
Blind (dead) spot——无法收听到无线电信号的区域;也可指在控制塔台上无法观察到的机场部位。
Broadcast——无需确认的信息传输。

C

Confirm——“验证”或“再检查。”
Correction——“传输出现错误,随后发送纠正。”

D

Decontamination——对可能形成伤害的外来物的移除,经常用于描述对人体上、衣物上或某区域内危险材料的移除。
Downwind Leg——与着陆方向相反并与着陆跑道平行的飞行路径。

E

ETA——预计到达目的机场的时间。
Expedite——“需要立即遵从。”

F

Final approach——着陆航线的一部分,在该阶段飞机与跑道成一线,对准陆地方向。
Flameout——涡喷发动机中的燃烧意外停止,可导致发动机推力丧失。
Fuel on Board——飞机上剩余的燃油量,按磅计(每加仑约合 6 ~ 7 磅(0.7 ~ 0.8kg/L))。

G

Gear down——起落架放下。起落架处于放下并上锁的位置(飞行员座舱内绿灯亮)。
Go ahead——“请继续传输。”
Go Around——当不能完成目视进近着陆时由飞行员实施的空中机动。

H

Hold your position——“停止前进！待在你当前位置。”

How do you hear (read/copy) me? ——关于传输质量或者确定正在接收的传输效果如何的一种问题。

Hung gear——飞机有一个或多个起落架不能放下并上锁(飞行员座舱内没有绿灯指示)。

I

Immediately——“需要立即采取行动,不得延误。”

I say again——“消息将被重复一遍。”

J

Jet blast——因发动机运转而在飞机后面形成的风和/或热气流。

L

Low approach——在机场跑道或直升机降落场上方进近,飞行员故意不与道面实际接触。

M

Make a 90, 180, or 360(degree turn)——由控制塔台向飞机正常发出的指令,指明飞行员要完成的转弯度数;也经常被控制塔台用于指引地面车辆。

Make your best time——“请迅速通过。”

Mayday——国际通用的无线电求救信号。

Minimum fuel——表示一架飞机的油量已经下降到难以接受或不可拖延的程度,急需着陆。

Missed approach——当无法通过仪表进近实现着陆时由飞行员实施的空中机动。

N

Negative——“不”;“未许可,不可以”;“不对。”

O

Out——“会话结束,无需再做响应。”

Over——“我的传输结束,我需要一个响应。”

Overhead approach(360 overhead)——上空进近(全向)。军用飞机在着陆之前进入机场的起落航线时所执行的一系列标准机动动作(一般要保持队形)。(我国称为“通场”。——译者注)。

P

Prop or rotor wash——发动机运转时在飞机后方或周围产生的气流。

Proceed——“去”或“去往”。

R

Read back——向发送方重读消息以确认无误。

Received (copied)——“消息已收到并理解。”

Repeat——要求操作员再说一遍。

Roger——“消息收到并理解。”

注:“Roger”不可用于回答需用“yes”或“no”回答的问题,要用 Affirmative 或 Negative 回答。

S

Say again——要求对最后传输的内容进行重复。

Speak slower——要求降低语速。

Stand by——正在传输的人要暂停一下,而正在接收传输的人则应等待后续的传输。

Stand by to copy——“请准备接收应当做记录的详细信息。”

T

That is correct——表示同意对消息如此理解。

U

Unable to——表示无力执行某个特定的指令、要求或放行许可。

V

Verify——要求对信息进行确认。

W

Wilco——“已收到消息,理解,并将执行。”

Wind direction and velocity——约进到10°来标识风向,以节(kn)为单位来标识风速。报告“风330,10”的意思是风从330°方向(自正北方逆时针30°)以10kn(5.36m/s)的速度吹来。

Words twice——表示沟通困难,要求每句都说两遍。

术语表

注:本术语表用于对正文中所讨论内容进行补充,并非完整的航空术语词典。

A

Abort——放弃。对计划执行的飞机动作(例如起飞和着陆)进行终止的行动。如果有迹象显示飞机可能存在故障,飞行员一般会放弃起飞。

Accident Potential Zones(APZ)——事故多发区。紧邻跑道末端以远的陆地区域,沿主飞行路径分布,比其他区域的飞机事故风险高。

Advanced Aerospace Materials——先进航空材料。参见“复合材料”。

A/CEP——Airport/Community Emergency Plan(机场/社区应急预案)的缩略语。

Aeration——充气。向泡沫溶液中导入空气以发泡,形成终态泡沫。

AFFF——参见 Aqueous Film Forming Foam(水成膜泡沫)。

Aft/After——尾段。飞机的后部或尾部区段,或朝向后部或尾部区段。

AHJ——Authority Having Jurisdiction(主管部门)的缩略语。

Aileron——副翼。机翼的可动铰接后段,飞机飞行中用于横滚或倾斜转弯。

Air Bill——空运货单。为每一单货物制作的发货文件,随每件或每批空运货物使用。

Air Traffic Control(ATC)——空中交通管制。联邦航空局设在大型机场用于操作塔台管制室的分支机构。

Aircraft Accident——飞机事故。飞机操纵过程中发生的意外情况,有人员死亡或受重伤,或是飞机受到损坏。

Aircraft Familiarization——认知飞机。飞机救援消防人员训练的一个领域,主要与机场上进行作业的各型飞机以及这些飞机的特征有关,包括载油量、油箱位置、紧急出口位置、紧急出口的操作、最大载客量等。

Aircraft Incident——飞机事件。飞机操纵过程中发生的意外情况,不属于飞机事故,如果不纠正就会或有可能影响后续的安全操作。

Airfoils——气动翼型。与机翼、桨叶或水平与垂直安定面的形状有关,可从横截面观察到,能产生飞机飞行所需的升力。

Airport/Airfield——机场。陆地或水上用于或者准备用于飞机起飞和降落的区域;包括建筑和设施。aerodrome 是国际用语,定义相同。

Airport/Community Emergency Plan(A/CEP)——机场/社区应急预案。为了最大程度减少人员和财产的损失,由机场和当地社区管理部门制定以确保对紧急事件和其他非正常情况做出快速响应的方案。

Airport Familiarization——认知机场。关于机场建筑、跑道和滑行道、通行道路的位置,以及道面特征、路线及条件等方面的知识,它们可能对机场上及机场周边区域的事故/事件做出快速而安全的响应发挥促进或阻碍作用。

Airport Hazard Assessment——机场危险评估。对某个机场可能会遭遇的危险进行的正式审查。

Airport Operations Area(AOA)——机场作业区。飞机可在其上进行作业的机场区域,例如滑行道、跑道和停机坪等。

Airspeed——空速。飞机相对于其周围空气的速度。

AOA——Airport Operations Area(机场作业区)的缩略语。

Approach Lights——进近灯光。一种灯光系统,其排布可以帮助飞行员操纵飞机对准跑道进行着陆。

Apron——停机区。机场内的规定区域,用于驻留飞机以便上下乘客、装卸邮件或货物、补充燃油、停放或维修,也称作停机坪(Ramp)。

APU——Auxiliary Power Unit(辅助电源)的缩略语。

APZ——Accident Potential Zones(事故多发区)的缩略语。

Aqueous Film Forming Foam(AFFF)——水成膜

泡沫。一种合成泡沫浓缩液,与水混合后成为对付碳氢类燃油火灾的高效灭火与覆盖的灭火剂。

Around - the - Pump Proportioner——环泵比例混合器。一种消防车车载泡沫比例混合器,从消防车水泵引出一小股水流进到一个在线式比例混合器中,混合器吸入泡沫浓缩液,并将其带回到水泵的入口端,是最为常见的现役消防车车载泡沫比例混合器。

ATC——Air Traffic Control(空中交通管制)的缩略语。

ATIS——Automated Terminal Information Service(自动航站信息服务)的缩略语。

Authority Having Jurisdiction(AHJ)——主管部门。法律和标准中的用语,指拥有规定权力执行法律和对装备使用做出批准或提出要求的法律实体,例如消防机关。在保险行业指保险定损部门或保险公司勘察部门。

Automated Terminal Information Service(ATIS)——自动航站信息服务。使用无线电频率为某个机场持续自动发布信息,其报告中的典型信息包括天气状况、可用的跑道、在用的进近航道,以及其他有关信息。

Automatic Aid——自动支援。两家或更多机构之间的一种书面协议,依据该协议可以对协议涵盖区域内所报告火灾或其他紧急情况实现预先指定资源的自动派遣,这些区域一般是那些行政管辖区交界处或者是行政管辖中存在的"孤岛"。

Auxiliary Power Unit(APU)——辅助电源。在大多数大型飞机上安装的电源装置,可以为地面通电、空调系统、发动机起动提供电力和气动力,也可作为空中备用电源。APU 也指可以从一架飞机移到另一架飞机上为发动机起动提供瞬时电力的便携装置。

B

Backdraft——回燃。当氧气被引入到耗氧殆尽的密闭空间内,过热气体所发生的瞬时爆炸或快速燃烧。已经停下的燃烧伴随着爆炸性的力量得以继续进行。它可能因不当或不充分的通风而引发。

Balanced Pressure Proportioner——等压式比例混合器。一种泡沫浓缩液比例混合器,与消防水泵串联工作,以产生浓缩液与水的比例恰当的混合液。

Base Leg——基线边。位于进近端以远并与着陆跑道成直角的飞行路径。基线边通常自下风边延伸至与跑道延长线的交叉点。飞机必须在基线边上做一个 90°转弯之后才开始最后进近。

Beadlocks——胎边锁。保持轮胎卷边紧贴轮毂的设备。

Bogie——小车式机轮。起落架机轮的串列式布局,缓冲支柱位于中间,当飞机姿态变化或地面的倾斜度有变化时,可以上下转动以保持所有机轮均能良好接地。

Breakaway/Frangible Fences and Gates——可撞/易碎围界和大门。设计和建造的围界和大门在大车冲击下可以倒塌,以快速到达事故地点。

Braking Distance——刹车距离。车辆从开始刹车直到完全停下所驶过的距离。

Bulkhead——隔板。将飞机舱室彼此隔开的竖向构件,能使结构加强或辅助成型,也可用于安装设备和附件。

C

Cabin——客舱。飞机的乘客舱室,可以与货物区分隔开,也可以包含货物区。

Cadet (recruit) Training——学员级(新员)训练。在分配到航空公司之前所接受的初步训练。

CAFS——Compressed - Air Foam System(压缩空气泡沫系统)的缩略语。

Canopy——座舱盖。某些飞机机头顶部的透明罩。

Cargo Manifest——货物清单。列出飞机、车辆或轮船在指定航程中所载全部物品的文件或发货文书。

CFR——Code of Federal Regulations(联邦法律汇编)的缩略语。

CISD——Critical Incident Stress Debriefing(严重事件晤谈)的缩略语。

CISM——Critical Incident Stress Management(危机事件压力管理)的缩略语。

Clearway/Overrun——净空道/端保险道。跑道末端以外的区域,已将不易破碎的障碍物和加强结构清除掉,可以允许飞机冲出而不会造成严重损伤。

Cockpit——座舱。供飞行员驾驶飞机时乘坐的机身舱室。

Cockpit Voice Recorder(CVR)——飞行员座舱通话记录仪。大多数大型民航飞机上安装的记录设备,用以记录机组的对话和通信语音,可以用来辅助事故调查,确定事故发生的可能原因。

Code of Federal Regulations(CFR)——联邦法律汇编。收录美国专门法律所析出法条的书及文件使用的正式名称;美国联邦法律的全部。

Command Post——战地指挥所。进行指挥和控制的地点,事件指挥员和指挥组在这里开展工作,那些掌管应急单位的人员就各自承担的任务进行简要汇报。

Common Traffic Advisory Frequency(**CTAF**)——公共交通咨询频道。在失去空中交通管制时,用于各操作员之间相互进行空中和地面交通协调的机场无线电频道。

Composite Materials——复合材料。在塑料、金属、陶瓷或碳纤维材料中间加入增强剂,远比正常用作隔板、蒙皮和飞行控制面等飞机部件的金属更轻、更强,较新的称谓是"先进航空材料"。

Compressed - Air Foam System(**CAFS**)——压缩空气泡沫系统。用于描述高能泡沫发生系统的通用术语,该系统由空气压缩机(或者其他气源)、水泵和泡沫溶液组成,在泡沫溶液进入水带之前将空气注入溶液中。

Confined Space——密闭空间。不可长时间停留的空间或合围区域,其进出口的开度有限(限制进入),不利于自然通风,里面可能有有毒、爆炸性或缺氧的空气。

Control Tower——控制塔台。为机场作业区内的飞机和车辆活动提供交通控制保障而建立的单位(设施),内有控制飞行态势和机场地面作业所用到的非常先进的电子设备。

Controlled Airport——受控机场。有控制塔台运行的机场,塔台通常但不总是派驻有联邦航空局人员。

Countermeasures——对抗手段。设计用于防止制导武器锁定并攻击目标的设备或系统。

Cowling——整流罩。飞机发动机周围可以打开的覆盖物。

CRFFAA——Critical Rescue and Fire Fighting Access Area(应急救援与消防可达区)的缩略语。

Critical Incident Stress Debriefing(**CISD**)——严重事件晤谈 。设计用于让那些经历了火灾和救援的人们的事后心理/感情创伤降到最低的咨询服务,他们曾与那些遭受了特别恶心和恐怖外伤的遇险人员直接打过交道。

Critical Incident Stress Management(**CISM**)——危机事件压力管理。是一种复杂的危机干预系统,由 7 个要素组成:危机发生前的准备;灾难或大型事件的干预计划;减压;严重事件晤谈(集体活动。——译者注);个体的危机干预/咨询;家庭/组织的危机干预;追踪/引导机制。

Critical Rescue and Fire Fighting Access Area(**CRFFAA**)——应急救援与消防可达区。围绕在跑道周围的矩形区域,由跑道中心线向两侧各延伸 150m,由两个跑道末端向外各延伸 1 000m;大多数飞机事故可能发生在这里。

Crosswind Leg——侧风边。紧接上风边之后与着陆跑道成直角的飞行路径。

CTAF——Common Traffic Advisory Frequency(公共交通咨询频道)的缩略语。

CVR——Cockpit Voice Recorder(飞行员座舱通话记录仪)的缩略语。

D

Dangerous Goods——危险品。根据自身性质或联合国关于危险材料的 9 个分类而划定的产品、物质或生物体;在加拿大用于描述危险材料,在美国和加拿大用于指飞机上装载的危险材料。

Decontamination——洗消。去除可能造成损害的外来物质;经常用于描述从人体、衣物或某个地方去除危险材料。

DFDR——Digital Flight Data Recorder(数字式飞行参数记录仪)的缩略语。

Digital Flight Data Recorder(**DFDR**)——数字式飞行参数记录仪。大型民航飞机上的数字式记录设备,用以记录飞机的空速、高度、航向、加速度等,可用于辅助事故调查,通常称之为"黑匣子"。

Dispatcher——调度员。在通信中心工作的人员,处理来自公共渠道和应急响应人员的信息。

DOT——United States Department of Transportation(美国运输部)的缩略语。

Downwind Leg——下风边。与着陆方向相反并与着陆跑道平行的飞行路径,通常位于侧风边和基线边之间。

Dzus Fastener——左氏锁扣。头部带有开槽的半周旋转锁扣的商用名。该锁扣用于发动机罩、盖板和飞机各处的检修口盖上。

E

Eductor——引射器。便携式比例混合设备,用于引出液体,例如泡沫浓缩液,并通过水带或管路注入水流中。

Ejection Seat——弹射座椅。能够在紧急情况下弹出，从而像弹弓一样将乘员射离飞机的一种座椅。

Elevator——升降舵。铰接、活动的控制面，位于水平安定面的后面，连接到驾驶盘或杆，用于控制升和降的飞机俯仰运动。

EMAS——Engineered Material Arresting System（工程材料拦阻系统）的缩略语。

Emergency Escape Slide——应急逃生滑梯。与飞机舱门相连的逃生滑梯，有的与翼上紧急出口相连，使用时会充气并伸展至地面；使用冷气操作；大多在开舱门时自动启用；有的需要手动开启，也就是说，要轻拉一下系留绳索。很多是可以从飞机上解开作为水面漂浮设备用的。

Emergency Lighting System——应急灯光系统。内部或外部的低功率白炽灯和/或荧光灯，设计用于帮助乘客找到并使用飞机紧急出口，其亮度不足以帮助飞机救援消防人员开展搜索与救援作业。

Empennage——尾翼组。参见 Tail（机尾）。

Engineered Material Arresting System（EMAS）——工程材料拦阻系统。用膨化的黏合剂材料筑成的基础，设计用于在飞机重量碾压下塌陷，从而起到可预测、可控制的减速作用。

Exhaust Area——尾流区。发动机后方的区域，这里炽热的尾流气体对工作人员来说是一种危险。

Extinguishing Agent——灭火剂。用于控制或扑灭火灾的物质。

F

FDR——Flight Data Recorder（飞行参数记录仪）的缩略语。

Final Approach——最后进近。着陆航线的一部分，在该阶段飞机与跑道成一线，对准陆地方向。

Fire Suppression——火灾扑救。所有与灭火作业相关的工作和活动，从发现开始直到火灾被完全扑灭。

Fixed - Based Operator——通航基地服务商。设在机场的企业，可为飞机工作人员提供存放、维护或保障等服务。

Flameout——熄火。涡喷发动机中的燃烧意外停止，可导致发动机推力丧失。

Flaps——襟翼。可调节的气动翼面，安装在机翼的前缘或后缘以提高起飞和降落时的气动性能；一般会在起飞、着陆和慢速飞行时伸出。

Flash Point——闪点。液体能够释放出足够多的蒸气从而与液面附近的空气形成可燃混合物时的最低温度。

Flashback——复燃。当灭火剂覆盖层消融或受到物理干扰而破坏，燃油自动重新点燃。

Flashover——轰燃。火灾的一个阶段，空间内的所有液面、物品已被加热到燃点，空间内所有物体表面上的火焰几乎瞬间爆发。

Flight Controls——飞行控制装置。用于描述供飞行员控制飞行方向和飞机姿态的装置的通用术语。

Flight Control Surface——飞行控制面。供飞行员控制飞行方向、高度和飞机姿态的装置，包括副翼、升降舵、方向舵、襟翼和缝翼、扰流板和减速板等。

Flight Data Recorder（FDR）——飞行参数记录仪。大型民航飞机上的记录设备，用以记录飞机的空速、高度、航向、加速度等，可用于辅助事故调查。

Flight Deck——驾驶舱。大型飞机上的座舱（即飞行员的工作舱。通常民航飞机和军用大型飞机上称为驾驶舱，军用小型飞机上称为座舱。——译者注），与客舱相对分离。

Flight Service Station（FSS）——飞行服务站。向飞机提供航空信息和相关航空支援保障的机构，也能为指定的非受控机场提供机场和车辆咨询服务。

Foam——泡沫。通过将泡沫浓缩液与水混合后再向溶液中导入空气膨胀而形成的灭火剂；适用于 A 类和 B 类火灾；有蛋白泡沫、合成泡沫、水成膜泡沫、高倍泡沫或抗溶泡沫几种。

FOD——Foreign Object Debris（外来物）的缩略语。

Foreign Object Damage——外来物损伤。归因于外来物的损伤，可以作为物理或经济类术语，可能会也可能不会降低产品应有的安全与/或性能特征。

Foreign Object Debris（FOD）——外来物。车辆或系统之外的物质、碎片或物品，有对其造成破坏的可能性。

Fore/Forward——飞机前部或前端，或者朝向这个地方。

FSS——Flight Service Station（飞行服务站）的缩略语。

Fuel on Board——停机油量。飞机上剩余的燃油量，按磅计（每加仑 6 ~ 7 磅，0.7 ~ 0.8kg/L）（我国按吨计。——译者注）。

Fuselage——机身。飞机的主体，与机翼和尾翼相连；可容纳飞行机组、乘客和货物。

G

Galley——机上厨房。大型飞机的食品存放和准备区。

Gas Turbine——燃气涡轮。参见 Turbojet(涡喷发动机/飞机)。

General Aviation——通用航空。除了出于赢利和雇佣目的的定期航空服务及非定期作业之外的其他所有民航作业。

Gear Down——起落架放下。起落架处于放下并上锁的位置(飞行员座舱内绿灯亮)。

Global Positioning System(GPS)——全球定位系统。通过计算从多个卫星到地面同一个 GPS 接收器的信号时间差以在地球表面定位的系统。

Go Around——复飞。当不能完成目视进近着陆时由飞行员实施的空中机动。

GPS——Global Positioning System(全球定位系统)的缩略语。

Grid Map——网格地图。一个区域的平面视图,被划分为一系列的方块(用数字和字母进行编号)以便给任何一个地点提供快速参照。

H

Halon——哈龙。卤代烷系列灭火剂,通过抑制燃油和氧气之间的化学反应进行灭火。

Hazardous Material——危险材料。如果在处理、存放、生产、加工、包装、使用、废弃或运输过程中未妥善控制,对人体健康和/或环境安全具有不合理风险的任何材料。

Heat Stress——热压力。由环境和体力劳动等因素结合而成施加于人体的热载荷。对热压力有贡献的环境因素包括空气、温度、辐射热交换、空气流动和水蒸气压力等。体力劳动通过体内的新陈代谢产生热量来贡献热压力。人的衣着对于热压力也有一定影响。

Hold Bar——等候线。机场停机坪、滑行道和跑道等区域的机场标记,只有得到控制塔台的允许才能通过。

Hung Gear——起落架放不下。飞机有一个或多个起落架不能放下并上锁(飞行员座舱内没有绿灯指示)。

Hydraulic System——液压系统。借助于高压流体传递动力的飞机系统。

Hydrazine——肼燃料。有毒、有腐蚀性、能自燃的燃料,是一种透明、油状液体,有着类似于氨水的气味,在液态和气态都表现出对人体的危害。

Hydrophilic——亲水的。能够与水混溶。

Hydrophobic——疏水的。不能与水混溶。

Hydroplaning——滑水。转动的轮胎(汽车或飞机的)被水汽、水或液体油膜从铺层道面上分离开的一种情况,会导致机械式刹车效能的丧失。

Hypergolic——自燃。燃料和氧化剂之间发生的化学反应,在隔绝空气的情况下二者一接触即能立即燃烧。

I

ILS——Instrument Landing System(仪表助降系统)的缩略语。

In - service Training——在岗训练。指熟练性训练,例如,消防员在他们的消防站开展教室内学习、动手技能练习、实际灭火教练等。

Inboard/Outboard——内置/外置。指相对于机身中轴线的位置;例如,内置式发动机是指靠近机身的发动机,而外置式发动机则是指离机身较远的发动机。

Incursion——跑道入侵。在机场跑道环境中出现外来物,包括飞机、车辆、人员或地面物体,从而形成碰撞危险,或导致与正在起飞、将要起飞、正在着陆或将要着陆的飞机之间所需隔离条件的丧失。

Insoluble——不可溶。不能在某种液体(通常指水)中溶解。

Instrument Landing——仪表助降。仅依靠仪表数据操纵飞机降落;可能是由于恶劣天气或其他因素所致。

Instrument Landing System(ILS)——仪表助降系统。可以让飞机在复杂天气条件下进近并着陆的电子导航系统。

Intake Area——进气区。喷气式发动机的前方和侧面区域,对人员有可能不安全。

Interior Access Vehicles——内攻车辆。该消防车的设计可以为飞机灭火作业提供一个举高平台,能将消防员托举到与飞机舱室等高的平面上。

Isolation Area——隔离区。用于将携带有危险材料或弹药的飞机隔离起来的区域;如果将要发生事故或事件,就将之与停机坪隔离开。

J

JATO——Jet - Assisted Takeoff(喷气辅助起飞)的缩略语。

Jet - Assisted Takeoff(JATO)——喷气辅助起飞。

火箭或助推器，用于起飞时增大正常推力。

Jet Blast——喷气尾流。因发动机运转而在飞机后面形成的风和/或热气流。

Jettison——投弃。选择性地抛弃一些飞机部件，如副油箱、座舱盖等。

Jetway——廊桥。位于航站楼和飞机之间的封闭式坡道，供乘客登机和离机使用。

Jetway Eyebrow——廊桥眉。手风琴状的遮篷，为了保护乘客和机组人员在登机和离机过程中不受天气影响，用它来保证廊桥靠紧不同轮廓的飞机。

L

Landing Roll——着陆滑跑。从接地点到飞机停下或离开跑道点之间的距离。

Leading Edge——前缘。飞机机翼或安定面的前部或前面的边缘。

Low Approach——低空进近。在机场跑道或直升机降落场上方进近，飞行员故意不与道面实际接触。

M

Magneto——磁电机。汽油机上为保持燃油燃烧而产生周期性火花的设备。

Mass Casualty Incident(MCI)——大规模伤亡事件。由于袭击、自然灾害、坠机或是超出当地后勤保障能力的其他原因所致的短时间内造成众多伤亡的事件。

Material Safety Data Sheet(MSDS)——材料安全性说明页。由化学材料的制造商和混合商提供的清单，上有特殊材料的各种信息，包括化学成分、理化性质、对健康和安全的危害、应急响应程序和废弃处置程序等。

MDT——Mobile Data Terminal(移动数据终端)的缩略语。

Missed Approach——进近逃逸。当无法通过仪表进近实现着陆时由飞行员实施的空中机动。

Mobile Data Terminal(MDT)——移动数据终端。通过无线电系统与其他计算机进行通信的便携式计算机。

Monopropellant——单组元推进剂。一种化学物质或多种化学物质的混合物，在特殊的存储条件下较为稳定，但在其他条件下会快速反应并产生大量的高能(热)气体。像肼燃料这样的单组元推进剂已经在飞机应急电源中得到广泛应用。

Movement Area——飞行场区。机场上的跑道、滑行道及其他区域，用来供飞机滑行或悬停、滑翔及起降，不包括装卸停机坪和飞机停放区域。

MSDS——Material Safety Data Sheet(材料安全性说明页)的缩略语。

Multiple - Casualty Incident——多人死伤事件。需要运送的伤员达 20 人或更多的事件；可以分为大、较大或巨大几类。

Mutual Aid——互助。在发生险情时，根据相关机构之间的预先安排，由相邻的消防与应急保障机构向另一家机构发出的互惠性协助，一般要根据受助方的请求来实施。

N

Nacelle——发动机短舱。包裹在外置航空发动机周围的保护结构。

National Defense Area(NDA)——国防区域。出于对国防部资源的保护和安全目的，在美国“联邦范围”内临时设立的区域。一般地，国防区域仅为事故等紧急情况而设立。国防区域可以根据需要设立、中断或改变范围，以便为国防部资源提供安全保护。

NDA——National Defense Area(国防区域)的缩略语。

Nonaspirating Foam Nozzle——非空气吸入式泡沫喷嘴。不直接将空气引入泡沫溶液射流的一种喷嘴，泡沫溶液先利用喷嘴的内部结构进行搅拌，然后离开喷嘴再让空气与之混合。

NOTAM——Notice to Airmen(航行通告)的缩略语。

Notice to Airmen(NOTAM)——航行通告。机场人员发布的通告，让航空利益攸关方知晓可能影响正常作业的事项。

O

Occupants——乘员。飞机上的乘客和空勤机组人员。

On - the - job Training——在职训练。在完成日常工作期间，在资深消防员指导下进行的学习。

Ordnance——军火。大多数军用飞机上所携带的炸弹、火箭、弹药及其他爆炸性设备。

Overhead Approach(360 overhead)——上空进近(全向)。军用飞机在着陆之前为了进入机场的起落航线所执行的一系列标准机动动作(一般要保持队形)。(我国称为“通场”。——译者注)。

Overrun——端保险道。仅适用于军用航空,跑道末端处压实或带铺层的区域,宽度等于跑道与道肩之和;在飞机不能正常停住的紧急情况下发挥作用。

P

PASS——Personal Alert Safety System(个人安全报警系统)的首字母缩略语。

PCA——Practical Critical Fire Area(实际核心灭火区)的缩略语。

Perception Distance——发现距离。从驾驶员的眼睛看到危险到驾驶员的大脑意识到危险时车辆所驶过的距离。

Personnel Accountability System——人员计数系统。用于确认有哪些应急响应人员正在事件现场作业的一种方法。

Personal Alert Safety System(PASS)——个人安全报警系统。一种电子式行动缺乏探测器,当消防员没有活动时就会发出很大的响声;也可以手动触发操作。

Petcock——放泄口。用于释放或排出气体(例如空气)的小龙头或阀门。

Polar Solvents——极性溶剂。对水有吸引力的易燃液体,很像正磁极吸引负磁极那样,例如酒精、甲酮和漆等。

Power Take - off——取力器。从发动机向辅助设备传送动力的转轴。

Prop Wash——桨叶洗流。螺旋桨旋转所产生的空气流。

Practical Critical Fire Area(PCA)——实际核心灭火区。理论核心灭火区的2/3;参见 Theoretical Critical Fire Area(理论核心灭火区)。

Proportioner——比例混合器。将正确数量的灭火剂特别是泡沫或湿式灭火剂引到水流中的设备。

Proportioning——配制。将水和适量的泡沫浓缩液进行混合以形成泡沫溶液。

Proximity Clothing——近战服。特殊的个人防护装备,有反射面层,其设计可保护消防员在贴近火区工作时免受传导、对流和辐射的热侵害,也称作隔热服(Proximity Suit)。

Proximity Suit——隔热服。参见 Proximity Clothing。

Pump - and - roll——边行驶边喷射。消防车能够在行驶期间泵出水和泡沫的能力。

R

Radial Engines——星型活塞发动机。内燃、活塞式航空发动机,气缸沿环形排列。

Ramp——停机坪。机场上用于乘客登机、离机或者装货、加油、驻留、维护等目的而停放飞机的区域;也称作停机区(Apron)。

Rapid Intervention Crew(RIC)——快速干预队。参见 Rapid Intervention Team(RIT)。

Rapid Intervention Team(RIT)——快速干预小组。两名或更多全副装备并可以立即出动的消防员,要求在危险区域以外待命,必要时冲进去救出里面的消防员;也称作快速干预队(Rapid Intervention Crew,RIC)。

Rapid Response Area(RRA)——快速响应区。由跑道及其周围区域构成的一个矩形,该区域向外扩展但不超出机场的地界,自跑道中心线向两侧扩展150m,向两端扩展500m。

Reaction Distance——反应距离。从驾驶员的大脑告诉脚离开油门起到脚实际开始踩动刹车踏板止所行驶的距离。

Reciprocating Engines——往复式发动机。内燃、活塞式航空发动机,气缸相向排列。

Refractometer——折射计。用于测量溶液中泡沫浓缩液含量的一种设备,基于光在泡沫溶液中传播速度测量的原理进行工作。

Rehabilitation——休整。让消防员或救援人员在事件处置期间可以休息、补充水分和恢复。

Rescue——救援。从火灾或事故中挽救生命;将遇险人员从不稳定或不健康的环境中转移出来。

Response——响应。应召出动。

RIC——Rapid Intervention Crew(快速干预队)的缩略语。

RIT——Rapid Intervention Team(快速干预小组)的缩略语。

Rollover——①滚燃。在初始阶段或早期稳态阶段,未点燃的可燃气体在密闭空间(如房间或飞机客舱)内弥漫,并在天花板处积聚。这些过热的气体在某种压力下被推出火区,进入未燃烧区,在那里与氧气混合。当燃烧边界抵达并有更多的氧气因开门或喷射雾状水而得到供应时,它们就会被点燃,火焰前锋发展、蔓延得非常快,翻滚着通过天花板。参见 Backdraft(回燃)和 Flashover(轰燃)。② 侧翻。指车辆向一侧翻滚致使侧面接地,可能还会继续翻到顶部接地,然后另一侧接地。

Rotor——旋翼。直升机和其他旋翼飞机上可以旋转的翼型部件,用以提供升力。

RRA——Rapid Response Area(快速响应区)的缩略语。

Rudder——方向舵。安装在垂直安定面后部的铰接、可动控制面,用于控制飞机的偏航或转弯动作。

Runway——跑道。机场上规定用于飞机沿其长度方向起飞或着陆的矩形区域。

S

SCBA——Self - Contained Breathing Apparatus(自给式呼吸器)的缩略语。

Security Identification Display Area(SIDA)——安全标识显示区。机场的组成部分,按照机场安全保卫计划的要求,在该区域内必须落实法规规定的安全措施;不仅包括安全区,可能还包括机场的其他区域(进入该区域的人员必须在身上显著位置佩戴安全标识。——译者注)。

Self - Contained Breathing Apparatus(SCBA)——自给式呼吸器。一种由使用者穿戴的呼吸器,提供可以呼吸的空气,该空气可以内置或由呼吸器生成,且独立于外界大气;在所有"直接危及生命和健康"的环境下穿戴;也称作"空气面罩"或"空气背包"。

Shipping Papers——发货文书。参见 Air Bill(空运货单)。

SIDA——Security Identification Display Area(安全标识显示区)的缩略语。

Skid Unit——滑动托盘装置。安装在托架上的灭火系统,可以装到皮卡车底盘上或大型车的车厢内。

Skin——蒙皮。飞机的外表覆盖层,包括机翼、机身和控制面等处的覆盖层。

Skin Penetrating Agent Applicator Tool——蒙皮穿刺式灭火剂喷射工具。见 SPAAT。

SOPs——Standard Operating Procedures(标准作业流程)的缩略语。

SPAAT——Skin Penetrating Agent Applicator Tool(蒙皮穿刺式灭火剂喷射工具)的缩略语,一种特殊类型的穿刺式喷嘴。

Special Courses and Seminars——专设课程与研讨。拓展课、会议、微课程、研修班、函授课程或公认专业学校的课程。

Speed Brakes——减速板。位于机翼上或沿机身后部或下方分布的气动翼面,可以伸出以帮助飞机减速。

Spoilers——扰流板。位于机翼上表面的可动平板,升起到气流中以增加阻力、减小升力。

Stabilizer——安定面。飞机上用于提供稳定力的翼型面,也就是说,飞机尾部用于铰接升降舵的水平面(水平安定面)和用于铰接方向舵的固定垂直面(垂直安定面)。

Staging Area——待命区。预先安排、整体停放的区域,人员、消防车及其他设备在这里保持待命状态,以备紧急情况下使用。

Standard Operating Procedures(SOPs)——标准作业流程。标准的方法或准则,机构或消防部门借助它可以开展作业完成例行职能。通常这些流程会写入政策文件和工作手册中,所有消防员都要熟练掌握其内容。标准作业流程中会特别指出消防队成员在执行应急作业时的职能界限。

Straight - in Approach——直接进近。在未完成起落航线任何其他部分的情况下直接切入跑道中心延长线(最后进近航路)从而进入起落航线。

Strategy——战略。由事件指挥员制定用于事件进攻与控制的总体方案。

Strut——缓冲支柱。飞机结构组件,设计用于吸收或分散突然的压缩或拉伸,如起落架中的力。

T

Tactics——战术。为了完成特定战术目的并最终实现既定战略目标,从而在事件中运用装备和人员的方法。

Tail——机尾。飞机尾部组件,包括水平和垂直安定面、升降舵及方向舵;也称为尾翼组(Empennage)。

Target Hazard——危险目标。有很大的潜在可能造成生命或财产损失的设施。

Taxiway——滑行道。飞机在地面活动(滑行)时使用的规定路线。

TCA——Theoretical Critical Fire Area(理论核心灭火区)的缩略语。

Temperature - Compensated Conductivity Meter——温度补偿电导率计。设计用于测量溶液电导率的设备;它根据不同温度下电导率的变化进行调整。

Theoretical Critical Fire Area(TCA)——理论核心灭火区。紧邻飞机的矩形区域,在该区域内必须对火势进行有效控制，以确保机身暂时完整并为乘员们提供逃生路线。

Threshold——跑道头。用于着陆或起飞的跑道的起点或终点。

Three - dimensional Fire——三维火灾。具有长、宽和高三个维度的燃油火灾（流淌、喷溅及倾泻的燃油）。

Thrust——推进力。飞机发动机所产生的推力或拉力。

Thrust Reverser——反推力。使发动机的推进力转向用于飞机的减速或停止的设备或装置。

Topography——地形。地球表面的各种特征，包括自然的和构建而成的，以及它们之间的关系。

Total Stopping Distance——总停车距离。驾驶员/操作手的发现距离、反应距离和车辆的制动距离之和。

Traffic Pattern——起落航线。为在机场进行起飞着陆的飞机所规定的交通流程。

Transportation Area——转运区。事故伤员在接受完治疗或分类后运送到医疗机构之前所放置的地方。

Trailing Edge——后缘。飞机机翼或安定面最后面的边缘。

Triage——伤员分类。对事故伤亡人员进行放置和分类，以决定治疗和运送的优先级。

Triage Tagging——做伤员分类标签。用于识别事故伤亡人员受伤程度的方法。

Tug——牵引车。用于在停机坪上移动飞机的专用车辆。

Turbojet——涡喷发动机/飞机。采用涡轮驱动压气机将吸入的空气进行压缩的喷气式发动机，或者装有这种发动机的飞机；也称作燃气涡轮（Gas Turbine）。

Turret/Turret Nozzle——消防炮/车载消防炮。在某些飞机救援消防车上预先架设的主力射流装置，能够向两侧来回扫射，设计用于大量喷射泡沫或水。

Two - dimensional Fire——二维火灾。燃油流淌汇聚成片，有长和宽两个维度。

U

Unannounced Emergency——突发险情。在没有先兆的情况下所发生的险情。

Uncontrolled Airport——非受控机场。没有控制塔台运行的机场。

Undeclared Dangerous Goods Cargo——未经申报的危险品货物。没有接到正式的有害或危险品装运所要求的包装、装载文书或者安全提示的货物。

Unit Load Devices——单元装载设备。便于快速装载和卸载飞机货物的托盘和集装箱。

United States Department of Transportation（DOT）——美国运输部。州/省或联邦政府执行机构中的一个行政机关，负责运输政策、法规及其执行。

Upwind Leg——上风边。沿着陆方向与着陆跑道平行的飞行路径。

V

Vector——航向指示。飞机所遵循或将要遵循的罗盘指向或航路。

Venturi Principle——文氏效应。一种物理定律，当水或空气等流体在压力作用下流经节流孔时，孔口处的流速会增加，与此相应地作用于收缩部位侧壁的压力会降低。由于周围流体处于相对较大的压力（大气压）之下，于是被迫进入低压区域。

VFR——Visual Flight Rules（目视飞行规则）的缩略语。

Visual Approach——目视进近。利用地面的目视参照物完成进近着陆。

Visual Flight Rules（VFR）——目视飞行规则。由飞行员自行负责导航、与其他物体保持空中距离，并完成其他飞行职能的飞行规则，区别于空中交通管制。